普通高等教育"十三五"规划教材

冶金热力学

翟玉春 编著

北 京

冶金工业出版社

2018

内 容 提 要

本书系统地阐述了冶金热力学的基础理论和基本知识，并介绍了冶金热力学的典型应用。内容包括气体和溶液的热力学、吉布斯自由能变化和应用，熔渣、熔锍、相图和相变，以及一些冶金体系和冶金过程的热力学分析。

本书为高等学校冶金、材料、化工、地质等专业本科生或研究生教材，也可供相关领域的科技人员参考。

图书在版编目(CIP)数据

冶金热力学/翟玉春编著. —北京：冶金工业出版社，
2018.5

普通高等教育 "十三五" 规划教材
ISBN 978-7-5024-7492-8

Ⅰ.①冶… Ⅱ.①翟… Ⅲ.①冶金—材料力学—热力学
—高等学校—教材 Ⅳ.①TF01

中国版本图书馆 CIP 数据核字(2017)第 287245 号

出 版 人　谭学余
地　　址　北京市东城区嵩祝院北巷 39 号　邮编　100009　电话　(010)64027926
网　　址　www.cnmip.com.cn　电子信箱　yjcbs@cnmip.com.cn
责任编辑　宋　良　王雪涛　美术编辑　吕欣童　版式设计　孙跃红
责任校对　石　静　责任印制　李玉山
ISBN 978-7-5024-7492-8
冶金工业出版社出版发行；各地新华书店经销；三河市双峰印刷装订有限公司印刷
2018 年 5 月第 1 版，2018 年 5 月第 1 次印刷
787mm×1092mm　1/16；25 印张；604 千字；386 页
55.00 元

冶金工业出版社　投稿电话　(010)64027932　投稿信箱　tougao@cnmip.com.cn
冶金工业出版社营销中心　电话　(010)64044283　传真　(010)64027893
冶金书店　地址　北京市东四西大街 46 号(100010)　电话　(010)65289081(兼传真)
冶金工业出版社天猫旗舰店　yjgycbs.tmall.com
(本书如有印装质量问题，本社营销中心负责退换)

前　言

冶金物理化学是将物理化学的理论、知识、方法和手段应用于冶金过程和冶金体系建立起来的冶金理论和知识体系。物理化学在冶金中的应用使冶金由技艺发展成为科学技术。冶金物理化学是冶金的理论基础。

冶金物理化学和冶金原理都是关于冶金过程的理论。两者有共性，也有区别，有重叠的部分，也有不同的内容。作者认为，冶金物理化学更着重于冶金过程和冶金体系的共性物理化学问题，而冶金原理则侧重于对具体的冶金工艺的物理化学分析。

冶金物理化学理论建立之初，是将热力学应用于火法冶金，主要是钢铁冶金。这些开创性工作的代表人物有启普曼（Chipman）、理查德森（Richardson）、申克（Schenck）和萨马林（Самарин）等。他们的工作具有重大的历史意义。正是由于这些工作，把冶金从技艺发展为科学技术，使冶金由靠世代相传的经验进行生产的模式，转变为有理论指导的科学技术，深化了人们对冶金过程和冶金体系的认识，推动了冶金生产与技术的进步和发展。

我国冶金物理化学学科在20世纪50年代奠定了基础，80年代以后蓬勃发展，现已形成了世界上最大的冶金物理化学研究群体，并在很多方面走在世界前列。魏寿昆、邹元爔、陈新民、傅崇说、冀春霖、陈念贻先生等为我国冶金物理化学学科的建立和发展做出了重要贡献。

本书是作者在东北大学为冶金物理化学专业、冶金工程专业的本科生、研究生讲授冶金物理化学课程所编写的讲义基础上完成的，其中有一些内容是作者的研究结果。

冶金物理化学包括冶金热力学、冶金动力学、冶金电化学等。本书为冶金热力学。冶金热力学是用化学热力学的理论和方法研究冶金过程和冶金体系。其主要内容是确定冶金反应的方向和限度，研究怎样调控冶金反应条件，可以使冶金反应向着人们期望的方向变化，达到期望的限度。为了能够定量地确定冶金反应的方向和限度，需要知道冶金体系的热力学量和物理化学性质。因此，冶金热力学也包括冶金过程和冶金体系热力学数据的测量方法、计算方法和冶金体系物理化学性质的测量方法。本书内容主要有气体热力学、溶液热力学、吉布斯自由能变化、吉布斯自由能变化的应用、熔渣、熔锍、相图和相变。其中第2章中同一活度法的组元相互作用系数的计算和测量方法，第3章中溶解自由能的一些内容，第5章中活度的一些电化学测量方法和一些体系组元的活度的测量，第6章中利用相图计算活度，第7章中二元系三元系熔化过程热力学、二元系三元系凝固过程热力学、固态相变等，是作者的研究成果。

　　我的学生申晓毅博士、王佳东博士、廖先杰博士、刘佳囡博士、王乐博士，博士研究生崔富晖、刘彩玲、黄红波共同录入了全文，申晓毅博士、王佳东博士、王乐博士配置了插图。在此向他们表示衷心感谢！

　　作者感谢东北大学、东北大学秦皇岛分校为我提供了良好的写作条件。

　　还要感谢那些被本书引用的有关文献的作者！

　　作者感谢所有支持和帮助我完成本书的人。尤其是我的妻子李桂兰女士对我的全力支持，使我能够完成本书的写作！

　　由于作者水平所限，书中不妥之处，诚请读者指正。

作　者

2017 年 6 月 12 日

于秦皇岛

目　　录

1 气 体

【本章学习要点】

　　理想气体和实际气体状态方程，逸度。

　　冶金过程和冶金体系常涉及气体。例如，炭的燃烧反应、冰铜的吹炼、氧化铝的电解、氧气炼钢等。本章讨论理想气体和真实气体的热力学问题。

1.1 理 想 气 体

1.1.1 纯组元理想气体的热力学性质

　　对于纯组元理想气体

$$dG_m = -S_m dT + V_m dp \tag{1.1}$$

在恒温条件下

$$dG_m = V_m dp \tag{1.2}$$

将理想气体状态方程

$$V_m = \frac{RT}{p}$$

代入式（1.2），并从压力 $p^\ominus$ 到 p 积分，得

$$G_m(p) - G_m(p^\ominus) = RT\ln(p/p^\ominus) \tag{1.3}$$

式中，$G_m(p)$ 是压力为 p 的理想气体的摩尔吉布斯（Gibbs）自由能，即此压力的化学势 μ；$G_m(p^\ominus)$ 是理想气体标准压力 $p^\ominus$（1013.25Pa）的摩尔吉布斯自由能，可用 μ^* 表示。它仅是温度 T 的函数。于是，式（1.3）也可表示为

$$\mu = \mu^* + RT\ln(p/p^\ominus) \tag{1.4}$$

式（1.3）和式（1.4）就是 1mol 理想气体在一定温度一定压力条件下的摩尔吉布斯自由能的表达式。如果要表示恒温条件下压力变化所引起 μ 的变化，则可将式（1.2）在 p_1 和 p_2 之间做定积分，得

$$\Delta G_m = \Delta\mu = RT\ln(p_1/p_2) \tag{1.5}$$

若理想气体有 n mol，则

$$\Delta G = n\Delta\mu = nRT\ln(p_1/p_2) \tag{1.6}$$

1.1.2 混合理想气体的热力学性质

　　在混合理想气体体系中，每个气体组元的行为都与该气体单独占有混合气体总体积时

的行为相同。在混合气体中，每个气体组元的化学势为

$$\mu_i = \mu_i^* + RT\ln(p_i/p^\ominus) \tag{1.7}$$

式中，p_i 为混合气体中组元 i 的分压；μ_i^* 为分压 $p_i = p^\ominus$ 时组元 i 的化学势，即纯气体组元 i 在 $p_i = p^\ominus$ 时的化学势，称为标准化学势，它仅是温度 T 的函数。

混合气体的总吉布斯自由能为

$$G = \sum_{i=1}^{n} n_i\mu_i = \sum_{i=1}^{n} n_i\mu_i^* + RT\sum_{i=1}^{n} n_i\ln(p_i/p^\ominus) \tag{1.8}$$

式中，n_i 为气体组元 i 的物质的量。

体系的总熵为

$$S = -\left(\frac{\partial G}{\partial T}\right)_{p,\,n_i} = \sum_{i=1}^{n} n_iS_{m,\,i} - RT\sum_{i=1}^{n} n_i\ln(p_i/p^\ominus) \tag{1.9}$$

气体组元 i 的偏摩尔熵为

$$\bar{S}_{m,\,i} = S_{m,\,i} - RT\ln(p_i/p^\ominus) \tag{1.10}$$

混合理想气体的总焓为

$$H = G + TS = \sum_{i=1}^{n} n_i\mu_i^* + T\sum_{i=1}^{n} n_iS_{m,\,i} = \sum_{i=1}^{n} n_iH_{m,\,i} \tag{1.11}$$

可见，体系的总焓与组元的分压无关。将式（1.11）与集合公式

$$H = \sum_{i=1}^{n} n_i\bar{H}_{m,\,i}$$

相比较，得

$$\bar{H}_{m,\,i} = H_{m,\,i} \tag{1.12}$$

可见，理想气体组元 i 的偏摩尔焓就等于标准焓，与组元 i 的分压无关。

由式（1.8）、式（1.9）、式（1.12）得 n 种纯气体混合的 $\Delta G_{混合}$、$\Delta S_{混合}$、$\Delta H_{混合}$ 分别为

$$\Delta G_{混合} = RT\sum_{i=1}^{n} n_i\ln(p_i/p^\ominus) \tag{1.13}$$

$$\Delta S_{混合} = -R\sum_{i=1}^{n} n_i\ln(p_i/p^\ominus) \tag{1.14}$$

$$\Delta H_{混合} = 0 \tag{1.15}$$

1.2　真　实　气　体

1.2.1　真实气体的化学势

1.2.1.1　状态方程

真实气体只有当压力趋近于零时才服从理想气体的状态方程

$$pV = nRT$$

在通常压力下，描写真实气体的压力、温度和摩尔体积之间的关系有范德华（Van

der Waals）方程

$$p = \frac{RT}{V_m - b} - \frac{a}{V_m^2} \tag{1.16}$$

式中，a、b 为常数；V_m 表示摩尔体积。

还有昂斯（Onnes）方程

$$\frac{p}{p^\ominus}V_m = RT[1 + B(p/p^\ominus) + C(p/p^\ominus)^2 + D(p/p^\ominus)^3 + \cdots] \tag{1.17}$$

式中，B、C、D…为经验常数，也称第二、第三、第四……维利系数。方程（1.16）、方程（1.17）都是近似公式，式（1.17）更为精确。

1.2.1.2 真实气体的化学势和逸度

将式（1.17）代入式（1.2）后做积分，得

$$\mu = \mu^\ominus + RT[\ln(p/p^\ominus) + B(p/p^\ominus) + \frac{1}{2}C(p/p^\ominus)^2 + \frac{1}{3}D(p/p^\ominus)^3 + \cdots] \tag{1.18}$$

与理想气体化学势表达式（1.3）比较，式（1.18）又长又复杂，很不方便。为了保持式（1.3）的简便形式，又适用于真实气体，路易斯（Lewis）提出以逸度 f 代替压力，这样纯组分真实气体的化学势表达式可以写做

$$\mu = \mu^\ominus + RT\ln(f/f^\ominus) \tag{1.19}$$

式中，$\mu^\ominus$ 为 $f = 1$ 时的化学势，它仅是温度 T 的函数。不同逸度化学势差为

$$\mu_2 - \mu_1 = RT\ln(f_2/f_1) \tag{1.20}$$

逸度 f 与真实气体压力 p 之比称为逸度系数，用 r 表示

$$r = \frac{f}{p} \tag{1.21}$$

其数值不仅与气体特性有关，还与气体所处的温度和压力有关。在温度一定时，若压力较小，逸度系数 $r < 1$；若压力很大，逸度系数 $r > 1$；当压力趋于零时，真实气体的行为就接近于理想气体，逸度的数值就趋近于压力的数值，即

$$\lim_{p \to 0} \frac{f}{p} = 1 \tag{1.22}$$

可以用 $1 - r$ 衡量气体的不理想程度。

若知道真实气体的化学势，必须知道在压力 p 时气体的逸度 f 值。下面介绍几种计算逸度的方法。

1.2.2 纯气体逸度的计算方法

1.2.2.1 解析法

在恒温条件下，微分式（1.19）得

$$d\mu = RTd\ln(f/p^\ominus) \tag{1.23}$$

将上式与式（1.2）比较，得

$$d\ln\frac{f}{p^\ominus} = \frac{V_m}{RT}dp \tag{1.24}$$

式（1.24）就是解析法计算逸度的基本公式。将真实气体的状态方程代入式（1.24）中，积分就可得到逸度与压力的关系，进而计算出不同压力的逸度。

例 1.1　0℃时 N_2 的状态方程为

$$\frac{p}{p^{\ominus}}V_m = RT - 22.405 \times \left[0.46144 \times 10^{-3} \times \frac{p}{p^{\ominus}} + 3.1225 \times 10^{-6}\left(\frac{p}{p^{\ominus}}\right)^2\right]$$

求压力为标准压力 $p^{\ominus}$ 的 50、100、150、200、300、400、500 倍时气体的逸度。

解：将 N_2 的状态方程代入式

$$d\ln\frac{f}{p^{\ominus}} = \frac{V_m}{RT}dp$$

中积分，得

$$\ln\frac{f}{p^{\ominus}} = \ln\frac{p}{p^{\ominus}} - \frac{1}{T}\left[1.2608 \times 10^{-1} \times \frac{p}{p^{\ominus}} - 4.2658 \times 10^{4}\left(\frac{p}{p^{\ominus}}\right)^2\right]$$

计算结果为

$p/p^{\ominus}$	50	100	150	200	300	400	500
$f/p^{\ominus}$	49.05	96.99	144.91	194.12	300.63	426.00	586.59

1.2.2.2　图解法

在某一温度测试了某种气体的 p、V 数据，则可以利用这些数据求出气体的逸度。以 α 表示理想气体与真实气体的体积之差

$$\alpha = V_{m,理} - V_{m,实} = \frac{RT}{p} - V_{m,实} \tag{1.25}$$

即

$$V_{m,实} = \frac{RT}{p} - \alpha$$

代入式（1.24）并积分，得

$$\ln\frac{f}{p^{\ominus}} = \ln\frac{p}{p^{\ominus}} - \frac{1}{RT}\int_{p=0}^{p}\alpha dp \tag{1.26}$$

式中第二项可以用图解积分法求出，然后利用式（1.26）计算 f 值。

例 1.2　0℃时，测得 N_2 的压力 p 及摩尔体积 V_m 的数据如下，计算不同压力的逸度。

$p/p^{\ominus}$	50	100	200	400	800	1000
$V_m \times 10^3/m^3$	0.4408	0.2204	0.1160	0.07027	0.05025	0.04621

解：按式（1.25）计算 α 值，再以 α 对 p 作图，得曲线如图 1.1 所示。用图解法求曲线与过原点的横轴间的面积。计算时需注意，在轴线上方的面积取正号，下方的面积取负号。因此，总面积不是算术和而是代数和。计算结果为

$p/p^{\ominus}$	50	100	200	400	800	1000
$f/p^{\ominus}$	49.11	97.10	194.48	422.08	1109.7	1796.4

计算逸度还可用近似计算法和对比状态法等，但都没有解析法和图解法精确。

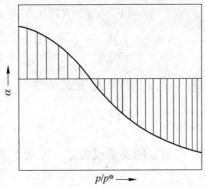

图 1.1　0℃时 N_2 的 α 和 p 的关系曲线

1.3　真实混合气体

1.3.1　真实混合气体中组元的化学势

真实混合气体中各组元的化学势与混合理想气体中各组元的化学势的表示式在形式上是一样的，只是以逸度代替分压，即

$$\mu_i = \mu_i^* + RT\ln(f_i/p^{\ominus}) \tag{1.27}$$

和

$$f_i = r_i p_i \tag{1.28}$$

式中，f_i 是组元 i 的逸度；r_i 是组元 i 的逸度系数；p_i 是组元 i 的分压。还有

$$p \rightarrow 0,\ \frac{f_i}{p_i} \rightarrow 1 \tag{1.29}$$

注意这里的条件是总压 $p \rightarrow 0$，而不是分压 $p_i \rightarrow 0$。这是因为 μ_i 和 f_i 与体系中其他组元有关。

在恒温恒组成时，由式（1.27）得

$$\mathrm{d}\mu_i = RT\mathrm{d}\ln(f_i/p^{\ominus}) \tag{1.30}$$

由式

$$\mathrm{d}\mu_i = -\bar{S}_{\mathrm{m},\,i}\mathrm{d}T + \bar{V}_{\mathrm{m},\,i}\mathrm{d}p + \sum_{i=1}^{n} \frac{\partial \mu_i}{\partial x_j}\mathrm{d}x_j$$

得

$$\mathrm{d}\mu_i = \bar{V}_{\mathrm{m},\,i}\mathrm{d}p \tag{1.31}$$

所以

$$RT\mathrm{d}\ln \frac{f_i}{p^{\ominus}} = \bar{V}_{\mathrm{m},\,i}\mathrm{d}p$$

左右两边减去 $RT\mathrm{d}\ln(p_i/p^{\ominus})$，得

$$RT\mathrm{d}\ln \frac{f_i}{p_i} = \bar{V}_{\mathrm{m},\,i}\mathrm{d}p - RT\mathrm{d}\ln \frac{p_i}{p^{\ominus}}$$

$$= \overline{V}_{\mathrm{m},\,i}\mathrm{d}p - RT\mathrm{dln}\frac{p_i}{p^\ominus} - RT\mathrm{dln}x_i$$

$$= \left(\overline{V}_{\mathrm{m},\,i} - \frac{RT}{p}\right)\mathrm{d}p$$

后一步利用了恒组成的条件，x_i 是固定的。积分上式，得

$$\ln\frac{f_i}{p_i} = \int_0^p \left(\frac{\overline{V}_{\mathrm{m},\,i}}{RT} - \frac{1}{p}\right)\mathrm{d}p \tag{1.32}$$

欲利用式（1.32）求 f_i，需知 V_i 与 p 的关系或数据，应用上节的方法计算。

1.3.2 路易斯-兰德尔规则

对于理想气体

$$\mu_i = \mu_i^* + RT\ln(p_i/p^\ominus)$$
$$= \mu_i^* + RT\ln p + RT\ln x_i$$
$$= \mu_i^*(T,\ p) + RT\ln x_i \tag{1.33}$$

而有些真实混合气体的化学势可表示为

$$\mu_i = \mu_i^\ominus(T,\ p) + RT\ln x_i \tag{1.34}$$

μ_i 也是 T、p 的函数，但

$$\mu_i^*(T,\ p) \neq \mu_i^\ominus(T,\ p)$$

式（1.34）表明：在一定的温度和总压力下组元 i 的化学势只是由它自己的摩尔分数所决定，与其他组元的摩尔分数无关。式（1.27）减去式（1.34）得

$$RT\ln\left(\frac{f_i/p^\ominus}{x_i}\right) = \mu_i^\ominus(T,\ p) - \mu_i^*(T,\ p)$$

等式右边与组成无关，所以 $\dfrac{f_i/p^\ominus}{x_i}$ 也不受组成影响，在 $x_i = 1$ 即纯组元 i 时此比值仍不变。

令 f_i^0 代表在温度 T，压力等于混合气体总压力时纯组元 i 的逸度，则

$$f_i = f_i^0 x_i \tag{1.35}$$

此即路易斯—兰德尔（Lewis-Randall）规则。虽然此规则只适用于符合式（1.34）的气体，但对于一般气体均可用式（1.35）做近似计算。

注意式（1.35）与道尔顿（Dalton）的分压公式

$$p_i = px_i$$

不同。道尔顿公式中的 p 是体系的总压，而式（1.35）中的 f_i^0 不是混合气体的总逸度，而是纯组元 i 的压力等于体系总压力时的逸度。

1.3.3 标准状态

对于纯组元理想气体，由式

$$\mu = \mu^* + RT\ln(p/p^\ominus)$$

可知，标准状态为 $p/p^\ominus = 1$，即 $p = p^\ominus$ 的状态，标准摩尔吉布斯自由能为 μ^*。

对于混合理想气体，由式

$$\mu_i = \mu_i^* + RT\ln(p_i/p^\ominus)$$

可知，标准状态为 $p_i/p^\ominus = 1$，即 $p_i = p^\ominus$ 的状态，标准摩尔吉布斯自由能为 μ_i^*。

对于纯组元真实气体，规定其标准状态为 $f = p^\ominus$，并表现为理想气体性质的状态。

由式

$$\mu = \mu^* + RT\ln(f/p^\ominus)$$

可知，在标准状态吉布斯自由能为 μ^*。

对于混合真实气体，规定其标准状态为 $f = p^\ominus$，并表现为理想气体性质的状态。由式

$$\mu_i = \mu_i^* + RT\ln(f_i/p^\ominus)$$

可知，在标准状态摩尔吉布斯自由能为 μ_i^*。

由上可见，不管是纯物质，还是混合物，气体的标准状态均为在标准压力下表现为理想气体性质的状态。对于理想气体是真实状态，对于真实气体则为假想状态。

冶金体系通常处于高温、常压状态，冶金体系中的气体可以看做理想气体。因此，冶金体系可以以一个标准压力的真实气体为标准状态。对于纯气体，有

$$\mu = \mu^\ominus + RT\ln(p/p^\ominus)$$

在标准状态，$p/p^\ominus = 1$，标准摩尔吉布斯自由能为 $\mu^\ominus$。

对于混合气体，有

$$\mu_1 = \mu_1^\ominus + RT\ln(p_i/p^\ominus)$$

在标准状态，$p_i/p^\ominus = 1$，标准摩尔吉布斯自由能为 $\mu_i^\ominus$。

习题与思考题

1.1 某气体的状态方程为 $pV_m = RT + \alpha p$，其中 α 为常数，求该气体的逸度表达式及吉布斯自由能表达式。

1.2 某气体的状态方程为 $pV_m = RT + B/V_m$，其中 B 为常数，试导出该气体的逸度表达式及吉布斯自由能表达式。

2　溶　液

【本章学习要点】

溶液浓度表示方法，化学势，偏摩尔热力学性质，活度，活度相互作用系数，活度的计算，活度的测量。

冶金和材料制备与使用过程涉及多种溶液。例如，火法冶金中的液态金属、熔渣、熔锍，材料制备与使用过程中的金属、熔融氧化物、有机溶液等。这些溶液的化学组成可以在一定范围内连续变化，其热力学性质有许多共同规律。本章讨论各种溶液共同的基本热力学性质，许多结论对固态溶体也适用。

2.1　溶液组成的表示方法

溶液的性质与其组成有密切的关系，是组成的函数。溶液组成的表示方法对溶液性质的描述有重要作用。下面介绍溶液组成常用的几种表示方法。

2.1.1　物质的量浓度

物质的量浓度定义为物质 i 的物质的量除以混合物的体积，即

$$c_i = \frac{n_i}{V} \tag{2.1}$$

式中，V 为混合物的体积；n_i 为 V 中所含 i 的物质的量。c_i 的国际单位（SI）为 mol/m^3，常用单位为 mol/dm^3。应用此种浓度单位，需指明物质 i 的基本单元的化学式。例如，$c_{H_2SO_4} = 1\,mol/dm^3$。

2.1.2　质量摩尔浓度

溶质 i 的质量摩尔浓度（或溶质 i 的浓度）定义为溶液中溶质 i 的物质的量 n_i 除以溶剂 1 的质量 m_1。定义式为

$$b_i = \frac{n_i}{m_1} \tag{2.2}$$

式中，b_i 的国际单位为 mol/kg。应用此种浓度表示也需注明 n_i 的基本单元，例如，$b_{H_2SO_4} = 0.8\,mol/kg$。

2.1.3 物质的量分数（又称摩尔分数）

物质 i 的量分数定义为物质 i 的物质的量与混合物的物质的量之比，即

$$x_i = \frac{n_i}{\sum_{i=1}^{n} n_i} \tag{2.3}$$

式中，n_i 为组元 i 的物质的量；$\sum_{i=1}^{n} n_i$ 为混合物中多组元物质的量的总和。x_i 为量纲为一的量，其 SI 的单位为 1。用 x_i 表示浓度时也需注明基本单元。例如，$x_{SiO_2} = 0.2$。由式（2.2）和式（2.3）可知 b_i 与 x_i 的关系为

$$b_i = \frac{x_i}{M_1 x_1} = \frac{x_i}{M_1 \left(1 - \sum_{i=2}^{n} x_i\right)} \tag{2.4}$$

式中，M_1 为溶剂的摩尔质量；$\sum_{i=2}^{n} x_i$ 表示对所有溶质的摩尔分数求和。如果溶液足够稀，$n_i \ll n_1$，$\sum_{i=2}^{n} x_i \ll 1$，则式（2.4）可写做

$$b_i \approx \frac{x_i}{M_1}$$
$$x_i \approx b_i M_1 \tag{2.5}$$

2.1.4 质量分数

物质 i 的质量分数定义为物质 i 的质量 m_i 除以混合物的总质量，即

$$w_i = \frac{m_i}{\sum_{i=1}^{n} m_i} \tag{2.6}$$

式中，w_i 为量纲为一的量，国际单位为 1。w_i 也可以写成分数，但不能写成 $i\%$ 或者 $w_i\%$，也不能称为 i 的"质量百分浓度"或 i 的"质量百分数"。例如，$w_{H_2SO_4} = 0.06$ 可写成 $w_{H_2SO_4} = 6\%$，但若写成 $(H_2SO_4)\% = 6\%$ 或 $(H_2SO_4)\% = 6$ 则是错误的。

2.1.5 质量浓度

物质 i 的质量浓度定义为物质 i 的质量 m_i 除以混合物的体积 V，即

$$\rho_i = \frac{m_i}{V} \tag{2.7}$$

式中，ρ_i 为质量浓度，也称质量密度，其 SI 单位为 kg/m^3。

2.1.6 溶质 i 的摩尔比

溶质 i 的摩尔比定义为溶质 i 和溶剂 1 的物质的量之比，即

$$r_i = \frac{n_i}{n_1} \tag{2.8}$$

式中，n_i、n_1 分别代表溶质 i 和溶剂 1 的物质的量。r_i 为量纲为一的量，SI 单位为 1。

2.2　偏摩尔热力学性质

2.2.1　偏摩尔性质

溶液中，由于各组元间的相互作用，体系的各种容量性质都不等于各纯组元同种性质之和。这些容量性质与体系的温度、压力和各组元的含量有关，可以看作温度、压力和各组元的物质的量的函数。令 Φ 表示体系的某容量性质，则

$$\Phi = \Phi(T,\ p,\ n_1,\ n_2,\ n_3,\ \cdots,\ n_i,\ \cdots)$$

式中，$n_i(i = 1,\ 2,\ \cdots,\ n)$ 表示组元 i 的物质的量。组元 i 的偏摩尔性质的定义为

$$\overline{\Phi}_{m,\ i} = \left(\frac{\partial \Phi}{\partial n_i}\right)_{T,\ p,\ n_{j \neq i}} \tag{2.9}$$

式中，下角标 $n_{j \neq i}$ 表示除组元 i 外其他组元物质的量不变。

例如，体系的总吉布斯自由能有相应的表达式

$$G = G(T,\ p,\ n_1,\ n_2,\ n_3,\ \cdots,\ n_i,\ \cdots)$$

和

$$\overline{G}_{m,\ i} = \left(\frac{\partial G}{\partial n_i}\right)_{T,\ p,\ n_{j \neq i}}$$

其他容量性质如体积 V、热力学能 U、焓 H、熵 S、赫姆霍兹（Helmholtz）自由能 A 也有相应的偏摩尔性质定义式

$$\overline{V}_{m,\ i} = \left(\frac{\partial V}{\partial n_i}\right)_{T,\ p,\ n_{j \neq i}}$$

$$\overline{U}_{m,\ i} = \left(\frac{\partial U}{\partial n_i}\right)_{T,\ p,\ n_{j \neq i}}$$

$$\overline{H}_{m,\ i} = \left(\frac{\partial H}{\partial n_i}\right)_{T,\ p,\ n_{j \neq i}}$$

$$\overline{S}_{m,\ i} = \left(\frac{\partial S}{\partial n_i}\right)_{T,\ p,\ n_{j \neq i}}$$

$$\overline{A}_{m,\ i} = \left(\frac{\partial A}{\partial n_i}\right)_{T,\ p,\ n_{j \neq i}}$$

偏摩尔性质为强度性质，与物质的量无关，但与浓度有关，即偏摩尔性质不仅与物质的本性以及温度、压力有关，还与体系的组成有关。

令 Φ_m 代表 1mol 溶液的某容量性质，则

$$\Phi_m = \Phi_m(T,\ p,\ x_1,\ x_2,\ x_3,\ \cdots,\ x_n) = \frac{\Phi}{\sum\limits_{i=1}^{n} n_i}$$

式中，x_1，x_2，x_3，$\cdots$，x_n 为溶液等均相体系中组元 i 的摩尔分数，则

$$\Phi = \sum_{i=1}^{n} \overline{\Phi}_i = \sum_{i=1}^{n} n_i \overline{\Phi}_{m,\,i} \tag{2.10}$$

式中

$$\overline{\Phi}_i = n_i \overline{\Phi}_{m,\,i}; \quad \Phi_m = \sum_{i=1}^{n} x_i \overline{\Phi}_{m,\,i} \tag{2.11}$$

上两式称为集合公式。各组元的偏摩尔性质还有下列关系：

$$\left. \begin{array}{l} \sum_{i=1}^{n} n_i \mathrm{d}\overline{\Phi}_{m,\,i} = 0 \\[2mm] \sum_{i=1}^{n} x_i \mathrm{d}\overline{\Phi}_{m,\,i} = 0 \\[2mm] \sum_{i=1}^{n} x_i \dfrac{\partial \overline{\Phi}_{m,\,i}}{\partial x_j} = 0 \quad (j = 1,\,2,\,\cdots,\,n,\,j \neq i) \end{array} \right\} \tag{2.12}$$

上面各式都称为吉布斯-杜亥姆（Gibbs-Dnhem）方程。例如，对于吉布斯自由能，则为

$$\left. \begin{array}{l} \sum_{i=1}^{n} n_i \mathrm{d}\overline{G}_{m,\,i} = 0 \\[2mm] \sum_{i=1}^{n} x_i \mathrm{d}\overline{G}_{m,\,i} = 0 \\[2mm] \sum_{i=1}^{n} x_i \dfrac{\partial \overline{G}_{m,\,i}}{\partial x_j} = 0 \quad (j = 1,\,2,\,\cdots,\,n,\,j \neq i) \end{array} \right\} \tag{2.13}$$

2.2.2 偏摩尔性质间的关系

对一定组成的溶液有

$$G = H - TS$$

恒温、恒压、其他组元含量不变的条件下，将其对 n_i 求偏导数得

$$\left(\frac{\partial G}{\partial n_i} \right)_{T,\,p,\,n_{j \neq i}} = \left(\frac{\partial H}{\partial n_i} \right)_{T,\,p,\,n_{j \neq i}} - T \left(\frac{\partial S}{\partial n_i} \right)_{T,\,p,\,n_{j \neq i}}$$

依偏摩尔性质定义，上式可以写做

$$\overline{G}_{m,\,i} = \overline{H}_{m,\,i} - T\overline{S}_{m,\,i} \tag{2.14}$$

同理可得

$$\overline{H}_{m,\,i} = \overline{U}_{m,\,i} - p\overline{V}_{m,\,i} \tag{2.15}$$

$$\overline{A}_{m,\,i} = \overline{U}_{m,\,i} - p\overline{S}_{m,\,i} \tag{2.16}$$

对任意数量的溶液有

$$G = G(T,\,p,\,n_1,\,n_2,\,\cdots)$$

当溶液各组元浓度不变，而体系的温度、压力发生微小变化，则有

$$\mathrm{d}G = -S\mathrm{d}T + V\mathrm{d}p$$

则

$$\left(\frac{\partial G}{\partial T} \right)_{p,\,n_j} = -S, \quad \left(\frac{\partial G}{\partial p} \right)_{T,\,n_j} = V$$

上式两边分别对 n_i 求偏导数，得

$$\left[\frac{\partial}{\partial n_i}\left(\frac{\partial G}{\partial T}\right)_{p,\,n_j}\right]_{T,\,p,\,n_{j\neq i}} = -\left(\frac{\partial S}{\partial n_i}\right)_{T,\,p,\,n_{j\neq i}} = -\bar{S}_{m,\,i}$$

$$\left[\frac{\partial}{\partial n_i}\left(\frac{\partial G}{\partial p}\right)_{T,\,n_j}\right]_{T,\,p,\,n_{j\neq i}} = \left(\frac{\partial V}{\partial n_i}\right)_{T,\,p,\,n_{j\neq i}} = \bar{V}_{m,\,i} \tag{2.17}$$

注意到偏导数不随求偏导次序而变，有

$$\left[\frac{\partial}{\partial n_i}\left(\frac{\partial G}{\partial p}\right)_{T,\,n_j}\right]_{T,\,p,\,n_{j\neq i}} = \left[\frac{\partial}{\partial p}\left(\frac{\partial G}{\partial n_i}\right)_{T,\,p,\,n_{j\neq i}}\right]_{T,\,n_j} = \left(\frac{\partial \bar{G}_{m,\,i}}{\partial p}\right)_{T,\,n_j} \tag{2.18}$$

比较式（2.17）和式（2.18）可得

$$\left(\frac{\partial \bar{G}_{m,\,i}}{\partial p}\right)_{T,\,n_j} = \bar{V}_{m,\,i} \tag{2.19}$$

同理可得

$$\left(\frac{\partial \bar{G}_{m,\,i}}{\partial T}\right)_{p,\,n_j} = -\bar{S}_{m,\,i} \tag{2.20}$$

溶液组成不变，$\bar{G}_{m,\,i}$ 仅为 T、p 的函数，所以

$$\mathrm{d}\bar{G}_{m,\,i} = \left(\frac{\partial \bar{G}_{m,\,i}}{\partial T}\right)_{p,\,n_j}\mathrm{d}T + \left(\frac{\partial \bar{G}_{m,\,i}}{\partial p}\right)_{T,\,n_j}\mathrm{d}p$$

把式（2.19）、式（2.20）代入上式，得

$$\mathrm{d}\bar{G}_{m,\,i} = -\bar{S}_{m,\,i}\mathrm{d}T + \bar{V}_{m,\,i}\mathrm{d}p \tag{2.21}$$

同理可得

$$\mathrm{d}\bar{U}_{m,\,i} = T\mathrm{d}\bar{S}_{m,\,i} - p\mathrm{d}\bar{V}_{m,\,i} \tag{2.22}$$

$$\mathrm{d}\bar{H}_{m,\,i} = T\mathrm{d}\bar{S}_{m,\,i} + \bar{V}_{m,\,i}\mathrm{d}p \tag{2.23}$$

$$\mathrm{d}\bar{A}_{m,\,i} = -\bar{S}_{m,\,i}\mathrm{d}T - p\mathrm{d}\bar{V}_{m,\,i} \tag{2.24}$$

并有

$$\mathrm{d}\bar{G}_i = -\bar{S}_i\mathrm{d}T + \bar{V}_i\mathrm{d}p$$

$$\mathrm{d}\bar{U}_i = T\mathrm{d}\bar{S}_i - p\mathrm{d}\bar{V}_i$$

$$\mathrm{d}\bar{H}_i = T\mathrm{d}\bar{S}_i + \bar{V}_i\mathrm{d}p$$

$$\mathrm{d}\bar{A}_i = -\bar{S}_i\mathrm{d}T - p\mathrm{d}\bar{V}_i$$

式中，$\bar{G}_{m,\,i}$、$\bar{U}_{m,\,i}$、$\bar{H}_{m,\,i}$、$\bar{A}_{m,\,i}$、$\bar{S}_{m,\,i}$、$\bar{V}_{m,\,i}$ 是溶液中 1mol 组元 i 的热力学量；$\bar{G}_i$、$\bar{U}_i$、$\bar{H}_i$、$\bar{A}_i$、$\bar{S}_i$、$\bar{V}_i$ 是整个溶液中组元 i 的总热力学量。

综上可见，溶液中各组元的偏摩尔性质间的关系与单组元体系的热力学公式形式相同，仅把公式中的摩尔性质换成相应的偏摩尔性质即可。再如，对于公式

$$\left[\frac{\partial(G/T)}{\partial T}\right]_p = -\frac{H}{T^2}$$

相应有

$$\left[\frac{\partial(\bar{G}_i/T)}{\partial T}\right]_{p,\,n_j} = -\frac{\bar{H}_i}{T^2} \tag{2.25}$$

对于其他单组元体系的热力学公式，也有相应的偏摩尔热力学公式。

在组元的各种偏摩尔性质中，偏摩尔吉布斯自由能最为重要，它与化学势 μ_i 的定义相同。

$$\mu_i = \overline{G}_{m,i} = \left(\frac{\partial G}{\partial n_i}\right)_{T,p,n_{j\neq i}} \tag{2.26}$$

式中，μ_i 是经常用到的热力学量。此处应注意，化学势等于偏摩尔吉布斯自由能，但并不等于其他偏摩尔性质，而是

$$\mu_i = \left(\frac{\partial U}{\partial n_i}\right)_{S,V,n_{j\neq i}} \neq \overline{U}_{m,i} = \left(\frac{\partial U}{\partial n_i}\right)_{T,p,n_{j\neq i}}$$

$$\mu_i = \left(\frac{\partial H}{\partial n_i}\right)_{S,p,n_{j\neq i}} \neq \overline{H}_{m,i} = \left(\frac{\partial H}{\partial n_i}\right)_{T,p,n_{j\neq i}}$$

$$\mu_i = \left(\frac{\partial A}{\partial n_i}\right)_{T,V,n_{j\neq i}} \neq \overline{A}_{m,i} = \left(\frac{\partial A}{\partial n_i}\right)_{T,p,n_{j\neq i}}$$

化学势表示某一组元在一定条件下从一相内逸出的能力，它是重要的热力学量。

2.2.3 热力学性质的计算

在溶液和其他多元均相体系中，若已知某一组元的偏摩尔性质，则可用它计算其余各组元的偏摩尔性质，这不仅可以减少实验的工作量，而且可以利用易于由实验测定的某个组元的偏摩尔性质计算实验难以测定或不易测准的另一些组元的偏摩尔性质。

2.2.3.1 二元系

对于二元系 1-2 有

$$\Phi_m = x_1 \overline{\Phi}_{m,1} + x_2 \overline{\Phi}_{m,2} \tag{2.27}$$

将上式 x_1 求导，并利用吉布斯-杜亥姆方程

$$x_1 \frac{d\overline{\Phi}_{m,1}}{dx_1} + x_2 \frac{d\overline{\Phi}_{m,2}}{dx_2} = 0$$

得

$$\frac{d\Phi_m}{dx_1} = \overline{\Phi}_{m,1} + \frac{dx_2}{dx_1}\overline{\Phi}_{m,2} \tag{2.28}$$

由 $x_1 + x_2 = 1$ 得

$$\frac{dx_2}{dx_1} = -1$$

代入式 (2.28)，得

$$\frac{d\Phi_m}{dx_1} = \overline{\Phi}_{m,1} - \overline{\Phi}_{m,2}$$

上式乘以 x_2 后，利用式 (2.27)，得

$$\Phi_m + x_2 \frac{d\Phi_m}{dx_1} = \overline{\Phi}_{m,1}$$

即

$$\overline{\Phi}_{m,1} = \Phi_m + (1 - x_1)\frac{d\Phi_m}{dx_1} = (1 - x_1)^2\left[\frac{d}{dx_1}\left(\frac{\Phi_m}{1 - x_1}\right)\right] \tag{2.29}$$

同理

$$\overline{\Phi}_{m,2} = \Phi_m + (1 - x_2)\frac{d\Phi_m}{dx_2} = (1 - x_2)^2\left[\frac{d}{dx_2}\left(\frac{\Phi_m}{1 - x_2}\right)\right] \tag{2.30}$$

两边除以 $(1 - x_1)^2$，并在 $0 \sim x_1$ 区间积分，得

$$\Phi_m = (1 - x_1)\left[(\Phi_m)_{x_1 = 0} + \int_0^{x_1}\frac{\overline{\Phi}_{m,1}}{(1 - x_1)^2}dx_1\right] \tag{2.31}$$

$$\Phi_m = (1 - x_2)\left[(\Phi_m)_{x_2 = 0} + \int_0^{x_2}\frac{\overline{\Phi}_{m,2}}{(1 - x_2)^2}dx_2\right] \tag{2.32}$$

式 (2.31) 中，$(\Phi_m)_{x_1 = 0}$ 为 $x_2 = 1$ 的 Φ_m 值，即纯组元 2 的 Φ_m 值。式 (2.32) 中，$(\Phi_m)_{x_2 = 0}$ 为 $x_1 = 1$ 的 Φ_m 值，即纯组元 1 的 Φ_m 值。式 (2.29) 和式 (2.30) 中各项的关系示于图 2.1 中。

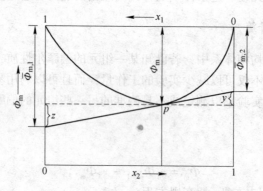

图 2.1　截距法求 $\overline{\Phi}_{m,1}$、$\overline{\Phi}_{m,2}$

$$\left(y = (1 - x_2)\frac{d\Phi_m}{dx_2}, \ z = (1 - x_2)\frac{d\Phi_m}{dx_1}\right)$$

2.2.3.2　三元系

A　达肯法

1950 年，达肯（Darken）提出由三元系中一个组元的热力学性质计算其他组元热力学性质的方法。对于三元系 1-2-3 有

$$\Phi_m = x_1\overline{\Phi}_{m,1} + x_2\overline{\Phi}_{m,2} + x_3\overline{\Phi}_{m,3} \tag{2.33}$$

在 $x_2/x_3 = l$ 不变的条件下，将上式对 x_1 求导，并利用吉布斯-杜亥姆方程

$$x_1\frac{\partial\overline{\Phi}_{m,1}}{\partial x_1} + x_2\frac{\partial\overline{\Phi}_{m,2}}{\partial x_1} + x_3\frac{\partial\overline{\Phi}_{m,3}}{\partial x_1} = 0$$

得

$$\frac{\partial\Phi_m}{\partial x_1} = \overline{\Phi}_{m,1} + \frac{\partial x_2}{\partial x_1}\overline{\Phi}_{m,2} + \frac{\partial x_3}{\partial x_1}\overline{\Phi}_{m,3} \tag{2.34}$$

由 $x_1 + x_2 + x_3 = 1$，$x_2/x_3 = l$ 得

$$\frac{dx_3}{dx_1} = -\frac{1}{1+l}$$

$$\frac{dx_2}{dx_1} = l\frac{dx_3}{dx_1} = -\frac{l}{1+l}$$

将上两式代入式（2.34），得

$$\frac{\partial \Phi_m}{\partial x_1} = \overline{\Phi}_{m,1} - \frac{1}{1+l}(l\overline{\Phi}_{m,2} + \overline{\Phi}_{m,3}) \tag{2.35}$$

将式（2.33）各项除以 x_3，并利用 $x_2/x_3 = l$，得

$$\frac{\Phi_m}{x_3} - \frac{x_1}{x_3}\overline{\Phi}_{m,1} = l\overline{\Phi}_{m,2} + \overline{\Phi}_{m,3} \tag{2.36}$$

将式（2.34）代入式（2.33）后，各项乘以 x_3，得

$$x_3\frac{\partial \Phi_m}{\partial x_1} = x_3\overline{\Phi}_{m,1} - \frac{1}{1+l}(\Phi_m + x_1\overline{\Phi}_{m,1})$$

再将 $x_2/x_3 = l$ 代入上式，整理得

$$\overline{\Phi}_{m,1} = \Phi_m + (1-x_1)\left(\frac{\partial \Phi_m}{\partial x_1}\right)_{\frac{x_2}{x_3}=l}$$

即

$$\overline{\Phi}_{m,1} = (1-x_1)^2\left[\frac{\partial}{\partial x_1}\left(\frac{\Phi_m}{1-x_1}\right)\right]_{\frac{x_2}{x_3}=l} \tag{2.37}$$

同理可得

$$\overline{\Phi}_{m,2} = (1-x_2)^2\left[\frac{\partial}{\partial x_2}\left(\frac{\Phi_m}{1-x_2}\right)\right]_{\frac{x_1}{x_3}=l} \tag{2.38}$$

和

$$\overline{\Phi}_{m,3} = (1-x_3)^2\left[\frac{\partial}{\partial x_3}\left(\frac{\Phi_m}{1-x_3}\right)\right]_{\frac{x_1}{x_2}=l} \tag{2.39}$$

将式（2.37）两边除以 $(1-x_1)^2$ 并在 $0\sim x_1$ 区间积分，得

$$\Phi_m = (1-x_1)\left[(\Phi_m)_{x_1=0} + \int_0^{x_1}\frac{\overline{\Phi}_{m,1}}{(1-x_1)^2}dx_1\right]_{\frac{x_2}{x_3}=l} \tag{2.40}$$

式中，$(\Phi_m)_{x_1=0}$ 是二元系 2-3 中 $x_2/x_3 = l$ 处的 Φ_m 值，即

$$(\Phi_m)_{x_1=0} = x_2\overline{\Phi}_{m,2} + x_3\overline{\Phi}_{m,3} \tag{2.41}$$

B 瓦格纳法

1962 年，瓦格纳（Wagner）提出另一种由三元系一个组元热力学性质计算另两个组元热力学性质的方法。对于三元系 1-2-3，令

$$y = \frac{x_3}{x_1 + x_3} = \frac{x_3}{1-x_2}$$

$$1 - y = \frac{x_1}{x_1 + x_3} = \frac{x_1}{1-x_2}$$

将 x_2 看做常数，将吉布斯-杜亥姆方程

$$x_1 d\overline{\varPhi}_{m,1} + x_2 d\overline{\varPhi}_{m,2} + x_3 d\overline{\varPhi}_{m,3} = 0$$

各项除以 $(1 - x_2) dy$，得

$$(1 - y)\left(\frac{\partial \overline{\varPhi}_{m,1}}{\partial y}\right) + \frac{x_2}{1 - x_2}\left(\frac{\partial \overline{\varPhi}_{m,2}}{\partial y}\right) + y\left(\frac{\partial \overline{\varPhi}_{m,3}}{\partial y}\right) = 0 \tag{2.42}$$

将 y 看作常数，将上面的吉布斯-杜亥姆方程各项除以 $(1 - x_2) dx_2$，得

$$(1 - y)\left(\frac{\partial \overline{\varPhi}_{m,1}}{\partial x_2}\right) + \frac{x_2}{1 - x_2}\left(\frac{\partial \overline{\varPhi}_{m,2}}{\partial x_2}\right) + y\left(\frac{\partial \overline{\varPhi}_{m,3}}{\partial x_2}\right) = 0 \tag{2.43}$$

将式（2.40）对 x_2 求导，式（2.41）对 y 求导，然后两者相减，得

$$\frac{\partial \overline{\varPhi}_{m,1}}{\partial x_2} + \frac{1}{(1 - x_2)^2}\frac{\partial \overline{\varPhi}_{m,2}}{\partial y} - \frac{\partial \overline{\varPhi}_{m,3}}{\partial x_2} = 0 \tag{2.44}$$

式（2.41）＋式（2.42）×y，对于确定的 y 值，得

$$d\overline{\varPhi}_{m,1} = -\frac{x_2}{1 - x_2}d\overline{\varPhi}_{m,2} - \frac{y}{(1 - x_2)^2}\frac{\partial \overline{\varPhi}_{m,2}}{\partial y}dx_2 \tag{2.45}$$

式（2.41）－式（2.42）×$(1 - y)$，对于确定的 y 值，得

$$d\overline{\varPhi}_{m,3} = -\frac{x_2}{1 - x_2}d\overline{\varPhi}_{m,2} + \frac{1 - y}{(1 - x_2)^2}\frac{\partial \overline{\varPhi}_{m,2}}{\partial y}dx \tag{2.46}$$

若已知 $\overline{\varPhi}_{m,2}$，在区间 $0 \sim x_2$ 积分式（2.43）和式（2.44）得

$$\overline{\varPhi}_{m,1} = (\overline{\varPhi}_{m,1})_{x_2=0} + \int_0^{x_2}\left\{\frac{\overline{\varPhi}_{m,2}}{(1 - x_2)^2} - y\frac{\partial}{\partial y}\left[\frac{\overline{\varPhi}_{m,2}}{(1 - x_2)^2}\right]\right\}dx_2 - \frac{x_2}{1 - x_2}\overline{\varPhi}_{m,2} \tag{2.47a}$$

$$\overline{\varPhi}_{m,3} = (\overline{\varPhi}_{m,3})_{x_2=0} + \int_0^{x_2}\left\{\frac{\overline{\varPhi}_{m,2}}{(1 - x_2)^2} - (1 - y)\frac{\partial}{\partial y}\left[\frac{\overline{\varPhi}_{m,2}}{(1 - x_2)^2}\right]\right\}dx_2 - \frac{x_2}{1 - x_2}\overline{\varPhi}_{m,2}$$

$$\tag{2.47b}$$

若已知 $\overline{\varPhi}_{m,2}$，则由以上两式可求得 $\overline{\varPhi}_{m,1}$ 和 $\overline{\varPhi}_{m,3}$。两式等号右边被积函数分别是以 $\dfrac{\overline{\varPhi}_{m,2}}{(1 - x_2)^2}$ 对 y 作图所得曲线的切线在左方和右方纵坐标轴上的截距。

2.2.3.3　n（>3）元系

达肯法可以推广到 n>3 元系。

对于 n 元系 1-2-3-$\cdots$-n，有

$$\varPhi_m = \sum_{i=1}^{n} x_i \overline{\varPhi}_{m,i}$$

在 $\dfrac{x_2}{x_i} = l_i(i = 3, 4, \cdots, n)$ 恒定的条件下，将上式对 x_1 求导并利用吉布斯-杜亥姆方程

$$\sum_{i=1}^{n} x_i \frac{\partial \overline{\varPhi}_{m,i}}{\partial x_1} = 0$$

得

$$\frac{\partial \Phi_{\mathrm{m}}}{\partial x_1} = \overline{\Phi}_{\mathrm{m}, 1} + \sum_{i=2}^{n} \frac{\partial x_i}{\partial x_1} \overline{\Phi}_{\mathrm{m}, i}$$

利用关系式 $\sum_{i=1}^{n} x_i = 1, \frac{x_2}{x_i} = l_i (i = 3, 4, \cdots, n)$ 可得

$$\overline{\Phi}_{\mathrm{m}, 1} = \Phi_{\mathrm{m}} + (1 - x_1) \frac{\partial \Phi_{\mathrm{m}}}{\partial x_1} \tag{2.48}$$

即

$$\overline{\Phi}_{\mathrm{m}, 1} = (1 - x_1)^2 \frac{\partial}{\partial x_1} \left(\frac{\Phi_{\mathrm{m}}}{1 - x_1} \right)_{\frac{x_2}{x_i} = l_i (i \neq 1, 2)} \tag{2.49}$$

同理可得

$$\overline{\Phi}_{\mathrm{m}, i} = (1 - x_i)^2 \frac{\partial}{\partial x_i} \left(\frac{\Phi_{\mathrm{m}}}{1 - x_i} \right)_{\frac{x_1}{x_j} = l_j (j \neq 1, i)} \quad (i = 2, 3, \cdots, n) \tag{2.50}$$

将式 (2.48) 两边除以 $(1 - x_1)^2$ 并积分, 得

$$\Phi_{\mathrm{m}} = (1 - x_1) \left[(\Phi_{\mathrm{m}})_{x_1 = 0} + \int_0^{x_1} \frac{\overline{\Phi}_{\mathrm{m}, 1}}{(1 - x_1)^2} \mathrm{d}x_1 \right]_{\frac{x_2}{x_i} = l_i (i \neq 1, 2)} \tag{2.51}$$

当 $x_1 = 0$ 时, n 元系变为 $n-1$ 元系, 所以 $(\Phi_{\mathrm{m}})_{x_1=0}$ 是 $n-1$ 元系 2, 3, $\cdots$, n 中 $\frac{x_2}{x_i} = l_i (i = 3, 4, \cdots, n)$ 处的 Φ_{m} 值, 积分是沿 n 元系中 $\frac{x_2}{x_i} = l_i (i = 3, 4, \cdots, n)$ 的线上进行的。

若 $\overline{\Phi}_{\mathrm{m}, 1}$ 已知, 则利用式 (2.51) 求得 Φ_{m}, 再利用式 (2.50) 求 $\Phi_i (i = 2, 3, \cdots, n)$。

2.3　相对偏摩尔热力学性质

2.3.1　相对偏摩尔性质

相对偏摩尔性质也称偏摩尔混合性质。

偏摩尔量 $\overline{G}_{\mathrm{m}, i}$、$\overline{U}_{\mathrm{m}, i}$、$\overline{H}_{\mathrm{m}, i}$、$\overline{A}_{\mathrm{m}, i}$ 等的绝对值尚无法得到, 通常采用相对值。在一定浓度的溶液中, 组元 i 的相对偏摩尔性质是指组元 i 在溶液中的偏摩尔性质与其在纯状态时的摩尔性质的差值。依此定义

$$\Delta \Phi_{\mathrm{m}, i} = \overline{\Phi}_{\mathrm{m}, i} - \Phi_{\mathrm{m}, i}$$

式中, $\Delta \Phi_{\mathrm{m}, i}$ 为组元 i 的某一相对偏摩尔性质; $\overline{\Phi}_{\mathrm{m}, i}$ 为溶液中组元 i 的某一偏摩尔性质; $\Phi_{\mathrm{m}, i}$ 为纯 i 的某一摩尔性质。从物理意义上看, 相对偏摩尔性质相当于在恒温恒压条件下, 在给定浓度的大量溶液中, 1mol 组元 i 溶解进去时, 组元 i 摩尔性质的变化。所以, 相对偏摩尔性质又称为组元 i 的偏摩尔溶解性质。所谓大量溶液是表示 1mol 组元 i 溶解于其中并不改变溶液的浓度。在恒温恒压条件下, 纯组元 i 溶解转入溶液, 表示为

$$i = [i]$$

其摩尔吉布斯自由能变化

$$\Delta G_{m,i} = \bar{G}_{m,i} - G_{m,i} \tag{2.52}$$

式中，$\Delta G_{m,i}$ 为组元 i 的偏摩尔溶解自由能，即 $1mol$ i 物质在一定浓度溶液中溶解过程的吉布斯自由能变化，也称偏摩尔混合自由能；$\bar{G}_{m,i}$ 为组元 i 溶解后，溶液中组元 i 的偏摩尔吉布斯自由能；$G_{m,i}$ 是纯组元 i 的摩尔吉布斯自由能。

除偏摩尔溶解自由能外，还有偏摩尔溶解热，或称为偏摩尔混合热：

$$\Delta H_{m,i} = \bar{H}_{m,i} - H_{m,i}$$

及偏摩尔溶解熵，或称为偏摩尔混合熵：

$$\Delta S_{m,i} = \bar{S}_{m,i} - S_{m,i}$$

式中，$\bar{H}_{m,i}$、$\bar{S}_{m,i}$ 分别为溶液中组元 i 的偏摩尔焓和偏摩尔熵；$H_{m,i}$、$S_{m,i}$ 分别为纯组元 i 的摩尔焓和摩尔熵。

在整个溶液中，组元 i 的相对热力学性质为

$$\Delta \Phi_i = \bar{\Phi}_i - \Phi_i$$

$$\Delta G_i = \bar{G}_i - G_i$$

$$\Delta U_i = \bar{U}_i - U_i$$

$$\Delta H_i = \bar{H}_i - H_i$$

$$\Delta A_i = \bar{A}_i - A_i$$

$$\Delta S_i = \bar{S}_i - S_i$$

$$\Delta V_i = \bar{V}_i - V_i$$

式中，$\bar{G}_i$、$\bar{U}_i$、$\bar{H}_i$、$\bar{A}_i$、$\bar{S}_i$、$\bar{V}_i$ 分别为整个溶液中组元 i 的吉布斯自由能、内能、热焓、赫姆霍兹自由能、熵、体积；G_i、U_i、H_i、A_i、S_i、V_i 分别为相等于整个溶液中组元 i 的量的纯组元 i 的吉布斯自由能、内能、热焓、赫姆霍兹自由能、熵、体积。

2.3.2　混合热力学性质

由 n 个组元形成溶液。混合前，体系中各组元的容量性质之和为

$$\Phi^b = \sum_{i=1}^{n} n_i \Phi_{m,i}$$

混合后体系的容量性质为

$$\Phi^a = \sum_{i=1}^{n} n_i \bar{\Phi}_{m,i}$$

混合前后体系的容量性质变化为

$$\Delta \Phi = \Phi^a - \Phi^b = \sum_{i=1}^{n} n_i (\bar{\Phi}_{m,i} - \Phi_{m,i}) = \sum_{i=1}^{n} n_i \Delta \Phi_{m,i} \tag{2.53}$$

其中

$$\Delta \Phi_{m,i} = \bar{\Phi}_{m,i} - \Phi_{m,i}$$

为组元 i 的偏摩尔热力学性质。

对于 1mol 溶液，则有

$$\Delta\Phi_{m} = \frac{\Delta\Phi}{\sum\limits_{i=1}^{n} n_i} = \frac{\sum\limits_{i=1}^{n} n_i \Delta\Phi_{m,i}}{\sum\limits_{i=1}^{n} n_i} = \sum\limits_{i=1}^{n} x_i \Delta\Phi_{m,i} \qquad (2.54)$$

式中，$\Delta\Phi_{m}$ 为混合前后体系的摩尔热力学性质变化。

上面的公式对任何容量性质都适用。例如对于吉布斯自由能则有混合吉布斯自由能变化

$$\Delta G = \sum\limits_{i=1}^{n} n_i \Delta G_{m,i}$$

1 摩尔混合吉布斯自由能变化

$$\Delta G_{m} = \sum\limits_{i=1}^{n} x_i \Delta G_{m,i}$$

还有混合焓、混合熵等

$$\Delta H = \sum\limits_{i=1}^{n} n_i \Delta H_{m,i}$$

$$\Delta H_{m} = \sum\limits_{i=1}^{n} x_i \Delta H_{m,i}$$

$$\Delta S = \sum\limits_{i=1}^{n} n_i \Delta S_{m,i}$$

$$\Delta S_{m} = \sum\limits_{i=1}^{n} x_i \Delta S_{m,i}$$

实际上不只是以上各式，凡是对偏摩尔性质成立的公式，对相对偏摩尔性质都成立，只需将热力学性质换成相应的混合热力学性质，偏摩尔性质换成相应的相对偏摩尔性质。例如

$$\Delta G_{m,i} = \Delta H_{m,i} - T\Delta S_{m,i}$$

$$\Delta H_{m,i} = \Delta U_{m,i} + p\Delta V_{m,i}$$

$$\left[\frac{\partial}{\partial T}\left(\frac{\Delta G_{m,i}}{T}\right)\right]_{p,n_i} = -\frac{\Delta H_{m,i}}{T}$$

$$\Delta\mu_i = \Delta G_{m,i} = \left(\frac{\partial\Delta G}{\partial n_i}\right)_{T,p,n_{j\neq i}} = \left(\frac{\partial\Delta G_m}{\partial x_i}\right)_{T,p,x_{j\neq i}}$$

$$\left.\begin{array}{l} \sum\limits_{i=1}^{n} x_i \mathrm{d}\Delta\Phi_{m,i} = 0 \\[3mm] \sum\limits_{i=1}^{n} x_i \dfrac{\partial\Delta\Phi_{m,i}}{\partial x_j} = 0 \quad (j = 1, 2, \cdots, n; \ j \neq i) \end{array}\right\} \qquad (2.55)$$

并有

$$\Delta G_i = \Delta H_i - T\Delta S_i$$

$$\Delta H_i = \Delta U_i + p\Delta V_i$$

$$\left[\frac{\partial}{\partial T}\left(\frac{\Delta G_i}{T}\right)\right]_{p,n_i} = -\frac{\Delta H_i}{T^2}$$

式（2.55）是相对偏摩尔性质的吉布斯–杜亥姆方程。

2.3.3 由已知组元的相对偏摩尔性质计算其他组元的相对偏摩尔性质

2.3.3.1 二元系

对于二元系 1-2 集合公式为

$$\Delta \Phi_m = x_1 \Delta \Phi_{m,1} + x_2 \Delta \Phi_{m,2}$$

将上式对 x_1 求导，利用 $dx_1 = - dx_2$ 和二元系吉布斯-杜亥姆方程

$$x_1 \frac{d\Delta \Phi_{m,1}}{dx_1} + x_2 \frac{d\Delta \Phi_{m,2}}{dx_1} = 0$$

可推得

$$\Delta \Phi_{m,1} = \Delta \Phi_m + (1 - x_1) \frac{d\Delta \Phi_m}{dx_1} \tag{2.56}$$

和

$$\Delta \Phi_{m,2} = \Delta \Phi_m + (1 - x_2) \frac{d\Delta \Phi_m}{dx_2} \tag{2.57}$$

若已知某些浓度的 $\Delta \Phi_m$，以 $\Delta \Phi_m$ 对 x_1 作图（图 2.2），所得曲线过 p 点的切线斜率为 $\dfrac{d\Delta \Phi_m}{dx_1}$，在两边竖轴的截距分别为 $\Delta \Phi_{m,1}$、$\Delta \Phi_{m,2}$。

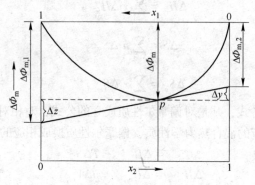

图 2.2　截距法求 $\Delta \Phi_{m,1}$ 和 $\Delta \Phi_{m,2}$

$$\left(\Delta y = (1 - x_2) \frac{d\Delta \Phi_m}{dx_2}, \quad \Delta z = (1 - x_1) \frac{d\Delta \Phi_m}{dx_1} \right)$$

将式（2.55）写做

$$\Delta \Phi_{m,1} = (1 - x_1)^2 \frac{\partial}{\partial x_1} \left(\frac{\Delta \Phi_m}{1 - x_1} \right) \tag{2.58}$$

两边除以 $(1 - x_1)^2$，并积分，得

$$\Delta \Phi_m = (\Delta \Phi_m)_{x_1 = 0} + (1 - x_1) \int_0^{x_1} \frac{\Delta \Phi_{m,1}}{(1 - x_1)^2} dx_1$$

当 $x_1 = 0$ 时，为纯物质 2，所以 $(\Delta \Phi_m)_{x_1 = 0} = 0$，因而

$$\Delta \Phi_m = (1 - x_1) \int_0^{x_1} \frac{\Delta \Phi_{m,1}}{(1 - x_1)^2} dx_1 \tag{2.59}$$

　　从上可见，此推导过程与 2.2 节关于偏摩尔性质的计算完全一样，所得公式也具有相同形式，只是以 $\Delta\Phi$ 替换 Φ 即可。

2.3.3.2 三元系、n（>3）元系

　　按上述推导过程，对于三元系有达肯公式

$$\Delta\Phi_{m,1} = \Delta\Phi_m + (1-x_1)\left[\frac{\partial(\Delta\Phi_m)}{\partial x_1}\right]_{\frac{x_2}{x_3}=l} \tag{2.60}$$

$$\Delta\Phi_{m,1} = (1-x_1)^2\left[\frac{\partial}{\partial x_1}\left(\frac{\Delta\Phi_m}{1-x_1}\right)\right]_{\frac{x_2}{x_3}=l} \tag{2.61}$$

$$\Delta\Phi_m = (1-x_1)\left[(\Delta\Phi_m)_{x_1=0} + \int_0^{x_1}\frac{\Delta\Phi_{m,1}}{(1-x_1)^2}dx_1\right]_{\frac{x_2}{x_3}=l} \tag{2.62}$$

其中 $(\Delta\Phi_m)_{x_1=0}$ 是二元系 2-3 中 $x_2/x_3 = l$ 处的 $\Delta\Phi_m$ 值。

　　对于 n（>3）元系，上列三式则为

$$\Delta\Phi_{m,1} = \Delta\Phi_m + (1-x_1)\left[\frac{\partial(\Delta\Phi_m)}{\partial x_1}\right]_{\frac{x_2}{x_i}=l_{i(i=3,4,\cdots,n)}} \tag{2.63}$$

$$\Delta\Phi_{m,1} = (1-x_1)^2\left[\frac{\partial}{\partial x_1}\left(\frac{\Delta\Phi_m}{1-x_1}\right)\right]_{\frac{x_2}{x_i}=l_{i(i=3,4,\cdots,n)}} \tag{2.64}$$

$$\Delta\Phi_m = (1-x_1)\left[(\Delta\Phi_m)_{x_1=0} + \int_0^{x_1}\frac{\Delta\Phi_{m,1}}{(1-x_1)^2}dx_1\right]_{\frac{x_2}{x_i}=l_{i(i=3,4,\cdots,n)}} \tag{2.65}$$

三元系还有瓦格纳法公式

$$\Delta\Phi_{m,1} = (\Delta\Phi_{m,1})_{x_2=0} + \int_0^{x_2}\left\{\frac{\Delta\Phi_{m,2}}{(1-x_2)^2} - y\frac{\partial}{\partial y}\left[\frac{\Delta\Phi_{m,2}}{(1-x_2)^2}\right]\right\}dx_2 - \frac{x_2}{1-x_2}\Delta\Phi_{m,2} \tag{2.66}$$

$$\Delta\Phi_{m,3} = (\Delta\Phi_{m,3})_{x_2=0} + \int_0^{x_2}\left\{\frac{\Delta\Phi_{m,2}}{(1-x_2)^2} - (1-y)\frac{\partial}{\partial y}\left[\frac{\Delta\Phi_{m,2}}{(1-x_2)^2}\right]\right\}dx_2 - \frac{x_2}{1-x_2}\Delta\Phi_{m,2} \tag{2.67}$$

2.4　理想溶液和稀溶液

2.4.1　拉乌尔定律

　　拉乌尔（Raoult）在总结实验结果的基础上，于 1887 年提出："在定温定压的稀溶液中，溶剂的蒸气压等于纯溶剂的蒸气压乘以溶剂的摩尔分数"。可以表示为

$$p_A = p_A^* x_A \tag{2.68}$$

式中，p_A^* 为纯溶剂 A 的蒸气压；x_A 为溶液中溶剂 A 的摩尔分数；p_A 为与溶液平衡的溶液中溶剂的蒸气压。

2.4.2　亨利定律

　　1807 年亨利（Herry）在研究气体在溶剂中的溶解度的实验中发现"在稀溶液中，挥

发性溶质的平衡分压与其在溶液中的摩尔分数成正比"。可以表示为

$$p_B = k_x x_B \qquad (2.69)$$

式中，p_B 为与溶液平衡的溶质的蒸气压；x_B 为溶质在溶液中的摩尔分数；k_x 为比例系数，其数值在一定温度下不仅与溶质的性质有关，还与溶剂的性质有关；其数值不等于纯溶质在该温度的饱和蒸气压，可以大于纯溶质的蒸气压 p_B^*，也可以小于纯溶质的蒸气压 p_B^*。一般来说，只有在稀溶液中的溶质才能较准确地遵守亨利定律。亨利定律也可以表示为

$$p_B = k_w w_B \qquad (2.70)$$

$$p_B = k_b b_B \qquad (2.71)$$

$$p_B = k_c c_B \qquad (2.72)$$

式中，w_B、b_B 和 c_B 分别表示质量分数、质量摩尔浓度和物质的量浓度；k_w、k_b 和 k_c 分别为相应浓度表示的亨利定律常数。必须注意，亨利定律只能适用于溶质在气相和液相中基本单元相同的情况。

2.4.3 西华特定律

在一定温度，气体在金属中溶解达成平衡，以其质量分数表示的溶解度与该种气体分压的平方根成正比，此即西华特（Sivert）定律，也称为平方根定律。以 B_2 表示气体分子，西华特定律的数学表达式为

$$w_B = k_s p_{B_2}^{1/2} \qquad (2.73)$$

式中，w_B 为金属中 B 的质量分数，也是 B 的溶解度；k_s 为西华特定律系数；p_{B_2} 为 B_2 的分压。

西华特定律是一些溶解在金属中解离为原子的同核双原子分子气体溶解达成平衡的必然结果。例如，H_2 在铁中的溶解反应为

$$\frac{1}{2}H_2(g) = [H]$$

平衡常数

$$K = \frac{w_B / w^\ominus}{(p_{H_2}/p^\ominus)^{1/2}}$$

则有

$$w_B / w^\ominus = K\left(\frac{p_{H_2}}{p^\ominus}\right)^{1/2} = \frac{K}{(p^\ominus)^{1/2}} p_{H_2}^{1/2} = k_s p_{H_2}^{1/2}$$

式中，K 为平衡常数，也是西华特定律的系数，K 与 k_s 两者相差一个比例常数 $w^\ominus (p^\ominus)^{1/2}$，这是压力单位不同所致；$w_H$ 为 H_2 在铁中的溶解度。

平衡常数 K 随温度变化，所以 w_H 也随温度变化。而且，铁若为固态，还与铁的晶型有关。例如，H_2 在 α-Fe 和 γ-Fe 中的溶解度分别为

$$w_H \times 10^2 = -\frac{1418}{T} - 2.369$$

$$w_H \times 10^2 = -\frac{1182}{T} - 2.369$$

而 N_2 在 α-Fe 和 γ-Fe 中的溶解度分别为

$$w_N \times 10^2 = -\frac{1592}{T} - 1.008$$

$$w_N \times 10^2 = -\frac{625}{T} - 2.093$$

对于不同的金属（溶剂），同一种气体的溶解度也不同。

2.4.4 理想溶液

在一定的温度和压力下，溶液中任一组元在全部浓度范围内都服从拉乌尔定律的溶液称为理想溶液。可以表示为

$$p_i = p_i^* x_i \tag{2.74}$$

式中，p_i 为溶液中组元 i 的摩尔分数为 x_i 的蒸气压；p_i^* 为该温度纯组元 i 的蒸气压。

理想溶液体积有加和性且形成理想溶液时没有热效应，即

$$\Delta V = 0, \Delta H = 0 \tag{2.75}$$

亦即

$$\overline{V}_{m,i} = V_{m,i}, \overline{H}_{m,i} = H_{m,i} \tag{2.76}$$

理想溶液中组元 i 的化学势可以表示为

$$\mu_i = \mu_i^* + RT\ln x_i$$

$$x_i = \frac{p_i}{p_i^*} \tag{2.77}$$

式中，μ_i^* 是与 μ_i 处于同一温度的纯组元 i 的化学势，是温度和压力的函数，但受压力的影响很小。

2.4.5 稀溶液

在一定的温度和压力下，一定的浓度范围内，溶剂遵守拉乌尔定律，溶质遵守亨利定律的溶液称为稀溶液。对于稀溶液来说，溶剂 A 的化学势与理想溶液组元化学势的表达式相同，即

$$\mu_A = \mu_A^* + RT\ln x_A$$

而溶质 i 的浓度用 x_i 表示时，其化学势表达式为

$$\mu_i = \mu_{i(x)}^{\ominus} + RT\ln x_i \tag{2.78}$$

$$x_i = \frac{p_i}{k_x} \tag{2.79}$$

式中，k_x 为浓度以摩尔分数表示的亨利系数，其数值等于将亨利定律线延长至 $x_i = 1$ 处的假想状态的蒸气压；$\mu_{i(x)}^{\ominus}$ 为浓度以摩尔分数表示的组元 i 在标准状态的化学势，即亨利定律延长线上 $x_i = 1$ 的假想状态的化学势。

若浓度用质量分数表示，化学势为

$$\mu_i = \mu_{i(w)}^{\ominus} + RT\ln\frac{w_i}{w^{\ominus}} \tag{2.80}$$

$$\frac{w_i}{w^{\ominus}} = \frac{p_i}{k_w} \tag{2.81}$$

式中，k_w 为浓度以质量分数表示的亨利系数，其值等于将亨利定律线延长至 $w_i/w^\ominus = 1$ 处（即图 2.3 中 C 点）的假想状态的蒸气压；若组元 i 在 $w_i/w^\ominus$ 处偏离亨利定律，此点是假想状态；若组元 i 在 $w_i/w^\ominus$ 处服从亨利定律，此点是真实状态。$\mu_{i(w)}^\ominus$ 为标准状态即亨利定律线上 $w_i/w^\ominus = 1$ 处的化学势。

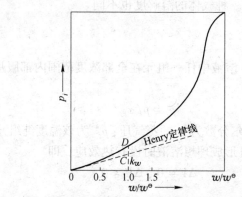

图 2.3　浓度以质量分数表示的浓度与压力的关系

2.4.6　化学势的通用形式

由上可见，不论组元 i 遵守拉乌尔定律还是遵守亨利定律，其化学势都具有相同的形式，可概括为如下通式

$$\mu_i = \mu_i^\ominus + RT\ln Y_i \tag{2.82}$$

$$Y_i = \frac{p_i}{p_i^\ominus} \tag{2.83}$$

式中，μ_i 表示组元 i 的化学势；Y_i 表示组元 i 的浓度；$\mu_i^\ominus$ 是标准状态的化学势；p_i 为组元 i 的实际压力；$p_i^\ominus$ 为标准状态（实际或假想状态）的压力。

需要注意的是如果真实气体偏离理想气体，则各定律的压力应该用逸度代替。

2.5　实 际 溶 液

2.5.1　活度

由于形成溶液的粒子（分子、离子或原子）的结构、大小不同，致使溶液粒子间的相互作用力不等，性质千差万别。除少数特殊或极稀的溶液外，多数实际溶液不遵守拉乌尔定律或亨利定律，因而，理想溶液和稀溶液组元化学势的表达式就不适用于实际溶液。实际溶液中组元的化学势和浓度的关系非常复杂，而且因不同的溶液组成而异。那么如何表示实际溶液中物质的化学势才方便呢？为了使实际溶液中组元的化学势与理想溶液和稀溶液中组元的化学势有同样简单的表达形式，路易斯（Lewis）提出一种简便的办法，即在式（2.82）中将浓度 Y_i 乘上一个校正因子 γ_i（对理想溶液）或 f_i（对稀溶液），于是就可以用与式（2.82）相同形式的公式来表示非理想溶液中组元 i 的化学势，即

$$\mu_i = \mu_i^{\ominus} + RT\ln\gamma_i Y_i$$

$$\mu_i = \mu_i^{\ominus} + RT\ln f_i Y_i$$

对于理想溶液的修正式为

$$\mu_i = \mu_i^* + RT\ln\gamma_i x_i = \mu_i^* + RT\ln a_i^R \tag{2.84}$$

$$a_i^R = \frac{p_i}{p_i^*} \tag{2.85}$$

若蒸气为非理想气体，则用逸度代替压力

$$a_i^R = \frac{f}{f_i^*} \tag{2.86}$$

其中

$$a_i^R = \gamma_i x_i \tag{2.87}$$

式中，a_i^R 为组元 i 的活度；γ_i 为组元 i 的活度系数，它表示实际溶液对拉乌尔定律的偏差。a_i、γ_i 都是量纲为一的量，SI 单位为 1。

对于稀溶液的修正式为

$$\mu_i = \mu_i^{\ominus} + RT\ln f_i z_i = \mu_i^{\ominus} + RT\ln a_i^H \tag{2.88}$$

$$a_i^H = \frac{p_i}{k_z} \tag{2.89}$$

若蒸气为非理想气体，则为

$$a_i^H = \frac{f_i}{k_z} \tag{2.90}$$

其中

$$a_i^H = f_i z_i \tag{2.91}$$

式中，a_i^H 为组元 i 的活度；f_i 为组元 i 的活度系数，它表示实际溶液对亨利定律的偏差，f_i 也是量纲为一的量，SI 单位为 1；z_i 是组元 i 的浓度，可以是摩尔分数，也可以是质量分数，还可以是其他的浓度表示。

经过这样的处理后，原有理想溶液和稀溶液的公式形式不变，但内容有所不同。式中 a_i 是修正了的浓度，也可以称为"有效浓度"。所谓"有效"指的是为适合拉乌尔定律或亨利定律及由其导出的各种公式的形式而对溶液的真实浓度加以修正的结果。对于理想溶液和稀溶液来说，$\gamma_i = 1$（或 $f_i = 1$），$a_i = Y_i$，又还原为原来的形式。这样，理想溶液和稀溶液的公式可看作是式（2.84）和式（2.88）的特例。

2.5.2 标准状态

由式（2.84）和式（2.88）可知，若求 μ_i，除需知道 a_i 外，还需知道 μ_i^* 和 $\mu_i^{\ominus}$。μ_i^* 和 $\mu_i^{\ominus}$ 分别为 $a_i^R = 1$ 或 $a_i^H = 1$，即 $RT\ln a_i^R = 0$ 或 $RT\ln a_i^H = 0$ 的化学势值，称为标准状态的化学势，$a_i^R = 1$ 或 $a_i^H = 1$ 的状态称为标准状态。标准状态是人为规定的，根据浓度的不同表示，标准状态有多种选择，其唯一的选择原则就是方便。考虑到式（2.84）和式（2.88）的通用性，选择的标准状态对于理想溶液和稀溶液，其活度应当等于浓度，即 $a_i^R = Y_i$ 或 $a_i^H = Y_i$。

常用的标准状态有以下几种：

（1）以拉乌尔定律形式表示的纯物质标准状态。采用此种规定，$\gamma_i = 1$、$x_i = 1$ 的状态就是标准状态。有

$$\mu_i = \mu_i^* + RT\ln\gamma_i x_i = \mu_i^* + RT\ln a_i^R \tag{2.92}$$

即

$$\mu_i^\ominus = \mu_i^*$$

$$p_i^\ominus = p_i^* \qquad a_i^R = p_i/p_i^* \qquad \text{（理想气体）}$$

$$p_i^\ominus = f_i^* \qquad a_i^R = f_i/f_i^* \qquad \text{（非理想气体）}$$

此组元 i 的标准状态化学势 $\mu_i^\ominus$ 就是纯物质 i 的化学势 μ_i^*，即纯物质 i 的摩尔吉布斯自由能，而 γ_i 体现组元 i 对拉乌尔定律的偏差程度。

（2）以亨利定律形式表示的各种标准状态。对于浓度较低的溶质，采用上述标准状态不方便，则以亨利定律表示活度，选择 $f_i = 1$，$z_i = 1$ 的状态为标准状态。在此种情况下，由于浓度表示方法不同，而有不同的标准状态。

1）符合亨利定律的假想纯物质标准状态，以摩尔分数 x_i 表示组元 i 的浓度，则

$$\mu_i = \mu_{i(x)}^\ominus + RT\ln f_{i(x)}x_i = \mu_{i(x)}^\ominus + RT\ln a_{i(x)}^H \tag{2.93}$$

式中，$\mu_{i(x)}^\ominus$ 是符合亨利定律的纯溶质 i 的化学势。这意味着组元 i 的浓度 $x_i \to 1$，性质仍符合亨利定律，这显然是假想状态，如图 2.4 所示。

2）符合亨利定律的 $w_i/w^\ominus = 1$ 标准状态，以 w_i 表示组元 i 的浓度，则

$$\mu_i = \mu_{i(w)}^\ominus + RT\ln\left[f_{i(w)}\frac{w_i}{w^\ominus}\right] = \mu_{i(w)}^\ominus + RT\ln a_{i(w)}^H \tag{2.94}$$

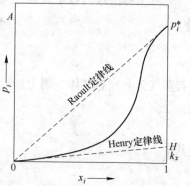

图 2.4　浓度以摩尔分数表示的
浓度与压力的关系

式中，$\mu_{i(w)}^\ominus$ 为浓度以质量分数 w_i 表示的标准状态的化学势，即亨利定律直线上 $w_i/w^\ominus = 1$ 处的状态（图 2.3 中 C 点）的化学势。在此种标准状态，存在两种情况：一是 $w_i/w^\ominus = 1$，组元 i 服从亨利定律，此组元 i 的标准状态即为真实状态；二是 $w_i/w^\ominus = 1$，组元 i 偏离亨利定律，此组元 i 的标准状态为假想状态。

3）符合亨利定律的 $b_i/b^\ominus = 1$ 标准状态，对于水溶液体系，常以质量摩尔浓度 b_i 表示溶质的浓度，则

$$\mu_i = \mu_{i(b)}^\ominus + RT\ln\left[f_{i(b)}\frac{b_i}{b^\ominus}\right] = \mu_{i(b)}^\ominus + RT\ln a_{i(b)}^H \tag{2.95}$$

式中，$\mu_{i(b)}^\ominus$ 为浓度以质量摩尔浓度 b_i 表示的标准状态的化学势，即亨利定律线上 $b_i/b^\ominus = 1$ 的状态的化学势；$b^\ominus$ 称为标准浓度，$b^\ominus = 1\text{mol/kg}$（溶剂）。此种标准状态也存在两种情况：一是 $b_i/b^\ominus = 1$，组元 i 服从亨利定律，此组元的标准状态即为真实状态；二是 $b_i/b^\ominus = 1$，组元 i 偏离亨利定律，此组元的标准状态为假想状态。

4）符合亨利定律的 $\dfrac{c_i}{c^\ominus} = 1$ 标准状态，以物质的量浓度表示组元 i 的浓度，则

$$\mu_i = \mu_{i(c)}^\ominus + RT\ln\left(f_{i(c)}\frac{c_i}{c^\ominus}\right) = \mu_{i(c)}^\ominus + RT\ln a_{i(c)}^H \tag{2.96}$$

式中，$\mu_{i(c)}^{\ominus}$ 为浓度以物质的量浓度表示的标准状态的化学势，即亨利定律线上 $c_i/c^{\ominus} = 1$ 的状态的化学势，$c^{\ominus} = 1\text{mol}/\text{dm}^3$。

此种标准状态同样存在两种情况：一种是 $c_i/c^{\ominus} = 1$，组元 i 服从亨利定律，此组元的标准状态即为真实状态；另一种是 $c_i/c^{\ominus} = 1$ 时，组元 i 偏离亨利定律，此组元的标准状态为假想状态。

综上可见，所谓标准状态是以拉乌尔定律或亨利定律形式表示的化学势公式中活度为 1 的状态。在此状态，化学势公式的后一项为零。由于浓度有多种表达方式，所以相应于不同的浓度表示有不同的标准状态。

2.5.3 活度与温度、压力的关系

2.5.3.1 活度与温度的关系

由式

$$\mu_i = \mu_i^* + RT\ln a_i^{\text{R}}$$

$$\ln a_i^{\text{R}} = \frac{\mu_i - \mu_i^*}{RT}$$

对温度求导，得

$$\left(\frac{\partial \ln a_i^{\text{R}}}{\partial T}\right)_p = \left(\frac{\partial \ln \gamma_i}{\partial T}\right)_p = \frac{1}{R}\left[\frac{\partial}{\partial T}\left(\frac{\mu_i}{T}\right)_p - \frac{\partial}{\partial T}\left(\frac{\mu_i^*}{T}\right)_p\right] = -\frac{\overline{H}_{\text{m},i} - H_{\text{m},i}}{RT^2} = -\frac{\Delta H_{\text{m},i}}{RT^2} \quad (2.97)$$

上式表明，温度对活度的影响与组元 i 的溶解热有关。若溶解时放热，$\Delta H_{\text{m},i}$ 为负值，$\dfrac{\partial \ln a_i^{\text{R}}}{\partial T}$ 为正值，温度升高使 a_i^{R} 增大；若溶解时吸热，$\Delta H_{\text{m},i}$ 为正值，$\dfrac{\partial \ln a_i^{\text{R}}}{\partial T}$ 为负值，温度升高使 a_i^{R} 减小；若溶液 $\Delta H_{\text{m},i}$ 为零，温度对活度没有影响。

2.5.3.2 活度与压力的关系

$$\left(\frac{\partial \ln a_i^{\text{R}}}{\partial p}\right)_T = \left(\frac{\partial \ln \gamma_i}{\partial p}\right)_T = \frac{1}{RT}\left[\left(\frac{\partial \mu_i}{\partial p}\right)_T + \left(\frac{\partial \mu_i^*}{\partial p}\right)_T\right] = \frac{1}{RT}(\overline{V}_{\text{m},i} - V_{\text{m},i}) = \frac{\Delta V_{\text{m},i}}{RT} \quad (2.98)$$

一般情况下，$\Delta V_{\text{m},i}$ 很小，可以认为活度或活度系数与压力无关。与其他标准状态相应的活度有和上述相类似的公式。

2.5.4 活度计算实例

体系的状态一定时，p_i 是定值，而标准状态是人为选定的，选不同的标准态，$p_i^{\ominus}$ 不同，活度值与所选的标准状态有关。采用不同的标准状态就会有不同的活度值。因此，在计算和应用活度时，必须注意所选取的标准状态。下面举例说明活度的计算。

例 2.1 1200℃，液体 Cu–Zn 合金中锌的蒸气压与浓度关系如图 2.5 所示。求 $x_{\text{Zn}} = 0.5$ 时，不同标准状态下锌的活度及活度系数。

解：（1）以纯液态锌为标准状态。

由图 2.5 知，$x_{\text{Zn}} = 1$，$p_{\text{Zn}}^* = 31.75\text{kPa}$；$x_{\text{Zn}} = 0.5$，$p_{\text{Zn}} = 10.64\text{kPa}$。

所以

$$a_{Zn}^{R} = p_{Zn}/p_{Zn}^{*} = 10.64/31.75 = 0.335$$

$$\gamma_{Zn} = a_{Zn}^{R}/x_{Zn} = 0.335/0.5 = 0.67 < 1$$

此溶液对拉乌尔定律呈负偏差。

（2）以亨利定律线上 $x_{Zn} = 1$ 的状态为标准状态。由图 2.5 知，亨利定律线上 $x_{Zn} = 1$ 处，$p_{Zn} \approx 7.30\text{kPa}$，即 $k_x = 7.30\text{kPa}$，是假想状态锌的蒸气压。

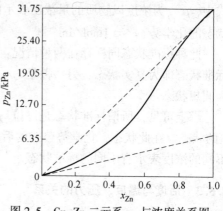

$$a_{Zn(x)}^{H} = p_{Zn}/k_x = 10.64/7.30 = 1.46$$

$$f_{Zn(x)} = a_{Zn}^{H}/x_{Zn} = 1.46/0.5 = 2.91 > 1$$

此溶液中锌对亨利定律呈正偏差。

图 2.5　Cu-Zn 二元系 p_{Zn} 与浓度关系图

（3）以亨利定律线上 $w_{Zn}/w^{\ominus} = 1$ 的状态为标准状态。由图 2.5 知，亨利定律线上 $x_{Zn} = 0.01$，$p_{Zn} = 0.073\text{kPa}$，可近似认为 $w_{Zn}/w^{\ominus} \leqslant 1$ 的浓度范围内，以 x_{Zn} 表示浓度的亨利定律直线与以 w_{Zn} 表示浓度的亨利定律直线重合，两者 k 值相等。计算得，$w_{Zn}/w^{\ominus} = 1$，$x_{Zn} = 0.00972$，所以

$$k_w = p_{Zn}/w_{Zn} = p_{Zn}/x_{Zn} = 0.073 \times (0.00972/0.01) = 0.073 \times 0.972 = 0.071\text{kPa}$$

$$a_{Zn(w)}^{H} = p_{Zn}/k_w = 10.64/0.071 = 149.86$$

$$f_{Zn(w)} = a_{Zn(w)}^{H}/(w_{Zn}/w^{\ominus}) = 49.86/(0.5 \times 65.39) = 149.86/51.3 = 2.92$$

对亨利定律呈正偏差。

例 2.2　1600℃摩尔质量为 60 和 56 的两种物质形成 A-B 二元溶液。不同浓度溶液中组元 B 的蒸气压如表 2.1 所示。试用三种活度标准状态求出组元 B 的活度和活度系数。

表 2.1　1600℃ A-B 二元溶液中组元 B 的蒸气压、活度及活度系数

1	$w_B/w^{\ominus}$	0.1	0.2	0.5	1.0	2.0	3.0	100
2	$x_B \times 10^4$	9.334	18.70	46.700	93.400	187.000	281.000	10^4
3	$p_B/p_B^{\ominus}$	1	2	5	11	24	40	2000
4	$a_B^R \times 10^4$	5.00	10.00	25.00	55.00	120.00	200.00	10^4
5	γ_B	0.535	0.535	0.535	0.589	0.642	0.712	1
6	$(p_B/x_B) \times 10^{-3}/\text{Pa}$	1.07	1.07	1.07	1.18	1.28	1.42	2000
7	$a_{B(x)}^H \times 10^4$	9.33	18.70	46.70	103.00	224.00	373.00	1.87×10^4
8	$f_{B(x)}$	1	1	1	1.10	1.20	1.33	1.87
9	$p_B/(w_B/w^{\ominus})/\text{Pa}$	10.00	10.00	10.00	11.00	12.00	13.33	20.00
10	$a_{B(w)}^H$	0.1	0.2	0.5	1.1	2.4	4.0	200
11	$f_{B(w)}$	1	1	1	1.10	1.20	1.33	2

解：（1）以纯液态 B 为标准状态。

$$a_B^R = p_B/p_B^{*} \tag{2.99}$$

$$\gamma_B = a_B^R/x_B \tag{2.100}$$

将此温度纯液态 B 的蒸气压 $p_B^{*} = 2000\text{Pa}$ 及各浓度溶液中 B 组元的蒸气压值代入式

（2.99）和式（2.100），计算得到溶液中 B 组元在各浓度以纯液态 B 为标准状态的活度及活度系数，列于表 2.1 中的 4、5 中。由表可见，各浓度下 $\gamma_B < 1$，说明此二元溶液中组元 B 对拉乌尔定律呈负偏差。

（2）以符合亨利定律的纯 B 假想态为标准状态。

$$a_{B(x)}^H = p_B / k_x \qquad (2.101)$$

$$f_{B(x)} = a_{B(x)}^H / x_B \qquad (2.102)$$

k_x 为亨利定律线上 $x_B = 1$ 处假想态的蒸气压。当 $x_B \to 0$ 时，p_B / x_B 守常，此即亨利常数 k_x。求出各浓度的 p_B / x_B 的比值，列入表 2.1 中。由计算结果可知，随着组元 B 浓度降低，p_B / x_B 比值变小。x_B 降至 4.67×10^{-3} 以后，p_B / x_B 守常，都等于 1070Pa，故 $k_x = 1070$Pa。将此值及各浓度的 p_B 值代入式（2.101）和式（2.102），计算出各浓度 B 组元的活度及活度系数值，列入表 2.1 中的 6、7、8 中。

（3）以亨利定律线上 $w_B / w^\ominus = 1$ 处的状态为标准状态。

由

$$a_{B(w)}^H = p_B / k_w \qquad (2.103)$$

$$f_{B(w)} = a_{B(w)}^H / (w_B / w^\ominus) \qquad (2.104)$$

可知，在此标准状态的所谓标准状态"压力"即以质量分数表示 B 组元浓度的亨利常数。同理，当 $w_B \to 0$ 时，$p_B / (w_B / w^\ominus) = k_w$。将各浓度下的 $p_B / (w_B / w^\ominus)$ 计算值列于表 2.1。由表可见，当 $w_B / w^\ominus \leqslant 0.5$ 时，$p_B / (w_B / w^\ominus)$ 守常，都等于 10，故 $k_w = 10$。按式（2.103）和式（2.104）计算出各浓度 B 组元的活度及活度系数值，列于表 2.1 的 10、11 中。

2.6 活度标准状态的转换

组元 i 的气态如为理想气体，由活度表达式可得

$$p_i = p_i^* a_i^R$$

$$p_i = k_x a_{i(x)}^H$$

$$p_i = k_w a_{i(w)}^H$$

对于确定的状态，溶液中组元 i 的蒸气压 p_i 有确定值，但若取不同的标准状态，算得的组元 i 的活度值就会不同。由于上面三个公式左边相等，所以 a_i^R、$a_{i(x)}^H$、$a_{i(w)}^H$ 三个活度存在一定的关系。

2.6.1 a_i^R 与 $a_{i(x)}^H$ 的关系

将 a_i^R 比 $a_{i(x)}^H$，得

$$\frac{a_i^R}{a_{i(x)}^H} = \frac{\dfrac{p_i}{p_i^*}}{\dfrac{p_i}{k_x}} = \frac{k_x}{p_i^*} \qquad (2.105)$$

和

$$\frac{a_i^R}{a_{i(x)}^H} = \frac{\gamma_i x_i}{f_{i(x)} x_i} = \frac{\gamma_i}{f_{i(x)}} \tag{2.106}$$

即

$$\frac{a_i^R}{a_{i(x)}^H} = \frac{k_x}{p_i^*} = \frac{\gamma_i}{f_{i(x)}} \tag{2.107}$$

对于一个确定的体系，k_x、p_i^* 都是确定的常数，所以式（2.107）的比值等于一个确定的常数。当组元 i 遵从亨利定律时

$$f_{i(x)} = 1, \quad \frac{\gamma_i}{f_{i(x)}} = \gamma_i = \gamma_i^0$$

即为此常数。可见，当组元 i 遵守亨利定律时，以纯组元 i 为标准状态，体系中以拉乌尔定律形式表示的组元 i 的活度系数 γ_i 为确定的常数，并以 γ_i^0 表示。据此有

$$\frac{a_i^R}{a_{i(x)}^H} = \frac{k_x}{p_x^*} = \frac{\gamma_i}{f_{i(x)}} = \gamma_i^0 \tag{2.108}$$

一般情况下，组元 i 在浓度很稀时遵从亨利定律，即 $x_i \to 0$ 时，$f_{i(x)} \to 1$，所以

$$\lim_{x_i \to 0} \gamma_i = \gamma_i^0 \tag{2.109}$$

可见，γ_i^0 是组元 i 在遵守亨利定律的浓度区间内，以纯组元 i 为标准状态，以拉乌尔定律形式表示的组元 i 的活度系数。其物理意义是以纯组元 i 为标准状态，组元 i 无限稀，以拉乌尔定律形式表示的组元 i 的活度系数。

γ_i^0 是一个重要的热力学量，可以由实验测定。一般是由实验得到 $\lg\gamma_i$ - x_i 关系曲线，再将曲线延长至 $x_i \to 0$ 处，所对应的 $\lg\gamma_i$ 值就是 $\lg\gamma_i^0$，进而求得 γ_i^0 的值。一些元素在铁、铜、铝溶液中的 γ_i^0 已经被测定，在热力学数据表中可以查到。

2.6.2　$a_{i(x)}^H$ 与 $a_{i(w)}^H$ 的关系

$$\frac{a_{i(x)}^H}{a_{i(w)}^H} = \frac{\dfrac{p_i}{k_x}}{\dfrac{p_i}{k_w}} = \frac{k_w}{k_x} \tag{2.110}$$

由图 2.4 可看出，压力 p_i 随浓度的变化率 $\dfrac{\mathrm{d}p_i}{\mathrm{d}x_i}$ 在 $x_i \to 0$ 时守常，在数值上等于 k_x，即

$$k_x = \left(\frac{\mathrm{d}p_i}{\mathrm{d}x_i} \right)_{x_i \to 0} \tag{2.111}$$

同理，由图 2.3 可看出

$$k_w = \left[\frac{\mathrm{d}p_i}{\mathrm{d}\left(\dfrac{w_i}{w^\ominus}\right)} \right]_{w_i \to 0} \tag{2.112}$$

以组元 1 代表溶剂，上两式的角标 $x_i \to 0$ 和 $w_i \to 0$ 均可换成 $x_1 \to 1$，再将式（2.112）除以式（2.111）可得

$$\frac{k_w}{k_x} = \left[\frac{\mathrm{d}x_i}{\mathrm{d}\left(\dfrac{w_i}{w^\ominus}\right)} \right]_{x_1 \to 1} \tag{2.113}$$

要得到 $\dfrac{k_w}{k_x}$ 的值，需找出两种浓度 x_i 和 w_i 的关系，为此将 x_i 用 $w_i/w^\ominus$ 表示，即

$$x_i = \frac{w_i/M_i}{\left(\sum\limits_{i=1}^{n} w_i/M_i\right) + \left[\left(1 - \sum\limits_{i=1}^{n} w_i\right)/M_1\right]} \tag{2.114}$$

若溶液很稀，可以近似表示为

$$x_i = \frac{w_i/M_i}{(w_i/M_i) + \left[(1 - w_i)/M_1\right]} = \frac{w_i/M_1}{w_i(M_1 - M_i) + M_i} \tag{2.115}$$

式中，M_i 和 M_1 分别表示组元 i 和溶剂 1 的摩尔质量。式（2.114）表明，x_i 与 $w_i/w^\ominus$ 并非线性关系，所以图 2.3 和图 2.4 中亨利定律直线并不完全一致。而在 $x_1 \to 1$ 时，即组元 i 无限稀。$w_i \to 0$ 或 $M_i \approx M_1$ 时，式（2.115）可简化为

$$x_i = \frac{M_1}{M_i} w_i \tag{2.116}$$

或

$$x_i = \frac{M_1}{100M_i}(w_i/w^\ominus)$$

这样，x_i 与 w_i 或 $\dfrac{w_i}{w^\ominus}$ 呈线性关系。注意，严格说来式（2.115）和式（2.116）仅适用于二元系或很稀的多元系溶液，并且应用式（2.116）需满足 $w_i \to 0$ 或 $M_i \approx M_1$ 的条件。

对式（2.116）微分，得

$$\frac{\mathrm{d}x_i}{\mathrm{d}w_i} = \frac{M_1}{M_i}$$

或

$$\frac{\mathrm{d}x_i}{\mathrm{d}\left(\dfrac{w_i}{w^\ominus}\right)} = \frac{M_1}{100M_i}$$

将其代入式（2.113），得

$$\frac{k_w}{k_x} = \frac{M_1}{100M_i} \tag{2.117}$$

与式（2.110）比较，可得

$$\frac{a_{i(x)}^{\mathrm{H}}}{a_{i(w)}^{\mathrm{H}}} = \frac{k_w}{k_x} = \frac{M_1}{100M_i} \tag{2.118}$$

式（2.118）表明，任何条件下，以亨利定律形式表示的两个活度比（$a_{i(x)}^{\mathrm{H}}/a_{i(w)}^{\mathrm{H}}$）都等于两个标准状态的"压力"（即两种浓度下组元的亨利系数）的反比，其比值在数值上等于 $\dfrac{M_1}{100M_i}$。由此，就可以方便地进行两个标准状态的活度间换算。

2.6.3 $f_{i(x)}$ 与 $f_{i(w)}$ 的关系

$$\frac{f_{i(x)}}{f_{i(w)}} = \frac{\dfrac{a_{i(x)}^{H}}{x_i}}{\dfrac{a_{i(w)}^{H}}{\dfrac{w_i}{w^{\ominus}}}} = \frac{a_{i(x)}^{H}}{a_{i(w)}^{H}} \frac{\dfrac{w_i}{w^{\ominus}}}{x_i} = \frac{M_1\left(\dfrac{w_i}{w^{\ominus}}\right)}{100 M_i x_i} \tag{2.119}$$

后一步利用了式 (2.118)。式 (2.119) 适用于任何浓度范围。当 $w_i \rightarrow 0$ 或 $M_i \approx M_1$ 时，将式 (2.117) 代入式 (2.119)，得

$$\frac{f_{i(x)}^{H}}{f_{i(w)}^{H}} = 1 \tag{2.120}$$

即当 $w_i \rightarrow 0$ 时，$f_{i(x)}^{H} = f_{i(w)}^{H}$。也可表示为

$$\lim_{w \rightarrow 0} \frac{f_{i(x)}^{H}}{f_{i(w)}^{H}} = 1$$

因此，组元浓度很低时，$f_{i(x)}^{H} = f_{i(w)}^{H}$。对以亨利定律形式表示的两种标准状态的活度系数 $f_{i(x)}^{H}$ 和 $f_{i(w)}^{H}$ 不再加以区别，而统一用 f_i 表示。

2.6.4 a_i^{R} 与 $a_{i(w)}^{H}$ 的关系

利用式 (2.118) 和式 (2.108) 很容易得到 a_i^{R} 与 $a_{i(w)}^{H}$ 之比为

$$\frac{a_i^{R}}{a_{i(w)}^{H}} = \frac{a_i^{R}}{a_{i(x)}^{H}} \times \frac{a_{i(x)}^{H}}{a_{i(w)}^{H}} = \frac{M_1}{100 M_i} \gamma_i^0 \tag{2.121}$$

2.6.5 $a_{i(x)}^{H}$ 与 $a_{i(b)}^{H}$ 和 $a_{i(c)}^{H}$ 的关系

$a_{i(x)}^{H}$ 与 $a_{i(b)}^{H}$ 的关系为

$$\frac{a_{i(x)}^{H}}{a_{i(b)}^{H}} = \frac{\dfrac{p_i}{k_x}}{\dfrac{p_i}{k_b}} = \frac{k_b}{k_x} \tag{2.122}$$

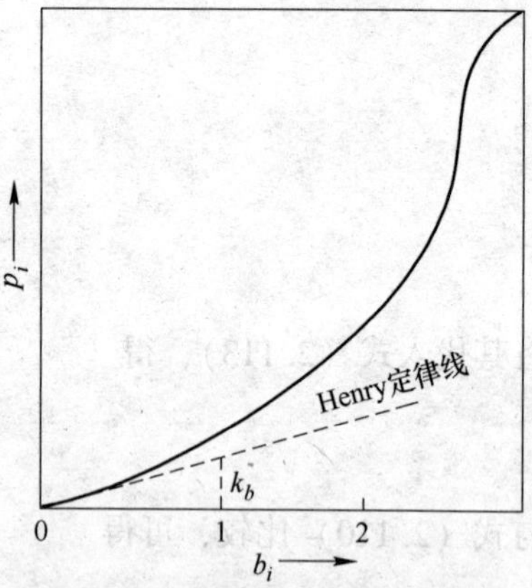

由图 2.6 得

$$\left(\frac{\mathrm{d}p_i}{\mathrm{d}b_i}\right)_{b_i \rightarrow 0} = \frac{k_b}{1}$$

$$k_b = \left(\frac{\mathrm{d}p_i}{\mathrm{d}b_i}\right)_{b_i \rightarrow 0} = \left(\frac{\mathrm{d}p_i}{\mathrm{d}b_i}\right)_{x_1 \rightarrow 1} \tag{2.123}$$

$$\frac{k_b}{k_x} = \left(\frac{\mathrm{d}x_i}{\mathrm{d}b_i}\right)_{x_i \rightarrow 1} \tag{2.124}$$

$$x_i = \frac{\displaystyle\sum_{i=2}^{n} b_i}{\dfrac{1000}{M_1} + \displaystyle\sum_{i=2}^{n} b_i}$$

图 2.6   浓度和压力的关系

若溶液很稀时，可以近似表示为

$$x_i = \frac{b_i}{(1000/M_1) + b_i} = \frac{M_1 b_i}{1000 + M_1 b_i} \tag{2.125}$$

当 $x_1 \to 1$ 时，$b_i \to 0$，式（2.125）可化为

$$x_i = \frac{M_1 b_i}{1000} \tag{2.126}$$

故

$$\left(\frac{\mathrm{d}x_i}{\mathrm{d}b_i} \right)_{x_1 \to 1} = \frac{M_1}{1000} \tag{2.127}$$

比较式（2.127）、式（2.124）与式（2.122），可得

$$\frac{a_{i(x)}^{\mathrm{H}}}{a_{i(b)}^{\mathrm{H}}} = \frac{k_b}{k_x} = \frac{M_1}{1000} \tag{2.128}$$

同理可得

$$\frac{a_{i(x)}^{\mathrm{H}}}{a_{i(c)}^{\mathrm{H}}} = \frac{k_c}{k_x} = \frac{M_1}{1000\rho_1} \tag{2.129}$$

式中，M_1 为溶剂的摩尔质量；ρ_1 为溶剂的密度。推导过程中利用了当 $x_1 \to 1$ 时 $b_i \to 0$

$$x_i = \frac{b_i}{\dfrac{1000\rho_1}{M_1} + b_i} \approx \frac{M_1 b_i}{1000\rho_1 + M_1 b_i} \tag{2.130}$$

利用式（2.129）、式（2.130）及前面得到的标准状态间相互转换的关系式，还可以推得其他任何两个标准状态间相互转换的公式，这里就不一一推导了。

有了上面这些关系式，就可以进行不同标准状态间活度的换算。下面举例说明。

例 2.3 例 2.1 中已求出 $x_{\mathrm{Zn}} = 0.5$，Cu–Zn 合金在不同标准状态 Zn 的活度和活度系数，其中 $a_{\mathrm{Zn}}^{\mathrm{R}} = 0.335$，$\gamma_{\mathrm{Zn}} = 0.67$，$f_{\mathrm{Zn}(x)}^{\mathrm{H}} = 2.91$，求 $\alpha_{\mathrm{Zn}(w)}^{\mathrm{H}}$。

解： 在例 2.1 中是做了某种近似才求出 $\alpha_{\mathrm{Zn}(w)}^{\mathrm{H}}$，而此处就不用进行近似计算了。由

$$\gamma_{\mathrm{Zn}}^0 = \frac{\gamma_{\mathrm{Zn}}}{f_{\mathrm{Zn}(w)}} = \frac{0.67}{2.91} = 0.23$$

和

$$\frac{\alpha_{\mathrm{Zn}}^{\mathrm{R}}}{\alpha_{\mathrm{Zn}(w)}^{\mathrm{H}}} = \frac{M_{\mathrm{Cu}}}{100 M_{\mathrm{Zn}}} \cdot \gamma_{\mathrm{Zn}}^0$$

得

$$\alpha_{\mathrm{Zn}(w)}^{\mathrm{H}} = \frac{100 M_{\mathrm{Zn}} \alpha_{\mathrm{Zn}}^{\mathrm{R}}}{M_{\mathrm{Cu}} \gamma_{\mathrm{Zn}}^0} = \frac{100 \times 65.38}{63.55 \times 0.23} \times 0.335 = 149.85$$

2.7 溶液中组元的活度相互作用系数

2.7.1 组元的活度相互作用系数

在 1600℃ 含硫 $w_{\mathrm{S}} = 0.25$ 的铁液中，硫的活度系数 $f_{\mathrm{S}} = 0.984$。向此铁液中加入 0.2% 的

磷以后，硫的活度系数 $f_S = 0.997$。这表明，第三组元磷的存在对铁液中硫的活度系数有影响，其原因是磷和硫之间存在着相互作用。

火法冶金的粗金属和合金的熔体以及湿法冶金的水溶液等都是含有多种组元的冶金溶液。溶液中的溶质组元间存在着相互作用，影响各组元的活度系数。

（1）以拉乌尔定律形式表示活度，以纯物质为标准状态。组元 1 为溶剂、组元 2，3，…，n 等为溶质，对于由多种组元组成的溶液来说，溶质组元 i 的活度系数可以表示为各溶质组元浓度的函数，以摩尔分数表示组元的浓度，则有

$$\ln\gamma_i = f(x_2, x_3, \cdots, x_n)$$

在恒温恒压条件下，在 $x_i = 0$（$i = 2, 3, \cdots, n$）的邻域内，将上式做泰勒展开得

$$\ln\gamma_i = \ln\gamma_i^0 + \sum_{j=2}^{n}\left(\frac{\partial\ln\gamma_i}{\partial x_j}\right)_{x_1\to1}x_j + \sum_{j=2}^{n}\sum_{k=2}^{n}\frac{1}{2!}\left(\frac{\partial^2\ln\gamma_i}{\partial x_j\partial x_k}\right)_{x_1\to1}x_jx_k +$$

$$\sum_{j=2}^{n}\sum_{k=2}^{n}\sum_{l=2}^{n}\frac{1}{3!}\left(\frac{\partial^2\ln\gamma_i}{\partial x_j\partial x_k\partial x_l}\right)_{x_1\to1}x_jx_kx_l + \cdots \tag{2.131}$$

令

$$\varepsilon_i^j = \left(\frac{\partial\ln\gamma_i}{\partial x_j}\right)_{x_1\to1} \tag{2.132}$$

$$\varepsilon_i^{jk} = \frac{1}{2!}\left(\frac{\partial^2\ln\gamma_i}{\partial x_j\partial x_k}\right)_{x_1\to1} \tag{2.133}$$

$$\varepsilon_i^{jkl} = \frac{1}{3!}\left(\frac{\partial^3\ln\gamma_i}{\partial x_j\partial x_k\partial x_l}\right)_{x_1\to1} \tag{2.134}$$

则式（2.132）可写做

$$\ln\gamma_i = \ln\gamma_i^0 + \sum_{j=2}^{n}\varepsilon_i^jx_j + \sum_{j=2}^{n}\sum_{k=2}^{n}\varepsilon_i^{jk}x_jx_k + \sum_{j=2}^{n}\sum_{k=2}^{n}\sum_{l=2}^{n}\varepsilon_i^{jkl}x_jx_kx_l + \cdots \tag{2.135}$$

式中，ε_i^j 为一阶相互作用系数；ε_i^{jk} 为二阶相互作用系数；ε_i^{jkl} 为三阶相互作用系数。当 j，k，$l = i$ 时称为组元 i 的自相互作用系数，例如

$$\varepsilon_i^i = \left(\frac{\partial\ln\gamma_i}{\partial x_i}\right)_{x_1\to1} \tag{2.136}$$

它表示在 $x_i \to 0$ 时，组元 i 的 $\ln\gamma_i$ 值随组元 i 自身浓度 x_i 的变化率。

（2）以亨利定律形式表示活度，以亨利定律线上 $x_i = 1$ 的状态为标准状态。以摩尔分数表示组元的浓度，以符合亨利定律的假想的纯物质为标准状态，活度系数 $f_{i(x)}$ 同样有

$$\ln f_{i(x)} = f(x_2, x_3, \cdots, x_n)$$

及

$$\ln f_{i(x)} = \ln f_{i(x)}^0 + \sum_{j=2}^{n}\left(\frac{\partial\ln f_{i(x)}}{\partial x_j}\right)_{x_1\to1}x_j + \sum_{j=2}^{n}\sum_{k=2}^{n}\frac{1}{2!}\left(\frac{\partial^2\ln f_{i(x)}}{\partial x_j\partial x_k}\right)_{x_1\to1}x_jx_k +$$

$$\sum_{j=2}^{n}\sum_{k=2}^{n}\sum_{l=2}^{n}\frac{1}{3!}\left(\frac{\partial^3\ln f_{i(x)}}{\partial x_j\partial x_k\partial x_l}\right)_{x_1\to1}x_jx_kx_l + \cdots \tag{2.137}$$

式中，$f_{i(x)}^0$ 是 $x_1 \to 1(x_i \to 0)$ 时的活度系数，这时组元 i 已服从亨利定律，即

$$a_{i(x)}^H = x_i, \quad f_{i(x)}^0 = 1$$

所以

$$\ln f_{i(x)}^0 = 0 \tag{2.138}$$

由式（2.108）得

$$\gamma_i = \gamma_i^0 f_{i(x)}$$

两边取对数，得

$$\ln \gamma_i = \ln \gamma_i^0 + \ln f_{i(x)} \tag{2.139}$$

比较式（2.139）、式（2.131）、式（2.137）可见，式（2.137）与式（2.131）中各相应的项完全相等。所以

$$\varepsilon_i^j = \left(\frac{\partial \ln f_{i(x)}}{\partial x_j} \right)_{x_1 \to 1} = \left(\frac{\partial \ln \gamma_i}{\partial x_j} \right)_{x_1 \to 1} \tag{2.140}$$

$$\varepsilon_i^{jk} = \frac{1}{2!} \left(\frac{\partial^2 \ln f_{i(x)}}{\partial x_j \partial x_k} \right)_{x_1 \to 1} = \frac{1}{2!} \left(\frac{\partial^2 \ln \gamma_i}{\partial x_j \partial x_k} \right)_{x_1 \to 1} \tag{2.141}$$

$$\varepsilon_i^{jkl} = \frac{1}{3!} \left(\frac{\partial^3 \ln f_{i(x)}}{\partial x_j \partial x_k \partial x_l} \right)_{x_1 \to 1} = \frac{1}{3!} \left(\frac{\partial^3 \ln \gamma_i}{\partial x_j \partial x_k \partial x_l} \right)_{x_1 \to 1} \tag{2.142}$$

当 j、k、$l = i$ 时，ε 也称做自相互作用系数。它表示在 $x_i \to 0$ 时，组元 i 的 $\ln f_i$ 随组元 i 自身浓度 x_i 的变化率。

式（2.137）可写做

$$\ln f_{i(x)} = \sum_{j=2}^n \varepsilon_i^j x_j + \sum_{j=2}^n \sum_{k=2}^n \varepsilon_i^{jk} x_j x_k + \sum_{j=2}^n \sum_{k=2}^n \sum_{l=2}^n \varepsilon_i^{jkl} x_j x_k x_l + \cdots \tag{2.143}$$

（3）以亨利定律形式表示活度，以亨利定律线上（$w_i/w^\ominus$）= 1 的状态为标准状态。以质量分数 $w_i (i = 1, 2, \cdots, n)$ 表示组元的浓度，类似前面的推导，可得

$$\lg f_{i(w)} = \sum_{j=2}^n e_i^j \left(\frac{w_j}{w^\ominus} \right) + \sum_{j=2}^n \sum_{k=2}^n e_i^{jk} \left(\frac{w_j}{w^\ominus} \right) \left(\frac{w_k}{w^\ominus} \right) +$$

$$\sum_{j=2}^n \sum_{k=2}^n \sum_{l=2}^n e_i^{jkl} \left(\frac{w_j}{w^\ominus} \right) \left(\frac{w_k}{w^\ominus} \right) \left(\frac{w_l}{w^\ominus} \right) + \cdots \tag{2.144}$$

其中

$$e_i^j = \left[\frac{\partial (\lg f_{i(w)})}{\partial \left(\frac{w_j}{w^\ominus} \right)} \right]_{(w_1/w^\ominus) \to 100} \tag{2.145}$$

$$e_i^{jk} = \frac{1}{2!} \left[\frac{\partial^2 (\lg f_{i(w)})}{\partial \left(\frac{w_j}{w^\ominus} \right) \partial \left(\frac{w_k}{w^\ominus} \right)} \right]_{(w_1/w^\ominus) \to 100} \tag{2.146}$$

$$e_i^{jkl} = \frac{1}{3!} \left[\frac{\partial^3 (\lg f_{i(w)})}{\partial \left(\frac{w_j}{w^\ominus} \right) \partial \left(\frac{w_k}{w^\ominus} \right) \partial \left(\frac{w_l}{w^\ominus} \right)} \right]_{(w_1/w^\ominus) \to 100} \tag{2.147}$$

式中，e_i^j、e_i^{jk}、e_i^{jkl} 分别也称为一阶、二阶、三阶相互作用系数。当 j、k、$l = i$ 时，则称作组元 i 的自相互作用系数。例如

$$e_i^i = \left[\frac{\partial \lg f_{i(w)}}{\partial \left(\dfrac{w_i}{w^\ominus} \right)} \right]_{(w_1/w^\ominus) \to 100} \tag{2.148}$$

为组元 i 的自相互作用系数。它表示 $w_i \to 0$ 时组元 i 的 $\lg f_{i(w)}$ 随组元 i 自身浓度 $(w_i/w^\ominus)$ 的变化率。

对于 $1-i$ 二元系，取泰勒展开的一级近似，式（2.144）变为

$$\lg f_{i(w)} = e_i^i \left(\frac{w_i}{w^\ominus} \right) \tag{2.149}$$

若 $e_i^i \neq 0$，即使 $(w_i/w^\ominus) \to 0$，仍然有 $\lg f_{i(w)} \neq 0$，$f_{i(w)} \neq 1$，即在此浓度，溶质组元仍不遵从亨利定律，所以 e_i^i 体现了组元 i 对亨利定律的偏差程度。

2.7.2　相互作用系数间的关系

2.7.2.1　ε_i^j 与 ε_j^i 的关系

在恒温恒压条件下，由

$$\mu_i = \frac{\partial G}{\partial n_i}, \quad \mu_j = \frac{\partial G}{\partial n_j}$$

得

$$\frac{\partial \mu_i}{\partial n_j} = \frac{\partial^2 G}{\partial n_j \partial n_i}, \quad \frac{\partial \mu_j}{\partial n_i} = \frac{\partial^2 G}{\partial n_j \partial n_i}$$

可见

$$\frac{\partial \mu_i}{\partial n_j} = \frac{\partial \mu_j}{\partial n_i} \tag{2.150}$$

而从

$$\mu_i = \mu_{i(x)}^\ominus + RT \ln f_{i(x)} + RT \ln x_i$$

可知，$\mu_{i(x)}^\ominus$ 和 $RT \ln x_i$ 都与 n_j 无关，所以

$$\frac{\partial \mu_i}{\partial n_j} = RT \frac{\partial \ln f_{i(x)}}{\partial n_j} \tag{2.151}$$

同理

$$\frac{\partial \mu_j}{\partial n_i} = RT \frac{\partial \ln f_{j(x)}}{\partial n_i} \tag{2.152}$$

将式（2.151）和式（2.152）代入式（2.150），得

$$\frac{\partial \ln f_{i(x)}}{\partial x_{n_j}} = \frac{\partial \ln f_{j(x)}}{\partial x_{n_i}} \tag{2.153}$$

在溶剂 $x_1 \to 1$ 的情况下，溶质和溶剂的总摩尔数 $\sum\limits_{i=1}^{n} n_i$ 近似等于溶剂的摩尔数 n_1，所以

$$x_i = \frac{n_i}{\sum\limits_{i=1}^{n} n_1} \approx \frac{n_i}{n_1}$$

微分上式，得

$$dn_i = n_1 dx_i$$

同样有

$$dn_j = n_1 dx_j$$

将上两式代入式（2.153），得

$$\frac{\partial \ln f_{i(x)}}{\partial x_j} = \frac{\partial \ln f_{j(x)}}{\partial x_i}$$

即

$$\varepsilon_i^j = \varepsilon_j^i \qquad (2.154)$$

式（2.154）称为相互作用系数的倒易关系。

2.7.2.2 ε_i^j 与 e_i^j 的关系

由

$$\mu_i = \mu_i^\ominus + RT\ln(\gamma_i x_i) = \mu_{i(w)}^\ominus + RT\ln\left(f_{i(w)} \frac{w_i}{w^\ominus}\right)$$

在恒定温度，$x_1 \to 1 \left(\dfrac{w_i}{w^\ominus} \to 0\right)$ 的条件下，将上式对 x_j 求导，考虑到 $\mu_i^\ominus$、$\mu_{i(w)}^\ominus$ 均为常数，得

$$\left(\frac{\partial \ln \gamma_i}{\partial x_j}\right)_{x_1 \to 1} = 2.303 \left[\frac{\partial(\lg f_{i(w)})}{\partial\left(\dfrac{w_j}{w^\ominus}\right)} \frac{\partial\left(\dfrac{w_j}{w^\ominus}\right)}{\partial x_j}\right]_{x_1 \to 1} + \left[\frac{\partial \ln\left(\dfrac{\dfrac{w_i}{w^\ominus}}{x_i}\right)}{\partial x_j}\right]_{x_1 \to 1}$$

即

$$\varepsilon_i^j = 2.303 e_i^j \left[\frac{\partial\left(\dfrac{w_j}{w^\ominus}\right)}{\partial x_j}\right]_{x_1 \to 1} + \left[\frac{\partial \ln\left(\dfrac{\dfrac{w_i}{w^\ominus}}{x_i}\right)}{\partial x_j}\right]_{x_1 \to 1} \qquad (2.155)$$

当 $x_1 \to 1$ 时，$\dfrac{w_i}{w^\ominus}$ 和 $\dfrac{w_j}{w^\ominus}$ 都很小，可取

$$x_j = \frac{M_1}{100 M_j}\left(\frac{w_j}{w^\ominus}\right) \qquad (2.156)$$

对 x_j 求导，得

$$\left[\frac{\partial\left(\dfrac{w_j}{w^\ominus}\right)}{\partial x_j}\right]_{x_1 \to 1} = \frac{100 M_j}{M_1} \qquad (2.157)$$

将式（2.156）中的 j 换成 i，则

$$x_i = \frac{M_1}{100 M_i}\left(\frac{w_i}{w^\ominus}\right)$$

即

$$\frac{\dfrac{w_i}{w^{\ominus}}}{x_i} = \frac{100M_i}{M_1}$$

两边取对数后求导，得

$$\left[\frac{\partial \ln\left(\dfrac{\dfrac{w_i}{w^{\ominus}}}{x_i}\right)}{\partial x_i}\right]_{x_1 \to 1} = 0 \tag{2.158}$$

将式（2.157）和式（2.158）代入式（2.155），得

$$\varepsilon_i^j = \frac{230.3M_j}{M_1}e_i^j \tag{2.159}$$

2.7.2.3 e_i^j 与 e_j^i 的关系

由式（2.154）和式（2.159）得

$$e_i^j = \frac{M_i}{M_j}e_j^i \tag{2.160}$$

式（2.159）和式（2.160）是浓度变换关系取近似式（2.156）的结果，如果浓度变换关系取更精确的表达式，则可得到比式（2.159）和式（2.160）更精确的表达式，当然也更复杂。

2.7.2.4 ε_i^{jk} 与 e_i^{jk} 的关系

在不同浓度表示的二阶相互作用系数间也存在变换关系，这里不做推导，给出其结果

$$\varepsilon_i^{jk} = \frac{230.3}{M_1^2}\left[100M_jM_ke_i^{jk} + M_j(M_1 - M_k)e_i^j + M_k(M_1 - M_j)e_i^k\right] + \frac{(M_1 - M_j)(M_1 - M_k)}{M_1^2} \tag{2.161}$$

$$\varepsilon_i^{jj} = \frac{230.3}{M_1^2}\left[100M_je_i^{jj} + M_j(M_1 - M_j)e_i^j\right] + \frac{1}{2}\frac{(M_1 - M_j)^2}{M_1^2} \tag{2.162}$$

$$\varepsilon_i^{jk} + \varepsilon_j^k = \varepsilon_j^{ik} + \varepsilon_k^i = \varepsilon_k^{ij} + \varepsilon_i^j \tag{2.163}$$

$$\varepsilon_i^{jj} + \varepsilon_j^i = 2\varepsilon_j^{ik} + \varepsilon_i^j \tag{2.164}$$

2.7.3 应用

从热力学数据手册中可以查到铁、铜等金属溶液中组元的相互作用系数，利用式（2.135）、式（2.143）、式（2.144），可以求出组元 i 的活度系数。

例2.4 在1600℃，铁液中组元 C、Si、Mn、P、S 等元素对硫的活度系数 $\lg f_{S(w)}$ 的影响如图2.7所示。计算含 [C]、[Si]、[Mn]、[P]、[S] 的质量分数分别为4.0%、1.0%、2.0%、0.03%、0.05%的铁液中硫的活度。

解： 图中各曲线在 $\dfrac{w_j}{w^{\ominus}} \to 0$ 处的斜率即为 e_S^j 的值。查得 $e_S^C = 0.114$、$e_S^{Si} = 0.063$、$e_S^{Mn} = -0.026$、$e_S^P = 0.029$、$e_S^S = -0.028$。由式（2.144）取一级近似得

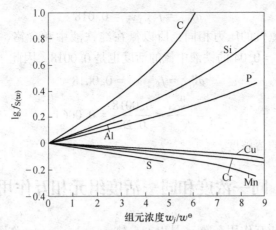

图 2.7 组元浓度对硫的活度系数的影响（1600℃）

$$\lg f_{S(w)} = e_S^S \frac{w_S}{w^\ominus} + e_S^C \frac{w_C}{w^\ominus} + e_S^{Si} \frac{w_{Si}}{w^\ominus} + e_S^{Mn} \frac{w_{Mn}}{w^\ominus} + e_S^P \frac{w_P}{w^\ominus}$$

$$= -0.028 \times 0.05 + 0.114 \times 4 + 0.063 \times 1.0 - 0.026 \times 2 + 0.029 \times 0.3 = 0.4743$$

$$f_{S(w)} = 2.981$$

$$a_S = f_{S(w)} \left(\frac{w_S}{w^\ominus} \right) = 0.149$$

取一级近似计算，e_S^j 是 $\frac{w_j}{w^\ominus} \to 0$ 时曲线切线的斜率，e_S^j 与 $\frac{w_j}{w^\ominus}$ 的乘积 $e_S^j \left(\frac{w_j}{w^\ominus} \right)$ 在组元 j 含量很低时，与曲线相距甚小；而在组元 j 含量很高时，相差就大了。例如，$w_C = 4.0\%$ 时，$\lg f_{S(w)} = e_S^C \left(\frac{w_j}{w^\ominus} \right) = 0.465$，而曲线上 $\lg f_{S(w)}^C = 0.6$。两者相差较大。

由此例可见，当 $\lg f_{i(w)}$ 与 $\frac{w_j}{w^\ominus}$ 呈直线关系时，计算出的 $\lg f_{i(w)}$ 精度较高。这一般是组元 j 浓度很低的情况。当组元 j 的浓度较高时仅考虑一级相互作用就不合适了，而需要考虑高次项。

例 2.5 在 $p_{N_2} = 101325\text{Pa}$、$t = 1600℃$，铁液中氮的溶解度为 $w_{N_2} = 0.045\%(x_N = 0.0018)$。若铁液中含铬为 $x_{Cr} = 0.15$，含硅为 $x_{Si} = 0.04$，求氮的溶解度。设 $\varepsilon_N^N = 0$，$\varepsilon_N^{NCr} = 0$，$\varepsilon_N^{NN} = 0$，$\varepsilon_N^{NSi} = 0$；已知 $\varepsilon_N^{Cr} = -10$，$\varepsilon_N^{Si} = 5.9$，$\varepsilon_N^{CrCr} = 5.0$，$\varepsilon_N^{SiSi} = 2.8$，$\varepsilon_N^{CrSi} = -21$。

解： 由式（2.143）取二级近似，得

$$\ln f_{N(x)} = \varepsilon_N^{Cr} x_{Cr} + \varepsilon_N^{Si} x_{Si} + \varepsilon_N^{CrCr} x_{Cr}^2 + \varepsilon_N^{SiSi} x_{Si}^2 + \varepsilon_N^{CrSi} x_{Cr} x_{Si}$$

代入上列数据，得

$$\ln f_{N(x)} = -10 \times 0.15 + 5.9 \times 0.04 + 5.0 \times 0.15^2 + 2.8 \times 0.04^2 - 21 \times 0.15 \times 0.04$$

$$= -1.273$$

$$f_{N(x)} = 0.28$$

纯铁液中氮的活度系数为

$$\lg f_{N(x)} = \varepsilon_N^N x_N = 0$$

$$f_{N(x)} = 1$$

活度为

$$a_{N(x)}^{H} = f_{N(x)} x_N = 0.018$$

由于温度和平衡氮气的压力相同，所以氮在纯铁液中和含铬、硅的铁液中的活度相等。含 $x_{Cr} = 0.15$、$x_{Si} = 0.04$ 的铁液中氮的活度也是 0.0018。因此

$$a_{N(x)}^{H} = f_{N(x)} x_N = 0.0018$$

$$x_N = \frac{a_{N(x)}^{H}}{f_{N(x)}} = \frac{0.0018}{0.28} = 0.0064$$

此即氮在铁液中的溶解度。

2.8　同一浓度和同一活度组元相互作用系数

依据定义，一阶相互作用系数 ε_i^j 是以 $\ln f_i$ 对 x_2，x_3，$\cdots$，x_n 作图，在 $x_1 \rightarrow 1$，或 $x_i \rightarrow 0 (i = 2，3，\cdots，n)$ 处，多元函数 $\ln f_i$ 对 x_j 的导数，即多维空间曲面 $\ln f_i$ 与坐标轴 $\ln f_i$ 和坐标轴 x_j 所构成的平面相交的曲线在原点附近的切线的斜率。对于三元系 $1 - i - j$，ε_i^j 则是 $\ln f_i$ 对 x_j 作图，在 $x_1 \rightarrow 1$ 即 $x_i \rightarrow 0$、$x_j \rightarrow 0$ 处，三维曲面 $\ln f_i$ 与坐标轴 $\ln f_i$ 和坐标轴 x_j 所构成的平面相交的曲线在 $x_j \rightarrow 0$ 处切线的斜率。e_i^j 与 ε_i^j 的不同只是将 $\ln f_i$ 换成 $\lg f_i$；x_2，x_3，$\cdots$，x_n 换成 $\frac{w_2}{w^\ominus}$，$\frac{w_3}{w^\ominus}$，$\cdots$，$\frac{w_n}{w^\ominus}$。

二阶相互作用系数是在求出了一阶相互作用系数后，再求 $\frac{\partial \ln f_i}{\partial x_j}$ 对 x_k 的变化率，或求 $\frac{\partial \lg f_i}{\partial \left(\frac{w_j}{w^\ominus} \right)}$ 对 $\frac{w_k}{w^\ominus}$ 的变化率。对于 $\ln \gamma_i$ 而言，也是如此。

在实验测定组元 j 对组元 i 的相互作用系数时，有的是在保持组元 i 的浓度不变的情况下，测定组元 j 对组元 i 的作用；有的是在保持组元 i 的活度不变的情况下，测定组元 j 对组元 i 的作用；前者称为同一浓度法，后者称为同一活度法。

2.8.1　同一浓度法组元相互作用系数

同一浓度法组元相互作用系数的定义为

$$\chi_i^j = \left(\frac{\partial \ln \gamma_i}{\partial x_j} \right)_{\substack{x_i \\ x_{l(\neq i)} \rightarrow 0}} \tag{2.165}$$

$$\chi_i^{jk} = \frac{1}{2!} \left(\frac{\partial^2 \ln \gamma_i}{\partial x_j \partial x_k} \right)_{\substack{x_i \\ x_{l(\neq i)} \rightarrow 0}} \tag{2.166}$$

$$\tau_i^j = \left[\frac{\partial \lg f_{i(w)}}{\partial (w_j / w^\ominus)} \right]_{\substack{w_i / w^\ominus \\ (w_{i\neq} / w^\ominus) \rightarrow 0}} \tag{2.167}$$

$$\tau_i^{jk} = \frac{1}{2!} \left[\frac{\partial^2 \lg f_{i(w)}}{\partial (w_j / w^\ominus) \partial (w_x / w^\ominus)} \right]_{\substack{w_i / w^\ominus \\ (w_{i\neq} / w^\ominus) \rightarrow 0}} \tag{2.168}$$

2.8.2 同一活度法组元相互作用系数

同一活度法组元相互作用系数的定义为

$$\omega_i^j = \left(\frac{\partial \ln \gamma_i}{\partial x_j} \right)_{\substack{a_i^R \\ x_l \to 0}} = \left(\frac{\partial \ln f_{i(x)}}{\partial x_j} \right)_{\substack{a_{i(x)}^H \\ x_l \to 0}} \tag{2.169}$$

$$\omega_i^{jk} = \frac{1}{2!} \left(\frac{\partial^2 \ln \gamma_i}{\partial x_j \partial x_k} \right)_{\substack{a_i^R \\ x_l \to 0}} = \frac{1}{2!} \left(\frac{\partial^2 \ln f_{i(x)}}{\partial x_j \partial x_k} \right)_{\substack{a_{i(x)}^H \\ x_l \to 0}} \tag{2.170}$$

$$O_i^j = \left[\frac{\partial \lg f_{i(w)}}{\partial (w_j / w^\ominus)} \right]_{\substack{a_{i(w)}^H \\ (w_l / w^\ominus) \to 0}} \tag{2.171}$$

$$O_i^{jk} = \frac{1}{2!} \left[\frac{\partial^2 \lg f_{i(w)}}{\partial (w_j / w^\ominus) \partial (w_k / w^\ominus)} \right]_{\substack{a_{i(w)}^H \\ (w_l / w^\ominus) \to 0}} \tag{2.172}$$

在 a_i^R 恒定条件下，将

$$a_i^R = \gamma_i x_i$$

取对数后对 x_j 求导，得

$$\left(\frac{\partial \ln \gamma_i}{\partial x_j} \right)_{\substack{a_i^R \\ x_l \to 0}} = - \left(\frac{\partial \ln x_i}{\partial x_j} \right)_{\substack{a_i^R \\ x_l \to 0}}$$

二阶导数为

$$\left(\frac{\partial^2 \ln \gamma_i}{\partial x_j \partial x_k} \right)_{\substack{a_i^R \\ x_l \to 0}} = - \left(\frac{\partial^2 \ln x_i}{\partial x_j \partial x_k} \right)_{\substack{a_i^R \\ x_l \to 0}}$$

与式（2.169）和式（2.170）相比较，得

$$\omega_i^j = - \left(\frac{\partial \ln x_i}{\partial x_j} \right)_{\substack{a_i^R \\ x_l \to 0}} \tag{2.173}$$

$$\omega_i^{jk} = - \frac{1}{2!} \left(\frac{\partial^2 \ln x_i}{\partial x_j \partial x_k} \right)_{\substack{a_i^R \\ x_l \to 0}} \tag{2.174}$$

同理可得

$$O_i^j = - \left[\frac{\partial \lg (w_i / w^\ominus)}{\partial (w_j / w^\ominus)} \right]_{\substack{a_{i(w)}^H \\ (w_l / w^\ominus) \to 0}} \tag{2.175}$$

$$O_i^{jk} = - \frac{1}{2!} \left[\frac{\partial^2 \lg (w_i / w^\ominus)}{\partial (w_j / w^\ominus) \partial (w_k / w^\ominus)} \right]_{\substack{a_{i(w)}^H \\ (w_l / w^\ominus) \to 0}} \tag{2.176}$$

这些定义不符合此前关于组元相互作用系数的定义。以同一浓度法和同一活度法所得数据作为组元相互作用系数是一种近似。

同一浓度法和同一活度法组元相互作用系数有换算关系

$$\chi_i^j = \omega_i^j (1 + \chi_i \chi_i^i) \tag{2.177}$$

$$\tau_i^j = O_i^j [1 + 2.30(\omega_i/\omega^\ominus)\tau_i^j] \tag{2.178}$$

2.8.3 a_i 恒定条件下 x_i 与其他组元的关系

在恒温、恒压、恒 a_i 条件下，二元系中组元 i 的浓度 x_i 是定值，而多元系中组元 i 的浓度（不一定是饱和浓度）$x_i^{(n)}$ 随其他溶质组元的含量变化。令其间的函数关系为

$$\ln x_i^{(n)} = \varphi(x_2, x_3, \cdots, x_n)$$

以 1 表示溶剂。将上式做泰勒展开，得

$$\ln x_i^{(n)} = (\ln x_i^{(n)})_0 + \sum_{j=2}^{n} \left(\frac{\partial \ln x_i^{(n)}}{\partial x_j}\right)_{\substack{a_i^R \\ x_l \to 0}} x_j + \frac{1}{2!} \sum_{j=2}^{n} \sum_{k=2}^{n} \left(\frac{\partial^2 \ln x_i^{(n)}}{\partial x_j \partial x_k}\right)_{\substack{a_i^R \\ x_l \to 0}} x_j x_k + \cdots \tag{2.179}$$

式中，$(\ln x_i^{(n)})_0 = \ln x_i$，即同一活度的二元系 1-$i$ 中组元 i 的摩尔分数的对数。

将式（2.173）和式（2.174）代入式（2.179），得

$$\ln x_i^{(n)} = \ln x_i^{(2)} - \sum_{j=2}^{n} \omega_i^j x_j - \sum_{j=2}^{n} \sum_{k=2}^{n} \omega_i^{jk} x_j x_k - \cdots \tag{2.180}$$

同理可得

$$\lg\left(\frac{w_i}{w^\ominus}\right)^{(n)} = \lg\left(\frac{w_i}{w^\ominus}\right)^{(2)} - \sum_{j=2}^{n} O_i^j\left(\frac{w_j}{w^\ominus}\right) - \sum_{j=2}^{n} \sum_{k=2}^{n} O_i^{jk}\left(\frac{w_j}{w^\ominus}\right)\left(\frac{w_k}{w^\ominus}\right) - \cdots \tag{2.181}$$

式中，w_i 是二元系 1-i 中组元 i 的质量分数。

利用式（2.180）和式（2.181）可以得出同一活度法的组元相互作用系数。以三元为例，保持组元 i 活度不变，实验测定 x_i、$x_i^{(n)}$ 和 x_j，将 $\ln x_i^{(n)}$ 对 x_j 作图，在 $x_j \to 0$ 处，所得曲线切线的斜率的负值为 ω_i^j。再将曲线各点切线的斜率对 x_j 作图，所得曲线在 $x_j \to 0$ 处切线的斜率的 $\frac{1}{2!}$，即为 ω_i^{jj}。若浓度以 w_i、w_j 表示，则可得到 O_i^j、O_i^{jj}。浓度的测定精度高，采用这种方式得到的组元相互作用系数准确。

2.8.4   组元相互作用系数的测定

组元相互作用系数的测定方法很多，化学平衡法是常用的方法。下面是几个例子。

例 2.6   在 1540℃，由已知成分的 CO/CO_2 混合气体与 Fe-C-Si 三元系达成平衡，保持铁液中碳含量 $w_C = 1.5\%$ 不变，加入不同量的硅。化学反应

$$[C] + CO_2 \Longrightarrow 2CO$$

的平衡常数为 $K = \dfrac{(p_{CO}/p^\ominus)^2}{a_{C(w)}^H p_{CO_2}/p^\ominus} = 430$，平衡的 $\dfrac{(p_{CO}/p^\ominus)^2}{p_{CO_2}/p^\ominus}$ 值和 $w_{Si}/w^\ominus$ 值见表 2.2。计算 e_C^C 和 e_C^{Si}。

表 2.2   1540℃ $[C] + CO_2 \Longrightarrow 2CO$ 的平衡数据

$w_{Si}/w^\ominus$	0	0.55	1.02	1.55	2.00
$\dfrac{(p_{CO}/p^\ominus)^2}{p_{CO_2}/p^\ominus}$	1046	1158	1204	1392	1512
$f_{C(w)}$	1.622	1.795	1.959	2.158	2.344
$\lg f_{C(w)}$	0.210	0.254	0.292	0.334	0.370

解： 由平衡常数

$$K = \frac{(p_{CO}/p^\ominus)}{f_{C(w)}(w_C/w^\ominus)(p_{CO_2}/p^\ominus)}$$

得

$$f_{C(w)} = \frac{(p_{CO}/p^\ominus)^2}{K(w_C/w^\ominus)(p_{CO_2}/p^\ominus)}$$

将实验数据代入上式算得 $f_{C(w)}$ 和 $\lg f_{C(w)}$，列入表 2.2 中。将 $\lg f_{C(w)}$ 对 $w_{Si}/w^\ominus$ 作图，回归得一直线，斜率为 0.08，截距为 0.21，见图 2.8。

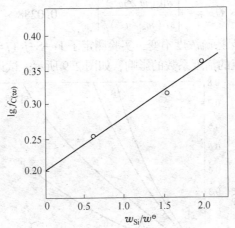

图 2.8 $\lg f_{C(w)}$ 与 $w_{Si}/w^\ominus$ 的关系

由

$$\lg f_{C(w)} = \tau_C^C\left(\frac{w_C}{w^\ominus}\right) + \tau_C^{Si}\left(\frac{w_C}{w^\ominus}\right)$$

得

$$\tau_C^C\left(\frac{w_C}{w^\ominus}\right) = 0.21$$

$$\tau_C^C = \frac{0.21}{1.5} = 0.14 = e_C^C$$

$$\tau_C^{Si} = 0.08 = e_C^{Si}$$

例 2.7 在 1600℃，实验测得石墨在 Fe-C-Si 三元系中的溶解度如表 2.3 所示，计算 Si 对 C 的活度相互作用系数。

表 2.3 1600℃碳饱和铁液的平衡数据

$w_{Si}/w^\ominus$	0	0.5	1.2	1.8	2.5
$w_C/w^\ominus$	5.40	5.23	5.00	4.81	4.57
$\lg(w_C/w^\ominus)$	0.732	0.719	0.699	0.682	0.660

解： Fe-C-Si 三元系中由于碳饱和，所以

$$a_{C(w)}^H = f_{C(w)}(w_C/w^\ominus) = 常数$$

将上式取对数后对 $w_i/w^\ominus$ 求导，得

$$\frac{\partial \lg f_{C(w)}}{\partial (w_{Si}/w^{\ominus})} = - \frac{\partial \lg (w_C/w^{\ominus})}{\partial (w_{Si}/w^{\ominus})}$$

求导是在碳活度不变的条件下进行的，所以等式左边即为 O_C^{Si}，而等式右边是以 $\lg(w_C/w^{\ominus})$ 为函数，以 $w_C/w^{\ominus}$ 为自变量的直线方程的斜率。

以 $\lg(w_C/w^{\ominus})$ 对 $w_{Si}/w^{\ominus}$ 作图，回归得一直线方程为

$$\lg\left(\frac{w_C}{w^{\ominus}}\right) = - 0.0288\frac{w_{Si}}{w^{\ominus}} + 0.732$$

所以

$$O_C^{Si} = -\left[\frac{\partial \lg (w_C/w^{\ominus})}{\partial (w_{Si}/w^{\ominus})}\right]_{a_{C(w)}^H} = 0.0288$$

例 2.8　在 1600℃，保持硫浓度不变，实验测定了 Fe-S-j（j=Cr、Ni、Si、Mn、C）三元系铁液中合金元素 j 对硫的活度系数的影响，如图 2.9 所示。试计算二阶相互作用系数。

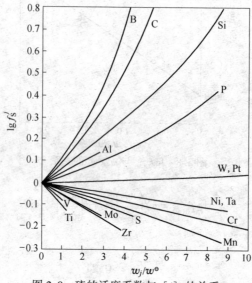

图 2.9　硫的活度系数与 [j] 的关系

解：在曲线上选取若干点，求出该点的斜率即为 $\left[\dfrac{\partial \lg f_{S(w)}^j}{\partial (w_j/w^{\ominus})}\right]_{w_S/w^{\ominus}}$，其中，$w_j/w^{\ominus}$ 为所求斜率的相应点，即曲线切线的切点。该值是组元 j 的浓度为 $w_j/w^{\ominus}$ 时组元 j 对 S 的相互作用系数。$(w_j/w^{\ominus}) \to 0$ 时，该值是组元 j 对 S 的相互作用系数 τ_S^j。再将 $\left[\dfrac{\partial \lg f_{S(w)}^j}{\partial (w_j/w^{\ominus})}\right]_{(w_S/w^{\ominus})}$ 对 $w_j/w^{\ominus}$ 作图，所得曲线斜率为 $\left[\dfrac{\partial^2 \lg f_{S(w)}^j}{\partial (w_j/w^{\ominus})^2}\right]_{w_S/w^{\ominus}}$。

当 $(w_j/w^{\ominus}) \to 0$ 时，斜率值即为 $2\tau_S^{jj}$。应用上述方法求得

$$\tau_S^{Si} = 0.068,\ \tau_S^{SiSi} = 1.687 \times 10^{-3}$$

2.9　超额热力学性质

活度系数 γ_i 体现了实际溶液对理想溶液的偏差程度，此外，还可以用"超额"热力

学性质来表示实际溶液对理想溶液的偏差。所谓超额热力学性质，即实际溶液与相同浓度的理想溶液的摩尔热力学性质的差值。超额热力学性质也称为过剩热力学函数或过剩热力学性质，依此定义，超额摩尔吉布斯自由能为

$$G_m^E = G_m - G_m^{id}$$

或

$$G_m = G_m^{id} + G_m^E \qquad (2.182)$$

式中，G_m^E 为溶液的超额摩尔吉布斯自由能；G_m 为实际溶液的摩尔吉布斯自由能；G_m^{id} 为与实际溶液相同浓度的理想溶液的摩尔吉布斯自由能。

超额热力学性质表示实际溶液对理想溶液的偏差程度，它也是描述实际溶液的热力学函数。

将式（2.182）两边减去形成 1mol 溶液前各纯组元的吉布斯自由能，得

$$G_m - \sum_{i=1}^n x_i G_{m,i} = G_m^{id} - \sum_{i=1}^n x_i G_{m,i} + G_m^E$$

即

$$\Delta G_m = \Delta G_m^{id} + G_m^E$$

或

$$G_m^E = \Delta G_m - \Delta G_m^{id} \qquad (2.183)$$

式中

$$\Delta G_m = G_m - \sum_{i=1}^n x_i G_{m,i}, \quad \Delta G_m^{id} = G_m^{id} - \sum_{i=1}^n x_i G_{m,i}$$

ΔG_m 是实际溶液的混合摩尔吉布斯自由能；ΔG_m^{id} 是理想溶液的混合摩尔吉布斯自由能。两者都可以得到，故由上式可算出超额摩尔吉布斯自由能。

对溶液中的组元有相应的偏摩尔超额热力学性质。

$$\overline{G}_{m,i}^E = \overline{G}_{m,i} - \overline{G}_{m,i}^{id}$$

或

$$\overline{G}_{m,i} = \overline{G}_{m,i}^{id} + \overline{G}_{m,i}^E \qquad (2.184)$$

式中，$\overline{G}_{m,i}^E$ 为组元 i 的偏摩尔超额吉布斯自由能；$\overline{G}_{m,i}$ 为溶液中组元 i 的偏摩尔吉布斯自由能；$\overline{G}_{m,i}^{id}$ 为理想溶液中组元 i 的偏摩尔吉布斯自由能。

$$\Delta G_{m,i} = \Delta G_{m,i}^{id} + \overline{G}_{m,i}^E$$

或

$$\overline{G}_{m,i}^E = \Delta G_{m,i} - \Delta G_{m,i}^{id} \qquad (2.185)$$

由式（2.184）看出，组元 i 的偏摩尔超额吉布斯自由能是恒温恒压条件下，1mol 组元 i 由理想溶液向同浓度的实际溶液迁移时所引起的吉布斯自由能变化。

活度系数和超额热力学性质都反映实际溶液对理想溶液的偏差情况，两者必存在联系。对理想溶液

$$\overline{G}_{m,i}^{id} = G_{m,i} + RT\ln x_i$$

形成理想溶液时组元 i 的偏摩尔溶解自由能变化为

$$\Delta G_{m,i}^{id} = \overline{G}_{m,i}^{id} - G_{m,i} = RT\ln x_i \qquad (2.186)$$

而对实际溶液，以液态纯组元 i 为标准状态，有

$$\bar{G}_{m, i} = G_{m, i} + RT\ln a_i^R$$

$$\Delta G_{m, i} = \bar{G}_{m, i} - G_{m, i} = RT\ln a_i^R \tag{2.187}$$

将式（2.186）和式（2.187）代入式（2.185），得

$$\bar{G}_{m, i}^E = RT\ln\gamma_i \tag{2.188}$$

由式（2.188）可知 $\gamma_i > 1$，则 $\bar{G}_{m, i}^E > 0$，实际溶液对理想溶液为正偏差；$\gamma_i < 1$，则 $\bar{G}_{m, i}^E < 0$，实际溶液对理想溶液为负偏差；$\gamma_i = 1$，$\bar{G}_{m, i}^E = 0$，为理想溶液。

$\bar{G}_{m, i}^E$ 是溶液中组元 i 的基本热力学性质之一，温度、压力恒定，$\bar{G}_{m, i}^E$ 是浓度的函数。只要知道某浓度的 $\bar{G}_{m, i}^E$，其他超额热力学性质都可以计算出来。例如

$$\bar{S}_{m, i}^E = -\left(\frac{\partial \bar{G}_{m, i}^E}{\partial T}\right)_{p, x_j}$$

$$\bar{V}_{m, i}^E = \left(\frac{\partial \bar{G}_{m, i}^E}{\partial p}\right)_{T, x_j}$$

$$\bar{H}_{m, i}^E = \bar{G}_{m, i}^E - T\left(\frac{\partial \bar{G}_{m, i}^E}{\partial T}\right)_{p, x_j}$$

$$\bar{U}_{m, i}^E = \bar{G}_{m, i}^E - T\left(\frac{\partial \bar{G}_{m, i}^E}{\partial T}\right)_{p, x_j} - p\left(\frac{\partial \bar{G}_{m, i}^E}{\partial p}\right)_{T, x_j}$$

$$\ln\gamma_i = \frac{\bar{G}_{m, i}^E}{RT}$$

2.10　由一个组元的活度求其他组元的活度

在溶液等多元均相体系中，从已知的某一组元的活度可以求其他组元的活度。

2.10.1　二元系

2.10.1.1　计算活度
对于二元系，吉布斯-杜亥姆方程为

$$x_1 d\mu_1 + x_2 d\mu_2 = 0$$

将

$$\mu_i = \mu_i^\ominus + RT\ln a_i \quad (i = 1, 2)$$

代入上式，得

$$x_1 d\ln a_1 + x_2 d\ln a_2 = 0 \tag{2.189}$$

即

$$d\ln a_2 = -\frac{x_1}{x_2} d\ln a_1$$

在 $0 \sim x_2$ 区间积分，得

$$\ln a_2 = \int_0^{x_2} \left(-\frac{x_1}{x_2} \right) \mathrm{d}\ln a_1$$

将实验数据 $\frac{x_1}{x_2}$ 对 $\ln a_1$ 作图,如图 2.10 所示。图中曲线下的面积即为 $\ln a_2$ 的值。只要知道在不同浓度 x_1 所对应的 $\ln a_1$ 值就可以用上述图解法求出 a_2。但当 $x_2 \to 0(x_1 \to 1)$ 时,$\frac{x_1}{x_2} \to \infty$;$x_1 \to 0$,$x_2 \to 1$,$a_1 \to 0$,$\ln a_1 \to \infty$,使图解积分不准确。为了克服上述困难,改用活度系数进行计算。

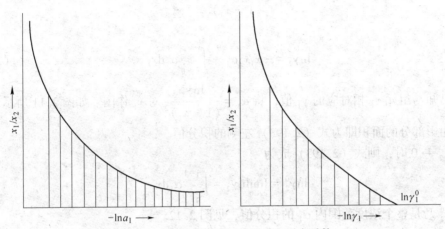

图 2.10 图解积分法计算活度和活度系数

2.10.1.2 计算活度系数

由式 (2.189) 得

$$x_1 \mathrm{d}\ln\gamma_1 + x_1 \mathrm{d}\ln x_1 + x_2 \mathrm{d}\ln\gamma_2 + x_2 \mathrm{d}\ln x_2 = 0 \tag{2.190}$$

而由 $x_1 + x_2 = 1$ 得

$$\mathrm{d}x_1 + \mathrm{d}x_2 = 0$$

即

$$x_1 \frac{\mathrm{d}x_1}{x_1} + x_2 \frac{\mathrm{d}x_2}{x_2} = 0$$

$$x_1 \mathrm{d}\ln x_1 + x_2 \mathrm{d}\ln x_2 = 0$$

代入式 (2.190),得

$$x_1 \mathrm{d}\ln\gamma_1 + x_2 \mathrm{d}\ln\gamma_2 = 0$$

所以

$$\ln\gamma_2 = -\int_{x_1=0}^{x_1=x_1} \frac{x_1}{x_2} \mathrm{d}\ln\gamma_1 \tag{2.191}$$

这样,当 $x_1 \to 0$ 时,$\gamma_1 \to \gamma_1^0$,$\ln\gamma_1^0$ 是有限值,而不像前述计算活度时横坐标为无限值。

2.10.1.3 α 函数法

当 $x_2 \to 0$ 时,$\frac{x_1}{x_2} \to \infty$,由图 2.10 可见曲线不能与纵轴相交,求曲线下面的面积既不方便也不准确。为克服这一困难,达肯提出 α 函数法。

对式 (2.191) 应用部分积分法，得

$$\ln\gamma_2 = -\frac{x_1}{x_2}\ln\gamma_1 + \int_{x_1=0}^{x_1=x_1}\ln\gamma_1 \mathrm{d}\left(\frac{x_1}{x_2}\right) \tag{2.192}$$

将

$$\mathrm{d}\left(\frac{x_1}{x_2}\right) = \frac{\mathrm{d}x_1}{(1-x_1)^2}$$

代入式 (2.192)，并令

$$\alpha_1 = \frac{\ln\gamma_1}{(1-x_1)^2} = \frac{\ln\gamma_1}{x_2^2}$$

得

$$\ln\gamma_2 = -x_1 x_2 \alpha_1 + \int_{x_1=0}^{x_1=x_1}\alpha_1 \mathrm{d}x_1 \tag{2.193}$$

若已知与组元 x_1 相对应的 γ_1 值，将 $\alpha_1 = \dfrac{\ln\gamma_1}{(1-x_1)^2}$ 对 x_1 作图。如图 2.11 所示，所得曲线下阴影部分的面积即为式 (2.193) 左侧的积分值。

当 $x_2 \to 0$ 时，则式 (2.193) 成为

$$\ln\gamma_2^0 = \lim_{x_2\to 0}\ln\gamma_2 = \int_{x_1=0}^{x_1=1}\alpha_1 \mathrm{d}x_1$$

可见 $\ln\gamma_2^0$ 乃是整个浓度范围内 α_1 的积分值，见图 2.12。

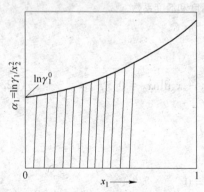

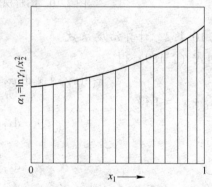

图 2.11　α 函数法计算活度系数 (一)　　　　图 2.12　α 函数法计算活度系数 (二)

2.10.2　三元系

式 (2.40) 对超额热力学性质也适用。令 G_m^E 为摩尔超额吉布斯自由能，则有

$$G_m^E = (1-x_1)\left[(G_m^E)_{x_1=0} + \int_0^{x_1}\frac{\overline{G}_{m,1}^E}{(1-x_1)^2}\mathrm{d}x_1\right]_{\frac{x_2}{x_3}=l} \tag{2.194}$$

式中，$\overline{G}_{m,1}^E = RT\ln\gamma_1$。实验测得三元系 1-2-3 中 $x_2/x_3 = l$ 线上与浓度 x_1 相应的活度 a_1 就可以算出相应的 $\overline{G}_{m,1}^E$。将 $\dfrac{\overline{G}_{m,1}^E}{(1-x_1)^2}$ 对 x_1 作图，曲线下的面积即式 (2.194) 右边的积分值。

实验测得二元系 2-3 中相应于 $x_2/x_3 = l$ 处组元 2 和 3 的 a_2 和 a_3 的值，就可由下式

$$(G_m^E)_{x_1 = 0} = x_2 \overline{G}_{m,2}^E + x_3 \overline{G}_{m,3}^E \tag{2.195}$$

求得 $(G_m^E)_{x_1 = 0}$ 值。进而求得 $x_2/x_3 = l$ 线上相应的 G_m^E 值。

求得三元系 1-2-3 中若干条 $x_2/x_3 = l$ 线上的 G_m^E 值后，利用式

$$\overline{G}_{m,2}^E = G_m^E + (1 - x_2)\left(\frac{\partial G_m^E}{\partial x_2}\right)_{\frac{x_1}{x_3} = l} \tag{2.196}$$

$$\overline{G}_{m,3}^E = G_m^E + (1 - x_3)\left(\frac{\partial G_m^E}{\partial x_3}\right)_{\frac{x_1}{x_2} = l} \tag{2.197}$$

把在一条 $x_2/x_3 = l$ 线上的 G_m^E 值对 x_2 作图，如图 2.13 所示。所得的曲线上某点的切线的斜率为 $\left(\frac{\partial G_m^E}{\partial x_2}\right)_{\frac{x_1}{x_3} = l}$，切线与右方竖坐标轴相交的截距即为该点的 $\overline{G}_{m,2}^E$ 值。相同方法可求得 $\overline{G}_{m,3}^E$，再利用式

$$\overline{G}_{m,i}^E = RT\ln\gamma_i \quad (i = 2, 3)$$

即求得 $\gamma_i (i = 2, 3)$，进而得到 $a_i (i = 2, 3)$。

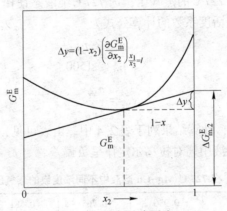

图 2.13　图解法求活度

2.10.3　$n(>3)$ 元系

上述三元系计算活度的方法也适用于 $n(>3)$ 元系。对于 $n(>3)$ 元系，式（2.49）和式（2.50）对超额热力学性质也适用。令 G_m^E 为超额摩尔吉布斯自由能，则有

$$G_m^E = (1 - x_1)\left[(G_m^E)x_1 = 0 + \int_0^{x_1} \frac{\overline{G}_{m,1}^E}{(1 - x_1)^2}\right]_{\frac{x_2}{x_i} = l_i(i \neq 1, 2)} \tag{2.198}$$

$$\overline{G}_{m,i}^E = G_m^E + (1 - x_i)\left(\frac{\partial G_m^E}{\partial x_i}\right)_{\frac{x_2}{x_j} = l_j(j \neq 1, i)} \tag{2.199}$$

若 $\overline{G}_{m,1}^E$ 已知，则利用式（2.198）求得 G_m^E，再利用式（2.199）求得 $\overline{G}_i^E (i = 2, 3, \cdots, n)$。

2.11　活度的测定

测定活度常用的方法有蒸气压法、化学平衡法、分配平衡法、电动势法等。无论哪种方法，一般都不能直接测出活度，而是测出有关参数，再依公式计算活度。关于测定活度的具体操作过程及装置这里不做介绍，仅讨论各种方法的原理及计算方法。

2.11.1　蒸气压法

利用测定体系某组元蒸气压来求该组元活度的方法就是蒸气压法。体系中易挥发组元的活度通常采用蒸气压法测定。组元 i 的活度可以写成

$$a_i = \frac{p_i}{p_i^\ominus} \tag{2.200}$$

在一确定温度和浓度，测出溶液中组元 i 的蒸气压 p_i 及其标准状态蒸气压 $p_i^\ominus$，代入公式 (2.200) 就可以计算出组元 i 在该温度和浓度的活度。在一定温度，溶液中组元 i 的蒸气压为定值，但取不同的活度标准状态，所得的活度值不等。因此，必须明确所选取的活度标准状态。

例 2.9　在 727℃，测得 Mg-Cu 二元溶液中镁的蒸气压数据如表 2.4 所示。由表中数据可见，已测出了纯镁在 727℃ 的蒸气压，选 727℃ 纯液态镁作为标准状态。因此，727℃ Mg-Cu 溶液中镁的活度和活度系数的计算公式为

$$a_{Mg} = \frac{p_{Mg}}{p_{Mg}^*} = \frac{p_{Mg}}{1500}$$

$$\gamma_{Mg} = \frac{a_{Mg}}{x_{Mg}}$$

将实验数据代入上式，计算结果列于表 2.4 中。由表可见，镁的活度系数在各浓度都小于 1，说明在 Mg-Cu 溶液中镁对拉乌尔定律呈负偏差。

表 2.4　在 727℃ Mg-Cu 溶液中不同浓度镁的蒸气压及活度

x_{Mg}	1.000	0.936	0.765	0.581	0.330	0.224
$p_{Mg} \times 10^{-3}$/Pa	1.500	1.381	1.100	0.576	0.119	0.040
a_{Mg}	1.000	0.921	0.733	0.384	0.079	0.027
γ_{Mg}	1.000	0.984	0.959	0.661	0.240	0.121

在纯组元 i 的蒸气压难以测定的情况下，可以选取 $x_i = 1$ 或 $w_i/w^\ominus = 1$ 服从亨利定律的假想状态为活度的标准状态。下面以 Fe-S 二元系中硫活度的测定为例予以说明。

例 2.10　在 1580℃，Fe-S 溶液中硫的蒸气压数据如表 2.5 所示，计算此溶液中硫的活度和活度系数。

表 2.5　1580℃ Fe-S 溶液中硫的蒸气压及活度

$x_S \times 10^{-3}$	10.0	8.0	6.0	4.0	3.0	2.0	1.0
p_S/Pa	9.02	7.44	5.68	3.87	2.95	2.00	1.00
$(p_S/x_S) \times 10^{-2}$/Pa	9.02	9.30	9.47	9.68	9.83	10.00	10.00

$a_{S(x)}^{H} \times 10^{3}$	9.02	7.44	5.68	3.87	2.95	2.00	1.00
$f_{S(x)}^{H}$	0.902	0.929	0.948	0.968	0.983	1.000	1.000

压力为 101.325Pa，硫的沸点为 444.4℃。1580℃ 已远超过硫的沸点。这种情况下测定硫的蒸气压在实验技术上有困难，因此选服从亨利定律的假想状态为活度标准状态。硫的浓度以 x_S 表示，所以，硫的活度和活度系数的计算公式为

$$a_{S(x)}^{H} = \frac{p_S}{k_x}$$

$$f_{S(x)} = a_{S(x)}^{H} / x_S$$

式中，k_x 为亨利定律常数，即亨利定律直线上 $x_S = 1$ 处假想状态的"压力"，这就是选取的标准状态"压力"。此值可以通过 $x_S \to 0$ 时遵从亨利定律的浓度范围内的 p_S/x_S 求得。

在溶液不服从亨利定律的浓度范围内，p_S/x_S 随溶液浓度而变，但在 $x_S \to 0$，溶液服从亨利定律时，p_S/x_S 为常数，此时的 p_S/x_S 就是亨利常数 k_x。表 2.5 中第三行是 p_S/x_S 的计算结果。从表可见，比值 p_S/x_S 随 x_S 减小而增大。在 $x_S \le 0.002$，此比值守常，为 1000，所以 $k_x = 1000$Pa。此即 $x_S = 1$ 处服从亨利定律的假想纯物质标准状态的"压力"。将此值和硫各浓度的 p_S 值代入前面给出的公式就可以求出硫的活度和活度系数。计算结果列入表 2.5 中。

由表可见，溶液不服从亨利定律时 $f_{S(x)} < 1$，这表明在 1580℃，Fe-S 溶液中硫对亨利定律呈负偏差。

2.11.2 化学平衡法

由化学平衡实验得到平衡常数，利用平衡常数与平衡体系组元活度的关系求出体系组元活度的方法，就是化学平衡法。

例 2.11 在 1540℃，CO_2/CO 混合气体与铁液中碳的平衡反应为

$$[C] + CO_2(g) \Longrightarrow 2CO(g) \qquad (2.a)$$

平衡常数

$$K^{\ominus} = \frac{(p_{CO}/p^{\ominus})^2}{a_C(p_{CO_2}/p^{\ominus})} = \frac{p_{CO}^2}{a_C p_{CO_2} p^{\ominus}}$$

得

$$a_C = \frac{p_{CO}^2}{K^{\ominus} p_{CO_2} p^{\ominus}} \qquad (2.b)$$

可见，若通过实验测得 p_{CO}、p_{CO_2}，再求出 K，就可以得到碳的活度 a_C。在 1540℃，实验测得与铁液中各浓度碳平衡的 p_{CO} 和 p_{CO_2} 数值，列于表 2.6。

表 2.6 1540℃ $\dfrac{CO}{CO_2}$ 与铁液中 [C] 平衡的实验数据

$\dfrac{w_C}{w^{\ominus}}$	0.216	0.425	0.640	0.850	1.06	1.28	1.68	2.10	2.50	2.92	4.12	5.20
$x_C \times 10^2$	0.097	0.194	0.291	3.84	4.75	5.69	7.37	9.08	10.7	12.3	16.7	20.3

$\dfrac{p_{CO}^2}{p_{CO_2}p^{\ominus}}$	93	191	292	400	525	670	1030	1510	2130	2930	7200	15300

为利用式（2.b）计算碳的活度，需先求出平衡常数。活度和平衡常数都与标准状态有关，不同标准状态，活度和平衡常数有不同值。因而，需要选定标准状态。下面讨论在不同标准状态，铁液中碳的活度的计算。

（1）纯物质标准状态。以拉乌尔定律形式表示化学势的活度，碳以固态纯物质为标准状态，以摩尔分数表示浓度，平衡常数可以写做

$$K_x^{\ominus} = \frac{p_{CO}^2}{p_{CO_2}p^{\ominus}a_C^R} \tag{2.c}$$

而要利用上式求得平衡常数，需要知道某一碳浓度的 a_C^R 和相应的 p_{CO}、p_{CO_2}。由实验数据知道，铁液中碳饱和浓度为 $\dfrac{w_C}{w^{\ominus}} = 5.20$，即 $x_C = 0.203$。而铁液中碳达饱和时，存在下列平衡

$$C(s) \rightleftharpoons [C]_{饱和}$$

而有

$$\mu_C^* = \mu_{C(饱和)} = \mu_C^* + RT\ln a_{C(饱和)}^R$$
$$RT\ln a_{C(饱和)}^R = 0, \quad a_{C(饱和)}^R = 1$$

可见，以饱和溶液的溶质为标准状态和以纯物质为标准状态是一样的。

将 $a_{C(饱和)}^R = 1$ 和相应的 p_{CO}、p_{CO_2} 数据代入式（2.c）即可求得平衡常数 K_x。由实验数据算得碳饱和时

$$\frac{p_{CO}^2}{p_{CO_2}p^{\ominus}} = 15300$$

所以

$$K_x^{\ominus} = \frac{p_{CO}^2}{p_{CO_2}p^{\ominus}a_C^R} = 15300$$

Fe-C 溶液中碳的活度为

$$a_C^R = \frac{\dfrac{p_{CO}^2}{p_{CO_2}p^{\ominus}}}{15300} \tag{2.d}$$

活度系数为

$$\gamma_C = \frac{a_C^R}{x_C} \tag{2.e}$$

将有关实验数据代入式（2.d）和式（2.e），即可得出 Fe-C 溶液中各浓度碳相应的活度和活度系数。计算结果列于表 2.7。

表 2.7　纯物质为标准状态，1540℃铁液中碳的活度和活度系数

$x_C \times 10^2$	0.097	0.194	0.291	3.84	4.75	5.69	7.37	9.08	10.7	12.3	16.7	20.3

续表 2.7

$a_C^R \times 10^2$	0.097	0.194	0.291	3.84	4.75	5.69	7.37	9.08	10.7	12.3	16.7	20.3
γ_C	0.610	0.643	0.656	0.681	0.722	0.770	0.913	1.09	1.30	1.56	2.82	4.93

(2) $\dfrac{w_C}{w^\ominus} = 1$ 标准状态。以亨利定律形式表示化学势的活度，以 $\dfrac{w_C}{w^\ominus} = 1$ 溶液状态为标准状态，质量分数表示浓度，平衡常数可以写做

$$K_w^\ominus = \frac{p_{CO}^2}{p_{CO_2} p^\ominus a_{C(w)}^H} = \frac{p_{CO}^2}{p_{CO_2} p^\ominus f_{C(w)} \left(\dfrac{w_C}{w^\ominus} \right)}$$

而要利用上式求平衡常数需要知道某一碳浓度的 $a_{C(w)}^H$ 或 $f_{C(w)}$ 和相应的 p_{CO}、p_{CO_2}。稀溶液会服从亨利定律。然而，难以直接由实验数据判断 $\dfrac{w_C}{w^\ominus}$ 小至何值铁液中的碳服从亨利定律。

但可知，当 $\dfrac{w_C}{w^\ominus} \to 0$ 时，$f_{C(w)} = 1$，而这时

$$K_w^\ominus = \frac{p_{CO}^2}{p_{CO_2} p^\ominus f_C \left(\dfrac{w_C}{w^\ominus} \right)} = \frac{p_{CO}^2}{p_{CO_2} p^\ominus \left(\dfrac{w_C}{w^\ominus} \right)}$$

令

$$K' = \frac{p_{CO}^2}{p_{CO_2} p^\ominus \left(\dfrac{w_C}{w^\ominus} \right)}$$

通常 K' 并不等于平衡常数，而称为表观平衡常数或平衡浓度商。只有当 $\dfrac{w_C}{w^\ominus} \to 0, f_{C(w)} = 1$ 时，铁液中碳服从亨利定律，K' 才等于平衡常数 K_w。因此，以 K' 对 $\dfrac{w_C}{w^\ominus}$ 作图，将所得曲线延长至 $\dfrac{w_C}{w^\ominus} = 0$，曲线与纵坐标轴的交点值即为平衡常数 K_w。如图 2.14 所示，交点值为 425，即 $K_w^\ominus = 425$。所以

$$K_w^\ominus = \frac{p_{CO}^2}{p_{CO_2} p a_{C(w)}^H} = \frac{p_{CO}^2}{p_{CO_2} p^\ominus f_{C(w)} (w_C/w^\ominus)} = 425$$

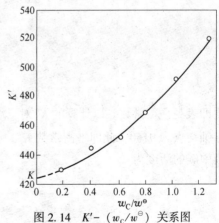

图 2.14 $K' - (w_C/w^\ominus)$ 关系图

Fe-C 溶液中碳的活度为

$$a_{C(w)}^H = \frac{\dfrac{p_{CO}^2}{p_{CO_2} p^\ominus}}{425}$$

活度系数为

$$f_{C(w)} = \frac{a_{C(w)}^H}{\dfrac{w_C}{w^\ominus}}$$

把相应数据代入上两式，即可求出铁液中不同浓度的碳的活度和活度系数值。计算结果列于表 2.8 中。

表 2.8 　$\dfrac{w_C}{w^\ominus} = 1$ 为标准状态，1540℃铁液中碳的活度和活度系数

$\dfrac{w_C}{w^\ominus}$	0.216	0.425	0.640	0.850	1.06	1.28	1.68	2.10	2.50	2.92	4.12	5.20
K'	431	449	456	471	495	523	613	713	852	1003	1748	2942
$a_{C(w)}^H$	0.219	0.449	0.687	0.941	1.24	1.58	2.42	3.56	5.01	6.89	16.9	36.0
f_C^H	1.01	1.06	1.07	1.11	1.17	1.23	1.44	1.69	2.00	2.36	4.11	6.92

（3）假想纯物质标准状态（亨利定律线上 $x_C = 1$ 的状态）。以亨利定律形式表示的化学势的活度，以假想纯物质为标准状态，以摩尔分数表示浓度，平衡常数可以写做

$$K_x^\ominus = \frac{p_{CO}^2}{p_{CO_2} p^\ominus a_{C(x)}^H} = \frac{p_{CO}^2}{p_{CO_2} p^\ominus f_{C(x)} x_C}$$

利用上式计算平衡常数，需要知道某一碳浓度的 $a_{C(x)}^H$ 或 $f_{C(x)}$ 和相应的 p_{CO}、p_{CO_2}。当 $x_C \to 0$ 时，$f_{C(x)} = 1$，而这时

$$K_x^\ominus = \frac{p_{CO}^2}{p_{CO_2} p^\ominus x_C}$$

令

$$K'' = \frac{p_{CO}^2}{p_{CO_2} p^\ominus x_C}$$

此即表观平衡常数。以计算的 K'' 对 x_C 作图，结果如图 2.15 所示。所得曲线延长线与纵坐标轴交点为 9150，此即平衡常数 K_x。所以 Fe-C 溶液中碳的活度为

$$a_{C(x)}^H = \frac{\dfrac{p_{CO}^2}{p_{CO_2} p^\ominus}}{9150} \qquad (2.f)$$

活度系数为

$$f_{C(x)} = \frac{a_{C(x)}^H}{x_C} \qquad (2.g)$$

把有关数据代入式（2.f）和式（2.g），计算结果列于表 2.9 中。

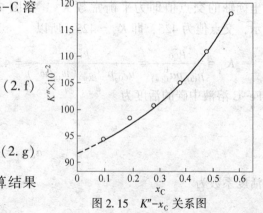

图 2.15　$K''\text{-}x_C$ 关系图

表 2.9　以符合亨利定律的假想纯物质为标准状态，1540℃铁液中碳的活度和活度系数

$x_C \times 10^2$	0.097	0.194	0.291	3.84	4.75	5.69	7.37	9.08	10.7	12.3	16.7	20.3
$K'' \times 10^{-2}$	93.3	98.5	100	104	111	118	14.0	166	199	238	431	754
$a_{C(x)}^H \times 10^2$	1.02	2.09	3.19	4.37	5.73	7.32	113	16.5	23.3	32.0	78.7	167
$f_{C(x)}$	1.02	1.08	1.10	1.14	1.21	1.29	1.53	1.82	2.18	2.60	4.71	8.24

2.11.3　分配平衡法

若溶质组元 i 能分别溶于互不相溶的 A、B 两相，在一定温度，两相达成平衡，有

$$\mu_{i(A)} = \mu_{i(B)}$$

即

$$\mu_{i(A)}^{\ominus} + RT\ln a_{i(A)} = \mu_{i(B)}^{\ominus} + RT\ln a_{i(B)}$$

式中，$\mu_{i(A)}^{\ominus}$、$a_{i(A)}$、$\mu_{i(B)}^{\ominus}$、$a_{i(B)}$ 分别为溶质 i 在 A、B 两相标准状态的化学势和活度。若两相中的溶质组元 i 都选纯组元 i 为标准状态，则

$$\mu_{i(A)}^{\ominus} = \mu_{i(B)}^{\ominus}$$

$$\frac{a_{i(A)}^R}{a_{i(B)}^R} = 1 \tag{2.201}$$

若两相中的溶质组元 i 分别选不同的标准状态，则

$$\mu_{i(A)}^{\ominus} \neq \mu_{i(B)}^{\ominus}$$

$$L_a = \frac{a_{i(A)}}{a_{i(B)}} = \exp\left(\frac{\mu_{i(B)}^{\ominus} - \mu_{i(A)}^{\ominus}}{RT}\right) \tag{2.202}$$

式（2.201）和式（2.202）是分配定律的两种形式，式（2.202）中 L_a 是以活度表示的分配常数。

由上式的形式可见，每个式中都包括两个活度，若已知溶质组元 i 在一相中的活度，并通过分配平衡实验测出分配常数 L_a，就能利用分配定律求出溶质组元 i 在另一相中的活度。

在稀溶液中，依所选择的标准状态有 $w_i/w^{\ominus} \to 0$，$a_i^H = w_i/w^{\ominus}$ 或 $x_i \to 0$，$a_i^H = x_i$。通常采用降低溶质组元 i 在两相中的浓度，直至溶质 i 在两相中的浓度比守常。这个不再随浓度变化的常数即为分配常数，即

$$L_a = \lim_{w_i \to 0} \frac{w_{i(A)}}{w_{i(B)}}$$

$$L_a = \lim_{x_i \to 0} \frac{x_{i(A)}}{x_{i(B)}}$$

利用分配平衡数据计算活度时，采用上两式中的哪一个，取决于所选的标准状态。

例 2.12　1600℃，铜在平衡共存的液态银和液态铁中的摩尔分数分别为 0.115 和 0.0292。在同样温度，此 Fe-Cu 溶液中铜的蒸气压以及液态纯铜的蒸气压分别为 24Pa 和 125Pa。求两相中铜的活度和活度系数。

解：两相中铜的活度都取同温度、纯液态铜为标准状态，则

$$a_{Cu(Fe-Cu)}^R = a_{Cu(Ag-Cu)}^R$$

$$a_{Cu(Fe-Cu)}^R = \frac{p_{Cu(Fe-Cu)}}{p_{Cu}^*} = \frac{24}{125} = 0.192$$

$$\gamma_{Cu(Fe-Cu)} = \frac{a_{Cu(Fe-Cu)}^R}{x_{Cu(Fe-Cu)}} = \frac{0.192}{2.92 \times 10^{-2}} = 6.58$$

所以

$$a_{Cu(Au-Cu)}^R = 0.192$$

$$\gamma_{Cu(Ag-Cu)} = \frac{a_{Cu(Au-Cu)}^R}{x_{Cu(Ag-Cu)}} = \frac{0.192}{11.5 \times 10^{-2}} = 1.67$$

例 2.13 1600℃，实验测得与纯 FeO 平衡的铁液中氧含量为 $w_0 = 0.223\%$ ，而与组成摩尔分数 x_i 为 0.127CaO，0.032MgO，0.109SiO_2，0.704FeO 和 0.028Cr_2O_3 的熔渣平衡的铁液中氧含量 $w_0 = 0.187\%$ 。求此渣中 FeO 的活度及活度系数。

解：FeO 在熔渣与铁液间的分配反应是

$$(FeO) \rightleftharpoons [FeO]$$

渣中 FeO 取纯 FeO 为标准状态，铁液中的 FeO 选亨利定律线上 $(w_{FeO}/w^\ominus) = 1$ 为标准状态，分配常数为

$$L_1 = \frac{a_{[FeO](w)}^H}{a_{[FeO]}^R} = \frac{(w_{[FeO]}/w^\ominus)f_{[FeO](w)}}{a_{[FeO]}^R}$$

依据

$$[Fe] + [O] \rightleftharpoons [FeO]$$

由化学计量关系，得

$$\frac{w_{[FeO]}}{w^\ominus} = \frac{M_{FeO}}{M_O}\frac{w_{[O]}}{w^\ominus} = \frac{72}{16} \times \frac{w_{[O]}}{w^\ominus} = 4.5\frac{w_{[O]}}{w^\ominus}$$

依分配定律，铁液中 FeO 的浓度随熔渣中 FeO 的含量不同而异，其变化范围从 $w_{[FeO]} = 0$ 到 $(w_{[FeO]}/w^\ominus) = 0.23 \times 4.5 = 1.035$，如此小的浓度，可以近似认为铁液中的 FeO 遵从亨利定律，即

$$f_{[FeO](w)} = 1$$

所以，该体系的分配定律可写成如下形式

$$L_1 = \frac{w_{[FeO]}/w^\ominus}{a_{(FeO)}^R} = \frac{4.5w_{[O]}/w^\ominus}{a_{(FeO)}^R}$$

或

$$K_O = \frac{L_1}{4.5} = \frac{w_{[O]}/w^\ominus}{a_{(FeO)}^R}$$

上式的写法实际上对应如下反应的平衡常数

$$(FeO) \rightleftharpoons Fe(l) + [O]$$

其中铁的活度看作 1。对于纯 FeO 与铁液的平衡

$$FeO(l) \rightleftharpoons Fe(l) + [O]_{sat}$$

$$K_S = \frac{w_{[O]sat}}{w^\ominus}$$

其中，$a_{Fe}^{R} = 1$，$a_{FeO}^{R} = 1$。

在一定温度平衡常数是定值，即

$$K_S = K_0$$

所以

$$a_{(FeO)}^{R} = \frac{w_{[O]}}{w_{[O]sat}}$$

式中，$w_{[O]}$ 和 $w_{[O]sat}$ 分别为含氧化铁渣和纯 FeO 平衡的铁液的氧含量。$w_{[O]sat}$ 称为铁液的饱和氧含量。

将分配平衡数据代入上式得

$$a_{(FeO)}^{R} = \frac{0.187}{0.223} = 0.839$$

$$\gamma_{(FeO)} = \frac{a_{(FeO)}^{R}}{x_{(FeO)}} = \frac{0.839}{0.704} = 1.192$$

2.11.4 电动势法

电动势法是将待测组元参加的化学反应构成原电池或浓差电池，测定其电动势，进而求得待测组元的活度。

例 2.14 为测定 PbO-SiO$_2$ 熔体中 PbO 的活度，组成如下电池

$$(Pt), Pb(l) | PbO - SiO_2 | O_2(101.3kPa), (Pt)$$

电池反应为

$$Pb(l) + \frac{1}{2}O_2 == (PbO)$$

以液态纯 PbO 为标准状态电动势为

$$E = E^{\ominus} - \frac{RT}{nF}\ln a_{PbO}^{R}$$

再用纯 PbO 组成电池

$$(Pt), Pb(l) | PbO(l) | O_2(101.3kPa), (Pt)$$

电动势为

$$E = E^{\ominus}$$

测定上面两个电池的电动势，代入下式，即可求出 PbO-SiO$_2$ 熔体中 PbO 的活度

$$\ln a_{PbO}^{R} = \frac{2F(E^{\ominus} - E)}{RT}$$

由于固态电解质的研制成功，可以用固态电解质代替熔盐等液体电解质构成电池。

例 2.15 在 1000K，为测 Fe-Ni 合金中铁的活度，组成下列固态电解质电池

$$(Pt), Fe, FeO | ZrO_2(CaO) | Fe - Ni, O_2FeO, (Pt)$$

正极反应 $\qquad FeO + 2e \longrightarrow [Fe] + O^{2-}$

负极反应 $\qquad O^{2-} + Fe \longrightarrow FeO + 2e$

电池反应 $\qquad Fe \longrightarrow [Fe]$

以纯物质为标准状态，有

$$\Delta G = \Delta G^{\ominus} + RT\ln a_{Fe}^{R}$$

$$- 2FE = - 2FE^{\ominus} + RT\ln a_{Fe}^{R}$$

因为两极同为 Fe，FeO 电极，所以，$E^{\ominus} = \varphi_{+}^{\ominus} - \varphi_{-}^{\ominus} = 0$。则

$$- 2FE = RT\ln a_{Fe}^{R}$$

$$\ln a_{Fe} = - \frac{2FE}{RT}$$

测出电池电动势 E，便可求出 Fe-Ni 合金中铁的活度 a_{Fe}^{R}。

2.12　正规溶液、似正规溶液模型及亚正规溶液模型

溶液的性质是由溶液的组成和结构决定的。人们希望由溶液的组成和结构的知识得到溶液的性质。溶液的组成容易测定，而溶液的结构却难以测定。为了得到溶液的性质，除实验测定外，人们还通过建立溶液模型计算溶液的性质。

溶液模型可以分为两类，即物理模型和数学模型。溶液的物理模型是建立溶液的微观结构图像，依据结构图像从溶液组元的性质和其间的相互作用计算溶液的性质。溶液的数学模型是从力学量间的数学关系入手，不考虑微观结构图像，构造力学量间的公式计算溶液的性质。

溶液模型有很多种，这里仅介绍正规溶液模型及与其相关的几种溶液模型。

2.12.1　正规溶液

2.12.1.1　定义

1927 年，海尔德布元德（Hildebrand）提出了正规溶液的概念和正规溶液模型。正规溶液的定义为：当极少量的一个组元从理想溶液迁移到具有相同组成的溶液时，如果没有熵的变化，并且总的体积不变，后者就称为正规溶液。这个定义的含意是，正规溶液的混合熵和理理溶液的混合熵相同，都是来源于随机混合，但混合焓不同，正规溶液的混合焓不为零。正规溶液理论的关键是计算混合焓。斯凯特查尔德（Scatchard）和海尔德布元德应用统计力学的方法推导了正规溶液理论的热力学关系式。下面介绍其结果。

2.12.1.2　正规溶液的性质

正规溶液的混合熵为

$$\Delta S_{m, i} = \Delta S_{m, i}^{id} = - R\ln x_i$$

因此，正规溶液的性质为：

（1）超额熵为零，即

$$\overline{S}_{m, i}^{E} = 0$$

或

$$\Delta S_{m, i}^{E} = 0$$

（2）超额自由能与温度无关，即

$$\left(\frac{\partial \overline{G}_{m, i}^{E}}{\partial T}\right)_{p} = - \overline{S}_{m, i}^{E} = 0$$

$$\left(\frac{\partial G_m^E}{\partial T}\right)_p = \left(\frac{\partial}{\partial T}\sum_{i=1}^n x_i \Delta G_{m,i}^E\right)_p = \sum_{i=1}^n x_i\left(\frac{\partial \Delta G_{m,i}^E}{\partial T}\right)_p = \sum_{i=1}^n x_i \Delta S_{m,i}^E = 0$$

（3）$\ln\gamma_i$ 与 $1/T$ 成正比。由 $\overline{G}_{m,i}^E = RT\ln\gamma_i$ 和性质（2）可知 $RT\ln\gamma_i$ 不随温度变化，而 $RT\ln\gamma_i$ 中又含有 T，所以 $\ln\gamma_i$ 应与 $1/T$ 成正比，即

$$\ln\gamma_i \propto \frac{1}{T}$$

（4）$\Delta H_{m,i}$ 与温度无关。由

$$\overline{H}_{m,i}^E = \overline{G}_{m,i}^E + T\overline{S}_{m,i}^E$$

得

$$\Delta H_{m,i} = \overline{H}_{m,i}^E = \overline{G}_{m,i}^E = RT\ln\gamma_i$$

可见 $\Delta H_{m,i}$ 也与温度无关。

2.12.2 S-正规溶液和似晶格模型

2.12.2.1 定义和假设

古根亥姆（Guggenheim）等对正规溶液理论进行了修正，提出 S-正规溶液。其定义是：一种溶液，除组元间的交换能不等于零外，能够满足理想溶液的其他一切条件。S-正规溶液比正规溶液更严格，S 是 strictly 的第一个字母，意即严格。正规溶液的性质 S-正规溶液也具备。通常说的正规溶液实际是指 S-正规溶液。

与正规溶液一样，S-正规溶液和理想溶液的差别是混合焓不为零。其原因是组元间的交换能不为零。因此，问题的关键是计算混合焓。古根亥姆提出似晶格模型，应用统计力学的方法推导 S-正规溶液的混合焓及其他热力学量的公式。

似晶格模型是一个有代表性的模型。该模型的实验依据是：物质的液态密度和该物质固态密度接近，微粒间作用力大致相同。在晶体中，每个微粒（原子或分子等）周围最邻近的微粒数（配位数）Z 是常数。而在液体中，Z 并不是定值，但当温度远低于气-液临界温度时，Z 有一个相当明确的平均值。液体中各部位的配位数对其平均值虽有起伏，但相差不大。X 射线分析表明，液体是近程有序的，所以可认为液体是一种排列松散的似晶格结构。似晶格模型的基本假设是：

（1）形成溶液的各组元微粒形状和大小相近。因此，纯组元和混合物组元微粒的配位数相等，混合前后体积变化可以忽略不计。

（2）微粒间的相互作用力是一种近程力，只考虑每个微粒与其最邻近的粒子间的相互作用。

（3）溶液中的微粒只在晶格结点上振动，没有移动。溶液的内能等于组成溶液的所有微粒间相互作用能之和。

（4）微粒相互混合是完全随机的，微观均匀的，即该溶液的混合熵等于理想溶液的混合熵，$\Delta S_m = \Delta S_m^{id}$。

由上可见，这种溶液除了同种质点间的作用力不等于异种质点间的作用力以外，其他都能满足理想溶液的条件。下面依以上假设，推导 S-正规溶液的热力学公式。

2.12.2.2 混合熵

玻耳兹曼（Boltzmann）公式

$$S = k\ln W$$

式中，k 是玻耳兹曼常数；W 是微观状态数。

设组元 A、B 的粒子数分别为 m_A、m_B。依统计力学知识，混合前，组元 A 的排列方式数为 $m_A!$，组元 B 的排列方式数为 $m_B!$，总的排列方式数则为

$$W_{前} = m_A! \, m_B!$$

混合前体系的熵为

$$S_{前} = k\ln(m_A! \, m_B!)$$

混合后，体系的分子数为 $m_A + m_B$（认为形成溶液时无缔合），排列方式数

$$W_{后} = (m_A + m_B)!$$

混合后体系的熵为

$$S_{后} = k\ln(m_A + m_B)!$$

混合前后体系的熵变为

$$\Delta S = S_{后} - S_{前} = k\ln \frac{(m_A + m_B)!}{m_A \cdot m_B}$$

根据斯特林（Sterling）公式，当 x 很大时，有

$$\ln x! = x\ln x - x$$

将其应用于上式，得

$$\Delta S = -k\left(m_A\ln \frac{m_A}{m_A + m_B} + m_B\ln \frac{m_B}{m_A + m_B} \right)$$

对 1mol 溶液

$$m_A + m_B = N_A$$

式中，N_A 为阿伏伽德罗（Avogadro）常数，而

$$R = N_A k, \quad x_A = \frac{m_A}{m_A + m_B} = \frac{m_A}{N_A}, \quad x_B = \frac{m_B}{m_A + m_B} = \frac{m_B}{N_A}$$

所以

$$\Delta S_m = -kN_A\left(\frac{m_A}{N_A}\ln x_A + \frac{m_B}{N_A}\ln x_B \right) = -R(x_A\ln x_A + x_B\ln x_B)$$

$$\Delta S_{m,\,i} = -R\ln x_i \quad (i = A、B)$$

可以看出，上面导出的混合熵公式与理想溶液混合熵公式相同。

2.12.2.3　混合能和混合焓

混合焓与形成溶液前后微粒间作用能有关。因为微粒间相互作用是近程力，所以仅考虑相邻微粒间的作用。最邻近的微粒间有 A—A、B—B、A—B 三种排布情况，各种微粒对的相互作用能不同，设每种微粒对的相互作用能分别为 ε_{AA}、ε_{BB} 和 ε_{AB}，其中 ε_{AA}、ε_{BB} 为同种微粒间的相互作用能，而 ε_{AB} 为异种微粒间的相互作用能。

溶液中每种微粒对数目等于总的微粒对数目乘以出现该种微粒对的概率。

1mol 溶液中总的微粒数为 $m_A + m_B = N_A$，假定每个微粒的配位数为 Z，则溶液中总的微粒对数目为 $\frac{1}{2}N_A Z$。除以 2 是因为不能对每一对微粒计算两次。例如，对于 A_1—A_2 这对微粒来说，当以 A_1 为中心时，有 Z 个微粒对；当以 A_2 为中心时，也有 Z 个微粒对。实际

上 A_1-A_2 这对微粒在分别以 A_1 和 A_2 为中心计算微粒对时，被重复计算了一次，故应除以 2。

晶格某节点被组元 A 的微粒占据的概率为 $\dfrac{m_A}{m_A + m_B} = x_A$；被组元 B 的微粒占据的概率

为 $\dfrac{m_B}{m_A + m_B} = x_B$。这是对每个节点而言，显然，两个节点上才会出现微粒对。对相邻两个节点，两种组元的微粒在其上排列的方式有四种：相邻两个节点同时被组元 A 的两个微粒占据，即出现 A-A 微粒对的概率为 $x_A x_A = x_A^2$。因此，A-A 微粒对数 $P_{AA} = \dfrac{N_A Z}{2} x_A^2$。同理，

B-B 微粒对数 $P_{BB} = \dfrac{N_A Z}{2} x_B^2$。因为 A、B 两微粒是可分辨的，两节点位置又不同，因此两相邻节点被不同组元微粒占据会有两种情况，即出现 A-B 微粒对和 B-A 微粒对。相邻节点上出现 A-B 微粒对的概率为 $x_A x_B$，出现 B-A 微粒对的概率为 $x_A x_B$。由此看出，两相邻节点被不同组元微粒占据，即出现异种组元微粒对的概率为 $2 x_A x_B$，则出现异种组元微粒对数

$$P_{AB} = \frac{N_A Z}{2} \times 2 x_A x_B = N_A Z x_A x_B \tag{2.203}$$

所以混合成溶液后总的作用能为

$$E_{后} = \frac{1}{2} N_A Z x_A^2 \varepsilon_{AA} + \frac{1}{2} N_A Z \varepsilon_B^2 \varepsilon_{BB} + N_A Z x_A x_B \varepsilon_{AB} = \frac{1}{2} N_A Z (x_A^2 \varepsilon_{AA} + x_B^2 \varepsilon_{BB} + 2 x_A x_B \varepsilon_{AB})$$

$$\tag{2.204}$$

混合前，组元 A 的物质的量为 $x_A \mathrm{mol}$；组元 B 的物质的量为 $x_B \mathrm{mol}$；$x_A + x_B = 1 \mathrm{mol}$；总的微粒对数目也是 $\dfrac{1}{2} N_A Z$。由于混合前各自都是纯物质，微粒间作用力相同，所以对单个微粒来说，占据任意位置起的作用都相同，因此纯组元 A 中形成 A-A 微粒对的数目为 $\dfrac{1}{2} N_A Z x_A$，这些微粒对的作用能总和为 $\dfrac{1}{2} N_A Z x_A \varepsilon_{AA}$。同理，纯组元 B 中总作用能为 $\dfrac{1}{2} N_A Z x_B \varepsilon_{BB}$。所以，混合前体系的总作用能为

$$E_{前} = \frac{1}{2} N_A Z (x_A \varepsilon_{AA} + x_B \varepsilon_{BB}) \tag{2.205}$$

混合前后作用能之差为

$$\Delta E = E_{后} - E_{前} = \frac{1}{2} N_A Z [x_A \varepsilon_{AA} (x_A - 1) + x_B \varepsilon_{BB} (x_B - 1) + 2 x_A x_B \varepsilon_{AB}]$$

由

$$x_A + x_B = 1$$

得

$$\Delta E = N_A Z x_A x_B \left[\varepsilon_{AB} - \frac{1}{2} (\varepsilon_{AA} + \varepsilon_{BB}) \right] \tag{2.206}$$

利用式 (2.203) 得

$$\Delta E = P_{AB}\left[\varepsilon_{AB} - \frac{1}{2}(\varepsilon_{AA} + \varepsilon_{BB})\right] \qquad (2.207)$$

由前面分析可知，把 A-A 及 B-B 微粒对变成两个 A-B 微粒对，其作用能变化为 $2\varepsilon_{AB} - \varepsilon_{AA} - \varepsilon_{BB}$。形成一个 A-B 微粒对的能量变化则为

$$\Delta\varepsilon = \varepsilon_{AB} - \frac{1}{2}(\varepsilon_{AA} + \varepsilon_{BB}) \qquad (2.208)$$

由此可见，形成溶液过程中之所以有热效应，是由于异种微粒间作用能与同种微粒间作用能不等所致。$\Delta\varepsilon$ 称为交换能。此交换能与温度无关，对某一确定体系为常数。

令

$$\Omega = N_A Z\left[\varepsilon_{AB} - \frac{1}{2}(\varepsilon_{AA} + \varepsilon_{BB})\right] \qquad (2.209)$$

则式 (2.206) 变成

$$\Delta E = \Omega x_A x_B \qquad (2.210)$$

因为形成 S-正规溶液 $\Delta V = 0$，所以混合焓和混合能相等，都等于混合前后能量的变化，即

$$\Delta H_m = \Delta U_m = \Delta E = \Omega x_A x_B \qquad (2.211)$$

2.12.2.4　混合吉布斯自由能

摩尔混合自由能 ΔG_m 为

$$\Delta G_m = \Delta H_m - T\Delta S_m$$

将式 (2.211) 和式 (2.206) 代入上式，得

$$\Delta G_m = \Omega x_A x_B + RT\ln(x_A\ln x_A + x_B\ln x_B) \qquad (2.212)$$

而混合摩尔吉布斯自由能

$$\begin{aligned}\Delta G_m &= RT\ln(x_A\ln a_A + x_B\ln a_B)\\ &= RT\ln(x_A\ln\gamma_A + x_B\ln\gamma_B) + RT\ln(x_A\ln x_A + x_B\ln x_B)\\ &= G_m^E + \Delta G_m^{id}\end{aligned}$$

与式 (2.212) 比较可知

$$G_m^E = RT\ln(x_A\ln\gamma_A + x_B\ln\gamma_B) = \Omega x_A x_B = \Delta H_m \qquad (2.213)$$

式中，Ω 称为混合能，对一定溶液，它是不随温度和溶液浓度变化的常数。Ω 值取决于 Z 值及 $\varepsilon_{AB} - \frac{1}{2}(\varepsilon_{AA} + \varepsilon_{BB})$。$Z$ 总是正值，所以若 $\varepsilon_{AB} - \frac{1}{2}(\varepsilon_{AA} + \varepsilon_{BB}) > 0$，则 $\Omega > 0$，即 $\Delta H_m > 0, G_m^E > 0$，说明形成溶液时吸热，溶液对拉乌尔定律呈正偏差；若 $\varepsilon_{AB} - \frac{1}{2}(\varepsilon_{AA} + \varepsilon_{BB}) < 0$，则 $\Omega < 0, \Delta H_m < 0, \Delta G_m^E < 0$，说明形成溶液时放热，溶液对拉乌尔定律呈负偏差；若 $\varepsilon_{AB} = \varepsilon_{AA} + \varepsilon_{BB}$，$\Omega = 0$，为理想溶液。

式 (2.211) 和式 (2.213) 为形成 1mol 正规溶液时体系的混合焓及超额吉布斯自由能，与溶液的浓度和混合能有关。

由

$$\Delta H_{m,A} = \Delta H_m + (1 - x_A)\left(\frac{\partial\Delta H_m}{\partial x_A}\right)_T$$

可得偏摩尔混合焓的计算公式

$$\Delta H_{m,A} = \Omega x_B^2 = \Omega (1 - x_A)^2 \tag{2.214}$$

$$\Delta H_{m,B} = \Omega x_A^2 = \Omega (1 - x_B)^2 \tag{2.215}$$

又据

$$\Delta H_{m,A} = \overline{G_{m,A}^E} = RT\ln\gamma_A$$

可得

$$\Omega = RT\left[\frac{\ln\gamma_A}{(1 - x_A)^2}\right] = TR\alpha_A \tag{2.216}$$

同理可得

$$\Omega = RT\left[\frac{\ln\gamma_B}{(1 - x_B)^2}\right] = TR\alpha_B \tag{2.217}$$

比较式 (2.216)、式 (2.217) 可知，对于 S-正规溶液，有

$$\alpha_A = \alpha_B = \alpha = \frac{\Omega}{RT} = \frac{\ln\gamma_i}{(1 - x_i)^2} \quad (i = A、B) \tag{2.218}$$

因为 Ω 与浓度、温度无关，所以 S-正规溶液的 α 函数是与浓度无关的常数，其大小与温度成反比。

又由于

$$\alpha = \frac{\ln\gamma_i}{(1 - x_i)^2}$$

对正规溶液，必有

$$\ln\gamma_i \propto \frac{1}{T}$$

即 S-正规溶液组元的活度系数与温度成反比。

2.12.2.5　S-正规溶液的 ΔH_m（或 G_m^E）与浓度的关系

根据 $\Delta H_m = G_m^E = \Omega x_A x_B = \Omega x_B - \Omega x_B^2$ 可绘出 ΔH_m 与 x_B 的关系曲线。如图 2.16 所示，这是一条抛物线。当 $x_B \to 0$ 或 $x_B \to 1$ 时，$\Delta H_m = 0(G_m^E = 0)$。曲线的斜率为

$$\frac{d(\Delta H_m)}{dx_B} = \Omega (1 - 2x_B)$$

在 $x_B = 0.5$ 处，$\dfrac{d(\Delta H_m)}{dx_B} = 0$，有极值。

由于

$$\frac{d^2(\Delta H_m)}{dx_B^2} = -2\Omega$$

所以，若 $\Omega > 0$，$\dfrac{d^2(\Delta H_m)}{dx_B^2} < 0$，在 $x_B = 0.5$ 处，有极大值。若 $\Omega < 0$，$\dfrac{d^2(\Delta H_m)}{dx_B^2} > 0$，在 $x_B = 0.5$ 处，有极小值。

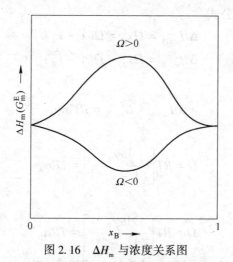

图 2.16　ΔH_m 与浓度关系图

2.12.2.6　S-正规溶液的 ΔG_m 与浓度的关系

S-正规溶液有：

$$\Delta G_m = \Delta G_m^{id} + G_m^E$$
$$= RT(x_A \ln x_A + x_B \ln x_B) + \Omega x_A x_B$$
$$= RT[x_B \ln x_B + (1 - x_B)\ln(1 - x_B)] + \Omega x_B(1 - x_B)$$

将上式两边除以 RT，得

$$\Delta G_m/RT = x_B \ln x_B + (1 - x_B)\ln(1 - x_B) + \alpha x_B(1 - x_B) \tag{2.219}$$

以 $\Delta G_m/RT$ 为纵坐标对 x_B 作图得图 2.17(b)。曲线斜率与浓度关系

$$\frac{d(\Delta G_m/RT)}{dx_B} = x_B \ln \frac{x_B}{1 - x_B} + \alpha - 2\alpha x_B \tag{2.219a}$$

令其等于零，可解出 $x_B = 0.5$ 处存在极值。将上式对 x_B 求二阶导数得

$$\frac{d^2(\Delta G_m/RT)}{dx_B^2} = \frac{1}{x_B} + \frac{x_B}{1 - x_B} - 2\alpha \tag{2.219b}$$

把 $x_B = 0.5$ 代入二阶导数，得

$$\left.\frac{d^2(\Delta G_m/RT)}{dx_B^2}\right|_{x_B = 0.5} = 2(2 - \alpha) \tag{2.219c}$$

由式（2.219）可见，S-正规溶液的 ΔG_m 不仅随溶液浓度而变，且与 α 值有关。取 α 等于 -1，0，1，2，3 诸值，以 $\Delta G_m/RT$ 对 x_B 作图，得 $\Delta G_m/RT$ 随浓度变化的曲线，如图 2.17 (b) 所示。可见，曲线形状与 α 有关。因为 $\alpha = \Omega/RT$，其中 Ω 与温度无关，为定值，所以 $|\alpha|$ 大小体现了温度的相对高低。图中不同 α 值的曲线实际代表不同温度下 $\Delta G_m/RT - x_B$ 的关系曲线。每条曲线均具有对称性。对称轴为 $x_B = 0.5$ 的组成线，即每条曲线在 $x_B = 0.5$ 处都是极值点。至于是极大值还是极小值取决于 α 值，这实质上体现了溶液的性质。将其与活度结合起来讨论如下：

由

$$\ln a_B = \ln \gamma_B + \ln x_B = \alpha x_A^2 + \ln x_B$$

可得

$$a_B = x_B e^{\alpha x_A^2} = x_B e^{\alpha(1-x_B)^2} \tag{2.220}$$

依式（2.220）作 $a_B - x_B$ 关系图，得图 2.17(c)。

当 $\alpha = 0$ 时，据式（2.218）得 $\ln\gamma_B = 0$、$\gamma_B = 1$、$\Omega = 0$，再据式（2.209）得 $\varepsilon_{AB} - \frac{1}{2}(\varepsilon_{AA} + \varepsilon_{BB}) = 0$，呈理想溶液性质。而据式（2.220），$\alpha = 0$，得 $a_B = x_B$，图 2.17(c) 中 $a_B - x_B$ 呈直线关系。由式（2.219c）知，$\alpha = 0$，$\dfrac{d^2(\Delta G_m/RT)}{dx_B^2} > 0$，$\Delta G_m/RT - x_B$ 关系曲线有极小值。由式（2.219），$x_B = 0.5$，得

$$\left. \frac{\Delta G_m}{RT} \right|_{x_B = 0.5} = \ln 0.5 + 0.25\alpha \tag{2.219d}$$

将 $\alpha = 0$ 代入式（2.219d），得极小值为 $\ln 0.5 = -0.693$。

当 $\alpha \neq 0$ 时 $\Omega \neq 0$，为非理想溶液。α 正负，体现了溶液对理想溶液偏差的正负。对于 $\alpha < 2$ 的一系列曲线，由式（2.219c）可知，$\dfrac{d^2(\Delta G_m/RT)}{dx_B^2} > 0$，它们均有极小值。由图 2.17(b) 可见，这些曲线全部下凹。当 $\alpha < 0$，即 $\Omega < 0$，由于 ε_{AA}、ε_{BB}、ε_{AB} 皆为负值，此时 $|\varepsilon_{AB}| > \left| \frac{1}{2}(\varepsilon_{AA} + \varepsilon_{BB}) \right|$，表明异种微粒间相互作用能大于同种微粒间相互作用能。$\Delta G_m < \Delta G_m^{id}$，对理想溶液呈负偏差。由式（2.220）知，$a_B < x_B$，$a_B - x_B$ 关系曲线在理想溶液线 $a_B - x_B$ 的下方。反之，$\alpha > 0$ 即 $\Omega > 0$，异种微粒间相互作用能小于同种微粒间相互作用能。此种情况，所有 $\Delta G_m/RT - x_B$ 关系曲线在理想溶液对应曲线的上方，溶液对理想溶液呈正偏差，且随 α 增大，偏差程度加大。但当 $\alpha < 2$ 时，$\Delta G_m/RT$ 皆为负值，说明体系状态比二组元均为纯态稳定，形成溶液为自发过程，溶液在全部浓度范围内稳定存在。$\Delta G_m/RT$ 在 $x_B = 0.5$ 处有极小值，此时溶液最为稳定。而当 $\alpha > 2$ 时，由式（2.219c）可知，曲线开始向上凸，即 $x_B = 0.5$ 处存在极大值，表明溶液对理想溶液偏差程度增大，增大到一定程度（如 $\alpha = 3$），由图 2.17(b) 可见，曲线出现一个极大值和两个极小值点 m 与 n。在 $m \sim n$ 区间 $\Delta G_m > 0$，表明溶液的异种微粒间作用能小到了一定程度，就不能均匀混合了。此浓度范围内溶液不稳定，会发生液相分层现象。而溶液组成为 m、n 两点时，ΔG_m 值最低，并且相等，因此 $m \sim n$ 浓度区间的溶液必自动分层为含 A 高的 m 相和含 B 较高的 n 相，此为二共轭溶液，每个组元在此两溶液中的化学势相等。直线 mn 为 $\alpha = 3$ 的曲线在 m、n 点的公切线，代表此温度 $m \sim n$ 区间 $\Delta G_m/RT$ 的实际情况。而公切线上方是过饱和不稳定相的 $\Delta G_m/RT$，所以图中用虚线表示，此情况反映在图 2.17(c) 中，则图中 $m \sim n$ 浓度范围内 a_B 都相等，虚线部分是按 $a_B = x_B e^{\alpha(1-x_B)^2}$ 计算得到的数值。

$\alpha = 2$ 时，$\Omega = 2RT$，为临界分层点，在 $a_B - x_B$ 曲线上出现拐点 C，相对应的温度成为临界温度 T_C。温度高于 T_C 形成均匀的单相，低于 $T_C(\alpha > 2)$，体系则分为两相。$T_C = \Omega/2R$。对于指定溶液，Ω 是与温度、溶液浓度无关的常数。因此，Ω 越大的体系，异种微粒间的作用能越小，避免两相分层的温度越高。

2 溶 液

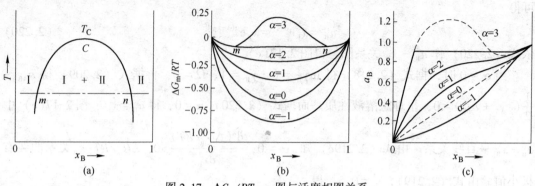

图 2.17 $\Delta G_m/RT$-x_B 图与活度相图关系

2.12.2.7 应用

（1）计算 γ_i^0。将下式

$$\ln\gamma_i = \alpha(1 - x_i)^2$$

取极限，因为 α 与浓度无关，可得

$$\ln\gamma_i^0 = \lim_{x_i \to 0}\gamma_i = \lim_{x_i \to 0}\alpha(1 - x_i)^2 = \alpha$$

（2）计算临界温度 T_C。将式（2.218）代入式 $T_C = \dfrac{\Omega}{2R}$，得

$$T_C = \frac{T\ln\gamma_i}{2(1 - x_i)^2}$$

因为 Ω 与温度、浓度无关，所以由某一温度、任意浓度的 γ_i 就可以求得临界温度 T_C。

例 2.16 在 600℃，以纯液态 Zn 为标准状态，$x_{Zn} = 0.2$ 的 Pb-Zn 合金的 $a_{Zn}^R = 0.97$，求液相分层的临界温度 T_C。

解： 设 Pb-Zn 合金为正规溶液，则

$$T_C = \frac{T\ln\gamma_{Zn}}{2(1 - x_{Zn})^2} = \frac{T\ln(a_{Zn}^R/x_{Zn})}{2(1 - x_{Zn})^2} = \frac{873\ln(0.97/0.2)}{2(1 - 0.2)^2} = 1077K$$

从 Pb-Zn 二元相图得 $T_C = 1070K$，计算值与测量值吻合很好，说明此 Pb-Zn 合金可看作正规溶液。

例 2.17 在 1000～1500K，液态 Cu-Zn 合金可以看作正规溶液。求含 Zn 0.4mol 的 Cu-Zn 合金在 1500K Zn 的蒸气压及生成 1mol 该种合金的热效应。已知 $\Omega = -19250J$。

解：
$$\lg(p^*/p^\ominus) = -\frac{6620}{T} - 1.255\lg T + 14.46$$

$$\lg(p^*/p^\ominus) = -\frac{6620}{1500} - 1.255\lg 1500 + 14.46 = 6.0607$$

$$p_{Zn}^* = 1150kPa$$

由

$$\alpha = \Omega/RT = \ln\gamma_i/(1 - x_i)^2$$

得

$$\ln\gamma_{Zn} = \frac{\Omega}{RT}(1 - x_{Zn})^2$$

以液态纯锌为标准状态

$$\ln a_{Zn}^{R} = \ln(p_{Zn}/p_{Zn}^{*}) = \ln\gamma_{Zn} + \ln x_{Zn}$$

$$\ln p_{Zn} = \ln\gamma_{Zn} + \ln x_{Zn} + \ln p_{Zn}^{*}$$

$$= \frac{\Omega}{RT}(1 - x_{Zn})^2 + \ln x_{Zn} + 2.303\lg p_{Zn}^{*}$$

$$= \frac{-19250}{8.314 \times 1500} \times (1 - 0.4)^2 + \ln 0.4 + 2.303 \times 6.0607$$

$$= 12.4858$$

$$p_{Zn} = 264.5 \text{kPa}$$

$$\Delta H_m = \Omega x_A x_B = -19250 \times 0.4 \times 0.6 = -4620 \text{J/mol}$$

2.12.2.8 三元 S-正规溶液

A 三元 S-正规溶液的关系式

仿照二元 S-正规溶液的推导，可得到三元 S-正规溶液的关系式。

1mol 溶液中的组元粒子对的总数为 $\frac{N_A Z}{2}$，混合前，三个纯组元液体中粒子对数目为

$$P_{AA} = \frac{1}{2}ZN_A x_A, \quad P_{BB} = \frac{1}{2}ZN_A x_B, \quad P_{CC} = \frac{1}{2}ZN_A x_C$$

混合前的总能量为

$$E_{前} = \frac{N_A Z}{2}(x_A\varepsilon_{AA} + x_B\varepsilon_{BB} + x_C\varepsilon_{CC})$$

混合后，两个相邻节点上出现各类同种粒子的数目为

$$P_{AA} = \frac{1}{2}ZN_A x_A^2, \quad P_{BB} = \frac{1}{2}ZN_A x_B^2, \quad P_{CC} = \frac{1}{2}ZN_A x_C^2$$

混合后，两个相邻节点上出现异种粒子的数目为

$$P_{AB} = \frac{1}{2}ZN_A 2x_A x_B, \quad P_{AC} = \frac{1}{2}ZN_A 2x_A x_C, \quad P_{BC} = \frac{1}{2}ZN_A 2x_B x_C$$

混合后 1mol 溶液的总能量为

$$E_{后} = P_{AA}\varepsilon_{AA} + P_{BB}\varepsilon_{BB} + P_{CC}\varepsilon_{CC} + P_{AB}\varepsilon_{AB} + P_{AC}\varepsilon_{AC} + P_{BC}\varepsilon_{BC}$$

$$= ZN_A\left(\frac{1}{2}x_A^2\varepsilon_{AA} + \frac{1}{2}x_B^2\varepsilon_{BB} + \frac{1}{2}x_C^2\varepsilon_{CC} + x_A x_B\varepsilon_{AB} + x_A x_C\varepsilon_{AC} + x_B x_C\varepsilon_{BC}\right)$$

形成正规溶液的过程中 $\Delta V = 0$，所以

$$\Delta H_m = \Delta U_m = \Delta E = E_{后} - E_{前}$$

$$= \frac{ZN_A}{2}\left[(2\varepsilon_{AB} - \varepsilon_{AA} - \varepsilon_{BB})x_A x_B + (2\varepsilon_{AC} - \varepsilon_{AA} - \varepsilon_{CC})x_A x_C + (2\varepsilon_{BC} - \varepsilon_{BB} - \varepsilon_{CC})x_B x_C\right]$$

$$= \Omega\varepsilon_{AB}x_A x_B + \varepsilon_{AC}x_A x_C + \varepsilon_{BC}x_B x_C \tag{2.221}$$

$$\Omega_{AB} = ZN_A\left[\varepsilon_{AB} - \frac{1}{2}(\varepsilon_{AA} + \varepsilon_{BB})\right] \tag{2.222}$$

$$\Omega_{AC} = ZN_A\left[\varepsilon_{AC} - \frac{1}{2}(\varepsilon_{AA} + \varepsilon_{CC})\right] \tag{2.223}$$

$$\Omega_{\mathrm{BC}} = ZN_{\mathrm{A}}\left[\varepsilon_{\mathrm{BC}} - \frac{1}{2}(\varepsilon_{\mathrm{BB}} + \varepsilon_{\mathrm{CC}})\right] \tag{2.224}$$

式中，Ω_{AB}、Ω_{AC}、Ω_{BC} 分别为 A 与 B 组元、A 与 C 组元及 B 与 C 组元的相互作用能。

摩尔混合熵变化为

$$\Delta S_{\mathrm{m}} = R(x_{\mathrm{A}}\ln x_{\mathrm{A}} + x_{\mathrm{B}}\ln x_{\mathrm{B}} + x_{\mathrm{C}}\ln x_{\mathrm{C}}) \tag{2.225}$$

摩尔混合吉布斯自由能变化为

$$\Delta G_{\mathrm{m}} = \Omega_{\mathrm{AB}}x_{\mathrm{A}}x_{\mathrm{B}} + \Omega_{\mathrm{AC}}x_{\mathrm{A}}x_{\mathrm{C}} + \Omega_{\mathrm{BC}}x_{\mathrm{B}}x_{\mathrm{C}} + RT(x_{\mathrm{A}}\ln x_{\mathrm{A}} + x_{\mathrm{B}}\ln x_{\mathrm{B}} + x_{\mathrm{C}}\ln x_{\mathrm{C}}) \tag{2.226}$$

因此摩尔超额吉布斯自由能和摩尔超额熵为

$$G_{\mathrm{m}}^{\mathrm{E}} = \Delta H_{\mathrm{m}} = \Omega_{\mathrm{AB}}x_{\mathrm{A}}x_{\mathrm{B}} + \Omega_{\mathrm{AC}}x_{\mathrm{A}}x_{\mathrm{C}} + \Omega_{\mathrm{BC}}x_{\mathrm{B}}x_{\mathrm{C}} \tag{2.227}$$

$$S_{\mathrm{m}}^{\mathrm{E}} = 0 \tag{2.228}$$

B　三元 S-正规溶液组元的偏摩尔性质

三元溶液中组元 A、B、C 分别为 n_{A}、n_{B}、n_{C} mol，溶液总的量为 $(n_{\mathrm{A}} + n_{\mathrm{B}} + n_{\mathrm{C}})$ mol。依式 (2.227)，形成 $(n_{\mathrm{A}} + n_{\mathrm{B}} + n_{\mathrm{C}})$ mol 溶液，体系的热效应为

$$\Delta H = (n_{\mathrm{A}} + n_{\mathrm{B}} + n_{\mathrm{C}})\Delta H_{\mathrm{m}} = \frac{n_{\mathrm{A}}n_{\mathrm{B}}}{n_{\mathrm{A}} + n_{\mathrm{B}} + n_{\mathrm{C}}}\Omega_{\mathrm{AB}} + \frac{n_{\mathrm{A}}n_{\mathrm{C}}}{n_{\mathrm{A}} + n_{\mathrm{B}} + n_{\mathrm{C}}}\Omega_{\mathrm{AC}} + \frac{n_{\mathrm{B}}n_{\mathrm{C}}}{n_{\mathrm{A}} + n_{\mathrm{B}} + n_{\mathrm{C}}}\Omega_{\mathrm{BC}}$$

将上式对 n_{A} 取偏导，考虑到 Ω 与浓度无关，则

$$\Delta H_{\mathrm{m,\,A}} = G_{\mathrm{A}}^{\mathrm{E}} = \left(\frac{\partial \Delta H}{\partial n_{\mathrm{A}}}\right)_{T,\,p,\,n_{\mathrm{B}},\,n_{\mathrm{C}}}$$

$$= \frac{n_{\mathrm{B}}}{n_{\mathrm{A}} + n_{\mathrm{B}} + n_{\mathrm{C}}}\Omega_{\mathrm{AB}} - \frac{n_{\mathrm{A}}n_{\mathrm{B}}}{(n_{\mathrm{A}} + n_{\mathrm{B}} + n_{\mathrm{C}})^2}\Omega_{\mathrm{AB}} + \frac{n_{\mathrm{C}}}{n_{\mathrm{A}} + n_{\mathrm{B}} + n_{\mathrm{C}}}\Omega_{\mathrm{AC}} -$$

$$\frac{n_{\mathrm{A}}n_{\mathrm{C}}}{(n_{\mathrm{A}} + n_{\mathrm{B}} + n_{\mathrm{C}})^2}\Omega_{\mathrm{AC}} - \frac{n_{\mathrm{B}}n_{\mathrm{C}}}{(n_{\mathrm{A}} + n_{\mathrm{B}} + n_{\mathrm{C}})^2}\Omega_{\mathrm{BC}}$$

$$= x_{\mathrm{A}}\Omega_{\mathrm{AB}} - x_{\mathrm{A}}x_{\mathrm{B}}\Omega_{\mathrm{AB}} + x_{\mathrm{C}}\Omega_{\mathrm{AC}} - x_{\mathrm{A}}x_{\mathrm{C}}\Omega_{\mathrm{AC}} - x_{\mathrm{B}}x_{\mathrm{C}}\Omega_{\mathrm{BC}}$$

$$= x_{\mathrm{B}}\Omega_{\mathrm{AB}}(1 - x_{\mathrm{A}}) + x_{\mathrm{C}}\Omega_{\mathrm{AC}}(1 - x_{\mathrm{A}}) - x_{\mathrm{B}}x_{\mathrm{C}}\Omega_{\mathrm{BC}}$$

利用 $x_{\mathrm{A}} + x_{\mathrm{B}} + x_{\mathrm{C}} = 1$，上式可变为

$$\overline{G}_{\mathrm{m,\,A}}^{\mathrm{E}} = \Delta H_{\mathrm{m,\,A}} = \Omega_{\mathrm{AB}}x_{\mathrm{B}}^2 + \Omega_{\mathrm{AC}}x_{\mathrm{C}}^2 + (\Omega_{\mathrm{AB}} + \Omega_{\mathrm{AC}} - \Omega_{\mathrm{BC}})x_{\mathrm{B}}x_{\mathrm{C}} \tag{2.229}$$

同理可得

$$\overline{G}_{\mathrm{m,\,B}}^{\mathrm{E}} = \Delta H_{\mathrm{m,\,B}} = \Omega_{\mathrm{BC}}x_{\mathrm{C}}^2 + \Omega_{\mathrm{AB}}x_{\mathrm{A}}^2 + (\Omega_{\mathrm{BC}} + \Omega_{\mathrm{AB}} - \Omega_{\mathrm{AC}})x_{\mathrm{A}}x_{\mathrm{C}} \tag{2.230}$$

$$\overline{G}_{\mathrm{m,\,C}}^{\mathrm{E}} = \Delta H_{\mathrm{m,\,C}} = \Omega_{\mathrm{AC}}x_{\mathrm{A}}^2 + \Omega_{\mathrm{BC}}x_{\mathrm{B}}^2 + (\Omega_{\mathrm{AC}} + \Omega_{\mathrm{BC}} - \Omega_{\mathrm{AB}})x_{\mathrm{A}}x_{\mathrm{B}} \tag{2.231}$$

2.12.2.9　$n(>3)$ 多元正规溶液

上述结果可以推广到 $n(>3)$ 元系。对于 $n(>3)$ 元系有

$$G_{\mathrm{m}}^{\mathrm{E}} = \Delta H_{\mathrm{m}} = \sum_{i=1}^{n}\sum_{\substack{j=1\\j\neq i}}^{n}\Omega_{ij}x_ix_j \tag{2.232}$$

$$\Delta S_{\mathrm{m}} = -R\sum_{i=1}^{n}x_i\ln x_i \tag{2.233}$$

$$\Delta G_{\mathrm{m}} = \sum_{i=1}^{n}\sum_{\substack{j=1\\j\neq i}}^{n}\Omega_{ij}x_ix_j + RT\sum_{i=1}^{n}x_i\ln x_i \tag{2.234}$$

$$\overline{G}_{m,\,i}^{E} = \Delta H_{m,\,i} = RT\ln\gamma_i = \sum_{\substack{j=1 \\ (j\neq i)}}^{n} \Omega_{ij}x_j^2 + \sum_{\substack{j=1 \\ (j\neq k\neq i)}}^{n}\sum_{k=1}^{n}(\Omega_{ij} + \Omega_{ik} + \Omega_{jk})x_jx_k \qquad (2.235)$$

2.12.3 似正规溶液模型

S-正规溶液是组元粒子分布与理想溶液相同（$S_m^E = 0$），而不同粒子对的作用能又不完全相等（$H_m^E = \Delta H_m \neq 0$）的溶液，这本身就是矛盾的。从理论上分析，理想溶液粒子间作用力完全相同，因此混合焓 $\Delta H_m = 0$。溶液中各组元粒子可以完全随机地均匀分布，其混合熵完全是由于构型变化而引起的熵变，称为构型熵，$\Delta S_m^{id} = -R\sum x_i\ln x_i$，其与温度无关。在恒定温度不同组元混合成溶液时，若有热效应发生，则必然会引起体系熵的改变。这种由于热运动对熵的贡献称为热熵，其与温度有关。可见溶液的超额熵与混合热有关。正规溶液混合热不等于零，而超额熵却等于零，这是不可能的。因此完全满足 S-正规溶液条件的溶液是不存在的。S-正规溶液只能近似地描述混合时热效应不大的溶液。考虑到超额熵与混合熵的关系，路匹斯（Lupis）和埃略特（Eillot）对 S-正规溶液模型加以修正，提出似正规溶液模型。

似正规溶液理论认为，组元 i 的偏摩尔超额熵与偏摩尔超额焓成正比，比例系数为 τ。对一定基体的溶液，τ 为定值，即

$$\overline{H}_{m,\,i}^{E} = \tau\overline{S}_{m,\,i}^{E} \qquad (2.236)$$

而

$$\overline{H}_{m,\,i}^{E} = \Delta H_{m,\,i}$$

所以

$$\overline{S}_{m,\,i}^{E} = \frac{1}{\tau}\Delta H_i = \frac{1}{\tau}\overline{H}_{m,\,i}^{E} \qquad (2.237)$$

$$\overline{G}_{m,\,i}^{E} = \overline{H}_{m,\,i}^{E} - T\overline{S}_{m,\,i}^{E} = \overline{H}_{m,\,i}^{E}\left(1 - \frac{T}{\tau}\right) = \Delta H_i\left(1 - \frac{T}{\tau}\right) \qquad (2.238)$$

对 A-B 二元体系

$$G_m^E = (x_A\overline{H}_{m,\,A}^{E} + x_B\overline{H}_{m,\,B}^{E})\left(1 - \frac{T}{\tau}\right) = \Omega x_A x_B\left(1 - \frac{T}{\tau}\right) \qquad (2.239)$$

当溶液温度 $T = \tau$ 时，$G_m^E = 0$，$\Delta G_m = \Delta G_m^{id}$，但此溶液并非理想溶液，因为 $\Delta H_m \neq 0$。由此可见，τ 为形成溶液前后化学势变化与形成理想溶液情况相同时的温度。在稀溶液中，τ 主要与溶剂有关。例如对于低合金，τ 主要取决于基体组元。路匹斯等对 Au、Cd、Zn、Ag、Bi、Hg 等为溶剂的几十种溶液和固态合金进行了研究。在 293～1426K 范围内归纳得到，以这些组元为基体的合金溶液的 $\tau = (3000\pm1000)$ K。但此 τ 值对铁基、镍基合金不适用。奥斯托洛夫斯基（Островский）等对十几种铁基、镍基合金进行计算得到，此二类合金熔体的 τ 值为（7150±2000）K，即

$$\overline{G}_{m,\,i}^{E} = \overline{H}_{m,\,i}^{E}\left(1 - \frac{T}{7150}\right)$$

不同体系有不同 τ 值，应由实验来确定。

对似正规溶液来说，偏摩尔溶解焓及全摩尔混合焓的公式仍与 S-正规溶液一致，即

$$\Delta H_i = \Omega(1 - x_i)^2 \tag{2.240}$$

$$\Delta H_m = \Omega x_A x_B \tag{2.241}$$

但式中 Ω 值与 S-正规溶液不同，应按如下确定。依式

$$\overline{G}_{m,i}^E = RT\ln\gamma_i = \Delta H_i\left(1 - \frac{T}{\tau}\right)$$

和式 (2.240)，得

$$RT\ln\gamma_i = \Omega(1 - x_i)^2\left(1 - \frac{T}{\tau}\right)$$

当 $x_i \to 0$ 时，$\gamma_i = \gamma_i^0$，所以

$$\Omega = \frac{RT\ln\gamma_i}{1 - \dfrac{T}{\tau}} \tag{2.242}$$

式 (2.242) 表明，似正规溶液的 Ω 值与温度有关。

表 2.10、表 2.11 列出了戈里高利（Григоряи）等利用 γ_i^0 值，分别以正规溶液及似正规溶液模型计算铁基及镍基合金极稀溶液中组元 i 的偏摩尔溶解焓及实验数据。表中 ΔH_i^0 为 $x_i \to 0$ 时的 ΔH_i。由 $\Delta H_i = \Omega(1 - x_i)^2$，当 $x_i \to 0$，得 $\Delta H_i^0 = \Omega = RT\ln\gamma_i^0$。由表可见，用似正规溶液模型比用 S-正规溶液模型计算的结果更接近实验值。说明用似正规溶液模型处理铁基、镍基合金溶液比正规溶液模型更合适。

表 2.10　铁基稀溶液的热力学计算数据与实验值比较

溶解元素 i	活度系数 γ_i^0 (1873K)	偏摩尔溶解热 $\Delta H_i/\text{J}\cdot\text{mol}^{-1}$			$i^* \to [i]_w$ $\Delta G_i^{\ominus}/\text{J}\cdot\text{mol}^{-1}$
		实验值	正规溶液计算值	似正规溶液计算值	
Al(1)	0.049	−62760	−46960	−63630	−62760−23.85T
B(s)	0.040	−73220	−50120	−67920	−73220−12.30T
Cu(1)	8.6	47150	33510	45400	47150−46.65T
Ni(1)	0.66	−17990	−6527	−8828	−17990−32.64T
Pb(1)	850	21250	105000	142300	212500−106.27T
Pd(1)	2.8	21970	16030	21720	21970−46.44T
Si(1)	0.0013	−131800	−103500	−140200	−131800−17.32T
Sn(1)	2.15	18830	11920	16150	18830−48.53T
Ti(1)	0.037	−69560	−51340	−69560	−69560−27.28T
V(1)	0.18	−42260	−27610	−37240	−42260−29.20T

表 2.11　镍基稀溶液的热力学计算数据与实验值比较

溶解元素 i	活度系数 γ_i^0 (1873K)	偏摩尔溶解热 $\Delta H_i/\text{J}\cdot\text{mol}^{-1}$			$i^* \to [i]_w$ $\Delta G_i^{\ominus}/\text{J}\cdot\text{mol}^{-1}$
		实验值	正规溶液计算值	似正规溶液计算值	
Al(1)	0.00025	−153100	−129200	−175000	−153100−18.83T
Cr(1)	0.6	−13810	−7955	−10780	−13810−34.31T

溶解元素 i	活度系数 γ_i^0 (1873K)	偏摩尔溶解热 $\Delta H_i / \text{J} \cdot \text{mol}^{-1}$			$i^* \rightarrow [i]_w$ $\Delta G_i^{\ominus} / \text{J} \cdot \text{mol}^{-1}$
		实验值	正规溶液计算值	似正规溶液计算值	
Cu(1)	2.21	15690	12350	16730	$15690 - 41.00T$
Fe(1)	0.355	−41000	−16130	−21850	$-41000 - 24.81T$
Si(1)	0.00014	−201700	−138200	−187200	$-201700 + 1.80T$
Ti(1)	0.00019	−183700	−133400	−180800	$-183700 - 9.83T$
Pd(1)	1.68	11670	8079	10950	$11670 - 45.19T$
V(1)	0.011	−103800	−70230	−95150	$-103800 - 19.25T$
Zr(1)	3×10^{-5}	−202100	−162200	−219700	$-202100 - 20.50T$

2.12.4 亚正规溶液模型

S-正规溶液模型假设溶液有类似晶体的结构，粒子间作用力是近程力。在公式推导过程中仅考虑最近邻粒子间的相互作用能，且粒子间完全随机分布。在这样的基本假设条件下导出 $\Omega = RT_\alpha$ 守常，与浓度、温度无关。但实际上，除最近邻的粒子间有相互作用外，某个粒子与稍远一点的粒子间也存在相互作用，因此多数溶液的 Ω 值并不守常。为了能更好地描述实际溶液的特点，1953 年哈尔迪（Hardy）对 S-正规溶液模型进行修正，提出亚正规溶液模型。亚正规溶液模型考虑了次近邻层配位粒子的影响，这样混合能就不守常了，而是随浓度变化。根据这种模型，二元系的超额摩尔吉布斯自由能为

$$G_m^E = x_1 x_2 (A_{21} x_1 + A_{12} x_2) \tag{2.243}$$

式中，参数 A_{21}、A_{12} 由实验确定，引入参数的多少，要视 G_m^E 与实际情况符合程度而定。若计算结果与实验数据不符，则需引入更多个参数，含三个参数的公式为

$$G_m^E = x_1 x_2 (A_{21} x_1 + A_{12} x_2 + A_{22} x_1 x_2) \tag{2.244}$$

通式为

$$G_m^E = \sum_{i=1}^{m} \sum_{j=1}^{n} x_1^i x_2^j A_{ij} \tag{2.245}$$

对于金属溶液一般引入三个参数即可。

相互作用能为

$$\Omega = A_{21} x_1 + A_{12} x_2$$

Ω 是浓度的函数，或

$$\Omega = A_{21} x_1 + A_{12} x_2 + A_{22} x_1 x_2$$

$$\Omega = \sum_{\substack{i=1 \\ (j \neq i)}}^{m} \sum_{j=1}^{n} A_{ji} x_i$$

亚正规溶液模型、似正规溶液模型分别考虑了浓度、温度对热力学函数的影响，利用这两个模型处理溶液问题就比 S-正规溶液模型更接近实际。

习题与思考题

2.1　什么是活度，什么是活度系数？

2.2　什么是活度的标准状态，为什么要引入活度的标准状态，如何选择标准状态？

2.3　推导截距法求偏摩尔热力学量的公式。

2.4　解释 γ_i^0 的物理意义。

2.5　什么是超额热力学性质？

2.6　什么是正规溶液，有什么性质？

3 吉布斯自由能变化及应用

【本章学习要点】

　　吉布斯自由能变化的计算方法，吉布斯自由能变化的应用，化学反应等温方程，溶解自由能，多相反应的平衡，同时平衡，温度、压力对平衡的影响。

3.1　吉布斯自由能变化

　　在恒温恒压条件下，一过程由始态变化到末态。该过程末态与始态的吉布斯自由能之差称为吉布斯自由能变化，用 ΔG 表示。

　　该过程可以是物理过程、化学过程，也可以是物理化学过程。

　　如果始态和末态都处于标准状态，则末态和始态的吉布斯自由能之差称为标准吉布斯自由能变化，用 $\Delta G^{\ominus}$ 表示。

　　对于化学反应的摩尔吉布斯自由能变化，有反应

$$a\mathrm{A} + b\mathrm{B} = c\mathrm{C} + d\mathrm{D}$$

　　其摩尔吉布斯自由能变化为

$$\Delta G_{\mathrm{m}} = c\mu_{\mathrm{C}} + d\mu_{\mathrm{D}} - a\mu_{\mathrm{A}} - b\mu_{\mathrm{B}} \tag{3.1}$$

　　标准摩尔吉布斯自由能变化为

$$\Delta G_{\mathrm{m}}^{\ominus} = c\mu_{\mathrm{C}}^{\ominus} + d\mu_{\mathrm{D}}^{\ominus} - a\mu_{\mathrm{A}}^{\ominus} - b\mu_{\mathrm{B}}^{\ominus} \tag{3.2}$$

　　写成一般式

$$\Delta G_{\mathrm{m}} = \sum_{i=1}^{n} \nu_i \mu_i \tag{3.3}$$

$$\Delta G_{\mathrm{m}}^{\ominus} = \sum_{i=1}^{n} \nu_i \mu_i^{\ominus} \tag{3.4}$$

式中，ν_i 为化学反应方程式的计量系数，产物取正值，反应物取负值；G 和 μ 的单位为 J/mol 或 kJ/mol。

　　在恒温恒压条件下，摩尔吉布斯自由能变化 ΔG_{m} 的正负可以决定化学反应的方向。而一般来说，标准摩尔吉布斯自由能变化 $\Delta G_{\mathrm{m}}^{\ominus}$ 的正负不能决定化学反应的方向。由于平衡常数 K 可以指示化学反应的限度，根据式

$$\Delta G_{\mathrm{m}}^{\ominus} = -RT\ln K \tag{3.5}$$

可知，$\Delta G_{\mathrm{m}}^{\ominus}$ 是表示化学反应限度的热力学量。但是，在下面两种情况下，$\Delta G_{\mathrm{m}}^{\ominus}$ 可以决定化学反应的方向：一是反应物和产物都是标准状态。例如，反应物和产物都为纯凝聚态物

质；二是在常温下的化学反应，若 $\Delta G_m^{\ominus}$ 的绝对值很大，$\Delta G_m^{\ominus}$ 的正负就能决定 ΔG_m 的正负，就可以用 $\Delta G_m^{\ominus}$ 判断化学反应的方向。通常以 40kJ/mol 为界限，当 $|\Delta G_m^{\ominus}| \geqslant 40$kJ/mol 时，$\Delta G_m^{\ominus}$ 的正负可以决定 ΔG_m 的正负。这一界限，对高温反应不适用。因为温度高，T 值对 ΔG_m 的影响大。ΔG_m 的正负不能仅由 $\Delta G_m^{\ominus}$ 决定。

3.2　标准吉布斯自由能变化的计算

化学反应的标准摩尔吉布斯自由能变化 $\Delta G_m^{\ominus}$ 是化学反应方程式中各组元处在标准状态时，产物与反应物的标准吉布斯自由能的代数和，即产物的标准吉布斯自由能之和减去反应物的标准吉布斯自由能之和

$$\Delta G_m^{\ominus} = \sum_{i=1}^{n} \nu_i \mu_i^{\ominus} \tag{3.6}$$

在温度和压力确定的条件下，只要物质的标准状态确定，标准摩尔吉布斯自由能是常数。而要计算摩尔吉布斯自由能变化 ΔG_m，就需要知道标准摩尔吉布斯自由能变化 $\Delta G_m^{\ominus}$。可见，标准吉布斯自由能变化是十分重要的热力学量。下面介绍计算标准摩尔吉布斯自由能的几种方法。

3.2.1　利用物质的标准生成吉布斯自由能计算

在标准状态，由稳定单质生成单位物质的量的某物质的标准吉布斯自由能变化就是该物质的标准摩尔生成吉布斯自由能 $\Delta_f G_{m,i}^{\ominus}$。任意化学反应的标准摩尔吉布斯自由能变化可以表示为

$$\Delta G_m^{\ominus} = \sum_{i=1}^{n} \nu_i \Delta_f G_{m,i}^{\ominus} \tag{3.7}$$

物质的标准摩尔生成吉布斯自由能可以从物理化学数据手册中查到。

例 3.1　计算化学反应

$$3Fe_2O_3(s) + C(s) === 2Fe_3O_4(s) + CO(g)$$

的标准吉布斯自由能的变化。

解：查热力学数据手册，在 298K、1 个标准压力条件下，有

$$\Delta_f G_m^{\ominus}(Fe_2O_3, s) = -743.72kJ/mol$$

$$\Delta_f G_m^{\ominus}(Fe_3O_4, s) = -1015.53kJ/mol$$

$$\Delta_f G_m^{\ominus}(C, 石墨) = 0$$

$$\Delta_f G_m^{\ominus}(CO, g) = -137.27kJ/mol$$

将上列数据代入式（3.7），得

$$\Delta G_m^{\ominus} = 2\Delta_f G_m^{\ominus}(Fe_3O_4, s) + \Delta_f G_m^{\ominus}(CO, g) - 3\Delta_f G_m^{\ominus}(Fe_2O_3, s)$$

$$= [2 \times (-1015.53) + (-137.27) - 3 \times (-743.72)] = 62.83kJ/mol$$

3.2.2　利用化学反应的 $\Delta H_m^{\ominus}$ 和 $\Delta S_m^{\ominus}$ 计算

由公式

$$\Delta G_m^{\ominus} = \Delta H_m^{\ominus} - T\Delta S_m^{\ominus} \tag{3.8}$$

可见，若知道化学反应的 $\Delta H_m^{\ominus}$ 和 $\Delta S_m^{\ominus}$ 就可以计算该化学反应的 $\Delta G_m^{\ominus}$。

例 3.2 计算在 298K，化学反应

$$H_2(g) + \frac{1}{2}O_2(g) =\!=\!= H_2O(l)$$

的标准吉布斯自由能变化。

解： 查热力学数据手册，在 298K、1 个标准压力条件下，有

$$\Delta_f H_m^{\ominus}(H_2O, l) = -285.8 kJ/mol$$

$$S_m^{\ominus}(H_2, g) = 130.6 J/(K \cdot mol)$$

$$S_m^{\ominus}(O_2, g) = 205.0 J/(K \cdot mol)$$

$$S_m^{\ominus}(H_2O, l) = 69.9 J/(K \cdot mol)$$

该化学反应的

$$\Delta H_m^{\ominus} = \Delta_f H_m^{\ominus}(H_2O, l) = -285.8 kJ/mol$$

$$\Delta S_m^{\ominus} = S_m^{\ominus}(H_2O, l) - S_m^{\ominus}(H_2, g) - \frac{1}{2}S_m^{\ominus}(O_2, g)$$

$$= 69.9 - 130.6 - \frac{1}{2} \times 205.0$$

$$= -163.2 J/(K \cdot mol)$$

$$\Delta G_m^{\ominus} = \Delta H_m^{\ominus} - T\Delta S_m^{\ominus} = -285.8 - 298 \times (-0.1632) = -237.2 kJ/mol$$

3.2.3 利用吉布斯-亥姆霍兹公式计算

吉布斯-亥姆霍兹（Gibbs-Helmholtz）公式为

$$\left[\frac{\partial}{\partial T}\left(\frac{\Delta G_m^{\ominus}}{T}\right)\right]_p = -\frac{\Delta H_m^{\ominus}}{T^2} \tag{3.9}$$

如果知道 $\Delta H_m^{\ominus}$ 与 T 的关系，积分式（3.9）就可以得到 $\Delta G_m^{\ominus}$ 与 T 的关系。积分式（3.9）计算 $\Delta G_m^{\ominus}$ 有不定积分法和定积分法。

3.2.3.1 不定积分法

将式（3.9）做不定积分，得

$$-\frac{\Delta G_m^{\ominus}}{T} = \int \frac{\Delta H_m^{\ominus}}{T^2}dT + I \tag{3.10}$$

式中，I 为积分常数。将

$$\Delta H_m^{\ominus} = \Delta H_0 + (\Delta a)T + \frac{1}{2}(\Delta b)T^2 + \frac{1}{3}(\Delta c)T^3 + \cdots \tag{3.11}$$

代入式（3.10），得

$$\Delta G_m^{\ominus} = \Delta H_0 - (\Delta a)T\ln T - \frac{1}{2}(\Delta b)T - \frac{2}{3}(\Delta c)T^2 - IT \tag{3.12}$$

式中，ΔH_0、Δa、Δb、Δc 为化学反应的特征常数，与参加化学反应的物质有关。Δa、Δb、Δc 可以由反应物和产物的热容数据求得。ΔH_0 需由确定温度的反应热计算。积分常数 I 可以利用已知温度的 $\Delta G_m^{\ominus}$（例如 $\Delta G_{m,298}^{\ominus}$）代入式（3.12）计算。

3.2.3.2　定积分法

将吉布斯-亥姆霍兹公式做定积分，得

$$\Delta G_{\mathrm{m},\,T}^{\ominus} = \Delta H_{\mathrm{m},\,298}^{\ominus} + \int_{298}^{T} \Delta C_p \mathrm{d}T - T\left(\Delta S_{\mathrm{m},\,298}^{\ominus} + \int_{298}^{T} \frac{\Delta C_p}{T}\mathrm{d}T\right) \tag{3.13}$$

利用分部积分公式，得

$$\Delta G_{\mathrm{m},\,T}^{\ominus} = \Delta H_{\mathrm{m},\,298}^{\ominus} - T\Delta S_{\mathrm{m},\,298}^{\ominus} - T\int_{298}^{T} T\Delta C_p \mathrm{d}T \tag{3.14}$$

若在积分的温度区间内有相变发生，则要分段积分，并将相变吉布斯自由能计算进去。

3.2.4　二项式法

将 $\Delta H_{\mathrm{m}}^{\ominus}$ 看做常数，积分式（3.10）得

$$\Delta G_{\mathrm{m}}^{\ominus} = \Delta H_{\mathrm{m}}^{\ominus} - IT \tag{3.15}$$

式（3.15）可以看做式（3.12）的简化式，即把 $\Delta G_{\mathrm{m}}^{\ominus}$ 与 T 的复杂关系简化为线性关系，成为经验公式，并写做

$$\Delta G_{\mathrm{m}}^{\ominus} = A + BT \tag{3.16}$$

式（3.16）与式（3.8）形式一样，所以有些热力学数据手册就将式（3.16）写成式（3.8）的形式：

$$\Delta G_{\mathrm{m}}^{\ominus} = \Delta H_{\mathrm{m}}^{\ominus} - T\Delta S_{\mathrm{m}}^{\ominus}$$

应该注意的是，此处的 $\Delta H_{\mathrm{m}}^{\ominus}$ 即为 A，$\Delta S_{\mathrm{m}}^{\ominus}$ 即为 $-B$，并不是真正的标准焓变和标准熵变，而是相当于在式（3.8）适用的温度范围内，化学反应的标准焓变和标准熵变的平均近似值，即

$$A = \overline{\Delta H_{\mathrm{m}}^{\ominus}}, \quad -B = \overline{\Delta S_{\mathrm{m}}^{\ominus}} \tag{3.17}$$

例 3.3　利用二项式公式 $\Delta G_{\mathrm{m}}^{\ominus} = A + BT$ 计算化学反应

$$2\mathrm{Fe(s)} + \mathrm{O_2(g)} = 2\mathrm{FeO(s)}$$

在 1000K 的标准吉布斯自由能变化。

解： 查热力学数据手册得该化学反应的

$$A = -519.20 \mathrm{kJ/mol}$$

$$B = 125.10 \mathrm{kJ/(mol \cdot K)}$$

将 A、B 数据代入（3.16）中，得

$$\Delta G_{\mathrm{m}}^{\ominus} = A + BT = -519.20 + 125.10T = -394.10 \mathrm{kJ/mol}$$

3.2.5　利用已知化学反应的 $\Delta G_{\mathrm{m}}^{\ominus}$ 计算

如果某化学反应可以表示为其他几个化学反应的代数和，而其他几个化学反应的标准吉布斯自由能变化 $\Delta G_{\mathrm{m}}^{\ominus}$ 已知，则可以利用这些已知的 $\Delta G_{\mathrm{m}}^{\ominus}$ 计算该化学反应的 $\Delta G_{\mathrm{m}}^{\ominus}$。

例 3.4　已知在 298K 化学反应

$$\mathrm{H_2(g)} + \frac{1}{2}\mathrm{O_2(g)} = \mathrm{H_2O(l)} \tag{3.a}$$

$$\Delta G_{\mathrm{m},\,\mathrm{a}}^{\ominus} = -237.25 \mathrm{kJ/mol}$$

$$C(s) + \frac{1}{2}O_2(g) == CO(g) \tag{3.b}$$

$$\Delta G_{m,b}^{\ominus} = -137.12kJ/mol$$

$$C(s) + O_2(g) == CO_2(g) \tag{3.c}$$

$$\Delta G_{m,c}^{\ominus} = -394.38kJ/mol$$

计算化学反应

$$CO_2(g) + H_2(g) == CO(g) + H_2O(l) \tag{3.d}$$

的 $\Delta G_{m,d}^{\ominus}$。

解: 由化学反应方程式 (3.a) + (3.b) - (3.c) 可得化学反应 (3.d),则

$$\Delta G_{m,d}^{\ominus} = G_{m,a}^{\ominus} + G_{m,b}^{\ominus} - G_{m,c}^{\ominus} = -237.25 + (-137.12) - (-394.38) = 20.01kJ/mol$$

3.2.6 自由能函数法

定义焓函数为

$$\frac{H_m^{\ominus} - H_{m,Tref}^{\ominus}}{T_{Tref}} \tag{3.18}$$

式中,T_{Tref} 是参考温度。对于气态物质,T_{Tref} 取 0K,对于凝聚态(固态或液态)物质,T_{Tref} 取 298.15K。由吉布斯自由能定义式

$$G_m^{\ominus} = H_m^{\ominus} - TS_m^{\ominus}$$

得

$$\frac{G_m^{\ominus} - H_m^{\ominus}}{T} = -S_m^{\ominus} \tag{3.19}$$

将式 (3.19) 等号两边加上焓函数,得

$$\frac{G_m^{\ominus} - H_{m,Tref}^{\ominus}}{T} = \frac{H_m^{\ominus} - H_{m,Tref}^{\ominus}}{T} - S_m^{\ominus} \tag{3.20}$$

令

$$fef = \frac{G_m^{\ominus} - H_{m,Tref}^{\ominus}}{T} \tag{3.21}$$

称为自由能函数。

对于气态物质,参考温度 $T_{Tref} = 0K$,有

$$fef = \frac{G_m^{\ominus} - H_{m,0}^{\ominus}}{T} = \frac{H_m^{\ominus} - H_{m,0}^{\ominus}}{T} - S_m^{\ominus}$$

$$= \frac{3}{2}R\ln M - \frac{5}{2}R\ln T - R\ln Q + 30.464 \tag{3.22}$$

式 (3.22) 是由统计力学方法得到的。式中,M 是气体的相对摩尔质量;Q 为气体的配分函数,且有

$$Q = Q_{Tr}Q_RQ_v \tag{3.23}$$

式中,Q_{Tr}、Q_R、Q_v 分别为气体分子的平动、转动和振动配分函数。由光谱数据可算出配分函数。由于光谱数据比较准确,因此气体的自由能函数数据准确度高。

对于凝聚态物质,参考温度 T_{Tref} 取 298.15K,自由能函数可以利用恒压热容 C_p 和标准

熵 $S_{298}^{\ominus}$ 的数据计算

$$fef = \frac{G_m^{\ominus} - H_{m,\,Tref}^{\ominus}}{T} = \frac{H_m^{\ominus} - H_{m,\,Tref}^{\ominus}}{T} - S_m^{\ominus}$$

$$= \frac{1}{T}\int_{298}^{T} C_p \mathrm{d}T - \left(S_{m,\,298}^{\ominus} + \int_{298}^{T} \frac{C_p}{T} \mathrm{d}T \right) \tag{3.24}$$

热力学数据手册有各种物质不同温度的自由能函数表。由式（3.21）得

$$\Delta fef = \Delta \left(\frac{G_m^{\ominus} - H_{m,\,Tref}^{\ominus}}{T} \right) = \frac{\Delta G_m^{\ominus} - \Delta H_{m,\,Tref}^{\ominus}}{T}$$

所以

$$\Delta G_m^{\ominus} = \Delta H_{m,\,Tref}^{\ominus} + T \Delta fef \tag{3.25}$$

$$\Delta fef = \sum_{i=1}^{n} \nu_i fef_i$$

式中，fef_i 为产物和反应物的自由能函数；ν_i 为化学反应方程式的计量系数，产物取正值，反应物取负值。

由于气态物质和凝聚态物质的参考温度不同，因此在具体计算时，若体系中既有气态又有凝聚态的物质，每种物质必须取相同的参考温度。换算公式为

$$\frac{G_m^{\ominus} - H_{m,\,298}^{\ominus}}{T} + \frac{H_{m,\,298}^{\ominus} - H_{m,\,0}^{\ominus}}{T} = \frac{G_m^{\ominus} - H_{m,\,0}^{\ominus}}{T} \tag{3.26}$$

例 3.5　计算化学反应

$$SiC(s) + 2O_2(g) = SiO_2(l) + CO_2(g)$$

在 2000K 的 $\Delta G_m^{\ominus}$。

解： 由热力学数据手册查得如下数据：

物质	$\dfrac{G_m^{\ominus} - H_{m,\,298}^{\ominus}}{T}$ /J·(mol·K)$^{-1}$	$\dfrac{G_m^{\ominus} - H_{m,\,0}^{\ominus}}{T}$ /J·(mol·K)$^{-1}$	$\Delta_f H_{m,\,298}^{\ominus}$ /kJ·mol^{-1}	$H_{m,\,298}^{\ominus} - H_{m,\,0}^{\ominus}$ /J·mol^{-1}
SiC(s)	−58.58		−111.71	3251
SiO$_2$(l)	−108.78		−878.22	6983
O$_2$(g)		−234.74	0	8660
CO$_2$(g)		−258.78	−393.51	9364

该化学反应中既有气体又有凝聚态物质，两者参考温度不一致，所以要统一参考温度 $T_{Tref} = 298K$。

对于 O$_2$，有

$$fef_{O_2} = \frac{G_m^{\ominus} - H_{m,\,298}^{\ominus}}{T} = \frac{G_m^{\ominus} - H_{m,\,0}^{\ominus}}{T} - \frac{H_{m,\,298}^{\ominus} - H_{m,\,0}^{\ominus}}{T}$$

$$= -234.74 - \frac{8660}{2000} = -239.07 \text{J/mol}$$

对于 CO$_2$，有

$$fef_{CO_2} = \frac{G_m^{\ominus} - H_{m,298}^{\ominus}}{T} = -258.78 - \frac{9364}{2000} = -263.46 \text{J/mol}$$

$$\Delta H_{m,298}^{\ominus} = \Delta_f H_{m,298,(CO_2, g)}^{\ominus} + \Delta_f H_{m,298,(SiO_2, l)}^{\ominus} - \Delta_f H_{m,298,(SiC, s)}^{\ominus} + 2\Delta_f H_{m,298,(O_2, g)}^{\ominus}$$

$$= -393.51 - 878.22 + 111.71 = -1160.02 \text{kJ/mol}$$

$$\Delta fef = fef_{CO_2} + fef_{SiO_2} - fef_{SiC} - fef_{O_2} = -263.46 - 108.78 + 58.58 - 2 \times (-239.07)$$

$$= 164.48 \text{J/(mol·K)}$$

所以

$$\Delta G_m^{\ominus} = \Delta H_{m,298}^{\ominus} + T\Delta fef = -1160020 + 2000 \times 164.48 = -831060 \text{J/mol}$$

3.3 溶解自由能

3.3.1 固体溶入液体

3.3.1.1 纯固体溶入液体

在恒温恒压条件下，固体物质溶入液体称为固体在液体中的溶解。写做

$$i(s) = (i)_l \tag{3.27}$$

式中，$i(s)$ 表示固态物质 i；$(i)_l$ 表示溶液中的组元 i。

（1）以纯固态组元 i 为标准状态。固相和液相中的组元 i 都以纯固态物质为标准状态，浓度以摩尔分数表示，溶解自由能为

$$\Delta G_{m,i} = \mu_{(i)_l} - \mu_{i(s)} = \Delta G_{m,i}^{\ominus} + RT\ln a_{(i)_l}^R \tag{3.28}$$

式中

$$\mu_{(i)_l} = \mu_{i(s)}^* + RT\ln a_{(i)_l}^R$$

$$\mu_{i(s)} = \mu_{i(s)}^*$$

标准溶解自由能

$$\Delta G_{m,i}^{\ominus} = \mu_{i(s)}^* - \mu_{i(s)}^* = 0 \tag{3.29}$$

溶解自由能

$$\Delta G_{m,i} = RT\ln a_{(i)_l}^R \tag{3.30}$$

（2）以纯液体组元 i 为标准状态。固相和液相中的组元都以纯液态物质为标准状态，浓度以摩尔分数表示，溶解自由能为

$$\Delta G_{m,i} = \mu_{(i)l} - \mu_{i(s)} = \Delta G_m^{\ominus} + RT\ln a_{(i)_l}^R \tag{3.31}$$

式中

$$\mu_{(i)_l} = \mu_{i(l)}^* + RT\ln a_{(i)_l}^R$$

$$\mu_{i(s)} = -\Delta_{fus} G_i^{\ominus} + \mu_{i(l)}^*$$

标准溶解自由能

$$\Delta G_{m,i}^{\ominus} = \mu_{i(l)}^* + \Delta_{fus} G_i^{\ominus} - \mu_{i(l)}^* = \Delta_{fus} G_{m,i(s)}^{\ominus} \tag{3.32}$$

溶解自由能

$$\Delta G_{m,i} = \Delta_{fus} G_{m,i}^{\ominus} + RT\ln a_{(i)_l}^R \tag{3.33}$$

式中，$\Delta_{fus} G_{m,i}^{\ominus}$ 为组元 i 的标准熔化自由能，即在标准状态下，组元 i 由固态变为液态，液

固两相摩尔吉布斯自由能之差。

（3）以符合亨利定律的假想的纯物质为标准状态。

固相组元 i 以纯固态为标准状态，溶液中的组元 i 以符合亨利定律的假想的纯物质为标准状态。浓度以摩尔分数表示，溶解自由能为

$$\Delta G_{m,i} = \mu_{(i)_1} - \mu_{i(s)} = \Delta G_{m,i}^{\ominus} + RT\ln a_{(i)_{lx}}^{H} \qquad (3.34)$$

标准溶解自由能为

$$\Delta G_{m,i}^{\ominus} = \mu_{i(lx)}^{\ominus} - \mu_{i(s)}^{*} \qquad (3.35)$$

由于化学势与标准状态的选择无关，所以

$$\mu_{(i)_1} = \mu_{i(lx)}^{\ominus} + RT\ln a_{(i)_1}^{H} = \mu_{i(s)}^{*} + RT\ln a_{(i)_{lx}}^{R} \qquad (3.36)$$

得

$$\mu_{i(lx)}^{\ominus} - \mu_{i(s)}^{*} = RT\ln \frac{a_{(i)_1}^{R}}{a_{(i)_{lx}}^{H}} = RT\ln \gamma_{i(s)}^{0} \qquad (3.37)$$

即

$$\Delta G_{m,i}^{\ominus} = RT\ln \gamma_i^0$$

溶解自由能为

$$\Delta G_{m,i} = RT\ln \gamma_{i(s)}^{0} + RT\ln a_{(i)_{lx}}^{H} \qquad (3.38)$$

（4）以符合亨利定律的假想的1%浓度 i 的溶液为标准状态。固体组元 i 以纯固态为标准状态，溶液中的组元 i 以符合亨利定律的假想的1%浓度 i 的溶液为标准状态，浓度以质量分数表示，溶解自由能为

$$\Delta G_{m,i} = \mu_{(i)_1} - \mu_{i(s)} = \Delta G_{m,i}^{\ominus} + RT\ln a_{(i)_{lw}}^{H} \qquad (3.39)$$

式中

$$\mu_{i(s)} = \mu_{i(s)}^{*}$$

$$\Delta G_{m,i}^{\ominus} = \mu_{i(lw)}^{\ominus} - \mu_{(i)_1}^{R}$$

$$\mu_{(i)_1} = \mu_{i(lw)}^{\ominus} + RT\ln a_{(i)_{lw}}^{H} = \mu_{i(s)}^{*} + RT\ln a_{(i)_1}^{R}$$

$$\mu_{i(lw)}^{\ominus} - \mu_{i(s)}^{*} = RT\ln \frac{a_{(i)_1}^{R}}{a_{(i)_{lw}}^{H}} = RT\ln \frac{M_1}{100M_i}\gamma_i^0$$

标准溶解自由能

$$\Delta G_{m,i}^{\ominus} = RT\ln \frac{M_1}{100M_i}\gamma_i^0 \qquad (3.40)$$

溶解自由能

$$\Delta G_{m,i} = RT\ln \frac{M_1}{100M_i}\gamma_{i(s)}^{0} + RT\ln a_{(i)_{lw}}^{H} \qquad (3.41)$$

式中，M_1 为溶剂的摩尔质量；M_i 为组元 i 的摩尔质量。

3.3.1.2　固溶体溶入液体

固溶体中的组元 i 溶入液体，表示为

$$(i)_s === (i)_1 \qquad (3.42)$$

固溶体和溶液中的组元 i 都以纯固态为标准状态，浓度以摩尔分数表示，溶解自由能为

$$\Delta G_{m,i} = \mu_{(i)_1} - \mu_{(i)_s} = \Delta G_m^{\ominus} + RT\ln\frac{a_{(i)_1}^R}{a_{(i)_s}^R} \tag{3.43}$$

式中

$$\mu_{(i)_1} = \mu_{i(s)}^* + RT\ln a_{(i)_1}^R$$

$$\mu_{(i)_s} = \mu_{i(s)}^* + RT\ln a_{(i)_s}^R$$

$$\Delta G_{m,i}^{\ominus} = \mu_{i(s)}^* - \mu_{i(s)}^* = 0$$

溶解自由能

$$\Delta G_{m,i} = RT\ln\frac{a_{(i)_1}^R}{a_{(i)_s}^R} \tag{3.44}$$

固溶体中的组元 i 以纯固态为标准状态，溶液中的组元 i 以纯液态为标准状态，浓度以摩尔分数表示，溶液自由能为

$$\Delta G_{m,i} = \mu_{(i)_1} - \mu_{(i)_s} = \Delta G_{m,i}^{\ominus} + RT\ln\frac{a_{(i)_1}^R}{a_{(i)_s}^R} \tag{3.45}$$

式中

$$\mu_{(i)_1} = \mu_{i(1)}^* + RT\ln a_{(i)_1}^R$$

$$\mu_{(i)_s} = \mu_{i(s)}^* + RT\ln a_{(i)_s}^R$$

$$\Delta G_{m,i}^{\ominus} = \mu_{i(1)}^* - \mu_{i(s)}^* = \Delta_{fus}G_{m,i}^{\ominus}$$

溶解自由能

$$\Delta G_{m,i} = \Delta_{fus}G_{m,i}^{\ominus} + RT\ln\frac{a_{(i)_1}^R}{a_{(i)_s}^R} \tag{3.46}$$

固溶体中的组元 i 以符合亨利定律的假想的纯物质为标准状态，浓度以摩尔分数表示；溶液中的组元 i 以符合亨利定律的假想的1%浓度 i 的溶液为标准状态，浓度以质量分数表示，摩尔溶解自由能为

$$\Delta G_{m,i} = \mu_{(i)_1} - \mu_{(i)_s} = \Delta G_{m,i}^{\ominus} + RT\ln\frac{a_{(i)_{1w}}^H}{a_{(i)_{sx}}^H} \tag{3.47}$$

式中

$$\mu_{(i)_1} = \mu_{(i)_{1w}}^{\ominus} + RT\ln a_{(i)_{1w}}^H$$

$$\mu_{(i)_s} = \mu_{i(sx)}^{\ominus} + RT\ln a_{(i)_{sx}}^H$$

$$\Delta G_{m,i}^{\ominus} = \mu_{(i)_{1w}}^{\ominus} - \mu_{i(sx)}^{\ominus}$$

$$\mu_{(i)_1} = \mu_{(i)_{1w}}^{\ominus} + RT\ln a_{(i)_{1w}}^H = \mu_{i(s)}^* + RT\ln a_{(i)_1}^R$$

两式相减，得

$$\mu_{(i)_{1w}}^{\ominus} - \mu_{i(s)}^* = RT\ln\frac{a_{(i)_1}^R}{a_{(i)_{1w}}^H} \tag{3.48}$$

$$\mu_{(i)_{1w}}^{\ominus} - \mu_{i(sx)}^{\ominus} = (\mu_{(i)_{1w}}^{\ominus} - \mu_{i(s)}^*) - (\mu_{i(sx)}^{\ominus} - \mu_{i(s)}^*)$$

$$= RT\ln\frac{a_{(i)_s}^R}{a_{(i)_{1w}}^H} - RT\ln\frac{a_{(i)_s}^R}{a_{(i)_{1x}}^H} = RT\ln\frac{M_1}{100M_i}\gamma_{i(s)}^0 - RT\ln\gamma_{i(s)}^0 = RT\ln\frac{M_1}{100M_i} \tag{3.49}$$

标准摩尔溶解自由能为

$$\Delta G_{\mathrm{m},\,i}^{\ominus} = RT\ln\frac{M_1}{100M_i} \tag{3.50}$$

溶解自由能为

$$\Delta G_{\mathrm{m},\,i} = RT\ln\frac{M_1}{100M_i} + RT\ln\frac{a_{(i)\,\mathrm{lw}}^{\mathrm{H}}}{a_{(i)\,\mathrm{sx}}^{\mathrm{H}}} \tag{3.51}$$

3.3.2 液体溶入液体

3.3.2.1 纯液体溶入液体

在恒温恒压条件下，纯液体组元 i 溶解于液体。可以表示为

$$i(1) \xrightarrow{\quad\quad} (i)_1 \tag{3.52}$$

（1）以纯液态为标准液态。纯液体和溶液中的组元 i 都以纯液态为标准状态，溶液中的组元 i 的浓度以摩尔分数表示。溶解自由能为

$$\Delta G_{\mathrm{m},\,i} = \mu_{(i)_1} - \mu_{i(1)} = \Delta G_{\mathrm{m}}^{\ominus} + RT\ln a_{(i)_1}^{\mathrm{R}} \tag{3.53}$$

式中

$$\mu_{(i)_1} = \mu_{i(1)}^* + RT\ln a_{(i)_1}^{\mathrm{R}}$$
$$\mu_{i(1)} = \mu_{i(1)}^*$$

标准溶解自由能为

$$\Delta G_{\mathrm{m},\,i}^{\ominus} = \mu_{i(1)}^* - \mu_{i(1)}^* = 0 \tag{3.54}$$

溶解自由能为

$$\Delta G_{\mathrm{m},\,i} = RT\ln a_{(i)_1}^{\mathrm{R}} \tag{3.55}$$

（2）纯液体组元 i 以纯液态为标准状态，溶液中的组元 i 以纯固态为标准状态。纯液体组元 i 以纯液态为标准状态，溶液中的组元 i 以纯固态为标准状态，浓度以摩尔分数表示，溶解自由能为

$$\Delta G_{\mathrm{m},\,i} = \mu_{(i)_1} - \mu_{i(1)} = \Delta G_{\mathrm{m}}^{\ominus} + RT\ln a_{(i)_1}^{\mathrm{R}} \tag{3.56}$$

式中

$$\mu_{(i)_1} = \mu_{i(\mathrm{s})}^* + RT\ln a_{(i)_1}^{\mathrm{R}}$$
$$\mu_{i(1)} = \mu_{i(1)}^*$$

标准溶解自由能为

$$\Delta G_{\mathrm{m},\,i}^{\ominus} = \mu_{i(\mathrm{s})}^* - \mu_{i(1)}^* = -\Delta_{\mathrm{fus}} G_{\mathrm{m},\,i}^{\ominus} \tag{3.57}$$

溶解自由能为

$$\Delta G_{\mathrm{m},\,i} = -\Delta_{\mathrm{fus}} G_{\mathrm{m},\,i}^{\ominus} + RT\ln a_{(i)_1}^{\mathrm{R}} \tag{3.58}$$

（3）纯液体组元 i 以纯液态为标准状态，溶液中的组元 i 以符合亨利定律的假想的纯物质为标准状态，浓度以摩尔分数表示，溶解自由能为

$$\Delta G_{\mathrm{m},\,i} = \mu_{(i)_1} - \mu_{i(1)} = \Delta G_{\mathrm{m}}^{\ominus} + RT\ln a_{(i)\,\mathrm{lx}}^{\mathrm{H}} \tag{3.59}$$

式中

$$\mu_{(i)_1} = \mu_{i(\mathrm{lx})}^{\ominus} + RT\ln a_{(i)\,\mathrm{lx}}^{\mathrm{H}}$$
$$\mu_{i(1)} = \mu_{i(1)}^*$$
$$\Delta G_{\mathrm{m},\,i}^{\ominus} = \mu_{i(\mathrm{lx})}^{\ominus} - \mu_{i(1)}^*$$

由
$$\mu_{(i)_1} = \mu_{i(lx)}^{\ominus} + RT\ln a_{(i)_{lx}}^{H} = \mu_{i(1)}^{*} + RT\ln a_{(i)_1}^{R}$$

得
$$\mu_{i(lx)}^{\ominus} - \mu_{i(1)}^{*} = RT\ln \frac{a_{(i)_1}^{R}}{a_{(i)_{lx}}^{H}} = RT\ln \gamma_i^0 \tag{3.60}$$

标准溶解自由能为
$$\Delta G_{m,i}^{\ominus} = (\mu_{i(lx)}^{\ominus} - \mu_{i(1)}^{*}) - (\mu_{i(1)}^{*} - \mu_{i(1)}^{*}) = RT\ln \gamma_i^0 \tag{3.61}$$

式（3.61）中右边第一个和第三个 $\mu_{i(1)}^{*}$ 是纯液体组元 i 的标准状态化学势，第二个 $\mu_{i(1)}^{*}$ 是溶液中组元 i 的标准状态化学势。

溶解自由能为
$$\Delta G_{m,i} = RT\ln \gamma_{i(1)}^0 + RT\ln a_{(i)_{lx}}^{H} \tag{3.62}$$

（4）纯液体组元 i 以纯液态为标准状态，溶液中的组元 i 以符合亨利定律的假想的 1% 浓度 i 的溶液为标准状态，浓度以质量分数表示，溶解自由能为
$$\Delta G_{m,i} = \mu_{(i)_1} - \mu_{i(1)} = \Delta G_{m}^{\ominus} + RT\ln a_{(i)_{lw}}^{H} \tag{3.63}$$

式中
$$\mu_{(i)_1} = \mu_{(i)_{lw}}^{\ominus} + RT\ln a_{(i)_{lx}}^{H}$$
$$\mu_{i(1)} = \mu_{i(1)}^{*}$$
$$\Delta G_{m,i}^{\ominus} = \mu_{(i)_{lw}}^{\ominus} - \mu_{i(1)}^{*}$$

由
$$\mu_{(i)_1} = \mu_{(i)_{lw}}^{\ominus} + RT\ln a_{(i)_{lw}}^{H} = \mu_{i(1)}^{*} + RT\ln a_{(i)_1}^{R}$$

得
$$\Delta G_{m,i}^{\ominus} = \mu_{(i)_1} - \mu_{i(1)}^{*} = (\mu_{(i)_1} - \mu_{i(1)}^{*}) - (\mu_{i(1)}^{*} - \mu_{i(1)}^{*})$$
$$= RT\ln \frac{a_{(i)_1}^{R}}{a_{(i)_{lw}}^{H}}$$
$$= RT\ln \frac{M_1}{100M_i}\gamma_i^0 \tag{3.64}$$

式（3.64）等号右边第一个和第三个 $\mu_{i(1)}^{*}$ 是纯液体组元 i 的标准状态化学势，第二个 $\mu_{i(1)}^{*}$ 是溶液中组元 i 的标准状态化学势。

溶解自由能为
$$\Delta G_{m,i} = RT\ln \frac{M_1}{100M_i}\gamma_i^0 + RT\ln a_{(i)_{lw}}^{H} \tag{3.65}$$

3.3.2.2 溶液的组元溶入另一溶液

在恒温恒压条件下，溶液中组元 i 溶入液体，表示为
$$(i)_{1_1} = (i)_{1_2}$$

（1）两个溶液中的组元 i 都以纯液态组元 i 为标准状态，浓度以摩尔分数表示，溶解自由能为
$$\Delta G_{m,i} = \mu_{(i)_{1_2}} - \mu_{(i)_{1_1}} = \Delta G_{m,i}^{\ominus} + RT\ln \frac{a_{(i)_{1_2}}^{R}}{a_{(i)_{1_1}}^{R}} \tag{3.66}$$

式中

$$\mu_{(i)_{1_2}} = \mu_{i(1)}^* + RT\ln a_{(i)_{1_2}}^R$$

$$\mu_{(i)_{1_1}} = \mu_{i(1)}^* + RT\ln a_{(i)_{1_1}}^R$$

标准溶解自由能为

$$\Delta G_{m,i}^{\ominus} = \mu_{i(1)}^* - \mu_{i(1)}^* = 0 \tag{3.67}$$

溶解自由能为

$$\Delta G_{m,i} = RT\ln \frac{a_{(i)_{1_2}}^R}{a_{(i)_{1_1}}^R} \tag{3.68}$$

（2）溶液 1 中的组元 i 以符合亨利定律的假想的纯液态为标准状态，浓度以摩尔分数表示。溶液 2 中的组元 i 以符合亨利定律的假想的 1% 浓度 i 的溶液为标准状态，浓度以质量分数表示，溶解自由能为

$$\Delta G_{m,i} = \mu_{(i)_2} - \mu_{(i)_1} = \Delta G_{m,i}^{\ominus} + RT\ln \frac{a_{(i)_{1_{2w}}}^H}{a_{(i)_{1_1 x}}^H} \tag{3.69}$$

式中

$$\mu_{(i)_2} = \mu_{(i)_{1_{2w}}}^* + RT\ln a_{(i)_{1_{2w}}}^H$$

$$\mu_{(i)_1} = \mu_{i(1_1 x)}^* + RT\ln a_{(i)_{1_1 x}}^H$$

$$\Delta G_{m,i}^{\ominus} = \mu_{(i)_{1_{2w}}}^{\ominus} - \mu_{i(1_1 x)}^{\ominus}$$

由

$$\mu_{(i)_2} = \mu_{(i)_{1_{2w}}}^{\ominus} + RT\ln a_{(i)_{1_{2w}}}^H = \mu_{i(1_2)}^* + RT\ln a_{(i)_{1_2}}^R$$

得

$$\mu_{(i_2)_w}^{\ominus} - \mu_{i(1_2)}^* = RT\ln \frac{a_{(i)_{1_2}}^R}{a_{(i)_{1_{2w}}}^R} = RT\ln \frac{M_1}{100M_i}\gamma_i^0 \tag{3.70}$$

由

$$\mu_{(i)_1} = \mu_{i(1_1 x)}^* + RT\ln a_{(i)_{1_1 x}}^H = \mu_{i(1_1)}^* + RT\ln a_{(i)_{1_1}}^R$$

得

$$\mu_{i(1_1 x)}^{\ominus} - \mu_{i(1_1)}^* = RT\ln \frac{a_{(i)_{1_1}}^R}{a_{(i)_{1_1 x}}^H} = RT\ln\gamma_i^0 \tag{3.71}$$

$$\Delta G_{m,i}^{\ominus} = \mu_{(i)_{1_{2w}}}^{\ominus} - \mu_{i(1_1 x)}^{\ominus} = (\mu_{(i)_{1_{2w}}}^{\ominus} - \mu_{i(1_2)}^*) - (\mu_{i(1_1 x)}^{\ominus} - \mu_{i(1_1)}^*)$$

$$= RT\ln \frac{M_1}{100M_i}\gamma_i^0 - RT\ln\gamma_i^0 = RT\ln \frac{M_1}{100M_i} \tag{3.72}$$

3.3.3 气体溶入液体

3.3.3.1 气体在液体中溶解，溶解后气体分子不分解

在恒温恒压条件下，气体分子溶入液体，溶解后气体分子不分解。可表示为

$$(i_2)_g === (i_2)_1 \tag{3.73}$$

（1）气体和液体中的组元 i_2 都以 1 个标准压力的气体为标准状态，溶解自由能为

$$\Delta G_{\mathrm{m},\,i_2} = \mu_{(i_2)_1} - \mu_{(i_2)_\mathrm{g}} = \Delta G_\mathrm{m}^\ominus - RT\ln \frac{a_{(i_2)_1}^\mathrm{R}}{p_{i_2}/p^\ominus} \tag{3.74}$$

式中

$$\mu_{(i_2)_1} = \mu_{i_2(\mathrm{g})}^\ominus + RT\ln a_{(i_2)_1}^\mathrm{R}$$
$$\mu_{(i)_\mathrm{g}} = \mu_{i_2(\mathrm{g})}^\ominus + RT\ln(p_{i_2}/p^\ominus)$$

标准溶解自由能为

$$\Delta G_{\mathrm{m},\,i_2}^\ominus = \mu_{i_2(\mathrm{g})}^\ominus - \mu_{i_2(\mathrm{g})}^\ominus = 0 \tag{3.75}$$

溶解自由能为

$$\Delta G_{\mathrm{m},\,i_2} = RT\ln \frac{a_{(i_2)_1}^\mathrm{R}}{p_{i_2}/p^\ominus} \tag{3.76}$$

式中，p_{i_2} 为气体 i_2 的分压。

（2）气体组元 i_2 以 1 个标准压力为标准状态，溶液中的组元 i_2 以纯液态为标准状态，浓度以摩尔分数表示，溶解自由能为

$$\Delta G_{\mathrm{m},\,i_2} = \mu_{(i_2)_1} - \mu_{(i_2)_\mathrm{g}} = \Delta G_\mathrm{m}^\ominus + RT\ln \frac{a_{(i_2)_1}^\mathrm{R}}{p_{i_2}/p^\ominus} \tag{3.77}$$

式中

$$\mu_{(i_2)_1} = \mu_{i_2(1)}^* + RT\ln a_{(i_2)_1}^\mathrm{R}$$
$$\mu_{(i_2)_\mathrm{g}} = \mu_{i_2(\mathrm{g})}^\ominus + RT\ln(p_{i_2}/p^\ominus)$$

标准溶解自由能为

$$\Delta G_{\mathrm{m},\,i_2}^\ominus = \mu_{i_2(1)}^* - \mu_{i_2(\mathrm{g})}^\ominus = \Delta_{冷凝} G_{\mathrm{m},\,i_2} = -\Delta_{气化} G_{\mathrm{m},\,i_2}^\ominus \tag{3.78}$$

式中，$\Delta_{冷凝} G_{\mathrm{m},\,i_2}^\ominus$ 和 $\Delta_{气化} G_{\mathrm{m},\,i_2}^\ominus$ 分别为组元 i_2 的标准冷凝吉布斯自由能和标准气化吉布斯自由能。

溶解自由能为

$$\Delta G_{\mathrm{m},\,i_2} = \Delta_{冷凝} G_{\mathrm{m},\,i_2}^\ominus + RT\ln \frac{a_{(i_2)_1}^\mathrm{R}}{p_{i_2}/p^\ominus} = -\Delta_{气化} G_{\mathrm{m},\,i_2}^\ominus + RT\ln \frac{a_{(i_2)_1}^\mathrm{R}}{p_{i_2}/p^\ominus} \tag{3.79}$$

（3）气体组元 i_2 以 1 个标准压力为标准状态，溶液中的组元 i_2 以符合亨利定律的假想的纯物质为标准状态，浓度以摩尔分数表示，溶解自由能为

$$\Delta G_{\mathrm{m},\,i_2} = \mu_{(i_2)_1} - \mu_{(i_2)_\mathrm{g}} = \Delta G_\mathrm{m}^\ominus + RT\ln \frac{a_{(i_2)_{1x}}^\mathrm{H}}{p_{i_2}/p^\ominus} \tag{3.80}$$

式中

$$\mu_{(i_2)_1} = \mu_{i_2(1x)}^\ominus + RT\ln a_{(i_2)_{1x}}^\mathrm{H}$$
$$\mu_{(i_2)_\mathrm{g}} = \mu_{i_2(\mathrm{g})}^\ominus + RT\ln(p_{i_2}/p^\ominus)$$
$$\Delta G_{\mathrm{m},\,i_2}^\ominus = \mu_{i_2(1x)}^\ominus - \mu_{i_2(\mathrm{g})}^\ominus$$

由

$$\mu_{(i_2)_1} = \mu_{i_2(1x)}^\ominus + RT\ln a_{(i_2)_{1x}}^\mathrm{H} = \mu_{i_2(\mathrm{g})}^\ominus + RT\ln a_{(i_2)_1}^\mathrm{R}$$

得

$$\mu_{i(lx)}^{\ominus} - \mu_{i_2(g)}^{\ominus} = RT\ln\frac{a_{(i_2)_1}^{R}}{a_{(i_2)_{lx}}^{H}} \tag{3.81}$$

标准溶解自由能为

$$\Delta G_{m,\,i_2}^{\ominus} = \mu_{i_2(lx)}^{\ominus} - \mu_{i_2(g)}^{\ominus} = (\mu_{i_2(lx)}^{\ominus} - \mu_{i_2(g)}^{\ominus}) - (\mu_{i_2(g)}^{\ominus} - \mu_{i_2(g)}^{\ominus}) = RT\ln\gamma_{i_2}^{0} \tag{3.82}$$

式中，第一个等号右边的 $\mu_{i_2(g)}^{\ominus}$ 为气体中组元 i_2 以 1 个标准压力为标准状态的化学势；第二个等号右边的第一个和第三个 $\mu_{i_2(g)}^{\ominus}$ 为溶液中组元以 1 个标准压力的纯气体为标准状态的化学势，第二个 $\mu_{i_2(g)}^{\ominus}$ 为气体中组元 i_2 以 1 个标准压力为标准状态的化学势。

溶解自由能为

$$\Delta G_{m,\,i_2} = RT\ln\gamma_{i_2}^{0} + RT\ln\frac{a_{(i_2)_{lx}}^{H}}{p_{i_2}/p^{\ominus}} \tag{3.83}$$

（4）气体组元 i_2 以 1 个标准压力为标准状态，溶液中的组元 i_2 以符合亨利定律的假想的 1% 浓度 i_2 为标准状态，浓度以质量分数表示，溶解自由能为

$$\Delta G_{m,\,i_2} = \mu_{(i_2)_1} - \mu_{(i_2)_g} = \Delta G_m^{\ominus} + RT\ln\frac{a_{(i_2)_{lw}}^{H}}{p_{i_2}/p^{\ominus}} \tag{3.84}$$

式中

$$\mu_{(i_2)_1} = \mu_{(i_2)_{lw}}^{\ominus} + RT\ln a_{(i_2)_{lw}}^{H}$$

$$\mu_{(i_2)_g} = \mu_{i_2(g)}^{\ominus} + RT\ln(p_{i_2}/p^{\ominus})$$

$$\Delta G_m^{\ominus} = \mu_{(i_2)_{lw}}^{\ominus} - \mu_{i_2(g)}^{\ominus}$$

由

$$\mu_{(i_2)_1} = \mu_{(i_2)_{lw}}^{\ominus} + RT\ln a_{(i_2)_{lw}}^{H} = \mu_{i_2(g)}^{\ominus} + RT\ln a_{(i_2)_1}^{R}$$

得

$$\mu_{(i_2)_{lw}}^{\ominus} - \mu_{i_2(g)}^{\ominus} = \mu_{(i_2)_{lw}}^{\ominus} - \mu_{i_2(g)}^{\ominus} = RT\ln\frac{a_{(i_2)_1}^{R}}{a_{(i_2)_{lw}}^{H}} = RT\ln\frac{M_1}{100M_i}\gamma_{i_2}^{0} \tag{3.85}$$

标准溶解自由能为

$$\Delta G_{m,\,i_2}^{\ominus} = \mu_{(i_2)_{lw}}^{\ominus} - \mu_{i_2(g)}^{\ominus} = (\mu_{(i_2)_{lw}}^{\ominus} - \mu_{i_2(g)}^{\ominus}) - (\mu_{i_2(g)}^{\ominus} - \mu_{i_2(g)}^{\ominus}) = RT\ln\frac{M_1}{100M_i}\gamma_{i_2}^{0} \tag{3.86}$$

式中，第一个等号右边的 $\mu_{i_2(g)}^{\ominus}$ 为气体中组元 i_2 以 1 个标准压力为标准状态的化学势；第二个等号右边第一个和第三个 $\mu_{i_2(g)}^{\ominus}$ 为气体中组元 i_2 以 1 个标准压力的纯气体为标准状态的化学势，第二个 $\mu_{i_2(g)}^{\ominus}$ 为溶液中组元 i_2 以 1 个标准压力为标准状态的化学势。

溶解自由能为

$$\Delta G_{m,\,i_2} = RT\ln\frac{M_1}{100M_i}\gamma_{i_2}^{0} + RT\ln\frac{a_{(i_2)_{lw}}^{H}}{p_{i_2}/p^{\ominus}} \tag{3.87}$$

3.3.3.2　气体在液体中溶解，溶解后气体分解

在恒温恒压条件下，气体溶解进入液体后分解。例如，H_2、N_2、NH_3、CH_4 溶解到金属、熔渣、熔盐中，其溶解过程可以表示为

$$\frac{1}{2}i_2(g) \Longrightarrow (i)_1$$

$$A_m B_n(g) \rightleftharpoons m[A]_1 + n[B]_1$$

此式更具一般性。

（1）气体中的组元 i_2 以 1 个标准压力为标准状态，溶液中的组元 i 符合西华特定律，浓度以质量分数表示，式（3.88）的溶解自由能为

$$\Delta G_{m, i_2} = \mu_{[i]} - \frac{1}{2}\mu_{i_2(g)} = \Delta G_m^\ominus + RT\ln \frac{w[i]/w^\ominus}{(p_{i_2}/p^\ominus)^{1/2}} \tag{3.88}$$

式中

$$\Delta G_{m, i_2}^\ominus = -RT\ln K = -RT\ln \frac{w'[i]/w^\ominus}{(p'_{i_2}/p^\ominus)^{1/2}} \tag{3.89}$$

$w'[i]$、p'_{i_2} 为平衡状态值。

根据西华特定律，有

$$w'[i] = k_s p_{i_2}'^{\frac{1}{2}} \tag{3.90}$$

将式（3.90）代入式（3.89），得标准溶解自由能

$$\Delta G_{m, i_2}^\ominus = -RT\ln(k_s(p^\ominus)^{1/2}/w^\ominus) \tag{3.91}$$

将式（3.91）代入式（3.88），得

$$\Delta G_{m, i_2} = -RT\ln(k_s(p^\ominus)^{1/2}/w^\ominus) + RT\ln \frac{w[i]/w^\ominus}{(p_{i_2}/p^\ominus)^{1/2}} = RT\ln \frac{w[i]}{k_s p_{i_2}^{1/2}} \tag{3.92}$$

（2）气体中的组元 $A_m B_n$ 以 1 个标准压力的纯物质为标准状态，溶液中的组元 A 和 B 的浓度以质量分数表示，溶解自由能为

$$\Delta G_{m, A_m B_n} = m\mu_{(A)_1} + n\mu_{(B)_1} - \mu_{A_m B_n(g)} = \Delta G_m^\ominus + RT\ln \frac{(w[A]/w^\ominus)^m(w[B]/w^\ominus)^n}{p_{A_m B_n}/p^\ominus} \tag{3.93}$$

式中

$$\Delta G_{m, A_m B_n}^\ominus = -RT\ln K = -RT\ln \frac{(w'[A]/w^\ominus)^m(w'[B]/w^\ominus)^n}{p'_{A_m B_n}/p^\ominus} \tag{3.94}$$

$w'[A]$、$w'[B]$ 和 $p'_{A_m B_n}$ 为平衡状态值。仿照西华特定律，有

$$(w'[A])^m(w'[B])^n = k_s p'_{A_m B_n} \tag{3.95}$$

将式（3.95）代入式（3.94），得标准溶解自由能

$$\Delta G_{m, A_m B_n}^\ominus = -RT\ln(k_s p^\ominus/(w^\ominus)^{m+n}) \tag{3.96}$$

将式（3.96）代入式（3.93），得

$$\Delta G_{m, A_m B_n} = -RT\ln(k_s p^\ominus/(w^\ominus)^{m+n}) + RT\ln \frac{(w[A]/w^\ominus)^m(w[B]/w^\ominus)^n}{p_{A_m B_n}/p^\ominus}$$

$$= RT\ln \frac{(w[A])^m(w[B])^n}{k_s p_{A_m B_n}} \tag{3.97}$$

3.3.4 气体在固体中的溶解

3.3.4.1 气体在固体中溶解，溶解后气体分子不分解

在恒温恒压条件下，气体溶解到固体里，气体分子不分解，可以表示为

$$B_2(g) \rightleftharpoons (B_2)_s$$

（1）气体和溶入固体中的组元 B_2 都以 1 个标准压力的纯物质为标准状态，浓度以摩尔分数表示，溶解自由能为

$$\Delta G_{m, B_2} = \mu_{(B_2)_s} - \mu_{B_2(g)} = \Delta G_m^\ominus + RT\ln \frac{a_{(B_2)_s}^R}{p_{B_2}/p^\ominus} \tag{3.98}$$

式中

$$\mu_{(B_2)_s} = \mu_{B_2(g)}^\ominus + RT\ln a_{(B_2)_s}^R$$
$$\mu_{B_2(g)} = \mu_{B_2(g)}^\ominus + RT\ln(p_{B_2}/p^\ominus)$$

标准溶解自由能为

$$\Delta G_{m, B_2}^\ominus = \mu_{B_2(g)}^\ominus - \mu_{B_2(g)}^\ominus = 0 \tag{3.99}$$

所以，溶解自由能为

$$\Delta G_{m, B_2} = RT\ln \frac{a_{(B_2)_s}^R}{p_{B_2}/p^\ominus} \tag{3.100}$$

（2）气体组元以 1 个标准压力的纯物质为标准状态，溶入固体中的气体组元以符合亨利定律的假想的纯物质为标准状态，浓度以摩尔分数表示，溶解自由能为

$$\Delta G_{m, B_2} = \mu_{(B_2)_s} - \mu_{B_2(g)} = \Delta G_m^\ominus + RT\ln \frac{a_{(B_2)_{sx}}^H}{p_{B_2}/p^\ominus} \tag{3.101}$$

式中

$$\mu_{(B_2)_s} = \mu_{B_2(sx)}^\ominus + RT\ln a_{(B_2)_{sx}}^H$$
$$\mu_{B_2(g)} = \mu_{B_2(g)}^\ominus + RT\ln(p_{B_2}/p^\ominus)$$
$$\Delta G_{m, B_2}^\ominus = \mu_{B_2(sx)}^\ominus - \mu_{B_2(g)}^\ominus$$

由

$$\mu_{B_2(sx)} = \mu_{B_2(sx)}^\ominus + RT\ln a_{(B_2)_{sx}}^H = \mu_{B_2(g)}^\ominus + RT\ln a_{(B_2)_s}^R$$

得

$$\mu_{B_2(sx)}^\ominus - \mu_{B_2(g)}^\ominus = RT\ln \frac{a_{(B_2)_s}^R}{a_{(B_2)_{sx}}^H} = RT\ln \gamma_{B_2(s)}^0 \tag{3.102}$$

式中，$\gamma_{B_2(s)}^0$ 是固溶体中组元 B_2 在遵守亨利定律的浓度范围内，以纯组元 B_2 为标准状态时的活度系数。为与溶液中的 $\gamma_{B_2}^0$ 相区别，写为 $\gamma_{B_2(s)}^0$。

标准溶解自由能为

$$\Delta G_{m, B_2}^\ominus = \mu_{B_2(sx)}^\ominus - \mu_{B_2(g)}^\ominus = (\mu_{B_2(sx)}^\ominus - \mu_{B_2(g)}^\ominus) - (\mu_{B_2(g)}^\ominus - \mu_{B_2(g)}^\ominus) = RT\ln \gamma_{B_2(s)}^0 \tag{3.103}$$

溶解自由能为

$$\Delta G_m = RT\ln \gamma_{B_2(s)}^0 + RT\ln \frac{a_{(B_2)_s}^R}{p_{B_2}/p^\ominus} = RT\ln \frac{\gamma_{B_2(s)}^0 a_{(B_2)_s}^R}{p_{B_2}/p^\ominus} \tag{3.104}$$

（3）气体组元以 1 个标准压力的纯物质为标准状态，溶入固体中的组元以符合亨利定律的假想的 1% 浓度 B_2 的溶液为标准状态，浓度以质量分数表示，溶解自由能为

$$\Delta G_{m, B_2} = \mu_{(B_2)_s} - \mu_{B_2(g)} = \Delta G_m^\ominus + RT\ln \frac{a_{(B_2)_{lw}}^R}{p_{B_2}/p^\ominus} \tag{3.105}$$

式中

$$\mu_{(B_2)_s} = \mu^{\ominus}_{(B_2)_{sw}} + RT\ln a^{H}_{(B_2)_{sw}}$$

$$\mu_{B_2(g)} = \mu^{\ominus}_{B_2(g)} + RT\ln(p_{B_2}/p^{\ominus})$$

$$\Delta G^{\ominus}_{m, B_2} = \mu^{\ominus}_{(B_2)_{sw}} - \mu^{\ominus}_{B_2(g)}$$

由

$$\mu_{(B_2)_s} = \mu^{\ominus}_{(B_2)_{sw}} + RT\ln a^{H}_{(B_2)_{sw}} = \mu^{\ominus}_{B_2(g)} + RT\ln a^{R}_{(B_2)_s}$$

得

$$\mu^{\ominus}_{(B_2)_{sw}} - \mu^{\ominus}_{B_2(g)} = RT\ln \frac{a^{R}_{(B_2)_s}}{a^{H}_{(B_2)_{sw}}} = RT\ln \frac{M_1}{100M_{B_2}}\gamma^{0}_{B_2(s)} \tag{3.106}$$

标准溶解自由能为

$$\Delta G^{\ominus}_{m, B_2} = RT\ln \frac{M_1}{100M_{B_2}}\gamma^{0}_{B_2(s)} \tag{3.107}$$

溶解自由能为

$$\Delta G_{m, B_2} = RT\ln \frac{M_1}{100M_{B_2}}\gamma^{0}_{B_2(s)} + RT\ln \frac{a^{R}_{(B_2)_s}}{p_{B_2}/p^{\ominus}} \tag{3.108}$$

3.3.4.2 气体在固体中溶解，溶解后气体分子分解

在恒温恒压条件下，气体溶解在固体里，溶解后气体分子分解，可以表示为

$$\frac{1}{2}i_2(g) \Longrightarrow [i]_s$$

$$A_mB_n(g) \Longrightarrow m(A)_s + n(B)_s$$

（1）气体中的组元 i_2 以 1 个标准压力的纯物质为标准状态，固溶体组元 i 的浓度以摩尔分数表示，溶解自由能为

$$\Delta G_{m, i_2} = \mu_{[i]_s} - \frac{1}{2}\mu_{i_2(g)} = \Delta G^{\ominus}_m + RT\ln \frac{w[i]_s/w^{\ominus}}{(p_{i_2}/p^{\ominus})^{1/2}} \tag{3.109}$$

$$\Delta G^{\ominus}_{m, i_2} = -RT\ln K = -RT\ln \frac{w'[i]_s/w^{\ominus}}{(p'_{i_2}/p^{\ominus})^{1/2}} \tag{3.110}$$

式中，$w'[i]$ 和 p'_{i_2} 为平衡状态值。根据西华特定律，有

$$w'[i] = k_s p'^{\frac{1}{2}}_{i_2} \tag{3.111}$$

将式（3.111）代入式（3.110），得

$$\Delta G^{\ominus}_{m, i_2} = -RT\ln(k_s(p^{\ominus})^{1/2}/w^{\ominus}) \tag{3.112}$$

将式（3.112）代入式（3.109），得

$$\Delta G_{m, i_2} = -RT\ln(k_s(p^{\ominus})^{1/2}/w^{\ominus}) + RT\ln \frac{w[i]_s/w^{\ominus}}{(p_{i_2}/p^{\ominus})^{1/2}} = RT\ln \frac{w[i]_s}{k_s p^{1/2}_{i_2}} \tag{3.113}$$

（2）气体组元 A_mB_n 以 1 个标准压力的纯物质为标准状态，溶入固体中的组元 B 的浓度以质量分数表示，溶解自由能为

$$\Delta G_{m, A_mB_n} = m\mu_{(A)_s} + n\mu_{(B)_s} - \mu_{A_mB_n(g)} = \Delta G^{\ominus}_{m, A_mB_n} + RT\ln \frac{(w[A]/w^{\ominus})^m(w[B]/w^{\ominus})^n}{p_{A_mB_n}/p^{\ominus}} \tag{3.114}$$

式中

$$\Delta G_{m,\,A_mB_n}^{\ominus} = - RT\ln K = - RT\ln \frac{(w'[A]/w^{\ominus})^m (w'[B]/w^{\ominus})^n}{p'_{A_mB_n}/p^{\ominus}} \tag{3.115}$$

$w'[A]$、$w'[B]$ 和 $p'_{A_mB_n}$ 为平衡状态值。仿照西华特定律，有

$$w'[A]^m w'[B]^n = k_s p'_{A_mB_n} \tag{3.116}$$

将式 (3.116) 代入式 (3.115)，得

$$\Delta G_{m,\,A_mB_n}^{\ominus} = - RT\ln k_s p^{\ominus} \tag{3.117}$$

将式 (3.117) 代入式 (3.114)，得

$$\Delta G_{m,\,A_mB_n} = - RT\ln(k_s p^{\ominus}/(w^{\ominus})^{m+n}) + RT\ln \frac{(w[A]/w^{\ominus})^m (w[B]/w^{\ominus})^n}{p_{A_mB_n}/p^{\ominus}} = RT\ln \frac{(w[A])^m (w[B])^n}{k_s p_{A_mB_n}} \tag{3.118}$$

3.3.5 液体在固体中的溶解

3.3.5.1 纯液体溶解到固体里

在恒温恒压条件下，纯液体溶解到固体里，可以表示为

$$B(l) \Longrightarrow (B)_s$$

（1）液体组元 B 以纯液态为标准状态，固溶体里的组元 B 以纯固态为标准状态，浓度以摩尔分数表示，溶解自由能为

$$\Delta G_{m,\,B} = \mu_{(B)_s} - \mu_{B(l)} = \Delta G_m^{\ominus} + RT\ln a_{(B)_s}^R \tag{3.119}$$

式中

$$\mu_{(B)_s} = \mu_{(B)_s}^* + RT\ln a_{(B)_s}^R$$

$$\mu_{B(l)} = \mu_{B(l)}^*$$

标准溶解自由能为

$$\Delta G_{m,\,B}^{\ominus} = \mu_{(B)_s}^* - \mu_{B(l)}^* = - \Delta_{fus}G_{m,\,B}^{\ominus} \tag{3.120}$$

溶解自由能为

$$\Delta G_{m,\,B} = - \Delta_{fus}G_{m,\,B}^{\ominus} + RT\ln a_{(B)_s}^R \tag{3.121}$$

（2）液体组元 B 以纯液态为标准状态，固溶体里的组元 B 以符合亨利定律的假想的纯物质为标准状态，浓度以摩尔分数表示，溶解自由能为

$$\Delta G_{m,\,B} = \mu_{(B)_s} - \mu_{B(l)} = \Delta G_m^{\ominus} + RT\ln a_{(B)_{sx}}^H \tag{3.122}$$

式中

$$\mu_{(B)_s} = \mu_{B(sx)}^{\ominus} + RT\ln a_{(B)_{sx}}^H$$

$$\mu_{B(l)} = \mu_{B(l)}^*$$

$$\Delta G_{m,\,B}^{\ominus} = \mu_{B(sx)}^{\ominus} - \mu_{B(l)}^*$$

由

$$\mu_{(B)_s} = \mu_{B(sx)}^{\ominus} + RT\ln a_{(B)_{sx}}^H = \mu_{B(s)}^* + RT\ln a_{(B)_s}^R$$

得

$$\mu_{B(sx)}^{\ominus} - \mu_{B(s)}^* = RT\ln \frac{a_{(B)_s}^R}{a_{(B)_{sx}}^H} = RT\ln \gamma_{B(s)}^0 \tag{3.123}$$

标准溶解自由能为

$$\Delta G_{m,B}^{\ominus} = \mu_{B(sw)}^{\ominus} - \mu_{B(1)}^{*} = (\mu_{B(sw)}^{\ominus} - \mu_{B(s)}^{*}) - (\mu_{B(1)}^{*} - \mu_{B(s)}^{*}) = -\Delta_{fus}G_{m,B}^{\ominus} + RT\ln\gamma_{B(s)}^{0}$$

$$(3.124)$$

溶解自由能为

$$\Delta G_{m,B} = -\Delta_{fus}G_{m,B}^{\ominus} + RT\ln\gamma_{B(s)}^{0} + RT\ln a_{(B)sx}^{H} \qquad (3.125)$$

（3）液体组元 B 以纯液态为标准状态，固溶体里的组元 B 以符合亨利定律的假想的 1%浓度 B 的溶液为标准状态，浓度以质量分数表示，溶解自由能为

$$\Delta G_{m,B} = \mu_{(B)s} - \mu_{B(1)} = \Delta G_{m}^{\ominus} + RT\ln a_{(B)sw}^{H} \qquad (3.126)$$

式中

$$\mu_{(B)s} = \mu_{(B)sw}^{\ominus} + RT\ln a_{(B)sw}^{H}$$

$$\mu_{B(1)} = \mu_{B(1)}^{*}$$

$$\Delta G_{m}^{\ominus} = \mu_{(B)sw}^{\ominus} - \mu_{B(1)}^{*}$$

由

$$\mu_{(B)s} = \mu_{B(sw)}^{\ominus} + RT\ln a_{(B)sw}^{H} = \mu_{(B)s}^{*} + RT\ln a_{(B)s}^{R}$$

得

$$\mu_{(B)sw}^{\ominus} - \mu_{(B)s}^{*} = RT\ln\frac{a_{(B)s}^{R}}{\ln a_{(B)sw}^{H}} = RT\ln\frac{M_{1}}{100M_{B}}\gamma_{B(s)}^{0} \qquad (3.127)$$

$$(\mu_{(B)sw}^{\ominus} - \mu_{B(1)}^{*}) - (\mu_{(B)s}^{*} - \mu_{B(1)}^{*}) = RT\ln\frac{M_{1}}{100M_{B}}\gamma_{B(s)}^{0} \qquad (3.128)$$

将式（3.128）左边第二项移到等号右边，得标准溶解自由能为

$$\Delta G_{m,B}^{\ominus} = \mu_{(B)sw}^{\ominus} - \mu_{B(1)}^{*} = -\Delta_{fus}G_{m,B}^{\ominus} + RT\ln\frac{M_{1}}{100M_{B}}\gamma_{B(s)}^{0} \qquad (3.129)$$

溶解自由能为

$$\Delta G_{m,B} = -\Delta_{fus}G_{m,B}^{\ominus} + RT\ln\frac{M_{1}}{100M_{B}}\gamma_{B(s)}^{0} + RT\ln a_{(B)sw}^{H} \qquad (3.130)$$

3.3.5.2 溶液中的组元在固体中溶解

在恒温恒压条件下，溶液中的组元溶解到固体里，可以表示为

$$(B)_{1} \Longrightarrow (B)_{s}$$

（1）液体和固体中的组元都以纯固态为标准状态，浓度以摩尔分数表示，溶解自由能为

$$\Delta G_{m,B} = \mu_{(B)s} - \mu_{(B)1} = \Delta G_{m}^{*} + RT\ln\frac{a_{(B)s}^{R}}{a_{(B)1}^{R}} \qquad (3.131)$$

式中

$$\mu_{(B)s} = \mu_{(B)s}^{*} + RT\ln a_{(B)s}^{R}$$

$$\mu_{(B)1} = \mu_{B(s)}^{*} + RT\ln a_{(B)1}^{R}$$

标准溶解自由能为

$$\Delta G_{m,B}^{\ominus} = \mu_{(B)s}^{*} - \mu_{(B)s}^{*} = 0 \qquad (3.132)$$

溶解自由能为

$$\Delta G_{m, B} = RT\ln \frac{a_{(B)_s}^R}{a_{(B)_1}^R} \qquad (3.133)$$

（2）溶液中的组元 B 以纯液态为标准状态，固溶体中的组元 B 以纯固态为标准状态，浓度以摩尔分数表示，溶解自由能为

$$\Delta G_{m, B} = \mu_{(B)_s} - \mu_{(B)_1} = \Delta G_m^* + RT\ln \frac{a_{(B)_s}^R}{a_{(B)_1}^R} \qquad (3.134)$$

式中

$$\mu_{(B)_s} = \mu_{B(s)}^* + RT\ln a_{(B)_s}^R$$

$$\mu_{(B)_1} = \mu_{B(1)}^* + RT\ln a_{(B)_1}^R$$

标准溶解自由能为

$$\Delta G_{m, B}^\ominus = \mu_{B(s)}^* - \mu_{B(1)}^* = - \Delta_{fus} G_{m, B}^\ominus \qquad (3.135)$$

溶解自由能为

$$\Delta G_{m, B} = - \Delta_{fus} G_{m, B}^\ominus + RT\ln \frac{a_{(B)_s}^R}{a_{(B)_1}^R} \qquad (3.136)$$

（3）溶液中的组元 B 以符合亨利定律的假想的纯物质为标准状态，浓度以摩尔分数表示，固溶体中的组元 B 以符合亨利定律的假想的 1% 浓度 B 的溶液为标准状态，浓度以质量分数表示，溶解自由能为

$$\Delta G_{m, B} = \mu_{(B)_s} - \mu_{B(1)} = \Delta G_m^\ominus + RT\ln \frac{a_{(B)_{sw}}^H}{a_{(B)_{lx}}^H} \qquad (3.137)$$

式中

$$\mu_{(B)_s} = \mu_{(B)_{sw}}^\ominus + RT\ln a_{(B)_{sw}}^H$$

$$\mu_{(B)_1} = \mu_{(B)_{lx}}^\ominus + RT\ln a_{(B)_{lw}}^H$$

$$\Delta G_{m, B}^\ominus = \mu_{(B)_{sw}}^\ominus - \mu_{B(lx)}^\ominus$$

由

$$\mu_{(B)_s} = \mu_{B(sw)}^\ominus + RT\ln a_{(B)_{sw}}^H = \mu_{(B)_s}^* + RT\ln a_{(B)_s}^R$$

得

$$\mu_{(B)_{sw}}^\ominus - \mu_{B(s)}^* = RT\ln \frac{a_{(B)_s}^R}{a_{(B)_{sw}}^H} = RT\ln \frac{M_1}{100 M_B} \gamma_{B(s)}^0 \qquad (3.138)$$

移相，得

$$\mu_{(B)_{sw}}^\ominus = \mu_{B(s)}^* + RT\ln \frac{M_1}{100 M_B} \gamma_{B(s)}^0 \qquad (3.139)$$

由

$$\mu_{(B)_1} = \mu_{B(lx)}^\ominus + RT\ln a_{(B)_{lx}}^H = \mu_{(B)_1}^* + RT\ln a_{(B)_1}^R$$

得

$$\mu_{B(lx)}^\ominus - \mu_{B(1)}^* = RT\ln \frac{a_{(B)_1}^R}{a_{(B)_{lx}}^H} = RT\ln \gamma_{B(s)}^0 \qquad (3.140)$$

$$\mu_{B(lx)}^\ominus = \mu_{B(1)}^* + RT\ln \gamma_{B(s)}^0$$

将式（3.139）和式（3.140）代入式（3.137），得标准溶解自由能为

$$\Delta G_{m, B}^{\ominus} = \mu_{B(s)}^* - \mu_{B(1)}^* + RT\ln \frac{M_1}{100M_B}\gamma_{B(s)}^0 - RT\ln\gamma_{B(s)}^0 = -\Delta_{fus}G_{m, B}^{\ominus} + RT\ln \frac{M_1}{100M_B}$$

(3.141)

溶解自由能为

$$\Delta G_{m, B} = -\Delta_{fus}G_{m, B}^{\ominus} + RT\ln \frac{M_1}{100M_B} + RT\ln \frac{a_{(B)sw}^H}{a_{(B)lx}^H}$$

(3.142)

3.3.6　固体在固体中的溶解

3.3.6.1　纯固体溶解到固体中

在恒温恒压条件下，纯固体溶解到固体里，形成固溶体，可以表示为

$$B(s) \xrightarrow{\hspace{2cm}} (B)_s$$

（1）固体中的组元都以纯固态组元 B 为标准状态，浓度以摩尔分数表示，溶解自由能为

$$\Delta G_{m, B} = \mu_{(B)_s} - \mu_{B(s)} = \Delta G_m^{\ominus} + RT\ln a_{(B)_s}^R$$

(3.143)

式中

$$\mu_{(B)_s} = \mu_{(B)_s}^* + RT\ln a_{(B)_s}^R$$

$$\mu_{B(s)} = \mu_{B(s)}^*$$

标准溶解自由能为

$$\Delta G_{m, B}^{\ominus} = \mu_{(B)_s}^* - \mu_{(B)_s}^* = 0$$

(3.144)

溶解自由能为

$$\Delta G_{m, B} = RT\ln a_{(B)_s}^R$$

(3.145)

（2）固体组元 B 以固态纯物质为标准状态，固溶体中的组元 B 以符合亨利定律的假想的纯物质为标准状态，浓度以摩尔分数表示，溶解自由能为

$$\Delta G_{m, B} = \mu_{(B)_s} - \mu_{B(s)} = \Delta G_m^{\ominus} + RT\ln a_{(B)sx}^H$$

(3.146)

式中

$$\mu_{(B)_s} = \mu_{B(sx)}^{\ominus} + RT\ln a_{(B)sx}^H$$

$$\mu_{B(s)} = \mu_{B(s)}^*$$

$$\Delta G_m^{\ominus} = \mu_{B(sx)}^{\ominus} - \mu_{B(s)}^*$$

由

$$\mu_{(B)_s} = \mu_{B(sx)}^{\ominus} + RT\ln a_{(B)sx}^H = \mu_{B(s)}^* + RT\ln a_{(B)_s}^R$$

得

$$\mu_{B(sx)}^{\ominus} - \mu_{B(s)}^* = RT\ln \frac{a_{(B)_s}^R}{a_{(B)sx}^H} = RT\ln\gamma_{B(s)}^0$$

(3.147)

标准溶解自由能为

$$\Delta G_{m, B}^{\ominus} = (\mu_{B(sx)}^{\ominus} - \mu_{B(s)}^*) - (\mu_{B(s)}^* - \mu_{B(s)}^*) = RT\ln\gamma_{B(s)}^0$$

(3.148)

溶解自由能为

$$\Delta G_{m, B} = RT\ln\gamma_{B(s)}^0 + RT\ln a_{(B)sx}^H$$

(3.149)

（3）固体组元 B 以固态纯物质为标准状态，固溶体里的组元 B 以符合亨利定律的假想的 1% 浓度 B 的固溶体为标准状态，浓度以质量分数表示，溶解自由能为

$$\Delta G_{m, B} = \mu_{(B)_s} - \mu_{B(s)} = \Delta G^{\ominus}_{m, B} + RT \ln a^H_{(B)_{sw}} \tag{3.150}$$

式中

$$\mu_{(B)_s} = \mu^{\ominus}_{(B)_{sw}} + RT \ln a^H_{(B)_{sw}}$$

$$\mu_{B(s)} = \mu^*_{B(s)}$$

$$\Delta G^{\ominus}_{m, B} = \mu^{\ominus}_{(B)_{sw}} - \mu^*_{B(s)}$$

由

$$\mu_{(B)_{sw}} = \mu^{\ominus}_{(B)_{sw}} + RT \ln a^H_{(B)_{sw}} = \mu^*_{B(s)} + RT \ln a^R_{(B)_s}$$

得

$$\mu^{\ominus}_{(B)_{sw}} - \mu^*_{(B)_s} = RT \ln \frac{a^R_{(B)_s}}{a^H_{(B)_{sw}}} = RT \ln \frac{M_1}{100 M_B} \gamma^0_{B(s)} \tag{3.151}$$

$$\mu^{\ominus}_{(B)_{sw}} - \mu^*_{B(s)} = RT \ln \frac{M_1}{100 M_B} \gamma^0_{B(s)} \tag{3.152}$$

代入式（3.150），得标准溶解自由能为

$$\Delta G^{\ominus}_{m, B} = (\mu^{\ominus}_{(B)_{sw}} - \mu^*_{B(s)}) - (\mu^*_{B(s)} - \mu^*_{B(s)}) = RT \ln \frac{M_1}{100 M_B} \gamma^0_{B(s)} \tag{3.153}$$

溶解自由能为

$$\Delta G_{m, B} = RT \ln \frac{M_1}{100 M_B} \gamma^0_{B(s)} + RT \ln a^H_{(B)_{sw}} \tag{3.154}$$

3.3.6.2 固溶体中的组元溶解到固体里

在恒温恒压条件下，固溶体中的组元溶解到另一个固溶体中，可以表示为

$$(B)_{s_1} \Longrightarrow (B)_{s_2}$$

（1）两个固溶体中的组元 B 都以纯固态为标准状态，浓度以摩尔分数表示，溶解自由能为

$$\Delta G_{m, B} = \mu_{(B)_{s_2}} - \mu_{(B)_{s_1}} = \Delta G^{\ominus}_m + RT \ln \frac{a^R_{(B)_{s_2}}}{a^R_{(B)_{s_1}}} \tag{3.155}$$

式中

$$\mu_{(B)_{s_2}} = \mu^*_{B(s)} + RT \ln a^R_{(B)_{s_2}}$$

$$\mu_{(B)_{s_1}} = \mu^*_{B(s)} + RT \ln a^R_{(B)_{s_1}}$$

标准溶解自由能为

$$\Delta G^{\ominus}_{m, B} = \mu^*_{(B)_s} - \mu^*_{(B)_s} = 0 \tag{3.156}$$

溶解自由能为

$$\Delta G_{m, B} = RT \ln \frac{a^R_{(B)_{s_2}}}{a^R_{(B)_{s_1}}} \tag{3.157}$$

（2）固溶体 1 和 2 中的组元 B 都以符合亨利定律的假想的纯物质为标准状态，浓度以摩尔分数表示，溶解自由能为

$$\Delta G_{m,B} = \mu_{(B)_{s_2}} - \mu_{(B)_{s_1}} = \Delta G_m^{\ominus} + RT\ln\frac{a_{(B)_{s_2}x}^H}{a_{(B)_{s_1}x}^H} \tag{3.158}$$

式中

$$\mu_{(B)_{s_2}} = \mu_{B(sx)}^{\ominus} + RT\ln a_{(B)_{s_2}x}^H$$

$$\mu_{(B)_{s_1}} = \mu_{B(sx)}^{\ominus} + RT\ln a_{(B)_{s_1}x}^H$$

标准溶解自由能为

$$\Delta G_m^{\ominus} = \mu_{(B)_{s_2}}^{\ominus} - \mu_{(B)_{s_1}}^{\ominus} = 0 \tag{3.159}$$

溶解自由能为

$$\Delta G_{m,B} = RT\ln\frac{a_{(B)_{s_2}x}^H}{a_{(B)_{s_1}x}^H} \tag{3.160}$$

(3)固溶体1组元以符合亨利定律的假想的纯物质为标准状态，浓度以摩尔分数表示；固溶体2中的组元以符合亨利定律的假想的1%浓度B的溶液为标准状态，浓度以质量分数表示，溶解自由能为

$$\Delta G_{m,B} = \mu_{(B)_{s_2}} - \mu_{(B)_{s_1}} = \Delta G_m^{\ominus} + RT\ln\frac{a_{(B)_{s_2}w}^H}{a_{(B)_{s_1}x}^H} \tag{3.161}$$

式中

$$\mu_{(B)_{s_2}} = \mu_{(B)_{s_2}w}^{\ominus} + RT\ln a_{(B)_{s_2}w}^H$$

$$\mu_{(B)_{s_1}} = \mu_{B(s_1x)}^{\ominus} + RT\ln a_{(B)_{s_1}x}^H$$

$$\Delta G_{m,B}^{\ominus} = \mu_{(B)_{s_2}w}^{\ominus} - \mu_{B(s_1)}^{\ominus}$$

由

$$\mu_{(B)_{s_2}} = \mu_{(B)_{s_2}w}^{\ominus} + RT\ln a_{(B)_{s_2}w}^H = \mu_{(B)_s}^* + RT\ln a_{(B)_{s_2}}^R$$

得

$$\mu_{(B)_{s_2}w}^{\ominus} - \mu_{(B)_s}^* = RT\ln\frac{a_{(B)_{s_2}}^R}{a_{(B)_{s_2}w}^H} = RT\ln\frac{M_1}{100M_B}\gamma_{B(s)}^0 \tag{3.162}$$

由

$$\mu_{(B)_{s_1}} = \mu_{B(s_1x)}^{\ominus} + RT\ln a_{(B)_{s_1}x}^H = \mu_{B(s)}^* + RT\ln a_{(B)_{s_1}}^R$$

得

$$\mu_{B(s_1x)}^{\ominus} - \mu_{B(s)}^* = RT\ln\frac{a_{(B)_{s_1}}^R}{a_{(B)_{s_1}x}^H} = RT\ln\gamma_{B(s)}^0 \tag{3.163}$$

式(3.162)-式(3.163)，得标准溶解自由能为

$$\Delta G_{m,B}^{\ominus} = \mu_{(B)_{s_2}w}^{\ominus} - \mu_{B(s_1x)}^{\ominus} = RT\ln\frac{M_1}{100M_B} \tag{3.164}$$

溶解自由能为

$$\Delta G_{m,B} = RT\ln\frac{M_1}{100M_B} + RT\ln\frac{a_{(B)_{s_2}w}^H}{a_{(B)_{s_1}x}^H} \tag{3.165}$$

3.4　溶液中的组元参加的化学反应的吉布斯自由能变化

计算化学反应的吉布斯自由能变化，对溶液中的组元和纯组元要做不同的考虑。这是由于纯物质的标准状态的选择是唯一的，而溶液中的组元的标准状态可以有多种选择。下面通过一个具体例子，加以讨论。

在高炉炼铁过程中，炉渣中的二氧化硅被还原成硅溶于铁液中，化学反应方程式可以写做

$$2C(s) + (SiO_2) \longrightarrow [Si] + 2CO(g)$$

式中，(SiO_2) 表示溶解在炉渣中的二氧化硅；$[Si]$ 表示溶解在铁液中的硅。反应温度为 1500℃，一氧化碳压力为 $1atm(1atm = 0.1MPa)$；铁液中硅含量为 $w_{[Si]} = 0.409$，以假想符合亨利定律 $\dfrac{w_{Si}}{w^{\ominus}} = 1$ 的铁液为标准状态，铁液中硅的活度系数为 $f_{Si} = 8.3$。以纯固态二氧化硅为标准状态，炉渣中二氧化硅的活度为 $a^R_{SiO_2} = 0.1$。铁液中 γ^0_{Si} 与温度的关系为

$$\lg\gamma^0_{Si} = -\frac{6870}{T} + 0.8$$

计算该化学反应的摩尔吉布斯自由能变化 ΔG 和平衡常数 K。

A　计算一

化学反应的摩尔吉布斯自由能变化为

$$\Delta G_m = \Delta G^{\ominus}_{m,1} + RT\ln\frac{a^R_{Si}(p_{CO}/p^{\ominus})^2}{(a^R_C)^2 a^R_{SiO_2}} \tag{3.166}$$

其中 CO 以 $\dfrac{p_{CO}}{p^{\ominus}} = 1$ 的纯 CO 为标准状态，其余组元均以纯物质为标准状态，C 以纯固体碳为标准状态，Si 以纯液态硅为标准状态，SiO_2 以纯固态二氧化硅为标准状态。则

$$\Delta G^{\ominus}_{m,1} = \Delta_f G^{\ominus}_m(Si,1) + 2\Delta_f G^{\ominus}_m(CO,g) - 2\Delta_f G^{\ominus}_m(C,s) - \Delta_f G^{\ominus}_m(SiO_2,s) \tag{3.167}$$

其中

$$\Delta_f G^{\ominus}_m(Si,1) = 0 \tag{3.168}$$

$$\Delta_f G^{\ominus}_m(CO,g) = \frac{1}{2}(-232600 - 167.8T)\quad J/mol \tag{3.169}$$

$$\Delta_f G^{\ominus}_m(C,s) = 0 \tag{3.170}$$

$$\Delta_f G^{\ominus}_m(SiO_2,s) = -960200 + 209.3T\quad J/mol \tag{3.171}$$

将式（3.168）~式（3.171）代入式（3.167），得

$$\Delta G^{\ominus}_{m,1} = 727600 - 377.10T\quad J/mol \tag{3.172}$$

将 $T = 1773K$ 代入式（3.172），得

$$\Delta G^{\ominus}_{m,1} = 59000 J/mol$$

$$\ln K^{\ominus} = -\frac{\Delta G^{\ominus}_{m,1}}{RT} = -\frac{59000}{8.314 \times 1773} = -4.0025$$

$$K^{\ominus} = 0.0183$$

由于 $a_C = 1$, $\dfrac{p_{CO}}{p^\ominus} = 1$, 所以

$$\Delta G_m = \Delta G_{m,1}^\ominus + RT\ln \frac{\gamma_{Si} x_{Si}}{a_{SiO_2}^R} \tag{3.173}$$

$$x_{Si} = \frac{M_{Fe}}{100 M_{Si}}\left(\frac{w_{Si}}{w^\ominus}\right) = \frac{0.5585}{28.09} \times 0.409 = 7.95 \times 10^{-3}$$

$$\gamma_{Si} = \gamma_{Si}^0 f_{Si}$$

$$T = 1773K$$

$$\lg \gamma_{Si}^0 = -\frac{6870}{1773} + 0.8 = -3.0748$$

$$\gamma_{Si}^0 = 8.42 \times 10^{-4}$$

$$\gamma_{Si} = 8.42 \times 10^{-4} \times 8.3$$

将以上数据代入式 (3.173), 得

$$\Delta G_m = 59000 + 8.314 \times 1773 \times \ln\frac{8.3 \times 8.42 \times 10^{-4} \times 7.95 \times 10^{-3}}{0.1} = -51.50kJ/mol$$

B　计算二

其他不变, 硅以假想符合亨利定律的1%浓度溶液为标准状态。其标准自由能变化为

$$\Delta G_{m,Si(w)}^\ominus = \Delta_f G_{m(Si,1)}^\ominus + \Delta G_{m,Si(1)}^\ominus = \Delta G_{m,Si(1)_w}$$

就是纯液态硅溶入纯铁液中变成质量分数为1%的铁基溶液的摩尔吉布斯自由能变化, 即以假想的符合亨利定律的1%浓度溶液为标准状态的标准溶解自由能。

$$Si(1) \Longrightarrow [Si]$$

$$\Delta G_{m,Si(1)_w}^\ominus = RT\ln\frac{M_{Fe}}{100 M_{Si}}\gamma_{Si}^0 = RT\ln\frac{0.5585}{28.09} + RT\ln\gamma_{Si}^0$$

$$= RT\ln\frac{0.5585}{28.09} + 2.303RT\left(-\frac{6870}{T} + 0.80\right) = -131500 - 17.24T \quad J/mol \tag{3.174}$$

$$\Delta G_{m,2}^\ominus = 2\Delta_f G_m^\ominus(CO,g) + \Delta_f G_m^\ominus(Si,1) + \Delta G_{m,Si(1)_w}^\ominus - \Delta_f G_m^\ominus(SiO_2,s) - 2\Delta_f G_m^\ominus(C,s) \tag{3.175}$$

将式 (3.169)~式 (3.171)、式 (3.174) 代入式 (3.175), 得

$$\Delta G_{m,2}^\ominus = 596100 - 394.34T \quad J/mol \tag{3.176}$$

取 $T = 1773K$, 代入式 (3.176), 得

$$\Delta G_{m,2}^\ominus = -103100J/mol$$

$$\ln K = -\frac{\Delta G_{m,2}^\ominus}{RT} = \frac{103100}{8.314 \times 1773} = 6.9942$$

$$K = 1090$$

$$\Delta G_m = \Delta G_{m,2}^\ominus + RT\ln\frac{f_{Si}(w_{Si}/w^\ominus)}{a_{SiO_2}^R} = 103100 + 8.314 \times 1773 \times \ln\frac{8.3 \times 0.4}{0.1} = -51.50kJ/mol$$

比较计算一和计算二的计算结果可见, ΔG_m 的值与标准状态的选择无关。

3.5　化学反应吉布斯自由能变化的应用

在材料制备和应用过程中，通常会发生化学反应。应用化学反应等温方程可以计算化学反应的吉布斯自由能变化 ΔG_{m}。据此可以预测化学反应的方向和限度，判断改变哪些条件可以使化学反应向人们所希望的方向进行，这就可以为与化学反应相关的生产过程制定合理的工艺条件提供依据。在有些情况下，也可以利用标准吉布斯自由能变化进行判断。

3.5.1　确定初始反应温度和体系内的压力

确定一个化学反应的初始反应温度和反应体系的压力对确定生产工艺条件具有重要意义。

火法炼镁以硅还原氧化镁制取金属镁。若以 MgO 为原料，则

$$Si(s) + 2MgO(s) = SiO_2(s) + 2Mg(g) \tag{3.a}$$

$$\Delta G_{m,a}^{\ominus} = 523000 - 211.7T \quad J/mol$$

$$\Delta G_{m,a} = \Delta G_{m,a}^{\ominus} + RT\ln \frac{a_{SiO_2}^{R}\left(\dfrac{p_{Mg}}{p^{\ominus}}\right)^2}{a_{Si}^{R} a_{MgO}^{R}} \tag{3.177}$$

当 $\Delta G < 0$ 时，反应可以进行。$\Delta G = 0$ 的温度为初始反应温度或最低反应温度。由于

$$a_{SiO_2}^{R} = 1 \,, \frac{p_{Mg}}{p^{\ominus}} = 1 \,, a_{Si}^{R} = 1 \,, a_{MgO}^{R} = 1$$

代入式 (3.177)，得

$$\Delta G_{m,a} = \Delta G_{m,a}^{\ominus} = 52300 - 211.7T = 0$$

$$T = 2470K$$

为降低反应温度，可以考虑降低产物的活度。这可以通过加入 CaO，使之与 SiO_2 反应生成 $2CaO \cdot SiO_2$ 来实现。化学反应方程式为

$$2CaO(s) + SiO_2(s) = 2CaO \cdot SiO_2(s) \tag{3.b}$$

$$\Delta G_{m,b}^{\ominus} = -126400 - 5.0T \quad J/mol$$

反应式 (3.a) + 式 (3.b)，得

$$Si(s) + 2MgO(s) + 2CaO(s) = 2CaO \cdot SiO_2(s) + 2Mg(g) \tag{3.c}$$

$$\Delta G_{m,c}^{\ominus} = \Delta G_{m,a}^{\ominus} + \Delta G_{m,b}^{\ominus} = 396600 - 216.7T \quad J/mol$$

$$\Delta G_{m,c} = \Delta G_{m,c}^{\ominus} + RT\ln \frac{a_{2CaO \cdot SiO_2}^{R}\left(\dfrac{p_{Mg}}{p^{\ominus}}\right)^2}{a_{Si}^{R}(a_{MgO}^{R})^2(a_{CaO}^{R})^2} = \Delta G_{m,c}^{\ominus} = 396600 - 216.7T \quad J/mol = 0$$

$$T = 1830K$$

温度降低了很多，但仍然偏高，为此可以考虑降低金属镁的蒸气压。

$$\Delta G_{m,c} = \Delta G_{m,c}^{\ominus} + RT\ln\left(\frac{p_{Mg}}{p^{\ominus}}\right)^2 = 396600 - 216.7T + RT\ln\left(\frac{p_{Mg}}{p^{\ominus}}\right)^2 \tag{3.178}$$

取 $T = 1473K$，代入式 (3.178)，令

$$\Delta G_{m,c} \leqslant 0$$

解得

$$\ln\left(\frac{p_{Mg}}{p^{\ominus}}\right)^2 = -3.1601$$

$$p_{Mg} \leqslant 4298\text{Pa}$$

火法炼镁通常以白云石为原料，白云石的主要成分为 $CaO \cdot MgO$。为降低成本不用纯硅，而用硅铁合金。相应的化学反应为

$$[Si] + 2(CaO \cdot MgO)(s) = 2CaO \cdot SiO_2(s) + 2Mg(g) \tag{3.d}$$

仍以纯物质为标准状态，则

$$\Delta G_{m,d} = \Delta G_{m,d}^{\ominus} + RT\ln\frac{a_{2CaO \cdot SiO_2}^{R}\left(\dfrac{p_{Mg}}{p^{\ominus}}\right)^2}{a_{Si}^{R}(a_{CaO \cdot MgO}^{R})^2} \tag{3.179}$$

反应式（3.d）可由反应式（3.c）与

$$CaO(s) + MgO(s) = CaO \cdot MgO(s) \tag{3.e}$$

及

$$Si(s) = [Si] \tag{3.f}$$

的组合得到，即式（3.d）＝式（3.c）－2×式（3.e）－式（3.f）。式（3.e）的标准吉布斯自由能变化可近似取做

$$\Delta G_{m,e}^{\ominus} = -7200\text{J/mol}$$

$\Delta G_{m,e}^{\ominus}$ 也称为复合氧化物 $CaO \cdot MgO$ 的标准生成自由能。以纯固态硅为标准状态，则式（3.f）的标准溶解自由能

$$\Delta G_{m,f}^{\ominus} = 0$$

因此

$$\Delta G_{m,d}^{\ominus} = \Delta G_{m,c}^{\ominus} - 2\Delta G_{m,e}^{\ominus} - \Delta G_{m,f}^{\ominus} = 411000 - 216.7T \quad \text{J/mol}$$

取含硅 70%~80% 的硅铁的硅的摩尔分数 x_{Si} 的平均值为 0.87，$a_{Si}^{R} = 0.98$；镁的蒸气压为 13Pa，$a_{2CaO \cdot SiO_2}^{R} = 1$，$a_{CaO \cdot MgO}^{R} = 1$，$T = 1473\text{K}$，将以上数据代入式（3.179），得

$$\Delta G_{m,d} = 411000 - 216.7 \times 1473 + 8.314 \times 1473 \times \ln\left[\left(\frac{13}{101325}\right)^2 \times \frac{1}{0.98}\right]$$

$$= -127.44\text{J/mol} < 0$$

可见，在此条件下，化学反应（3.d）可以由左向右进行，这是反应刚开始时的情况。随着还原反应的进行，硅铁中的硅不断消耗，a_{Si} 不断降低，$\Delta G_{m,d}$ 不断增大。当 $\Delta G_{m,d} = 0$ 时，化学反应（3.d）达成平衡。由

$$\Delta G_{m,d} = 411000 - 216.7 \times 1473 + 8.314 \times 1473 \times \ln\left[\left(\frac{13}{101325}\right)^2 \times \frac{1}{a_{Si}^{R}}\right] = 0$$

$$a_{Si}^{R} = 9.25 \times 10^{-5}$$

可得

$$x_{Si} = 0.25$$

因此，实际生产中，硅铁需要过量。

3.5.2 判断化合物的稳定性

化合物的稳定性，尤其是高温的稳定性是化合物的重要性质。应用热力学原理可以判

断化合物在不同条件下的稳定性。

3.5.2.1 比较两个化合物的稳定性

把要比较的两个化合物构成一个化学反应，其中一个是反应物，另一个是产物。计算此化学反应的吉布斯自由能变化 ΔG。若 $\Delta G<0$，则产物稳定；若 $\Delta G>0$，则反应物稳定。

例 3.6 比较 Al_2O_3 和 CaO 在 1000K 的相对稳定性。

解：将 Al_2O_3 和 CaO 构成以下化学反应

$$Al_2O_3(s) + 3Ca(s) \Longrightarrow 2Al(l) + 3CaO(s)$$

其吉布斯自由能变化

$$\Delta G_m = \Delta G_m^\ominus + RT\ln \frac{(a_{Al(l)}^R)^2(a_{CaO}^R)^3}{a_{Al_2O_3}^R(a_{Ca}^R)^3}$$

以符合拉乌尔定律的纯物质为标准状态，则

$$\Delta G_m = 3\Delta_f G_m^\ominus(CaO, s) - \Delta_f G_m^\ominus(Al_2O_3, s) = -233400 - 1.10T \quad J/mol$$

各组元活度均取做 1，则

$$\Delta G_m = \Delta G_m^\ominus = -233400 - 1.10T = -233400 - 1.10 \times 1000 = -234.58kJ/mol < 0$$

因此，CaO 比 Al_2O_3 稳定。

3.5.2.2 判断一个化合物的稳定性

将欲确定稳定性的物质与环境气氛构成一个化学反应。计算此化学反应的吉布斯自由能变化，据此判断该化合物的稳定性。

例 3.7 空气中 Ag_2CO_3 在 110℃是否稳定？

解：将 Ag_2CO_3 与气氛构成一个化学反应

$$Ag_2CO_3(s) \Longrightarrow Ag_2O(s) + CO_2(g)$$

$$\Delta G_m = \Delta G_m^\ominus + RT\ln\left(\frac{p_{CO_2}}{p^\ominus}\right)$$

$$\Delta G_m^\ominus = \Delta_f G_m^\ominus(CO_2, g) + \Delta_f G_m^\ominus(Ag_2O, s) - \Delta_f G_m^\ominus(Ag_2CO_3, s) = 14824.5J/mol$$

空气中 CO_2 含量为 $w(CO_2) = 0.028\%$，折算成摩尔分数为 $x_{CO_2} = 1.845\times10^{-4}$，根据道尔顿（Dolton）分压定律

$$p_{CO_2} = x_{CO_2}p^\ominus$$

得

$$\frac{p_{CO_2}}{p^\ominus} = x_{CO_2}$$

$$\Delta G_m = \Delta G_m^\ominus + RT\ln \frac{\left(\frac{p_{CO_2}}{p^\ominus}\right)a_{Ag_2O}^R}{a_{Ag_2CO_3}^R} = 14.825 + 8.314 \times 383.15 \times \ln\frac{1.845\times10^{-4}\times 1}{1}$$

$$= -11.23kJ/mol < 0$$

结果表明，空气中 Ag_2CO_3 在 110℃不能稳定存在，会分解为 Ag_2O 和 CO_2。

上述方法适用于任何情况，但比较麻烦，而以下几种方法则比较简便。

3.5.2.3 用生成反应的 $\Delta G_m^\ominus$ 进行比较

用生成反应的 $\Delta G_m^\ominus$ 比较化合物的稳定性，首先必须统一比较基准。所谓统一比较基

准，即参加生成反应的某一"元素"物质的量相等。在此标准下，计算各生成反应的 $\Delta G_m^{\ominus}$，$\Delta G_m^{\ominus}$ 越负的化合物越稳定。

例 3.8　比较 1000℃ TiO_2 和 MnO 哪个稳定。

解：以 1mol O_2 为比较基准，计算 1000℃ 生成 TiO_2 和 MnO 反应的标准吉布斯自由能。

$$Ti(s) + O_2(g) == TiO_2(s)$$
$$\Delta G_m^{\ominus} = -674.11 \text{kJ/mol}$$
$$2Mn(s) + O_2(g) == 2MnO(s)$$
$$\Delta G_m^{\ominus} = -586.18 \text{kJ/mol}$$

因为生成 $TiO_2(s)$ 的 $\Delta G_m^{\ominus}$ 比生成 MnO(s) 的 $\Delta G_m^{\ominus}$ 负，所以 $TiO_2(s)$ 比 MnO(s) 稳定。

将上面的两个反应方程式相减，得

$$Ti(s) + 2MnO(s) == 2Mn(s) + TiO_2(s)$$
$$\Delta G_m^{\ominus} = \Delta G_{m,1}^{\ominus} - \Delta G_{m,2}^{\ominus} = -87.93 \text{kJ/mol} < 0$$

此反应可以由左向右自发进行，也表明 $TiO_2(s)$ 比 MnO(s) 稳定。这与前面的结果是一致的。

3.5.2.4　用化合物的分解压进行比较

一个化合物分解产生气体，在一定温度下，该分解反应达成平衡时，所产生的气体的压力称为该温度下该化合物的分解压，例如，氧化物分解反应

$$M_xO_y(s) == xM(s) + \frac{y}{2}O_2(g)$$

当其达成平衡时的氧分压 p_{O_2} 称为 $M_xO_y(s)$ 的分解压，并有

$$\Delta G_m^{\ominus} = -RT\ln\left(\frac{p_{O_2}}{p^{\ominus}}\right)^{\frac{y}{2}} \tag{3.180}$$

分解压 p_{O_2} 越低，$\Delta G_m^{\ominus}$ 越正，该化合物越稳定。

例 3.9　用分解压比较 1000℃ 时 $TiO_2(s)$ 和 MnO(s) 哪个稳定。

解：

$$TiO_2(s) == Ti(s) + O_2(g)$$
$$\Delta G_m^{\ominus} = -RT\ln\left(\frac{p_{O_2}}{p^{\ominus}}\right) = 674.11 \text{kJ/mol}$$

$$p_{O_2} = e^{-\frac{\Delta G_m^{\ominus}}{RT}} p^{\ominus} = 0.9383 p^{\ominus}$$
$$2MnO(s) == 2Mn(s) + O_2(g)$$
$$\Delta G_m^{\ominus} = -RT\ln\left(\frac{p_{O_2}}{p^{\ominus}}\right) = 580.18 \text{kJ/mol}$$

$$p_{O_2} = e^{-\frac{\Delta G_m^{\ominus}}{RT}} p^{\ominus} = 0.9467 p^{\ominus}$$

可见，$TiO_2(s)$ 的分解压比 MnO(s) 分解压低，$TiO_2(s)$ 比 MnO(s) 稳定。其比较标准是生成 1mol O_2。

3.5.2.5　用化学势比较

气相中氧分压为 p_{O_2}，氧的化学势为

$$\mu_{O_2} = \mu_{O_2}^{\ominus} + RT\ln\left(\frac{p_{O_2}}{p^{\ominus}}\right)$$

则有

$$\Delta\mu_{O_2} = \mu_{O_2} - \mu_{O_2}^{\ominus} = RT\ln\left(\frac{p_{O_2}}{p^{\ominus}}\right) \tag{3.181}$$

式中，$RT\ln\left(\dfrac{p_{O_2}}{p^{\ominus}}\right)$ 称为氧势。若气相中的氧分压就是与氧化物达成平衡的氧分压，则

$RT\ln\left(\dfrac{p_{O_2}}{p^{\ominus}}\right)$ 称为该氧化物的氧势。氧势越低，即与该氧化物平衡的氧分压越低，该化合物越稳定。与式（3.180）相比

$$\Delta\mu_{O_2} = -\Delta G_m$$

两者判定的结果是一致的。

同样，可以定义氮化物、硫化物、氯化物等物质的氮势、硫势、氯势等，并可以用其判断同类化合物的相对稳定性。根据热力学数据可以作出氧势图、硫势图等各种势图。从这些势图可以知道相应的势与温度的关系。由各化合物的势线在图中的位置可以知道在某一温度该类化合物的相对稳定性。

显然，上述判断化合物稳定性的各种方法其本质是一致的。

3.5.3　氧势图及其应用

图 3.1 是氧势图，也称埃林汉图，是埃林汉（Eillingham）最先提出的。

3.5.3.1　氧势图

氧势图是化学反应

$$\frac{2x}{y}M(p) + O_2(g) =\!=\!= \frac{2}{y}M_xO_y(p)$$

的 $\Delta G_m^{\ominus}$ 与温度 T 的关系图，式中 p 表示物质的相。由于该化学反应的

$$\Delta G_m^{\ominus} = - RT\ln K = RT\ln\left(\frac{p_{O_2}}{p^{\ominus}}\right) = \Delta\mu_{O_2}^{\ominus}$$

所以，也是

$$RT\ln\left(\frac{p_{O_2}}{p^{\ominus}}\right) = \Delta\mu_{O_2}^{\ominus}$$

与温度的关系图。

$\Delta G_m^{\ominus}$ 是温度的函数，其准确表达式是温度的多项式，在热力学允许的范围内，可以将其简化为二项式。因此，氧势与温度的关系式为

$$\Delta\mu_{O_2}^{\ominus} = RT\ln\left(\frac{p_{O_2}}{p^{\ominus}}\right) = A + BT \tag{3.182}$$

是直线方程。其截距为

$$A = \Delta\overline{H}^{\ominus}$$

斜率为

$$B = \Delta \bar{S}_m^{\ominus}$$

即 A 和 B 分别是式（3.181）的平均标准焓变和平均标准熵变。

由式（3.181）可知

$$\Delta G_m^{\ominus} = \frac{2}{y}\Delta_f G_m^{\ominus}(M_xO_y, p)$$

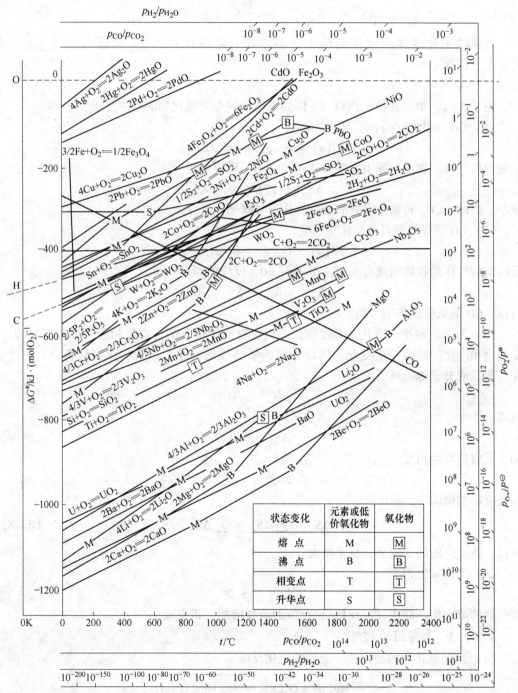

图 3.1　氧势图

所以，氧势图也称标准生成吉布斯自由能与温度的关系图。

图中纵坐标是氧势，单位为 kJ/mol，横坐标为温度，单位为℃。在各条直线上注明了其所代表的化学反应。

3.5.3.2　氧势线的斜率

（1）金属氧化氧势线的斜率。由式（3.181）可知

$$\Delta S^{\ominus} = \frac{2}{y} S^{\ominus}_{m, M_xO_y(p)} - \frac{2x}{y} S^{\ominus}_{m, M(p)} - S^{\ominus}_{m, O_2(g)}$$

气体的熵比固体和液体的熵大很多。对于金属而言，$S^{\ominus}_{m, O_2}$ 远远大于 $S^{\ominus}_{m, M_xO_y(s,l)}$ 和 $S^{\ominus}_{m, M(s,l)}$，因而

$$S^{\ominus}_m \approx -S^{\ominus}_{m, O_2(g)}$$

由于 $S^{\ominus}_{m, O_2(g)}$ 恒为正值，所以 $-S^{\ominus}_m$ 恒为正值，即金属氧化物的斜率为正。

（2）CO_2 氧势线的斜率。化学反应

$$C(s) + O_2(g) \rightleftharpoons CO_2(g)$$

反应前后气体的物质的量不变，即 $\Delta n(g) = 0$，反应熵变

$$\Delta S^{\ominus}_m = 0.27 J/(mol \cdot K)$$

很小。因此，CO_2 的氧势线斜率很小，几乎与横坐标平行。

（3）CO 氧势线的斜率。化学反应

$$2C(s) + O_2(g) \rightleftharpoons 2CO(g)$$

反应前后气体的物质的量有变化，$\Delta n(g) > 0$，反应的熵变

$$\Delta S^{\ominus}_m > 0, \quad -\Delta S^{\ominus}_m < 0$$

所以，CO 的氧势线斜率为负。

（4）氧势线斜率的变化。温度变化，反应物和产物有的会发生相变。在相变过程中，反应物和产物的熵会发生变化，所以相应的氧势线的斜率会改变，出现转折点。对于熔化，蒸发或升华等吸热反应

$$\Delta H^{\ominus}_{m, i} > 0$$

所以

$$\Delta S^{\ominus}_{m, i} > 0$$

如果反应物发生相变

$$\Delta S^{\ominus}_{m, 反} > 0$$

即反应物的熵增加，而

$$\Delta S_m = \sum_{产} \Delta S^{\ominus}_m - \sum_{反} \Delta S^{\ominus}_m \qquad (3.183)$$

所以，该反应的熵变减小，斜率增大。

如果产物发生相变

$$\Delta S^{\ominus}_{m, 产} > 0$$

即产物的熵增加。据式（3.181）该反应的熵变增加，斜率减小。

3.5.3.3　氧势图的应用

（1）判断氧化物的稳定性。金属的氧化反应

$$\frac{2x}{y} Me(p) + O_2(g) \rightleftharpoons \frac{2}{y} Me_xO_y(p)$$

$$\Delta G_{m,i}^{\ominus} = RT\ln(p_{O_2}/p^{\ominus})$$

可以作为氧化物 Me_xO_y 稳定性的量度，也就是金属对氧亲和力的量度。$\Delta G_{m,i}^{\ominus}$ 越负，金属对氧的亲和力越大，相应的氧化物越稳定。不同氧化物的氧势线在图中的位置上下不同。位置越往下，$\Delta G_{m,i}^{\ominus}$ 越负，在标准状态下，氧化物越稳定。同一种元素不同价态的氧化物，低价态的氧化物高温稳定，高价态的氧化物低温稳定。例如在高温低价态的 FeO、MnO、Cu_2O、CO 比相应的高价态的 Fe_2O_3、MnO_2、CuO、CO_2 稳定。

（2）确定物质的氧化还原次序。在同一温度，几种元素的单质同时与氧相遇，则氧势线位置在下的先氧化。例如，从图中氧势线的位置确定单质 Al、Si、Mn 同时与氧相遇，氧化次序为 Al、Si、Mn。

在标准状态，氧势线位置在下的单质可以还原其上面氧势线相应氧化物。例如，Al 可以还原 Cr_2O_3、WO_2、Fe_2O_3 等生成金属。这是铝热还原法制备金属和合金的依据。

CO 氧势直线的斜率特殊，与其他直线的斜率不同。在 CO 线以上的氧势线相应的氧化物，例如 FeO、Fe_2O_3、NiO、CoO、P_2O_5、CuO 等能被 C 还原；在 CO 线以下的氧势线相应的氧化物，例如 Al_2O_3、CaO、MgO 等不能被 C 还原；与 CO 线相交的氧势线相应的氧化物，例如，Cr_2O_3、Nb_2O_5、MnO_2、SiO_2 等在温度低于交点温度，C 能将它们还原；在温度高于交点温度，CO_2 被金属还原，成为氧化剂。交点温度是碳还原金属氧化物的最低还原温度。

氧势图还有许多其他应用，这里不一一讨论。

3.5.3.4 同种元素不同价态的化合物的稳定性

同种元素不同价态的化合物的稳定性与其存在的条件有关，这在比较其稳定性时应予以注意。下面以 VO 和 V_2O_3 为例说明。

例 3.10 温度为 2000K，比较 VO 和 V_2O_3 的稳定性。

解：以 $1mol\ O_2$ 为基准进行比较。

$$2V(s) + O_2(g) \Longrightarrow 2VO(s) \tag{3.g}$$

$$\Delta G_m^{\ominus} = -849400 + 160.1T \quad J/mol$$

$T = 2000K$

$$\Delta G_m^{\ominus} = -529.20kJ/mol$$

$$\frac{4}{3}V(s) + O_2(g) \Longrightarrow \frac{2}{3}V_2O_3(s) \tag{3.h}$$

$$\Delta G_m^{\ominus} = -802000 + 158.4T \quad J/mol$$

$T = 2000K$

$$\Delta G_m^{\ominus} = -485.20kJ/mol$$

可见，VO 比 V_2O_3 稳定。

式（3.g）－式（3.h），得

$$\frac{2}{3}V_2O_3(s) + \frac{2}{3}V(s) \Longrightarrow 2VO(s)$$

$$\Delta G_m^{\ominus} = -474000 + 17.7T \quad J/mol$$

$$\Delta G_m = \Delta G_m^{\ominus} + RT\ln J = \Delta G_m^{\ominus} = -474000 + 17.7T$$

$T = 2000K$

$$\Delta G_m = -470.60 \text{kJ/mol} < 0$$

反应可以自动从左向右进行。

以 1mol V 为基准进行比较。

$$V(s) + \frac{1}{2} O_2(g) \rightleftharpoons VO(s) \tag{3.g'}$$

$$\Delta G_m^{\ominus} = -424700 + 80.05T \quad J/mol$$

$$V(s) + \frac{3}{4} O_2(g) \rightleftharpoons \frac{1}{2} V_2O_3(s) \tag{3.h'}$$

$$\Delta G_m^{\ominus} = -601500 + 118.8T \quad J/mol$$

式 (3.g') - 式 (3.h')，得

$$VO(s) + \frac{1}{4} O_2(g) \rightleftharpoons \frac{1}{2} V_2O_3(s)$$

$$\Delta G_m^{\ominus} = -176800 + 38.75T \quad J/mol$$

$$\Delta G_m = \Delta G_m^{\ominus} + RT\ln\left(\frac{p_{O_2}}{p^{\ominus}}\right)^{\frac{1}{4}}$$

ΔG_m 的正负与气相中的氧分压有关。

$T = 2000K$

$$\Delta G_m = \Delta G_m^{\ominus} + RT\ln(p_{O_2}/p^{\ominus})^{\frac{1}{4}} = 0$$

$$\Delta G_m^{\ominus} = -RT\ln(p_{O_2}/p^{\ominus})^{\frac{1}{4}}$$

由 $\Delta G_m^{\ominus}$ 计算平衡氧分压为

$$p_{O_2} = 4.08 \times 10^{-6} \text{Pa}$$

所以气相中实际氧分压

$$p'_{O_2} > 4.08 \times 10^{-6} \text{Pa} \qquad V_2O_3 \text{ 比 VO 稳定}$$

$$p'_{O_2} < 4.08 \times 10^{-6} \text{Pa} \qquad VO \text{ 比 } V_2O_3 \text{ 稳定}$$

$$p'_{O_2} = 4.08 \times 10^{-6} \text{Pa} \qquad VO \text{ 和 } V_2O_3 \text{ 平衡共存}$$

综上可见，若没有金属钒存在，钒氧化物的相对稳定性取决于气相中氧分压；若有金属钒存在，气相中的氧分压就保持在低价钒氧化物的平衡氧分压水平。因为高价钒氧化物的平衡氧分压比低价钒氧化物高。

3.5.4　化学平衡与相平衡的关系

3.5.4.1　$\Delta G_m^{\ominus}$ 与 K 的关系

由式

$$\Delta G_m^{\ominus} = -RT\ln K$$

可知，由化学反应的 $\Delta G_m^{\ominus}$ 可以求得化学反应的平衡常数 K。平衡常数表示化学反应进行的限度。因此，可以认为 $\Delta G^{\ominus}$ 是表示化学反应限度的量。

$\Delta G_m^{\ominus}$ 是产物和反应物都处在标准状态下，按化学反应方程式计量的产物的标准化学势之和与反应物的化学势之和的差，并不是化学反应达到平衡时的 ΔG_m。化学反应达到平衡时 $\Delta G_m = 0$；未达到平衡时，ΔG_m 随化学反应进行的程度而变化。不论化学反应平衡与否，

$\Delta G_m^\ominus$ 值都存在，且不随化学反应的进行而变化，是由反应物和产物在标准状态下的化学势决定的。

$\Delta G_m^\ominus$ 越负，K 越大，化学反应进行得越彻底。可见，一个化学反应的限度是由反应物和产物的性质决定的，与化学反应进程无关。

上式给出了 $\Delta G_m^\ominus$ 与 K 之间的关系，但并不是每一个 $\Delta G_m^\ominus$ 都有一个对应的 K。由 $\Delta G_m^\ominus$ 计算 K 时必须注意：产物和反应物之间必须平衡共存，才能由上式计算平衡常数。如果产物和反应物之间不能平衡共存，就没有平衡常数，利用上式计算平衡常数就没有意义。因此，在写化学反应方程式前，要先判断该体系中哪些物质可以平衡共存。这就需要查阅相图。

例如，由 Cr–C 二元相图（图3.2）可见，C 和 Cr 不能在固相平衡共存。因此，不能利用化学反应

$$2C(s) + \frac{2}{3}CrO_3(s) = \frac{2}{3}Cr(s) + 2CO(g)$$

制备纯的金属 Cr。

从相图可见，在不同温度，与 Cr 平衡共存的物质是不同的。在液相区，得到是溶解 C 的液态 Cr。在1500℃，得到的是 Cr+Cr$_{23}$C$_6$。

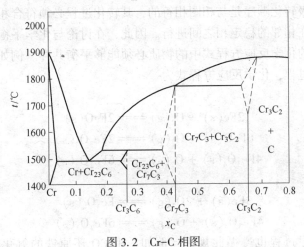

图3.2　Cr–C 相图

3.5.4.2　逐级转化规则

过渡元素等可以生成不同价态的化合物。这些元素及其化合物所参加的化学反应遵从逐级转化原则，即这些化合物在变化过程中按价态顺序逐级转化。下面列出几种氧化物的转化顺序。

铁的氧化物转化顺序为

$t > 570℃$

$$Fe_2O_3(s) \rightleftharpoons Fe_3O_4(s) \rightleftharpoons FeO(s) \rightleftharpoons Fe(s)$$

$t < 570℃$

$$Fe_2O_3(s) \rightleftharpoons Fe_3O_4(s) \rightleftharpoons Fe(s)$$

钛的氧化物转化顺序为

$$TiO_2(s) \rightleftharpoons Ti_3O_5(s) \rightleftharpoons Ti_2O_3(s) \rightleftharpoons TiO(s) \rightleftharpoons Ti(s)$$

钒的氧化物的转化顺序为

$$V_2O_5(s) \rightleftharpoons VO_2(s) \rightleftharpoons V_2O_3(s) \rightleftharpoons VO(s) \rightleftharpoons V(s)$$

铬的氧化物转化顺序为

$t > 1050℃$

$$CrO_3(s) \rightleftharpoons Cr_2O_3(s) \rightleftharpoons CrO(s) \rightleftharpoons Cr(s)$$

$t < 1050℃$

$$CrO_3(s) \rightleftharpoons Cr_2O_3(s) \rightleftharpoons Cr(s)$$

下面以铁氧化物为例进行讨论：

由 Fe—O 相图可见，在 $t>570℃$，与不同晶型的 Fe 平衡的是 FeO（浮氏体）或液态氧化铁（组成相当于浮氏体），与 Fe(1) 平衡的是液态铁氧化物（组成相当于浮氏体）；与浮氏体平衡的是磁铁矿（Fe_3O_4），与液态铁氧化物（组成相当于浮氏体）平衡的也是磁铁矿，在温度接近 1400℃ 时，可以视为 FeO 和 Fe_3O_4 构成的溶液；与磁铁矿平衡的是赤铁矿（Fe_2O_3），1450℃ 以上 Fe_2O_3 分解，相组成为 R-Fe_3O_4 与氧共存，1580℃ 为液态铁氧化物（相当于 Fe_3O_4 的组成）与氧共存。

在 $t<570℃$，与 α-Fe 平衡共存的是磁铁矿（Fe_3O_4），与 Fe_3O_4 平衡共存的是 Fe_2O_3，与 Fe_2O_3 平衡共存的是 O_2。

铁氧化物的逐级转化顺序是与相图相符的，其转化过程必须符合相平衡，即氧化物之间的相互转化只能在相邻的稳定相之间进行。因此，在讨论与化学平衡有关的问题和计算平衡常数时，所写的化学反应方程式中的物质必须能够平衡共存。例如，对铁的氧化过程或铁氧化物的分解过程，化学反应方程式为

$t > 570℃$

$$2Fe(s) + O_2(g) \rightleftharpoons 2FeO(s)$$
$$6FeO(s) + O_2(g) \rightleftharpoons 2Fe_3O_4(s)$$
$$4Fe_3O_4(s) + O_2(g) \rightleftharpoons 6Fe_2O_3(s)$$

$t < 570℃$

$$3Fe(s) + 2O_2(g) \rightleftharpoons Fe_3O_4(s)$$
$$4Fe_3O_4(s) + O_2(g) \rightleftharpoons 6Fe_2O_3(s)$$

铁氧化物的还原过程也遵循此规则，例如，用 CO 还原铁的氧化物，化学反应方程式为

$t > 570℃$

$$3Fe_2O_3(s) + CO(g) \rightleftharpoons 2Fe_3O_4(s) + CO_2(g)$$
$$Fe_3O_4(s) + CO(g) \rightleftharpoons 3FeO(s) + CO_2(g)$$
$$FeO(s) + CO \rightleftharpoons Fe(s) + CO_2(g)$$

$t < 570℃$

$$3Fe_2O_3(s) + CO(g) \rightleftharpoons 2Fe_3O_4(s) + CO_2(g)$$
$$Fe_3O_4(s) + 4CO(g) \rightleftharpoons 3Fe(s) + 4CO_2(g)$$

多价态物质的逐级转化顺序是由各价态的氧化物的稳定性决定的。下面以铁的氧化物为例说明此问题。

在 1200K，以 1mol O_2 为基准讨论铁的氧化物的稳定性。

$$\frac{4}{3}Fe(s) + O_2(g) \Longrightarrow \frac{2}{3}Fe_2O_3(s)$$

$$\Delta G_m^{\ominus} = -543350 + 167.40T = -543350 + 167.40 \times 1200 = -342.46kJ/mol$$

$$\frac{3}{2}Fe(s) + O_2(g) \Longrightarrow \frac{1}{2}Fe_3O_4(s)$$

$$\Delta G_m^{\ominus} = -551560 + 153.67T = -551560 + 153.67 \times 1200 = -367.13kJ/mol$$

$$2Fe(s) + O_2(g) \Longrightarrow 2FeO(s)$$

$$\Delta G_m^{\ominus} = -528000 + 129.18T = -528000 + 129.18 \times 1200 = -372.98kJ/mol$$

由计算结果可知，在铁存在时，随价态降低，铁氧化物的稳定性逐级增强。因此，在铁的氧化物分解或还原过程中，最不稳定的高价氧化物先被分解或还原，然后按其稳定顺序依次被分解或还原，不能越级。

逐级转化原则只适用于同一元素各价态的物质都是凝聚相的情况。若这些物质中有气态或溶解态者，其化学势就会依分压或活度而变化，从而导致吉布斯自由能变化，氧化物的稳定性也会随之而变化，也就不遵从逐级转化原则了。

例如，溶于铁液中的钒和溶于炉渣的钒氧化物，可以写出如下化学反应

$$(V_2O_3) + [V] \Longrightarrow 3(VO)$$

其标准摩尔吉布斯自由能变化为

$$\Delta G_m^{\ominus} = -70950 + 2.58T \quad J/mol$$

摩尔吉布斯自由能变化为

$$\Delta G_m = \Delta G_m^{\ominus} + RT\ln\frac{a_{VO}^3}{a_{V_2O_3}a_V}$$

对于一定的 a_{VO}、$a_{V_2O_3}$ 和 a_V，都有一个使 $\Delta G_m = 0$ 的温度。因此，可以通过调节体系中组元的活度而使铁液中的钒与渣中的钒氧化物的平衡共存。

例 3.11 用碳还原五氧化二铌，制备金属铌。确定起始反应温度。

解： 用碳还原五氧化二铌得到金属铌的化学反应为

$$Nb_2O_5(s) + 5C(s) \Longrightarrow 2Nb(s) + 5CO(g) \tag{3.i}$$

该化学反应的吉布斯自由能变化为

$$\Delta G_{m,i} = \Delta G_{m,i}^{\ominus} + RT\ln\left(\frac{p_{CO}}{p^{\ominus}}\right)^5 \tag{3.184}$$

标准吉布斯自由能变化为

$$\Delta G_m^{\ominus} = 1317000 - 848.7T \quad J/mol$$

取 $p_{CO} = p^{\ominus}$，则

$$\Delta G_{m,i} = \Delta G_{m,i}^{\ominus}$$

为计算起始反应温度，令

$$\Delta G_{m,i} = 0$$

得

$$T = 1552K$$

即在1552K，化学反应（3.i）可以进行，而生成金属铌。

此结果是否正确，需看 Nb 能否与 Nb_2O_5 平衡共存。为判断 Nb 能否与 Nb_2O_5 平衡共

存，考虑化学反应

$$2Nb_2O_5(s) + Nb(s) = 5NbO_2(s) \tag{3.j}$$

$$\Delta G_{m,j} = \Delta G_{m,j}^{\ominus} = -142000 - 5.0T \quad J/mol \tag{3.185}$$

化学反应达成平衡，必须 $\Delta G_{m,j} = 0$，而由式（3.185）可见，不论 T 为何值，都有

$$\Delta G_{m,j} = \Delta G_{m,j}^{\ominus} < 0$$

即 ΔG_m 永远是负值，这表明 Nb 与 Nb_2O_5 不能平衡共存。若反应生成金属铌，反应（3.j）也会与 Nb_2O_5 反应生成 NbO_2。

还要看 Nb 能否与 C 平衡共存。为此考虑化学反应

$$Nb(s) + C(s) = NbC(s) \tag{3.k}$$

$$\Delta G_{m,k} = \Delta G_{m,k}^{\ominus} = -193700 - 11.71T \quad J/mol \tag{3.186}$$

若达成平衡，必须

$$\Delta G_{m,k} = \Delta G_{m,k}^{\ominus} = 0$$

而由式（3.186）可见，无论 T 取任何值，$\Delta G_{m,k}$ 总是小于零。这说明，Nb 和 C 也不能平衡共存。有碳存在，铌一定和碳反应，生成 NbC，而不会有金属铌存在。

综上可见，并不存在化学反应方程式（3.i）的平衡，因此由式（3.184）计算的起始反应温度是不对的。这种情况应该如何确定起始反应温度呢？根据多价态氧化物的逐级还原原则，应先找出最难还原的氧化物，再考虑能否生成碳化物并找出最稳定的碳化物，然后考虑最难还原的氧化物能否与最稳定的碳化物反应。若能反应，利用此反应计算起始反应温度。

对于铌而言，最稳定的氧化物是 NbO(s)，最稳定的碳化物是 $Ni_2C(s)$，其间可以进行如下化学反应

$$NbO(s) + Nb_2C(s) = 3Nb(s) + CO(g) \tag{3.l}$$

标准生成自由能为

$$\Delta G_{m,l}^{\ominus} = 493600 - 184.1T \quad J/mol \tag{3.187}$$

由

$$\Delta G_{m,l} = \Delta G_m^{\ominus} = 0$$

得

$$T = 2681K$$

此即起始反应温度。低于此温度只能得到碳化铌，而得不到金属铌。

3.6　同时平衡

在多个化学反应同时进行的体系中，各化学反应之间相互影响。这种情况下，必须统一考虑所有的化学反应。

3.6.1　化学反应的进度

化学反应

$$aA + bB = cC + dD \tag{3.n}$$

有

$$-\frac{\mathrm{d}n_A}{a} = -\frac{\mathrm{d}n_B}{b} = \frac{\mathrm{d}n_C}{c} = \frac{\mathrm{d}n_D}{d} \qquad (3.188)$$

令

$$\mathrm{d}n_A = -a\mathrm{d}\lambda, \quad \mathrm{d}n_B = -b\mathrm{d}\lambda, \quad \mathrm{d}n_C = c\mathrm{d}\lambda, \quad \mathrm{d}n_D = d\mathrm{d}\lambda \qquad (3.189)$$

可以统一写做

$$\mathrm{d}n_i = \nu_i\mathrm{d}\lambda \qquad (3.190)$$

式中，λ 为表示化学反应进展程度的参数，称为化学反应进度；ν_i 为化学反应方程式的计量系数，产物取正号，反应物取负号。

将式（3.190）代入吉布斯自由能公式

$$\mathrm{d}G_m = -S\mathrm{d}T + V\mathrm{d}p + \sum_{i=1}^{n}\mu_i\mathrm{d}n_i$$

得

$$\mathrm{d}G_m = -S\mathrm{d}T + V\mathrm{d}p + \sum_{i=1}^{n}\nu_i\mu_i\mathrm{d}\lambda \qquad (3.191)$$

在恒温恒压条件下，有

$$\mathrm{d}G_m = \sum_{i=1}^{n}\nu_i\mu_i\mathrm{d}\lambda = \Delta G_m\mathrm{d}\lambda \qquad (3.192)$$

$$\Delta G_m = \left(\frac{\partial G_m}{\partial \lambda}\right)_{T,p} \qquad (3.193)$$

3.6.2 多个化学反应同时共存的体系

3.6.2.1 化学反应相互影响

在恒温恒压条件下，多个化学反应同时共存的体系，吉布斯自由能变化为

$$\mathrm{d}G_m = \sum_{j=1}^{r}\mathrm{d}G_{m,j} = \sum_{j=1}^{r}\Delta G_{m,j}\mathrm{d}\lambda_j$$

$$\Delta G_{m,k} = \left(\frac{\partial G_m}{\partial \lambda_k}\right)_{T,p,\lambda_{j\neq k}} \qquad (k = 1, 2, \cdots, r)$$

$$\left(\frac{\partial \Delta G_{m,k}}{\partial \lambda_l}\right)_{T,p,\lambda_{j\neq l}} = \left[\frac{\partial}{\partial \lambda_l}\left(\frac{\partial G_m}{\partial \lambda_k}\right)_{T,p,\lambda_{j\neq k}}\right]_{T,p,\lambda_{j\neq l}} = \left(\frac{\partial^2 G_m}{\partial \lambda_l \partial \lambda_k}\right)_{T,p,\lambda_{j\neq k,l}} \qquad (3.194)$$

$$\Delta G_{m,l} = \left(\frac{\partial G_m}{\partial \lambda_l}\right)_{T,p,\lambda_{j\neq l}} \qquad (l = 1, 2, \cdots, r)$$

$$\left(\frac{\partial \Delta G_{m,l}}{\partial \lambda_k}\right)_{T,p,\lambda_{j\neq k}} = \left[\frac{\partial}{\partial \lambda_k}\left(\frac{\partial G_m}{\partial \lambda_l}\right)_{T,p,\lambda_{j\neq l}}\right]_{T,p,\lambda_{j\neq k}} = \left(\frac{\partial^2 G_m}{\partial \lambda_k \partial \lambda_l}\right)_{T,p,\lambda_{j\neq l,k}} \qquad (3.195)$$

比较式（3.194）和式（3.195）可见

$$\left(\frac{\partial \Delta G_{m,k}}{\partial \lambda_l}\right)_{T,p,\lambda_{j\neq l}} = \left(\frac{\partial \Delta G_{m,l}}{\partial \lambda_k}\right)_{T,p,\lambda_{j\neq k}} \qquad (k, l = 1, 2, \cdots, r; k \neq l) \qquad (3.196)$$

式（3.196）表明，在多个化学反应同时共存的体系中，一个化学反应的吉布斯自由能变化与其他所有化学反应的进度有关。就是说在多个反应同时进行的体系中，各反应的平衡常数虽然不变，但其平衡组成与只有一个反应的情况不同。

3.6.2.2　化学反应方向的判断

对于有多个化学反应同时共存的体系，无论均相体系还是非均相体系，其变化方向由体系的总吉布斯自由能变化决定，即

$$dG_m = \sum_{j=1}^{r} \Delta G_{m,j} d\lambda_j < 0 \qquad 自发 \tag{3.197}$$

$$dG_m = \sum_{j=1}^{r} \Delta G_{m,j} d\lambda_j = 0 \qquad 平衡 \tag{3.198}$$

$$dG_m = \sum_{j=1}^{r} \Delta G_{m,j} d\lambda_j > 0 \qquad 不能自发 \tag{3.199}$$

上述情况也可以表示为

$$\Delta G_m = \sum_{j=1}^{r} \Delta G_{m,j} \lambda_j \tag{3.200}$$

即体系总吉布斯自由能变化是各独立化学反应的吉布斯自由能变化之和。体系的变化方向由体系的总吉布斯自由能变化决定，即

$$\Delta G_m = \sum_{j=1}^{r} \Delta G_{m,j} \lambda_j < 0 \qquad 自发 \tag{3.201}$$

$$\Delta G_m = \sum_{j=1}^{r} \Delta G_{m,j} \lambda_j = 0 \qquad 平衡 \tag{3.202}$$

$$\Delta G_m = \sum_{j=1}^{r} \Delta G_{m,j} \lambda_j > 0 \qquad 不能自发 \tag{3.203}$$

取反应进度为1，则

$$\Delta G_m = \sum_{j=1}^{r} \Delta G_{m,j} < 0 \qquad 自发$$

$$\Delta G_m = \sum_{j=1}^{r} \Delta G_{m,j} = 0 \qquad 平衡$$

$$\Delta G_m = \sum_{j=1}^{r} \Delta G_{m,j} > 0 \qquad 不能自发$$

由上可见，对于多个化学反应同时共存的体系，反应的方向由体系的总吉布斯自由能变化决定。只有各个化学反应的吉布斯自由能变化 $\Delta G_{m,j}$ 都为零时，体系处于完全平衡的状态。若某个化学反应的 $\Delta G_{m,j}$ 为零，只是局部平衡，此平衡状态并不稳定，会被其他的反应打破。只要总的吉布斯自由能变化是负的，则吉布斯自由能负得多的反应就能拉着吉布斯自由能负得少的反应进行，甚至可以使吉布斯自由能为正的反应进行。

例3.12　四氯化钛是生产钛白或海绵钛的重要中间产品。二氧化钛和氯气在3000K以上才能反应。但若加入碳，则在较低的温度就能发生反应。该体系的化学反应为

$$TiO_2(s) + 2Cl_2(g) \Longrightarrow TiCl_4(g) + O_2(g) \tag{3.o}$$

$$\Delta G_{m,o}^{\ominus} = 184500 - 57.7T \quad J/mol$$

$$2C(s) + O_2(g) \Longrightarrow 2CO(g) \tag{3.p}$$

$$\Delta G_{m,p}^{\ominus} = -232600 - 167.8T \quad J/mol$$

总反应为

$$TiO_2(s) + 2Cl_2(g) + 2C(s) \Longrightarrow TiCl_4(g) + 2CO(g) \tag{3.q}$$

体系总吉布斯自由能变化为

$$\Delta G_{m,q}^{\ominus} = \Delta G_{m,o}^{\ominus} + \Delta G_{m,p}^{\ominus} = -48100 - 255.5T \quad \text{J/mol}$$

$$\Delta G_{m,q} = \Delta G_{m,q}^{\ominus} + RT\ln \frac{\dfrac{p_{TiCl_4}}{p^{\ominus}} \left(\dfrac{p_{CO}}{p^{\ominus}}\right)^2}{\dfrac{p_{Cl_2}}{p^{\ominus}}}$$

由于 $\Delta G_m^{\ominus}$ 很负，即使产物量很大，反应也可以自发进行。

可见，由于反应（3.p）的吉布斯自由能很负，拉动了吉布斯自由能正的反应（3.q）向右进行。

3.7 平衡移动原理的应用

可逆化学反应随着反应的进行，产物不断增加，反应物不断减少，最终达成化学平衡。平衡时，化学反应等温方程

$$\Delta G_m = \Delta G_m^{\ominus} + RT\ln J = -RT\ln K + RT\ln J$$

中

$$\Delta G_m = 0, \quad J = K$$

这是正向反应、逆向反应速率相等的动态平衡，是相对的、有条件的平衡。一旦条件发生变化，平衡就会被打破，化学反应在新的条件下进行，直到建立与新条件相应的新平衡。这种平衡随条件而改变的现象称为平衡移动。

当条件发生改变时，平衡如何移动呢？理查德（Le Chalelier）提出的平衡移动原理指出"如果改变平衡体系的条件（例如，温度、压力、浓度等），平衡就向着减弱这个改变的方向移动"。依据平衡移动原理，利用化学反应等温方程，改变化学反应的条件，调整 J 与 K 的关系，就能控制化学反应的方向，使其按照人们所希望的方向进行。

3.7.1 改变温度

当 J 一定时，可以通过改变温度来增加 K。究竟是增加温度还是降低温度，这取决于化学反应的热效应。下面根据等压方程

$$\left(\frac{\partial \ln K}{\partial T}\right)_p = \frac{\Delta H_m^{\ominus}}{RT^2} \tag{3.204}$$

进行讨论。

若 $\Delta H_m^{\ominus} > 0$，为吸热反应，升高温度，K 增大，加宽了反应限度，从而使 $J > K$ 的化学反应变成 $J < K$，改变了化学反应的方向。

若 $\Delta H_m^{\ominus} < 0$，为放热反应，升高温度，对正反应不利。而降低温度对正反应有利，K 增大，加宽了反应限度。当温度降低到一定程度时，可以使 $J > K$ 变成 $J < K$，从而改变了化学反应的方向。

综上可见，通过改变温度，既可以改变化学反应的方向，又可以改变化学反应的程度。当然，温度的改变也不是无止境的，对于实际体系还要看其他条件是否允许。温度过

高，设备条件不允许；温度过低，动力学条件不行，反应速率太慢，生产效率太低。所以，需要根据实际情况，综合多方面的因素，统一考虑。

3.7.2　改变压力

改变压力可以对化学平衡产生影响。但是对于凝聚态物质，压力不达到上万个标准压力，对化学平衡影响不大。而对于有气体参与的化学反应，且 $\sum_i \nu_{i(g)} \neq 0$，即气体产物和气体反应物的物质的量不相等的化学反应，则对化学平衡影响很大。对于此类反应，改变压力可以改变化学反应的方向。

对于 $\sum_i \nu_{i(g)} > 0$ 的增容反应，减小体系的压力，对正向反应有利；增加体系的压力，对逆向反应有利。对于 $\sum_i \nu_{i(g)} < 0$ 的减容反应，增加体系的压力对正向反应有利；减小体系的压力，对逆向反应有利。

例 3.13　以 CO 和 CO_2 混合气体为碳源，在 1300K，向固体钢中渗碳。气体总压力为 $p^{\ominus}$，按摩尔分数计，气体组成为 $x_{CO} = 0.8$，$x_{CO_2} = 0.2$。钢中碳以石墨为标准状态，活度为 0.02。若使渗碳反应正向进行，气体总压力应为多少？

解：钢的渗碳反应为

$$2CO(g) \Longrightarrow CO_2(g) + [C]$$

查热力学数据手册，计算得

$$\Delta G_m^{\ominus} = -170710 + 174.47T \quad J/mol$$

将数据代入化学反应等温方程，得

$$\Delta G_m = \Delta G_m^{\ominus} + RT\ln \frac{a_C(p_{CO_2}/p^{\ominus})}{(p_{CO}/p^{\ominus})^2}$$

$$= -170710 + 174.47 \times 1300 + 8.314 \times 1300 \times \ln \frac{0.02 \times \dfrac{0.2p^{\ominus}}{p^{\ominus}}}{(0.8p^{\ominus}/p^{\ominus})^2} > 0$$

该反应为减容反应。若使反应正向进行，可以通过增加体系压力实现。设气体总压力由 $p^{\ominus}$ 增至 $xp^{\ominus}$。令

$$\Delta G_m = -170710 + 174.47 \times 1300 + 8.314 \times 1300 \times \ln \frac{0.02 \times \dfrac{0.2xp^{\ominus}}{p^{\ominus}}}{(0.8xp^{\ominus}/p^{\ominus})^2} = 0$$

$$8.314 \times 1300 \times \ln \frac{1}{160x} = -56101$$

$$160x = 179.575$$

$$x = 1.12$$

只要气体总压力大于 $1.12p^{\ominus}$，渗碳反应就可以正向进行。

3.7.3　改变活度

改变产物或反应物的活度，实质是改变产物或反应物的化学势。对于已达成平衡的反

应 $J=K$，$\Delta G_m = 0$。如果增加反应物的活度或降低产物的活度，会使反应物的化学势增大，产物的化学势减小，使 J 变小，小到 $J < K$，即 $\Delta G_m < 0$，则打破了原来的平衡。根据理查德原理，平衡将向着减弱活度改变的方向移动，即正向反应进行，以使反应物的活度降低，产物的活度增大。反之，如果增大产物的活度或降低反应物的活度，会使反应物的化学势减小或产物的化学势增大，使 J 变大，大到 $J > K$，即 $\Delta G_m > 0$，则打破了原来的平衡，化学反应就会逆向进行减弱这种改变。如果产物或反应物的活度都改变，那就要看总的效果是 $J > K$，还是 $J < K$，判断平衡如何移动。

3.8　标准吉布斯自由能变化的实验测定

标准吉布斯自由能变化有多种测定方法，采用哪种方法合适，需视具体对象而定。标准吉布斯自由能变化可以由量热实验、热分析实验等测出基本热化学数据，再计算化学反应的 $\Delta G_m^{\ominus}$。本节主要介绍化学平衡法和电化学法测定 $\Delta G^{\ominus}$。

3.8.1　化学平衡法

化学平衡法是通过测定平衡体系组成计算平衡常数。实验测得一化学反应在不同温度的平衡常数，再将实验数据数学处理成

$$\ln K = \frac{A}{T} + B \tag{3.205}$$

的形式，代入标准吉布斯自由能变化与温度的关系式

$$\Delta G^{\ominus} = - RT\ln K \tag{3.206}$$

得到如下二项式形式的标准吉布斯自由能变化表达式

$$\Delta G^{\ominus} = A + BT \tag{3.207}$$

化学平衡法测定平衡常数依据体系的不同，可分为直接法和间接法。

3.8.1.1　直接法

直接法就是直接测定体系的平衡组成，利用平衡组成数据计算平衡常数。例如，化学反应

$$Si(s) + SiO_2(s) \Longrightarrow 2SiO(g)$$

用 Ar 气携带法测得不同温度的 p_{SiO}。经数据处理得到 1300~1500K 范围内 p_{SiO} 与温度的关系为

$$\ln(p_{SiO}/p^{\ominus}) = \frac{-42020.50}{T} + 20.50$$

根据 $\Delta G_m^{\ominus}$ 与 K 的关系得

$$\Delta G_m^{\ominus} = - RT\ln K_1 = - RT\ln(p_{SiO}/p^{\ominus})^2 \tag{3.208}$$

将 $\ln(p_{SiO}/p^{\ominus})$ 与温度的关系代入式（3.208），得

$$\Delta G_m^{\ominus} = 698720 - 340.87T \quad J/mol$$

3.8.1.2　间接法

间接法就是用容易测得的化学反应的 $\Delta G_m^{\ominus}$ 间接得到难以直接测量的化学反应的 $\Delta G_m^{\ominus}$。例如化学反应

$$Fe(s) + \frac{1}{2}O_2(g) \Longrightarrow FeO(s) \tag{3. r}$$

在 1000K，平衡氧分压为 $10^{-6}Pa$，数值太小，难以通过直接测量平衡氧分压来得到该化学反应的平衡常数。只能采用间接方法，而化学反应

$$FeO(s) + CO(g) \Longrightarrow Fe(s) + CO_2(g) \tag{3. s}$$

和

$$CO(g) + \frac{1}{2}O_2(g) \Longrightarrow CO_2(g) \tag{3. t}$$

的平衡组成容易测量，相应的平衡常数 K° 和标准吉布斯自由能变化 $\Delta G_m^\ominus$ 可以计算出来。式 (3. t) -式 (3. s)，得

$$Fe(s) + \frac{1}{2}O_2(g) \Longrightarrow FeO(s) \tag{3. u}$$

因此

$$\Delta G_{m, u}^\ominus = \Delta G_{m, t}^\ominus - \Delta G_{m, s}^\ominus$$

可见，测定了式 (3. s) 和式 (3. t) 的平衡常数就可以得到式 (3. u) 的标准吉布斯自由能变化。

化学反应 (3. s) 的平衡常数为

$$K = \frac{\dfrac{p_{CO_2}}{p^\ominus}}{\dfrac{p_{CO}}{p^\ominus}} = \frac{\dfrac{x_{CO_2}p^\ominus}{p^\ominus}}{\dfrac{x_{CO}p^\ominus}{p^\ominus}} = \frac{x_{CO_2}}{x_{CO}} \tag{3. 209}$$

采用气相平衡法可以测量平衡气相组成，计算得到温度在 1000K 的平衡常数 $K = 0.624$。再计算标准吉布斯自由能变化。

$$\Delta G_{m, s}^\ominus = -RT\ln K = -8.314 \times 1000 \times \ln 0.624 = 3920 J/mol$$

化学反应 (3. t) 的平衡气相组成可以由气相色谱分析准确测得，从而准确计算出标准吉布斯自由能变化，在 1000K，其值为

$$\Delta G_{m, t}^\ominus = -195640 J/mol$$

因此

$$\Delta G_{m, u}^\ominus = \Delta G_{m, t}^\ominus - \Delta G_{m, s}^\ominus = -195640 - 3920 = -199560 J/mol$$

3.8.2 电化学方法

电化学方法是将化学反应设计成可逆电池，参加反应的各种物质均处于标准状态，实验测得电池的标准电动势 $E^\ominus$，就可以利用式

$$\Delta G_m^\ominus = -nFE^\ominus \tag{3. 210}$$

计算化学反应的 $\Delta G_m^\ominus$。式中，n 为电池反应的电荷数；F 为法拉第常数。

例如电池

$$Pb(l) \mid PbO(l) \mid O_2(P^\ominus) (Pt)$$

电池反应为

$$Pb(l) + \frac{1}{2}O_2(g) == PbO(l)$$

实验测得该电池反应温度为 1173~1353K 的 $E^{\ominus}$，计算得到这个温度的 $\Delta G_m^{\ominus}$，数学处理得到

$$\Delta G_m^{\ominus} = -185100 + 72.03T \quad J/mol$$

这是一个生成型电池，标准吉布斯自由能变化 $\Delta G_m^{\ominus}$ 就是 PbO 的标准生成吉布斯自由能 $\Delta_f G_{m,PbO}^{\ominus}$。

也可以采用固体电解质电池测定化学反应的标准吉布斯自由能 $\Delta G_m^{\ominus}$。例如，为测定 FeO 的标准生成吉布斯自由能，可组成如下固体电解质电池

$$(Pt)Fe(s), FeO(s) | ZrO_2(CaO) | Ni(s), NiO(s)(Pt)$$

正极反应 $\qquad NiO + 2e \longrightarrow Ni + O^{2-}$

负极反应 $\qquad O^{2-} + Fe \longrightarrow FeO + 2e$

电池反应 $\qquad NiO(s) + Fe(s) \longrightarrow FeO(s) + Ni(s)$

$$\Delta G_m^{\ominus} = \Delta_f G_{m,FeO}^{\ominus} - \Delta_f G_{m,NiO}^{\ominus} = -2FE^{\ominus}$$

所以

$$\Delta_f G_{m,FeO}^{\ominus} = -\Delta_f G_{m,NiO}^{\ominus} - 2FE^{\ominus}$$

测出电池的电动势 $E^{\ominus}$，与已知 NiO 的标准生成吉布斯自由能 $\Delta_f G_{m,NiO}^{\ominus}$ 一起代入上式就可以计算出 FeO 的标准生成吉布斯自由能 $\Delta_f G_{m,FeO}^{\ominus}$。

利用固体电解质电池，可以测定复合氧化物的标准生成吉布斯自由能。例如，为测定钛铁尖晶石 $FeO \cdot TiO_2$ 的标准生成吉布斯自由能，组成如下电池

$$(Pt)Fe, TiO_2, FeO \cdot TiO_2(s) | ZrO_2(CaO) | Ni, NiO(s)(Pt)$$

参比电极（即正极反应） $\qquad NiO + 2e \longrightarrow Ni + O^{2-}$

待测电极（即负极反应） $\quad O^{2-} + Fe + TiO_2 \longrightarrow FeO \cdot TiO_2 + 2e$

电池反应 $\qquad NiO + Fe + TiO_2 \longrightarrow Ni + FeO \cdot TiO_2$

电极物质都是纯物质，且不互溶，即各电极物质均处于标准状态，所以测出的电池电动势为标准电池电动势 $E^{\ominus}$，由电池反应

$$\Delta G_m^{\ominus} = \Delta_f G_{m,FeO \cdot TiO_2}^{\ominus} - \Delta_f G_{m,NiO}^{\ominus} - \Delta_f G_{m,TiO_2}^{\ominus} = -2FE^{\ominus}$$

得

$$\Delta_f G_{m,FeO \cdot TiO_2}^{\ominus} = \Delta_f G_{m,NiO}^{\ominus} + \Delta_f G_{m,TiO_2}^{\ominus} - 2FE^{\ominus}$$

测出电池电动势 $E^{\ominus}$，再将已知的 NiO、TiO_2 的标准生成吉布斯自由能代入上式，即可求出钛铁尖晶石的标准生成吉布斯自由能 $\Delta_f G_{m,FeO \cdot TiO_2}^{\ominus}$。此处应注意，这不是化学反应

$$FeO(s) + TiO_2(s) == FeO \cdot TiO_2(s)$$

和

$$Fe(s) + \frac{1}{2}O_2(g) + TiO_2(s) == FeO \cdot TiO_2(s)$$

的标准吉布斯自由能变化 $\Delta G_m^{\ominus}$。而是化学反应

$$Fe(s) + Ti(s) + \frac{3}{2}O_2 == FeO \cdot TiO_2(s)$$

的标准吉布斯自由能变化 $\Delta G_m^{\ominus}$。

除 ZrO_2 外，CaF_2 在温度低于 1100K 也是良好的离子导体。与上面的热力学原理相同，可用 CaF_2 单晶作固态电解质设计成相应的电池，测定氟化物、碳化物、硫化物等化合物的标准生成吉布斯自由能。例如设计下列电池可以测定硫化物的 $\Delta_f G_m^\ominus$。

$$(Au)Mn,\ MnS,\ CaS\,|\,CaF\,|\,CaS,\ Ag_2S,\ Ag(Au)$$

随着快离子导体技术的发展，固体电解质电池广泛用于热力学的研究。

此前几章，为表明不同标准状态活度的区别，对每种标准状态的活度分别标以不同的角标。这对于初学者是有意义的，但对于实际应用却显得繁琐。因此，在以后各章，除特殊需要外，不再刻意区别各种标准状态活度标示和角标。读者从文章的上下文就可以知道活度的标准状态。

习题与思考题

3.1　说明吉布斯自由能变化和标准吉布斯自由能变化的物理意义、用途、差别。

3.2　应用标准吉布斯自由能变化的计算方法计算以下反应 1000℃的 $\Delta G_m^\ominus$。

$$2C(s) + O_2(g) == 2CO(g)$$
$$CO_2(g) + C(s) == 2CO(g)$$
$$CaO(s) + SiO_2(s) == CaSiO_3(s)$$
$$2CaO(s) + SiO_2(s) == Ca_2SiO_4(s)$$

3.3　举例说明吉布斯自由能变化和标准吉布斯自由能变化的用途。

3.4　举例说明氧势图的应用。

3.5　说明逐级还原的规则。

3.6　什么是同时平衡？在一个体系中同时发生多个化学反应，相互间有什么影响？

3.7　在 25℃空气中纯铁能否氧化，在水中能否生成 $Fe(OH)_2$？

3.8　计算说明 CaO 和 MgO 在 25℃的空气中哪个更稳定？

4 熔 渣

【本章学习要点】

熔渣的组成和结构，熔渣的结构模型及利用熔渣结构模型计算热力学量，熔渣的物性，熔渣的碱度，熔渣的活度和测量方法，熔渣的去硫能力和去磷能力，熔渣的反应。

熔渣是火法冶金过程产物。熔渣的主要成分是各种化合物，主要来源于矿石中的脉石、冶炼过程中的一些反应产物、冲刷下来的炉衬物质以及冶炼过程中加入的熔剂等。

熔渣在火法冶金过程中起着重要作用。它能保护金属避免氧化，减少金属的热损失以及减少金属从炉气中吸收有害气体。熔渣能汇集金属中杂质元素的反应生成物，对金属有精炼作用。冶炼中的脱碳、脱硫、脱磷等反应一般都需在渣-金界面上进行，炼好熔渣是保证生产合格冶金产品的重要条件。熔渣的有害作用是在冶炼过程中对炉衬的侵蚀和冲刷，减少炉衬的使用寿命，带走一些热量，增加冶炼能耗。因此，冶炼过程的正常进行以及获取良好的技术经济指标都与熔渣有密切关系。

熔渣的性质与其组成密切相关。冶金生产中通过改变熔渣的组成，调节熔渣的性质，来满足冶炼过程的需要。研究熔渣的作用，研究熔渣的组成、结构与性质间的关系，研究熔渣对渣-金间反应及传递的影响规律和作用机制是冶金物理化学的重要内容。

熔渣含有很多有价成分，是可以利用的二次资源。

4.1 熔渣结构及相关的理论模型

冶金熔渣主要由 SiO_2、CaO、Al_2O_3、MgO、FeO 等氧化物以及少量硫化物、磷化物、氟化物和磷酸盐等组成。由于实验的困难，对熔渣结构的测量还很欠缺，所以关于熔渣结构尚未形成一个完整的理论，现有一些理论和模型仅在一定条件下适用。近年来，通过 X 射线衍射、电子衍射、拉曼光谱等现代检测技术研究熔渣的结构，以及用电化学方法对熔渣的电导率、离子迁移数等的测量，已确定熔渣是离子导体。因此，在熔渣的研究领域以离子理论占主导地位。

4.1.1 熔渣的离子理论和碱度表示法

离子理论认为熔渣由带电微粒构成，微粒间的作用力为库仑力，熔渣中正、负离子的存在形态与带电微粒间作用力有关。

4.1.1.1 熔渣中微粒间作用力与离子存在形态

离子间的作用力由库仑定律决定，有

$$F = \frac{(Z^+ e)(Z^- e)}{r^2} = \frac{Z^+ Z^- e^2}{r^2} \qquad (4.1)$$

式中，Z^+、Z^- 分别为正、负离子的电荷数；e 为电子电量（$1.6022 \times 10^{-19} C$）；r 为正、负离子的半径之和，即正、负离子中心距离，$r = r_+ + r_-$。

若负离子为 O^{2-}，则 $Z^- = 2$。正离子和氧离子间的吸引参数 I 即静电势，定义为

$$I = 2Z^+ / (r_+ + r_{O^{2-}})^2 \qquad (4.2)$$

式中，$r_{O^{2-}}$ 为 O^{2-} 的离子半径；r_+ 为正离子的半径。则式（4.1）可写做

$$F = Ie^2 \qquad (4.3)$$

由式（4.3）可见，Z^+ 大，r_+ 小，则 I 大，F 也大，因此 I 值体现了正离子对 O^{2-} 的吸引力。正离子电荷数越大，对 O^{2-} 离子的吸引力越大。

定义离子的广义力矩为

$$m = Ze/r \qquad (4.4)$$

可见，离子间静电引力的大小与离子的广义力矩有关。式（4.4）中 Z/r 称为离子的电荷半径比。一些离子的电荷半径比列于表 4.1。正离子的电荷半径比越大，其对 O^{2-} 的吸引力就越大，该氧化物离解成简单正离子和自由氧离子越困难。

表 4.1 一些离子的电荷半径比和静电势

离 子	Z	r/nm	$\frac{Z}{r}/nm^{-1}$	$I = 2Z/r^2$
K^+	1	0.133	0.075	0.29
Na^+	1	0.098	0.102	0.38
Li^+	1	0.072	0.14	0.48
Ba^{2+}	2	0.138	0.145	0.55
Sr^{2+}	2	0.12	0.167	0.63
Ca^{2+}	2	0.099	0.202	0.75
Mn^{2+}	2	0.08	0.25	0.89
Fe^{2+}	2	0.075	0.267	0.93
Mg^{2+}	2	0.074	0.27	0.94
Fe^{3+}	3	0.067	0.448	1.52
Cr^{3+}	3	0.064	0.469	1.56
Al^{3+}	3	0.057	0.526	1.68
Ti^{4+}	4	0.068	0.588	2.00
Si^{4+}	4	0.039	1.026	2.74
S^{2-}	2	0.184	0.109	0.40
$(SiO_4)^{4-}$	4	0.276	0.145	0.48

由于熔渣中正、负离子间作用力不同，所以熔渣中离子存在形态不同。在表 4.1 中，排位越往上的正离子，Z/r 越小，I 越小，其对 O^{2-} 的吸引力越小，这种氧化物在熔渣中越容易离解成简单的正、负离子。它们在熔渣中以简单正、负离子形态存在。例如

$$CaO \rightleftharpoons Ca^{2+} + O^{2-}$$

$$MnO \rightleftharpoons Mn^{2+} + O^{2-}$$

$$MgO \rightleftharpoons Mg^{2+} + O^{2-}$$

$$CaS \rightleftharpoons Ca^{2+} + S^{2-}$$

$$FeS \rightleftharpoons Fe^{2+} + S^{2-}$$

而 Z/r 大、I 也大的离子，对 O^{2-} 的吸引力大。例如 Si^{4+}，$Z/r = 10.26$，$I = 2.74$，对 O^{2-} 的吸引力远大于 Ca^{2+} 对 O^{2-} 的吸引力。这类离子强烈地把 O^{2-} 吸引到自己周围形成共价键复合阴离子，在熔渣中以复杂阴离子形态存在。例如

$$SiO_2 + 2O^{2-} \rightleftharpoons SiO_4^{4-}$$

$$P_2O_5 + 3O^{2-} \rightleftharpoons 2PO_4^{3-}$$

对于熔渣中复合离子的存在形态，目前还很不清楚。推测磷、铝、硼在熔渣中可能存在的形式分别为 PO_4^{3-}、AlO_3^{3-} 或 AlO_5^{5-}、BO_3^{3-} 或 BO_5^{5-}。对于硅，说法则更多，虽然关于硅酸盐的结构已有很多研究，但硅氧复合体在熔渣中的存在形态仍为定论。

最简单的 SiO_4^{4-} 为四面体结构，其原子比 $n_{Si}/n_O = 1/4$。这种硅氧四面体周围价键未饱和。熔渣中 SiO_2 含量多，就会进一步聚合，生成更复杂的硅氧四面体。例如

$$SiO_4^{4-} + SiO_4^{4-} \underset{解离}{\overset{聚合}{\rightleftharpoons}} Si_2O_7^{6-} + O^{2-}$$

$$SiO_4^{4-} + Si_2O_7^{6-} \underset{解离}{\overset{聚合}{\rightleftharpoons}} Si_3O_9^{6-} + 2O^{2-}$$

由上列反应可见，聚合反应释放 O^{2-}。所以可以认为熔渣中缺少自由 O^{2-} 时，容易发生聚合反应。熔渣中 O^{2-} 越多，越有利于复杂硅氧离子解离。因此，熔渣中的 CaO 等碱性氧化物，会促使复杂硅氧复合体解离；熔渣中的 SiO_2 等酸性氧化物，会与 O^{2-} 结合成硅氧离子，使 O^{2-} 减少，从而有利于硅氧离子的聚合。聚合的复合硅氧离子以通式 $Si_xO_y^{z-}$ 表示，其中 x、y、z 各为多少，各种复合离子所占比例是多少，与 CaO 和 SiO_2 的含量有关。

迈申（Mysen）等人认为，若仅就熔渣中氧的结合状态来考虑，硅酸盐熔体中氧有三种结合形式

桥氧键　O^0　　$-\overset{|}{\underset{|}{Si}}-O-\overset{|}{\underset{|}{Si}}-$

非桥氧键　O^-　　$-\overset{|}{\underset{|}{Si}}-O^-$

自由氧离子　O^{2-}

三种不同形式的氧之间存在下列平衡关系

$$2O^- \rightleftharpoons O^{2-} + O^0$$

若以 NBO 表示非桥氧键（non-bridging oxygen）的数目，则 SiO_4^{4-} 离子中非桥氧键的数目与 Si 原子数之比为 4，在 SiO_2 中为 0。根据拉曼光谱的测定结果，他们认为硅酸盐熔体中只存在五种离子。

种　类	离子形式	NBO
单聚合离子	SiO_4^{4-}	4
双聚合离子	$Si_2O_7^{6-}$	3
链状离子	$Si_2O_6^{4-}$	2
片状离子	$Si_2O_5^{2-}$	1
三维体	$(SiO_2)^0$	0

并认为这五种离子依其不同组成范围保持如下平衡关系：

$$55 \sim 66 mol\% \ MO, \ 4 > NBO > 2 \qquad 2Si_2O_7^{6-} \rightleftharpoons 2SiO_4^{4-} + Si_2O_6^{4-}$$
$$20 \sim 55 mol\% \ MO, \ 2 > NBO > 1 \qquad 3Si_2O_6^{4-} \rightleftharpoons 2SiO_4^{4-} + 2Si_2O_5^{2-}$$
$$0 \sim 20 mol\% \ MO, \ 1 > NBO > 0.1 \qquad 2Si_2O_5^{2-} \rightleftharpoons Si_2O_6^{4-} + 2SiO_2$$

式中，MO 表示硅氧复合体；NBO 表示非桥氧键的数目。

4.1.1.2　熔渣中氧化物的分类和熔渣的碱度

离子理论认为渣中氧化物分为四类：

(1) 碱性氧化物。I 小的离子，对 O^{2-} 的吸引力小，这种离子的氧化物在熔渣中能离解出 O^{2-}。因此，离子理论把能提供 O^{2-} 的氧化物称为碱性氧化物，如 CaO、MnO、MgO、FeO 等。

(2) 酸性氧化物。I 大的离子，和其周围的 O^{2-} 牢固地结合在一起。因此，通常把吸收 O^{2-} 的氧化物称为酸性氧化物，如 P_2O_5、SiO_2 等。

(3) 两性氧化物。I 不大不小的氧化物，如 Al_2O_3 等，在酸性熔渣中能提供 O^{2-}

$$Al_2O_3 \rightleftharpoons 2AlO^+ + O^{2-}$$

而在碱性熔渣中则吸收 O^{2-} 转变成复合阴离子

$$Al_2O_3 + O^{2-} \rightleftharpoons 2AlO_2^-$$

或

$$Al_2O_3 + 3O^{2-} \rightleftharpoons 2AlO_3^{3-}$$

这类氧化物称为两性氧化物。

(4) 变价氧化物。钒、钛、铁等变价金属有几种价态的氧化物。价态越高，I 越大，一般来说，这类变价氧化物低价呈碱性，高价呈酸性，价态越高酸性越强。例如钒的氧化物的酸性变化为

$$VO \rightarrow V_2O_3 \rightarrow VO_2 \rightarrow V_2O_5 \quad 酸性增强$$

I 越小，碱性越强的氧化物提供 O^{2-} 的能力越强。向渣中加入碱性氧化物就会提高渣中自由氧离子的活度 a_0^{2-}。熔渣中碱性氧化物的含量越多，则熔渣中自由 O^{2-} 越多，a_0^{2-} 越大。因此，离子理论用 a_0^{2-} 的大小表示熔渣碱度高低，但目前尚无法测定 a_0^{2-}。近年来人们研究把熔渣碱度（主要是自由氧离子活度）与熔渣的某些光学性质相联系，建立了一些表示熔渣碱度的方法。例如，以 Pb^{2+} 等为指示离子加到被测氧化物熔体中，由其紫外光部分的吸收光谱的位置标定熔渣碱度（光学碱度）的方法及由铁离子周围阳离子的配位数估计碱度的方法和测 O^{2-} 相对活度的电化学方法。

光学碱度的概念是杜非（Duffy）等人于 1978 年提出的。光学碱度是一个衡量熔渣中氧离子相对自由程度的指标。熔渣中氧以 O^{2-}、O^-、O^0 三种形式存在。若渣是纯碱性氧化

物，则氧以 O^{2-} 存在，即氧是自由的或受束缚不大；若渣中酸性氧化物多，氧以 O^0 或 O^- 存在，受束缚大。碱性渣，O^{2-} 浓度大，自由程度大，则光学碱度大；酸性渣，以 O^0 或 O^- 形式存在的氧浓度大，自由程度小，则光学碱度小。取纯氧化钙熔体的光学碱度 $\lambda_{CaO} = 1$，则冶金中常见的氧化物光学碱度值如表 4.2 所示。

表 4.2 氧化物的光学碱度 λ

氧化物	K_2O	Na_2O	BaO	Li_2O	CaO	MgO	Al_2O_3	MnO	Cr_2O_3	FeO	Fe_2O_3	SiO_2	P_2O_5
λ	1.15	1.10	1.08	1.05	1	0.92	0.68	0.95	0.69	0.93	0.69	0.48	0.38

冶金熔渣大都是多元系渣。多元系渣的光学碱度按下式计算

$$\lambda = \frac{1}{B}(x_{CaO}\lambda_{CaO} + x_{MgO}\lambda_{MgO} + x_{FeO}\lambda_{FeO} + x_{MnO}\lambda_{MnO} + 2x_{SiO_2}\lambda_{SiO_2} + 3x_{Al_2O_3}\lambda_{Al_2O_3} + 5x_{P_2O_5}\lambda_{P_2O_5})$$

式中

$$B = x_{CaO} + x_{MgO} + x_{FeO} + x_{MnO} + 2x_{SiO_2} + 3x_{Al_2O_3} + 5x_{P_2O_5}$$

4.1.2 分子理论简介及碱度表示法

熔渣的分子理论认为熔渣的结构单元是分子。根据固态熔渣的成分，推断液态熔渣中有简单分子（如 CaO、SiO_2、Al_2O_3、MgO、CaS 等）和复杂分子（如 $2CaO \cdot SiO_2$、$CaO \cdot Al_2O_3$、$3CaO \cdot P_2O_5$ 等）。分子间的作用力为范德华力，因为这种作用力很弱，所以分子运动较容易，特别是在高温熔体中，分子呈无序分布，形成的熔渣可认为是理想溶液。因此，各组元的活度 a_{MO} 可以用摩尔分数 x_{MO} 表示。简单分子与复杂分子之间存在生成和离解平衡。

例如

$$2(CaO) + (SiO_2) \Longleftrightarrow (2CaO \cdot SiO_2)$$

$$K = \frac{x_{2CaO \cdot SiO_2}}{x_{CaO}^2 x_{SiO_2}}$$

每种氧化物都能以自由状态和结合状态形式存在，而熔渣的化学性质主要由自由状态氧化物浓度决定。因此，分子理论认为渣–金间的化学反应为氧的转移反应

$$(FeO) \Longleftrightarrow Fe(l) + [O]$$

这里 (FeO) 是自由 FeO。去硫反应

$$(CaO) + [S] \Longleftrightarrow (CaS) + [O]$$

式中 (CaO)、(CaS) 均为自由状态。去磷反应

$$2[P] + 5[O] \Longleftrightarrow (P_2O_5)$$

$$3(CaO) + (P_2O_5) \Longleftrightarrow (3CaO \cdot P_2O_5)$$

总反应

$$2[P] + 5[O] + 3(CaO) \Longleftrightarrow (3CaO \cdot P_2O_5)$$

依据分子理论，熔渣碱度表示方法有多种形式。最简单常用的表示法为

$$R = \frac{w_{(CaO)}}{w_{(SiO_2)}}$$

此种表示法适用于熔渣中其他氧化物含量较少的情况。此外，还有

$$R = \frac{\sum w_{(碱性氧化物)}}{\sum w_{(酸性氧化物)}}$$

此种形式考虑了熔渣中存在的其他氧化物对碱度的贡献。但对所有氧化物酸碱性同等看待欠合理性，因此，修正为

$$R = \frac{w_{(CaO)} + m w_{(MgO)}}{x w_{(SiO_2)} + y w_{(Al_2O_3)}}$$

式中，m、x、y 是表示各种氧化物酸碱性相对强弱程度的系数，可以通过实验确定。不同的熔渣体系，不同研究者得到的系数不尽相同。

还有其他表示形式，但按照分子理论，较合理的表示是用各氧化物的摩尔分数（x_{MO}）代替上述公式中的质量分数，如：

$$R = x_{CaO}/x_{SiO_2}$$

上述碱度表达式仅能形式上表示熔渣酸碱性的强弱，并不能反映熔渣的结构特征。熔渣的分子理论在许多方面不能真实地反映实际的情况，而且由熔渣的电化学性质等证明，其结构单元是带电的离子而非分子，因此分子理论在文献中的应用越来越少见，但考虑表示方便，冶金生产中仍采用分子理论的碱度表示方法来标度熔渣酸碱性的强弱。在冶金生产中，通常 $R = 1.5$ 左右的渣称为酸性渣（低碱度渣），$R = 2.0$ 的渣称为中碱度渣，$R \geqslant 2.5$ 的渣称为高碱度渣。

4.2　熔渣的理论模型

4.2.1　完全离子溶液模型

对渣-金间平衡进行热力学计算时，需要确定熔渣中离子的活度。目前，虽然有许多关于熔渣组元活度的实验研究结果及某些体系的组元等活度图，但至今尚不能用实验方法直接测得熔渣中离子的活度，只能根据熔渣离子理论提出的溶液模型计算熔渣中离子的活度。1946 年焦姆金（Jemкймн）提出的完全离子溶液模型是其中较常用的一种。

焦姆金模型的要点如下：

（1）熔渣完全电离，且正、负离子电荷总数相等。

（2）熔渣中离子的排列与晶体相似，每个离子仅为带相反电荷的离子所包围，正、负离子相间排列。

（3）同号离子不论其电荷数多少，与其邻近离子间作用完全相同。

在（2）、（3）两点假设的前提下，异号离子间则不能互换位置，而同号离子间可以任意互换位置，且不引起体系能量的变化。实质上这是把熔渣看成由互相独立又不可分割的两个理想溶液组成的，一个是正离子溶液，另一个是负离子溶液。

根据这一理论模型，熔渣中离子活度为

$$a_{A^+} = x_{A^+} = \frac{n_{A^+}}{\sum_{i^+} n_{i^+}} \qquad \sum_{i^+} n_{i^+} = 1 \qquad (4.5)$$

$$a_{B^-} = x_{B^-} = \frac{n_{B^-}}{\sum\limits_{i^-} n_{i^-}} \qquad \sum\limits_{i^-} n_{i^-} = 1 \tag{4.6}$$

设熔渣中某氧化物按如下方式完全电离

$$A_m B_n \Longrightarrow mA^+ + nB^-$$

电解质的化学势是各离子的化学势之和，有

$$\mu_{A_m B_n} = m\mu_{A^+} + n\mu_{B^-}$$

即

$$\mu_{A_m B_n}^{\ominus} + RT\ln a_{A_m B_n} = m\mu_{A^+}^{\ominus} + RT\ln a_{A^+}^m + n\mu_{B^-}^{\ominus} + RT\ln a_{B^-}^n \tag{4.7}$$

若各物质均处于标准状态

$$\mu_{A_m B_n}^{\ominus} = m\mu_{A^+}^{\ominus} + n\mu_{B^-}^{\ominus} \tag{4.8}$$

由式（4.7）和式（4.8）得

$$a_{A_m B_n} = a_{A^+}^m a_{B^-}^n \tag{4.9}$$

依据式（4.5）和式（4.6）得

$$a_{A_m B_n} = x_{A^+}^m x_{B^-}^n \tag{4.10}$$

此即完全离子溶液模型的熔渣组元活度与离子浓度的关系式。例如对于 CaF_2 溶液有

$$CaF_2 \Longrightarrow Ca^{2+} + 2F^-$$

$$a_{CaF_2} = x_{Ca^{2+}} + x_{F^-}^2$$

根据熔渣的组成，利用完全离子溶液模型的活度计算公式能方便地计算出熔渣组元活度。

例 4.1 已知熔渣组成为：

组元 i	CaO	SiO_2	Al_2O_3	MnO	MgO	FeO	P_2O_5	S
$w_{(i)}/w^{\ominus}$	46.9	10.22	2.27	3.09	6.88	29.0	1.2	0.45

与熔渣平衡的铁水含硫 0.041%。用完全离子溶液模型计算硫在渣-金两相间的分配比 $L_S = \dfrac{a_{FeS}}{a_S}$。

解：根据熔渣的离子理论，硫在渣-金间的反应式为

$$Fe(l) + [S] \Longrightarrow (Fe^{2+}) + (S^{2-})$$

而 Fe^{2+} 和 S^{2-} 可以看成由 FeS 离解得到，即

$$(FeS) \Longrightarrow (Fe^{2+}) + (S^{2-}) \tag{4.a}$$

反应（4.a）的平衡常数

$$L_S = \frac{a_{FeS}}{a_{S_{(w)}}^H} = \frac{x_{Fe^{2+}} + x_{S^{2-}}}{a_{S_{(w)}}^H}$$

为求 $\sum n_+$、$\sum n_-$，首先需将各物质的量计算出来，取 100g 渣作为计算单元，则

$$n_i = \frac{100 w_i}{M_i}$$

计算出渣中各组元的物质的量分别为：

组元	CaO	SiO_2	Al_2O_3	MnO	MgO	FeO	P_2O_5	S
n_i/100g 渣中	0.837	0.170	0.022	0.044	0.172	0.400	0.008	0.014

按各组元的离解式

$$CaO \rightleftharpoons Ca^{2+} + O^{2-}$$
$$MnO \rightleftharpoons Mn^{2+} + O^{2-}$$
$$MgO \rightleftharpoons Mg^{2+} + O^{2-}$$
$$FeO \rightleftharpoons Fe^{2+} + O^{2-}$$

所以

$$\sum n_+ = n_{Ca^{2+}} + n_{Mn^{2+}} + n_{Mg^{2+}} + n_{Fe^{2+}} = n_{CaO} + n_{MnO} + n_{MgO} + n_{FeO}$$
$$= 0.837 + 0.044 + 0.172 + 0.400 = 1.453$$

计算负离子的总数较复杂。因为碱性氧化物提供 O^{2-}，而酸性氧化物消耗 O^{2-}，同时产生复合阴离子。

$$SiO_2 + 2O^{2-} === SiO_4^{4-}$$
$$n_{SiO_4^{4-}} = n_{SiO_2}$$

消耗 $2n_{SiO_2}$ 的 O^{2-}。

$$P_2O_5 + 3O^{2-} === 2PO_4^{3-}$$
$$n_{PO_4^{3-}} = 2n_{P_2O_5}$$

消耗 $3n_{P_2O_5}$ 的 O^{2-}。

$$Al_2O_3 + 3O^{2-} === 2AlO_3^{3-}$$
$$n_{AlO_3^{3-}} === 2n_{Al_2O_3}$$

消耗 $3n_{Al_2O_3}$ 的 O^{2-}。

因此

$$\sum n_- = \sum n_{O^{2-}} + n_{SiO_4^{4-}} + n_{PO_4^{3-}} + n_{AlO_3^{3-}} + n_{S^{2-}}$$
$$\sum n_{O^{2-}} = \sum n_+ - 2n_{SiO_2} - 3n_{P_2O_5} - 3n_{Al_2O_3}$$
$$n_{SiO_4^{4-}} = n_{SiO_2}$$
$$n_{PO_4^{3-}} = 2n_{P_2O_5}$$
$$n_{AlO_3^{3-}} = 2n_{Al_2O_3}$$

所以

$$\sum n_- = \sum n_+ - n_{SiO_2} - n_{P_2O_5} - n_{Al_2O_3} + n_{S^{2-}}$$
$$= 1.453 - 0.170 - 0.008 - 0.022 + 0.014 = 1.267$$

$$x_{Fe^{2+}} = \frac{n_{Fe^{2+}}}{\sum n_+} = \frac{0.40}{1.453} = 0.277$$

$$x_{S^{2-}} = \frac{n_{S^{2-}}}{\sum n_-} = \frac{0.014}{1.267} = 0.011$$

铁液中 [S] 很少，认为

$$a_{S(w)}^{H} \approx w_S / w^{\ominus}$$

则

$$L_S = x_{Fe^{2+}} x_{S^{2-}} / (w_S / w^{\ominus}) = \frac{0.277 \times 0.011}{0.041} = 0.074$$

由实验得出，反应（4.a）的平衡常数与温度的关系为

$$\lg L_S = -\frac{920}{T} - 0.5784$$

$$T = 1873K \quad L_S = 0.085 \; ; \; T = 1773K \quad L_S = 0.080$$

由此可以看出，两者较为吻合，说明完全离子溶液理论处理碱性熔渣与铁液间硫的分配问题比较成功。实验证明，此理论仅适用于 $w_{(SiO_2)} \leqslant 10\%$ 的高碱度渣。对于 $w_{(SiO_2)}$ 在 10%~30% 范围内的熔渣，由于硅氧阴离子结构复杂，必须考虑熔渣性质对完全离子溶液的偏离，利用活度系数表示这种偏离程度。

$$\gamma_{\pm FeS}^2 = \frac{a_{FeS}}{x_{Fe^{2+}} x_{S^{2-}}}$$

式中，$\gamma_{\pm FeS}$ 称为离子平均活度系数，此值可以由实验测定或借助经验公式计算。

4.2.2 正规溶液模型

硅酸盐熔渣中，碱性氧化物的种类与浓度不同，硅氧离子的聚合程度就会产生很大差异，而要弄清各种熔渣中硅氧复合离子的结构，确实困难。拉姆斯登（Lumsden）提出的熔渣正规溶液模型，避开涉及硅氧离子结构问题，简单地假定熔渣中各种氧化物在高温下都离解成正离子和 O^{2-} 负离子，而不生成任何复杂的负离子，正离子在共同的负离子间隙内无规则地分布，但每对正、负离子间的作用能不等，形成的熔体为正规溶液。对于这种符合正规溶液的熔体，混合熵应等于正规溶液的混合熵，而混合热为

$$\Delta H_m = G_m^E = \sum_{j \neq i}^{n} \sum_{j > i}^{n} \Omega_{ij} x_i x_j \tag{4.11}$$

$$\Delta H_i = G_i^E = RT\ln\gamma_i = \sum_{j \neq i}^{n} \Omega_{ij} x_i^2 + \sum_{i=1}^{n} \sum_{\substack{k=1 \\ k \neq j \neq i}}^{n} (\Omega_{ij} + \Omega_{ik} - \Omega_{jk}) x_j x_k \tag{4.12}$$

式中，i、j、k 为正离子；x 为离子分数；Ω 为混合能。只要知道渣的组成及混合能 Ω，便可以由式（4.12）计算出熔渣组元的活度系数和热力学量。

拉姆斯登根据大量熔融氯化物混合熔体满足上述关系的事实，认为这些关系也适用于氧化物熔体。该模型假定离子呈无序排列，其使用范围会受到限制。但是，萬谷志郎研究发现，对于含 FeO、SiO_2、P_2O_5 的大量多元熔渣，其适用范围宽。下面讨论实例。

4.2.2.1 $FeO-Fe_2O_3$ 二元系

熔渣中的 Fe^{2+} 与 Fe^{3+} 之比与氧势有关，存在如下平衡

$$(FeO_{1.5}) \xrightarrow{\hspace{1cm}} (FeO) + \frac{1}{4}O_2(g)$$

式中，$FeO_{1.5}$ 只表示相当于一个正离子参加反应，而非 $FeO_{1.5}$ 分子。对于上式离子间平衡

$$K = \frac{x_{FeO} \gamma_{FeO}}{x_{FeO_{1.5}} \gamma_{FeO_{1.5}}} \left(\frac{p_{O_2}}{p^{\ominus}}\right)^{\frac{1}{4}} = K' \frac{\gamma_{FeO}}{\gamma_{FeO_{1.5}}} \tag{4.13}$$

式中

$$K' = \frac{x_{FeO}}{x_{FeO_{1.5}}} \left(\frac{p_{O_2}}{p^{\ominus}} \right)^{\frac{1}{4}}$$

对于二元正规溶液，有

$$\ln\gamma_1 = \alpha_{12}(1 - x_1)^2$$

而

$$\alpha_{12} = \frac{\Omega_{12}}{RT}$$

所以又可以写成

$$RT\ln\gamma_1 = \Omega_{12}(1 - x_1)^2$$

对于 $FeO-Fe_2O_3$ 二元系，即

$$RT\ln\gamma_{FeO} = \Omega_{12}(1 - x_{FeO})^2$$

$$RT\ln\gamma_{FeO_{1.5}} = \Omega_{12}(1 - x_{FeO_{1.5}})^2 = \Omega_{21}x_{FeO}^2$$

这里仍以 Ω_{12} 和 Ω_{21} 表示 Fe^{2+} 和 Fe^{3+} 的混合能，Ω_{12} 和 Ω_{21} 两者相等，所以

$$RT\ln\frac{\gamma_{FeO}}{\gamma_{FeO_{1.5}}} = \Omega_{12}(1 - x_{FeO})^2 - \Omega_{12}x_{FeO}^2 = \Omega_{12}(1 - 2x_{FeO}) \qquad (4.14)$$

将式（4.13）取对数后，将式（4.14）代入，得

$$\lg K' = \lg K - \frac{\Omega_{12}}{RT}(1 - 2x_{FeO}) \qquad (4.15)$$

$$\lg K' = \lg \frac{x_{FeO}}{x_{FeO_{1.5}}} \left(\frac{p_{O_2}}{p^{\ominus}} \right)^{\frac{1}{4}}$$

可由达肯（Darken）和革瑞（Gurry）的实测值求得。以 $\lg K'$ 对 $(1 - 2x_{FeO})$ 作图得图 4.1。由图可见，尽管两者不是在整个测量范围内是直线关系，但在 $(1 - 2x_{FeO}) > 0$，即 x_{FeO}

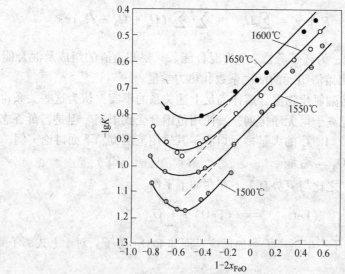

图 4.1 $FeO - Fe_2O_3$ 熔体中 Fe^{2+}/Fe^{3+} 的平衡关系

> 0.5 的区间内，具有很好的直线关系，即遵从正规溶液的规律。依直线部分的斜率可求得

$$\Omega_{12}(Fe^{2+} \sim Fe^{3+}) = -18660J \tag{4.16}$$

由截距算出 lgK，进而求出下列反应的 $\Delta G_m^{\ominus}$。

$$FeO_{1.5}(l) = FeO(l) + \frac{1}{4}O_2(g)$$

$$\Delta G_m^{\ominus} = 126800 - 53.01T \quad J/mol$$

4.2.2.2 $FeO-Fe_2O_3-SiO_2$ 三元系

$FeO-Fe_2O_3-SiO_2$ 三元熔渣中 Fe^{2+} 与 Fe^{3+} 也有下列平衡

$$(FeO_{1.5}) = (FeO) + \frac{1}{4}O_2 (g)$$

$$K = \frac{\gamma_{FeO}x_{FeO}}{\gamma_{FeO_{1.5}}x_{FeO_{1.5}}}\left(\frac{p_{O_2}}{p^{\ominus}}\right)^{\frac{1}{4}}$$

上面两式取对数，得

$$RT\ln K = RT\ln\frac{x_{FeO}}{x_{FeO_{1.5}}} + \frac{1}{4}RT\ln\left(\frac{p_{O_2}}{p^{\ominus}}\right) + RT\ln\frac{\gamma_{FeO}}{\gamma_{FeO_{1.5}}} \tag{4.17}$$

依式（4.12）可写出

$$RT\ln\gamma_{FeO} = \Omega_{12}x_{FeO_{1.5}}^2 + \Omega_{13}x_{SiO_2}^2 + (\Omega_{12} + \Omega_{13} - \Omega_{23})x_{FeO_{1.5}}x_{SiO_2} \tag{4.18}$$

$$RT\ln\gamma_{FeO_{1.5}} = \Omega_{12}x_{FeO}^2 + \Omega_{23}x_{SiO_2}^2 + (\Omega_{12} + \Omega_{23} - \Omega_{13})x_{FeO}x_{SiO_2} \tag{4.19}$$

式中，Ω_{12}、Ω_{13} 和 Ω_{23} 分别表示 Fe^{2+} 与 Fe^{3+}、Fe^{2+} 与 Si^{4+}、Fe^{3+} 与 Si^{4+} 的混合能。

把式（4.18）、式（4.19）及 $\Omega_{12} = \Omega_{21} = -18860$ 代入式（4.17），注意到

$$x_{FeO} + x_{FeO_{1.5}} + x_{SiO_2} = 1$$

得

$$-RT\ln K = 126800 - 53.01T$$

整理得

$$(\Omega_{23} - \Omega_{13})x_{SiO_2} = 18860(x_{FeO} - x_{FeO_{1.5}}) + RT\ln\frac{x_{FeO}}{x_{FeO_{1.5}}} +$$

$$\frac{1}{4}RT\ln\left(\frac{p_{O_2}}{p^{\ominus}}\right) + 126800 - 53.01T \quad J/mol \tag{4.20}$$

上式等号右边的值可由 $FeO-Fe_2O_3-SiO_2$ 熔渣与 $CO-CO_2$ 混合气体的平衡实验数据求算。x_{FeO}、$x_{FeO_{1.5}}$ 可由熔渣成分计算，$p_{O_2}/p^{\ominus}$ 可由平衡气相组成计算。以等号右边的值为纵坐标，x_{SiO_2} 为横坐标作图，得到直线的斜率为 74500 ± 8000，即

$$\Omega_{23} - \Omega_{13} = 74500 \pm 8000 \ J \tag{4.21}$$

和固态铁平衡的熔渣（即以铁坩埚盛 $FeO-Fe_2O_3-SiO_2$ 熔渣做实验）体系中同时存在下列平衡：

$$Fe(s) + \frac{1}{2}O_2(g) = (FeO)$$

$$\Delta G_m^{\ominus} = -228030 + 44.89T \quad J/mol$$

$$K = \frac{\gamma_{FeO} x_{FeO}}{(p_{O_2}/p^\ominus)^{1/2}} \quad (a_{Fe} = 1)$$

$$RT\ln K = RT\ln x_{FeO} + RT\ln\gamma_{FeO} - \frac{1}{2}RT\ln(p_{O_2}/p^\ominus) = -228030 + 44.89T \quad J/mol$$

$$RT\ln\gamma_{FeO} = -228030 + 44.89T + \frac{1}{2}RT\ln(p_{O_2}/p^\ominus) - RT\ln x_{FeO}$$

上式与式 (4.17)、式 (4.18)、式 (4.21) 联合，整理后得

$$\Omega_{13}x_{SiO_2}^2 = -RTx_{FeO} + 0.5RT\ln(p_{O_2}/p^\ominus) + 18860x_{FeO_{1.5}}^2 + 93140x_{FeO_{1.5}}x_{SiO_2} + 228030 + 44.89T$$

上式右边的值也可以由实验数据算出，以其为纵坐标对 $x_{SiO_2}^2$ 作图得一直线，直线斜率为 -41800 ± 8000 J，即

$$\Omega_{13}　(Fe^{2+}-Si^{4+}) = -41800\pm8000 \quad J \tag{4.22}$$

将式 (4.22) 代入式 (4.21) 得

$$\Omega_{23}　(Fe^{3+}-Si^{4+}) = 32640\pm16700 \quad J \tag{4.23}$$

由上述结果，依式 (4.12) 可求出此三元系中各组元的活度系数为

$$\ln\gamma_{FeO} = \frac{1}{RT}(-18860x_{FeO_{1.5}}^2 - 41800x_{SiO_2}^2 - 93360x_{FeO_{1.5}}x_{SiO_2})$$

$$\ln\gamma_{FeO_{1.5}} = \frac{1}{RT}(-18860x_{FeO}^2 + 32640x_{SiO_2}^2 + 51630x_{FeO}x_{SiO_2})$$

$$\ln\gamma_{SiO_2} = \frac{1}{RT}(-41800x_{FeO}^2 + 32640x_{FeO_{1.5}}^2 + 9370x_{FeO}x_{FeO_{1.5}})$$

在上述讨论中，熔渣中各组元分别以化学计量的纯液态 FeO、纯液态 $FeO_{1.5}$ 及纯液态 SiO_2 作标准态。但实际上 FeO 的标准状态是与金属铁平衡的浮氏体，所以其活度或活度系数要进行标准态换算。根据有关的热力学数据

$$tFe(l) + \frac{1}{2}O_2(g) \Longrightarrow Fe_tO(l)$$

$$\Delta G_m^\ominus = -235770 + 49.92T \quad J/mol$$

$$Fe(l) + \frac{1}{2}O_2(g) \Longrightarrow FeO(l)$$

$$\Delta G_m^\ominus = -244310 + 53.97T \quad J/mol$$

两式相减得

$$Fe_tO(l) + (1-t)Fe(l) \Longrightarrow FeO(l)$$

$$\Delta G_m^\ominus = -8540 + 4.5T \quad J/mol$$

$$\ln K = \ln\frac{a_{FeO(l)}}{a_{Fe_tO(l)}} = \frac{1027}{T} - 0.4871$$

$$\ln a_{Fe_tO(l)} = \ln a_{FeO(l)} - \frac{1027}{T} + 0.4871$$

温度 T 在 1500~2000K 的高温范围内 $a_{Fe_tO} \approx a_{FeO}$。

由实践发现，对于许多体系，上述方法计算出的熔渣组元活度与实测值吻合较好。

利用本模型的关键是知道 Ω_{ij}，但目前某些正离子间的相互作用能尚未得到准确值。

4.2.3 弗路德模型

弗路德（Flood）等人针对完全离子溶液模型中存在的片面之处，提出了离子的电当量分数概念，建立了离子反应的平衡商理论。

4.2.3.1 离子的电当量分数

完全离子溶液模型只考虑离子的数目而忽略离子的带电情况，这与实际肯定有出入。弗路德注意到离子电荷多少的差别，认为若从电荷数考虑，一个 n 价正离子应相当于 n 个一价正离子。因此，对于离子的分数（称之为电当量分数），导出如下公式

$$x'_{ik+} = \frac{kn_{ik+}}{\sum\limits_{i=1}^{m} kn_{ik+}} \tag{4.24}$$

式中，n_{ik+} 为离子 i^{k+} 的物质的量，k^+ 为离子 i^{k+} 的价数。

例如 $ACl-BCl_2$ 熔体，两种正离子的电当量分数分别为

$$x'_{A+} = \frac{n_{A+}}{n_{A+} + 2n_{B2+}}, \quad x'_{B2+} = \frac{2n_{B2+}}{n_{A+} + 2n_{B2+}}$$

可见，离子的电当量分数就是该种离子的荷电荷数占同号离子总荷电荷数的分数。

4.2.3.2 离子反应的平衡商

完全离子模型认为熔渣是由互相独立而又不可分割的正、负离子的两个理想溶液构成。那么正、负离子肯定以"独立身份"参加反应，不受异号离子的干扰，这对大多数熔渣来说也是不相符的。弗路德等认为，若离子熔体不是理想溶液，负离子间的反应要受到正离子的影响，因此应以正离子的影响来表示。反之亦然。

例如，铁水脱硫反应

$$[S] + (O^{2-}) === (S^{2-}) + [O]$$

是一个负离子间的反应，但熔渣中的 Ca^{2+}、Fe^{2+}、Mg^{2+}、Mn^{2+} 等正离子对其肯定有影响，且各自的影响程度不同。为简单说明问题，现设渣中仅有 Ca^{2+}、Fe^{2+} 两种正离子，则脱硫反应可写成

$$[S] + (_{(Fe, Ca)}O) === (_{(Fe, Ca)}S) + [O] \tag{4.b}$$

状态函数的改变值仅取决于始末态而与具体途径无关。上述反应可经两种途径完成，而吉布斯自由能变化应相等，如下式所示：

$$\text{II} \quad \underset{-x'_{Ca^{2+}}\Delta G_{CaO}\uparrow}{[S] + CaO} \xrightarrow{x'_{Ca^{2+}}\Delta G_{Ca}} \underset{\downarrow x'_{Ca^{2+}}\Delta G_{CaS}}{CaS + [O]} \tag{4.c}$$

$$\text{I} \quad \underset{-x'_{Fe^{2+}}\Delta G_{FeO}\downarrow}{(_{Ca, Fe}O) + [S]} \overset{\Delta G_b}{===} \underset{\uparrow x'_{Fe^{2+}}\Delta G_{FeS}}{(_{Ca, Fe}S) + [O]} \tag{4.b}$$

$$\text{II} \quad [S] + FeO \xrightarrow{x'_{Fe^{2+}}\Delta G_{Fe}} FeS + [O] \tag{4.d}$$

式中，ΔG_{FeO}、ΔG_{CaO}、ΔG_{FeS}、ΔG_{CaS} 分别为 FeO、CaO、FeS、CaS 的偏摩尔溶解自由能，ΔG_{Ca}、ΔG_{Fe} 分别为反应（4.c）、（4.d）的摩尔吉布斯自由能变化。

式中的单箭头所示途径相当于下列过程：

渣中（CaO）、（FeO）从渣中"分离"出来，分别和铁液中的 [S] 反应生成 CaS、FeS 再回溶到熔渣。此途径

$$\Delta G_{\mathrm{II}} = x'_{\mathrm{Ca}^{2+}}\Delta G_{\mathrm{Ca}} + x'_{\mathrm{Fe}^{2+}}\Delta G_{\mathrm{Fe}} + x'_{\mathrm{Ca}^{2+}}(\Delta G_{\mathrm{CaS}} - \Delta G_{\mathrm{CaO}}) + x'_{\mathrm{Fe}^{2+}}(\Delta G_{\mathrm{FeS}} - \Delta G_{\mathrm{FeO}})$$

因为具有共同离子的化合物混合体系接近理想溶液，括号内的两个溶解自由能近似相等但符号相反，所以

$$\Delta G_{\mathrm{CaS}} - \Delta G_{\mathrm{CaO}} \approx 0, \quad \Delta G_{\mathrm{FeS}} - \Delta G_{\mathrm{FeO}} \approx 0$$

则

$$\Delta G_{\mathrm{b}} = \Delta G_{\mathrm{II}} \approx x'_{\mathrm{Ca}^{2+}}\Delta G_{\mathrm{Ca}} + x'_{\mathrm{Fe}^{2+}}\Delta G_{\mathrm{Fe}}$$

对标准吉布斯自由能变化，也有类似的等式

$$\Delta G_{\mathrm{b}}^{\ominus} = \Delta G_{\mathrm{a}}^{\ominus} = \Delta G_{\mathrm{II}}^{\ominus} = x'_{\mathrm{Ca}^{2+}}\Delta G_{\mathrm{Ca}}^{\ominus} + x'_{\mathrm{Fe}^{2+}}\Delta G_{\mathrm{Fe}}^{\ominus}$$

$$\ln K_{\mathrm{b}} = x'_{\mathrm{Ca}^{2+}}\ln K_{\mathrm{Ca}} + x'_{\mathrm{Fe}^{2+}}\ln K_{\mathrm{Fe}} \tag{4.25}$$

而

$$K_{\mathrm{b}} = \frac{a_{\mathrm{S}^{2-}}a_{\mathrm{O}}}{a_{\mathrm{O}^{2-}}a_{\mathrm{S}}} = \frac{x_{\mathrm{S}^{2-}}a_{\mathrm{O}}}{x_{\mathrm{O}^{2-}}a_{\mathrm{S}}} \frac{\gamma_{\mathrm{S}^{2-}}}{\gamma_{\mathrm{O}^{2-}}} = K'_{\mathrm{b}}f(\gamma)$$

式中，$K'_{\mathrm{b}} = \dfrac{x_{\mathrm{S}^{2-}}a_{\mathrm{O}}}{x_{\mathrm{O}^{2-}}a_{\mathrm{S}}}$ 称为平衡商；$f(\gamma) = \dfrac{\gamma_{\mathrm{S}^{2-}}}{\gamma_{\mathrm{O}^{2-}}}$。

将上式代入式（4.25），得

$$\ln K'_{\mathrm{b}} = x'_{\mathrm{Ca}^{2+}} + \ln K_{\mathrm{Ca}} + x'_{\mathrm{Fe}^{2+}}\ln K_{\mathrm{Fe}} - \ln f(\gamma) \tag{4.26}$$

$f(\gamma)$ 表示离子熔体与理想溶液的偏差程度，多数情况下，$\ln f(\gamma)$ 很小，可以忽略，所以式（4.26）变为

$$\ln K'_{\mathrm{b}} = x'_{\mathrm{Ca}^{2+}} + \ln K_{\mathrm{Ca}} + x'_{\mathrm{Fe}^{2+}}\ln K_{\mathrm{Fe}}$$

推广至多元系，有

$$\ln K' = \sum x'_i \ln K_i \tag{4.27}$$

式中，x'_i 是 Ca^{2+}、Fe^{2+}、Mn^{2+}、Mg^{2+} 等正离子的电当量分数；K' 为某离子反应的平衡商；$\ln K_i$ 为纯氧化物（例如 CaO、FeO、MnO、MgO 等）脱硫反应的 $\ln K$ 值，可由参加反应的物质的热力学数据求得；再将有关反应的平衡数据以 $\ln K'$ 对 x'_i 作图，外延到 $x'_i = 1$ 处，求出 $\ln K_i$。若两者相差不大，则表明处理是成功的。例如，瓦尔德（Ward）等采用上述方法对含 Ca^{2+}、Fe^{2+}、Mn^{2+}、Mg^{2+}、Na^+ 等正离子的熔渣脱硫反应进行处理，温度取 1600℃，应用式（4.27）得

$$\lg K' = x'_{\mathrm{Ca}^{2+}}\lg K_{\mathrm{Ca}} + x'_{\mathrm{Fe}^{2+}}\lg K_{\mathrm{Fe}} + x'_{\mathrm{Mn}^{2+}}\lg K_{\mathrm{Mn}} + x'_{\mathrm{Mg}^{2+}}\lg K_{\mathrm{Mg}} + x'_{\mathrm{Na}^+}\lg K_{\mathrm{Na}}$$

$$= -1.19 x'_{\mathrm{Ca}^{2+}} - 1.60 x'_{\mathrm{Fe}^{2+}} - 1.88 x'_{\mathrm{Mn}^{2+}} - 3.55 x'_{\mathrm{Mg}^{2+}} + 1.63 x'_{\mathrm{Na}^+}$$

再利用实验数据，将 $\lg K'$ 对 x'_i 作图，外延至 $x'_i = 1$ 处得到的 $\lg K_i$ 各值。依此对上式的 $\lg K_i$ 进行调整，最后得到 1600℃ 去硫反应的表达式

$$\lg K' = -1.4 x'_{\mathrm{Ca}^{2+}} - 1.9 x'_{\mathrm{Fe}^{2+}} - 2.0 x'_{\mathrm{Mn}^{2+}} - 3.5 x'_{\mathrm{Mg}^{2+}} \tag{4.28}$$

对去磷反应

$$2[\mathrm{P}] + 5[\mathrm{O}] + 3(\mathrm{O}^{2-}) \Longrightarrow 2(\mathrm{PO}_4^{3-})$$

依弗路德模型得 1600℃ 去磷反应的表达式

$$\lg K' = 21 x'_{\mathrm{Ca}^{2+}} + 18 x'_{\mathrm{Mg}^{2+}} + 13 x'_{\mathrm{Mn}^{2+}} + 12 x'_{\mathrm{Fe}^{2+}} \tag{4.29}$$

4.2.4 麻森模型

前述几个熔渣模型基本上不涉及硅氧复合离子及各种不同形态复合离子所占的比例，

因此对硅酸盐熔渣偏差太大。麻森（Masson）在托普（Toop）及赛米克（Samic）等人研究的基础上于 1965 年提出了麻森模型，1970 年又做了进一步的补充。该模型以数学公式来推测硅氧复合离子的形态及其所占的比例，属结构相关模型。

麻森根据聚合理论提出的聚合反应的直链模型的要点是：

（1）在 $MO-SiO_2$ 二元熔体中，MO 解离为 M^{2+} 及 O^{2-}，而 SiO_2 结合 O^{2-} 生成 SiO_4^{4-}，SiO_2 含量增加，SiO_4^{4-} 就会发生一系列聚合反应，形成直链的聚合体，并放出一个 O^{2-} 离子。

（2）所有硅氧离子聚合反应的平衡常数都相等。

（3）熔体是理想溶液，是分别由正离子和负离子所组成的交织在一起的两个理想溶液。

依上述模型要点，推导出麻森直链式模型计算 a_{MO}^R 的公式

$$\frac{1}{x_{SiO_2}} = 2 + \frac{1}{1 - a_{MO}^R} - \frac{1}{1 + a_{MO}^R\left(\frac{1}{K} - 1\right)} \tag{4.30}$$

式中，K 为直链聚合反应的平衡常数。

麻森模型的式（4.30）仅适用于 $MO-SiO_2$ 二元系，且在 x_{SiO_2} 较小时与实验结果吻合较好，而在 x_{SiO_2} 较大时则偏差大。麻森等人考虑了支链离子的形成，并援引了弗劳依（Flory）高分子溶液理论，对模型进行修正，得到了麻森支链模型 x_{SiO_2} 与 a_{MO}^R 的关系式：

$$\frac{1}{x_{SiO_2}} = 2 + \frac{1}{1 - a_{MO}^R} - \frac{1}{1 + a_{MO}^R[(3/K) - 1]} \tag{4.31}$$

但上式对 x_{SiO_2} 较大的二元系近似程度仍较差。邹元爔等根据 $CaO-SiO_2$ 二元系可靠的实验数据检验了麻森模型，发现 $CaO-SiO_2$ 二元系，K 并不守常。可见，模型中假定"各聚合反应的平衡常数相等，与离子的种类和组成无关"的说法尚值得商榷。

4.3 熔渣的氧化能力

4.3.1 熔渣氧化能力的表示

熔渣的氧化能力是指熔渣向金属液中传递氧的能力。按离子理论，这个传递氧的过程通过下列方式实现：

在渣中

$$(MO) \Longrightarrow (M^{2+}) + (O^{2-})$$

在渣-金界面

$$(M^{2+}) + 2e \longrightarrow [M]$$
$$(O^{2-}) \longrightarrow [O] + 2e$$

总反应

$$(MO) \longrightarrow [M] + [O] \tag{4.e}$$

所以，当 $\mu_{(O)} > \mu_{[O]}$ 时，这种渣会自动地向金属液传递氧，此渣具有氧化性，把具有氧化性的渣称为氧化渣。反之，若 $\mu_{(O)} < \mu_{[O]}$，这种渣能自动地从金属中吸收氧，此渣就具有

还原性, 具有还原性的渣称为还原渣。综上可见, 渣的氧化能力大小取决于熔渣中氧的化学势高低。然而, 尽管熔渣中的氧以自由的 O^{2-} 形态存在, 但熔渣中 O^{2-} 离子的活度 $a_{O^{2-}}$ 大小仅能代表熔渣碱度高低, 并不能说明熔渣氧化能力大小。例如电炉炼钢还原期的白渣、电石渣中 O^{2-} 多, 必然 $a_{O^{2-}}$ 大, 但却是还原性渣。充分说明, $a_{O^{2-}}$ 大, 并不意味着渣中氧的化学势高。

钢铁冶金中, 均以渣中 FeO 的活度 a_{FeO} 表示熔渣的氧化能力。这是因为:

(1) 由反应 (4.e) 可以看出, 熔渣中的氧并不是孤立地以 O^{2-} 形式向铁液中转移, 为保持电中性, O^{2-} 的转移总是伴随着某种金属离子 M^{2+} 同时迁移, 即 O^{2-} 和 M^{2+} 作为一个组元发生此种转移

$$(MO) \rightleftharpoons [M] + [O]$$

该反应的平衡常数

$$K = \frac{a_M a_O}{a_{MO}}$$

所以

$$a_O = K \frac{a_{MO}}{a_M} \tag{4.32}$$

可见, 温度一定, 熔渣的氧化能力只能取决于渣的组成。若想用渣中某组元 MO 的活度大小来表示渣的氧化能力强弱, 必须是 a_M 恒定。钢液中 Ca、Mn、Mg 等的活度都不能保持恒定, 以纯液体铁为标准状态, 只有 a_{Fe} 可近似保持为 1。所以, 氧由熔渣向铁液的转移过程常写成

$$(FeO) \rightleftharpoons Fe(l) + [O] \tag{4.f}$$

取纯液态 Fe 为标态, $a_{Fe} \approx 1$, 氧以质量百分之一为标准状态, 氧化亚铁以纯液态 FeO 为标准状态, 反应的平衡常数

$$K_0 = \frac{a_O}{a_{FeO}}$$

氧在渣-金间的分配系数用 L_0 表示

$$L_0 = a_{FeO}/a_O = 1/K_0 \tag{4.33}$$

式中, L_0 也称为氧的分配比。温度一定, L_0 是常数, 因此渣中 a_{FeO} 大, 铁液中 a_O 必然高, 表明渣的氧化能力强; 反之, 渣中 a_{FeO} 小, 则与之平衡的铁液中 a_O 就小, 表明渣的氧化能力弱。这就是说, a_{FeO} 的大小代表了熔渣氧化能力的强弱。这里

$$a_{FeO} = a_{Fe^{2+}} a_{O^{2-}}$$

可见, $a_{Fe^{2+}}$、$a_{O^{2-}}$ 都大的渣其氧化能力才强。

(2) 对于钢铁冶金熔渣中的氧化物:

$$[Ca] + [O] \rightleftharpoons (CaO)$$
$$\Delta G_{1773K}^{\ominus} = -494 kJ/mol$$
$$[Mn] + [O] \rightleftharpoons (MnO)$$
$$\Delta G_{1773K}^{\ominus} = -43 kJ/mol$$
$$Fe(l) + [O] \rightleftharpoons (FeO)$$
$$\Delta G_{1773K}^{\ominus} = -24 kJ/mol$$

比较可知，FeO 稳定性最差，那么 FeO 供氧能力也就最大。所以，用 a_{FeO} 大小表征渣的氧化能力也是合乎实际的。

类似的道理，铜冶炼中以 a_{CuO} 来代表炼铜渣的氧化性（$a_{Cu} \approx 1$，CuO 最不稳定）。

熔渣中，除 FeO 外还有 Fe_2O_3，其对渣的氧化能力也有贡献。因此，在考察渣的氧化性，进行 FeO 活度计算时，要把渣中的 Fe^{3+} 折算成 Fe^{2+}，通常有两种方法。

A　全铁折合法

依化学反应

$$Fe_2O_3 \Longrightarrow 2FeO + \frac{1}{2}O_2$$

$1mol\ Fe_2O_3$ 可折合成 $2mol\ FeO$，所以得

$$n_{tFeO} = n_{FeO} + 2n_{Fe_2O_3} \tag{4.34}$$

n_{tFeO} 是将 Fe_2O_3 按全铁折合法折合后总的 FeO 的物质的量。若按质量分数计算，则 $160g\ Fe_2O_3$ 可以产生 $2 \times 72g$ 的 FeO，所以得

$$w_{(FeO)} = \frac{2 \times 72}{160} = 0.9$$

即渣中每含 1% 的 Fe_2O_3 折合成 FeO 时，为 0.9% 的 FeO，所以按全铁折合法把 Fe_2O_3 折合成 FeO 后，渣中含 FeO 的质量分数为

$$w_{(tFeO)} = w_{(FeO)} + 0.9w_{(Fe_2O_3)} \tag{4.35}$$

此方法的缺点是折算中少算了一个氧原子。

B　全氧折合法

依化学反应

$$Fe_2O_3 + Fe \Longrightarrow 3FeO$$

$1mol\ Fe_2O_3$ 可以折合成 $3mol\ FeO$，所以得

$$n_{tFeO} = n_{FeO} + 3n_{Fe_2O_3} \tag{4.36}$$

这里 n_{tFeO} 是按全氧折合法折合后总的 FeO 的物质的量。换算成质量分数，则 $160g\ Fe_2O_3$ 可以产生 $3 \times 72g\ FeO$，得

$$w_{(FeO)} = \frac{3 \times 72}{160} = 1.35$$

所以，渣中含 FeO 的质量分数为

$$w_{(tFeO)} = w_{(FeO)} + 1.35w_{(Fe_2O_3)} \tag{4.37}$$

实际上，熔渣-金属间会存在如下变化

$$(3FeO + Fe_2O_3) \quad 渣内部$$
$$\uparrow \qquad \downarrow$$
$$\frac{3(FeO)\ (Fe_2O_3)}{3(FeO) \leftarrow Fe} \quad 渣-金界面$$

从机理上看，第二种折算较合理，但也存在缺点。因为液态渣冷却至室温时，一部分 FeO 会氧化成 Fe_2O_3，按此法由固态渣分析的含量折算成 FeO，结果会偏高。

由上可见，要确定各种组成熔渣的氧化能力，实际上就是确定渣中 FeO 的活度与熔渣

组成的关系。

渣中 FeO 活度可由实验确定。

4.3.2　熔渣中氧化亚铁活度的测量

4.3.2.1　渣-气平衡法

在一定温度下，铁坩埚中的熔渣与 $CO+CO_2$ 混合气体建立平衡，化学反应为

$$(FeO) + CO(g) \rightleftharpoons Fe(s) + CO_2(g) \qquad (4.g)$$

$$\Delta G_{m,g}^{\ominus} = -RT\ln K_g = -RT\ln\frac{p_{CO_2}a_{Fe}}{p_{CO}a_{FeO}}$$

取纯固态铁为标准状态，$a_{Fe}=1$

$$\ln a_{FeO} = \frac{\Delta G_{m,g}^{\ominus}}{RT} + \ln(p_{CO_2}/p_{CO}) \qquad (4.38)$$

式中，$\Delta G_{m,g}^{\ominus}$ 可由反应（4.g）的热力学数据求得；p_{CO_2}/p_{CO} 由达到平衡时的气体分析得到，带入式（4.38）中即可求出渣中 a_{FeO}。或用固体电解质电池插入该熔渣中，测得反应的平衡氧分压也可求出 a_{FeO}。a_{FeO} 的值与 FeO 的标准状态选择有关，通常选纯液态 FeO 为标准状态。

此法只能用于测定低于铁熔点温度的熔渣中 FeO 的活度，而在高于铁熔点的温度则采用渣-铁平衡法。

4.3.2.2　渣-铁平衡法

如图 4.2 所示，在一定温度，将含有 FeO 的待测渣与铁液建立平衡

$$(FeO) \rightleftharpoons Fe(l) + [O] \qquad (4.h)$$

分别选纯液态 FeO、纯铁和 1% 浓度氧为标准状态，可以认为 $a_{Fe}=1$，则

$$K_h = \frac{a_O}{a_{FeO}} = \frac{f_O w_{[O]}/w^{\ominus}}{a_{FeO}}$$

所以

$$\lg a_{FeO} = \lg f_O + \lg(w_{[O]}/w^{\ominus}) - \lg K_h \qquad (4.39)$$

式中，f_O 为与待测渣平衡的铁液中氧的活度系数；$w_{[O]}$ 为平衡时铁液中氧的浓度，可由平衡铁样经化学分析得到，或用固态电解质直接定氧。由上式可见，要得到 a_{FeO}，需要知道 f_O 和 K_h。$\lg f_O$ 与 $w_{[O]}/w^{\ominus}$ 之间存在如下关系

$$\lg f_O = e_O^O(w_{[O]}/w^{\ominus}) = \left(-\frac{1750}{T} + 0.76\right)(w_{[O]}/w^{\ominus}) \qquad (4.40)$$

如图 4.3 所示，若用纯液态 FeO 与铁液达成平衡，则

$$FeO(l) \rightleftharpoons Fe(l) + [O]_{sat} \qquad (4.i)$$

式中，$[O]_{sat}$ 为氧在铁液中溶解达饱和。在此情况下，$a_{FeO}=1$，$a_{Fe}=1$，所以

$$K_h = K_i = f_{[O]sat}(w_{[O]}/w^{\ominus})$$

取对数得

$$\lg K_h = \lg f_{[O]sat} + \lg(w_{[O]}/w^{\ominus}) \qquad (4.41)$$

式中，$f_{[O]sat}$、$w_{[O]}/w^{\ominus}$ 分别为与纯液态 FeO 平衡的铁液中氧的活度系数和氧的溶解度。将

式（4.41）代入式（4.39）得

$$\lg a_{FeO}^{R} = \lg f_0 + \lg(w_{[O]}/w^{\ominus}) - \lg f_{[O]sat} - \lg(w_{[O]}/w^{\ominus})_{sat} \qquad (4.42)$$

这是计算渣中 FeO 活度的通式。

图 4.2　含 FeO 渣与铁液平衡实验示意图

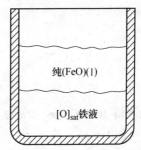

图 4.3　纯 FeO（1）与铁液平衡实验示意图

4.3.3　溶渣中氧化亚铁活度的计算

若用式（4.42）计算渣中氧化亚铁的活度，需知道含氧化亚铁渣和纯氧化亚铁渣中氧的浓度和活度系数。式（4.40）给出了含氧化亚铁渣中氧活度系数的公式，该式也适用于纯氧化亚铁渣。将式（4.40）代入式（4.42），得

$$\lg a_{FeO} = \left(-\frac{1750}{T} + 0.76\right)(w_{[O]}/w^{\ominus}) + \lg(w_{[O]}/w^{\ominus}) -$$

$$\left(-\frac{1750}{T} + 0.76\right)(w_{[O]}/w^{\ominus})_{sat} - \lg(w_{[O]}/w^{\ominus})_{sat}$$

$$= \left(\frac{1750}{T} - 0.76\right)\left[(w_{[O]sat}/w^{\ominus})_{sat} - w_{[O]}/w^{\ominus}\right] - \lg\frac{(w_{[O]sat}/w^{\ominus})_{sat}}{w_{[O]}/w^{\ominus}} \qquad (4.43)$$

可以这样安排实验测量氧浓度：将一个盛待测渣和纯铁的坩埚与另一个盛纯氧化亚铁和纯铁的坩埚放在同一高温炉内，达平衡后取样分析两个坩埚内铁的氧含量，代入式（4.43）就可以计算出 a_{FeO}。

与纯液态 FeO 平衡的铁液中氧的饱和溶解度和温度有关，在一定温度为定值。启普曼（Chipman）等人实验得到公式

$$\lg(w_{[O]}/w^{\ominus})_{sat} = -\frac{6320}{T} + 2.734 \qquad (4.44)$$

将式（4.40）和式（4.44）代入式（4.41）得

$$\lg K_h = \left(-\frac{1750}{T} + 0.76\right)(w_{[O]}/w^{\ominus})_{sat} + \lg(w_{[O]}/w^{\ominus})_{sat} \qquad (4.45)$$

利用式（4.44）算得各温度的 $(w_{[O]}/w^{\ominus})$ 并代入式（4.45），得到各温度的 $\lg K_h$ 值。经线性回归，得到 $\lg K_h$ 与温度关系的经验公式

$$\lg K_h = -\frac{6150}{T} + 2.604 \qquad (4.46)$$

把式（4.44）、式（4.46）代入式（4.39），得

$$\lg a_{FeO} = \left(-\frac{1750}{T} + 0.76\right)(w_{[O]}/w^{\ominus}) + \lg(w_{[O]}/w^{\ominus}) + \frac{6150}{T} - 2.604 \qquad (4.47)$$

式中的 $w[O]$ 仍需由实验测定。

在有些情况下，可以近似地将铁液中氧的活度系数取为 1，即

$$f_O = 1, \quad f_{[O]_{sat}} = 1$$

从而有

$$K_h = K_i = w_{[O]}/w^{\ominus}$$

则

$$a_{FeO} = \frac{w_{[O]}}{w_{[O]sat}} \tag{4.48}$$

实验测得 1600℃ $(w_{[O]}/w^{\ominus})_{sat} = 0.23$，所以在 1600℃ 渣中 FeO 的活度为

$$a_{FeO} = \frac{w_{[O]}/w^{\ominus}}{0.23} \tag{4.49}$$

确切地说，上述实验测得的 a_{FeO} 的标准状态应该是与铁平衡的非化学计量的浮氏体 Fe_yO。为了方便，都简写成 FeO。不同组成渣中的 FeO 活度已有大量实验结果发表，归纳整理这些实验数据，可以给出 a_{FeO} 与熔渣组成的关系，用一系列等活度线来表示这种关系的图即等活度图，如图 4.4 为炼钢渣的 a_{FeO} 与组成的关系图，这是一个伪三元系等活度图。

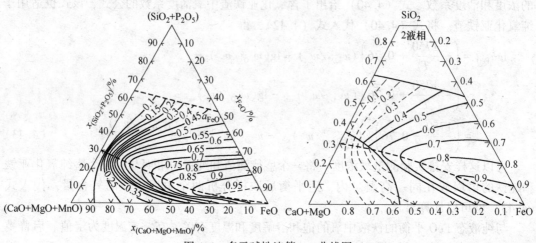

图 4.4 多元碱性渣等 a_{FeO} 曲线图

4.4 熔渣的去硫能力

4.4.1 硫在渣中的存在形态

根据离子理论，熔渣的脱硫反应可以写成

$$[S] + (O^{2-}) \Longrightarrow (S^{2-}) + [O] \tag{4.j}$$

平衡常数

$$K_j = \frac{a_O f_{S^{2-}} [w_{(S^{2-})}/w^{\ominus}]}{f_S (w_{[S]}/w^{\ominus}) a_{O^{2-}}} \tag{4.50}$$

熔渣的去硫能力通常用硫在渣-金间的分配比 L_S 表示，L_S 也称为硫的分配系数。由式

（4.50）可知

$$L_S = \frac{w_{(S^{2-})}}{w_{[S]}} = \frac{K_j a_{O^{2-}} f_S}{a_O f_{S^{2-}}} \tag{4.51}$$

在温度、金属中硫含量一定的情况下，L_S 大，渣的去硫能力强。而实际上，硫在渣中可能以 S^{2-} 和 SO_4^{2-} 形态存在。但二者孰占优势，取决于反应体系中的氧势，即两种形态间存在下列平衡

$$(S^{2-}) + 2O_2(g) \Longrightarrow (SO_4^{2-})$$

由热力学研究可知，$p_{O_2}/p^\ominus > 10^{-4}$ 时，硫在渣中主要以 SO_4^{2-} 形态存在，$p_{O_2}/p^\ominus < 10^{-6}$ 时，则硫在渣中主要是 S^{2-}。钢铁冶金过程中，与铁平衡的 $p_{O_2}/p^\ominus$ 一般低于 10^{-8}，所以，通常把熔渣去硫反应写成式（4.j），即认为渣中硫主要以 S^{2-} 形态存在。

理查德森（Richardson）等人在温度为 $1425 \sim 1550℃$，用 $1\% SO_2 + 50\% N_2 + (H_2 + CO_2)$ 混合气体，多次改变氧位，测定该种混合气体与 $CaO\text{-}SiO_2\text{-}Al_2O_3$ 熔渣的平衡关系。结果表明，硫分压一定时，随气相中氧分压的改变，硫在熔渣中的溶解度变化很大。在 $p_{O_2}/p^\ominus \leqslant 10^{-6}$ 时，渣中硫含量随气相中氧分压增加而降低；在 $p_{O_2}/p^\ominus \geqslant 10^{-4}$ 时，渣中硫含量随氧分压增加而增大；在 $p_{O_2}/p^\ominus = 10^{-5}$ 附近渣中硫含量最低。这有力地证明，不同氧势范围，硫在渣中存在的状态不同。

当 $p_{O_2}/p^\ominus \leqslant 10^{-6}$ 时，硫在渣中以 S^{2-} 形态存在，硫在气-渣间的平衡反应为

$$\frac{1}{2}S_2(g) + (O^{2-}) \Longrightarrow (S^{2-}) + \frac{1}{2}O_2(g) \tag{4.k}$$

$$K_k = \frac{f_{S^{2-}}[w_{(S^{2-})}/w^\ominus]p_{O_2}^{1/2}}{a_{O^{2-}} \cdot p_{S_2}^{1/2}} \tag{4.52}$$

$$w_{(S^{2-})}/w^\ominus = K_k a_{O^{2-}} \cdot p_{S_2}^{1/2}/f_{S^{2-}} p_{O_2}^{1/2} \tag{4.53}$$

式中，$f_{S^{2-}}$、$a_{O^{2-}}$ 分别为渣中 S^{2-} 的活度系数和 O^{2-} 的活度；p_{S_2}、p_{O_2} 分别为气相中硫分压和氧分压。

由式（4.53）可以看出，温度一定，渣组成一定，则 $K_k^\ominus$ 及 $f_{S^{2-}}$、$a_{O^{2-}}$ 为定值，在 p_{S_2} 固定的条件下渣中 $w_{(S^{2-})}$ 必与 $p_{O_2}^{\frac{1}{2}}$ 成反比。

当 $p_{O_2}/p^\ominus \geqslant 10^{-4}$ 时，渣中硫主要为 SO_4^{2-}，硫在气-渣间的平衡反应为

$$\frac{1}{2}S_2(g) + (O^{2-}) + \frac{3}{2}O_2(g) \Longrightarrow (SO_4^{2-}) \tag{4.l}$$

$$K_1 = \frac{f_{SO_4^{2-}}[w_{(SO_4^{2-})}/w^\ominus]}{a_{O^{2-}} \cdot p_{S_2}^{1/2} p_{O_2}^{3/2}}(p^\ominus)^2 \tag{4.54}$$

$$w_{(SO_4^{2-})}/w^\ominus = K_1 a_{O^{2-}} \cdot p_{S_2}^{1/2} p_{O_2}^{3/2}/f_{SO_4^{2-}}(p^\ominus)^2 \tag{4.55}$$

式中，$f_{SO_4^{2-}}$ 为渣中 SO_4^{2-} 的活度系数。由式（4.55）可见，温度、渣组成固定，K_1、$a_{O^{2-}}$、$f_{SO_4^{2-}}$ 为定值，p_{S_2} 不变，但渣中 $w_{(SO_4^{2-})}$ 随 p_{O_2} 增大而增加。

4.4.2 硫化物容量和硫酸盐容量

式（4.52）、式（4.54）中 $a_{O^{2-}}$、$f_{S^{2-}}$、$f_{SO_4^{2-}}$ 尚不能由实验准确得到，理查德森将不能

由实验测得的量集中在等号左边，与 K_1 组成乘积形式，能直接测量的量留在右边。将式 (4.52)、式 (4.54) 变为

$$K_k \frac{a_{O^{2-}}}{f_{S^{2-}}} = [w_{(S^{2-})}/w^{\ominus}] \left(\frac{p_{O_2}}{p_{S_2}}\right)^{1/2} \tag{4.56}$$

$$K_1 \frac{a_{O^{2-}}}{f_{SO_4^{2-}}} = [w_{(SO_4^{2-})}/w^{\ominus}] \frac{(p^{\ominus})^2}{p_{S_2}^{1/2} p_{O_2}^{3/2}} \tag{4.57}$$

由实验结果，对右侧数据取对数，并对 $\lg(p_{O_2}/p^{\ominus})$ 作图（图 4.5），发现在 $p_{O_2}/p^{\ominus} \leqslant 10^{-6}$ 时，$\lg w_{(S^{2-})} \left(\dfrac{p_{O_2}}{p_{S_2}}\right)^{1/2}$ 不随氧分压变化；而在 $p_{O_2}/p^{\ominus} \geqslant 10^{-4}$ 时，$\lg w_{(SO_4^{2-})} \dfrac{(p^{\ominus})^2}{p_{S_2}^{1/2} \cdot p_{O_2}^{3/2}}$ 也不随氧分压变化。

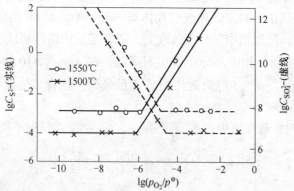

图 4.5　组成固定的渣中 $\lg C_S$、$\lg C_{SO_4}$ 与氧分压的关系

在此基础上，理查德森定义

$$C_{S^{2-}} = [w_{(S^{2-})}/w^{\ominus}] (p_{O_2}/p_{S_2})^{1/2} \tag{4.58}$$

为硫化物容量，简称硫容。一定气氛下，渣中 $w_{(S^{2-})}$ 愈大，$C_{S^{2-}}$ 愈大，所以 $C_{S^{2-}}$ 相当于渣容纳硫的能力，体现了熔渣去硫能力的大小。可见，$C_{S^{2-}}$ 是在温度、氧势一定的条件下，用来比较熔渣相对去硫能力的量。

同理，定义

$$C_{SO_4^{2-}} = [w_{(SO_4^{2-})}/w^{\ominus}] \frac{(p^{\ominus})^2}{p_{S_2}^{1/2} p_{O_2}^{3/2}} \tag{4.59}$$

为硫酸盐的容量（有的书也称为硫容，由定义式看，两者意义不同），$C_{SO_4^{2-}}$ 相当于渣容纳硫酸盐的容量，也可用来比较熔渣的相对去硫能力。

由式（4.56）可知，在数值上

$$C_{S^{2-}} = K_k \frac{a_{O^{2-}}}{f_{S^{2-}}} \tag{4.60}$$

在温度、渣组成固定时，K_k、$a_{O^{2-}}$、$f_{S^{2-}}$ 均为定值，所以，此条件下式（4.60）右边为常数，$C_{S^{2-}}$ 也为常数。因此，在图 4.5 中 $p_{O_2}/p^{\ominus} \leqslant 10^{-6}$ 范围内 $\lg C_{S^{2-}}$ 守常，表明在此氧势范围内渣中硫为 S^{2-}，式（4.k）写法正确；而 $p_{O_2}/p^{\ominus} \geqslant 10^{-6}$，$\lg C_{S^{2-}}$ 随 p_{O_2} 变化，此范围内不能按式（4.k）写反应式。由此也说明，在渣中硫以 S^{2-} 存在的氧势下，硫容 $C_{S^{2-}}$ 仅为温

度和渣组成的函数，不随气氛变化。同理，由式（4.57），在数值上

$$C_{SO_4^{2-}} = K_l \frac{a_{O^{2-}}}{f_{SO_4^{2-}}} \tag{4.61}$$

温度、渣组成固定时，硫酸盐容量 $C_{SO_4^{2-}}$ 为定值。图 4.5 中 $p_{O_2}/p^\ominus \geqslant 10^{-4}$ 范围内 $\lg C_{SO_4^{2-}}$ 守常，表明在此氧势范围内反应式（4.1）写法正确，而超出此范围，$\lg C_{SO_4^{2-}}$ 随 p_{O_2} 变化，则不能按式（4.1）写反应式。在渣中硫以 SO_4^{2-} 存在的氧势下，$C_{SO_4^{2-}}$ 亦为温度和渣组成的函数。

综上可知，温度一定，$C_{S^{2-}}$、$C_{SO_4^{2-}}$ 仅仅与熔渣组成有关，因此用来比较各种熔渣的去硫能力是一个很好的指标。但要注意各自适用的氧势范围，且 SO_2、O_2 分压不能过高。当 $\frac{p_{SO_2}p_{O_2}}{(p^\ominus)^2} > 0.1$ 时，渣中 CaO 含量高的情况下，渣中硫会以 $S_2O_7^{2-}$ 离子形态存在，$C_{S^{2-}}$、$C_{SO_4^{2-}}$ 的定义就不适用了。

理查德森等测定了许多二元熔渣的 $C_{S^{2-}}$，发现 $CaO-CaF_2$ 熔渣的 $C_{S^{2-}}$ 最大。此渣是较好的去硫剂，主要有两方面作用：一是释放 O^{2-} 能力强；二是抵制了 SiO_2 吸收 O^{2-}（$SiO_2 + 2O^{2-} \rightarrow SiO_4^{4-}$）的作用，而且能放出 O^{2-}，因此，冶炼中常加萤石，但会产生"氟害"，造成环境污染。1999 年我国已提出了不加萤石的"无氟冶炼"。

$$CaO \rightleftharpoons Ca^{2+} + O^{2-}$$

$$2CaF_2 + SiO_2 \rightleftharpoons 2Ca^{2+} + 2O^{2-} + SiF_4(g)$$

对于 $CaO-SiO_2-Al_2O_3-MgO$ 高炉型渣，在 1500℃，碱度可以表示为

$$R = \frac{x_{CaO} + 0.5x_{MgO}}{x_{SiO_2} + 0.33x_{Al_2O_3}}$$

$C_{S^{2-}}$ 与碱度关系为

$$\lg C_{S^{2-}} = -5.57 + 1.39R \tag{4.62}$$

温度每增加 50℃，$C_{S^{2-}}$ 就增加为原来的 1.2 倍。

在 1600℃，对 $CaO-MgO-SiO_2-Fe_tO$ 型炼钢渣，有下列经验公式

$$C_{S^{2-}} = -0.161 + 0.33x_R' \tag{4.63}$$

式中，$x_R' = x_{CaO} + 0.8x_{FeO} + 0.5x_{MgO}$。

式（4.63）的适用范围是 $x_R' > 0.5$。利用 $C_{S^{2-}}$ 可以方便地求出硫在渣-金间的分配比。

例 4.2 被碳饱和的铁液成分为 $w_C = 4.96\%$、$w_{Mn} = 1\%$、$w_{Si} = 1\%$；高炉的组成为 $w_{(SiO_2)} = 37.5\%$、$w_{(Al_2O_3)} = 10\%$、$w_{(CaO)} = 42.5\%$、$w_{(MgO)} = 10\%$。在 1527℃、$p_{CO} = p^\ominus$ 的气氛下，渣-铁达成平衡，计算硫在渣铁间的分配比。已知

$$e_S^S = -0.028, \quad e_S^C = -0.112, \quad e_S^{Mn} = -0.026, \quad e_S^{Si} = -0.065$$

$$\frac{1}{2}S_2(g) \rightleftharpoons [S] \tag{4.2.a}$$

$$\lg K_a = \frac{7056}{T} - 1.224$$

$$[C]_{sat} + \frac{1}{2}O_2(g) \rightleftharpoons CO(g) \tag{4.2.b}$$

$$\lg K_b = \frac{5849}{T} + 4.59$$

解：反应（4.2.a）

$$K_a = \frac{f_S \dfrac{w_{[S]}}{w^{\ominus}}}{\left(p_{S_2}^{1/2}/p^{\ominus}\right)^{\frac{1}{2}}} \tag{4.64}$$

反应（4.2.b）

$$K_b = \frac{p_{CO}/p^{\ominus}}{a_C (p_{O_2}/p^{\ominus})^{1/2}} \tag{4.65}$$

式（4.64）÷式（4.65）得

$$\frac{K_a}{K_b} = \left(\frac{p_{O_2}}{p_{S_2}}\right)^{1/2} \frac{w_{[S]}}{w^{\ominus}} \left(\frac{f_S a_C p^{\ominus}}{p_{CO}}\right) \tag{4.66}$$

由硫容定义

$$C_{S^{2-}} = \frac{w_{(S^{2-})}}{w^{\ominus}} \left(\frac{p_{O_2}}{p_{S_2}}\right)^{1/2} \tag{4.67}$$

将式（4.67）÷式（4.66），并将两边取对数得

$$\lg C_{S^{2-}} + \lg K_b - \lg K_a = \lg \frac{w_{(S^{2-})}}{w_{[S]}} - \lg f_S - \lg a_C + \lg(p_{CO}/p^{\ominus})$$

所以

$$\lg L_S = \lg \frac{w_{(S^{2-})}}{w_{[S]}} = \lg C_{S^{2-}} + \lg K_b + \lg f_S + \lg a_C - \lg(p_{CO}/p^{\ominus}) - \lg K_a \tag{4.68}$$

$$\lg f_S = e_S^S (w_{[S]}/w^{\ominus}) + e_S^{Si}(w_{[Si]}/w^{\ominus}) + e_S^{Mn}(w_{[Mn]}/w^{\ominus}) + e_S^C(w_{[C]}/w^{\ominus})$$

因 $\dfrac{w_{[C]}}{w^{\ominus}} = 4.96$ 太大，不宜用 $e_S^C(w_{[C]}/w^{\ominus})$ 计算，可由活度相互作用系数图，查得此浓度下 $\lg f_S^C = 0.72$，把其他 e_S^j 代入上式，得

$$\lg f_S = 0.065 \times 1 + (-0.026) \times 1 + 0.72 = 0.759 \tag{4.69}$$

由铁液被碳饱和，以纯碳为标准状态，$a_0 = 1$，已知 $p_{CO} = p^{\ominus}$。对于高炉渣，应用公式（4.62），得

$$\lg C_{S^{2-}} = -5.57 + 1.39R \tag{4.70}$$

取 100g 渣，可算得此组成的渣中

$$x_{CaO} = 100 w_{(CaO)}/M_{CaO} = 0.437, \quad x_{MgO} = 100 w_{(MgO)}/M_{CaO} = 0.144$$

$$x_{SiO_2} = 100 w_{(SiO_2)}/M_{SiO_2} = 0.360, \quad x_{Al_2O_3} = 100 w_{(Al_2O_3)}/M_{Al_2O_3} = 0.06$$

把以上数据代入碱度公式得碱度

$$R = \frac{x_{CaO} + 0.5 x_{MgO}}{x_{SiO_2} + 0.33 x_{Al_2O_3}} = 1.33$$

把此结果代入式（4.62），得

$$\lg C_{S^{2-}} = -5.57 + 1.39 \times 1.33 = 3.72 \tag{4.71}$$

把式（4.71）、式（4.69）及 $\lg K_a$、$\lg K_b$ 与温度关系式代入式（4.68）得

$$\lg L_S = -3.72 + 0.759 + \frac{5849}{T} + 4.59 - \frac{7056}{T} + 1.224$$

取 $T = 1800K$

$$\lg L_S = 2.236$$

$$L_S = \frac{w_{(S^{2-})}}{w_{[S]}} = 172.32$$

可见高炉脱硫能力很强。

4.5 熔渣的去磷能力

熔渣去磷也是冶金过程中重要的渣-金反应。金属液中的 [P] 往往以 $CaO \cdot P_2O_5$ 的形式来源于矿石。我国含磷高的矿石多，在冶炼过程中，例如高炉炼铁，磷全部被还原进入铁水中，而高炉冶炼中对去磷几乎无办法，脱磷任务通常由炼钢来完成。为减轻炼钢负担，发展了炉外精炼技术——铁水预处理。在进炼钢炉前，将铁水中的磷尽量除去。与去硫类似，不同条件下，磷在渣中存在的形态不同，即去磷反应不同。

4.5.1 碱性渣氧化去磷

在一般炼钢氧势条件下，去磷的离子反应式为

$$2[P] + 5[O] + 3(O^{2-}) = 2(PO_4^{3-})$$

若 [O] 由渣中 (FeO) 提供

$$5Fe^{2+} + 5O^{2-} = 5[O] + 5Fe(l)$$

总过程可以写成

$$2[P] + 5(FeO) + 3(O^{2-}) = 2(PO_4^{3-}) + 5Fe(l)$$

$$K = \frac{a_{PO_4^{3-}}^2 (a_{Fe})^5}{(a_P)^2 (a_{FeO})^5 a_{O^{2-}}^3}$$

取

$$a_{Fe} \approx 1$$

$$L_P = \frac{w_{(PO_4^{3-})}}{w_{[P]}} = \left[K \frac{f_P^2 (a_{FeO})^5 a_{O^{2-}}^3}{f_{PO_4^{3-}}^2} \right]^{\frac{1}{2}} \tag{4.72}$$

从上式可以看出，强化去磷的热力学条件为：(1) 高碱度（增大 $a_{O^{2-}}$）。(2) 高氧化性（a_{FeO}大）。(3) 高渣量的熔渣（保持低的 $f_{PO_4^{3-}}$）。(4) $\Delta H < 0$，低温操作。此即生产现场通称的"三高一低"的脱磷制度。但切勿"绝对化"，应根据具体情况具体分析，综合考虑碱度、FeO 含量、渣量和温度等的相互联系、相互制约的辩证关系。上述的"三高一低"仅是单纯从热力学平衡的角度对氧化去磷反应时强化去磷条件的简要概括。

4.5.2 还原去磷

为避免铁水中合金组元铬、锰、钛等被氧化损失，在特定条件下采取极低氧势的还原去磷。其分子反应式为

$$3M(s) + 2[P] = (M_3P_2)$$

式中，M 为去［P］剂，常用二价碱土金属 Ca、Mg、Ba 等。离子反应式为

$$3M(s) = 3M^{2+} + 6e$$

$$\underline{+)\quad 2[P] + 6e = 2P^{3-}}$$

$$3M(S) + 2[P] = 2P^{3-} + 3M^{2+}$$

考虑还原剂的来源及生产成本等因素，常以其化合物 CaC_2、Ca-Si 合金、Ca-Al 合金替代金属。用 CaC_2 作去磷剂的主要反应为

$$3CaC_2(S) + 2[P] = (Ca_3P_2) + 6[C]$$

由反应式看出，去磷同时增碳，需进一步去碳。

4.5.3 磷酸盐容量和磷化物容量

从上面分析已经看到，不同条件下的去磷反应不同，磷在渣中存在形态不同。磷的两种形态的平衡式为

$$(P^{3-}) + 2O_2(g) = (PO_4^{3-})$$

磷的存在形态主要取决于氧势。由热力学研究可知，1600℃，在 p_{O_2} 在 $10^{-12} \sim 10^{-13}$ Pa 时，渣中磷以 (P^{3-}) 形态存在，即强还原条件下发生还原去磷。

为考察不同熔渣的去磷能力，与理查德森定义硫容时的思路相同，将去磷反应写成渣-气平衡反应。在氧化去磷的氧势条件下，去磷反应为

$$\frac{1}{2}P_2(g) + \frac{3}{2}O^{2-} + \frac{5}{2}O_2(g) = (PO_4^{3-}) \tag{4.m}$$

$$K_m = \frac{f_{PO_4^{3-}} \cdot w_{(PO_4^{3-})}/w^{\ominus}}{\left(\dfrac{p_{P_2}}{p^{\ominus}}\right)^{\frac{1}{2}}\left(\dfrac{p_{O_2}}{p^{\ominus}}\right)^{\frac{5}{2}} a_{O^{2-}}^{3/2}} \tag{4.73}$$

将测量不到的量移到左边与 K_m 形成乘积形式

$$\frac{K_m a_{O^{2-}}^{3/2}}{f_{PO_4^{3-}}} = \frac{w_{(PO_4^{3-})}/w^{\ominus}}{\left(\dfrac{p_{P_2}}{p^{\ominus}}\right)^{\frac{1}{2}}\left(\dfrac{p_{O_2}}{p^{\ominus}}\right)^{\frac{5}{2}}} \tag{4.74}$$

令

$$C_{PO_4^{3-}} = \frac{w_{(PO_4^{3-})}/w^{\ominus}}{\left(\dfrac{p_{P_2}}{p^{\ominus}}\right)^{\frac{1}{2}}\left(\dfrac{p_{O_2}}{p^{\ominus}}\right)^{\frac{5}{2}}} \tag{4.75}$$

式中，$C_{PO_4^{3-}}$ 称做磷酸盐容量；$\dfrac{w_{(PO_4^{3-})}}{w^{\ominus}}$ 为渣中磷酸盐含量。由定义式可见，一定气氛下，渣中磷含量愈大，$C_{PO_4^{3-}}$ 愈大，所以 $C_{PO_4^{3-}}$ 相当于渣容纳磷的能力。

同理，强还原气氛下，$\dfrac{p_{O_2}}{p^{\ominus}} < 10^{-16}$

$$\frac{1}{2}P_2(g) + \frac{3}{2}O^{2-} = (P^{3-}) + \frac{3}{4}O_2(g) \tag{4.n}$$

$$K_n = \frac{f_{\text{P}^{3-}}\left[\dfrac{w_{(\text{P}^{3-})}}{w^{\ominus}}\right]\left(\dfrac{p_{\text{O}_2}}{p^{\ominus}}\right)^{\frac{3}{4}}}{\left(\dfrac{p_{\text{P}_2}}{p^{\ominus}}\right)^{\frac{1}{2}} a_{\text{O}^{2-}}^{3/2}} \tag{4.76}$$

$$\frac{K_n a_{\text{O}^{2-}}^{3/2}}{f_{\text{P}^{3-}}} = \frac{\left[\dfrac{w_{(\text{P}^{3-})}}{w^{\ominus}}\right]\left(\dfrac{p_{\text{O}_2}}{p^{\ominus}}\right)^{\frac{3}{4}}}{\left(\dfrac{p_{\text{P}_2}}{p^{\ominus}}\right)^{\frac{1}{2}}} \tag{4.77}$$

定义

$$C_{\text{P}^{3-}} = \frac{\left[\dfrac{w_{(\text{P}^{3-})}}{w^{\ominus}}\right]\left(\dfrac{p_{\text{O}_2}}{p^{\ominus}}\right)^{\frac{3}{4}}}{\left(\dfrac{p_{\text{P}_2}}{p^{\ominus}}\right)^{\frac{1}{2}}} \tag{4.78}$$

式中，$C_{\text{P}^{3-}}$ 称做磷容量；$\dfrac{w_{(\text{P}^{3-})}}{w^{\ominus}}$ 为渣中磷化物含量。一定气氛下，渣中磷含量愈大，$C_{\text{P}^{3-}}$ 愈大，$C_{\text{P}^{3-}}$ 也相当于渣容纳磷的能力。

温度、渣组成固定时，K_m、K_n、$a_{\text{O}^{2-}}$、$f_{\text{PO}_4^{3-}}$、$f_{\text{P}^{3-}}$ 为定值，式（4.74）、式（4.77）左边都为常数。而数值上

$$C_{\text{PO}_4^{3-}} = \frac{K_m a_{\text{O}^{2-}}^{3/2}}{f_{\text{PO}_4^{3-}}}, \quad C_{\text{P}^{3-}} = \frac{K_n a_{\text{O}^{2-}}^{3/2}}{f_{\text{P}^{3-}}}$$

可见，$C_{\text{PO}_4^{3-}}$、$C_{\text{P}^{3-}}$ 仅仅是温度和渣组成的函数。

式（4.73）中磷分压难测到，换成铁液中磷，由

$$\frac{1}{2}\text{P}_2(\text{g}) = [\text{P}] \tag{4.o}$$

$$K_o = \frac{f_{\text{P}}(w_{[\text{P}]}/w^{\ominus})}{(p_{\text{P}_2}/p^{\ominus})^{\frac{1}{2}}}$$

$$(p_{\text{P}_2}/p^{\ominus})^{\frac{1}{2}} = f_{\text{P}}(w_{[\text{P}]}/w^{\ominus})/K_o \tag{4.79}$$

把式（4.79）代入式（4.75），得

$$C_{\text{PO}_4^{3-}} = \frac{w_{(\text{PO}_4^{3-})} K_o}{f_{\text{P}} w_{[\text{P}]}\left(\dfrac{p_{\text{O}_2}}{p^{\ominus}}\right)^{\frac{5}{2}}} \tag{4.80}$$

$$\lg C_{\text{PO}_4^{3-}} = \lg \frac{w_{(\text{PO}_4^{3-})}}{w_{[\text{P}]}} + \lg K_o - \lg f_{\text{P}} - \frac{5}{2}\left(\lg \frac{p_{\text{O}_2}}{p^{\ominus}}\right) \tag{4.81}$$

所以

$$\lg L_{\mathrm{P}} = \lg \frac{w_{(\mathrm{PO}_4^{3-})}}{w_{[\mathrm{P}]}} = \lg C_{\mathrm{PO}_4^{3-}} - \lg K_{\mathrm{o}} + \lg f_{\mathrm{P}} + \frac{5}{2}\lg\left(\frac{p_{\mathrm{O}_2}}{p^{\ominus}}\right) \tag{4.82}$$

式中，$L_{\mathrm{P}} = \dfrac{w_{(\mathrm{PO}_4^{3-})}}{w_{[\mathrm{P}]}}$ 称作磷的分配比，也称为磷的分配系数。K_{o} 为磷在金属液中溶解的平衡常数，可由反应（4.o）的 $\Delta G_{\mathrm{o}}^{\ominus}$ 求得。若 f_{P}、p_{O_2} 已知，即可由 C_{PO_4} 求出磷在渣–金间的分配比。

由式（4.82）可以看出，在渣中磷以（PO_4^{3-}）形态存在的氧势范围内，温度和渣组成固定，则 $C_{\mathrm{PO}_4^{3-}}$ 和 K_{o} 为定值，p_{O_2} 愈高，L_{P} 愈大，即在氧化去磷条件下，体系氧势愈高，去磷效果愈佳；而当温度和氧势（p_{O_2}）固定时，L_{P} 和 $C_{\mathrm{PO}_4^{3-}}$ 成正比，即渣中的磷酸盐容量愈大，其去磷能力愈强。所以说，$C_{\mathrm{PO}_4^{3-}}$ 是体现熔渣氧化去磷能力的量。

对 $\mathrm{CaO-MgO-Fe}_t\mathrm{O-SiO}_2$ 熔渣，水渡等人得到如下经验式

$$\lg C_{\mathrm{PO}_4^{3-}} = \frac{53200}{T} - 18.56 + 11.6x_{\mathrm{CaO}} + 8.6x_{\mathrm{MgO}} + 4.0x_{\mathrm{FeO}} \tag{4.83}$$

同理，把式（4.79）代入式（4.78）可得

$$C_{\mathrm{P}} = \frac{K_{\mathrm{o}}w_{(\mathrm{P}^{3-})}\left(\dfrac{p_{\mathrm{O}_2}}{p^{\ominus}}\right)^{\frac{3}{4}}}{w_{[\mathrm{P}]}f_{\mathrm{P}}} \tag{4.84}$$

上式两边取对数整理得

$$\lg L_{\mathrm{P}} = \lg \frac{w_{(\mathrm{P}^{3-})}}{w_{[\mathrm{P}]}} = \lg C_{\mathrm{P}^{3-}} - \lg K_{\mathrm{o}} - \frac{3}{4}\lg \frac{p_{\mathrm{O}_2}}{p^{\ominus}} + \lg f_{\mathrm{P}} \tag{4.85}$$

由式（4.85）也可以看出，在渣中磷以（P^{3-}）存在的氧势范围内，温度和渣组成固定，p_{O_2} 愈低，L_{P} 愈大，即在还原去磷条件下，体系的氧势愈低去磷效果愈好；在温度和氧势一定时，L_{P} 与 $C_{\mathrm{P}^{3-}}$ 成正比，即渣的磷容愈大，其去磷能力愈强，所以 $C_{\mathrm{P}^{3-}}$ 是体现熔渣还原去磷能力的量。

4.5.4　去磷平衡和光学碱度

杜非（Duffy）等人研究了 M^{2+} 离子的纯氧化物的光学碱度 $\lambda_{\mathrm{M}^{2+}}$ 与泡令（Pauling）的电负性间的关系，提出以下公式：

$$\lambda_{\mathrm{M}^{2+}} = \frac{1}{1.36(x - 0.26)} \tag{4.86}$$

并将多元系的光学碱度定义为

$$\lambda = \sum f_{\mathrm{M}^{2+}}\lambda_{\mathrm{M}^{2+}} \tag{4.87}$$

式中，x 为泡令电负性；$f_{\mathrm{M}^{2+}}$ 为 M^{2+} 的等价阳离子分数。

光学碱度 λ 值随 P^{5+}、Si^{4+} 增多而减少，随 Ca^{2+}、Na^+ 等增多而增大，与渣中氧离子活度（$a_{\mathrm{O}^{2-}}$）非常类似。丸桥等人研究了 1600℃ 碳酸钠渣系对铁水去磷，以 λ 为参数整理熔渣去磷能力，得出下列关系式

$$\lg \gamma_{\mathrm{P}_2\mathrm{O}_5} = 14.02 - 46.61\lambda \tag{4.88}$$

并由去磷反应

$$[P] + \frac{3}{2}(O^{2-}) + \frac{5}{2}[O] = (PO_4^{3-}) \qquad (4.p)$$

的平衡常数式

$$K_p = \frac{\gamma_{PO_4^{3-}} \cdot x'_{PO_4^{3-}}}{(w_{[P]}/w^\ominus) a_{O^{2-}}^{3/2} \cdot (a_O)^{2.5}}$$

得到

$$\ln \frac{x'_{PO_4^{3-}}}{(w_{[P]}/w^\ominus)(a_O)^{2.5}} = \ln(a_{O^{2-}}^{3/2} \gamma_{PO_4^{3-}}) + \ln K_p \qquad (4.89)$$

再由实验结果得出下列回归式

$$\ln \frac{x'_{PO_4^{3-}}}{(w_{[P]}/w^\ominus)(a_O)^{2.5}} = 55.23\lambda - 27.91 \qquad (4.90)$$

相关系数 $\gamma = 0.91$。

由式 (4.88)、式 (4.90) 可见，$\lg\gamma_{P_2O_5}$ 和 $\ln\dfrac{x'_{PO_4^{3-}}}{(w_{[P]}/w^\ominus) \cdot (a_O^H)^{2.5}}$ 均与 λ 近似成一次函数关系。实验发现，用含 Na_2O 的渣去磷比不含 Na_2O 的渣去磷能力强。

4.6　熔渣中组元活度的实验测量

熔渣中组元的活度可以根据熔渣组成，利用模型计算，也可以由实验测量，而由模型计算的结果也需由实验验证。因此，熔渣中组元活度的测量是重要而又有意义的工作。

4.6.1　SiO_2 活度

$CaO-SiO_2$ 体系和 $CaO-SiO_2-Al_2O_3$ 体系熔渣中二氧化硅的活度与高炉中硅的还原、炼钢中去硅、脱氧反应等密切相关，具有重要的理论和实际意义。

启普曼等人曾用渣-铁平衡法测量了 $CaO-SiO_2$ 二元系和 $CaO-SiO_2$ -AiO_3 三元系中 a_{SiO_2}。如图 4.6 所示，含 SiO_2 的熔渣在石墨坩埚中与碳饱和的铁液建立平衡

$$(SiO_2) + 2C(gr) = [Si]_{Fe} + 2CO(g) \qquad (4.q)$$

$$K_q = \frac{a_{Si}}{a_{SiO_2}}\left(\frac{p_{CO}}{p^\ominus}\right)^2$$

当 $p_{CO}=p^\ominus$ 时，

$$a_{SiO_2} = \frac{a_{Si}}{K_q} \qquad (4.91)$$

图 4.6　渣-铁平衡
测 a_{SiO_2} 示意图

式中 $K_q^\ominus$ 可由下列反应的标准吉布斯自由能的变化求得

$$SiO_2(s) + 2C(gr) = Si(l) + 2CO(g) \qquad (4.r)$$

$$\Delta G_{21}^\ominus = 675700 - 365.7T \quad J/mol$$

$$\ln K_q = \ln K_r = -\frac{\Delta G_2^{\ominus}}{RT}$$

a_{Si} 可由下式求得

$$a_{Si} = x_{Si} \gamma_{Si}$$

式中，γ_{Si} 为碳饱和的 Fe-C-Si 熔体中硅的活度系数，已被许多人研究，可从文献中查得；x_{Si} 可由平衡后的铁样分析得到。

把计算出的 a_{Si} 和 $K_q^{\ominus}$ 代入式（4.91），算出渣中 a_{SiO_2}。

此法仅适用于 SiO_2 含量不太高的熔渣。若渣中 SiO_2 太高，铁液 ［Si］含量增大到一定程度则会发生下列反应

$$[Si] + C(gr) \Longrightarrow SiC(s) \tag{4.s}$$

$$a_{Si} = \frac{1}{K_s}$$

反应（4.s）中 a_{Si} 的标准状态为纯熔融硅，有

$$\Delta G_s^{\ominus} = -123590 + 37.66T \quad J/mol$$

则

$$\ln a_{Si} = \frac{\Delta G_s^{\ominus}}{RT} = -3.4069$$

$$a_{Si} = 0.033$$

所以，取 $t = 1600℃$，若 $a_{Si} < 0.033$，反应（4.s）不会向右进行，可以按反应（4.q）测 a_{SiO_2}。若 $a_{Si} > 0.033$，则反应（4.s）可以向右进行，需按下列反应测 a_{SiO_2}：

$$(SiO_2) + 3C(gr) \Longrightarrow SiC(s) + 2CO(g) \tag{4.t}$$

$$K_t = \frac{\left(\dfrac{p_{CO}}{p^{\ominus}}\right)^2}{a_{SiO_2}}$$

$$a_{SiO_2} = \frac{\left(\dfrac{p_{CO}}{p^{\ominus}}\right)^2}{K_t}$$

采用渣-气平衡法，测出平衡 p_{CO}，由 $\Delta G_t^{\ominus}$ 算出 K_t，则可求出 a_{SiO_2}。

两种情况都需要利用热力学数据 $\Delta G^{\ominus}$ 计算 K 值。$\Delta G^{\ominus}$ 数据的误差会影响 a_{SiO_2} 的精度。

邹元燨等人对上述方法进行了改进。由于 Cu 和 Mo 不互溶，且 Si 在 Cu 中活度系数很小，用 Cu 作溶剂金属，Mo 作坩埚，可以测量任何组成的熔渣中 SiO_2 的活度。该方法的化学反应为

$$(SiO_2) + 2H_2(g) \Longrightarrow [Si]_{Cu} + 2H_2O(g) \tag{4.u}$$

$$K_u = \frac{a_{Si}}{a_{SiO_2}} \left(\frac{p_{H_2O}}{p_{H_2}}\right)^2$$

Ca、Al 在 Cu 中几乎不溶，可认为它们对 Cu 中 Si 的活度没有影响，且 Si 在 Cu 中含量甚低，可以假定服从亨利定律，$f_{Si} \approx 1$，于是

$$K_u = \frac{x_{Si}}{a_{SiO_2}} \left(\frac{p_{H_2O}}{p_{H_2}}\right)^2$$

为避免引用别人的热力学数据 $\Delta G^\ominus$ 而引入误差，并消除炉内气氛偶尔波动对实验结果的影响，邹元燨等采用了参考渣方法：在炉内放两个坩埚，一个是 Mo 坩埚，平衡反应与式（4.u）相同；另一个是石英坩埚，放 SiO_2 饱和的参考渣。如图 4.7 所示。

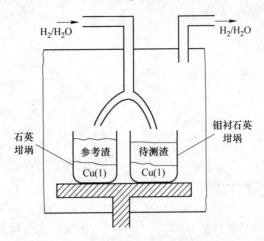

图 4.7 SiO_2 活度测定平衡实验示意图

对参考渣，平衡反应为

$$(SiO_2)_{sat} + 2H_2(g) \Longrightarrow [Si]_{Cu} + 2H_2O(g) \qquad (4.v)$$

$$K_v = \frac{a_{Si}}{a_{SiO_2}}\left(\frac{p_{H_2O}}{p_{H_2}}\right)^2$$

因 SiO_2 饱和，$a_{SiO_2}=1$，铜中硅的活度以 1% 摩尔分数为标准状态，所以

$$K_v = x'_{Si} \cdot \left(\frac{p_{H_2O}}{p_{H_2}}\right)^2$$

反应（4.u）、（4.v）都在同一温度、气氛下进行，则

$$K_u = K_v , \quad \frac{x_{Si}}{a_{SiO_2}} = x'_{Si}$$

因此

$$a_{SiO_2} = \frac{x'_{Si}}{x_{Si}} \qquad (4.92)$$

式中，a_{SiO_2} 为待测渣中 SiO_2 的活度，x_{Si}、x'_{Si} 分别为与待测渣和参考渣平衡的铜液中硅含量，可由平衡后的铜样分析得到。这样就由实验得到不同浓度熔渣中 SiO_2 的活度，结果如图 4.8、图 4.9 所示。

4.6.2 CaO 活度

邹元燨等人采用上述方法，以金属锡为溶剂，测定了 $CaO\text{-}SiO_2$、$CaO\text{-}SiO_2\text{-}Al_2O_3$ 系中 CaO 的活度。因为 Si、Al 在锡中溶解度极微，几乎不溶，可认为它们对锡中 [Ca] 的活度无影响。Sn 中 Ca 浓度也很低，可以认为 $f_{Ca}\approx 1$，所以，$a_{Ca}\approx x_{Ca}$。根据如下化学

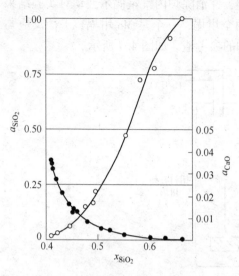
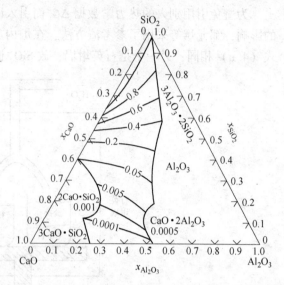

图 4.8　CaO-SiO$_2$ 二元系中 CaO、　　　　　　　　图 4.9　SiO$_2$-CaO-Al$_2$O$_3$ 三元系中
　　　SiO$_2$ 的活度曲线（1600℃）　　　　　　　　　　　SiO$_2$ 的等活度曲线（1600℃）

反应

$$(CaO) + C(gr) \Longrightarrow [Ca]_{Sn} + CO(g) \tag{4.w}$$

　　平衡实验在石墨坩埚内进行，$a_C = 1$，控制炉内 $p_{CO} = p^{\ominus}$，温度恒定，反应达成平衡，则

$$K_w = \frac{a_{Ca} p_{CO}}{a_{CaO} a_C p^{\ominus}} = \frac{x_{Ca}}{a_{CaO}}$$

　　在实验炉内，另一石墨坩埚中盛 CaO 饱和的 CaO-CaF$_2$ 二元参考渣，有下列平衡：

$$(CaO)_{sat} + C(gr) \Longrightarrow [Ca]_{Sn} + CO(g) \tag{4.x}$$

$$K_x = x'_{Ca}$$

两个平衡反应在同一条件下进行，则 $K_w = K_x$

$$a_{CaO} = \frac{x_{Ca}}{x'_{Ca}} \tag{4.93}$$

式中，a_{CaO} 为待测渣中 CaO 的活度；x_{Ca}、x'_{Ca} 分别为与待测渣、参考渣平衡的 Sn 中 Ca 含量，可由平衡金属样分析得到。测得的 CaO-SiO$_2$ 二元系和 CaO-SiO$_2$-Al$_2$O$_3$ 三元系等活度线示于图 4.8、图 4.10。

4.6.3　MnO 活度

　　高炉中的锰还原、炼钢前期锰氧化，后期用 Si-Mn 脱氧，以及炼高锰钢，都涉及含 MnO 的渣系，要进行热力学分析，需要知道渣中 MnO 的活度。

4.6.3.1　FeO-MnO 二元系

　　启普曼等人研究了 Mn 在 FeO-MnO 渣与铁液间的分配平衡

$$(FeO) + [Mn] \Longrightarrow Fe(l) + (MnO) \tag{4.y}$$

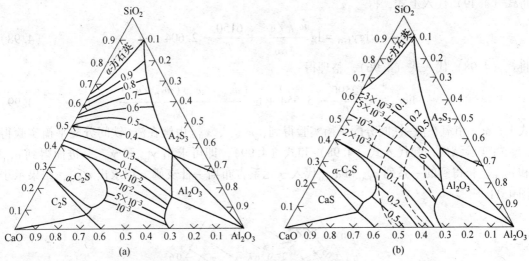

图 4.10 SiO_2-CaO-Al_2O_3 三元系等活度曲线（1600℃）

(a) SiO_2 的活度；(b) CaO（实线）和 Al_2O_3（虚线）的活度

实验采用 MgO 坩埚，结果发现，平衡常数可以用浓度表示，即

$$\lg K_y = \lg \frac{x_{MnO}}{x_{FeO}(w_{[Mn]}/w^\ominus)} = \frac{6640}{T} - 2.95 \tag{4.94}$$

这表明：FeO-MnO 二元系可按理想溶液处理；铁液中的 Mn 遵从亨利定律，可按稀溶液处理

$$a_{Mn} = \frac{w_{[Mn]}}{w^\ominus}$$

4.6.3.2 FeO-SiO_2-MnO 三元系

对于 FeO-SiO_2-MnO 三元系，由于 SiO_2 的加入，偏离了理想溶液。保尔（Boll）等人研究了 Mn 在此三元系熔渣与铁液间的分配平衡

$$(FeO) + [Mn] \Longrightarrow Fe(l) + (MnO) \tag{4.z}$$

渣中的 FeO、MnO 分别取纯液态 FeO、MnO 为标准状态，铁液中的锰取 1% 质量浓度溶液为标准状态。

$$\lg K_z = \lg \frac{a_{MnO}}{a_{FeO}a_{Mn}} \approx \lg \frac{\gamma_{MnO}x_{MnO}}{\gamma_{FeO}x_{FeO}(w_{[Mn]}/w^\ominus)} \tag{4.95}$$

式中，x_{MnO}、x_{FeO} 和 $w_{[Mn]}$ 由平衡实验得到；$\lg K_z$ 由式（4.94）计算。结果为

$$\lg \gamma_{MnO} = \frac{6440}{T} - 2.95 + \lg \gamma_{FeO} - \lg \frac{x_{MnO}}{x_{FeO}(w_{[Mn]}/w^\ominus)} \tag{4.96}$$

用与上面相同组成的三元熔渣进行氧的分配平衡实验，有

$$(FeO) \Longrightarrow Fe(l) + [O]$$

$$K_{a'} = \frac{a_O}{\gamma_{FeO}x_{FeO}} = \frac{w_{[O]}/w^\ominus}{\gamma_{FeO}x_{FeO}}$$

$$\lg \gamma_{FeO} = \lg \frac{w_{[O]}/w^\ominus}{x_{FeO}} - \lg K_{a'} \tag{4.97}$$

将式 (4.49) 代入上式，得

$$\lg \gamma_{FeO} = \lg \frac{w_{[O]}/w^{\ominus}}{x_{FeO}} + \frac{6150}{T} - 2.604 \qquad (4.98)$$

将式 (4.98) 代入式 (4.96)，整理得

$$\lg \gamma_{MnO} = \frac{12590}{T} - 5.554 + \lg \frac{(w_{[Mn]}/w^{\ominus})(w_{[O]}/w^{\ominus})}{x_{MnO}} \qquad (4.99)$$

式中，$w_{[O]}$ 由氧在渣-铁间分配平衡实验得到；$w_{[Mn]}$、x_{MnO} 由锰在渣-铁间分配平衡实验得到。将实验结果一起代入式 (4.98) 和式 (4.99)，即可求出 γ_{FeO} 和 γ_{MnO}，进而得到 a_{FeO} 和 a_{MnO}。将得到的一系列 a_{FeO} 和 a_{MnO} 代入三元系吉布斯—杜亥姆方程求出 a_{SiO_2}，结果示于图 4.11。

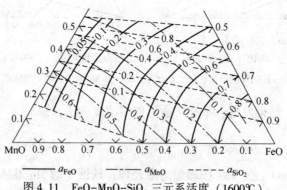

图 4.11 　FeO-MnO-SiO$_2$ 三元系活度 （1600℃）

4.6.3.3 　CaO-MnO-SiO$_2$ 三元系及多元系熔渣中 a_{MnO}

对于 CaO-MnO-SiO$_2$ 三元系的等活度图和 CaO-MnO-FeO-SiO$_2$-Al$_2$O$_3$ 多元系熔渣的等活度系数图已有人进行了测量，如图 4.12、图 4.13 所示。这类多元系熔渣中 γ_{MnO} 在 1530~1700℃ 范围内不受温度影响。对于三元以上的多元渣，通常将性质相近的组元归并为一个组元，从而将三元以上的多元渣当做三元渣处理。

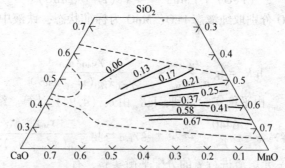

图 4.12 　CaO-SiO$_2$-MnO 三元系中 SiO$_2$ 的等活度曲线 （1500℃）

4.6.4 　P$_2$O$_5$ 活度

托克道根 （Turkdogan） 等人研究了含磷熔渣的 P$_2$O$_5$ 活度系数，钢液中 $w_{[P]}$ 为 0.003%~0.6%，熔渣组成见表 4.3。

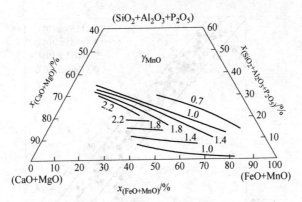

图 4.13 碱性炉渣等 γ_{MnO} 曲线图（1530~1700℃）

表 4.3 熔渣组成

组元 i	CaO	SiO₂	MnO	MgO	FeO	Al₂O₃	P₂O₅
摩尔分数 x_i	0.4~0.8	0.01~0.2	0~0.1	0~0.2	0.05~0.55	0~0.03	0.01~0.2

钢液中磷的氧化反应可以写作

$$2[P] + 5[O] \rightleftharpoons (P_2O_5)$$

渣中（P_2O_5）取纯液态 P_2O_5 为标准状态，钢液中 [O] 和 [P] 均取 1% 质量浓度溶液为标准状态。

$$\lg K_{b'} = \lg \frac{a_{P_2O_5}}{(a_O)^5 \cdot (a_P)^2} \approx \lg \frac{a_{P_2O_5}}{\left(\dfrac{w_{[O]}}{w^\ominus}\right)^5 \left(\dfrac{w_{[P]}}{w^\ominus}\right)^2} = \frac{36850}{T} - 29.07 \qquad (4.100)$$

则表观平衡常数

$$K' = \frac{x'_{P_2O_5}}{\left(\dfrac{w_{[O]}}{w^\ominus}\right)^5 \left(\dfrac{w_{[P]}}{w^\ominus}\right)^2} \qquad (4.101)$$

可由分析平衡实验的熔渣和金属熔体的平衡组成计算得到。由式（4.100）和式（4.101）得

$$\lg\gamma_{P_2O_5} = \lg K_{b'} - \lg K' = \frac{36850}{T} - 29.07 - \lg K'$$

以 $\lg\gamma_{P_2O_5}$ 对 $\sum_i A_i x_i$ 作图，得图 4.14。由图可见，在不同温度下，$\lg\gamma_{P_2O_5}$ 与组元浓度均呈直线关系。回归得到经验公式

$$\lg\gamma_{P_2O_5} = -1.12\sum_i A_i x_i + B \qquad (4.102)$$

式中

$$\sum_i A_i x_i = 22x_{CaO} + 15x_{MgO} + 13x_{MnO} + 12x_{FeO} - 2x_{SiO_2} \qquad (4.103)$$

$$B = -\frac{42000}{T} + 23.58 \qquad (4.104)$$

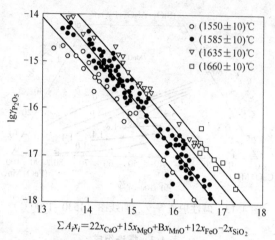

$$\sum A_i x_i = 22x_{CaO} + 15x_{MgO} + Bx_{MnO} + 12x_{FeO} - 2x_{SiO_2}$$

图 4.14 炉渣的组成和温度对 P_2O_5 活度系数的影响

瓦尔德（Ward）等人对式（4.102）的温度作了校正，得到

$$\lg\gamma_{P_2O_5} = -1.2\sum_i A_i x_i - \frac{44600}{T} + 23.80 \qquad (4.105)$$

已知渣的组成和去磷反应温度，即可用上式求出熔渣中 $\lg\gamma_{P_2O_5}$ ，进而由

$$a_{P_2O_5} = \gamma_{P_2O_5} x_{P_2O_5}$$

得到 $a_{P_2O_5}$ 。

4.7 气体在渣中的溶解

4.7.1 水蒸气在渣中的溶解

干燥的氢气在熔渣中几乎不溶解，但是水蒸气能被熔渣吸收。炼钢过程中，炉气中的水蒸气会溶入熔渣，再通过熔渣增加钢中氢，影响钢的质量。

实验发现在 1370~1550℃，25% $H_2O(g)$ +75%（H_2+N_2）混合气体与组成为 $w_{(CaO)}=$ 40%、$w_{(SiO_2)}=40\%$、$w_{(Al_2O_3)}=20\%$ 的熔渣平衡时，p_{H_2O} 固定，不论怎样改变 p_{H_2} ，熔渣中氢含量都保持恒定，说明氢分压及体系中氧势不影响氢在渣中的溶解度。温度一定，固定组成的渣中氢的溶解度与 p_{H_2O} 的关系遵从平方根定律

$$\frac{w_{H_2O}}{w^\ominus} = K_{H_2O}\left(\frac{p_{H_2O}}{p^\ominus}\right)^{1/2} \qquad (4.106)$$

或

$$\frac{w_{H_2}}{w^\ominus} = K_{H_2}\left(\frac{p_{H_2O}}{p^\ominus}\right)^{1/2} \qquad (4.107)$$

式中，K_{H_2O} 和 K_{H_2} 均为比例系数，是仅与温度和熔渣组成有关的常数，因有 $K_{H_2O}=18K_{H_2}$ 。

根据固态熔渣红外光谱分析，认为水蒸气在熔渣中的存在形态与熔渣组成有关。在碱性渣中，水蒸气以（OH^-）离子形态存在，溶解反应为

$$H_2O(g) + (O^{2-}) \Longrightarrow 2(OH^-)$$

在酸性渣中，水蒸气以（OH）羟基的形式溶解，即

$$H_2O(g) + (O^0) \Longrightarrow 2(OH)$$

由 4.1 节已知，O^0 为熔渣中的桥键氧。

弱碱（或弱酸）性熔渣中，H_2O 都能与熔渣中的非桥键氧（O^-）作用，既可能以（OH^-）形态存在，又可能以（OH）羟基形态存在。在弱碱性渣中

$$H_2O(g) + 2(O^-) \Longrightarrow (O^0) + 2(OH^-)$$

在弱酸性渣中

$$H_2O(g) + 2(O^-) \Longrightarrow (O^{2-}) + 2(OH)$$

可见，H_2O 在熔渣中起两性氧化物作用：在碱性渣中，H_2O 吸收 O^{2-}，结合成 OH^-，呈酸性氧化物性质；在酸性渣中，H_2O 使熔渣中 Si—O—Si 键破裂，Si—O 复合离子解离，起碱性氧化物作用。因此，水蒸气在熔渣中的溶解度曲线特征如图 4.15 所示，碱度 $R>1$，随碱度升高，溶解度增加；$R<1$，随碱度降低，溶解度增加；各种熔渣体系的氢含量都有最小值，即溶解度曲线有一个最低点，但最小值所对应的碱性氧化物浓度及 H_2O 溶解量依氧化物种类而异。

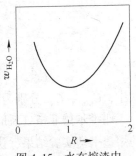

图 4.15　水在熔渣中
溶解度示意图

熔渣中溶解有氢，就会使金属中增氢。对于碱性渣，渣–金间的氢传递反应，可写作

$$2(OH^-) \Longrightarrow 2[H] + [O] + (O^{2-})$$

$$K = \frac{(a_H)^2 a_O a_{O^{2-}}}{a_{OH^-}^2} \tag{4.108}$$

一定温度下 K 为常数，可见，金属中 [H] 含量随渣中氢含量增加而增加，高碱度、高氧势不利于金属从渣中吸氢，而碱度低的还原渣易使金属增氢。

对于酸性渣，渣–金间的氢传递反应为

$$(OH) \Longrightarrow [H] + [O]$$

$$K = \frac{a_H a_O}{a_{OH}} \tag{4.109}$$

4.7.2　氮在渣中的溶解

除氢之外，氮也会对冶金过程和金属产品产生影响，熔渣吸收氮也是冶炼过程需要研究的问题。实验发现，在氧化性或中性气氛中，熔渣几乎不吸收氮，而在还原条件下，氮能大量地溶解在渣中。氮在硫酸盐熔渣中的溶解与氧势密切相关。实验发现，$(p_{O_2}/p^\ominus)$ 由 10^{-16} 增加到 10^{-13}，渣中 $\frac{w(N)}{w^\ominus}$ 由 0.19 猛降到 0.004。在 $CaO\text{-}SiO_2\text{-}Fe_tO$ 渣中，$p_{O_2}/p^\ominus = 10^{-10}$，氮并不溶解于渣中，若向渣中加入硅或铝，将 FeO 还原，熔渣中不含 FeO 则熔渣吸氮。所以认为，p_{O_2} 降到低于铁液与渣中 FeO 平衡值以下，氮才有可能溶入渣中。

通常由 $N_2\text{-}CO\text{-}Ar$ 混合气体与碳饱和熔渣的平衡实验测氮的溶解度。实验发现，在 1500℃，氮在渣中的溶解度随 SiO_2 含量的减少而增加，同时碳在熔渣中的含量也增加。

据此认为氮在熔渣中以（CN^-）的形态存在。但随测量条件不同，渣中 $\dfrac{w_{(N)}}{w_{(C)}}$ 在 0.6~19 范围内变化。氮含量比按化学计量的 CN^- 高，认为氮也可能以（N^{3-}）的形态溶解于渣中。因此，渣中氮的溶解反应可以写成如下两种形式：

$$3C(s) + N_2(g) + (O^{2-}) = 2(CN^-) + CO(g)$$

$$K_{CN^-} = \frac{p_{CO}f_{CN^-}^2[w_{(CN^-)}/w^{\ominus}]^2}{p_{N_2}a_{O^{2-}}}$$

$$C_{CN^-} = [w_{(CN^-)}/w^{\ominus}]/(p_{CO}/p_{N_2})^{1/2} = [K_{CN^-}a_{O^{2-}}]^{1/2}/f_{CN^-} \tag{4.110}$$

$$3C(s) + N_2(g) + 3(O^{2-}) = 2(N^{3-}) + 3CO(g)$$

$$K_{N^{3-}} = \frac{p_{CO}^3}{p_{N_2}(p^{\ominus})^2} \frac{f_{N^{3-}}^2[w_{(N^{3-})}/w^{\ominus}]^2}{a_{O^{2-}}^3}$$

$$C_{N^{3-}} = [w_{(N^{3-})}/w^{\ominus}]/[p_{CO}^3/p_{N_2}(p^{\ominus})^2]^{1/2} = [K_{N^{3-}}a_{O^{2-}}^3/f_{N^{3-}}^2]^{1/2} \tag{4.111}$$

式中，C_{CN^-}、$C_{N^{3-}}$ 分别为氰化物容量和氮化物容量。

谢维尔德菲格（Schwerdtfeger）基于组成为 $w_{(CaO)} = 48\%$、$w_{(SiO_2)} = 40\%$、$w_{(Al_2O_3)} = 12\%$ 的熔渣平衡实验结果，认为熔渣中的氮大部分以 N^{3-} 形态存在，少量以 CN^- 形态存在。但目前对于氮在熔渣中的存在形态尚无定论。

依目前测量结果，1550℃ 以上对于 $CaO-Al_2O_3-SiO_2$ 系熔渣，在 CO、N_2 为定值的情况下，氮在熔渣中的溶解量仍随时间延长而增加，其溶解度并非定值，可能是由于副反应产生 SiO（g）使熔渣中 SiO_2 不断减少所致。

$$(SiO_2) + C(s) = CO(g) + SiO(g)$$

4.8　熔渣的物理化学性质

黏度、密度、熔化温度、表面张力、界面张力等熔渣的物理化学性质与熔渣组成有密切关系，研究熔渣的这些物理化学性质不仅对冶金过程非常重要，而且有助于揭示熔渣结构。

4.8.1　渣的熔化温度

渣是多元复杂体系。很多固态渣是多相机械混合物，无固定熔点，它的熔化发生在一定的温度范围内。而通常指的渣熔化温度（或称熔点）是指固态渣完全转变为均匀液相的温度或液态渣冷却时开始析出固相的温度，可以由渣相图的液相线或液相面确定，或用热分析法、淬火法或热丝法测定。试样变形法（半球法）测定的"熔化温度"是一种实用的相对比较标准的方法。渣熔化温度是决定冶炼过程温度制度的重要因素。从节能和延长炉龄的角度考虑，应尽量采取低温操作，这就要求渣有较低的熔化温度。渣的熔化温度主要和其组成有关。图 4.16 是 $FeO-CaO-SiO_2$ 系炼钢渣熔点与组成的关系图。每条曲线上不同组成的渣熔点相同，故又称之为等熔点曲线。由图可见，此渣系在 $\dfrac{w_{(FeO)}}{w_{(SiO_2)}} \approx 1$，$\dfrac{w_{(CaO)}}{w^{\ominus}} \approx$ 10 左右的组成范围内熔点最低。而实际冶炼中不能单纯追求熔点低，必须兼顾熔渣的其他性质来选择适宜的渣成分。例如，为满足去硫的需要，希望渣碱度在 2 以上，同时要求有良好的流动性。根据这一要求，在图 4.16 中，连接底线 FeO-CaO 上 $\dfrac{w_{(CaO)}}{w_{(SiO_2)}}=2$ 的点与 FeO 顶点得到一直线。此线上在 $\dfrac{w_{(FeO)}}{w^\ominus}<30$ 范围内渣中 FeO 越高，熔点越低，流动性越好。

在对冶炼无其他影响时，为降低渣的熔化温度可向渣中加 CaF_2、Na_2O、Na_2CO_3 等助溶剂，但要考虑这些物质对炉衬的侵蚀性，应尽量少用。

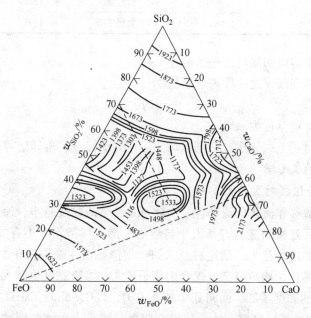

图 4.16　$FeO-CaO-SiO_2$ 系等熔点曲线

4.8.2　熔渣的黏度

熔渣的黏度是对冶炼反应速率、金属损失、炉衬寿命等都有重要影响的性质，有时甚至成为冶炼能否顺利进行的关键。因此，任何冶炼过程都要求熔渣黏度适宜。

黏度可理解为液体流动时产生的内摩擦力。熔体层流动时，可认为由无数互相平行的流动层构成。如图 4.17 所示，相距 dz 的相邻两液层分别以 v 及 $v+dv$ 速度流动，两液层间产生一对大小相等方向相反的内摩擦力

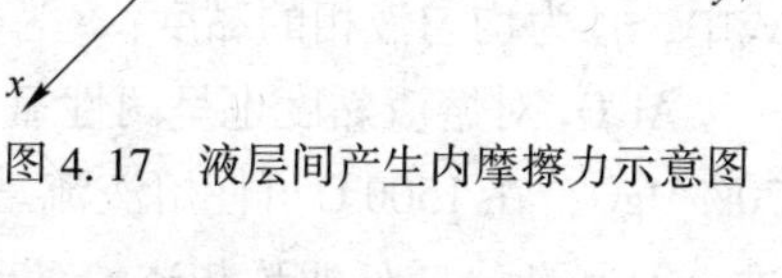

图 4.17　液层间产生内摩擦力示意图

f，力图阻止两液层间的相对运动。内摩擦力 f 的大小与两液层间接触面积 A、速率梯度 dv/dz 成正比，即

$$f=\eta A(dv/dz) \qquad (4.112)$$

式中，η 为比例常数，称为黏度系数，简称黏度，又称动力黏度。若面积 $A=1m^2$、$dv/dz=$·$1s^{-1}$ 时 $f=\eta$，可见，黏度是单位速率梯度、单位面积液层间的内摩擦力，单位为 $Pa\cdot s$，

即牛顿·秒/米^2(N·s/m^2)。以往资料用泊（P）表示，1Pa·s＝10P。某些液体的黏度范围见表4.4。

表 4.4　某些液体的黏度

液 体	温度/℃	黏度/N·s·m^{-2}	液 体	温度/℃	黏度/N·s·m^{-2}
水	25	8.9×10^{-4}	钢液	1595	2.5×10^{-3}
松节油	25	1.6×10^{-3}	稀熔渣	1595	2.0×10^{-3}
蓖麻油	25	0.8	正常熔渣	1595	2.0×10^{-2}
生铁液	1425	1.5×10^{-3}	黏稠熔渣	1595	≥0.2

由表可见，正常熔渣的黏度比松节油还大些。

动力黏度与流体密度 ρ 之比称为运动黏度

$$\nu = \eta/\rho \tag{4.113}$$

运动黏度 ν 的法定计量单位为 m^2/s。

高温熔体黏度可用毛细管法、扭摆振动法、柱体旋转法、落球法等实验测量，具体测量方法及装置可查有关专著。

4.8.2.1　熔渣组成对黏度的影响

运动黏度的倒数称作流体的流动性。由此可见，熔渣黏度越小，流动性越好。黏度体现了熔渣中迁移基元迁移的能力，其大小与熔渣内部迁移基元大小有关，迁移基元越大，移动越困难，液体黏度也越大。从这种意义讲，熔渣黏度主要取决于复杂阴离子的结构，阴离子聚合程度越高，结构越复杂，聚合阴离子越大，熔渣黏度也越大。因此，向酸性渣中加入 SiO$_2$，熔渣的黏度增加，而向其中加入 CaO、FeO、MnO、MgO 等碱性氧化物，碱性氧化物放出的 O^{2-} 破坏硅氧聚合体，使聚合阴离子变小，熔渣黏度减小。渣中碱性氧化物与 SiO$_2$ 之比超过正硅酸盐中这两种氧化物的比值，阴离子几乎变为单独的四面体 SiO$_4^{4-}$，继续增加碱性氧化物，熔渣黏度不会进一步减小。相反，若 CaO 等高熔点碱性氧化物增加过多，CaO 在温度不够高的熔池中不能全部熔化或以高熔点化合物（如 2CaO·SiO$_2$）的固体颗粒析出，反而使熔渣黏度增大。分散状高熔点固相物质点在液相内形成了相界面，产生内摩擦力，这种由于固相物质不能完全熔化形成的非均相渣的黏度称为"表现黏度"，其大小与固体悬浮粒子数有关，可用下式表示

$$\eta = \eta_0(1 + 2.5\varphi) \tag{4.114}$$

式中，η_0 为均匀液相的黏度；φ 为分散状悬浮物质所占的体积百分数。

Al$_2$O$_3$ 对熔渣黏度也呈两性氧化物作用。对所有含 CaO 为 22%～58%的渣，加入10%～20%MgO，在1500℃可使熔渣流动性变得良好。向高碱度渣中加入 CaF$_2$ 等助溶剂，能促进 CaO 熔化，降低非均相渣的黏度。CaF$_2$ 在渣中产生的阴离子 F$^-$ 能破坏 Si—O 键，使复杂阴离子变小，所以能降低酸性渣的黏度。

熔渣黏度与各组元间的定量关系尚不清楚，但人们对各种渣系的黏度进行了大量测量，并将测量结果绘制成等黏度图。

图4.18 和图4.19是冶金中常用的等黏度图。由图4.18可见，在 Al$_2$O$_3$ 含量不变的情况下，熔渣碱度低，黏度较高；碱度提高，黏度下降；超过一定碱度后，继续提高碱度，

黏度迅速增加，表明已出现多相渣。在图中碱性渣成分范围内，等黏度曲线分布密，表明成分稍有波动，黏度就会大幅度变化；而在酸性渣范围内，等黏度线稀疏，表明黏度随成分变化缓慢。从黏度考虑，这类渣是较理想的生产用渣。借助黏度曲线，可以选择黏度适宜的渣成分，通常希望渣的黏度低、流动性好。由图 4.18 可见，组成在 50%CaO、40%SiO$_2$、10%Al$_2$O$_3$ 附近渣的黏度最小。但在实际生产中，还要兼顾其他因素综合考虑。

由图 4-19 可见，$\dfrac{w_{(CaO)}}{w_{(SiO_2)}} \approx 1$ 附近，熔渣黏度最小；$\dfrac{w_{(CaO)}}{w_{(SiO_2)}}$ 固定，增加 FeO 含量，黏度下降；而在 $\dfrac{w_{(CaO)}}{w_{(SiO_2)}} > 2.5$ 的碱性渣成分范围内 FeO 含量已较高，这种影响已不那么明显。

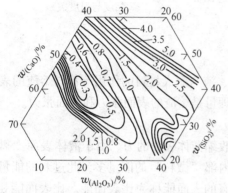 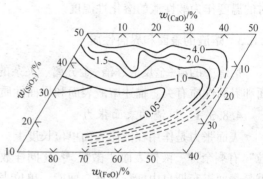

图 4.18　1773K CaO-Al$_2$O$_3$-SiO$_2$ 系等黏度曲线　　图 4.19　1623K FeO-CaO-SiO$_2$ 系等黏度曲线

4.8.2.2　黏度与温度的关系

熔渣黏度与温度的关系为

$$\eta = Ae^{E_\eta/RT} \tag{4.115}$$

式中，E_η 为黏流活化能，是熔渣流动基元由一个平衡位置移动到另一个平衡位置所克服的最小能量障碍；A 为常数，由熔渣本性决定。

由式（4.115）可以看出，熔渣组成一定，温度升高，黏度下降。对于含 SiO$_2$ 偏高的酸性熔渣，温度升高，热振动加强，Si—O 键易断裂，聚合体可能产生新的较小的结构单元，使熔渣黏流活化能降低，黏度下降。非均相渣属非牛顿型流体，式（4.115）不适用，但温度升高，有利于固相颗粒的熔化，因而黏度也下降。因此，无论酸性渣或碱性渣，温度升高黏度都降低。由图 4.20 可见，随温度变化，碱性渣黏度变化比酸性渣变化大。这是因为在 $T>T_2$ 的温度，渣中无固相物质，而碱性渣的离子比酸性渣的离子小，较小的离子容易移动，因此碱性渣黏度较低。而当温度降到液相线以下，体积小运动快的离子容易生成晶核并迅速构成新晶相析出。均相强碱性熔渣在初晶开始析出的温度附近，能较快地转变为多相渣，从而引起黏度迅速增大。图 4.20 显示碱性渣黏度随温度变化率大。酸性渣阴离子的结构复杂，尺寸大，移动困难，通过传质组成新晶相析出则需要较大扩散活化能和较长的时间，因此，均相酸性熔渣析出新晶相较困难，甚至在低于液相线温度仍能保持过冷的均匀液相。熔渣的实际结晶温度与理论结晶温度之差称为过冷度。过冷现象广泛存在于硅酸盐熔体中，且随碱度降低，过冷度增大。这种熔渣冷却时，黏度逐渐增大，直至凝成玻璃态固体。

由图 4.20 可以看出，两种渣黏度同样改变 $\Delta\eta$ 时，酸性渣温度变化范围 ΔT_2 比碱性渣温度变化范围 ΔT_1 长，通常称酸性渣为长渣（或称稳定渣），称碱性渣为短渣（或称不稳定渣）。

熔化性温度也是冶金熔渣的重要性质，所谓熔化性温度是固态渣熔化后开始自由流动的温度，其不同于熔化温度，后者是加热时固态渣完全转变为液相的温度。溶化性温度又是熔渣黏度急剧转变的转折温度，碱性渣有较明显的转折温度，而酸性渣转折点不明显。一般以黏度达到 $2 \sim 2.5 \mathrm{Pa \cdot s}$ 时的温度作为酸性渣的溶化性温度。

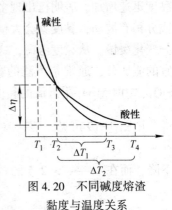

图 4.20　不同碱度熔渣
黏度与温度关系

4.8.3　熔渣的表面和界面性质

冶炼中的渣-金反应、渣-金分离、夹杂的排出、渣与耐火材料的作用等都与熔渣的表面和界面性质有关。描述熔渣表面和界面性质的物理量是熔渣的表面张力和界面张力。

4.8.3.1　熔渣的表面张力

表面张力是作用在液体表面单位长度上，自动收缩液体表面的力。由于液体表面"微粒"有剩余键，液体表面"微粒"[1] 比同样数量的内部"微粒"的能量多，此过剩的能量就是表面吉布斯自由能，简称表面能。单位表面具有的表面能称为比表面能。比表面能和表面张力是同一现象的两种不同表示方式，具有相同的量纲，都用 σ 表示。

由表面张力产生的原因可知，熔渣表面张力的大小主要取决于熔渣中"微粒"间作用力。"微粒"间的作用力越大，则表面张力越大，表面自由能就越大。由热力学知，表面能

$$G_{表} = \sigma\Omega_{表}$$

式中，$G_{表}$ 为表面能；$\Omega_{表}$ 为表面积。表面积的改变引起的表面能的改变为

$$\mathrm{d}G_{表} = \sigma\mathrm{d}\Omega_{表} \tag{4.116}$$

式中 $\sigma > 0$，所以若 $\mathrm{d}\Omega_{表} < 0$，则必有 $\mathrm{d}G_{表} < 0$。由热力学已知，在恒温恒压条件下，$\mathrm{d}G_{表} < 0$ 的过程为自发过程，所以 $\mathrm{d}G_{表} < 0$ 的过程可以自发进行。因此，任何液体都会自动收缩表面，减小表面积。

由式（4.116）可知，若降低比表面能 σ，表面能 $G_{表}$ 也会减小，即 $\mathrm{d}G_{表} < 0$，所以，降低表面能的过程也可以自发进行。因此，在液体中低表面能的物质会自发地趋向表面。能降低液体比表面能的物质称为表面活性物质，例如，SiO_2、TiO_2、P_2O_5 等酸性氧化物和碱性氧化物 Na_2O、CaF_2 等都是熔渣的表面活性物质，它们会在熔渣表面富集。

电荷半径比 $\dfrac{Z}{r}$ 小的离子之间的作用力小，其在液体表面富集可以降低液体的表面能，表面活性物质都是液体中离子的 $\dfrac{Z}{r}$ 相对小的物质。

---

[1]　这里的"微粒"指的是构成熔渣的分子、离子、复合离子和离子团等结构基元。

图 4.21 示出各种表面活性物质对一种 $CaO-FeO-Fe_2O_3-SiO_2$ 系熔渣表面张力的影响。由图可见，P_2O_5 表面活性最强，而 Al_2O_3 是非表面活性物质，加入 Al_2O_3 熔渣的表面张力提高。

人们已对不同体系熔渣的表面张力做了大量研究，图 4.22 是 $FeO-CaO-SiO_2$ 三元渣系的等表面张力图。由图可见，增加 SiO_2 浓度，表面张力降低，SiO_2 是此类熔渣的表面活性物质。

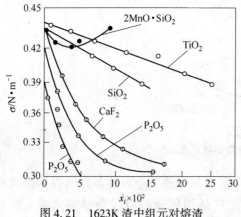

图 4.21　1623K 渣中组元对熔渣
$w_{(CaO)} = 27\%$，$w_{(FeO)} = 36\%$，$w_{(Fe_2O_3)} = 6\%$，
$w_{(SiO_2)} = 31\%$ 表面张力的影响

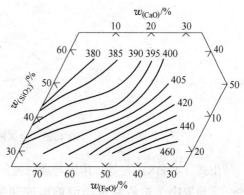

图 4.22　1623K $FeO-CaO-SiO_2$ 系
等表面张力（mN/m）曲线

硅酸盐体系熔渣表面张力可以由加和规则近似计算

$$\sigma_s = \sum_{i=1}^{n} x_i \sigma_i$$

式中，σ_s 为熔渣的表面张力，单位为 N/m；x_i 为组元 i 的摩尔分数；σ_i 为组元 i 的表面张力。

对于纯物质液体，温度升高，"微粒"[●] 间距离增大，相互间作用力降低，因而表面张力下降，即表面张力的温度系数 $\dfrac{\mathrm{d}\sigma}{\mathrm{d}T} < 0$；而对于熔渣，由于有表面活性物质存在，其表面张力降低，温度升高，熔渣吸附表面活性物质的量减少，且阴离子团 $(Si_xO_y)^{z-}$ 分解，致使表面张力增大，所以大多数熔渣在 SiO_2 含量高时，表面张力温度系数 $\dfrac{\mathrm{d}\sigma}{\mathrm{d}T} > 0$。但 SiO_2 含量低时，由于熔渣内离子结构较简单，温度对表面张力的影响以质点间距离增大的效应为主，则 $\dfrac{\mathrm{d}\sigma}{\mathrm{d}T} < 0$。对于多元熔渣，表面张力随温度变化尚未找出一条普遍规律，具体渣系需具体分析。

4.8.3.2　界面张力

两个相邻的单位长度界面上的作用力称为界面张力。据此可见，表面张力是液-气相

[●] 注："微粒"是液体中的结构基元。

间的界面张力。熔渣-金属间的界面张力与熔渣的表面张力间存在一定关系。

如图4.23所示，一滴熔渣在金属液面上，由于界面张力作用呈图示形状。图中σ_m、σ_s分别为金属液、熔渣的表面张力，$\sigma_{m,s}$为金属液与熔渣间的界面张力。熔渣表面张力σ_s与水平方向的夹角θ称为渣对金属液的润湿角（或接触角），依余弦定律，它们之间的关系为

$$\sigma_{m,s}^2 = \sigma_m^2 + \sigma_S^2 + 2\sigma_m\sigma_S\cos\theta \tag{4.117}$$

当θ角极小时

$$\sigma_{m,s} \approx \sigma_m - \sigma_S \tag{4.118}$$

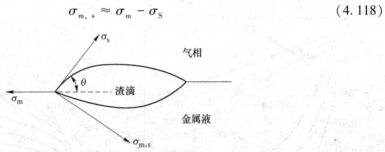

图4.23 金属液面上渣滴形状示意图

由式（4.118）可见，熔渣与金属液间的界面张力与熔渣及金属液各自的表面张力有关，实质取决于熔渣和金属液的组成和结构，尤其是相界面的组成和结构。表4.5是1560℃钢水与钢渣的界面张力。由表可见，金属液虽相同，但随熔渣成分的变化，界面张力显著变化，甚至差一倍以上。一般来说，能降低（或升高）金属表面张力的物质，也能降低（或升高）熔渣-金属间的界面张力；而能降低（或升高）熔渣表面张力的物质，却有可能对熔渣-金属间界面张力有相反的影响作用。由于熔渣、金属接触后，各相原来的表面层结构都会发生变化，因此组成对界面张力的影响规律通常由实验确定。图4.24所示为硫化物对钢液与$CaO-MnO-SiO_2$系熔渣界面张力的影响情况。由图可见，渣中硫化物使界面张力下降，但不同硫化物影响不同，CaS比MnS对界面张力的影响稍大些。硫是铁液的表面活性物质，由图4.25可见，它也是界面活性物质，同样可使界面张力下降，但对$CaO-SiO_2-Al_2O_3$和$CaO-SiO_2-FeO$两个渣系界面张力的影响程度不同。

表4-5 1560℃时钢水与钢渣的界面张力

熔渣成分/%						界面张力
FeO	Fe$_2$O$_3$	CaO	SiO$_2$	MgO	Al$_2$O$_3$	/×10^{3}N·m^{-1}
1.3	0.03	58.5	29.2	5.9	2.5	1060
4.2	0.4	52.3	28.6	6.3	2.5	860
6.2	0.9	52.4	30.1	7.4	2.5	750
7.9	1.6	43.2	28.1	8.6	6.0	710
12.5	2.1	40.9	28.8	12.4	2.5	620
13.1	2.0	42.6	28.9	9.4	2.0	590
20.8	3.3	32.0	26.5	13.0	2.5	560
24.0	4.4	29.5	29.4	11.5	1.1	490

了解界面张力变化规律，对指导冶金生产有重要意义。在图4.23中，$\theta<90°$，说明渣对金属液润湿，θ角越小，润湿越好，渣-金越难分离。若渣是混在金属液中的夹杂，则

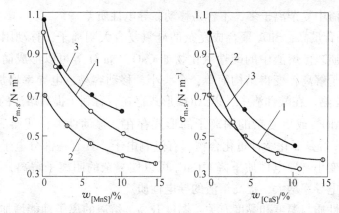

图 4.24　硫化物对钢液与 CaO-MnO-SiO$_2$ 熔渣界面张力的影响

1—$w_{(CaO)}=10\%$，$w_{(MnO)}=60\%$，$w_{(SiO_2)}=30\%$；

2—$w_{(CaO)}=10\%$，$w_{(MnO)}=30\%$，$w_{(SiO_2)}=60\%$；

3—$w_{(CaO)}=20\%$，$w_{(MnO)}=40\%$，$w_{(SiO_2)}=40\%$

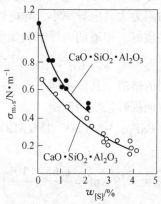

图 4.25　金属液中硫对钢液-熔渣界面张力的影响

残留于金属液中而难以除去。依式（4.117）可得

$$\cos\theta=\frac{\sigma_m^2+\sigma_s^2-\sigma_{m,s}^2}{2\sigma_m\sigma_s}\tag{4.119}$$

可见，在渣、金确定的情况下，θ 角大小取决于金属液-夹杂间界面张力。$\sigma_{m,s}$ 越小，钢水和夹杂润湿越好，越不容易分离。铬能降低钢水-渣间界面张力，含铬高的钢水与夹杂润湿一定好，夹杂难以排出。所以在冶炼含铬高的钢种时，为减少夹杂，浇注前往往用对钢水润湿差的合成渣对钢水进行渣洗。和铬相反，钨可以极大地提高界面张力，因此含钨高的钢水和夹杂的润湿性差，夹杂易与钢液分离，则没有渣洗的必要。

4.8.4　熔渣的导电、导热和密度

4.8.4.1　熔渣的导电性质

熔渣是由阳离子和阴离子组成，在外电场作用下，离子可以做定向移动，因此，熔渣导电。熔渣的导电性质用电导率表示。导电性质越好的熔渣，电导率越大。

熔渣的导电性质由熔渣的化学组成和离子结构决定。熔渣中简单离子多，容易移动，

导电性质好。熔渣中复杂离子多，不容易移动，导电性质差。

熔渣中 SiO_2 含量高，SiO_2 聚合成复杂的硅氧复合大阴离子，移动困难，熔渣的电导率降低，导电性质差。熔渣中的碱性氧化物如 CaO、Na_2O 等可以形成简单的阳离子，又能使硅氧复合离子解离，变得结构简单，个头小，移动容易，电导率增加，导电性质好。Al_2O_3 是两性氧化物。在酸性渣中，以 AlO^{2+} 形式存在，有利于提高熔渣的电导率；在碱性渣中以 AlO_2^- 和 AlO_3^{3-} 或更复杂的阴离子的形式存在，移动性差，使熔渣的电导率降低。FeO、FeS 和 TiO_2 等是非化学计量化合物，有过剩电子，具有一部分电子导电性质。随温度升高，电导率变小、导电性质下降。CaF_2 可以使复杂的阴离子解离，又能提供简单的离子，使熔渣的电导率增大，提高熔渣的导电性质。

熔渣的导电性质与温度和黏度有关：温度升高，熔渣的离子动能增加，离子间的相互作用减弱，熔渣的电导率增大，导电性质变好。电导率与温度关系为

$$\kappa = A_\kappa \exp\left(-\frac{E_\kappa}{RT}\right) \tag{4.120}$$

式中，κ 为熔渣的电导率；E_κ 为电导活化能；A_κ 为常数。

熔渣的黏度大，离子移动的阻力大，电导率小，导电性质差；熔渣的黏度小，离子移动的阻力小，电导率大，导电性质好。熔渣的电导率和黏度的关系为

$$\kappa = C\eta^{-\frac{1}{n}} \tag{4.121}$$

式中，C 和 η 为常数，对于不同的熔渣，其值不同。

熔渣的电导率可以采用交流回探针法实验测量。

例如，实验测量组成为 $15\%CaF_2$、$30\%CaO$、$15\%Al_2O_3$ 和 $5\%MgO$ 的熔渣，在 $1230℃$ 的电导率为

$$\kappa = 30.9\exp\left(-\frac{1.65 \times 10^4}{T}\right)$$

4.8.4.2 熔渣的导热性质

熔渣具有导热性质，可以传导热量。冶金过程有些热量就是由熔渣传递给金属液、炉衬或炉气。

熔渣的导热性质由熔渣的化学组成和结构决定，还与温度有关。熔渣的导热性质用导热系数表示。一般熔渣的导热系数与温度成正比。可以表示为

$$\lambda_S = a + bt \tag{4.122}$$

式中，λ_S 为熔渣的导热系数；t 为摄氏温度；a 和 b 为常数。

4.8.4.3 熔渣的密度

熔渣的密度在理论和实际上都具有重要意义。熔渣的密度由其化学组成和结构决定，因此熔渣的密度包含结构的信息。正是由于熔渣的密度和固体渣相近，因此推断熔渣的结构短程有序，可以用似晶格模型描述其结构。在冶金过程中，熔渣与金属的分离除了其组成和结构与金属液不同外，另一个原因就是两者密度的差异，所以在选择冶金熔渣时，密度也是一个必须考虑的重要因素。

由于熔渣结构复杂，人们对熔渣的结构认识还不深入，因此还不能像晶体那样由其结构推算其密度。

熔渣的密度需要实际测量。测量熔渣密度的方法有阿基米德法（Archimedean）、最大气泡压力法、座滴法等。

对于固体渣，作为近似，可以用组成渣的各种化合物的密度做加权平均求和计算。有

$$\rho_S = \sum_{i=1}^{n} \rho_i w(i) \tag{4.123}$$

式中，ρ_S 为固体渣的密度；ρ_i 为固体渣中组元 i 为纯物质的密度；$w(i)$ 为组元 i 在固体中的质量分数。

对于多元冶金熔渣，有如下经验公式

$$\rho_T = \rho_{1673} - 0.07\left(\frac{T-1673}{100}\right) \quad t/m \tag{4.124}$$

式中，T 为绝对温度；ρ_T 为温度 T 时熔渣的密度；ρ_{1673} 是温度为 1673K 时的熔渣密度，有

$$T > 1673K$$

$$\rho_{1673}^{-1} = 0.450w_{(SiO_2)} + 0.286w_{(CaO)} + 0.204w_{(FeO)} + 0.350w_{(Fe_2O_3)} +$$
$$0.237w_{(MnO)} + 0.367w_{(MgO)} + 0.480w_{(P_2O_5)} + 0.402w_{(Al_2O_3)} \quad m^3/t$$

对于 CaF_2 的电渣重熔渣，有

$$\rho_{1673}^{-1} = 0.389w_{(CaF_2)} + 0.301w_{(CaO)} + 0.372w_{(MgO)} + 0.328w_{(Al_2O_3)} \quad m^3/t$$

4.9 渣 的 相 图

4.9.1 与炼钢渣相关的二元系相图

4.9.1.1 $CaO-SiO_2$ 二元系相图

图 4.26 是 $CaO-SiO_2$ 二元系相图。

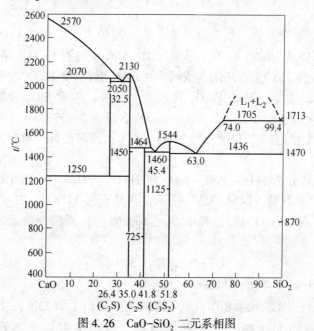

图 4.26 $CaO-SiO_2$ 二元系相图

CaO 与 SiO$_2$ 能形成稳定的化合物 CaO · SiO$_2$ 和 2CaO · SiO$_2$，还能形成不稳定的化合物 3CaO · 2SiO$_2$ 和 3CaO · SiO$_2$。一种观点认为 3CaO · SiO$_2$ 在 1900℃ 发生包析反应

$$3CaO · SiO_2(s) \Longleftrightarrow CaO(s) + 2CaO · SiO_2(s)$$

另一种观点认为 3CaO · SiO$_2$ 在 2070℃ 发生包析反应

$$CaO(s) + P(l) \Longleftrightarrow 3CaO · SiO_2(s)$$

由于存在 CaO · SiO$_2$ 和 2CaO · SiO$_2$，可以用三个二元系相图来分析 CaO · SiO$_2$ 和 2CaO · SiO$_2$。

4.9.1.2 FeO-SiO$_2$ 二元系相图

图 4.27 是 FeO-SiO$_2$ 二元系相图。

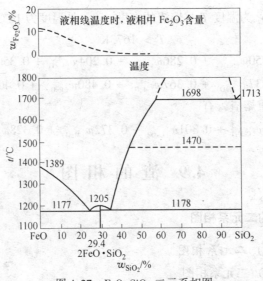

图 4.27 FeO-SiO$_2$ 二元系相图

FeO 是非化学计量化合物，氧含量是变化的。准确表示应写成 FeO$_t$，小的 t 值，FeO 中溶有 γ-Fe，也可以认为溶有 Fe$_2$O$_3$；大的 t 值，FeO 中溶有 Fe$_3$O$_4$。在作此二元相图时，都折算成 FeO。在此相图的上方还用虚线画出了在液相线温度 Fe$_2$O$_3$ 含量随着 SiO$_2$ 含量变化的曲线。SiO$_2$ 含量为零，液相 Fe$_2$O$_3$ 含量为 11.3%，随着 SiO$_2$ 含量的增加，液相中 Fe$_2$O$_3$ 含量减小；液相组成为 2FeO · SiO$_2$，Fe$_2$O$_3$ 含量为 2.25%。

此二元系有一个稳定的二元化合物 2FeO · SiO$_2$，为简便计，常写成 Fe$_2$S，称为铁橄榄石。

该二元相图可划分为 FeO-2FeO · SiO$_2$ 和 2FeO · SiO$_2$-SiO$_2$ 两个二元系相图，其中 FeO-2FeO · SiO$_2$ 二元系是一简单共晶二元系，共晶点为 1178℃。2FeO · SiO$_2$-SiO$_2$ 二元系有一个最低共晶点，为 1177℃，和偏晶点 1698℃，有液相分层区。在偏晶点有偏晶反应

$$L \longrightarrow H(l) + SiO_2(s)$$

4.9.1.3 CaO-FeO 二元系相图

图 4.28 是 CaO-FeO 二元系相图。该相图的上方画出了 1623℃ Fe$_2$O$_3$ 含量随组成变化的曲线。在 CaO 侧和 FeO 侧都有局部固溶体。相图中有三个不稳定化合物。其中

$CaO \cdot 3FeO \cdot Fe_2O_3$ 在 898~1113K 稳定存在，$CaO \cdot FeO \cdot Fe_2O_3$ 在 963K 分解，$2CaO \cdot Fe_2O_3$ 在 1432K 分解。三个化合物都有局部固溶体，范围很窄。此相图有一个温度为 1376K 的最低共晶点，有一个温度为 1432K 的转熔点和一个液相分层区。

4.9.2　与炼钢渣相关的三元系相图

4.9.2.1　CaO-FeO-SiO_2 相图

图 4.29 是 CaO-FeO-SiO_2 三元系相图。相图中的Ⅰ、Ⅱ、Ⅲ、Ⅳ 都是 SiO_2 的初晶区。Ⅰ为 β-方石英，Ⅱ、Ⅲ 为 α-方石英，Ⅳ 为 α-磷石英。

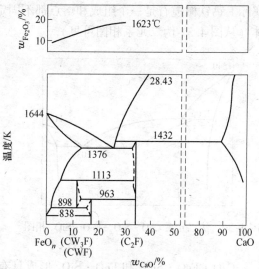

图 4.28　CaO-FeO 二元系相图

在 1150℃ 以上，为 α-$CaO \cdot SiO_2$，在 1150℃ 以下，为 β-$CaO \cdot SiO_2$，所以 Ⅴ 为 α-$CaO \cdot SiO_2$ 初晶区，Ⅵ 为 β-$CaO \cdot SiO_2$ 初晶区。从图 4.30 伪二元系 $CaO \cdot SiO_2$-$FeO \cdot SiO_2$ 相图可见，$CaO \cdot SiO_2$ 是固溶体。由于 $FeO \cdot SiO_2$ 是不稳定化合物，高温分解，所以没有初晶区。

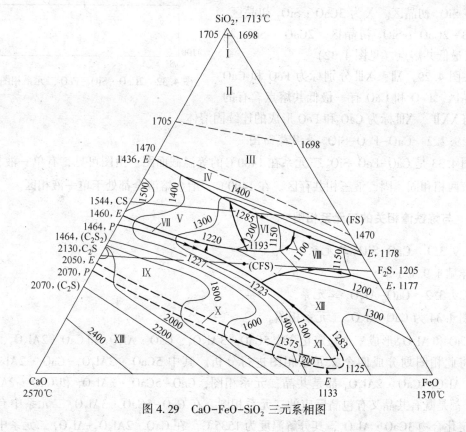

图 4.29　CaO-FeO-SiO_2 三元系相图

Ⅶ 为 $3CaO \cdot 2SiO_2$ 的初晶区，并有标为三元化合物 $CaO \cdot FeO \cdot SiO_2$ 的钙铁橄榄石。

实际上钙铁橄榄石是一个组成和熔点都不固定的由 $2CaO \cdot SiO_2$ 和 $2FeO \cdot SiO_2$ 形成的固溶体（从图 4.31 伪二元系相图可见）。

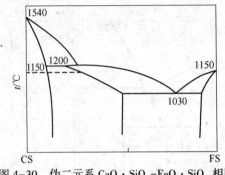

图 4-30　伪二元系 $CaO \cdot SiO_2 - FeO \cdot SiO_2$ 相图

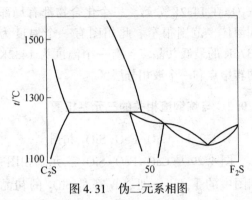

图 4.31　伪二元系相图

$CaO \cdot FeO \cdot SiO_2$ 和 $FeO \cdot SiO_2$ 形成具有最低共熔点的连续固溶体，因此有的相图在初晶区Ⅷ标为 $CaO \cdot FeO \cdot SiO_2$ 固溶体。Ⅷ的上下边界共晶线上都有一个最低点（两箭头共同指向点）。$2CaO \cdot SiO_2$ 也形成固溶体。Ⅸ 为 α - $2CaO \cdot SiO_2$ 初晶区。Ⅹ 为 $3CaO \cdot SiO_2$ 初晶区。Ⅺ 为 β - $2CaO \cdot SiO_2$ 初晶区。$2CaO \cdot SiO_2$ 和 FeO 有最低共熔点（见图 4.32）。

在图 4.29，Ⅻ、ⅩⅢ 分别标为 FeO 和 CaO 的初晶区，FeO 和 CaO 有一最低共熔点。有的相图将ⅩⅫ、ⅩⅢ 标为 CaO 和 FeO 形成的连续固溶体。

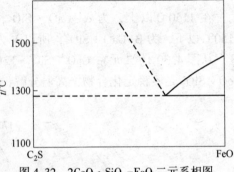

图 4.32　$2CaO \cdot SiO_2 - FeO$ 二元系相图

4.9.2.2　$CaO-FeO-SiO_2$ 等温截面图

图 4.33 是 $CaO-FeO-SiO_2$ 三元系在 1400℃ 的等温截面图。由图可见，有单一液相区，固、液两相和固、固、液三相共存区。在 1400℃，冶金熔渣全都处于单一液相区。

4.9.3　与炼铁渣相关的二元系相图

4.9.3.1　$CaO-SiO_2$ 二元系

详见 4.9.1.1 节。

4.9.3.2　$CaO-Al_2O_3$ 二元系

图 4.34 为 $CaO-Al_2O_3$ 二元系相图。

CaO 和 Al_2O_3 形成三个稳定化合物 $5CaO \cdot 3Al_2O_3$、$CaO \cdot Al_2O_3$ 和 $CaO \cdot 2Al_2O_3$，因此可以将此相图划分成四个二元系相图进行分析。其中 $5CaO \cdot 3Al_2O_3 - CaO \cdot 2Al_2O_3$ 和 $CaO \cdot Al_2O_3 - CaO \cdot 2Al_2O_3$ 都是共晶二元系相图，$CaO-5CaO \cdot 3Al_2O_3$ 和 $CaO \cdot 2Al_2O_3 - Al_2O_3$ 都是既有共晶又有包晶反应的二元系相图。在 $CaO-5CaO \cdot 3Al_2O_3$ 二元系中有一个不稳定化合物 $3CaO \cdot Al_2O_3$，其分解温度为 1535℃。在 $CaO \cdot 2Al_2O_3 - Al_2O_3$ 二元系中有一个不稳定化合物 $CaO \cdot 6Al_2O_3$，其分解温度为 1850℃。

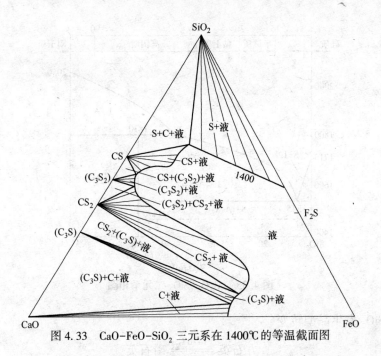

图 4.33 CaO–FeO–SiO$_2$ 三元系在 1400℃ 的等温截面图

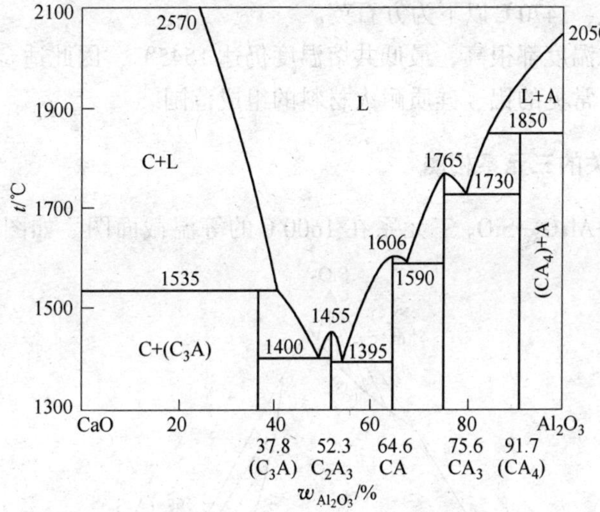

图 4.34 CaO–Al$_2$O$_3$ 二元系相图

4.9.3.3 Al$_2$O$_3$–SiO$_2$ 二元系

图 4.35 为 Al$_2$O$_3$–SiO$_2$ 二元系相图。

由图可见，该体系有一个不稳定化合物 3Al$_2$O$_3$·2SiO$_2$，称为莫来石，在 1810℃ 发生包晶反应。

$$L_p + Al_2O_3(s) \rightleftharpoons 3Al_2O_3 + 2SiO_2(s)$$

在 1545℃ 有一个最低共熔点 E，发生共晶反应

$$L_E \rightleftharpoons SiO_2(s) + 3Al_2O_3 \cdot 2SiO_2(s)$$

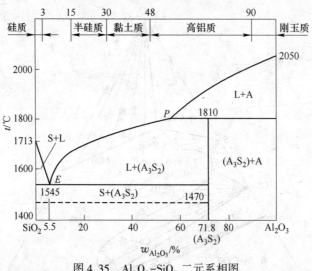

图 4.35 Al_2O_3-SiO_2 二元系相图

在 1470℃，SiO_2 发生晶型转变

$$方石英 \xrightleftharpoons{1470℃} 磷石英$$

1470℃以上为磷石英，1470℃以下为方石英。

整个体系的熔化温度都很高，最低共熔温度仍达 1545℃，因此适合制作耐火材料。在此相图的上方列出了常见的铝、硅质耐火材料的组成范围。

4.9.4 与炼铁渣相关的三元系相图

图 4.36 是 CaO-Al_2O_3-SiO_2 三元系在 1600℃的等温截面图。如图可见，该三元系在

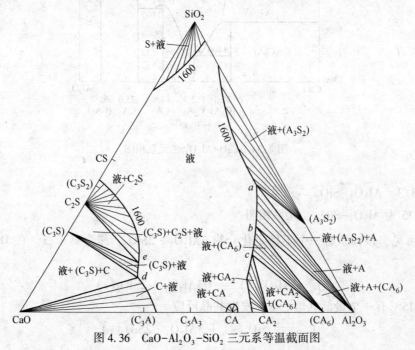

图 4.36 CaO-Al_2O_3-SiO_2 三元系等温截面图

1600℃有单一液相区，液、固两相区和液、固、固三相区和一个液相分层、固相区——液、液、固三相区。

习题与思考题

4.1 熔渣组成 $\dfrac{w_{(i)}}{w^{\ominus}}$：CaO 51.20、SiO$_2$ 16.54、MgO 6.88、MnO 10.12、FeO 13.73，铁液中铁氧反应达到平衡

$$[Fe] + [O] \Longrightarrow (FeO)$$

$$\lg K = \lg \frac{a_{FeO}}{a_0} = \lg \frac{a_{FeO}}{w_{[O]}/w^{\ominus}} = 6320/T - 2.734$$

式中取 $f_0 = 1$，用完全离子模型计算 1600℃ 钢液中平衡氧含量。

4.2 熔渣组成 $\dfrac{w_{(i)}}{w^{\ominus}}$：CaO 40.50、SiO$_2$ 26.10、MgO 7.13、MnO 6.00、FeO 15.27、P$_2$O$_5$ 5.00，脱磷反应

$$2[P] + 5[O] \Longrightarrow (P_2O_5)$$

$$\Delta G_m^{\ominus} = -702910 + 556.47T \quad J/mol$$

取 $f_p = 1$，$f_0 = 1$，$\lg K = \lg \gamma_{P_2O_5} + \lg K'$，式中 $\lg K' = \sum_i x'_i \lg K_i$，$K'$ 为离子反应平衡熵，式中，$\lg K_{Ca} = 2$、$\lg K_{Mg} = 15$、$\lg K_{Mn} = 13$、$\lg K_{Fe} = 12$、$\lg K_{Si} = -2$；钢液中磷和氧的活度以西华特线上 $\dfrac{w_{(i)}}{w^{\ominus}} = 1$ 为标准状态，渣中 FeO 活度以纯液态为标准状态，计算渣中 P$_2$O$_5$ 的活度。

4.3 熔渣组成 $\dfrac{w_{(i)}}{w^{\ominus}}$：CaO 50、SiO$_2$ 22、MnO 10、Fe$_2$O$_3$ 1、FeO 17，复杂阴离子为 SiO_4^{4-}、Fe_2^-，用焦姆金模型计算 1600℃ 与该渣平衡的钢液氧含量，已知

$$\lg(\gamma_{Fe}^{2+} \gamma_0^{2-}) = 1.53 \sum x_{Si_4^{4-}} - 0.17$$

$$\lg\left(\frac{w_{[i]}}{w^{\ominus}}\right)_{sat} = -\frac{6320}{T} + 2.734$$

4.4 熔渣组成 $\dfrac{w_{(i)}}{w^{\ominus}}$：CaO 40.34、SiO$_2$ 16.64、MnO 3.36、Fe$_2$O$_3$ 5.03、FeO 18.21、MgO 4.06、P$_2$O$_5$ 1.50、Al$_2$O$_3$ 10.86，计算 1600℃ 熔渣中 FeO 的活度和 $w_{(0)}$。

4.5 熔渣组成 $\dfrac{w_{(i)}}{w^{\ominus}}$：CaO 40.10、SiO$_2$ 20.14、FeO 20.08、MgO 9.76、MnO 9.92，计算 1600℃ 与熔渣平衡的钢液氧含量。

4.6 熔渣碱度为 $\dfrac{n_{CaO}}{n_{SiO_2}} = 2$，FeO 含量为 $x_{FeO} = 0.1$，计算 1600℃ 熔渣中 FeO 的活度。

4.7 熔渣组成 $\dfrac{w_{(i)}}{w^{\ominus}}$：CaO 30、Al$_2O_3$ 20、SiO$_2$ 50，查 CaO-Al$_2$O$_3$-SiO$_2$ 的等活度图，得出 1600℃ SiO$_2$ 和 Al$_2$O$_3$ 的活度，然后计算硅含量为 $\dfrac{w_{(Si)}}{w^{\ominus}} = 0.35$ 的铁液中铝和氧的含量。如果铁液中的铝含量为

$\dfrac{w_{(Al)}}{w^{\ominus}} = 0.5$，能否将渣中的 SiO_2 还原。

4.8   在 1500℃熔渣组成 $\dfrac{w_{(i)}}{w^{\ominus}}$：CaO 42、$Al_2O_3$ 10.20、SiO_2 39、MgO 7.50、S 0.64，平衡氧分压 $\dfrac{p_{O_2}}{p^{\ominus}} =$

2×10^{-16}，碱度 $R = \dfrac{x_{CaO} + 0.5x_{MgO}}{x_{SiO_2} + 0.33x_{Al_2O_3}}$，硫容 $\lg C_s^- = -5.57 + 1.39R$ 计算硫容及硫的分配比。

5 ◆ 熔　锍

·–·

【本章学习要点】

　　熔锍的组成和结构，熔锍的结构模型及利用熔锍结构模型计算热力学量，熔锍的物性，熔锍中组元的活度和测量方法，熔锍的反应。

·–·

5.1　熔锍的组成、结构和模型

5.1.1　熔锍的组成

　　熔锍主要是指由铜、镍、铁和硫组成的熔体。主要由铜、铁、硫组成的熔锍也称冰铜。主要由镍、铁、硫组成的熔锍也称镍锍或冰镍。含镍40%（质量分数）以上的冰镍称高冰镍，含镍在20%（质量分数）以下的冰镍称低冰镍。

　　工业熔锍成分复杂，除含铜、镍、铁和硫之外，还含有氧、钴、铅、锌、镉、砷、锑、铋和贵金属。

5.1.2　熔锍的结构

　　熔锍中的组元以离子形式存在，其中金属组元为阳离子，硫形成缔合的阴离子，缔合的阴离子的大小与组成有关。Fe–S 中硫的缔合阴离子比 Ni–S 和 Cu–S 中缔合阴离子大。Fe–S、Ni–S 中有相当数量的自由电子，类似于金属。Cu–S 自由电子少，硫的缔合阴离子小，类似于离子熔体。Cu–Fe–S、Ni–Fe–S、Cu–Ni–S、Cu–Ni–Fe–S 则随其中 S、Fe、Cu、Ni 相对含量的不同，硫缔合阴离子的大小不同，含有自由电子数量不同，或类似于金属、或类似于半导体、或类似于离子熔体。

5.1.3　熔锍的模型

5.1.3.1　焦姆金模型

　　作为近似，可以用完全离子模型——焦姆金模型描写熔锍。根据焦姆金模型，有

$$a_{A_m B_n} = a_{A^+} a_{B^-} \tag{5.1}$$

和

$$a_{A_m B_n} = x_{A^+}^m x_{B^-}^n \tag{5.2}$$

在 1200℃，冰铜组成为 $x_{Cu} = 0.260$、$x_{Fe} = 0.296$、$x_S = 0.358$、$x_O = 0.860$，$\eta_{Fe^{2+}}$：$\eta_{Fe^{3+}} = 0.878 : 0.122$，根据焦姆金模型，有

$$x_{Cu^+} = \frac{x_{Cu^-}}{x_{Cu^+} + x_{Fe^{2+}} + x_{Fe^{3+}}} = \frac{x_{Cu}}{x_{Cu} + x_{Fe}} = 0.467$$

$$x_{Fe^{2+}} = \frac{x_{Fe^{2+}}}{x_{Cu^+} + x_{Fe^{2+}} + x_{Fe^{3+}}} = \frac{x_{Fe}}{x_{Cu} + x_{Fe}} = 0.533$$

$$x_{S^{2-}} = \frac{n_{S^{2-}}}{n_{S^{2-}} + n_{O^{2-}}} = \frac{n_S}{n_S + n_O} = 0.806$$

$$x_{O^{2-}} = \frac{n_{O^{2-}}}{n_{S^{2-}} + n_{O^{2-}}} = \frac{n_O}{n_S + n_O} = 0.194$$

得到

$$a_{Cu_2S} = x_{Cu^+}^2 x_{S^{2-}} = 0.467^2 \times 0.806 = 0.176$$

$$a_{FeS} = x_{Fe^{2+}} x_{S^{2-}} = 0.533 \times 0.806 = 0.430$$

$$a_{FeO} = x_{Fe^{2+}} x_{O^{2-}} = 0.533 \times 0.194 = 0.103$$

5.1.3.2　缔合溶液模型

1979 年，夏尔马（Sharma）和张（Chang）提出了 Fe - S 系的缔合溶液模型（associated solution model）。他们设想 Fe-S 系存在如下化学平衡

$$(FeS) \rightleftharpoons (Fe) + (S)$$

平衡常数为

$$K = \left(\frac{\gamma_{Fe}\gamma_S}{\gamma_{FeS}}\right)\left(\frac{\chi_{Fe}\chi_S}{\chi_{FeS}}\right) \tag{5.3}$$

式中，γ_{Fe}、γ_S 和 γ_{FeS} 分别为 Fe、S 和 FeS 的活度系数；χ_{Fe}、χ_S 和 χ_{FeS} 分别为 Fe、S 和 FeS 的摩尔分数。摩尔分数 χ_{Fe}、χ_S 和 χ_{FeS} 与不考虑有 FeS 存在的 Fe-S 二元系的组成有如下关系

$$\chi_{Fe} = x_{Fe} - x_S \chi_{FeS} \tag{5.4}$$

和

$$\chi_S = x_S - x_{Fe} \chi_{FeS} \tag{5.5}$$

式中，x_{Fe} 和 x_S 为二元系 Fe-S 的摩尔分数，即不考虑有 FeS 存在的二元系 Fe-S 中 Fe 和 S 的摩尔分数。

Fe-S-FeS 系的活度系数由马居尔（Margule）方程给出

$$\ln\gamma_i = \frac{1}{2}\sum_{j=1}^{n}(\omega_{ij} + \omega_{ji}) - \frac{1}{2}\sum_{j=1}^{n}\sum_{k=1}^{n}\omega_{jk}\chi_j\chi_k +$$

$$\sum_{j=1}^{n}(\omega_{ij} - \omega_{ji})\chi_j\left(\frac{\chi_j}{2} - \chi_i\right) + \sum_{j=1}^{n}\sum_{k=1}^{n}(\omega_{jk} - \omega_{kj})\chi_j^2\chi_k \tag{5.6}$$

式中，i、j 和 k 分别代表 Fe、S 和 FeS；ω_{ij}、ω_{ji}、ω_{jk}、ω_{kj} 等是溶液中组元的相互作用系数；χ_i、χ_j 和 χ_k 是相应的摩尔分数，并有

$$\omega_{ii} = \omega_{jj} = \omega_{kk} = 0 \tag{5.7}$$

及

$$\omega_{ij} = \frac{A}{T} - B \tag{5.8}$$

式中，A 和 B 为常数，由实验得到。相应的过剩混合吉布斯自由能为

$$\frac{\Delta G_{\mathrm{m}}^{\mathrm{E}}}{RT} = \frac{1}{2} \sum_{j=1}^{n} \sum_{i=1}^{n} \left[\omega_{ij} \chi_i \chi_j + (\omega_{ij} - \omega_{ji}) \chi_i \chi_j^2 \right] \tag{5.9}$$

式中, R 为气体常数; T 为开氏温度。若

$$\omega_{ij} = \omega_{ji} \tag{5.10}$$

则式 (5.6) 和式 (5.9) 成为正规溶液的表达式。

以纯液态铁和硫为标准状态, 铁和硫的活度为

$$a_{\mathrm{S}} = \gamma_{\mathrm{S}} \chi_{\mathrm{S}} \tag{5.11}$$

和

$$a_{\mathrm{Fe}} = \gamma_{\mathrm{Fe}} \chi_{\mathrm{Fe}} \tag{5.12}$$

实验得到

$$\ln K = -0.9484 - \frac{11690.5}{T}$$

$$\omega_{\mathrm{Fe-FeS}} = -4.311 + \frac{7381.6}{T}$$

$$\omega_{\mathrm{FeS-Fe}} = 1.080 + \frac{1691.0}{T}$$

$$\omega_{\mathrm{FeS-S}} = \frac{5707.5}{T}$$

$$\omega_{\mathrm{S-FeS}} = -15.439 + \frac{19705.1}{T}$$

由于 χ_{Fe} 和 χ_{S} 的乘积很小, Fe-S 两者对 $\Delta G_{\mathrm{m}}^{\mathrm{E}}$ 的贡献可以忽略, $\omega_{\mathrm{Fe-S}}$ 和 $\omega_{\mathrm{S-Fe}}$ 都取零。

利用上面的公式计算了 Fe-S 系中 S 的活度 a_{S} (以液态 S 为标准状态), 所得结果与实测数据如图 5.1 所示, 两者符合得很好。

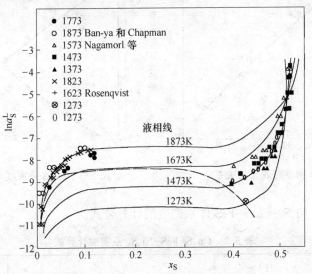

图 5.1　以液态硫为标准状态, 从纯铁到含铁 52% 的 Fe-S 液相中硫活度的计算值和实验测量值示意图

5.2　熔锍的物理化学性质

5.2.1　熔锍的密度

表 5.1 给出了在 1200℃，Cu-S、Ni-S、Fe-S 的密度与硫含量的关系。

表 5.1　Cu-S、Ni-S、Fe-S 的密度与硫含量的关系

体系	温度/℃	w_S/%	密度计算式	误差
Cu-S	1200	17~30	$\rho = 7.24 - 2.254 \times 10^{-2} \left(\dfrac{w_S}{w^\ominus} \right) - 17.95 \times 10^{-4} \left(\dfrac{w_S}{w^\ominus} \right)^2$	±0.015
Ni-S	1200	19.6~20.6	$\rho = 7.90 - 13.48 \times 10^{-2} \left(\dfrac{w_S}{w^\ominus} \right)$	±0.03
Fe-S	1200	28~37	$\rho = 1.95 - 7.325 \times 10^{-2} \left(\dfrac{w_S}{w^\ominus} \right) - 2.997 \times 10^{-4} \left(\dfrac{w_S}{w^\ominus} \right)^2$	±0.025

图 5.2~图 5.4 给出了 Ni-S 系、Fe-S 系和 Ni_3S_2-Cu_2S-FeS 三元系密度与组成的关系。熔锍密度不仅与组成有关，还与温度有关。图 5.5 和图 5.6 给出了在三个不同温度 Cu_2S-Ni_3S_2 系和 Ni_3S_2-FeS 系的密度和组成的关系。由图可见，随着温度的增加，熔锍密度减小，而密度随成分的变化却很复杂。

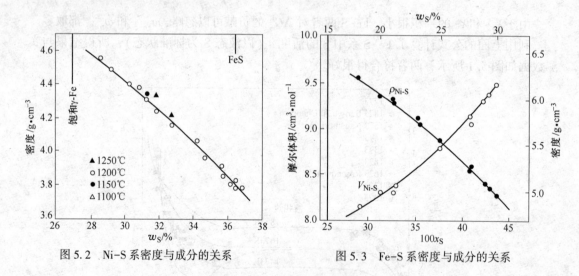

图 5.2　Ni-S 系密度与成分的关系　　　　图 5.3　Fe-S 系密度与成分的关系

表 5.2 列出了 Ni_3S_2-Cu_2S-FeS 体系密度的计算公式。

表 5.2　Cu_2S-FeS-Ni_3S_2 系密度计算式

Ni_3S_2	FeS	Cu_2S	温度范围/℃	密度（g/cm³）计算式
质量分数/%				
90	5	5	1069~1320	$6.62 - 0.233 \times 10^{-2} T$

Ni$_3$S$_2$	FeS	Cu$_2$S	温度范围/℃	密度（g/cm^3）计算式
	质量分数/%			
82	12	6	1096~1295	$7.14-0.251\times10^{-2}T$
80	5	15	1099~1313	$4.73-0.796\times10^{-2}T$
70	15	15	1076~1286	$6.83-0.227\times10^{-2}T$
55	30	15	1090~1291	$3.70-0.216\times10^{-2}T$
30	35	35	1076~1312	$5.67-0.227\times10^{-2}T$
25	50	25	1129~1331	$5.35-0.420\times10^{-3}T$

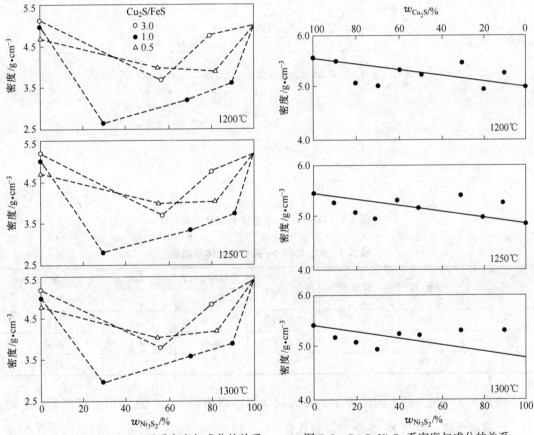

图 5.4　Ni$_3$S$_2$-Cu$_2$S-FeS 三元系密度与成分的关系　　　图 5.5　Cu$_2$S-Ni$_3$S$_2$ 系密度与成分的关系

5.2.2　熔锍的摩尔体积

如果把硫化物看做金属和硫形成的熔体，则其摩尔体积为

$$V_m = x_{Me}\overline{V}_{m,Me} + x_S\overline{V}_{m,S}$$

表 5.3 列出了铜、镍、铁硫化物的摩尔体积。

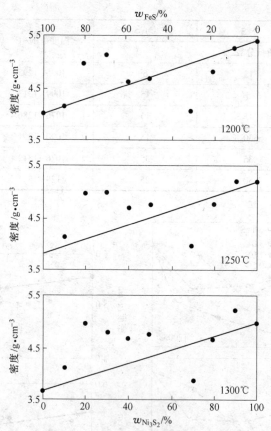

图 5.6　FeS-Ni$_3$S$_2$ 系密度与成分的关系

表 5.3　Ni、Cu、Fe 硫化物的体积数据

体系	温度/℃	化学式	密度/g·cm^{-3}	偏摩尔体积/cm^3·mol^{-1}		Me-S 摩尔体积 /cm^3·mol^{-1}
				$\bar{V}_{m,Me}$	$\bar{V}_{m,S}$	
Ni-S	1100	Ni$_3$S$_2$	5.36	4.5	15.6	9.0
Cu-S	1200	Cu$_2$S	5.18	8.0	14.8	10.3
Fe-S	1200	FeS	3.80	1.4	21.7	11.6

由表 5.3 可见，在不同熔体中，硫的偏摩尔体积相差很大，这是由于硫离子发生缔合，形成离子团。硫在 Fe-S 系中缔合比在 Ni-S 和 Cu-S 系中缔合弱，所以 $(\bar{V}_{m,S})_{Fe-S}$ 比 $(\bar{V}_{m,S})_{Cu-S}$ 和 $(\bar{V}_{m,S})_{Ni-S}$ 大。

熔硫的摩尔体积可以表示为

$$V_{m,Me-S} = V_{m,Me} + (V_{m,S} - V_{m,Me})x_S + mV_{m,S}(\alpha - 1)\beta x_S^m \qquad (5.13)$$

式中，$V_{m,Me-S}$ 为熔硫的摩尔体积；$V_{m,Me}$ 为金属原子的摩尔体积；$V_{m,S}$ 为单原子硫的摩尔体积；m 为硫的缔合数；x_S 为硫原子摩尔分数；α 和 β 为常数（$\alpha > 1$）；x_S^m 为具有 m 个硫的缔合体的摩尔分数。例如，Fe-S 系和 Ni-S 系为

$$V_{m,Fe-S} = 7.65 + 4.45x_S + 53.29x_S^5 \qquad (1200℃) \qquad (5.14)$$

$$V_{m, Ni-S} = 7.05 + 3.54x_S + 119.3x_S^6 \quad (1300℃) \qquad (5.15)$$

5.2.3 熔锍的电导率

5.2.3.1 熔锍的电导率公式

熔锍的电导率公式可以表示为

$$\kappa = \frac{1}{R} \times \frac{l}{S} \qquad (5.16)$$

式中,κ 为电导率;R 为电阻;S 为截面积;l 为长度。

熔锍的摩尔电导率为

$$\lambda = \frac{\kappa}{c} \qquad (5.17)$$

式中,λ 为摩尔电导率;c 为电解质的物质的量浓度。

5.2.3.2 熔锍电导率的特点

在 1200~1500℃,几种熔锍的电导率如表 5.4 所示。

表 5.4 几种熔锍的电导率

化合物	Ni_3S_2	Co_4S_3	FeS	Cu_2S
电导率/×10³S·cm⁻¹	4.54~3.87	4.46~3.70	1.72~1.43	1.27~0.91

熔锍的电导率大,比离子导体碱金属氯化物熔盐 LiCl、NaCl、KCl 等的电导率大得多。在 700℃,上面几种碱金属氯化物的电导率为 4.0~7.0S/cm。

5.2.3.3 电导率与温度和组成的关系

Cu_2S、Ni_3S_2、FeS 和 Co_4S_3 的电导率与温度的关系如图 5.7 所示。由图可见,Cu_2S 的电导率随温度升高而增大,而 Ni_3S_2、FeS 和 Co_4S_3 的电导率随温度升高而减小。

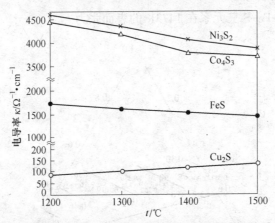

图 5.7 铜、镍、钴及铁熔锍的电导率与温度的关系

离子导体的电导率随温度的升高而增大,金属导体的电导率随温度的升高而减小。因此,在上面四种硫化物中,Cu_2S 的电子导电所占比例小,而 Ni_3S_2、FeS 和 Co_4S_3 电子导电所占比例大。

如果各组元之间不发生相互作用，多元熔锍的电导率应该是各组元电导率之和。在多元熔锍体系中，各组元之间存在相互作用，因此其电导率不等于各组元电导率之和。图5.8 给出了 $Cu_2S-Ni_3S_2$ 系电导率与组成的关系。

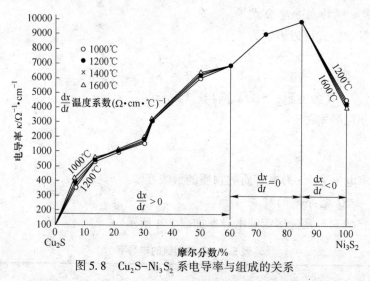

图 5.8　$Cu_2S-Ni_3S_2$ 系电导率与组成的关系

由图5.8可见，随着 Ni_3S_2 的增加，体系的电导率增加很大，Ni_3S_2 含量为45%（摩尔分数）的电导率超过了纯 Ni_3S_2 的电导率。Ni_3S_2 含量为85%（摩尔分数）的电导率是纯 Ni_3S_2 的电导率的2倍多。Ni_3S_2 含量继续增加，电导率减小，但仍大于纯 Ni_3S_2 的电导率。

5.2.4　熔锍的表面张力和界面张力

5.2.4.1　熔锍的表面张力

A　Ni-Fe-S 的表面张力

图5.9 给出了 Ni-Fe-S 三元系在 1473K 的表面张力。

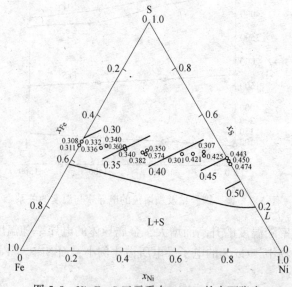

图 5.9　Ni-Fe-S 三元系在 1473K 的表面张力

在 1473K，Ni-Fe-S 三元系表面张力与各组元含量的关系为

$$\sigma_{Ni-Fe-S} = 0.649x_{Ni} + 0.436x_{Fe} + 0.162x_S = 0.649 - 0.213x_{Fe} - 0.487x_S \quad (5.18)$$

B Ni$_3$S$_2$-Cu$_2$S 的表面张力

图 5.10 给出了 Ni$_3$S$_2$-Cu$_2$S 伪二元系在 1473~1673K 的表面张力。

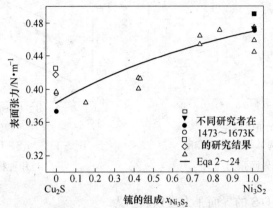

图 5.10 Ni$_3$S$_2$-Cu$_2$S 伪二元系在 1473~1673K 的表面张力

表面张力与各组元含量的关系为

$$\sigma_{Ni_3S_2-Cu_2S} = \frac{1.188x_{Ni_3S_2} + 1.149}{2x_{Ni_3S_2} + 3} \quad (5.19)$$

C Ni$_3$S$_2$-Cu$_2$S-FeS 的表面张力

图 5.11 给出了 Ni$_3$S$_2$-Cu$_2$S-FeS 伪三元系在 1473K 的表面张力。

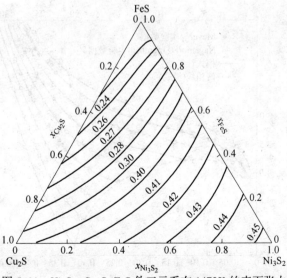

图 5.11 Ni$_3$S$_2$-Cu$_2$S-FeS 伪三元系在 1473K 的表面张力

5.2.4.2 熔锍的界面张力

图 5.12 和图 5.13 分别给出了 Ni$_3$S$_2$-FeS 伪二元系在 1473K 与几种物质的界面张力和接触角。

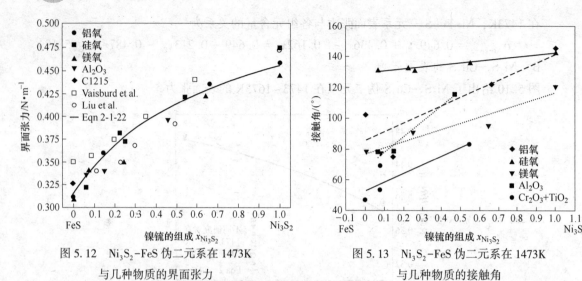

图 5.12　Ni_3S_2-FeS 伪二元系在 1473K
与几种物质的界面张力

图 5.13　Ni_3S_2-FeS 伪二元系在 1473K
与几种物质的接触角

在 1473K，Ni_3S_2-FeS 的界面张力可以表示为

$$\sigma_{Ni_3S_2\text{-}FeS} = \frac{2.271 - 1.673x_{FeS}}{5 - 3x_{FeS}} \tag{5.20}$$

5.2.5　熔锍中硫的蒸气压

5.2.5.1　二元系 Ni-S 中 S 的蒸气压

图 5.14 是二元系 Ni-S 在低硫区 （$x<0.45$） $\lg(p_{S_2}/p^\ominus)^{\frac{1}{2}}$ 与硫的浓度的关系曲线。

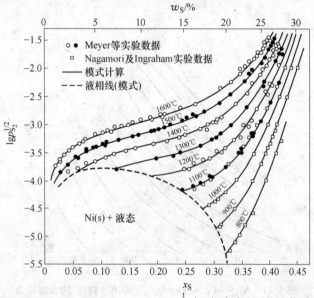

图 5.14　Ni-S 在低硫区 $\lg(p_{S_2}/p^\ominus)^{\frac{1}{2}}$ 与硫浓度的关系曲线

5.2.5.2　三元系 Cu-Ni-S 中 S 的蒸气压

图 5.15 是三元系 Cu-Ni-S 在低硫区硫的等蒸气压图。

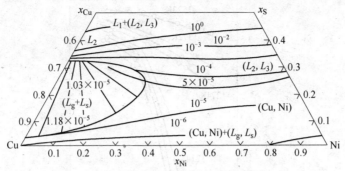

图 5.15 三元系 Cu-Ni-S 在低硫区硫的等蒸气压

由

$$[S]_{Ni-Cu} = \frac{1}{2}S_2\ (g)$$

$$K_x = \frac{(p_{S_2}/p^\ominus)^{\frac{1}{2}}}{x_S}$$

得

$$\lg x_S = \lg(p_{S_2}/p^\ominus)^{\frac{1}{2}} - \lg K_x \tag{5.21a}$$

或

$$K_w = \frac{(p_{S_2}/p^\ominus)^{\frac{1}{2}}}{w_S/w^\ominus}$$

$$\lg(w_S/w^\ominus) = \lg(p_{S_2}/p^\ominus)^{\frac{1}{2}} - \lg K_w \tag{5.21b}$$

知道 K_x、K_w 和 $p_{S_2}/p^\ominus$ 就可以求得 x_S 和 w_S。

图 5.16 是三元系 Ni-Fe-S 中硫的蒸气压。

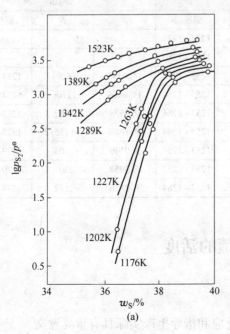

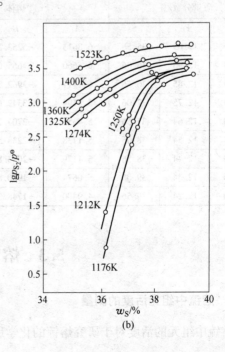

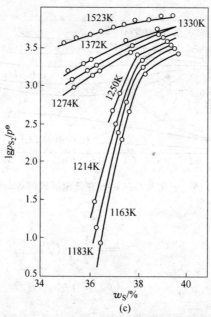

图 5.16 三元系 Ni-Fe-S 中硫的蒸气压

由图 5.16 可见，在 1270K 以下，硫含量在 36%~38% 范围内，硫的蒸气压随硫含量的变化剧烈，这是由于有固相析出所致。硫的蒸气压与温度的关系可以表示为

$$\lg(p_{S_2}/p^\ominus) = A + \frac{B}{T} \tag{5.22}$$

表 5.5 给出了固相锍和液相熔锍中硫的蒸气压。

表 5.5 $w_{Fe}/w_{(Fe+Ni)} = 0.2025$ 的熔锍的平衡硫蒸气压

质量分数/%			熔体			固相		
Ni	Fe	S	A	B	温度/K	A	B	温度/K
51.39	13.05	35.56	6.8613	−5253.2	1253~1277			
50.99	12.95	36.06	6.5660	−4665.0	1253~1280			
50.59	12.85	36.56	6.1717	−3962.3	1253~1283	14.6141	−16293.1	1214~1073
50.19	12.75	37.06	5.8194	−3349.6	1253~1284	11.6169	−11706.9	1254~1073
49.80	12.64	37.56	5.4356	−2704.2	1253~1284	9.9528	−8862.1	1273~1073
49.40	12.54	38.06	5.1738	−2238.5	1253~1284	8.1849	−6155.2	1273~1073
49.00	12.44	38.56	5.1179	−2083.8	1253~1284	5.9149	−3103.4	1279~1073
48.60	12.34	39.06	5.0674	−1960.8	1253~1284	5.3958	−2362.1	1279~1073
48.20	12.24	39.56	4.9400	−1748.3	1253~1284	5.2856	−2172.4	1279~1073

5.3   熔锍的活度

5.3.1   熔锍中组元活度的测量

熔锍中组元的活度对于研究熔锍的化学反应和指导生产实际具有重要意义。

熔锍中硫活度的测量最早采用 H_2/H_2S 混合气体的化学平衡法、蒸气压法等。后来又发展了气相质谱法、定量热解析法、渣-熔锍平衡的电动势法、固体电解质电动势法等。

本节主要介绍采用 H_2/H_2S 混合气体的化学平衡法、蒸气压法和固体电解质电动势法。

5.3.1.1 化学平衡法

化学平衡法测定熔锍中硫的活度是用 H_2/H_2S 混合气体与熔锍平衡，可以表示为

$$H_2(g) + [S] \rightleftharpoons H_2S(g)$$

$$K = \frac{p_{H_2S}/p^{\ominus}}{(p_{H_2}/p^{\ominus})a_S} = \frac{p_{H_2S}}{p_{H_2}a_S} \tag{5.23}$$

$$a_S = \frac{p_{H_2S}/p_{H_2}}{K} \tag{5.24}$$

式中，$[S]$ 为熔锍中的硫；a_S 为熔锍中硫的活度，与其标准状态的选择有关；p_{H_2S}/p_{H_2} 为 H_2S、H_2 混合气体的分压比，由人为配制；K 为平衡常数，由实验测定或用标准摩尔吉布斯自由能变化计算。

由上式可知，知道 p_{H_2S}/p_{H_2} 和平衡常数 K 就可以得到 a_S。通常不以纯硫为标准状态，而以假想的符合亨利定律的质量分数 $w_S/w^{\ominus}=1$ 或摩尔分数 $x_S=1$ 为标准状态。

图 5.17 汇集了在不同温度二元系 Ni–S 与混合气体 p_{H_2S}/p_{H_2} 的平衡数据。

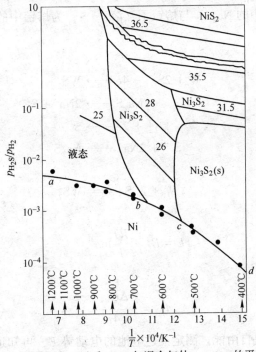

图 5.17　不同温度二元系 Ni–S 与混合气体 p_{H_2S}/p_{H_2} 的平衡数据

5.3.1.2 蒸气压法

在高温条件下，熔锍有较高的蒸气压，可以用蒸气压法测量熔锍中硫的活度。由化学反应

$$[S] = \frac{1}{2}S_2(g)$$

$$K = \frac{(p_{S_2}/p^{\ominus})^{\frac{1}{2}}}{a_S^H} \tag{5.25}$$

得

$$a_S = \frac{(p_{S_2}/p^{\ominus})^{\frac{1}{2}}}{K} \tag{5.26}$$

在一定温度测定 $p_{S_2}/p^{\ominus}$，并知道平衡常数 K，就可以求得硫的活度 a_S，其标准状态依具体情况而定。

5.3.1.3　电动势法

电动势法测定硫的活度是用电解质与熔铳构成原电池，通过测定原电池的电动势，利用能斯特方程计算出待测组元的活度。

由于硫化物在高温稳定性差，存在较大的电子导电，所以采用氧化物固体电解质。

A　熔铳中硫活度测定

电池构成为

$$W, WS_2, (Na_2S) | \beta - Al_2O_3 | (Na_2S), [S], W$$

其中，(Na_2S) 为在渣中的 Na_2S，与熔铳不互溶；$[S]$ 为熔铳中的硫；$\beta-Al_2O_3$ 为 Na^+ 导体的固体电解质。

半电池反应为

左边

$$W + 2S^{2-} - 4e \longrightarrow WS_2$$

$$Na_2S \longrightarrow 2Na^+ + S^{2-}$$

右边

$$[S] + 2e \longrightarrow S^{2-}$$

$$S^{2-} + 2Na^+ \longrightarrow Na_2S$$

总反应为

$$W + 2[S] = WS_2$$

有

$$E = E^{\ominus} + \frac{RT}{F}\ln a_{[S]}^H \tag{5.27}$$

式中

$$E^{\ominus} = -\frac{\Delta G_{WS_2}^{\ominus}}{4F}$$

$\Delta G_{WS_2}^{\ominus}$ 为 WS_2 的标准生成自由能。测定上述电池的电动势 E，再知道 WS_2 的标准生成自由能就可以得到熔铳中硫的活度。

B　熔铳中金属组元活度的测定

电池的构成为

$$W, Me, (MeO) | ZrO_2(MgO) | (MeO), [Me], W$$

其中，Me 为纯金属，例如 Fe、Ni、Cu、Co 等；(MeO) 为含在渣中的该种金属的氧化物；

[Me] 为含在熔锍中的该种金属；$ZrO_2(MgO)$ 为固体电解质，也可以是其他 O^{2-} 导体的固体电解质。

半电池反应为

左边
$$Me - 2e \longrightarrow Me^{2+}$$
$$Me^{2+} + O^{2-} \longrightarrow (MeO)$$

右边
$$Me^{2+} + 2e \longrightarrow [Me]$$
$$(MeO) \longrightarrow Me^{2+} + O^{2-}$$

总电池反应
$$Me = [Me]$$

为浓差电池

$$E = -\frac{RT}{2F}\ln a_{[Me]} \tag{5.28}$$

测出电动势 E 就可以计算出金属组元的活度 $a_{[Me]}$。

C 金属硫化物活度的测定

a 浓差电池

电池的构成为

$$Me, [MeS], (Na_2S)|\beta - Al_2O_3|(Na_2S), MeS, Me$$

其中，[MeS] 为熔锍中的硫化物 MeS（例如熔锍中的 Cu_2S、FeS、NiS 等）；MeS 为纯硫化物；(Na_2S) 为氧化物渣中的 Na_2S。

半电池反应为

左边
$$Me - 2e + S^{2-} \longrightarrow [MeS]$$
$$(Na_2S) \longrightarrow 2Na^+ + S^{2-}$$

右边
$$MeS + 2e \longrightarrow Me + S^{2-}$$
$$2Na^+ + S^{2-} \longrightarrow (Na_2S)$$

总反应
$$MeS = [MeS]$$

$$E = -\frac{RT}{F}\ln a_{[MeS]} \tag{5.29}$$

以纯 MeS 为标准状态，测出电动势 E，就可以计算出化合物 MeS 的活度。

b 置换电池

电池的构成为

$$Me, [MeS], (Na_2S)|\beta - Al_2O_3|(Na_2S), WS_2, W$$

半电池反应为

左边
$$Me - 2e + S^{2-} \longrightarrow [MeS]$$
$$(Na_2S) \longrightarrow 2Na^+ + S^{2-}$$

右边
$$WS_2 + 4e \longrightarrow W + 2S^{2-}$$
$$S^{2-} + 2Na^+ \longrightarrow (Na_2S)$$

总反应为

$$WS_2 + 2Me = 2[MeS] + W$$

为置换型电池。其中 WS_2、W、Me 活度为1。

$$E = E^{\ominus} - \frac{RT}{2F}\ln a_{[MeS]} \tag{5.30}$$

式中

$$E^{\ominus} = -\frac{\Delta G_w^{\ominus}}{4F}$$

$\Delta G^{\ominus}$ 为化学反应 $WS_2+2Me \Longrightarrow 2MeS+W$ 的标准摩尔吉布斯自由能变化。以纯硫化物 MeS 为标准状态，浓度以摩尔分数表示。

c　非 Na^+ 导体电池

由于 $\beta-Al_2O_3$ 中 Na^+ 可以被其他的金属离子取代，而成为其他金属离子型的固体电解质，因此，可以用其他金属离子的 $\beta-Al_2O_3$ 固体电解质测量熔锍中硫化物的活度。例如，用 $\beta-Al_2O_3$（Me^{2+}）测定熔锍中 Cu_2S 的活度。

电池为

$$W, WS_2, MeS | \beta - Al_2O_3(Me^{2+}) | (MeS), WS_2, W$$

半电池反应为

左边

$$MeS - 2e \longrightarrow Me^{2+} + \frac{1}{2}S_2$$

$$\frac{1}{2}S_2 + \frac{1}{4}W \longrightarrow \frac{1}{4}WS_2$$

右边

$$Me^{2+} + \frac{1}{2}S_2 \longrightarrow [MeS]$$

$$\frac{1}{4}WS_2 \longrightarrow \frac{1}{2}S_2 + \frac{1}{4}W$$

总反应为

$$MeS \Longrightarrow [MeS]$$

为浓差电池。

$$E = -\frac{RT}{2F}\ln a_{[MeS]} \tag{5.31}$$

以纯 MeS 为标准状态。

5.3.2　二元系 Ni-S 的活度

在 Ni-S 二元系中，以纯 Ni_3S_2 中的硫为标准状态，即以组成为 $x_{Ni}=0.6$、$x_S=0.4$ 的 $a_S=1$，浓度以摩尔分数表示，则

$$K = \frac{p_{H_2S}}{p_{H_2}} \tag{5.32}$$

而其他组成的 Ni-S 二元系中硫的活度为

$$a_S^H = \frac{p_{H_2S}}{Kp_{H_2}} \tag{5.33}$$

在1473K 的测量结果列于表5.6。

表 5.6 1473K Ni-S 二元系的活度

x_{Ni}	x_S	$\lg = \dfrac{p_{H_2S}}{p_{H_2}}$	a_S
0.588	0.412	-0.121	
0.600	0.400	-0.700	1.000
0.620	0.380	-1.050	0.945

Ni-S 二元系中镍的活度可以利用由一个组元的活度计算另一个组元的活度的方法得到。

5.3.3 三元系 Cu-Ni-S 的活度

5.3.3.1 三元系 Cu-Ni-S 中 Cu 和 Ni 的活度

在 1473K,采用化学平衡法测得三元系 Cu-Ni-S 的数据列于表 5.7。

表 5.7 在 1473K 三元系 Cu-Ni-S 的平衡 p_{H_2S}/p_{H_2} 值

x_{Ni}	x_{Cu}	x_S	$\dfrac{p_{H_2S}}{p_{H_2}}$	$\lg = \dfrac{p_{H_2S}}{p_{H_2}}$
0.586	0.000	0.412	0.984	-0.121
0.560	0.035	0.405	0.486	-0.355
0.541	0.059	0.400	0.285	-0.565
0.403	0.209	0.338	0.188	-0.735
0.390	0.226	0.384	0.189	-0.733

Cu 和 Ni 分别以纯物质为标准状态,浓度以摩尔分数表示,在 1473K,三元系 Cu-Ni-S 中铜和镍的活度如图 5.18、图 5.19 所示。

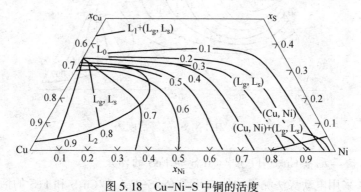

图 5.18 Cu-Ni-S 中铜的活度

5.3.3.2 三元系 Cu-Ni-S 中 Cu_2S 和 Ni_3S_2 的活度

在 Cu-Ni-S 三元系中,Cu_2S 和 Ni_3S_2 分别以其纯物质为标准状态,浓度以摩尔分数表示,Cu_2S 和 Ni_3S_2 的等活度图如图 5.20、图 5.21 所示。

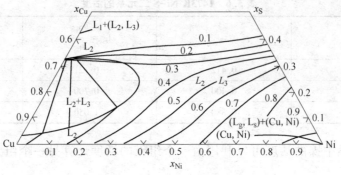

图 5.19　Cu-Ni-S 中镍的活度

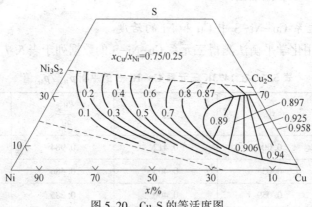

图 5.20　Cu₂S 的等活度图

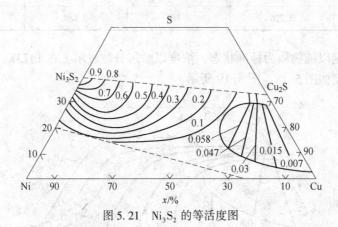

图 5.21　Ni₃S₂ 的等活度图

5.3.3.3　伪二元系 Cu_2S-FeS 中 Cu_2S 和 FeS 的活度

在 1473K，采用电动势法测得的伪二元系 Cu_2S-FeS 中 Cu_2S 和 FeS 的活度。分别以纯 Cu_2S 和 FeS 为标准状态，浓度以摩尔分数表示，Cu_2S 和 FeS 的活度如图 5.22 所示。

5.3.3.4　伪二元系 Ni_3S_2-FeS 中 Ni_3S_2 和 FeS 的活度

采用电动势法测得的伪二元系 Ni_3S_2-FeS 中 Ni_3S_2 和 FeS 的活度。分别以纯 Ni_3S_2 和 FeS 为标准状态，浓度以摩尔分数表示，Ni_3S_2 和 FeS 的活度如图 5.23 所示。

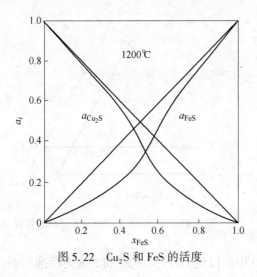

图 5.22 Cu_2S 和 FeS 的活度

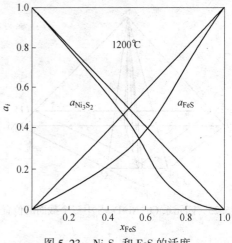

图 5.23 Ni_3S_2 和 FeS 的活度

5.3.4 四元系 Cu–Ni–Fe–S 的活度

5.3.4.1 四元系 Cu–Ni–Fe–S 中硫的活度

图 5.24 所示是四元系 Cu–Ni–Fe–S 中 1%（质量分数）标准状态硫的活度。该图是四元系 Cu–Ni–Fe–S 的截面，截取位置如图 5.25~图 5.27 所示。P 为 Cu–Ni 线上 $w_{Cu}/w_{Ni} = 1$ 的点，S 的含量从 15%~32%（质量分数），Fe 的含量从 0~70%（质量分数）。

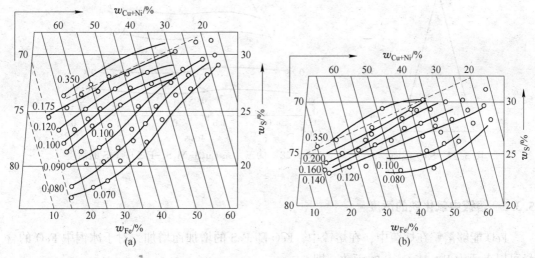

图 5.24 四元系 Cu–Ni–Fe–S 中 $\dfrac{w_S}{w^\ominus} = 1$ 标准状态硫的活度

A 点在 Cu–Fe 连线上，Q 点在 Fe–Ni 连线上，AQ 平行于 Cu–Ni 连线；AQ 线上 Fe 的含量为 70%（质量分数）。在 A–S–Q 面上 $w_{Fe}/w_{(Cu+Ni)} = 2.333$。等腰三角形中平行于 AQ 连线上的 S 含量固定，Fe 含量也固定，因而 Ni+Cu 含量也固定。

5.3.4.2 四元系 Cu–Ni–Fe–S 中 Cu_2S、Ni_3S_2、FeS 的活度

在 1200℃，采用 β–Al_2O_3 固体电解电动势法测得伪三元系 Cu_2S–Ni_3S_2–FeS 中，组元

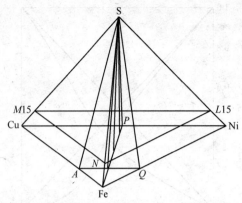

图 5.25 四元系 Cu-Ni-Fe-S 中三个截面的位置

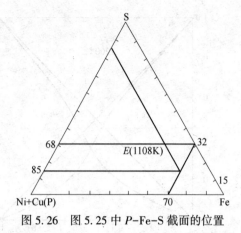

图 5.26 图 5.25 中 P-Fe-S 截面的位置

Cu_2S、Ni_3S_2 和 FeS 的活度示于图 5.28~图 5.30 中。以纯 Cu_2S、Ni_3S_2 和 FeS 为标准状态，浓度以摩尔分数表示。

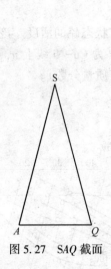

图 5.27 SAQ 截面

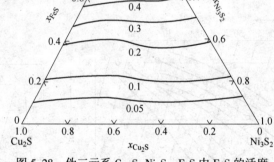

图 5.28 伪三元系 Cu_2S-Ni_3S_2-FeS 中 FeS 的活度

5.3.5 熔锍中氧化铁的活度

FeO 能够溶解在熔锍中，在熔锍中，FeO 随 FeS 的增加而增加，对于冰铜中 FeO 的含量可以表示为 FeS 或 Cu_2S 的函数，即

$$x_{FeO} = f(x_{FeS}) = f\left(\frac{A}{x_{Cu_2S}}\right) \tag{5.34}$$

所以

$$f_{FeO} = \frac{a_{FeO}}{x_{FeO}} = \frac{a_{FeO}}{f\left(\dfrac{A}{x_{Cu_2S}}\right)} \tag{5.35}$$

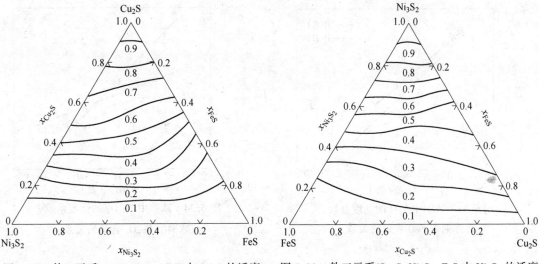

图 5.29　伪三元系 $Cu_2S-Ni_3S_2-FeS$ 中 Cu_2S 的活度　　图 5.30　伪三元系 $Cu_2S-Ni_3S_2-FeS$ 中 Ni_3S_2 的活度

FeO 活度系数 f_{FeO} 随 x_{Cu_2S} 增大而增大。如图 5.31 所示。

　　由图 5.31 可见，保持冰铜中 FeO 浓度不变，其活度系数随 Cu_2S 含量增加而增加。在保持 Fe_3O_4 含量不变的情况下，Fe_3O_4 的活度 $a_{Fe_3O_4}$ 随冰铜品位增加而增加。图 5.32 所示为 1573K $a_{Fe_3O_4}$ 与冰铜品位的关系。其中曲线 A、B、C 对应冰铜中不同 Fe_3O_4 的含量。

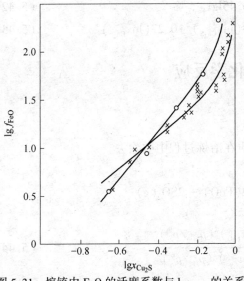

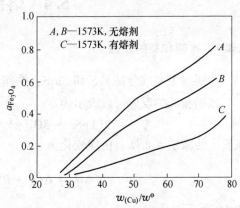

图 5.31　熔锍中 FeO 的活度系数与 $\lg x_{Cu_2S}$ 的关系　　图 5.32　1573K $a_{Fe_3O_4}$ 与冰铜品位的关系

　　在保持 Cu_2S 含量不变的条件下，冰铜中 FeO 和 Fe_3O_4 的活度系数与冰铜中 FeO 和 Fe_3O_4 含量的关系如图 5.33 和图 5.34 所示。

　　在保持 Cu_2S 不变的条件下，冰铜中 FeO 和 Fe_3O_4 的活度系数分别与 FeO 和 Fe_3O_4 含量的关系，表示如下，并给出 FeO 和 Fe_3O_4 的活度系数与 Cu_2S 含量的关系。

$$\lg f_{FeO} = 0.044 - 0.901\lg x_{FeO} \tag{5.36}$$

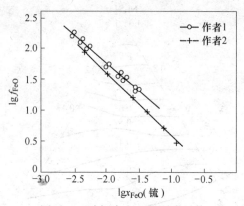

图 5.33　冰铜中 FeO 的活度系数
与冰铜中 FeO 含量的关系

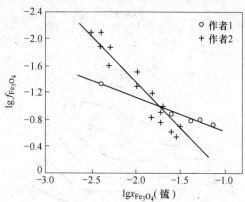

图 5.34　冰铜中 Fe_3O_4 的活度系数
与冰铜中 Fe_3O_4 含量的关系

$$\lg f_{FeO} = 5.10 + 6.2\ln x_{Cu_2S} + 6.41(\ln x_{Cu_2S})^2 + 2.8(\ln x_{Cu_2S})^3 \tag{5.37}$$

$$\lg f_{Fe_3O_4} = -1.86 - 1.60\lg x_{Fe_3O_4} \tag{5.38}$$

$$\lg f_{Fe_3O_4} = 4.96 + 9.9\ln x_{Cu_2S} + 7.43(\ln x_{Cu_2S})^2 + 2.55(\ln x_{Cu_2S})^3 \tag{5.39}$$

或

$$\lg f_{FeO} = -0.49 - 1.04\lg x_{FeO} \tag{5.40}$$

$$\lg f_{FeO} = 6.42 + 5.80\ln x_{Cu_2S} + 1.78(\ln x_{Cu_2S})^2 + 0.12(\ln x_{Cu_2S})^3 \tag{5.41}$$

$$\lg f_{Fe_3O_4} = 0.17 - 0.45\lg x_{Fe_3O_4} \tag{5.42}$$

$$\lg f_{Fe_3O_4} = 3.67 + 3.01\ln x_{Cu_2S} + 1.23(\ln x_{Cu_2S})^2 + 0.23(\ln x_{Cu_2S})^3 \tag{5.43}$$

5.4　熔锍的化学反应

5.4.1　冰铜和氧的反应

冰铜的主要成分是 FeS 和 Cu_2S，铁作为杂质在冶炼过程中被除去。

冰铜和氧的反应可以表示为

$$2[FeS] + 3O_2(g) \Longrightarrow 2(FeO) + 2SO_2(g)$$

该反应的摩尔吉布斯自由能变化为

$$\Delta G_m = \Delta G_m^\ominus + RT\ln\frac{(a_{FeO})^2(p_{SO_2}/p^\ominus)^2}{(a_{FeS})^2(p_{O_2}/p^\ominus)^3} \tag{5.44}$$

式中

$$\Delta G_m^\ominus = 2\mu_{FeO(1)}^* + 2\mu_{SO_2(g)}^\ominus - 2\mu_{FeS(1)}^* - 3\mu_{O_2(g)}^\ominus = -910020 + 158.04T \quad \text{J/mol} \tag{5.45}$$

式中，$\mu_{FeO(1)}^*$ 和 $\mu_{FeS(1)}^*$ 分别为液态纯 FeO 和 FeS 的化学势；$\mu_{SO_2(g)}^\ominus$ 和 $\mu_{O_2(g)}^\ominus$ 分别为 SO_2 和 O_2 压力为 1 个标准压力的化学势。

生成的 FeO 进入渣中和 SiO_2 形成熔渣，与铜分离，铜得到富集。由于铁和氧的亲和力远大于铜和氧的亲和力，铁先氧化进入渣中，冰铜中的 Cu_2S 也会和 O_2 发生反应，有

$$2[Cu_2S] + 3O_2(g) \Longrightarrow 2(Cu_2O) + 2SO_2(g)$$

$$\Delta G_{\mathrm{m}} = \Delta G_{\mathrm{m}}^{\ominus} + RT\ln \frac{(a_{\mathrm{Cu_2O}})^2 (p_{\mathrm{SO_2}}/p^{\ominus})^2}{(a_{\mathrm{Cu_2S}})^2 (p_{\mathrm{O_2}}/p^{\ominus})^3} \tag{5.46}$$

$$\Delta G_{\mathrm{m}}^{\ominus} = 2\mu_{\mathrm{Cu_2O(1)}}^{*} + 2\mu_{\mathrm{SO_2(g)}}^{\ominus} - 2\mu_{\mathrm{Cu_2S(1)}}^{*} - 3\mu_{\mathrm{O_2(g)}}^{\ominus} = -770690 + 243.51T \quad \mathrm{J/mol} \tag{5.47}$$

生成的 Cu_2O 很快和 FeS 反应，有

$$[\mathrm{Cu_2O}] + [\mathrm{FeS}] =\!=\!= [\mathrm{Cu_2S}] + (\mathrm{FeO})$$

$$\Delta G_{\mathrm{m}} = \Delta G_{\mathrm{m}}^{*} + RT\ln \frac{a_{\mathrm{Cu_2S}} a_{\mathrm{FeO}}}{a_{\mathrm{Cu_2O}} a_{\mathrm{FeS}}} \tag{5.48}$$

$$\Delta G_{\mathrm{m}}^{*} = \mu_{\mathrm{Cu_2S(1)}}^{*} + \mu_{\mathrm{FeO(1)}}^{*} - \mu_{\mathrm{Cu_2O(1)}}^{*} - \mu_{\mathrm{FeS(1)}}^{*} = -69664 - 42.78T \quad \mathrm{J/mol} \tag{5.49}$$

所以有 FeS 存在，不会有 Cu_2O。FeS 基本氧化完后，冰铜中剩下的主要是 Cu_2S。继续吹氧，Cu_2S 和氧反应可以表示为

$$2[\mathrm{Cu_2S}] + 3\mathrm{O_2(g)} =\!=\!= 2[\mathrm{Cu_2O}] + 2\mathrm{SO_2(g)}$$

$$\Delta G_{\mathrm{m}} = \Delta G_{\mathrm{m}}^{\ominus} + RT\ln \frac{(a_{\mathrm{Cu_2O}})^2 (p_{\mathrm{SO_2}}/p^{\ominus})^2}{(a_{\mathrm{Cu_2S}})^2 (p_{\mathrm{O_2}}/p^{\ominus})^3} \tag{5.50}$$

$$\Delta G_{\mathrm{m}}^{\ominus} = 2\mu_{\mathrm{Cu_2O(1)}}^{*} + 2\mu_{\mathrm{SO_2(g)}}^{\ominus} - 2\mu_{\mathrm{Cu_2S(1)}}^{*} - 3\mu_{\mathrm{O_2(g)}}^{\ominus} = -770694 + 243.51T \quad \mathrm{J/mol} \tag{5.51}$$

$$[\mathrm{Cu_2S}] + 2[\mathrm{Cu_2O}] =\!=\!= 6[\mathrm{Cu}] + \mathrm{SO_2(g)}$$

$$\Delta G_{\mathrm{m}} = \Delta G_{\mathrm{m}}^{\ominus} + RT\ln \frac{(a_{\mathrm{Cu}})^6 (p_{\mathrm{SO_2}}/p^{\ominus})}{a_{\mathrm{Cu_2S}} (a_{\mathrm{Cu_2O}})^2} \tag{5.52}$$

$$\Delta G_{\mathrm{m}}^{\ominus} = 6\mu_{\mathrm{Cu(1)}}^{*} + \mu_{\mathrm{SO_2(g)}}^{\ominus} - \mu_{\mathrm{Cu_2S(1)}}^{*} - 2\mu_{\mathrm{Cu_2O(1)}}^{*} = 35982 - 58.87T \quad \mathrm{J/mol} \tag{5.53}$$

总反应

$$[\mathrm{Cu_2S}] + \mathrm{O_2(g)} =\!=\!= 2[\mathrm{Cu}] + \mathrm{SO_2(g)}$$

$$\Delta G_{\mathrm{m}} = \Delta G_{\mathrm{m}}^{\ominus} + RT\ln \frac{(a_{\mathrm{Cu}})^2 (p_{\mathrm{SO_2}}/p^{\ominus})}{a_{\mathrm{Cu_2S}} (p_{\mathrm{O_2}}/p^{\ominus})} \tag{5.54}$$

式中

$$\Delta G_{\mathrm{m}}^{\ominus} = 2\mu_{\mathrm{Cu(1)}}^{*} + \mu_{\mathrm{SO_2(g)}}^{\ominus} - \mu_{\mathrm{Cu_2S(1)}}^{*} - \mu_{\mathrm{O_2(g)}}^{\ominus} = -244904 + 184.64T \quad \mathrm{J/mol} \tag{5.55}$$

Cu 和 Cu_2S 以纯物质为标准状态；SO_2 和 O_2 以 1 个标准压力为标准状态。

图 5.35 为 Cu-Cu_2S-Cu_2O 系相图。由图可见，在白冰铜的吹炼初期 Cu_2S 和 O_2 反应生成的 Cu 溶解在 Cu_2S 中，随着氧化反应的进行，Cu_2S 中溶解的 Cu 继续增多。保持温度恒定，液相组成沿 AB 线向 B 点移动，到达 B 点，溶液中的铜达到饱和。液相分层在 1200℃，铜的浓度可以达到 10%（质量分数）。液相上层为溶解 Cu_2S 的 Cu 相（含 Cu_2S 9%），下层为溶解 Cu 的 Cu_2S 相（含 Cu 10%）。

随着氧化反应的进行，液相沿着 BC 线段向 C 移动。保持温度不变，两相组成不变，但两相的相对含量不断变化。Cu 相越来越多，Cu_2S 相越来越少。液相到达 C 点，Cu_2S 相消失，只剩下溶有 Cu_2S 的 Cu 相。继续通入 O_2，液相沿 CE 线段向 E 点移动，溶解在 Cu 中的硫氧化，到达 E 点后继续通 O_2，铜开始氧化，生成的 Cu_2O 溶解到 Cu 中。液相组成沿 ED 线段向 D 移动，到达 D 点，液相又开始分层，上层为 Cu_2O，下层为 Cu。

实际氧化过程得不到纯铜，铜的纯度最高为99%，含有一定量的硫。表 5.8 给出了铜中含硫量和含氧量的关系。铜中溶解少量的硫是由于溶液中硫氧平衡，要想完全去除硫，氧必须过量。

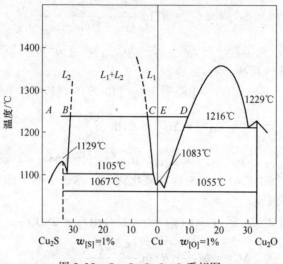

图 5.35 Cu–Cu$_2$S–Cu$_2$O 系相图

表 5.8 铜中含硫量和含氧量的关系（1200℃）

物质 物质 $w/w^{\ominus}$	氧	硫
	0.141	0.412
铜液	0.321	0.081
	0.501	0.035

由

$$[S] + 2[O] \Longrightarrow SO_2(g)$$

$$K = \frac{p_{SO_2}/p^{\ominus}}{a_S^H (a_O^H)^2} \tag{5.56}$$

取 SO$_2$ 分压为 1 个标准压力，有

$$a_S^H (a_O^H)^2 = \frac{1}{K} = k_{S-O} \tag{5.57}$$

可以近似表示为

$$(w_S/w^{\ominus})(w_O/w^{\ominus})^2 = k_{S-O} \tag{5.58}$$

图 5.36 所示为铜中硫氧平衡关系。

5.4.2　冰镍和氧的反应

冰镍也称镍锍，其主要成分是 FeS 和 Ni$_3$S$_2$，铁是杂质，在冶炼过程中要除去。

冰镍和氧的反应可以表示为

$$2[FeS] + 3O_2(g) \Longrightarrow 2(FeO) + 2SO_2(g)$$

生成的 FeO 进入渣中和 SiO$_2$ 形成液相渣，Ni$_3$S$_2$ 富集。

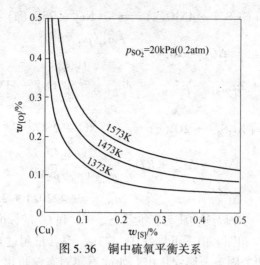

图 5.36　铜中硫氧平衡关系

该反应的摩尔吉布斯自由能变化为

$$\Delta G_m = \Delta G_m^{\ominus} + RT\ln\frac{(a_{FeO})^2(p_{SO_2}/p^{\ominus})^2}{(a_{FeS})^2(p_{O_2}/p^{\ominus})^3} \tag{5.59}$$

式中

$$\Delta G_m^{\ominus} = 2\mu_{FeO(l)}^* + 2\mu_{SO_2(g)}^{\ominus} - 2\mu_{FeS(l)}^* - 3\mu_{O_2(g)}^{\ominus} \tag{5.60}$$

FeO 和 FeS 以纯物质为标准状态；SO$_2$ 和 O$_2$ 以 1 个标准压力为标准状态。

由于铁和氧的亲和力大于镍和氧的亲和力，铁先氧化进入渣中，镍锍中的 Ni$_3$S$_2$ 也会和 O$_2$ 发生反应，有

$$2[Ni_3S_2] + 7O_2(g) \rightleftharpoons 6(NiO) + 4SO_2(g)$$

$$\Delta G_m = \Delta G_m^{\ominus} + RT\ln\frac{(a_{NiO})^6(p_{SO_2}/p^{\ominus})^4}{(a_{Ni_3S_2})^2(p_{O_2}/p^{\ominus})^7} \tag{5.61}$$

$$\Delta G_m^{\ominus} = 6\mu_{NiO(s)}^* + 4\mu_{SO_2(g)}^{\ominus} - 2\mu_{Ni_3S_2(l)}^* - 7\mu_{O_2(g)}^{\ominus} = -2360610 + 658.42T \quad J/mol \tag{5.62}$$

生成的 NiO 很快和 FeS 反应，有

$$6[NiO] + 6[FeS] \rightleftharpoons 2[Ni_3S_2] + 6(FeO) + S_2(g)$$

$$\Delta G_m = \Delta G_m^{\ominus} + RT\ln\frac{(a_{Ni_3S_2})^2(a_{FeO})^6(p_{S_2}/p^{\ominus})}{(a_{NiO})^6(a_{FeS})^6} \tag{5.63}$$

$$\Delta G_m^{\ominus} = 2\mu_{Ni_3S_2(l)}^* + 6\mu_{FeO(l)}^* + \mu_{S_2(g)}^{\ominus} - 6\mu_{NiO(l)}^* - 6\mu_{FeS(l)}^* = 789522 - 731.28T \quad J/mol \tag{5.64}$$

所以，在有 FeS 存在时，不会有 NiO。FeS 基本氧化完后，冰镍中剩下的主要是 Ni$_3$S$_2$。式中 NiO、Ni$_3$S$_2$、FeS、FeO 以纯物质为标准状态，O$_2$、S$_2$、SO$_2$ 以 1 个标准压力为标准状态。继续通氧，Ni$_3$S$_2$ 和氧反应，可以表示为

$$2[Ni_3S_2] + 7O_2(g) \rightleftharpoons 6NiO(s) + 4SO_2(g)$$

$$\Delta G_m = \Delta G_m^{\ominus} + RT\ln\frac{(p_{SO_2}/p^{\ominus})^4}{(a_{Ni_3S_2})^2(p_{O_2}/p^{\ominus})^7} \tag{5.65}$$

$$\Delta G_m^{\ominus} = 6\mu_{NiO(s)}^* + 4\mu_{SO_2(g)}^{\ominus} - 2\mu_{Ni_3S_2(l)}^* - 7\mu_{O_2(g)}^{\ominus} = -2360610 + 658.42T \quad J/mol \tag{5.66}$$

$$[Ni_3S_2] + 4NiO(s) \rightleftharpoons 7[Ni] + 2SO_2(g)$$

$$\Delta G_m = \Delta G_m^\ominus + RT\ln \frac{a_{Ni}^7 (p_{SO_2}/p^\ominus)^2}{a_{Ni_3S_2}} \tag{5.67}$$

$$\Delta G_m^\ominus = 7\mu_{Ni(1)}^* + 2\mu_{SO_2(g)}^\ominus - \mu_{Ni_3S_2(1)}^* - 4\mu_{NiO(s)}^* = 587684 - 433.04T \quad J/mol \tag{5.68}$$

总反应为

$$[Ni_3S_2] + 2O_2(g) \rightleftharpoons 3[Ni] + 2SO_2(g)$$

$$\Delta G_m = \Delta G_m^\ominus + RT\ln \frac{(a_{Ni})^3 (p_{SO_2}/p^\ominus)^2}{a_{Ni_3S_2}(p_{O_2}/p^\ominus)^2} \tag{5.69}$$

$$\Delta G_m^\ominus = 3\mu_{Ni(1)}^* + 2\mu_{SO_2(g)}^\ominus - \mu_{Ni_3S_2(1)}^* - 2\mu_{O_2(g)}^\ominus = -422024 + 2.53T \quad J/mol \tag{5.70}$$

各式中 Ni_3S_2、NiO、Ni 以纯物质为标准状态。SO_2 和 O_2 的标准状态为 1 个标准压力。

图 5.37 为 $Ni-Ni_3S_2$ 相图。由图可见，在 1473K，镍含量超过 80%（质量分数），镍在 Ni_3S_2 中的溶解达到饱和，固态金属镍析出。如欲不使固态镍析出，必须升高温度，这对冶炼操作很不利，所以实际生产中以高锍镍为产品，而不冶炼成金属镍。这与铜冶炼不同，因为镍的熔点为 1725℃，远高于铜的熔点 1083℃。

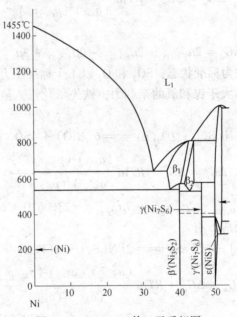

图 5.37　$Ni-Ni_3S_2$ 伪二元系相图

5.4.3　$FeS-Cu_2S-Ni_3S_2$ 和氧的反应

冶炼铜镍混合硫化矿得到的熔锍为含有 FeS、Cu_2S 和 Ni_3S_2 的熔锍。为了相比较，取熔锍和 $1mol$ O_2 反应，表示为

$$\frac{2}{3}[FeS] + O_2(g) \rightleftharpoons \frac{2}{3}(FeO) + \frac{2}{3}SO_2(g)$$

$$\Delta G_m = \Delta G_m^\ominus + RT\ln \frac{(a_{FeO})^{\frac{2}{3}}(p_{SO_2}/p^\ominus)^{\frac{2}{3}}}{(a_{FeS})^{\frac{2}{3}}(p_{O_2}/p^\ominus)} \tag{5.71}$$

$$\Delta G_m^\ominus = \frac{2}{3}\mu_{FeO(1)}^* + \frac{2}{3}\mu_{SO_2(g)}^\ominus - \frac{2}{3}\mu_{FeS(1)}^* - \mu_{O_2(g)}^\ominus = -303340 + 52.68T \quad \text{J/mol} \quad (5.72)$$

$$\frac{2}{7}[Ni_3S_2] + O_2(g) == \frac{6}{7}(NiO) + \frac{4}{7}SO_2(g)$$

$$\Delta G_m = \Delta G_m^\ominus + RT\ln \frac{(a_{NiO})^{\frac{6}{7}}(p_{SO_2}/p^\ominus)^{\frac{4}{7}}}{(a_{Ni_3S_2})^{\frac{2}{7}}(p_{O_2}/p^\ominus)} \qquad (5.73)$$

$$\Delta G_m^\ominus = \frac{6}{7}\mu_{NiO(1)}^* + \frac{4}{7}\mu_{SO_2(g)}^\ominus - \frac{2}{7}\mu_{Ni_3S_2(1)}^* - \mu_{O_2(g)}^\ominus = -337230 + 94.06T \quad \text{J/mol} \quad (5.74)$$

$$\frac{2}{3}[Cu_2S] + O_2(g) == \frac{2}{3}(Cu_2O) + \frac{2}{3}SO_2(g)$$

$$\Delta G_m = \Delta G_m^\ominus + RT\ln \frac{(a_{Cu_2O})^{\frac{2}{3}}(p_{SO_2}/p^\ominus)^{\frac{2}{3}}}{(a_{Cu_2S})^{\frac{2}{3}}(p_{O_2}/p^\ominus)} \qquad (5.75)$$

$$\Delta G_m^\ominus = \frac{2}{3}\mu_{Cu_2O(1)}^* + \frac{2}{3}\mu_{SO_2(g)}^\ominus - \frac{2}{3}\mu_{Cu_2S(1)}^* - \mu_{O_2(g)}^\ominus = -256898 + 81.17T \quad \text{J/mol} \quad (5.76)$$

上面三个反应的标准摩尔吉布斯自由能变化和温度的关系如图5.38所示。

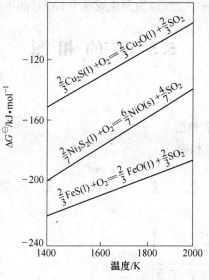

图 5.38 $\Delta G_m^\ominus$ 和 T 的关系

生成的 Cu_2O 和 NiO 会与 FeS 反应，有

$$[Cu_2O] + [FeS] == (FeO) + [Cu_2S]$$

$$\Delta G_m = \Delta G_m^* + RT\ln \frac{a_{FeO}a_{Cu_2O}}{a_{Cu_2O}a_{FeO}} \qquad (5.77)$$

$$\Delta G_m^* = \mu_{FeO(1)}^* + \mu_{Cu_2O(1)}^* - \mu_{Cu_2S(1)}^* - \mu_{FeS(s)}^* = -69664 - 42.76T \quad \text{J/mol} \quad (5.78)$$

$$2[NiO] + 2[FeS] == \frac{2}{3}[Ni_3S_2] + 2(FeO) + \frac{2}{3}S(g)$$

$$\Delta G_{m} = \Delta G_{m}^{\ominus} + RT\ln \frac{(a_{Ni_3S_2})^{\frac{2}{3}}(a_{FeO})^2(p_{S_2}/p^{\ominus})^{\frac{2}{3}}}{(a_{NiO})^2(a_{FeS})^2} \qquad (5.79)$$

$$\Delta G_{m}^{\ominus} = \frac{2}{3}\mu_{Ni_3S_2(l)}^* + 2\mu_{FeO(l)}^* + \frac{2}{3}\mu_{S_2(g)}^{\ominus} - 2\mu_{NiO(l)}^* - 2\mu_{FeS(l)}^* = 263174 - 243.76T \quad J/mol$$
$$(5.80)$$

在熔铳冶炼过程中下面的化学反应不能进行

$$[FeS] + 2(FeO) \Longrightarrow 3[Fe] + SO_2(g)$$

$$\Delta G_{m} = \Delta G_{m}^{\ominus} + RT\ln \frac{(a_{Fe})^3(p_{SO_2}/p^{\ominus})}{a_{FeS}(a_{FeO})^2} \qquad (5.81)$$

$$\Delta G_{m}^{\ominus} = 3\mu_{Fe(l)}^* + \mu_{SO_2(g)}^{\ominus} - \mu_{FeS(l)}^* - 2\mu_{FeO(l)}^* = 258864 - 69.93T \quad J/mol \qquad (5.82)$$

但会发生如下反应

$$6(FeO) + O_2(g) \Longrightarrow 2(Fe_3O_4)$$

$$\Delta G_{m} = \Delta G_{m}^{\ominus} + RT\ln \frac{(a_{Fe_3O_4})^2}{(a_{FeO})^6(p_{O_2}/p^{\ominus})} \qquad (5.83)$$

$$\Delta G_{m}^{\ominus} = 2\mu_{Fe_3O_4(l)}^* - 6\mu_{FeO(l)}^* - \mu_{O_2(g)}^{\ominus} = -1028240 + 378.97T \quad J/mol \qquad (5.84)$$

Fe_3O_4 熔点高，难溶入渣中，所以为避免或减少 Fe_3O_4 的生成必须降低渣中 FeO 的活度。

5.5　铳 的 相 图

5.5.1　铳的二元系相图

5.5.1.1　Cu-S 二元系相图

图 5.39 是 Cu-S 二元系相图。

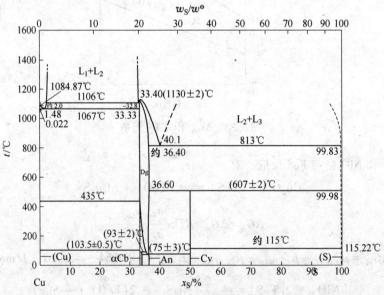

图 5.39　Cu-S 二元系相图

由图 5.39 可见，Cu-S 二元系有一个非化学计量的化合物 Cu_2S，硫含量在一个范围内变化；有一个低温稳定、高温分解的化合物 CuS；有两个液相分层区，有三个最低共熔点。

5.5.1.2　Ni-S 二元系相图

图 5.40 是 Ni-S 二元系相图。

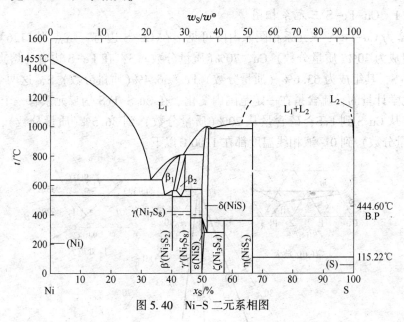

图 5.40　Ni-S 二元系相图

由图 5.40 可见，镍锍间可以形成 7 个化合物，即 Ni_3S_2、Ni_7S_6、NiS、Ni_3S_4、NiS_2、$Ni_{3\pm x}S_2$、$Ni_{1-x}S_2$，其中后两个是非化学计量化合物。NiS 具有合金或半金属的性质，有 α、β、γ 三种晶型。与液相平衡的不是 Ni_3S_2，为简单计，当做 Ni_3S_2 处理。液相有一个分层区。

5.5.1.3　Fe-S 二元系相图

图 5.41 是 Fe-S 二元系相图。

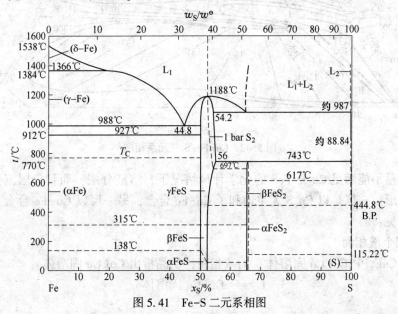

图 5.41　Fe-S 二元系相图

由图 5.41 可见，铁硫间可以形成 1 个非化合计量的化合物 FeS 和一个低温稳定、高温分解的化合物 FeS_2，液相分层。有两个最低共熔点。

5.5.2 锍三元系相图

5.5.2.1 Cu-Fe-S 三元系相图

图 5.42 为 Cu-Fe-S 三元系相图。由图可见，在 Cu-S 边有一熔点为 1126℃的化合物 Cu_2S，其组成为 30%（质量分数）Cu、70%（质量分数）S；在 Fe-S 边有一熔点为 1190℃的化合物 FeS，其组成为 63.6%（质量分数）Fe、36.4%（质量分数）S，这两个化合物其实都是非化学计量的，硫含量在一定范围内变化。在 Cu_2S-FeS 伪二元系有一个 915℃的最低共熔点。从 Cu_2S 到 FeS，硫含量从 20%（质量分数）到 36.5%（质量分数），铜含量为 79.8%（质量分数）到 0。液相线温度都在 1200℃以下。

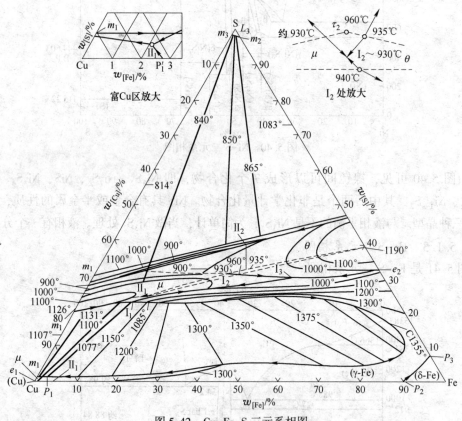

图 5.42 Cu-Fe-S 三元系相图

在硫含量不能满足 Cu_2S-FeS 的化学计量情况下，溶液分层，而且分层范围很大，即图中的鞋底形。一层是以 Cu_2S 为主饱和了 Cu-Fe 合金，另一层以 Cu-Fe 合金为主饱和了硫。由图可见：

（1）四个液相面

Ⅰ——CuE_1PP_1Cu（Cu 固溶体）的液相面，初晶析出 Cu（Cu 固溶体）。

$$L \Longrightarrow Cu（Cu 固溶体）$$

Ⅱ——$P_1PDKFEE_2Fe$ Fe(Fe 固溶体) 的液相面, 初晶析出 Fe(Fe 固溶体)。

$$L \Longleftrightarrow Fe(Fe \text{ 固溶体})$$

Ⅲ——$FeSE_2EE_3Fe$ FeS(FeS 固溶体) 的液相面, 初晶析出 FeS(FeS 固溶体)。

$$L \Longleftrightarrow FeS(FeS \text{ 固溶体})$$

Ⅳ (Ⅳ$_1$+Ⅳ$_2$) ——$fFEE_3Cu_2S$ 面和 E_1PD 面都是 Cu_2S(Cu_2S 固溶体) 的液相面, 初晶析出 Cu_2S(Cu_2S 固溶体)。

$$L \Longleftrightarrow Cu_2S(Cu_2S \text{ 固溶体})$$

因被分层区所截, 所以分为两部分。

(2) 液相分层区 (双液面)

液相分层区由 V_1 和 V_2 两部分组成。

V_1——dDFf 面 Cu_2S(固溶体) 液相面, Cu_2S 固溶体初晶区。

$$L_1 \Longleftrightarrow L_2 + Cu_2S \text{ 固溶体}$$

两液相组成由 fF 和 dD 线上两对应点表示。

V_2——DKF 面 Fe 固溶体的液相面, Fe 固溶体初晶区。

$$L_1 \Longleftrightarrow L_2 + Fe \text{ 固溶体}$$

两液相组成由 KF 和 KD 线上的两对应点表示。

(3) 共晶线

E_1P——Cu 固溶体和 Cu_2S 固溶体共同析出;

E_2E——Fe 固溶体和 FeS 固溶体共同析出;

E_3E——Cu_2S 固溶体和 FeS 固溶体共同析出;

FE 及 DP——都是 Cu_2S 固溶体和 Fe 固溶体共同析出, 因被分层液相所截, 故分成两部分。

(4) 二元包晶线

P_1P——二元包晶线, 有三相包晶反应。

$$L + Fe \text{ 固溶体} \Longleftrightarrow Cu \text{ 固溶体}$$

(5) 四相平衡零变点

E——三元共晶点, 共晶温度 915℃, 四相平衡共存。

$$E \Longleftrightarrow Cu_2S \text{ 固溶体} + FeS \text{ 固溶体} + Fe \text{ 固溶体}$$

P——三元包晶点, 析出温度 1085℃, 包晶反应为

$$L + Fe \text{ 固溶体} \Longleftrightarrow Cu \text{ 固溶体} + Cu_2S \text{ 固溶体}$$

5.5.2.2 Ni-Fe-S 三元系相图

图 5.43 为 Ni-Fe-S 三元系相图。在 900~1390℃ Fe 和 Ni 形成连续固溶体。液相为熔锍, Miss 是铁镍锍固溶体, 用 $(Fe-Ni)_{1-x}S$ 表示, 也可看作是由 $Fe_{1-x}S$ 和 $Ni_{1-x}S$ 形成的固溶体。Miss+S(l) 和 S(l) +液相(l) 为两个二相区, 两者之间有一个三相区 Miss+S(l) +液相(l)。在 Ni-S 边的 NiS_2 位置, 由于铁的加入形成一个两相平衡区, 分别为 (Ni, Fe)S_2 +液相 (1) 和 (Ni, Fe)S_2+液相 (2), 是两个固液平衡区。

5.5.2.3 Ni-Cu-S 三元系相图

图 5.44 为 Ni-Cu-S 三元系在 1200℃ 的等温截面相图。该相图有三个区域: 液态的高镍锍区、富镍的固态金属与高镍锍平衡共存区和富硫区。在高镍锍区有一个液相分层区, 这里两个液相平衡共存。液相分层区的直线两端组成的液相平衡。

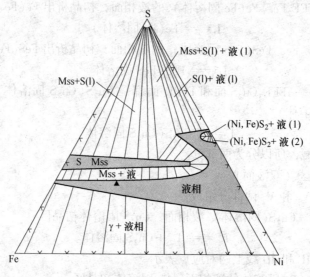

图 5.43　Ni-Fe-S 三元系相图

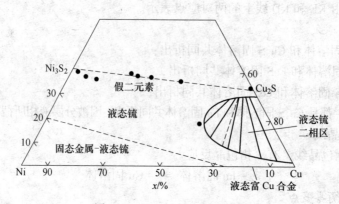

图 5.44　Ni-Cu-S 三元系相图

5.5.2.4　伪三元系 Cu_2S-FeS-FeO

图 5.45 是伪三元系 Cu_2S-FeS-FeO 的相图。图中有一三元共晶点,共晶温度为 840℃。有两个固溶体区: Cu_2S 和 FeS。*NB* 线可以看作是 FeO 在 Cu_2S-FeS 中的饱和溶解度线,从饱和溶解度线上可以得到 FeO 和 FeS 含量的关系。

习题与思考题

5.1　什么是熔锍,其组成如何?

5.2　简述熔锍的物理化学性质。

5.3　在 1200℃,为什么冰铜吹炼得到粗铜,而冰镍吹炼得不到粗镍?

5.4　在 1200℃冰铜吹炼得到的粗铜中最少含硫量是多少?

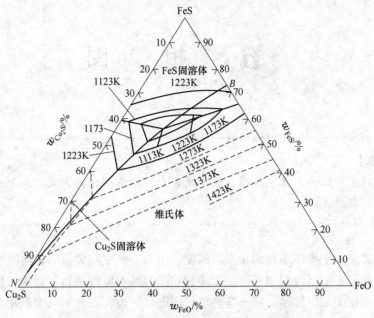

图 5.45　伪三元系 Cu_2S-FeS-FeO 相图

5.5　化学反应

$$[Cu_2O] + [FeS] \Longrightarrow [Cu_2S] + (FeO)$$

在 1200℃ 能否进行，能够进行的最低温度是多少？

5.6　化学反应

$$[NiO] + [FeS] \longrightarrow [Ni_3S_2] + (FeO)$$

在 1200℃ 能否进行，能够进行的最低温度是多少？

5.7　化学反应

$$3(FeO) + \frac{1}{2}O_2(g) \Longrightarrow (Fe_3O_4)$$

在 1200℃ 能否进行，对生产实际有何影响，如何控制其发生？

5.8　概述 Cu-Fe-S 三元相图。

5.9　如何测量熔锍中硫的活度？试设计一个方案。

5.10　在压力为 10^5Pa，温度为 1000K，气相组成为 $10\%O_2$、$8\%SO_2$ 的条件下，熔烧 Ni_3S_2，得到什么产物？

5.11　在压力为 10^5Pa，温度为 950K 条件下，焙烧含铜和钴的硫化物原料，要想得到 CuO 和 $CoSO_4$，应该是什么样的炉气组成？

5.12　用 Cu-S-O 和 Fe-S-O 系平衡状态图判断，利用同一金属的硫化物和氧化物反应生成铜和铁，哪个反应易于进行，为什么？

5.13　设计一个电池，测量熔锍中硫的活度。

5.14　对 Cu-Fe-S-O 体系进行热力学分析。

5.15　在 Cu-Fe-S 三元相图中选取一点，描述其降温过程。

6 相 图

冶金体系典型的二元、三元相图，相平衡关系，相图的分析方法，相组成和温度的关系，利用相图计算活度。

相图是描述多相平衡体系相的状态与温度、压力、组成间关系的几何图形。

物理化学教科书中已经对相平衡、相律和相图的基本原理进行了讨论。因此，本章主要对二元、三元相图加以总结，对一些典型相图进行分析，并介绍几个利用相图解决实际问题的例子。

6.1 二元相图的基本类型

6.1.1 概述

在恒温、恒压条件下，相律表达式为

$$f = K - \Phi + 2$$

式中，f 为独立变量数，也称自由度数；K 为独立组分数；Φ 为相数。

对于二元系有

$$f = K - \Phi + 2 = 2 - \Phi + 2 = 4 - \Phi$$

可见，若 $f=0$，则 $\Phi=4$，即二元体系最多可以有四相平衡共存。$\Phi=1$，则 $f=3$，即二元系最多可以有三个自由度：温度、压力和浓度。因此，要完整地作出二元系的相图，需要用三个坐标的立体模型。为方便计，常指定某个变量固定不变，考察另外两个自由度的关系，这样就可以用平面图表示二元系的状态。例如，指定压力不变，考察温度和组成的关系；或指定温度不变，考察压力和组成的关系。在这种情况下，相律成为

$$f = 2 - \Phi + 1 = 3 - \Phi$$

本章主要介绍温度和组成关系的相图，而保持压力不变，这是通常应用得较多的相图。

6.1.2 二元相图的类型

二元系的相图有很多种，归纳起来，主要有以下 12 种基本的相图类型：

（1）具有最低共熔点，或称简单共晶；

（2）具有稳定化合物，或称同分熔点化合物；

（3）具有异分熔点化合物；

（4）具有固相分解的化合物；

（5）固相晶型转变；

（6）液相分层；

（7）形成连续固溶体；

（8）具有最低点或最高点的连续固溶体；

（9）具有最低共熔点并形成有限固溶体；

（10）具有转熔反应并形成有限固溶体；

（11）具有共析反应；

（12）具有包析反应。

由图6.1可见，二元相图是由曲线、水平线、垂直线和斜线组成，这些线把整个图面分成若干个区域，形成若干个交点，这就组成了二元相图（实际上也是所有的相图）的基本几何元素点、线、面。

二元相图的面表示相区——单相区或两相区。单相区表示的是稳定存在的液相或固相。两相区表示的是平衡共存的两个固相、两个液相或固液两相。

二元相图的曲线是单相区和两相区的分界线，也是饱和溶解度线。若曲线为液相线，也是熔点线或称初晶线，即晶体刚开始析出时的温度线；也可以是液相分层线。

二元相图的垂直线表示两组元形成化合物，可以是稳定化合物也可以是不稳定化合物。在化合物的熔点温度，液相与固相化合物有相同的组成，这种化合物即为稳定化合物，又称同分熔点化合物；若化合物没有固定熔点仅有分解温度，作为分解产物的固相和液相与原固相化合物的组成都不相同，此化合物即为不稳定化合物，也称异分熔点化合物。利用表示稳定化合物的垂直线，可以将复杂二元相图分解成几个分二元相图，其中每个分二元相图都可以单独分析。

水平线表示发生晶型转变或相变反应。发生晶型转变时，相的变化不引起化学组成的改变。而发生相变反应时，发生旧相的分解或化合，产生新相。水平线也是相区的分界线。

二元相图中的点表示其相邻的三相共存，称为三相点。若曲线是液相线，则曲线与水平线的交点可以是共晶点、偏晶点或包晶点。若曲线两侧是固相，则曲线与水平线的交点为共析点或包析点。水平线与垂直线的交点可以是包析点。

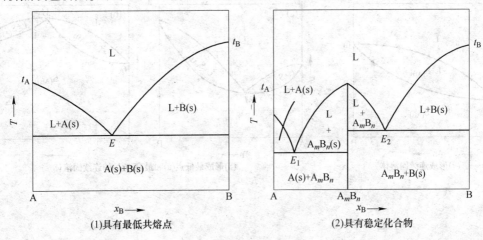

(1)具有最低共熔点　　　　　　　　　(2)具有稳定化合物

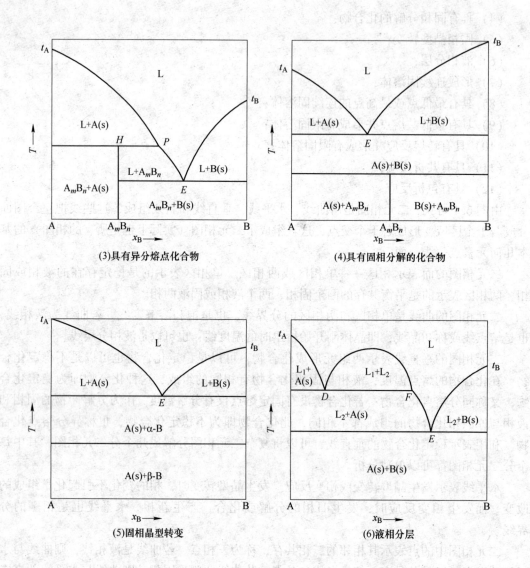

(3)具有异分熔点化合物　　　　　　(4)具有固相分解的化合物

(5)固相晶型转变　　　　　　　　　(6)液相分层

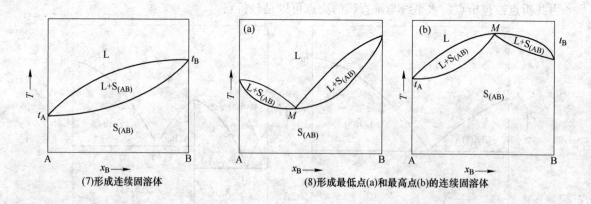

(7)形成连续固溶体　　　　(8)形成最低点(a)和最高点(b)的连续固溶体

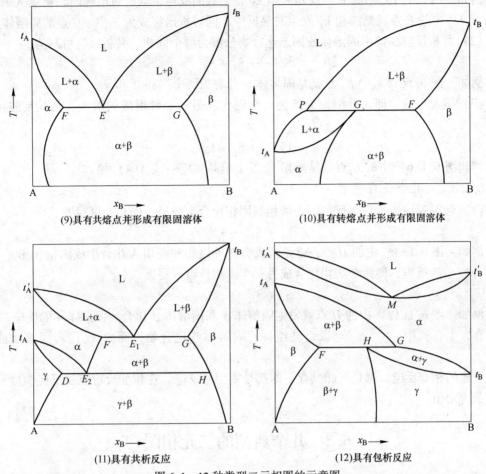

(9)具有共熔点并形成有限固溶体　　(10)具有转熔点并形成有限固溶体

(11)具有共析反应　　　　　　　(12)具有包析反应

图 6.1　12 种类型二元相图的示意图

二元相图中各点、线、面上平衡共存的相数和自由度数示于表 6.1。

表 6.1　二元相图中的相数与自由度数

几何元素 平衡	曲线	水平线	单相区	两相区	三相点
相　数	2	3	1	2	3
自由度数	1	0	2	1	0

6.1.3　相变反应的类型

从冷却过程来看，相变反应包括下面两种类型。

6.1.3.1　分解反应类型

（1）共晶反应，即液相同时析出两个固相。两个固相可以是纯固态物质、固溶体或固态化合物。以 L 表示液相，S 表示固相，共晶反应可以写为

$$L \longrightarrow S_1 + S_2$$

例如，图 6.1(1) 中的 E 点就是液相 L_E 发生共晶反应，同时析出纯固态物质 A 和 B。图 6.1(9) 中的 E 点就是液相 L_E 发生共晶反应，同时析出组成为 F 点、G 点的固溶体。

（2）共析反应，即由固溶体或固态化合物分解为两个固相。共析反应可写为

$$S_3 \longrightarrow S_1 + S_2$$

例如，图 6.1(11) 中 E_2 点就是固溶体 α 分解为两个固相 β 和 γ。

（3）偏晶反应，即一种溶液分解为一个固相和另外一种组成的溶液。偏晶反应可以写做

$$L_1 \longrightarrow S_1 + L_2$$

例如图 6.1(6) 中的 D 点就是液相 L_1 发生偏晶反应生成 A(s) 和 L_2。

6.1.3.2　化合反应类型

（1）包晶反应也称转熔反应，即液相与固相化合生成另一固相，可写做

$$L_1 + S_1 \longrightarrow S_3$$

例如，图 6.1(3) 中的 H 点，就是组成为 P 的液相和固相 A 化合生成固相 A_mB_n，即

（2）包析反应，即两个固相化合成另一个固相，可以写做

$$S_1 + S_2 \longrightarrow S_3$$

例如，图 6.1(12) 中的 H 点就发生固溶体 α 和固溶体 β 化合成固溶体 γ 的反应。

在以上各式中，S_1、S_2 可以是纯组元、固溶体或化合物，而 S_3 仅代表固溶体或化合物。

上述的相变反应，都是三相共存，即都是零变量反应。在相变反应点，反应温度和各相组成为定值。

6.2　几个典型的二元相图

实际的二元相图很多，本节介绍几个在冶金和材料领域应用较多的二元相图。

6.2.1　Fe-O 二元相图

Fe-O 二元相图如图 6.2 所示，它给出了在标准压力下，平衡状态铁氧二元系的相与温度、组成的关系。Fe-O 二元相图是分析铁的氧化和铁氧化物的分解与还原的基础。

图 6.2 中，纵向四条相区界限依次为：

纵坐标代表的纯铁线 $w_{[O]} = 0\%$ 的线；

JQ：浮氏体氧含量最少的组成线，也是浮氏体铁含量最多的组成线，也可以看作浮氏体中 γ-Fe 饱和的溶解度曲线。

HQ：浮氏体氧含量最多的线，也可以看作 FeO 溶解 Fe_3O_4 量达饱和的组成线。

VT：Fe_3O_4 的组成线。

ZZ'：Fe_2O_3 的组成线。

图中有两个特殊相区：一为 $BB'C'C$ 液相分层区，即 1524℃以上氧在液态铁中的溶解区。由于氧仅能有限溶于铁液中，在 1524℃饱和溶解量为 0.16%（B 点），超过此量，则形成含氧 22.6% 的氧化铁液相（C 点），与前者分层平衡共存。温度升高，二共轭溶液的组成分别沿 BB' 和 CC' 变化。二为 JHQ 浮氏体区，以 Fe_xO 表示，式中

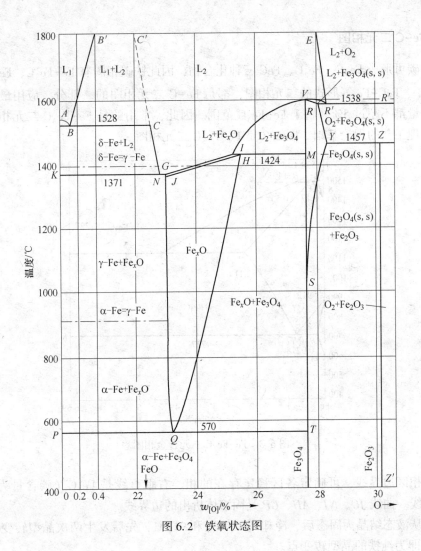

图 6.2 铁氧状态图

$x<1$。它是溶解氧的 FeO 相,温度不同其氧含量不同,在 22.6% ~ 25.6% 范围变化。化学计量的 FeO 是不存在的,当其中溶解氧时,就形成铁离子缺位的氧在 FeO 中的固溶体,所以用 Fe_xO 表示。在 1100℃ 以上,Fe_3O_4 中溶解氧,*JHQJ* 区和 *VSYRV* 都是溶解氧的铁氧化物固溶体单相区。实验发现,当位于 Fe_xO 区内的体系冷却时析出 Fe_3O_4,故认为浮氏体相的氧是以 Fe_3O_4 的形式溶解的。同理,认为 Fe_3O_4 相的氧是以 Fe_2O_3 形式溶解的。

   图中只有 Fe_xO、Fe_3O_4 和液态铁氧化物 3 个单相区,其余均为由边界线相邻的相构成的二相区。

   从图中可以看出,随氧含量增加,570℃ 以下的转变是 $Fe \rightarrow Fe_3O_4 \rightarrow Fe_2O_3$;570℃ 以上则为 $Fe \rightarrow Fe_xO \rightarrow Fe_3O_4 \rightarrow Fe_2O_3$。可见,浮氏体只能在 570℃ 以上稳定存在,570℃ 以下,则分解为 Fe 和 Fe_3O_4,即

$$4FeO(s) \Longrightarrow Fe_3O_4(s) + Fe(s)$$

这就是前面所介绍的铁氧化物分解或生成的逐级转化规则。

6.2.2 Fe-C 二元相图

铁与碳可形成 Fe_3C、Fe_2C、FeC 三种化合物，因此铁碳相图有 $Fe-Fe_3C$、Fe_3C-Fe_2C、Fe_2C-FeC、$FeC-Fe$ 等形式的二元相图，都是 Fe-C 二元相图的一部分。应用最广的钢和铁的碳含量都不超过 5%，属于 $Fe-Fe_3C$ 范围。因此，常用的是 $Fe-Fe_3C$ 二元相图，它是钢铁热处理工艺的理论基础。图 6.3 是 $Fe-Fe_3C$ 二元相图。

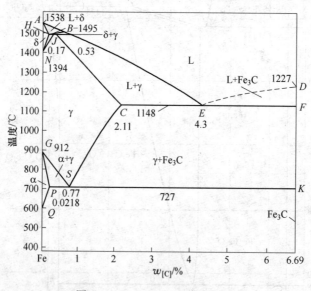

图 6.3 $Fe-Fe_3C$ 二元合金相图

根据相区边界线，可确定各区稳定存在的相。右垂直线是 Fe_3C（碳含量为 6.69%）的相组成线。曲线 JC、NJ、AH、GP 是固溶体析出的边界线。

纯铁从液态结晶为固态后，冷却到 1394℃和 912℃，先后发生两次晶型转变，图中 N 点和 G 点即为纯铁的晶型转变点。

$$\delta\text{-Fe} \xrightleftharpoons{1394℃} \gamma\text{-Fe} \xrightleftharpoons{912℃} \alpha\text{-Fe}$$

$$（体心立方）\rightarrow（面心立方）\leftarrow（体心立方）$$

铁的三种晶型对碳有不同的溶解能力，形成三种固溶体。

（1） $Fe-Fe_3C$ 相图中存在 5 个基本相，相应有 4 个单相区。

1）液相。液相 L 是碳溶解在铁中形成的溶液，即 AED 以上的液相区。

2） δ 相。δ 相又称高温铁素体，是碳在 δ-Fe 中的间隙固溶体，呈体心立方晶格。δ-Fe 在 1495℃时溶碳量最大，为 0.09%。AHNA 为 δ 固溶体相区。

3） α 相。α 相也称铁素体，是碳在 α-Fe 中的间隙固溶体，也呈体心立方晶格。碳在其中的固溶度极小，室温时约为 0.0008%，600℃时为 0.0057%，727℃溶碳量最大，为 0.0218%。铁素体的特点是塑性好，但强度、硬度低，力学性能与工业纯铁大致相同。GPQG 区为其稳定存在相区。

4） γ 相。γ 相通常称为奥氏体，是碳在 γ-Fe 中的间隙固溶体，呈面心立方晶格。碳在奥氏体中的固溶度较大，1148℃时溶解碳量最大，达 2.11%。NJESGN 为奥氏体区。

5）Fe_3C 相。在较高温度经长时间保温，Fe_3C 分解为 Fe 和石墨

$$Fe_3C \Longrightarrow Fe + 3C(石墨)$$

所以 Fe_3C 是一个亚稳相。

（2）铁碳相图有 3 个主要相变反应。

1）包晶点 B（碳含量 0.53%）和包晶反应线 HJB。碳含量在 0.09% ~ 0.53% 范围内的铁碳合金冷却至 1495℃时，发生包晶反应（又称转熔反应），包晶反应产物为含碳 0.17% 的奥氏体。反应式如下

$$L_B + \delta_H \longrightarrow \gamma_J$$

2）共晶点 E（碳含量 4.3%）和共晶反应线 CEF。碳含量在 2.11% ~ 6.69% 的铁碳熔体在平衡结晶过程中温度达 1148℃时发生共晶反应

$$L_E \longrightarrow \gamma_C + Fe_3C(s)$$

反应产物是组成为 C 点的奥氏体 γ_C 和渗碳体 F_3C 的共晶混合物，称为莱氏体。莱氏体中的渗碳体称为共晶渗碳体。

3）共析点 S（碳含量 0.77%）和共析反应线 PSK。碳含量为 0.0218% ~ 6.69% 的铁碳合金在平衡结晶过程中温度降至 727℃发生共析反应

$$\gamma_S \longrightarrow \alpha_P + Fe_3C(s)$$

此反应产物是铁素体与渗碳体的共析混合物，称为珠光体。珠光体中的渗碳体称为共析渗碳体。

（3）$Fe-F_3C$ 相图中有三条重要的固相转变线。

1）GS 线，是奥氏体开始析出铁素体或铁素体全部溶入奥氏体的转变线。

2）CS 线，是碳在奥氏体中的溶解度线。低于此线对应的温度，奥氏体将析出渗碳体，也称二次渗碳体（F_3C_{II}），以区别从熔体中析出的一次渗碳体。在 1148℃，铁素体中碳溶解度最大，为 2.11%，而在 727℃时，溶碳量仅为 0.77%。

3）PQ 线，是碳在铁素体中的溶解度线。在 727℃，碳在铁素体中的最大溶解度为 0.0218%，600℃降为 0.0057%，在室温，仅能溶解 0.0008%。因此，铁素体从 727℃ 冷却便析出渗碳体，称为三次渗碳体（F_3C_{III}）。

$Fe-F_3C$ 相图有很多应用。例如，工业生产中，铁的铸造可以依据 $Fe-F_3C$ 相图确定合金的浇注温度，浇注温度一般在液相线以上 50 ~ 100℃。从相图可见，纯铁和共晶白口铁（碳含量 4.3%）的铸造性能最好。因为它们的凝固温度区间最小（为零），因而流动性好，分散缩孔少，可以获得致密的铸件，所以生产上灰铸铁的成分总是选在共晶点附近。

6.2.3 $CaO-SiO_2$ 二元系

$CaO-SiO_2$ 二元相图如图 6.4 所示。图中四条垂直线表示四种化合物，其中两种异分熔点化合物，即 C_3S_2（$3CaO \cdot SiO_2$，硅钙石）和 C_3S（$3CaO \cdot SiO_2$，硅酸三钙），另两种是同分熔点化合物 CS（$CaO \cdot SiO_2$，硅灰石）和 C_2S（$2CaO \cdot SiO_2$，硅酸二钙）。利用同分熔点化合物 CS 和 C_2S 的垂直线可以把整个相图分成三个分二元系。SiO_2-CS 系，属共晶类型，温度高于 1698℃，出现液相分层区；$CS-C_2S$ 系，含有一个异分熔点化合物 C_3S_2；C_2S-CaO 系含有一个异分熔点化合物 C_3S。温度低于 1250℃，C_3S 不稳定，发生固相分解，可写为

6　相　图

$$C_3S(s) \longrightarrow CaO(s) + C_2S(s)$$

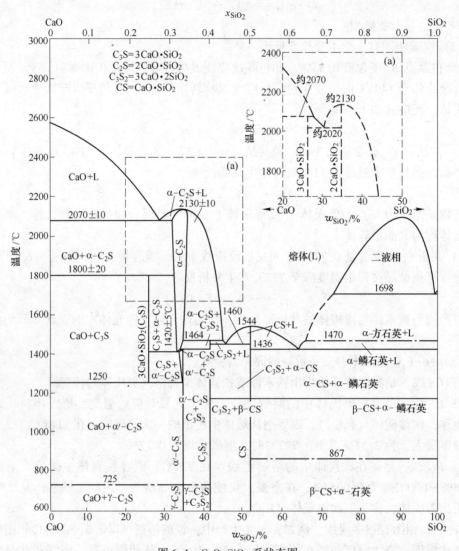

图 6.4　CaO-SiO₂ 系状态图

图中 12 条水平线中有一条偏晶线（1）；三条共晶线（3）（6）（9）；两条包晶线（8）（10）和一条固相分解线（11）；而（2）（4）（5）（7）（12）则为晶型转变线，有下列晶型转变

$$SiO_2 \quad \beta\text{-石英} \underset{+2.4\%}{\overset{575℃}{\rightleftharpoons}} \alpha\text{-石英} \underset{+12.7\%}{\overset{870℃}{\rightleftharpoons}} \alpha\text{-鳞石英} \overset{1470℃}{\underset{+4.7\%}{\rightleftharpoons}} \alpha\text{-方石英}$$

$$CS \quad \beta\text{-CS} \overset{1150℃}{\rightleftharpoons} \alpha\text{-CS}$$

$$C_2S \quad \gamma\text{-}C_2S \overset{725℃}{\rightleftharpoons} \beta\text{-}C_2S \overset{1420℃}{\rightleftharpoons} \alpha\text{-}C_2S$$

以%表示的是伴随晶型转变产生的体积膨胀，例如 β 石英转变为 α 石英时体积膨胀 2.4%。因此，含 SiO₂ 较高的硅砖使用前要烘烤，以避免使用过程中由于体积突变而导致砖的破裂。硅酸二钙冷却时由 α′-C₂S（也写做 β-C₂S）转变为 γ-C₂S，体积膨胀约 10%，

会自发粉碎，这就导致含 C_2S 较多的熔渣和烧结矿冷却后长期放置产生粉化现象。C_2S 也是水泥中的重要矿物，在三种 C_2S 中，仅 β-C_2S 才具有水硬性，所以烧成的水泥要急冷以迅速越过 β-C_2S 的晶型转变温度，保住 β-C_2S 相，在低温下以介稳态保存下来。介稳态是一种高能量状态，有较强的反应能力，这是 β-C_2S 具有较高水硬性的热力学原因。

6.3 三元相图的一般原理

6.3.1 概述

实际体系如合金、熔渣、熔盐、熔锍、耐火材料、水泥等都是多元系，但就这些体系的主要成分来说，许多情况下可以归为三元系或变通地处理成伪三元系，这些体系的热力学性质主要由三个组元来决定，其他次要组元则可以作为影响因素来考虑。

冶金及材料制备所涉及的体系通常是凝聚体系，压力对其相平衡影响甚微，常忽略不计。因此相律可以写做

$$f = K - \Phi + 1 = 4 - \Phi$$

相数 Φ 至少为1，故体系最大自由度为3，所以凝聚体系三元相图是三维空间立体图。其外形是正三棱柱体，其顶面是固液共存的曲面。三个侧面是三个二元相图。底面正三角形的三条边用以表示三个组元的浓度，称为浓度三角形。垂直于底面的高表示温度。这种组成-温度图又称三元立体熔度图。

图 6.5 是一个具有三元最低共熔点的三元立体相图。整个图形由一个底面、三个侧面及三个曲面围成。底面为浓度三角形，三个侧面为具有最低共熔点的二元相图，三个曲面的最高点分别为三个纯组元的熔点。曲面上固液平衡共存，自由度为2。三个曲面彼此相交，得到三条交线为共熔线，共熔线上两固相与液相三相平衡共存，自由度为1。三条共

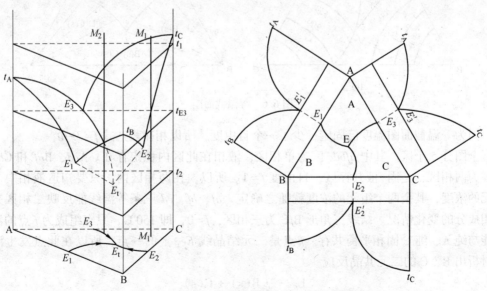

图 6.5 具有三元最低共熔点的三元系相图
(a) 立体图；(b) 投影图及相应的二元相图

熔线交汇于一最低点——三元最低共熔点。在三元最低共熔点，三个固相和液相四相平衡共存，自由度为零，称为零变点。

在平面上画立体图，面、线、点的关系难以清楚表达，因此实际采用的是将立体图投影到平面上所得到的投影平面图。就是把立体图中所有的面、线、点等几何元素垂直投影到等边三角形的底面上，使立体相图简化为平面相图。两者之间的面、线、点有着确定的对应关系。这种投影图就是通常的三元相图。

投影图上没有温度轴，利用箭头表示温度下降的方向。投影图上以大写字母表示初晶区，还常画出等温线，等温线是由等温面截割立体相图得到的。

还有一种等温截面图，是用等温面截三元立体相图所得到的平面三角形。图中的面、线、点不是投影，而是等温面与立体相图相截所得。合金相图常用等温截面图。

等温截面图可利用三元相图的等温线画出来，具体作法如下：

图 6.6(a) 是某三元系相图，利用其绘制 150℃ 等温截面图时，首先将高于 150℃ 的等温线和部分二元结晶线 fe_1 去掉，再连接 Bf、Cf。线 af、bf 上各点分别与 B、C 的一系列连线称为结线，结线两端代表处于平衡的两个相的组成。三角形 BfC 由结线 Bf、fC 和 BC 边构成，称为结线三角形。最后去掉剩余的二元结晶线 Ee_1、Ee_2、Ee_3，依要求再画出一系列结线。一个如图 6.6(b) 的 150℃ 等温截面图就画成了。

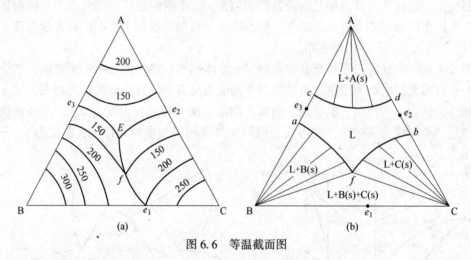

图 6.6　等温截面图

因为等温截面图温度已固定，少了一个自由度，所以相律表达式 $f=3-\Phi$。

全图分 5 个区。其中 $afbdc$ 区为单相区，液相在此区内稳定存在。Acd、Baf 和 Cbf 三个区为两相区，是固-液共存区，自由度 $f=1$。所以，在两相区内，只要知道液相中一个组元的浓度，其余两个组元的浓度就随之确定。af、bf、cd 三条等温线能反映二相区平衡液相成分的变化情况。结线三角形 BfC 为三相区，$f=0$，即 150℃，只有组成为 f 点的液相才能与纯 A、纯 C 固相平衡共存。f 点是二元结晶线 Ee_1 上的一点，所以在此点发生液相同时析出 B、C 的二元共晶反应

$$L_f \longrightarrow B(s) + C(s)$$

三相共存，$f=0$。

6.3.2 浓度三角形

如图 6.7 和图 6.8 所示，浓度三角形 ABC 是一等边三角形。它的三个顶点分别代表 A、B、C 三个组元。三个边分别代表 A-B 、B-C、C-A 二元系。三角形内任意一点 M，代表一个三元系的组成。过 M 点作三个边的平行线交三边于 a、b、c 三点，由几何知识可知：线 Ma、Mb，Mc 之和等于此三角形边长，即

$$Ma + Mb + Mc = AB = BC = CA$$

把三角形每一边划分为一百等份，每一等份代表 1% 浓度，则三线段长度（即相当于多少等份）可分别代表三个组元的含量。例如

$$Ma = w_A \quad Mb = w_B \quad Mc = w_C$$

M 点的组成也可用双线法确定，即从 M 点引三角形两条边的平行线交第三边于 a、b' 二点，即可方便地读出 M 点所代表的三元系的三个组元的含量。反之，若已知三元系的组成，利用双线法也很容易确定其在浓度三角形内的位置。依上述浓度表示方法不难看出，体系点越靠近浓度三角形的哪个顶点，则该顶点所代表的组元在此三元系中的相对含量就越高。

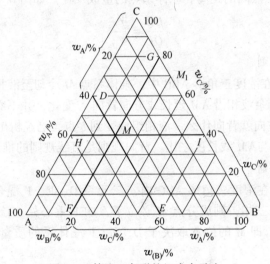

图 6.7 等边三角形的组成表示法

6.3.3 浓度三角形中各组元浓度关系

6.3.3.1 等含量规则

在与浓度三角形某一边平行的直线上，任意点含对应顶点组元的量都相等。如图 6.7 中 DE//BC，则 DE 线上各点含 A 量相等，变化的仅是 B、C 的含量。同理，FG 线上各点 B 含量相等，A、C 含量变化；HI 线上 C 含量相等，A、B 含量变化。

6.3.3.2 定比例规则

在过浓度三角形某顶点向对边所作的任一直线上，与各点相应的另外两个顶点组元含量的比例一定。图 6.9 中，AD 直线上各点 B、C 含量的比值都相等，即

$$\frac{w_{B_1}}{w_{C_1}} = \frac{w_{B_2}}{w_{C_2}} = \frac{w_{B_3}}{w_{C_3}} = \cdots\cdots = \frac{BD}{DC}$$

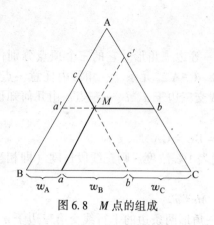

图 6.8 M 点的组成

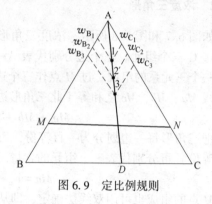

图 6.9 定比例规则

这一关系由相似三角形性质很容易证明。

6.3.3.3 直线规则

在浓度三角形 ABC 内，由 D、E 两个体系点所组成的新体系点 O 必落在 DE 连线上，且新体系点 O 与原体系点间的距离和原体系点的量成反比。如图 6.10 所示，有

$$\frac{DO}{OE} = \frac{W_E}{W_D}$$

6.3.3.4 背向规则

如图 6.10 所示，在浓度三角形 ABC 中，某体系点 M 冷却至液相面温度，开始析出固相纯 A。继续冷却，剩余液相沿 AM 延长线方向背向 A 变化，并不断析出固相 A。析出什么，液相组成的变化方向就背向什么。液相组成变到 b 点，已经析出的纯固态 A 的量与剩余液相量之比等于 Mb 与 AM 线长度之比。背向规则是直线规则的推论。

6.3.3.5 重心规则

如图 6.11 所示，在浓度三角形 ABC 内，三元系 D、E、F 混合成一个新三元系 M，或 M 分解成 D、E、F 三相，则成分点 M 必位于△DEF 重心处。该重心乃物理重心，而非三角形的几何重心，即 M 的位置取决于 D、E、F 三体系的质量。重心位置用作图法确定。

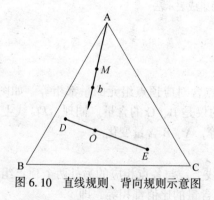

图 6.10 直线规则、背向规则示意图

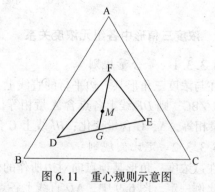

图 6.11 重心规则示意图

作图法的实质是两次应用杠杆规则。设 D、E、F 三个体系的质量分别为 3kg、2kg、2.5kg，应用杠杆规则先确定出 G 点。依直线规则，G 点在 DE 的连线上，且 DG：GE =

$2:3$，$W_G = W_D + W_E = 5\text{kg}$。连接 GF 再次应用杠杆规则确定 M 点，M 点应在 GF 的连线上，且 $GM:MF = 2.5:5$。M 点即 D、E、F 的重心位置，新物系点 M 的组成可以在浓度三角形中读出。

6.3.3.6 相对位规则

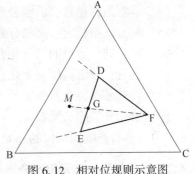

图 6.12 相对位规则示意图

如图 6.12 所示，三体系 D、E、F 混合，得到新体系 M。若 M 点落在原体系点组成的三角形 DEF 之外，且居于 FD、FE 延长线范围之内，M 点与原体系点的关系必定为 D+E=F+M 或 D+E−F=M。D、E、F、M 四个组成点构成的这种关系称为相对位规则或交叉关系。

这种关系从直线规则不难理解：D+E=G，中间相与 F 混合得到的新体系必定在 FG 的直线上，欲使 M 点落在 DEF 之外，即使 M 点处于 FG 连线的延长线上，则必须从中间相 G 中取出 F，G−F=M，即 D+E−F=M 或 D+E=M+F。

依三元凝聚体系相律表达式，$f=0$，则 $\Phi=4$，即三元系相图中，最多为四相平衡共存。设处于平衡的四个相组成为 D、F、E、P。这 4 个相点的相对位置可能出现下面 3 种情况：

（1）P 点在 △DEF 内部。如图 6.13(a) 所示，若 P 相组成点落在 D、E、F 三相所组成的三角形内部，那么 P 点必为 D、E、F 三相的物理重心。P 点所处的这种位置称为重心位置。三元共晶点即在三个固相点的重心位置。

（2）P 点在 △DEF 之外，并且在 ED、EF 延长线范围之内，如图 6.13(b) 所示。此四个相点的位置必遵从相对位规则。此 P 点所处位置称为交叉位。三元包晶点即处于这种位置。

（3）P 点在 △DEF 某顶角的外侧，且在构成此角的两边的延长线范围内，如图 6.13(c) 所示。二次运用杠杆规则可得到 P+D+F=E。P 点的这种位置称做共轭位置。

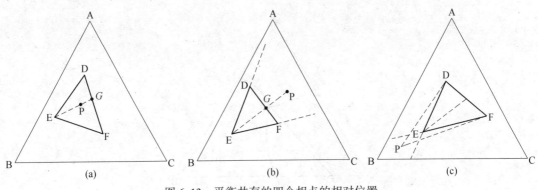

图 6.13 平衡共存的四个相点的相对位置
(a) 重心位；(b) 交叉位；(c) 共轭位

6.4 三元相图的基本类型

6.4.1 三元相图的类型

三元相图比二元相图更多更复杂。归纳起来，三元相图主要有以下 10 种类型：

（1）具有三元最低共熔点或称三元共晶的三元系。

（2）具有同分熔点的二元化合物的三元系。

（3）具有异分熔点的二元化合物的三元系。

（4）具有高温稳定、低温分解的二元化合物的三元系。

（5）具有低温稳定、高温分解的二元化合物的三元系。

（6）具有同分熔点的三元化合物的三元系。

（7）具有异分熔点的三元化合物的三元系。

（8）具有晶型转变的三元系。

（9）液相分层的三元系。

（10）具有连续固溶体的三元系。

6.4.2　基本类型的三元相图分析

下面就三元相图几种基本类型进行讨论。

6.4.2.1　具有三元最低共熔点的三元系

图 6.14 是具有三元最低共熔点的三元相图。面 AE_1EE_3、BE_2EE_1、CE_3EE_2 分别为组元 A、B、C 的初晶区，分别以 A、B、C 表示。如果物质组成点位于初晶区 A 内，最初析出的是固相 A。如果组成点位于初晶区 B 内，最初析出的是固相 B。如果组成点位于初晶区 C 内，最初析出的是固相 C。线 E_1E、E_2E、E_3E 为共熔线。由于每条线都是两个固相初晶区的分界线，称为界线。例如，E_1E 界线是初晶区 A 和初晶区 B 的分界线。如果液相组成点位于 E_1E 界线上，则同时析出固相 A 和 B。E_1、E_2、E_3 分别是二元系 AB、BC 和 CA 的最低共熔点。E 点是三元系 ABC 的最低共熔点。如果液相组成点位于 E 点，则同时析出三个固相 A、B、C。三元系 A、B、C 中，任一组成物质的冷却进程都结束于 E 点。

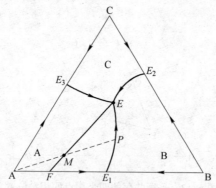

图 6.14　具有三元最低共熔点的三元相图

下面以物质组成点 M 为例，讨论其冷却过程。

（1）温度高于三元系 ABC 的最高熔化温度，物质 M 为液相，物质组成点与液相组成点一致。随着温度下降，物质组成点沿垂直于浓度三角形 ABC 平面的等组成线自上而下移动。由于等组成线的垂直投影为一个点，因此在投影图上看不出物质组成点的实际移动。随着温度的降低，物质组成点移动到液相面 AE_1EE_3，开始析出固相 A，有

$$L \longrightarrow A(s)$$

（2）温度继续下降，固相 A 不断析出，固相组成全都是 A。由于固相 A 的析出，液相组成发生变化。液相组成点在液相面上移动，其移动方向由背向规则决定，即液相中析出固相 A，则液相组成从 M 点沿着 AM 连线，背离 A 点的方向向共熔线 E_1E 移动。

（3）温度继续下降，液相组成到达共熔线 E_1E 线上的 P 点。固相 B 开始析出，液相 P 同时析出固相 A 和固相 B。

（4）温度继续下降，液相组成从 P 点沿着共熔线 E_1E 线向 E 点移动，不断地析出固相 A 和 B。固相组成从 A 点沿着直线 AB 向 F 点移动，有

$$L \longrightarrow A(s) + B(s)$$

（5）温度降至 T_E，液相组成为 E 点，固相 C 开始出现，发生如下相变

$$E \longrightarrow A(s) + B(s) + C(s)$$

随着相变的进行，液相 E 不断减少，固相 A、B、C 不断增多，固相组成从 F 点沿着 FM 线逐步移向 M 点。E 为零变点，在恒压和温度 T_E，液相 E 和固相 A、B、C 四相平衡共存，直到液相完全转变为固相 A、B、C 后，固相组成回到原始的物质组成点 M。

需要指出的是，无论在怎样的情况下，物质组成点、总的固相组成点、总的液相组成点三者总是在一条直线上，而且物质组成点一定在其他两点之间。

利用杠杆规则可以计算出各相之间的相对数量比例。例如，在温度 t_P，物质 M 由液相 P 和固相 A 组成，两者的相对数量为

$$w_{(液相P)} = \frac{AM}{AP}$$

$$w_{(固相A)} = \frac{MP}{AP}$$

6.4.2.2　具有同组成熔融二元化合物的三元系

图 6.15 是具有同组成熔融二元化合物 A_mB_n 的三元系相图。化合物 A_mB_n 的组成点用 D 表示，化合物初晶区为 A_mB_n。

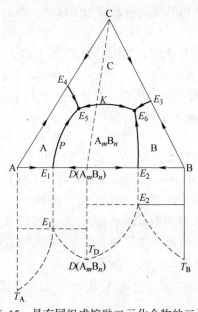

图 6.15　具有同组成熔融二元化合物的三元系

该相图有四个初晶区，化合物 A_mB_n 在自己的初晶区内。有五条共熔线，分别为 E_1E_5、E_2E_6、E_3E_6、E_4E_5 和 E_5E_6。E_1、E_2、E_3、E_4 分别是二元系 AD、DB、BC、CA 的最低共熔点。三元系 ABC 有两个最低共熔点 E_5 和 E_6。

由于有化合物，这个相图较前一个相图复杂。利用三角形划分法可以将复杂的相图简化。连接 CD 的直线将三角形 ABC 划分为两个三角形 ADC 和 BCD，直线 CD 称为连线。这样，复杂的三元系 ABC 可以看作由两个简单的三元系 ADC 和 BCD 合并而成，两者以 CD 连线划分开。每个三元系都是一个具有最低共熔点的三元系。物质组成点 M 位于哪个简单的三角形内，则冷却过程即结束于该三角形的三元最低共熔点，冷却结束后得到的固相即为该简单三元系的三个顶点物质。

从图 6.15 可见，共熔线 E_5E_6 与其他线不同，线上有两个箭头，一个指向 E_5 点，一个指向 E_6 点。利用温度最高点规则，可以确定界线上温度最高点的位置和温度下降的方向，即箭头的指向。

温度最高点规则为：在三元系内，两个固相的界线或其延长线与此两个固相的连线或连线的延长线相交，则交点即为界线上的温度最高点，温度向两侧下降。

例如，共熔线 E_5E_6 是两个固相 A_mB_n 和 C 的界线，与两个固相 A_mB_n 和 C 的连线 CD 相交于 K 点，K 点即为界线 E_5E_6 上的温度最高点。温度从 K 点向两侧下降，箭头的指向表示温度下降的方向。

又如，共熔线 E_4E_5 是两个固相 A 和 C 的界线，AC 为其连线，两线相交于 E_4 点，因此，E_4 点为界线 E_4E_5 上的温度最高点。以箭头指向 E_5 点表示温度下降的方向。

(1) 物质组成点 M 为液相，物质组成点和液相组成点一致。随着温度下降，物质组成点沿着与浓度三角形 ABC 垂直的等组成线自上而下移动。随着温度的降低，物质组成点移动到液相面 $E_1E_2E_6E_5$，开始析出固相 A_mB_n，有

$$L \longrightarrow A_mB_n(s)$$

(2) 温度继续下降，固相 A_mB_n 不断析出，固相组成全都是 A_mB_n。由于固相 A_mB_n 的析出，液相组成发生变化。液相组成点沿着液相面移动，即沿着 DM 连线的延长线向共熔线 E_2E_6 移动。

(3) 温度继续下降，液相组成到达共熔线 E_2E_6 线上的 P 点。固相 B 开始出现。液相 P 同时析出固相 A_mB_n 和固相 B。

(4) 温度继续下降，液相组成从 P 点沿着共熔线 E_2E_6 向 E_6 点移动，不断地析出固相 A_mB_n 和 B。固相组成从 D 点向 F 点移动，有

$$L \longrightarrow A_mB_n(s) + B(s)$$

(5) 温度降至 T_{E_6}，液相组成为 E_6 点，发生如下相变

$$E \longrightarrow A_mB_n(s) + B(s) + C(s)$$

固相 C 开始出现，随着相变的进行，液相 E_6 不断减少，固相 A_mB_n、B、C 不断增多，固相组成从 F 点沿着 FM 线向 M 点移动。在温度 T_{E_6}，液相 E 和固相 A_mB_n、B、C 四相平衡共存。直到液相完全转变为固相 A_mB_n、B、C 后，固相组成回到原始的物质组成点 M。

6.4.2.3 具有异组成熔融二元化合物的三元系

图 6.16 是具有异组成熔融二元化合物 A_mB_n 的三元系相图。化合物 A_mB_n 的组成点 D 在它的初晶区外。

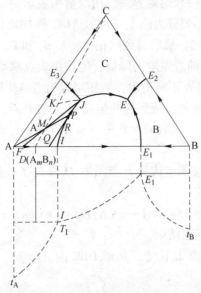

图 6.16 具有异组成熔融二元化合物的三元系（一）

界线 JE 与图 6.15 中的界线 E_5E_6 不同，虽然都是固相 A_mB_n 和 C 的分界线，但它们的箭头记号不同。因为固相 A_mB_n 和 C 的界线 JE 的延长线与连线 CD 相交于 K 点，所以 J 点不是温度最高点，也不是最低共熔点。温度降低的方向是沿着共熔线 JE 的延长线从 K 到 E，箭头指向 E。K 点是虚的温度最高点。

三元相图中的 AB 线是二元相图的垂直投影。由于组元 C 的加入，因此二元相图的最低共熔点 E 延伸成共熔线 E_1E，I 点延伸成共熔线 IJ。

在二元相图 AB 中，I 点为转熔点，当温度到达 T_1 时，进行如下反应

$$A(s) + I(l) \longrightarrow A_mB_n(s)$$

在温度 T_1，固相 A、A_mB_n 与液相 I 三相平衡共存，自由度为零，I 点为无变点。而对于三元相图 ABC 来说，共熔线 IJ 为转熔线（或称不一致熔融线），位于 IJ 线上的液相组成点进行如下反应

$$A(s) + I(l) \longrightarrow A_mB_n$$

固相 A、A_mB_n 与液相 I 三相平衡共存，自由度为 1。随着温度下降，液相组成沿着 IJ 线向 J 点移动。

从图 6.16 可见，共熔线 IJ 上带有双箭头，这与界线上带有单箭头含义不同。

什么样的界线带有单箭头？什么样的界线带双箭头？这由切线规则决定。

通过两个固相的界线上的一点作切线，如果切线与该两个固相的连线的交点在连线上，则液相组成在此切点上同时析出该两个固相。这种界线称为一致熔融界线，以单箭头表示。如果切线与该两个固相连线的延长线相交，则可判定液相组成在此切点上为已析出的一个固相转入液相，而析出另一个固相。这种界线称为不一致熔融线，并以双箭头表示。此即切线规则。

共熔线 IJ 是固相 A 与 A_mB_n 的界线，AD 线是它们的连线。根据切线规则，在界线 IJ 上任取一点 R，通过 R 点作切线，与连线 AD 的延长线相交，交点在连线 AD 的延长线上

的 Q 点。因此，界线 IJ 为不一致熔融界线，用双箭头表示。

连接 CD，将三角形 ABC 划分为两个三角形 ADC 和 DBC。物质组成点 M 位于三角形 ADC 内，冷却过程结束于 J 点，最后得到固相 A、A_mB_n 和 C。

（1）液相 M 降温冷却，随着温度的降低，物质组成点移动到液相面 $AIJE_3$，析出固相 A。随着温度继续下降，固相 A 不断析出，液相组成沿着 AM 连线的延长线向 P 点移动。

（2）随着温度的降低，液相组成到达共熔线 IJ 上的 P 点，发生如下反应

$$A(s) + P \longrightarrow A_mB_n(s)$$

固相 A_mB_n 开始出现。

（3）随着温度的降低，液相组成从 P 点沿着 IJ 线向 J 点移动。到达 J 点，固相 C 开始出现，在 J 点发生如下反应

$$A(s) + J \longrightarrow A_mB_n(s) + C(s)$$

直到液相 J 完全消失，冷却过程结束。

在图 6.17 中，物质组成点 M 位于三角形 DBC 内。

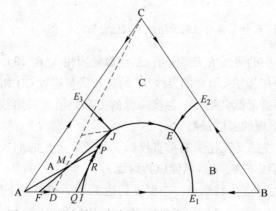

图 6.17　具有异组成熔融二元化合物的三元系（二）

物质组成点位于三角形 DBC 内，冷却过程结束于 E 点，冷却最后得到固相 A_mB_n、B 和 C。

（1）随着温度的降低，熔融物质 M 的组成点移动到液相面 $AIJE_3A$，析出固相 A。随着温度继续下降，固相 A 不断析出，液相组成沿着 AM 连线的延长线向 P 点移动。

（2）随着温度的降低，液相组成到达共熔线 IJ 上的 P 点，发生如下反应

$$A(s) + P \longrightarrow A_mB_n(s)$$

固相 A_mB_n 开始出现。

（3）随着温度的降低，液相组成从 P 点沿着 IJ 线向 J 点移动。在 J 点发生如下反应

$$A(s) + J \longrightarrow A_mB_n(s) + C(s)$$

固相 C 开始出现，直到固相 A 完全消失。

（4）然后，液相组成从 J 点沿共熔线 JE 向 E 点移动。到达 E 点，发生如下相变

$$E \longrightarrow A_mB_n(s) + C(s) + B(s)$$

固相 B 出现。在恒压和 T_E 温度四相平衡共存，直到完全转变为固相。

6.4.2.4　具有高温稳定、低温分解的二元化合物的三元系

图 6.18 是具有高温稳定、低温分解的二元化合物的三元系相图。该三元系有一个二

元化合物 A_mB_n，在高温稳定存在，在低温分解。

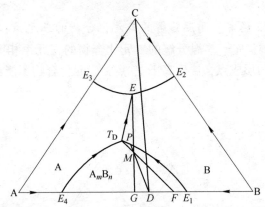

图 6.18　具有高温稳定、低温分解的二元化合物的三元系相图

相图中有两个无变量点，E 点和 T_D 点。T_D 点为分解点，在 T_D 点温度，二元化合物分解

$$A_mB_n(s) \longrightarrow mA(s) + nB(s)$$

液相与固相 A_mB_n、A、B 四相共存。由于 T_D 所对应的三个组元 A、A_mB_n、B 在一条直线上，所以 T_D 点不是三元系 A、B、C 的析晶终点。T_D 点有两个箭头指向该点，一个箭头背向该点，这种点通称为双升点。

（1）物质组成点为 M 的液相降温冷却，物质组成点沿着等组成线自上而下移动。随着温度的降低，物质组成点移动到液相面 $E_4E_1T_D$，析出固相 A_mB_n。

$$L \longrightarrow A_mB_n(s)$$

（2）随着温度的降低，固相 A_mB_n 不断析出。由于固相 A_mB_n 的析出，液相组成发生变化。液相组成点沿着液相面移动，即沿着 DM 连线的延长线向 P 点移动。

（3）温度继续下降，液相组成到达共熔线 E_1T_D 上的 P 点。固相 B 开始出现，液相 P 同时析出固相 A_mB_n 和 B。

（4）温度继续下降，液相组成沿着共熔线 E_1T_D 从 P 点向 T_D 点移动。由于不断地析出固相 A_mB_n 和 B，固相组成从 D 点向 F 点移动。

$$L \longrightarrow A_mB_n(s) + B(s)$$

（5）温度降到 T_D，液相组成为 T_D，发生如下反应

$$A_mB_n(s) \Longrightarrow mA(s) + nB(s)$$

固相 B 出现，固相组成为 F 点。

（6）温度继续下降，液相组成沿着共熔线 T_DE 从 T_D 点向 E 点移动。液相不断析出固相 A 和 B。

$$L \longrightarrow A(s) + B(s)$$

固相组成点由 F 点向 G 点移动。

（7）温度降至 T_E，液相组成为 E 点，发生如下相变

$$E \longrightarrow A(s) + B(s) + C(s)$$

固相 C 出现。

E 点为零变点，在恒压和 T_E 温度，四相平衡共存，直到液相 E 完全转变为固相，固相组成由 G 向 M 移动。

6.4.2.5　具有低温稳定、高温分解的二元化合物的三元系

图 6.19 是具有低温稳定、高温分解的二元化合物的三元系相图。相图中有三个无变点 T_C、E_5、E_6。T_C 称为形成点，温度高于 T_C 点，二元化合物不能存在。

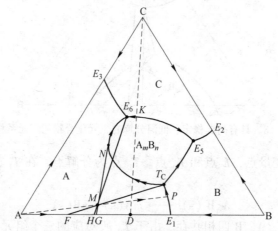

图 6.19　具有低温稳定、高温分解的二元化合物的三元系

图中物质组成点 M 位于三角形 ADC 内，因此，冷却过程结束于 E_6 点，得到的固相为 A、A_mB_n 和 C。

（1）随着温度的降低，物质组成点 M 沿着等组成线自上而下移动。当其移到液相面 $AE_1T_CE_6E_3$，开始析出固相 A。

（2）温度继续下降，固相 A 不断析出。液相组成在液相面上，按 AM 连线的延长线向共熔线 E_1T_C 上的 P 点移动。

（3）温度继续下降，液相组成到达共熔线 E_1T_C 上的 P 点。固相 B 开始析出，液相 P 同时析出固相 A 和 B。

（4）温度继续下降，液相组成从 P 点沿着共熔线 PT_C 向 T_C 点移动。不断地析出固相 A 和 B，固相组成从 A 点沿着 AB 线向 F 点移动。有

$$L \longrightarrow A(s) + B(s)$$

（5）温度降到 T_C，发生如下反应

$$mA(s) + nB(s) \Longrightarrow A_mB_n(s)$$

液相和固相 A、B、A_mB_n 四相平衡共存，直到固相 B 消失。T_C 点为双降点，其特点是一个箭头指向该点，两个箭头背离该点。

（6）温度继续下降，液相组成沿着共熔线 T_CE_6 从 T_C 向 E_6 移动。共熔线 T_CE_6 的析晶情况特殊，过 N 点作一切线正好交连线 AD 于 G 点。N 点把共熔线 T_CE_6 分为 T_CN 和 NE_6 两段。T_CN 为不一致熔融线，发生如下反应

$$A(s) + L \longrightarrow A_mB_n(s)$$

固相组成由 F 点向 G 点移动。

NE_6 线为一致熔融线，发生如下反应

$$L \longrightarrow A(s) + A_mB_n(s)$$

固相组成由 G 点向 H 点移动。

（7）温度降至 T_{E_6}，固相 C 开始出现，发生如下相变

$$E_6 \longrightarrow A(s) + A_mB_n(s) + C(s)$$

四相平衡共存，直到液相 E_6 完全转变为固相 A、A_mB_n 和 C。

6.4.2.6 具有同组成熔融三元化合物的三元系

图 6.20 是具有同组成熔融三元化合物的三元系相图。三元化合物的组成点位于自己的初晶区内。

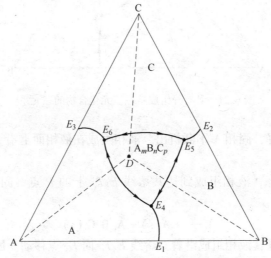

图 6.20 具有同组成熔融三元化合物的三元系

从 D 点连接 DA、DB、DC 得到三条连线。根据温度最高法则，可以得到界线 E_4E_6、E_5E_6、E_6E_4 上箭头的方向。按照三角形划分法，三条连线把相图 ABC 划分为三个简单相图，三角形 ABD、BCD、CAD。每个三角形相当于一个具有三元最低共熔点的三元系，物质的冷却过程与具有三元最低共熔点的三元系相似。

6.4.2.7 具有异组成熔融三元化合物的三元系

图 6.21 是具有异组成熔融三元化合物的三元系相图。三元化合物组成点 D 位于自己的初晶区之外。

从 D 点连接 DA、DB、DC 得到三条连线。根据温度最高法则，可以得到界线 E_4E_5、E_5T_C 上箭头的方向。K 点是界线 E_4E_5 和连线 CD 的交点，因此 K 点是共熔线 E_4E_5 上的温度最高点，在其两侧箭头指向温度下降的方向 KE_4 和 KE_5；K' 点是界线 E_5T_C 和连线 AD 的延长线的交点，在其两侧箭头指向温度下降的方向 $K'T_C$ 和 $K'E_5$。由于在界线 E_5T_C 上任一点作切线，都与连线 AD 的延长线相交，说明 E_5T_C 线为不一致熔融界线，应以双箭头表示。

物质组成点 M 在三角形 ADC 内，冷却过程结束于 E_5 点，最后得到的固相为 A、$A_mB_nC_p$ 和 C。

（1）物质组成点为 M 的液相降温冷却，随着温度的降低，物质组成点 M 沿垂直于三角形 ABC 的等组成线自上而下移动。物质组成点移到液相面 $AE_1T_CE_5E_3$，开始析出固相 A。

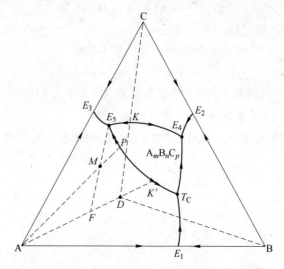

图 6.21　具有异组成熔融三元化合物的三元系

（2）温度继续下降，固相 A 不断析出。液相组成在液相面上沿 AM 连线的延长线向共熔线 $T_C E_5$ 移动。

（3）温度继续下降，液相组成到达共熔线 $E_5 T_C$ 上的 P 点。固相 $A_m B_n C_p$ 开始析出，发生如下相变

$$L \longrightarrow A(s) + A_m B_n C_p(s)$$

（4）温度继续下降，液相组成沿着共熔线 $E_5 T_C$ 向 E_5 点移动。固相 A 和 $A_m B_n C_p$ 不断析出，有

$$L \longrightarrow A(s) + A_m B_n C_p(s)$$

固相组成沿着连线 AD 从 A 向 F 移动。

（5）温度降到 T_{E_5}，液相组成为 E_5 点，固相组元 C 开始析出，发生如下相变

$$E_5 \longrightarrow A(s) + A_m B_n C_p(s) + C(s)$$

E_5 点为零变点。在恒压和 T_{E_5} 温度，液相和固相 A、$A_m B_n C_p$、C 四相平衡共存，直到液相 E_5 完全转变为固相 A、$A_m B_n C_p$ 和 C。

6.4.2.8　具有晶型转变的三元系

图 6.22 是具有晶型转变的三元系相图。由图可见，固相 B 有 α、β、γ 三种晶型，固相 C 有 α、β 两种晶型。在三元相图上，用晶型转变温度的等温线把各个晶型的稳定区分隔开。图中 $t_1 t'_1$、$t_2 t'_2$ 和 $t_3 t'_3$ 即为晶型转变温度的等温线。

（1）物质组成点为 M 的液相降温冷却，随着温度的降低，物质组成点 M 沿垂直于三角形 ABC 的等组成线自上而下移动。物质组成点移到液相面 $Bt_1 t'_1$，开始析出固相 α-B。

（2）随着温度的降低，液相中不断析出固相 α-B。液相组成沿着 BM 的连线的延长线向等温线 $t_1 t'_1$ 移动。

（3）温度继续下降，液相组成到达等温线 $t_1 t'_1$ 上的 P 点。固相 α-B 转变为 β-B，发生如下相变

$$\alpha\text{-}B \longrightarrow \beta\text{-}B$$

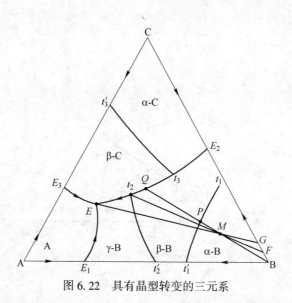

图 6.22 具有晶型转变的三元系

（4）温度继续下降，液相组成沿着 BM 的延长线向共熔线 E_2E 移动，不断析出固相 β-B，有

$$L \longrightarrow β-B$$

（5）温度继续下降，液相组成到达共熔线 E_2E 上的 Q 点。固相 β-C 出现，液相同时析出 β-B 和 β-C，有

$$L_Q \longrightarrow β-B + β-C$$

（6）温度继续下降，液相组成沿着共熔线 E_2E 从 Q 点向 t_2 点移动，不断析出固相 β-B 和 β-C。当温度到达 t_2 时，发生如下相变

$$β-B \longrightarrow γ-B$$

固相组成沿着 BC 线从 B 点向 F 点移动。

（7）温度继续下降，液相组成沿着共熔线 E_2E 从 t_2 点向 E 点移动，不断析出固相 γ-B 和 β-C，有

$$L \longrightarrow γ-B + β-C$$

固相组成沿着连线 BC 从 F 点向 G 点移动。

（8）温度继续下降到 T_E，液相组成为 E 点，发生如下相变

$$E \longrightarrow A(s) + γ-B(s) + β-C(s)$$

E 点为零变点。在恒压和 T_E 温度，液相 E 和固相 A、γ-B、β-C 四相平衡共存，直到液相 E 完全转变为固相 A、γ-B 和 β-C。

6.4.2.9 具有液相分层的三元系

图 6.23 是具有液相分层的三元系相图。三元相图中的 AB 线是二元相图 A-B 的垂直投影。

对于二元相图 A-B，曲线 $I'G'J'$ 为汇熔线，G' 点为临界点。物质组成点位于 $I'G'J'$ 区内，产生分层现象。

对于三元相图 ABC，由于组元 C 的加入，二元相图的汇熔线扩展成汇熔曲面 IHJG。H 点也是临界点，若温度低于 H 点的温度 T_H，液相分层就不存在，可以看做是 G 点沿汇熔

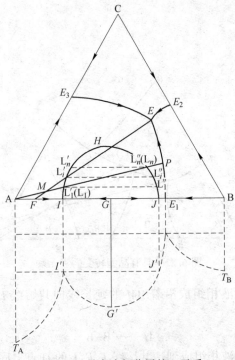

图 6.23　具有液相分层的三元系

面逐渐下降后退缩的最低点。

（1）物质组成点为 M 的液相降温冷却，随着温度的降低，物质组成点沿着垂直于三角形 ABC 的等组成线自上而下移动。物质组成点移到液相面 AE_1EE_3，开始析出固相 A。

（2）液相组成沿 AM 的连线的延长线向汇熔面移动，不断析出固相 A。当到达汇熔面上的 L_1 点时，开始产生液相分层，即

$$L' \longrightarrow L'' + A$$

固相 A 与液相 L′ 和 L″ 达成平衡，L″组成点在 JH 上。

（3）温度继续下降，固相 A 不断析出，两个液相组成点沿 IH 和 JH 移动。例如，在温度 T_{L_i}，液相总组成为 L_i，而两个分层液相组成分别为 L_i' 和 L_i''。

$$L_i \longrightarrow L_1' + L_1''$$

$$L_i' \longrightarrow L_i''$$

（4）温度降到 T_{L_n}，连线 AM 的延长线与汇熔面相交于 L_n，表明液相 L′ 已用完，分层消失，仍析出固相 A，有

$$L_n \longrightarrow L_n' + L_n''$$

$$L_n' \longrightarrow L_n''$$

实际上 L_n' 即 L_n''，L_n' 已少到不明显存在。

（5）温度继续下降，液相组成离开分层区，向共熔线 E_1E 移动，同时不断析出固相 A，有

$$L \longrightarrow A(s)$$

（6）温度降到 T_P，液相组成点到达共熔线 E_1E 的 P 点，固相 B 开始析出，发生如下

相变

$$L \longrightarrow A(s) + B(s)$$

（7）温度继续下降，液相组成沿着共熔线 $E_1 E$ 向 E 点移动，同时析出固相 A 和 B，有

$$L \longrightarrow A(s) + B(s)$$

固相组成沿着 AB 线向 F 点移动。

（8）温度继续下降到 T_E，液相组成点到达最低共熔点 E，固相 C 开始析出，发生如下相变

$$E \longrightarrow A(s) + B(s) + C(s)$$

E 点为零变点。在恒压和 T_E 温度，四相平衡共存，直到液相 E 完全转变成固相 A、B 和 C。

6.4.2.10　具有连续固溶体的三元系

图 6.24 是具有连续固溶体的三元系相图。t_A、t_B、t_C 分别为组元 A、B、C 的熔点。上部凸出的曲面为液相面，下部凹入的曲面为固相面。在液相面以上是液相，在固相面以下是固相；在液相面和固相面之间，是液相与固溶体平衡共存。

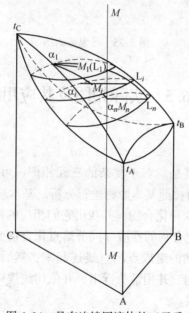

图 6.24　具有连续固溶体的三元系

（1）液相 M 降温冷却，温度降到物质组成点 M 碰到液相面，开始析出固溶体 α_1，即

$$L \longrightarrow \alpha_1$$

（2）温度继续下降，不断析出固溶体 α_i。液相组成在液相面上从 L_1 向 L_n 移动，得到固溶体 α_1 到 α_n，组成不断变化。

（3）温度继续下降到 T_{M_n}，物质组成点 M 到达固相面的 M_n 点，析出固溶体，液相完全转变为固相。

在降温过程中，液相的组成点总是在液相面上移动，固溶体组成点总是在固相面上移动，两者相互对应，两者的连线通过物质组成点。图 6.25 为降温过程的等温截面图。

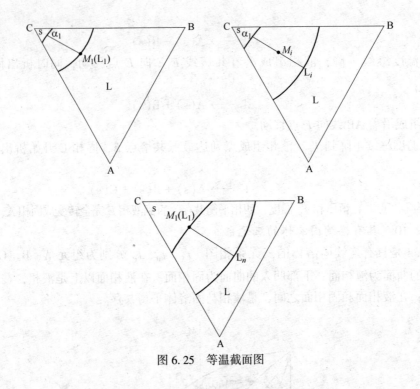

图 6.25   等温截面图

6.5   实际相图及其应用

6.5.1   复杂相图的分析方法

实际的三元相图都比较复杂。对于复杂的三元相图,可以将其划分为若干个基本类型,复杂相图就变简单了,再按照基本原则进行分析。基本步骤如下:

(1) 首先看相图中有多少种化合物,并找出它们相应的初晶区,根据化合物组成点与其初晶区的位置关系,判断化合物的性质(同分熔点化合物或异分熔点化合物)。

(2) 把相邻初晶区化合物的组成点用直线连起来,然后用连接线规则(最高温度规则)确定各界线温度下降方向,并用箭头标出,并依切线规则判断其类型,以单箭头表示低共熔线,双箭头表示转熔线。

(3) 依无变量点($f=0$)与相应分三角形的位置关系,确定各无变量点的性质(三元共熔点或三元转熔点)。

经上述处理后,再分析每个分三角形中的相图类型,复杂相图就简单化了。下面按照前面阐述的方法,对实际相图进行分析,并加以应用,从中领悟阅读复杂相图的方法以及如何用于解决实际问题。

6.5.2   CaO-Al$_2$O$_3$-SiO$_2$ 相图

6.5.2.1   CaO-Al$_2$O$_3$-SiO$_2$ 三元相图

CaO-Al$_2$O$_3$-SiO$_2$ 三元相图如图 6.26 所示。

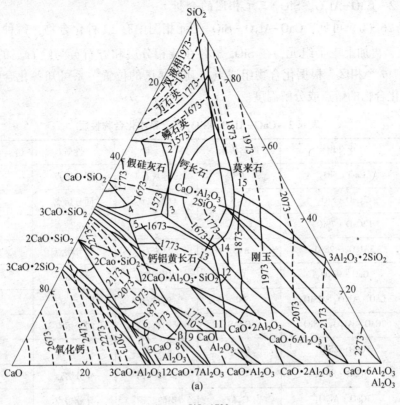

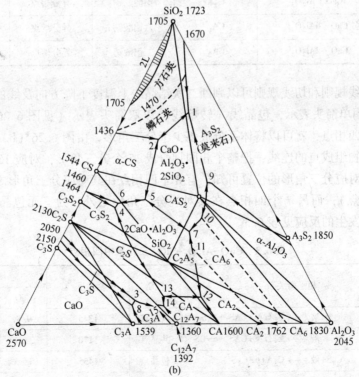

图 6.26 CaO-Al₂O₃-SiO₂ 体系相图

6.5.2.2 CaO-Al$_2$O$_3$-SiO$_2$ 三元相图的分析

由图 6.26（b）可见，CaO-Al$_2$O$_3$-SiO$_2$ 三元相图中有 12 种化合物，每种化合物都有一个初晶区，再加上三个组元，在 SiO$_2$ 角存在液相分层和方石英与鳞石英的晶型转变。整个相图有 17 个相区。根据化合物组成点与其初晶区的位置关系可知各化合物性质。表 6.2 列出各化合物的熔点或分解温度。

表 6.2 CaO-Al$_2$O$_3$-SiO$_2$ 三元系中化合物性质

图中编号	化合物	简略表示	名 称	性 质	熔点或分解温度/K
1	CaO · SiO$_2$	CS	硅灰石	同分熔点	1821
2	2CaO · SiO$_2$	C$_2$S	硅酸二钙	同分熔点	2403
3	12CaO · 7SiO$_2$	C$_{12}$A$_7$		同分熔点	1665
4	3Al$_2$O$_3$ · 2SiO$_2$	A$_3$S$_2$	莫来石	同分熔点	2123
5	CaO · Al$_2$O$_3$	CA	铝酸钙	同分熔点	1873
6	CaO · Al$_2$O$_3$ · 2SiO$_2$	CAS$_2$	钙长石	同分熔点	1830
7	2CaO · Al$_2$O$_3$ · SiO$_2$	C$_2$AS	钙铝黄长石	同分熔点	1869
8	3CaO · 2SiO$_2$	C$_3$S$_2$	硅钙石	异分熔点	1737
9	3CaO · SiO$_2$	C$_3$S	硅酸三钙	异分熔点	2423
10	3CaO · Al$_2$O$_3$	C$_3$A	铝酸三钙	异分熔点	1812
11	CaO · 6Al$_2$O$_3$	CA$_6$	六铝酸钙	异分熔点	2103
12	CaO · 2Al$_2$O$_3$	CA$_2$	二铝酸钙	异分熔点	1752

根据连接线规则和切线规则可以判断二次结晶线上温度下降方向及线的类型，共晶线（低共熔线）用单箭头表示，包晶线（转熔线）以双箭头表示（见图 6.26b）；一般情况下，有多少个四相点，就可以将体系分成多少个分三角形，由图 6.26（b）可见，连接相邻初晶区化合物组成点的连线，把整个相图划分成 15 个分三角形，对应 15 个四相点。分析四相点与其对应分三角形的位置可知，有 8 个四相点在其对应分三角形之内，为三元共晶点（低共熔点），而另 7 个四相点在其对应分三角形之外，为三元包晶点（转熔点）。每个四相点所发生的反应见表 6.3。

表 6.3 CaO-Al$_2$O$_3$-SiO$_2$ 三元系中四相点

图中编号	相平衡关系	性质	平衡温度/℃	质量分数/%		
				CaO	Al$_2$O$_3$	SiO$_2$
1	液 $\longrightarrow$ 鳞石英+CAS$_2$+A$_3$S$_2$	共晶点	1345	9.8	19.8	70.4
2	液 $\longrightarrow$ 鳞石英+CAS$_2$+α-CS	共晶点	1170	23.3	14.7	62.0
3	C$_3$S+液 $\longrightarrow$ C$_3$A+α-C$_2$S	包晶点	1455	58.3	33.0	8.7
4	α′-C$_2$S+液 $\longrightarrow$ C$_3$S$_2$+C$_2$AS	包晶点	1315	48.2	11.9	39.9
5	液 $\longrightarrow$ CAS$_2$+C$_2$AS+α-CS	共晶点	1265	38.0	20.0	42.0

图中编号	相平衡关系	性质	平衡温度/℃	质量分数/%		
				CaO	Al₂O₃	SiO₂
6	液 $\longrightarrow$ $C_2AS+C_3S_2+\alpha$-CS	共晶点	1310	47.2	11.8	41.0
7	液 $\longrightarrow$ $CAS_2+C_2AS+CA_6$	共晶点	1380	29.2	39.0	31.8
8	$CaO+$液 $\longrightarrow$ C_3S+C_3A	包晶点	1470	59.7	32.8	7.5
9	Al_2O_3+液 $\longrightarrow$ $CAS_2+A_3S_2$	包晶点	1512	15.6	36.5	47.9
10	Al_2O_3+液 $\longrightarrow$ CA_6+CAS_2	包晶点	1495	23.0	41.0	36.0
11	CA_2+液 $\longrightarrow$ C_2AS+CA_6	包晶点	1475	31.2	44.5	24.3
12	液 $\longrightarrow$ $C_2AS+CA+CA_2$	共晶点	1500	37.5	53.2	9.3
13	C_2AS+液 $\longrightarrow$ α'-C_2S+CA	包晶点	1380	48.3	42.0	9.7
14	液 $\longrightarrow$ α'-$C_2S+CA+C_{12}A_7$	共晶点	1335	49.5	43.7	6.8
15	液 $\longrightarrow$ α'-$C_2S+C_3A+C_{12}A_7$	共晶点	1335	52.0	41.2	6.8

6.5.2.3 CaO-Al₂O₃-SiO₂ 三元相图的应用

CaO-Al₂O₃-SiO₂ 三元相图在冶金、材料等领域有着广泛的应用。炼铁炉渣、耐火材料、陶瓷、玻璃及水泥等工业产品的主要成分都是由 CaO、Al₂O₃、SiO₂ 三组元组成，因此，在这些领域的生产中，无论是产品成分的设计、配料计算及工艺制度的制订，此相图都起着重要的作用。图 6.27 示出了一些工业产品在浓度三角形中的成分区间。下面讨论几种硅铝酸盐材料。

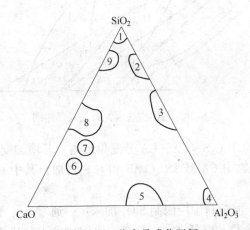

图 6.27 一些产品成分区间

1—硅砖成分区；2—普通酸性耐火材料；3—普通中性耐火材料；4—刚玉质高级耐火材料；
5—铝酸盐水泥；6—硅酸盐水泥；7—碱性渣成分；8—高炉渣成分；9—硅酸盐玻璃

A 耐火水泥成分的选择

CaO-Al₂O₃-SiO₂ 系水泥主要有铝酸盐耐火水泥和硅酸盐耐火水泥两种。下面分别予以讨论。

a 铝酸盐水泥

铝酸盐水泥以低铁铝土矿和石灰石为原料，经配料、煅烧、冷却、磨细成水泥熟料。

铝酸盐水泥具有快硬、高强、耐高温及抗硫酸盐腐蚀等特性,用其筑炉,成型后只经烘干而不需煅烧就可使用,因此具有工艺简单、施工方便、任意造型、整体性强、气密性好等优点,在冶金、石油、化工、水电等领域有广泛应用。

铝酸盐水泥主要依靠成品中 CA、CA_2、$C_{12}A_7$ 等矿相物质的水硬性,使制品具有机械强度,其中 CA 水硬性强,CA_2 较弱。$C_{17}A_7$ 水硬性也较弱,但具有速凝性,初凝仅需 3～5min,终凝 15～30min。三种矿相适当配合,才能使制品既有较好的机械强度,又有合乎要求的凝固速率。从以上分析看出,该水泥配方必在 CA 相区附近,可以在 $CA-CA_2-C_2AS$ 分三角形内,也可以在 C_2S-C_2AS-CA 或 $CA-C_2S-C_{12}A_7$ 分三角形内。不同配料成分对产品性能有很大影响。

如图 6.28 所示,如配料成分点 N 在 $CA-CA_2-C_2AS$ 分三角形内,最终产物为 CA、CA_2 和 C_2AS 三相。若增加配料中 SiO_2 含量,成分点由 N 移至 N'。由杠杆规则知,产品中 CA 相减少,CA_2 相及 C_2AS 相增加。而 C_2AS 相在低温下无水硬性、高温下又易熔化,故 C_2AS 增加必降低了低温强度,也降低了水泥在高温下的耐火度。可见,增加配料中的 SiO_2 含量没有好处。

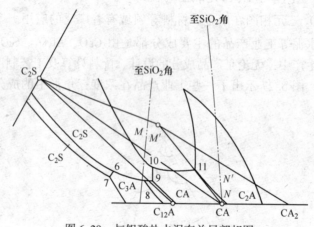

图 6.28　与铝酸盐水泥有关局部相图

同样配料成分点 M 位于 C_2S-C_2AS-CA 分三角形内。若增加配料中 SiO_2 含量,则成分点由 M 移到 M',最终产物中 CA 减少,C_2AS 和 C_2S 增加,其中 C_2AS 增加得更多,也是有害的。

综上可见,铝酸盐水泥配料中应限制 SiO_2 加入量,通常 w_{SiO_2} 不超过 7%。

若增加配料中 CaO 含量,降低 Al_2O_3 含量,水泥成分点就进入 $CA-C_2S-C_{12}A$ 分三角形内。应用杠杆规则可知,随着 CaO 含量增加,最终产物中 $C_{12}A_7$ 增加,CA 减少。由于 $C_{12}A_7$ 有速凝性且降低水泥荷重软化点,对施工和成品质量都不利。从相图等温线的分布也可看出,随着 Al_2O_3 含量降低,水泥耐火度也随之降低。因此,应限制铝酸盐水泥中 CaO 配入量,w_{CaO} 一般在 20%～40% 范围内为宜。

b　硅酸盐水泥

硅酸盐水泥以矾土和石灰石为主要原料,在 1573～1723K 温度下烧结而成。根据水泥水化的研究,硅酸盐水泥主要靠 C_3S 矿相的水硬性,使水泥制品具有低温强度。而游离 CaO 的增加,会使水泥稳定性不良,故硅酸盐水泥的配方不应在 $CaO-C_3A-C_3S$ 分三角形内，而应在 C_3A-C_2S-C_3S 分三角形内。最后产物除 C_3S 外还有 C_2S 和 C_3A。C_2S 水硬性较弱且凝固较慢，但熔点高。C_3A 水硬性也较弱，但凝固较快。为保证水泥的综合性能，三者需要适当搭配，通常 C_3S 的质量分数不低于 60%，C_2S 约 20%，C_3A 为 10%~15%。在图 6.29 中，P 点是硅酸盐水泥熟料的组成点之一，降温时，发生下列析晶过程：

液相路径

$$P \xrightarrow{L \to CaO(s)} G \xrightarrow{\substack{L+CaO(s) \to C_3S(s)}} z \xrightarrow{L \to C_3S(s)} w \xrightarrow{L+C_3S(s) \to C_2S(s)} y \xrightarrow{L+C_2S(s) \to C_3S(s)} E \begin{cases} f=0 \\ L+C_3S(s) \to C_2S(s)+C_3A \\ \text{至液相消失} \end{cases}$$

固相路径

$$CaO \to C_3S \to C_2S \xrightarrow{C_2S + C_3S} j \to P$$

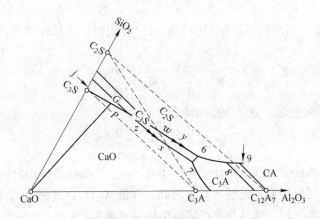

图 6.29　P 点析晶过程

（图中①C_3S、P、z、w 在一条线上；②j、P、6 在一条直线上；③过 C_3S 组成点向 C_3S 与 C_3S 界线作切线得切点 y；向 C_3S 与 CAO 界线作切线得切点 x）

由以上分析看出，直至组成点 E 前，各相变化都对产生 C_3S 矿相有利，而在四相点 E 发生的三元包晶反应 C_3S 要回熔，在该点停留时间愈久，C_3S 消耗的愈多。所以，当体系冷却到点 E 对应的温度时，应进行快速降温，使三元包晶反应（转熔反应）来不及进行，产品中 C_3S 的质量分数可达 70% 以上，有利于提高硅酸盐水泥的品质。

从相图上看，上述硅酸盐水泥成分区间烧成温度应该很高，但实际生产中并非如此。这是由于焙烧时并不将其烧至完全熔融，而仅部分熔融，再加上矾土中带入一定量的 Fe_2O_3，也使硅酸盐水泥的烧成温度降低，故在制订硅酸盐水泥的烧成制度时，应参考 CaO-SiO_2-Al_2O_3-Fe_2O_3 四元系相图。

B　Al_2O_3 对硅砖质量的影响

应用 CaO-Al_2O_3-SiO_2 相图可以分析硅砖中 Al_2O_3 对硅砖质量的影响。在与图 6.30 的 B 点和 B' 点组成相对应的两种硅砖中，虽然 CaO 的质量分数相同，都是 2%，但 B 点对应的硅砖中 $w_{Al_2O_3}$ 为 0.5%，而 B' 点对应的硅砖 $w_{Al_2O_3}$ 为 1%。

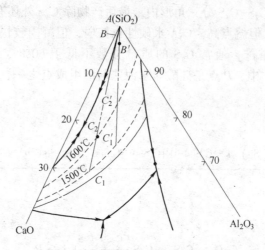

图 6.30 Al_2O_3 对硅砖质量的影响

由图 6.30 可见，若两种砖都在 1500℃ 长时间使用时，依杠杆规则，B 砖和 B' 砖中的液相质量分别为

$$W_B = \frac{BA}{AC_1}, \quad W_{B'} = \frac{B'A}{AC_2'}$$

若都在 1600℃ 长时间使用，则砖中液相质量分别为

$$W_B = \frac{BA}{CA_2}, \quad W_{B'} = \frac{B'A}{AC_2'}$$

由此可见，虽然砖中 Al_2O_3 含量仅相差了 0.5%，但在高温使用时砖中出现的液相量却有显著差别，使用温度愈高差别愈大。因此，降低 Al_2O_3 在硅砖中的含量，对于提高硅砖的耐火度具有重要作用，这已在生产实践中得到充分验证。

6.5.3　$CaO-FeO_n-SiO_2$ 相图

多数冶金炉渣成分都比较复杂，例如炼钢渣，含有十多种组元，但其主要成分是 CaO、FeO_n 和 SiO_2。转炉吹炼过程中，占炉渣成分约 80% 的是 $CaO+FeO_n+SiO_2$，总和几乎不变。因此通常将这类复杂多元系简化成 $CaO-FeO_n-SiO_2$ 三元系，把其他含量少的次要成分按其性质分别归入这三个组元中，或把其他组元作为影响因素来考虑。因此，图 6.31a 所示的 $CaO-FeO_n-SiO_2$ 三元相图已成为研究冶金炉渣的基本相图，有着广泛的应用。

6.5.3.1　$CaO-FeO_n-SiO_2$ 三元相图分析

由图 6.31(a) 可见，图中有六种化合物，加上三个顶点组元，并考虑晶型转变等，整个相图共有 12 个相区，如图 6.31(b) 所示。根据化合物组成点与其对应初晶区的位置，六种化合物性质如表 6.4 所示。

相邻初晶区固相组成点连线，依连接线规则和切线规则确定各界线上温度降低方向及线的类型，用单箭头表示低共熔线，双箭头表示转熔线，三箭头表示双液区的分熔线，点划线表示晶型转变等温线，短竖线表示形成固溶体范围。

由四相点与其对应分三角形的相对位置很容易判断四相点性质，不再赘述。

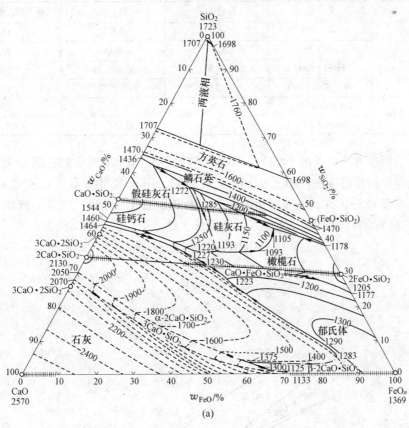

(a)

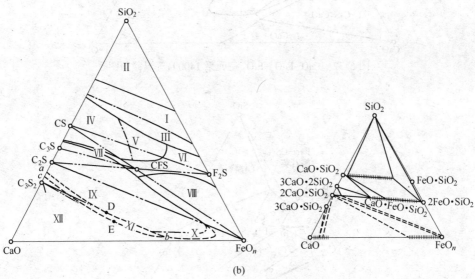

(b)

图 6.31 CaO-FeO$_n$-SiO$_2$ 相图

(a) 相图；(b) 相区划分

表 6.4 $CaO-FeO_n-SiO_2$ 三元系化合物性质

类 型	化合物	简略表示	名 称	熔点或分解温度/℃
同分熔点化合物	$CaO \cdot SiO_2$	CS	硅石灰	1544
	$2CaO \cdot SiO_2$	C_2S	正硅酸钙	2130
	$2FeO \cdot SiO_2$	F_2S	铁橄榄石	1208
	$CaO \cdot FeO \cdot SiO_2$	CFS	钙铁橄榄石	1230
异分熔点化合物	$3CaO \cdot 2SiO_2$	C_3S_2	硅钙石	1464
	$3CaO \cdot SiO_2$	C_3S	硅酸三钙	1800~2150

依 6.4 节所述方法可画出 1400℃、1600℃ 等温截面图,如图 6.32、图 6.33 所示。图中各区稳定存在的相已标注在图上。由图 6.31 可知,图 6.32 中 e 点是 C_2S-C_3S 二元共晶线上的点,连接 C_2S-e、C_3S-e,三角形 C_2S-e-C_3S 是结线三角形,该区是液相 L_e 与固相 C_2S、C_3S 三相平衡区。同理,f 点是二元包晶线上的一个点,包晶反应为

$$L_f + CaO(s) \longrightarrow C_3S(s)$$

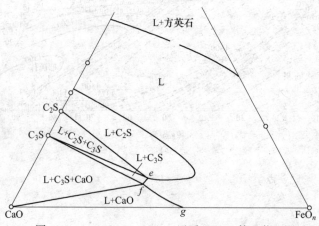

图 6.32 $CaO-FeO_n-SiO_2$ 三元系 1400℃ 等温截面图

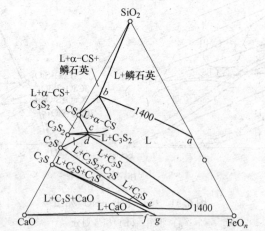

图 6.33 $CaO-FeO_n-SiO_2$ 三元系 1600℃ 等温截面图

三角形 CaO-f-C$_3$S 则是液相 L$_f$、固相 CaO 和 C$_3$S 三相平衡区，它也是结线三角形。三相区自由度 f=0（因温度已固定在 1400℃）。对图 6.33 可做同样分析。各区划分的是否正确，可用边界规则来检验：相邻区其相数差 $\Delta\Phi$=±1。若相的数目之差为 2，则这两个区交于一点。如图 6.32 中液相区与三相区之差为 2，则相交于点 e、f。

6.5.3.2　CaO-FeO$_n$-SiO$_2$ 相图在转炉炼钢中的应用

氧气顶吹转炉的特点是冶炼时间短，一台 300t 的转炉，冶炼时间仅需 20~45min，因此，造渣制度的选择非常重要。吹炼初期头几分钟，熔池温度约 1400℃，较低的温度仅能使第一批料中的铁鳞熔化，石灰刚开始溶解。熔池内的 Fe、Si、Mn 等元素优先氧化，形成以 FeO$_n$、SiO$_2$、MnO 为主的初渣。其范围相当于图 6.34 中的 A 区，是高氧化性的酸性渣。吹炼后期，为了去硫，要求渣碱度 $\dfrac{w_{CaO}}{w_{SiO_2}}$ 为 3~5，FeO 的质量分数一般在 20%~30%，以保证渣的流动性和氧化性。通常终渣成分范围在图 6.34 的 C 区。由图可见，由初渣到终渣间必须经过 L+C$_2$S 二相区，怎样通过两相区，是吹炼的技术关键，控制不当会产生如下问题：

（1）返干——枪位低，熔池温度迅速上升，石灰不断溶入渣中，同时由于脱碳反应较快，大量消耗渣中 FeO，渣中 CaO 含量上升、FeO 含量不断下降。综合结果是炉渣成分向 B 方向变化（图 6.34），很快进入两相区，析出高熔点（约 2130℃）稳定化合物 C$_2$S，其在渣中大量析出，会使炉渣变稠失去流动性，产生"返干"现象。

（2）喷溅——与上述相反，若吹炼前期枪位较高，炉温上升较慢，炉内的热力学条件造成渣中 FeO 迅速大量积累。炉渣成分向 B' 方向变化（图 6.34），较晚进入两相区甚至不进入两相区，这样的炉渣流动性良好。由于渣中 FeO 积累过高，一旦温度迅速升高至 1500℃ 以上时，碳氧反应就会爆发式地激烈进行。大量炉渣夹带着液态金属从炉口喷射出来，造成"喷溅"现象。

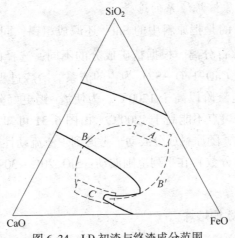

图 6.34　LD 初渣与终渣成分范围

综上可见，吹炼过程中正确控制好温度、碳氧反应程度以及炉渣成分变化路径是至关重要的。选择什么样的造渣路线，要根据具体情况确定。图 6.35 分别标出两个工厂转炉吹炼过程的实际造渣路线。图中每个渣样成分点已把次要组元按性质分别并入 CaO（MgO

等）、$FeO_n(MnO)$ 和 SiO_2（Al_2O_3、P_2O_5）中，开吹时间也标在相应实验点处。

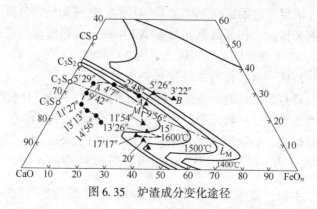

图 6.35　炉渣成分变化途径

某厂炼低碳钢时，铁水中磷、硫较低，脱磷、脱硫任务不重，因此采用低枪操作，对脱碳反应有利，渣中 FeO 迅速降低，开吹 2 分钟后渣的成分就进入二相区。选择曲线 A 的造渣路径使整个吹炼过程渣都较黏，长时间处于返干状态，但此种状态的炉渣对炉衬冲刷、侵蚀小，渣量小且渣中 FeO 含量低，故铁损少。虽对脱磷、脱硫不利，但由于铁水中硫、磷低，脱磷、脱硫任务不重，炼低碳钢时采取此工艺路线有利于缩短冶炼时间、降低消耗、提高炉龄，达到高产、优质、低耗、长寿的目的。铁水中磷高，为在吹炼初期低温时有效地脱磷，就必须走曲线 B 的造渣路线，迅速造好高碱度、高氧化性、流动性良好的渣，为脱磷创造热力学和动力学条件。采用高枪位操作，炉渣长时间处于低温高 FeO 的液态单相区，使石灰迅速溶解，有利于脱磷、脱硫。开吹后 9 分钟略降枪位，9 分 56 秒，渣成分已位于二相区，控制了 FeO 的过量积累，到末期碳氧反应减弱，渣中 FeO 再度上升，炉渣成分又走出二相区。按此路径造的渣流动性好、氧化性强，对炉衬侵蚀冲刷虽较严重，但为了有效去磷，保证钢的质量，也只能走此路线。

6.5.3.3　锡精矿还原熔炼渣系的选择

锡精矿还原熔炼的目的是把原料中的 SnO_2 还原成粗锡，同时加入适量的 CaO、SiO_2 等熔剂造渣，使金属与脉石分离。根据精矿成分的不同，选择的渣系各异。对于 w_{FeO} 在 5% ~ 10% 的锡精矿，选以 $CaO\text{-}FeO_n\text{-}SiO_2$ 为主的渣系。冶炼过程中，前期 SnO_2 还原阶段炉温低于 1200℃，后期造渣阶段高于 1200℃。为使渣–锡更好分离，温度升至 1350℃ 以上，因此，还原熔炼渣的熔点不能高于 1200℃。由图 6.31 可知，炉渣成分只能限于铁橄榄石相区内。实际生产中，随原料成分波动，考虑到炉渣流动性及其他技术经济指标等因素，通常炉渣成分（质量分数）在下列范围波动：SiO_2 20% ~ 30%，FeO_n 30% ~ 35%，CaO 9% ~ 10%，Al_2O_3 约 1.5%。

6.5.4　Cu-Fe-S 相图与冰铜熔炼

冰铜主要由 Cu_2S 和 FeS 组成，并含有 Au、Ag、As、Sb、Bi 等元素及其氧化物，有的冰铜还含有 ZnS、PbS、Ni_3S_2 等硫化物，通常 Cu、Fe、S 三者之和占冰铜总质量的 80% ~ 90%，因此，冰铜的组成、熔度性质可用 Cu-Fe-S 三元相图表示。但铁、铜的高价硫化物在高温不稳定，分解成低价硫化物和硫，且在 100.0kPa 压力、高温条件下 Cu、Fe、S 三元混合物在无氧条件下熔化时，任何超过 Cu_2S-FeS 伪二元系所含硫量的硫都将挥发逸出。

因此，Cu-Fe-S 三元相图中 Cu_2S-FeS-S 部分对冰铜熔炼无多大实际意义，故通常仅讨论 Cu-Fe-FeS-Cu_2S 所围成四边形部分，如图 6.36、图 6.37 所示。

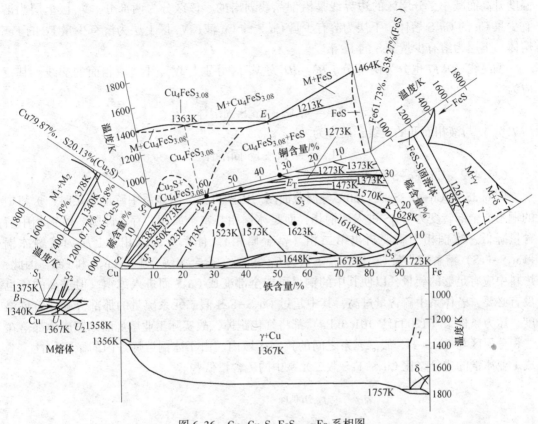

图 6.36 Cu-Cu_2S-$FeS_{1.02}$-Fe 系相图

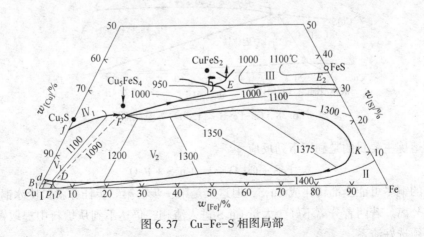

图 6.37 Cu-Fe-S 相图局部

6.5.4.1 Cu-Fe-S 三元相图分析

由图 6.36 可见，Cu-Fe、Fe-FeS、FaS-CuS 三个二元系液相完全互溶，而 Cu-Cu_2S 二元系在很大范围内液相部分互溶，产生液相分层区。

此部分相图的特点是存在一个很大的液相分层区和很长的偏晶线。由图 6.37 可见，图中有四个初晶区，Ⅰ、Ⅱ、Ⅲ、Ⅳ，Ⅰ、Ⅱ、Ⅲ分别为 Cu、Fe、FeS 与 CuS 的固溶体的初晶区。Ⅳ区因被液相分层区所截，故分为Ⅳ₁和Ⅳ₂两部分。液相分层区的组成范围随温度升高而减小，分层区的边界线是沿偏晶线划出的。该区分为两部分，V₁区上层为溶有少量 Cu 的 Cu₂S 熔体，下层为溶有少量 Cu₂S 的 Cu 液；V₂区上层为溶有少量 Fe 的 FeS 熔体，下层为溶有少量 FeS 的 Fe 液。

偏晶线 dDKFf 也分为两部分。fF、dD 为 V₁ 区分别与Ⅳ₁、Ⅳ₂ 液相面的交线，其反应为

$$L_1 \rightleftharpoons L_2 + Cu_2S \text{ 固溶体}$$

DKF 为 V₂ 与液相面Ⅱ的交线，反应为

$$L_1 \rightleftharpoons L_2 + Fe \text{ 固溶体}$$

6.5.4.2 Cu-Fe-S 相图应用

图 6.38 为 Cu-Fe-S 系 1250℃ 等温截面图。由图可见，当体系中硫量不足时，炉料中的铜不能全部转变为 Cu₂S 进入冰铜相，而是冰铜相与富金属相共存，即随着冰铜相中硫含量降低，冰铜相中就要析出第二相（富金属相）。体系变成二相，上层为熔融冰铜（Cu₂S-FeS）溶解有少量 Cu 和 Fe，下层为 Cu 和 Fe 的合金溶解有少量 Cu₂S 和 FeS，因此，炉料中应有足够的硫量，以使其中的铜尽可能全部变成 Cu₂S 而进入冰铜。但过高的硫也没有必要，若体系中硫含量过高，其中超过 Cu₂S-FeS 假二元系硫量的那部分硫在熔炼温度、压力条件下（1200℃，101.3kPa）都将气化跑掉，故实际工业熔炼的冰铜成分都落在二相分层区与 Cu₂S-FeS 假二元系之间的狭窄区域内。由于冰铜熔炼炉内的微氧化性，造成工业冰铜的成分略比 Cu₂S-FeS 假二元系中的硫含量低些。

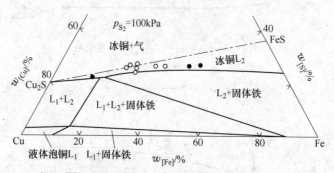

图 6.38 Cu-Fe-S 系 1250℃等温截面图

冰铜熔炼主要目的是利用下列反应

$$FeS + Cu_2O \Longrightarrow Cu_2S + FeO$$

把炉料中的铜尽可能全部转化成 Cu₂S，但这仅是第一步。第二步任务就要使冰铜相与炉渣相很好地分离。若两者分离不好，大量 Cu₂S 进入渣相，仍达不到从炉料中提取铜的目的，为此，必须选好渣系。

冰铜熔炼过程中炉料中带入的脉石如 Al₂O₃、CaO 等及熔炼过程产生的氧化物 FeO、Fe₃O₄ 等都要转入渣相，因此炉渣是熔炼过程的必然产物。但更重要的是，炉渣相又是控制熔炼过程的有效手段之一，只要其成分选择合理，就能有效地阻止 Cu₂S 进入渣相而只

让氧化物进入其中。作为控制手段，对炉渣最基本的要求是：炉渣对氧化物有较大的溶解度，而对 Cu_2S 的溶解度要尽量小。

图 6.39 是 $FeS-FeO-SiO_2$ 三元相图富 FeO 部分。由图可见，尽管 FeO 与 FeS 在液态可以完全互溶，但向溶液中加入 SiO_2 后，就会分离成不互溶的两个共扼溶液，一相为溶有少量 FeO、SiO_2 的 FeS 液相，另一相则以 FeO 及 SiO_2 为主，溶有少量 FeS。两平衡液相组成可以从结线两端读出。加入 SiO_2 量愈多，两相组成差异愈大，在 SiO_2 达饱和时，两相组成（质量分数）分别为

A 点：FeO 54.8%，SiO_2 27.3%，FeS 17.9%；

B 点：FeO 27.42%，SiO_2 0.16%，FeS 72.42%。

氧化物、硫化物显著地分别富集于两相。对 $Cu_2S-FeS-FeO-SiO_2$ 系，实验发现，若渣中 SiO_2 的质量分数低于 5%，冰铜与氧化物渣完全互溶。当 SiO_2 饱和时，冰铜会与氧化物渣达到最大程度的分离。在 1250℃，SiO_2 饱和条件下，渣相成分（质量分数）为：FeO 57.73%，SiO_2 33.83%，FeS 7.59%；冰铜相各组分质量分数为 FeS 54.69%，Cu_2S 30.14%，FeO 14.29%，SiO_2 0.25%。

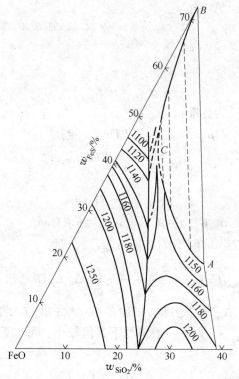

图 6.39　$FeS-FeO-SiO_2$ 三元相图

综上可见，向渣中加 SiO_2 可以降低冰铜在渣中的溶解度，减少冰铜在渣中的损失，达到渣和铜分离的目的。考虑到炉渣合适的密度及流动性等因素，实际工业熔炼（例如反射炉熔炼冰铜）的炉渣成分（质量分数）范围为：SiO_2 32%~45%，FeO 24%~50%，CaO 3%~15%，Al_2O_3 4%~11%，Fe_3O_4 3%~4%，ZnO 5%~7%，MnO 2%~3%，BaO 2%~3%。

6.6　由相图计算活度

活度可以由实验测定，也可以用理论计算。前两章介绍了活度的一些计算方法，本节介绍利用相图计算活度方法。由相图计算活度有多种方法，但都是遵循"组元 i 在两个平衡相中的化学势相等"的热力学原理。

6.6.1　由二元相图计算活度

6.6.1.1　由具有最低共熔点的二元相图计算活度

A　液相线上组元活度的计算

图 6.40 是具有最低共熔点的二元相图。在液相线 $t_A E$ 上，任一点的液体中的组元 A 与同温度的纯固体 A 平衡共存。例如图 6.40 中组成点 b 的液体中组元 A 和 a 点所代表的固相 A 平衡共存，表示为

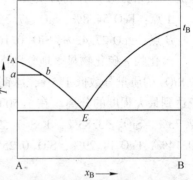

图 6.40　具有最低共熔点的二元相图

$$\text{L} \longrightarrow \text{A(s)}$$

即

$$(\text{A}) \longrightarrow \text{A(s)}$$

因而

$$\mu_{\text{A(s)}} = \mu_{(\text{A})} \tag{6.1}$$

以符合拉乌尔定律的纯物质为标准状态，则

$$\mu_{\text{A(s)}} = \mu_{\text{A(s)}}^* + RT\ln a_{\text{A(s)}} = \mu_{\text{A(s)}}^* \tag{6.2}$$

$$\mu_{(\text{A})} = \mu_{\text{A(l)}}^* + RT\ln a_{(\text{A})} \tag{6.3}$$

所以

$$\mu_{\text{A(s)}}^* = \mu_{\text{A(l)}}^* + RT\ln a_{(\text{A})} \tag{6.4}$$

$$\Delta_{\text{fus}} G_{\text{m, A}}^* = \mu_{\text{A(l)}}^* - \mu_{\text{A(s)}}^* = -RT\ln a_{(\text{A})} \tag{6.5}$$

等式左边即为该温度纯固态 A 的熔化自由能 $\Delta_{\text{fus}} G_{\text{m,A}}^*$，而

$$\Delta_{\text{fus}} G_{\text{m, A}}^* = \Delta_{\text{fus}} H_{\text{m, A}}^* - T \frac{\Delta_{\text{fus}} H_{\text{m, A}}^*}{T_{\text{fus}}} + \int_{T_{\text{fus}}}^{T} \Delta_{\text{fus}} C_p \mathrm{d}T - T \int_{T_{\text{fus}}}^{T} \frac{\Delta_{\text{fus}} C_p}{T} \mathrm{d}T \tag{6.6}$$

式中，T_{fus} 为纯 A 的熔点；$\Delta_{\text{fus}} H_{\text{m,A}}^*$ 为纯 A 的摩尔熔化焓；$\Delta_{\text{fus}} C_p$ 为纯 A 液态与固态恒压摩尔热容的差值，$\Delta_{\text{fus}} C_p = C_{p(\text{l})} - C_{p(\text{s})}$。一般情况下其值较小，可以近似认为 $\Delta_{\text{fus}} C_p \approx 0$。这样式 (6.6) 简化为

$$\ln a_{(\text{A})} = \frac{\Delta_{\text{fus}} H_{\text{m, A}}^* (T - T_{\text{fus}})}{RTT_{\text{fus}}} \tag{6.7}$$

若 $\Delta_{\text{fus}} H_{\text{m,A}}^*$ 已知，即可以由式 (6.7) 求出液相中组元 A 的活度 $a_{(\text{A})}$。

B　最低共熔点组元活度的计算

在最低共熔点 E，有

$$\text{L} \longrightarrow \text{A(s)} + \text{B(s)}$$

即

$$(A)_E \Longrightarrow A(s)$$
$$(B)_E \Longrightarrow B(s)$$

因而

$$\mu_{A(s)}^* = \mu_{(A)} = \mu_{A(l)}^* + RT\ln a_{(A)}$$
$$\mu_{B(s)}^* = \mu_{(B)} = \mu_{B(l)}^* + RT\ln a_{(B)}$$

所以

$$\Delta_{fus}G_{m,\ A}^* = \mu_{A(l)}^* - \mu_{A(s)}^* = -RT\ln a_{(A)} \tag{6.8}$$
$$\Delta_{fus}G_{m,\ B}^* = \mu_{B(l)}^* - \mu_{B(s)}^* = -RT\ln a_{(B)} \tag{6.9}$$

式中熔化自由能的公式同式（6.6）、式（6.7）。

6.6.1.2 由具有稳定化合物的二元相图计算活度

图 6.41 是具有稳定化合物的二元相图，可以划分为两个具有最低共熔点的二元相图。除了液相线 E_1D 和 E_2D 外，其他部位活度的计算方法与具有最低共熔点的二元相图相同。

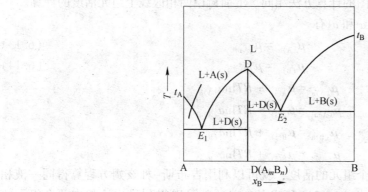

图 6.41 具有稳定化合物的二元相图

液相线 E_1D 和 E_2D 上组元活度的计算。

在液相线 E_1D 上，液体中的组元与同一温度的纯固态 D 平衡共存，有

$$L \Longrightarrow D(s)$$
$$(D) \Longrightarrow D(s)$$
$$\mu_{D(s)}^* = \mu_{(D)} = \mu_{D(l)}^* + RT\ln a_{(D)} \tag{6.10}$$
$$\Delta_{fus}G_{m,\ D}^* = \mu_{D(l)}^* - \mu_{D(s)}^* = -RT\ln a_{(D)}$$

知道组元 D 的熔化自由能就可求得 $a_{(D)}^R$。

在液相线 E_1D 和 E_2D 上，存在化学平衡

$$m(A) + n(B) \Longrightarrow D(s)$$

$$K = \frac{a_{D(s)}}{(a_{(A)})^m (a_{(B)})^n} = \frac{1}{a_{(A)}{}^m a_{(B)}{}^n}$$

其中 K 和 $a_{(D)}$ 已知，所以

$$\gamma_{(A)}^m \gamma_{(B)}^n = \frac{1}{Kx_{(A)}^m x_{(B)}^n} \tag{6.11}$$

若测得 A、B 两组元中任一个的活度或活度系数，即可求得另一个组元的活度或活度系数。

6.6.1.3　由具有异分熔点的化合物的体系相图计算活度

图 6.42 是具有异分熔点化合物的二元相图。除 P 点外，其他部位组元活度的计算方法与具有同分熔点化合物的二元相图的计算方法相同。在 P 点发生转熔反应

$$L_P + A(s) \longrightarrow D(s)$$

即

$$mA(s) + n(B) \Longrightarrow D(s)$$

$$K = \frac{a_{D(s)}}{(a_{A(s)})^m (a_{(B)})^n} = \frac{1}{(a_{(B)})^n}$$

$$\Delta_f G_{m, D}^{\ominus} = \Delta G_m^{\ominus} = -RT\ln K = nRT\ln a_{(B)} \tag{6.12}$$

式中，$\Delta_f G_{m,D}^{\ominus}$ 为化合物 $A_m B_n$ 的标准生成自由能。

6.6.1.4　由液相分层的二元系相图计算活度

图 6.43 是具有液相分层的二元系相图。除二相区界线外，其他部位活度的计算方法与具有最低共熔点的二元相图的计算方法相同。下面讨论两相区线上组元活度的计算。

在两相区界线上组成点 a 和 a' 有

$$\mu_{(A)a} = \mu_{(A)a'} \tag{6.13}$$

$$\mu_{(B)a} = \mu_{(B)a'} \tag{6.14}$$

$$\mu_{(A)a} = \mu_{A(l)}^* + RT\ln a_{(A)a}$$

$$\mu_{(A)a'} = \mu_{A(l)}^* + RT\ln a_{(A)a'}$$

$$\mu_{(B)a} = \mu_{B(l)}^* + RT\ln a_{(B)a}$$

$$\mu_{(B)a'} = \mu_{B(l)}^* + RT\ln a_{(B)a'}$$

实验测得一个液相中某个组元的活度，就可以利用吉布斯-杜亥姆方程算得同一液相中另一个组元的活度。利用式（6.13）和式（6.14）就可以得到另一液相中两个组元的活度。

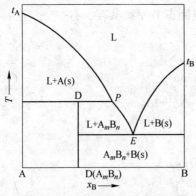

图 6.42　具有异分熔点化合物相图

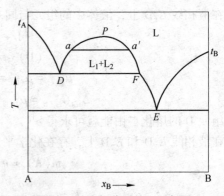

图 6.43　液相分层的二元相图

6.6.1.5　由固相完全互溶的二元系相图计算活度

图 6.44 是固相完全互溶的二元相图。在温度 t_P，b 点组成的液相与 a 点组成的固相平衡共存，因而有

$$\mu_{(B)l} = \mu_{(B)s}$$

$$\mu_{(B)l} = \mu_{B(l)}^{*} + RT\ln a_{(B)l}$$

$$\mu_{(B)s} = \mu_{B(s)}^{*} + RT\ln a_{(B)s}$$

所以

$$\mu_{B(l)}^{*} + RT\ln a_{(B)l} = \mu_{B(s)}^{*} + RT\ln a_{(B)s} \tag{6.15}$$

移项，得

$$\mu_{B(l)}^{*} - \mu_{B(s)}^{*} = RT\ln \frac{a_{(B)s}}{a_{(B)l}} \tag{6.16}$$

即

$$\Delta_{fus}G_{m,B}^{*} = RT\ln \frac{a_{(B)s}}{a_{(B)l}} \tag{6.17}$$

同理，由

$$\mu_{(A)l} = \mu_{(A)s}$$

得

$$\Delta_{fus}G_{m,A}^{*} = RT\ln \frac{a_{(A)s}}{a_{(A)l}} \tag{6.18}$$

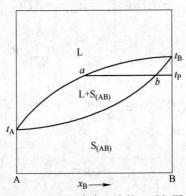

图 6.44 固相完全互溶的二元相图

6.6.1.6 由具有最低共熔点并形成有限固溶体的二元系计算活度

图 6.45 是具有最低共熔点并形成有限固溶体的二元相图。液相线上组元活度的计算方法与形成完全固溶体的相图的计算方法相同。这里仅讨论最低共熔点 E 组元活度的计算。

在最低共熔点 E 有

$$L_E \rightleftharpoons \alpha_F + \beta_G$$

和

$$\mu_{(A)_E} = \mu_{(A)_F} \tag{6.19}$$

$$\mu_{(B)_E} = \mu_{(B)_F} \tag{6.20}$$

F 点固溶体组元 A(s) 饱和，G 点固溶体组元 B(s) 饱和。因此

$$\mu_{(A)_F} = \mu_{A(s)}^{*} + RT\ln a_{(A)_F} \tag{6.21}$$

$$\mu_{(B)_G} = \mu_{B(s)}^{*} + RT\ln a_{(B)_F} \tag{6.22}$$

$$\mu_{(A)_E} = \mu_{A(l)}^{*} + RT\ln a_{(A)_E} \tag{6.23}$$

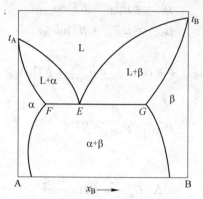

图 6.45   具有最低共熔点并形成有限固溶体的二元相图

$$\mu_{(B)_E} = \mu^*_{A(l)} + RT\ln a_{(B)_E} \tag{6.24}$$

比较式（6.19）~式（6.22）得

$$\mu^*_{A(l)} + RT\ln a_{(A)_E} = \mu^*_{A(s)} + RT\ln a_{(A)_F} \tag{6.25}$$

和

$$\mu^*_{B(l)} + RT\ln a_{(B)_E} = \mu^*_{B(s)} + RT\ln a_{(B)_F} \tag{6.26}$$

整理，得

$$\Delta_{fus}G^*_{m,\,A} = \mu^*_{A(l)} - \mu^*_{A(s)} = RT\ln\frac{a_{(A)_F}}{a_{(A)_E}} \tag{6.27}$$

$$\Delta_{fus}G^*_{m,\,B} = \mu^*_{B(l)} - \mu^*_{B(s)} = RT\ln\frac{a_{(B)_F}}{a_{(B)_E}} \tag{6.28}$$

同理也有

$$\Delta_{fus}G^*_{m,\,A} = RT\ln\frac{a_{(A)_G}}{a_{(A)_E}} \tag{6.29}$$

$$\Delta_{fus}G^*_{m,\,A} = RT\ln\frac{a_{(B)_G}}{a_{(B)_E}} \tag{6.30}$$

6.6.1.7   活度与温度的关系

组元 i 的偏摩尔溶解自由能

$$\Delta G_{m,\,i} = RT\ln a_i \tag{6.31}$$

移项

$$\ln a_i = \frac{\Delta G_{m,\,i}}{RT} \tag{6.32}$$

式（6.32）两边对 T 求偏导，得

$$\left(\frac{\partial \ln a_i}{\partial T}\right)_p = \frac{1}{R}\left[\frac{\partial}{\partial T}\left(\frac{\Delta G_{m,\,i}}{T}\right)\right]_p \tag{6.33}$$

由吉布斯-亥姆霍兹方程得

$$\left[\frac{\partial}{\partial T}\left(\frac{\Delta G_{m,\,i}}{T}\right)\right]_p = -\frac{\Delta H_{m,\,i}}{T^2} \tag{6.34}$$

将式（6.34）代入式（6.33），得

$$\left(\frac{\partial \ln a_i}{\partial T}\right)_p = -\frac{\Delta H_{m,i}}{RT^2} \tag{6.35}$$

做不定积分，得

$$\ln a_i = \frac{\Delta H_{m,i}}{RT} + C \tag{6.36}$$

式中，C 为积分常数；$\Delta H_{m,i}$ 为组元 i 的偏摩尔溶解焓。

应注意，$\Delta H_{m,i}$ 是组成的函数，不同组成 $\Delta H_{m,i}$ 不同，因此在计算时，$\Delta H_{m,i}$ 要与所计算点的组成对应。若 $\Delta H_{m,i}$ 数据缺乏，可以近似假定溶液为 S-正规溶液，即

$$\Delta H_{m,i} = RT \ln \gamma_i \tag{6.37}$$

由某一温度的 γ_i 求出 $\Delta H_{m,i}$，并可求得积分常数 $C = \ln x_i$。x_i 为该温度活度系数为 γ_i 时溶液中组元 i 的摩尔分数。

也可以直接利用 S-正规溶液性质

$$T_1 \ln \gamma_{A(1)} = T \ln \gamma_A$$

得

$$\ln \gamma_A = \frac{T_1}{T} \ln \gamma_{A(1)} \tag{6.38}$$

式中，γ_A 为温度 T 组元 A 的活度系数；T_1、$\gamma_{A(1)}$ 分别为组成 x_A 的液相线的温度及活度系数，有

$$a_A = \gamma_A x_A$$

下面以 Zn-In 简单共晶二元相图为例，计算 Zn 的活度。$a_{Zn(1)} = 1$，应用式（6.5），得

$$\ln a_{Zn(1)} = -\frac{\Delta_{fus} G_{m,Zn}^*}{RT}$$

$$RT \ln a_{Zn(1)} = \Delta_{fus} H_A^\ominus - T \frac{\Delta_{fus} H_{m,Zn}^*}{T_{fus}} + \int_{T_{fus}}^T \Delta_{fus} C_p dT - \int_{T_{fus}}^T \frac{\Delta_{fus} C_p}{T} dT$$

把 Zn 在熔点的熔化焓 $\Delta_{fus} H_{m,Zn}^*$ 及 Zn 的热容数据代入上式得液相线上各点溶液中 Zn 的活度为

$$\lg a_{Zn(1)} = -\frac{107}{T} + 1.178 \lg T - 0.235 \times 10^{-3} T - 3.027$$

再将锌的偏摩尔溶解焓 ΔH_{Zn} 的数据代入式（6.37），计算得到 700K Zn-In 溶液的 a_{Zn}。将计算结果与实验值一同示于图 6.46，可见两者吻合较好。

6.6.1.8 熔点下降法

由于溶质的存在，溶液的熔点比纯溶剂低。从相图上找出某一个组成溶液的熔点（液相线上对应温度）即可求出该溶液中溶剂的活度。

图 6.47 为共晶二元系相图。在温度 T，d 点液相与纯固态 A 平衡共存，A 在两相中的化学势相等，即 $\mu_{(A)} = \mu_{A(s)}$。

两相中组元 A 的活度都以纯液态 A 为标准状态，d 点溶液中析出的固态溶剂的活度与

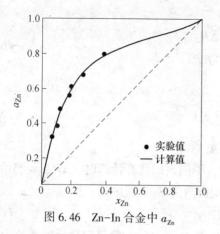

图 6.46   Zn-In 合金中 a_{Zn}

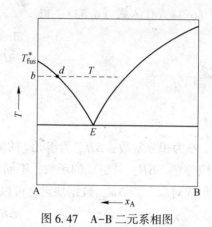

图 6.47   A-B 二元系相图

溶液中溶剂 A 的活度相等, 即

$$a_{(A)} = a_{A(s)} = \frac{p_{(A)}}{p_{A(1)}^*} = \frac{p_{A(s)}}{p_{A(1)}}$$

式中, $p_{(A)}$、$p_{A(s)}$ 和 $p_{A(1)}$ 分别为在温度 T 液相中组元 A、纯固相组元 A 和纯液相组元 A 的蒸气压。

两边取对数, 得

$$\ln a_{A(s)} = \ln p_{A(s)} - \ln p_{A(1)}$$

两边对 T 求偏导, 得

$$\left(\frac{\partial \ln a_{A(s)}}{\partial T}\right)_{p, x_A} = \left(\frac{\partial \ln p_{A(s)}}{\partial T}\right)_{T, t_A} - \left(\frac{\partial \ln p_{A(1)}}{\partial T}\right)_{T, x_A} \tag{6.39}$$

根据克劳修斯-克拉贝龙方程

$$\left(\frac{\partial \ln p_{A(s)}}{\partial T}\right)_{T, x_A} = \frac{\Delta_{sub} H_{m, A}^*}{RT^2} = \frac{H_{m, A(g)} - H_{m, A(s)}}{RT^2}$$

$$\left(\frac{\partial \ln p_{A(1)}}{\partial T}\right)_{T, x_A} = \frac{\Delta_{vap} H_{m, A}^*}{RT^2} = \frac{H_{m, A(g)} - H_{m, A(1)}}{RT^2}$$

式中, $\Delta_{vap} H_{m,A}^*$, $\Delta_{sub} H_{m,A}^*$ 分别为纯组元 A 摩尔气化焓、摩尔升华焓。所以式 (6.39) 变为

$$\left(\frac{\partial \ln a_{A(s)}}{\partial T}\right)_{p, x_A} = \frac{H_{m, A(g)} - H_{m, A(s)}}{RT^2} - \frac{H_{m, A(g)} - H_{m, A(1)}}{RT^2} = \frac{H_{m, A(1)} - H_{m, A(s)}}{RT^2}$$

故

$$\left(\frac{\partial \ln a_{A(s)}}{\partial T}\right)_{p, x_A} = \frac{\Delta_{fus} H_{m, A}^*}{RT^2} \tag{6.40}$$

式中, $\Delta_{fus} H_{m,A}^*$ 为纯溶剂 A 的摩尔熔化焓, $\Delta_{fus} H_{m,A}^* = H_{m,A(1)} - H_{m,A(s)}$。上式两边积分

$$\int_1^{a_{A(s)}} d\ln a_{A(s)} = \int_{T_{fus}}^T \frac{\Delta_{fus} H_{m, A}^*}{RT^2} dT \tag{6.41}$$

当温度变化不太大或 $\Delta C_p \approx 0$, $\Delta_{fus} H_{m,A}^*$ 可视为常数, 则

$$\ln a_{(A)} = \ln a_{A(s)} = \frac{\Delta_{fus} H_{m, A}^* (T - T_{fus})}{RTT_{fus}} \tag{6.42}$$

至此会发现，熔点下降法的计算活度的公式实质上就是熔化自由能法由简单二元共晶相图计算活度的公式（6.7）。但熔化自由能法，液相中 A 的活度以纯液态 A 为标准状态，固相中 A 的活度以纯固态 A 为标准状态，而熔点下降法，溶剂 A 在两相的活度均以纯液态 A 为标准状态。

若析出的不是纯 A，而是固溶体，则对式（6.42）进行修正，得

$$\ln a_{(A)} = \ln a'_{(A)s} = \frac{\Delta_{fus}H^*_{m, A}(T - T_{fus})}{RTT_{fus}} + \ln x_A \tag{6.43}$$

式中，$a'_{(A)s}$ 为以纯液态 A 为标准状态的固溶体中组元 A 的活度；$a_{(A)}$ 为相同标准状态的液相中组元 A 的活度。

对于其他种类的二元相图，也可以用冰点下降法求组元的活度。

6.6.2 由三元相图计算活度

6.6.2.1 由三元共晶相图计算活度

图 6.48 是三元共晶相图。

A 液相面上组元的活度计算

在液相面 Ae_1Ee_3 上有

$$L \Longleftrightarrow A(s)$$

即

$$(A) \Longleftrightarrow A(s)$$

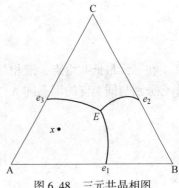

图 6.48 三元共晶相图

液相面上组元 A 与同温度固态纯 A 平衡。所以，液相中 A 的化学势与同温度固态纯 A 的化学势相等，即

$$\mu^*_{A(s)} = \mu_{(A)} \tag{6.44}$$

若 A 的活度取同温度液态纯 A 为标准状态，则

$$\mu_{(A)} = \mu^*_{A(l)} + RT\ln a_{(A)} \tag{6.45}$$

式中，$a_{(A)}$ 为 x 点液相中组元 A 的活度；$\mu^*_{A(l)}$ 为纯液态 A 的化学势。所以

$$\mu^*_{A(l)} - \mu_{(A)} = -RT\ln a_{(A)} \tag{6.46}$$

将式（6.44）代入式（6.46），得

$$\Delta_{fus}G^*_{m, A} = \mu^*_{A(l)} - \mu^*_{A(s)} = -RT\ln a_{(A)} \tag{6.47}$$

式中，$\Delta_{fus}G^*_{m,A}$ 是相应于 x 点温度纯 A 的熔化自由能，可利用式（6.6）计算。

同理，本方法适用于计算液相面 Be_2Ee_1B 上 B 的活度和液相面 Ce_3Ee_2C 上 C 的活度。

B 共熔线上组元活度的计算

在共熔线上，e_1E 上任一点有

$$L \Longleftrightarrow A(s) + B(s) \tag{6.48}$$

即

$$(A) \Longleftrightarrow A(s)$$

$$(B) \Longleftrightarrow B(s)$$

在共熔线上，液相中组元 A 和 B 分别与纯固态 A 和 B 平衡共存，因而在其液相中，A、B 的化学势分别与同温度的固态纯 A、纯 B 的化学势相等，即

$$\mu_{A(s)}^* = \mu_{(A)} = \mu_{A(1)}^* + RT\ln a_{(A)} \tag{6.49}$$

$$\mu_{B(s)}^* = \mu_{(B)} = \mu_{B(1)}^* + RT\ln a_{(B)} \tag{6.50}$$

故有

$$\Delta_{fus}G_{m, A}^* = \mu_{A(1)}^* - \mu_{A(s)}^* = -RT\ln a_{(A)} \tag{6.51}$$

$$\Delta_{fus}G_{m, B}^* = \mu_{B(1)}^* - \mu_{B(s)}^* = -RT\ln a_{(B)} \tag{6.52}$$

同理，该方法适用其他两条共熔线。

C 三元最低共熔点组元活度的计算

在三元最低共熔点 E 上有

$$L \longrightarrow A(s) + B(s) + C(s)$$

即

$$(A) \rightleftharpoons A(s)$$
$$(B) \rightleftharpoons B(s)$$
$$(C) \rightleftharpoons C(s)$$

在三元最低共熔点，液相与固态纯 A、B 和 C 平衡共存，因而液相中的 A、B、C 的化学势分别与同温度的固态纯 A、纯 B 和纯 C 的化学势相等，即

$$\mu_{A(s)}^* = \mu_{(A)} = \mu_{A(1)}^* + RT\ln a_{(A)} \tag{6.53}$$

$$\mu_{B(s)}^* = \mu_{(B)} = \mu_{B(1)}^* + RT\ln a_{(B)} \tag{6.54}$$

$$\mu_{C(s)}^* = \mu_{(C)} = \mu_{C(1)}^* + RT\ln a_{(C)} \tag{6.55}$$

故

$$\Delta_{fus}G_{m, A}^* = \mu_{A(1)}^* - \mu_{A(s)}^* = -RT\ln a_{(A)} \tag{6.56}$$

$$\Delta_{fus}G_{m, B}^* = \mu_{B(1)}^* - \mu_{B(s)}^* = -RT\ln a_{(B)} \tag{6.57}$$

$$\Delta_{fus}G_{m, C}^* = \mu_{C(1)}^* - \mu_{C(s)}^* = -RT\ln a_{(C)} \tag{6.58}$$

D 二元共熔线和二元最低共熔点组元活度的计算

该相图的 6 条二元液相线都是二元相图的液相线，因此具有最低共熔点的二元相图液相线上组元活度的计算方法适用于这 6 条液相线。三个二元最低共熔点 e_1、e_2 和 e_3 分别是三个二元相图的最低共熔点，可用计算二元相图最低共熔点的活度的方法计算。

6.6.2.2 由具有二元同分熔点化合物的三元相图计算活度

图 6.49 是具有二元同分熔点化合物的三元相图。除化合物 $D(A_mB_n)$ 外，其他组元 A、B、C 的活度计算同于三元共晶相图。因此下面仅讨论化合物 A_mB_n 的活度计算方法。

A 液相面 $De_2E_2E_1e_1D$ 上组元活度的计算

在析出化合物 $D(A_mB_n)$ 的液相面 $De_2E_2E_1e_1D$ 上

$$L \longrightarrow D(s)$$

即

$$(D) \rightleftharpoons D(s)$$

因而

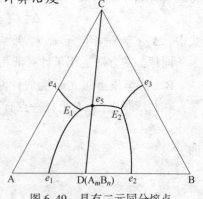

图 6.49 具有二元同分熔点
化合物的相图

$$\mu_{D(s)}^* = \mu_{(D)} = \mu_{D(l)}^* + RT\ln a_{(D)}$$

所以

$$\Delta_{fus}G_{m,\ D}^* = \mu_{D(l)}^* - \mu_{D(s)}^* = - RT\ln a_{(D)} \tag{6.59}$$

液相面上，有

$$m(A) + n(B) \longrightarrow A_m B_n(s) \tag{6.60}$$

$$\Delta_f G_{m,\ D}^* = - RT\ln K$$

$$K = \frac{a_{D(s)}}{(a_{(A)})^m (a_{(B)})^n}$$

所以

$$\gamma_{(A)}^m \gamma_{(B)}^n = \frac{a_{D(s)}}{K x_{(A)}^m x_{(B)}^n}$$

式中，K、$a_{D(s)}$、$x_{(A)}^m$、$x_{(B)}^n$ 可知，所以只需得到组元 A、B 中任一个活度或活度系数就可以计算出另一个活度或活度系数。

B 共熔线上组元活度的计算

在共熔线 $e_1 E_1$ 上任一点有

$$L \longrightarrow A(s) + A_m B_n(s)$$

即

$$(A) \Longrightarrow A(s)$$

$$(A_m B_n) \Longrightarrow A_m B_n(s)$$

因而

$$\mu_{A(s)}^* = \mu_A = \mu_{A(l)}^* + RT\ln a_{(A)}$$

$$\mu_{D(s)}^* = \mu_D = \mu_{D(l)}^* + RT\ln a_{(D)}$$

而有

$$\Delta_{fus}G_{m,\ A}^* = \mu_{A(l)}^* - \mu_{A(s)}^* = - RT\ln a_{(A)} \tag{6.61}$$

$$\Delta_{fus}G_{m,\ D}^* = \mu_{D(l)}^* - \mu_{D(s)}^* = - RT\ln a_{(D)} \tag{6.62}$$

在共熔线 $e_1 E_1$ 上有

$$m(A) + n(B) \longrightarrow A_m B_n(s)$$

$$\Delta_f G_{m,\ D}^\ominus = - RT\ln K$$

$$K = \frac{a_{D(s)}}{(a_{(A)})^m (a_{(B)})^n}$$

所以

$$(a_{(B)})^n = \frac{a_{D(s)}}{(a_{(A)})^m K} \tag{6.63}$$

式（6.61）和式（6.62）中 $a_{(D)}$、$a_{(A)}$ 和 K 已知，因此可以由式（6.63）求得 $a_{(B)}$。

同理可求得共熔线 $e_2 E_2$ 上的 $a_{(A)}$、$a_{(B)}$ 和 $a_{(D)}$，共熔线 $E_1 E_2$ 上的 $a_{(C)}$ 和 $a_{(D)}$。

C 三元低共熔点组元活度的计算

在三元低共熔点 E_1 上有

$$L \Longrightarrow A(s) + C(s) + A_m B_n(s)$$

$$(A) \Longrightarrow A(s)$$

$$(C) \Longrightarrow C(s)$$

$$(A_m B_n) \Longrightarrow A_m B_n(s)$$

因而

$$\Delta_{fus} G^*_{m,\,A} = \mu^*_{A(l)} - \mu^*_{A(s)} = -RT \ln a_{(A)} \tag{6.64}$$

$$\Delta_{fus} G^*_{m,\,C} = \mu^*_{C(l)} - \mu^*_{C(s)} = -RT \ln a_{(C)} \tag{6.65}$$

$$\Delta_{fus} G^*_{m,\,D} = \mu^*_{D(l)} - \mu^*_{D(s)} = -RT \ln a_{(D)} \tag{6.66}$$

在三元低共熔点，有

$$mA + nB \Longrightarrow (A_m B_n)$$

所以

$$(a_{(B)})^n = \frac{a_{D(s)}}{(a_{(A)})^m K} = \frac{1}{a_{(A)}{}^m K} \tag{6.67}$$

式中，$a_{(A)}$ 和 K 已求得，故可以由式（6.67）求得 $a_{(B)}$。

同理可求得三元低共熔点 E_2 的 $a_{(B)}$、$a_{(C)}$、$a_{(D)}$ 和 $a_{(A)}$。

D　液相线上组元活度的计算

此类相图共有 10 条液相线，其中 6 条是二元系的，4 条是三元系的。这里仅需讨论三元系的液相线 De_5 和 Ce_5。

在液相线 De_5 上，固相化合物 $A_m B_n$ 和液相平衡

$$L \longrightarrow A_m B_n(s)$$

即

$$(A_m B_n) \Longrightarrow A_m B_n(s)$$

因而

$$\Delta_{fus} G^*_{m,\,D} = \mu^*_{D(l)} - \mu^*_{D(s)} = -RT \ln a_{(D)}$$

在液相线 De_5 上，固相 C 和液相平衡

$$L \Longrightarrow C(s)$$

即

$$(C) \Longrightarrow C(s)$$

因而

$$\mu^*_{C(s)} = \mu^*_{C(s)} = \mu^*_{C(l)} + RT \ln a_{(C)}$$

故

$$\Delta_{fus} G^*_{m,\,C} = \mu^*_{C(l)} - \mu^*_{C(s)} = -RT \ln a_{(C)}$$

其他液相线上组元活度的计算同于具有最低共熔点的二元相图的液相线上组元活度的计算。

6.6.2.3　由具有二元异分熔点化合物的三元相图计算活度

图 6.50 是具有二元异分熔点化合物的三元相图。除包晶线和三元包晶点 D 外，其他区域组元活度计算同于具有同分熔点的三元相图的活度计算。

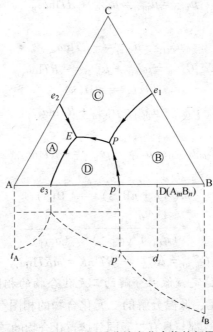

图 6.50 具有二元异分熔点化合物的相图

A 包晶线上组元活度的计算

在包晶线 pP 上,有包晶反应

$$L + B(s) \longrightarrow D(s)$$

实际化学反应为

$$(A) + B(s) \Longrightarrow D(s)$$

$$K = \frac{a_{D(s)}}{(a_{(A)})^m (a_{B(s)})^n} = \frac{1}{(a_{(A)})^m}$$

$$\Delta_f G_{m,D}^\ominus = \Delta G_m^\ominus = -RT\ln K$$

所以

$$\Delta_f G_{m,D}^\ominus = mRT\ln a_{(A)}$$

B 三元包晶点上组元活度的计算

在三元包晶点 P,包晶反应为

$$L_P + B(s) \longrightarrow D(s) + C(s)$$

在液相 L_P 中,有

$$(C) \Longrightarrow C(s)$$

$$\mu_{C(s)}^* = \mu_{(C)} = \mu_{C(l)}^* + RT\ln a_{(C)}$$

因而

$$\mu_{C(l)}^* - \mu_{C(s)}^* = -RT\ln a_{(C)}$$

$$\Delta_{fus} G_{m,C}^* = -RT\ln a_{(C)}$$

还有

$$(B) \Longrightarrow B(s)$$

$$\mu_{B(s)}^{*} = \mu_{B(s)} = \mu_{B(1)}^{*} + RT\ln a_{(B)}$$

故

$$\mu_{C(1)}^{*} - \mu_{C(s)}^{*} = -RT\ln a_{(C)}$$

$$\Delta_{\text{fus}}G_{m,B}^{*} = \mu_{B(1)}^{*} - \mu_{B(s)}^{*} = -RT\ln a_{(B)}$$

$$(D) \Longleftrightarrow D(s)$$

$$\mu_{D(s)}^{*} = \mu_{D(s)} = \mu_{D(1)}^{*} + RT\ln a_{(D)}$$

故

$$\Delta_{\text{fus}}G_{m,D}^{*} = \mu_{D(1)}^{*} - \mu_{D(s)}^{*} = -RT\ln a_{(D)}$$

P 点实际化学反应为

$$m(A) + nB(s) \Longleftrightarrow D(s)$$

$$K = \frac{a_{D(s)}}{(a_{(A)})^{m}(a_{B(s)})^{n}} = \frac{1}{(a_{(A)})^{m}}$$

$$\Delta_{f}G_{m,D}^{*} = \Delta G_{m}^{\ominus} = -RT\ln K = mRT\ln a_{(A)}$$

6.6.2.4　由具有高温稳定、低温分解的二元化合物的相图计算活度

图 6.51 是具有高温稳定、低温分解的二元化合物的相图。除 e_1P 线的 kP 段和 P 点外，其他区域组元活度的计算都与具有二元同分熔点化合物的三元相图的活度计算相同。

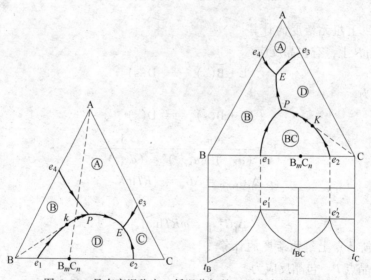

图 6.51　具有高温稳定、低温分解的二元化合物的相图

A　kP 线上组元活度的计算

在 kP 线有转熔反应

$$L_{p} + D(s) \longrightarrow B(s)$$

实际化学反应为

$$B_mC_n(s) \Longleftrightarrow mB(s) + n(C)$$

$$K = \frac{(a_{B(s)})^{m}(a_{(C)})^{n}}{a_{D(s)}} = (a_{(C)})^{n}$$

$$-\Delta_{\mathrm{f}}G_{\mathrm{m,D}}^{\ominus} = \Delta G_{\mathrm{m}}^{\ominus} = -RT\ln K = -nRT\ln a_{(\mathrm{C})}$$

即

$$\Delta_{\mathrm{f}}G_{\mathrm{m,D}}^{\ominus} = nRT\ln a_{(\mathrm{C})}$$

式中，$\Delta_{\mathrm{f}}G_{\mathrm{m,D}}^{\ominus}$ 为化合物 $\mathrm{A}_m\mathrm{B}_n$ 的标准生成自由能。下标 f 表示生成，以下同。

B　P 点活度的计算

在 P 点有转熔反应

$$\mathrm{L}_P + \mathrm{B(s)} \longrightarrow \mathrm{B}_m\mathrm{C}_n(\mathrm{s}) + \mathrm{A(s)}$$

有

$$(\mathrm{A}) \Longleftrightarrow \mathrm{A(s)}$$
$$(\mathrm{B}) \Longleftrightarrow \mathrm{B(s)}$$

所以

$$\Delta_{\mathrm{fus}}G_{\mathrm{m,A}}^{*} = -RT\ln a_{(\mathrm{A})}$$
$$\Delta_{\mathrm{fus}}G_{\mathrm{m,B}}^{*} = -RT\ln a_{(\mathrm{B})}$$

实际化学反应为

$$m\mathrm{B(s)} + n(\mathrm{C}) \Longleftrightarrow \mathrm{D(s)}$$

$$K = \frac{a_{\mathrm{D(s)}}}{(a_{\mathrm{B(s)}})^m (a_{(\mathrm{C})})^n} = \frac{1}{(a_{(\mathrm{C})})^n}$$

$$\Delta_{\mathrm{f}}G_{\mathrm{m,D}}^{\ominus} = \Delta G_{\mathrm{m}}^{\ominus} = -RT\ln K = nRT\ln a_{(\mathrm{C})}$$

6.6.2.5　由具有同分熔点的三元化合物体系相图计算活度

图 6.52 是具有同分熔点三元化合物的相图。该相图可以划分为三个分三元相图，组元 A、B、C 活度的计算同于简单三元共晶相图的计算。下面讨论与三元化合物 D 有关的区域组元活度的计算。

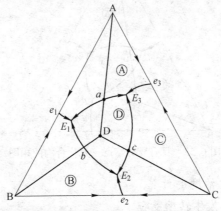

图 6.52　具有同分熔点三元化合物的相图

A　初晶区 D 的液相面上组元活度的计算

无论在哪个分三角形中，在初晶区 D 的液相面上，有

$$\mathrm{L} \longrightarrow \mathrm{D(s)}$$

即

$$(\mathrm{D}) \Longleftrightarrow \mathrm{D(s)}$$

因而

$$\mu_{D(s)}^* = \mu_{(D)} = \mu_{D(l)}^* + RT\ln a_{(D)}$$

$$\Delta_{fus}G_{m,D}^* = \mu_{D(l)}^* - \mu_{D(s)}^* = -RT\ln a_{(D)}$$

B   共熔线上组元活度的计算

在共熔线 E_1a 上，有

$$L \longrightarrow A(s) + D(s)$$
$$(A) \Longrightarrow A(s)$$
$$(D) \Longrightarrow D(s)$$

因而

$$\Delta_{fus}G_{m,A}^* = \mu_{A(l)}^* - \mu_{A(s)}^* = -RT\ln a_{(A)}$$

$$\Delta_{fus}G_{m,D}^* = \mu_{D(l)}^* - \mu_{D(s)}^* = -RT\ln a_{(D)}$$

在共熔线上有化学反应

$$m(A) + n(B) + p(C) \Longrightarrow D(s)$$

$$K = \frac{a_{D(s)}}{(a_{(A)})^m(a_{(B)})^n(a_{(C)})^p}$$

式中，K、$a_{D(s)}$、$a_{(A)}$ 可知，若得到组元 B 和 C 中任一个活度，即可求出另一个活度。

6.6.2.6   由具有异分熔点的三元化合物体系相图计算活度

图 6.53 是具有异分熔点三元化合物的相图。除转熔线 E_1p 和转熔点 p 外，其他区域组元活度的计算与具有同分熔点三元化合物相图的计算方法相同。

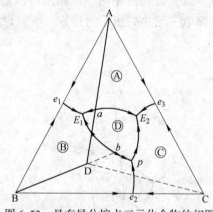

图 6.53   具有异分熔点三元化合物的相图

A   转熔线 E_1p 上组元活度的计算

液相线 E_1p 为转熔线，发生转熔反应

$$L + B(s) \longrightarrow D(s)$$

即

$$m(A) + nB(s) + p(C) \Longrightarrow A_mB_nC_p(s)$$

$$K = \frac{a_{D(s)}}{(a_{(A)})^m(a_{(B)})^n(a_{(C)})^p} = \frac{1}{(a_{(A)})^m(a_{(C)})^p}$$

有

$$(B) \rightleftharpoons B(s)$$

$$(D) \rightleftharpoons D(s)$$

$$\Delta_{fus} G_{m,B}^{*} = -RT \ln a_{(B)}$$

$$\Delta_{fus} G_{m,D}^{*} = -RT \ln a_{(D)}$$

B　三相点 p 组元活度的计算

在 p 点发生包晶反应

$$L_{p} + B(s) \longrightarrow D(s) + C(s)$$

实际化学反应为

$$m(A) + nB(s) + p(C) \rightleftharpoons A_{m} B_{n} C_{p}(s)$$

$$K = \frac{a_{D(s)}}{(a_{(A)})^{m} (a_{B(s)})^{n} (a_{(C)})^{p}} = \frac{1}{(a_{(A)})^{m} (a_{(C)})^{p}}$$

还有

$$(C) \rightleftharpoons C(s)$$

$$\Delta_{fus} G_{m,C}^{*} = -RT \ln a_{(C)}$$

6.6.2.7　由具有包晶和固溶体的相图计算活度

图 6.54 是具有包晶和固溶体的三元相图。除共熔线 $e_{1}p$、$e_{2}p$、包晶线 lp、包晶点 p 和液相面以外，其他区域组元活度的计算与具有二元异分熔点化合物相图的计算相同。

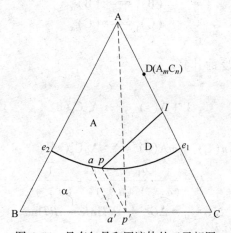

图 6.54　具有包晶和固溶体的三元相图

A　共熔线上组元活度的计算

在共熔线 $e_{1}p$ 上，有

$$L \longrightarrow D(s) + \alpha(s)$$

即

$$(B) \rightleftharpoons (B)_{\alpha}$$

$$(C) \rightleftharpoons (C)_{\alpha}$$

$$m(A) + n(C) \rightleftharpoons A_{m} C_{n}$$

式中，$(B)_{\alpha}$ 和 $(C)_{\alpha}$ 分别表示固溶体中的组元 B 和 C。

$$\mu_{(B)1} = \mu_{B(1)}^{*} + RT \ln a_{(B)1}$$

$$\mu_{(B)_\alpha} = \mu^*_{B(s)} + RT\ln a_{(B)_\alpha}$$

$$\Delta_{fus} G^*_{m,\,B} = \mu^*_{B(l)} - \mu^*_{B(s)} = RT\ln \frac{a_{(B)_\alpha}}{a_{(B)l}} \tag{6.68}$$

同理

$$\Delta_{fus} G^*_{m,\,C} = RT\ln \frac{a_{(C)_\alpha}}{a_{(C)l}} \tag{6.69}$$

将固溶体看做理想溶液，则

$$a_{(A)_\alpha} = x_{(A)_\alpha}$$

$$a_{(C)_\alpha} = x_{(C)_\alpha}$$

从式（6.68）和式（6.69）可以得到 $a_{(A)l}$ 和 $a_{(C)l}$，且有

$$K = \frac{a_{D(s)}}{(a_{(A)})^m (a_{(C)})^n} = \frac{1}{(a_{(A)})^m (a_{(C)})^n}$$

测得组元 A、C 中任一个活度，即可求出另一个组元的活度。

在共熔线 $e_2 p$ 上，有

$$L \longrightarrow A(s) + \alpha(s)$$

即

$$(A) \rightleftharpoons A(s)$$
$$(B)_l \rightleftharpoons (B)_\alpha$$
$$(C)_l \rightleftharpoons (C)_\alpha$$

计算活度的方法同 $e_1 p$ 线。

　　B　包晶线上组元活度的计算

　　在包晶线 Ip 上，有

$$L + A(s) \longrightarrow A_m C_n(s)$$

实际化学反应为

$$n(C) + mA(s) \rightleftharpoons A_m C_n(s)$$

$$K = \frac{a_{D(s)}}{(a_{A(s)})^m (a_{(C)})^n} = \frac{1}{(a_{(C)})^n}$$

$$\Delta_f G^\ominus_{m,\,D} = \Delta G^\ominus_m = -RT\ln K = nRT\ln a_{(C)}$$

　　C　p 点组元的活度计算

　　在四相点 p 发生三元转熔反应

$$L_p + D(s) \longrightarrow A(s) + \alpha_p$$

实际化学反应为

$$n(C)_{p'} + mA(s) \rightleftharpoons A_m C_n(s)$$

$$K = \frac{a_{D(s)}}{(a_{A(s)})^m (a_{(C)})^n} = \frac{1}{(a_{(C)})^n}$$

$$\Delta_f G^\ominus_{m,\,D} = \Delta G^\ominus_m = -RT\ln K = nRT\ln a_{(C)}$$

6.6.2.8　由具有液相分层区的相图计算活度

　　图 6.55 是具有液相分层区的三元相图。除液相分层区外，其他区域组元活度的计算同于三元共晶相图的计算。

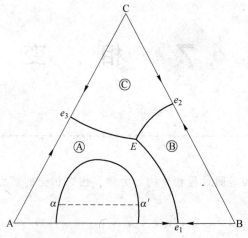

图 6.55　具有液相分层区的三元相图

在液相分层界线上，有

$$(A)_\alpha \Longrightarrow (A)_{\alpha'}$$
$$(B)_\alpha \Longrightarrow (B)_{\alpha'}$$
$$(C)_\alpha \Longrightarrow (C)_{\alpha'}$$

所以

$$\mu_{(A)_\alpha} = \mu_{(A)_{\alpha'}}$$
$$\mu_{(B)_\alpha} = \mu_{(B)_{\alpha'}}$$
$$\mu_{(C)_\alpha} = \mu_{(C)_{\alpha'}}$$

因而

$$\mu_{(A)_\alpha} = \mu_{A(l)}^* + RT\ln a_{(A)_\alpha}$$
$$\mu_{(A)_\beta} = \mu_{A(l)}^* + RT\ln a_{(A)_\beta}$$
$$\mu_{(B)_\alpha} = \mu_{B(l)}^* + RT\ln a_{(B)_\alpha}$$
$$\mu_{(B)_{\alpha'}} = \mu_{B(l)}^* + RT\ln a_{(A)\alpha'}$$
$$\mu_{(C)_\alpha} = \mu_{C(l)}^* + RT\ln a_{(C)_\alpha}$$
$$\mu_{(C)_{\alpha'}} = \mu_{C(l)}^* + RT\ln a_{(C)\alpha'}$$

习题与思考题

6.1　说明相图上的点、线、面的意义。

6.2　二元相图有哪些类型，各有什么特点？

6.3　三元相图有哪些类型，各有什么特点？

6.4　说明具有异分熔点化合物的二元相图降温析晶过程。

6.5　说明具有固溶体和最低共熔点的二元相图降温过程的变化。

6.6　说明具有共析反应的二元相图的降温冷却过程的变化。

6.7　说明具有最低共熔点的三元相图的降温冷却过程的变化。

6.8　说明具有液相分层的三元相图的降温冷却过程的变化。

6.9　分析一个实际的二元相图和三元相图，说明降温冷却过程的变化。

7 相 变

【本章学习要点】

相变的类型，熔化和凝固过程相变的热力学，固态相变的热力学，几个典型的固态相变的热力学。

相是物质体系中具有相同的化学组成、相同的聚集状态，并以界面彼此分开、物理化学性质均匀的部分。所谓均匀是指组成、结构和性能相同。在微观上，同一相内允许存在某种差异，但是，这种差异必须连续变化，不能有突变。

外界条件发生变化，体系中相的性质和数目发生变化，这种变化称为相变。相变前相的状态称为旧相或母相，相变后相的状态称为新相。

相变总是朝能量降低的方向进行。体系中存在的高能量状态是诱发相变的内因。一切因发生相变而引起体系的能量增加，都是新相形成的阻力。

相变发生的热力学条件，即必要条件是

$$(dG)_{T,\,p} \leqslant 0$$
$$(dF)_{T,\,V} \leqslant 0$$
$$(dU)_{S,\,V} \leqslant 0$$
$$(dH)_{S,\,p} \leqslant 0$$

相变发生的内因是：能量起伏、成分起伏和结构起伏。这是相变发生的充分条件。

7.1 熔 化

7.1.1 纯物质的熔化

7.1.1.1 纯物质熔化过程的热力学

物质由固态变成液态的过程称为熔化。在恒温恒压条件下，纯物质由固态变成液态的温度称为熔点。在熔点温度，纯固态物质由固态变成液态的过程是在平衡状态下进行的，可以表示为

$$A(s) \Longleftrightarrow A(l)$$

该过程的摩尔吉布斯自由能变化为

$$\Delta G_{m,\,A}(T_m) = G_{m,\,A(l)}(T_m) - G_{m,\,A(s)}(T_m)$$
$$= \left[H_{m,\,A(l)}(T_m) - T_m H_{m,\,A(l)}(T_m) \right] - \left[H_{m,\,A(s)}(T_m) - T_m S_{m,\,A(s)}(T_m) \right]$$

$$= \Delta_{fus}H_{m, A}(T_m) - T_m\Delta_{fus}S_{m, B}(T_m) = \Delta_{fus}H_{m, A}(T_m) - T_m\frac{\Delta_{fus}H_{m, A}(T_m)}{T_m} = 0 \quad (7.1)$$

式中，$\Delta_{fus}H_{m,A}(T_m)$ 为熔化焓、为正值。$\Delta_{fus}S_{m,A}(T_m)$ 为熔化熵。在纯物质的熔点，纯物质熔化过程的摩尔吉布斯自由能变化为零。

将温度提高到熔点以上，熔化就在非平衡条件下进行，可以表示为

$$A(s) \Longrightarrow A(l)$$

在温度 T，熔化过程的摩尔吉布斯自由能变化为

$$\Delta G_{m, A}(T) = G_{m, A(l)}(T) - G_{m, A(s)}(T)$$

$$= [H_{m, A(l)}(T) - T_mH_{m, A(l)}(T)] - [H_{m, A(s)}(T) - T_mS_{m, A(s)}(T)] \quad (7.2)$$

$$= \Delta H_{m, A}(T) - T\Delta S_{m, A}(T) = \frac{\Delta H_{m, A}(T_m)\Delta T}{T_m} < 0$$

式中，$T > T_m$；$\Delta T = T_m - T < 0$；$\Delta H_{m, A}(T) \approx \Delta H_{m, A}(T_m) > 0$；$\Delta S_{m, A}(T) \approx \Delta S_{m, A}(T_m) = \frac{\Delta H_{m, A}(T_m)}{T_m}$。

如果温度 T 和 T_m 相差大，则

$$\Delta H_{m, A}(T) = \Delta H_{m, A}(T_m) + \int_{T_m}^{T} \Delta c_{p, A}dT$$

$$\Delta S_{m, A}(T) = \Delta S_{m, A}(T_m) + \int_{T_m}^{T} \frac{\Delta c_{p, A}}{T}dT$$

7.1.1.2 纯物质液固两相的吉布斯自由能与温度和压力的关系

A 纯物质液固两相的吉布斯自由能与温度的关系

由

$$dG = Vdp - SdT \quad (7.3)$$

在恒压条件下，有

$$dG = -SdT \quad (7.4)$$

得

$$\frac{dG}{dT} = -S \quad (7.5)$$

S 恒为正值，吉布斯自由能对温度的导数为负数，即吉布斯自由能随温度的升高而减小。液态原子、分子等的排列秩序比固态差，因此，物质液态的熵比固态大，即物质液态的吉布斯自由能与温度关系的曲线斜率比同物质固态的吉布斯自由能与温度关系的曲线斜率绝对值大。两条曲线斜率不同，必然相交于某一点，该点对应的固液两相吉布斯自由能相等，液固两相平衡共存。在 1 个大气压条件下，该点所对应的温度 T_m 为该固体的熔点，见图 7.1。

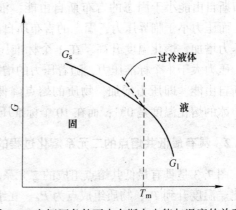

图 7.1 在恒压条件下吉布斯自由能与温度的关系

B　纯物质液固两相的吉布斯自由能与压力的关系

在恒温条件下，有

$$dG = Vdp \tag{7.6}$$

得

$$\frac{dG}{dp} = V \tag{7.7}$$

体积恒为正值，吉布斯自由能对压力的导数为正数，即在恒温条件下，吉布斯自由能随压力增加而增大。大多数情况下，同一物质的液体体积比固态体积大一些，即物质液态的吉布斯自由能与压力关系的曲线斜率比同物质固态的吉布斯自由能与压力关系的曲线斜率大。两条曲线斜率不同，会相交于一点 $p_{临}$。$p_{临}$ 是在恒定温度条件下的固液转化压力，称为临界压力。同一物质，在压力大于临界压力时，液态的吉布斯自由能大于固态的吉布斯自由能，固态比液态稳定，随着压力的增加，熔化温度升高；而在压力低于临界压力时，同一物质的固态吉布斯自由能比液态吉布斯自由能大，随着压力减小，熔点降低，见图7.2。

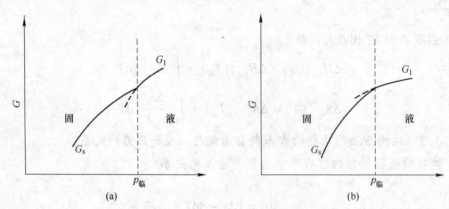

图7.2　在恒温条件下吉布斯自由能与压力的关系
(a) 熔化后体积增加；(b) 熔化后体积减少

对于液态体积比固态体积小的物质，其液态的吉布斯自由能与压力关系的曲线斜率比固态的吉布斯自由能与压力关系的曲线斜率小。两条曲线也会相交于一点 $p_{临}$。$p_{临}$ 是在恒定温度条件下的固液转化压力，即临界压力。同一物质，在压力大于临界压力时，液态的吉布斯自由能小于固态的吉布斯自由能，液态比固态稳定，随着压力增加，熔化温度降低；而压力小于临界压力，固态的吉布斯自由能小于液态的吉布斯自由能，固态稳定，随着压力增加，熔化温度升高。在1个标准压力下，液固两相平衡的温度即为该物质的熔点，压力大于1个标准压力，随着压力的增加，物质液态的吉布斯自由能小于其固态的吉布斯自由能，即压力增加，物质的熔点降低。例如，水结冰体积增大。在1个标准大气压，冰的熔化温度是0℃；而在10个标准压力，冰的熔化温度是-0.01℃。

7.1.2　具有最低共熔点的二元系熔化过程的热力学

图7.3是具有最低共熔点组成的二元系相图。在恒压条件下，组成点为 P 的物质升温熔化。温度升到 T_E，物质组成点为 P_E。在组成为 P_E 的物质中，有共熔点组成的 E 和过量的组元 B。

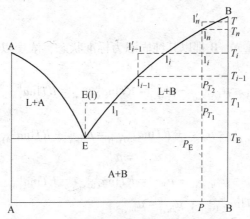

图 7.3 具有低共熔点组成的二元系相图

在温度 T_E，组成为 E 的均匀固相的熔化过程可以表示为

$$E(s) \Longleftrightarrow E(l)$$

即

$$x_A A(s) + x_B B(s) \Longleftrightarrow x_A (A)_{E(l)} + x_B (B)_{E(l)}$$

或

$$A(s) \Longleftrightarrow (A)_{E(l)}$$
$$B(s) \Longleftrightarrow (B)_{E(l)}$$

式中，x_A、x_B 为组成为 E 的组元 A、B 的摩尔分数。

熔化过程的摩尔吉布斯自由能变化为

$$\begin{aligned}
\Delta G_{m, E}(T_E) &= G_{m, E(l)}(T_E) - G_{m, E(s)}(T_E) \\
&= (H_{m, E(l)}(T_E) - T_E H_{m, E(l)}(T_E)) - (H_{m, E(s)}(T_E) - T_m S_{m, E(s)}(T_E)) \\
&= \Delta_{fus} H_{m, E}(T_E) - T_m \Delta_{fus} S_{m, E}(T_E) \\
&= \Delta_{fus} H_{m, E}(T_E) - T_E \frac{\Delta_{fus} H_{m, E}(T_E)}{T_E} = 0
\end{aligned} \tag{7.8}$$

式中，$\Delta_{fus} H_{m,E}$、$\Delta_{fus} S_{m,E}$ 分别是组成为 E 的物质的熔化焓、熔化熵。并有 $M_E = x_A M_A + x_B M_B$，M_E、M_A、M_B 分别为 E、A、B 的摩尔量。

也可以如下计算：

$$\begin{aligned}
\Delta G_{m, A}(T_E) &= G_{m, A_{E(l)}}(T_E) - G_{m, A(s)}(T_E) = \Delta_{sol} H_{m, A}(T_E) - T_E \Delta_{sol} S_{m, A}(T_E) \\
&= \Delta_{sol} H_{m, A}(T_E) - T_E \frac{\Delta_{sol} H_{m, A}(T_E)}{T_E} = 0
\end{aligned} \tag{7.9}$$

$$\begin{aligned}
\Delta G_{m, B}(T_E) &= G_{m, B_{E(l)}}(T_E) - G_{m, B(s)}(T_E) = \Delta_{sol} H_{m, B}(T_E) - T_E \Delta_{sol} S_{m, B}(T_E) \\
&= \Delta_{sol} H_{m, B}(T_E) - T_E \frac{\Delta_{sol} H_{m, B}(T_E)}{T_E} = 0
\end{aligned} \tag{7.10}$$

$$\begin{aligned}
\Delta G_{m, E}(T_E) &= x_A \Delta G_{m, A}(T_E) - x_B \Delta G_{m, B}(T_E) \\
&= \frac{(x_A \Delta_{sol} H_{m, A}(T_E) + x_B \Delta_{sol} H_{m, B}(T_E)) \Delta T}{T_E} = 0
\end{aligned} \tag{7.11}$$

式中，$\Delta T = T_E - T_E = 0$。

或如下计算：

固相和液相中的组元 A、B 都以其纯固态为标准状态，浓度以摩尔分数表示，该过程的摩尔吉布斯自由能变化为

$$\Delta G_{m,A} = \mu_{(A)E(1)} - \mu_{A_{(s)}} = RT\ln a_{(A)E(1)}^R = RT\ln a_{(A)_{饱}}^R = 0 \tag{7.12}$$

式中

$$\mu_{(A)E(1)} = \mu_{A_{(s)}}^* + RT\ln a_{(A)E(1)}^R = \mu_{A_{(s)}}^* + RT\ln a_{(A)_{饱}}^R$$

$$\mu_{A_{(s)}} = \mu_{A_{(s)}}^*$$

$$\Delta G_{m,B} = \mu_{(B)E(1)} - \mu_{B_{(s)}} = RT\ln a_{(B)E(1)}^R = RT\ln a_{(B)_{饱}}^R = 0 \tag{7.13}$$

式中，$\mu_{(B)E(1)} = \mu_{B_{(s)}}^* + RT\ln a_{(B)E(1)}^R$；$\mu_{B_{(s)}} = \mu_{B_{(s)}}^*$。

$$\Delta G_{m,E} = x_A\Delta G_{m,A} - x_B\Delta G_{m,B} = RT(x_A\ln a_{(A)E(1)}^R + x_B\ln a_{(B)E(1)}^R) = 0 \tag{7.14}$$

在温度 T_E，组成为 E(s) 的固相和 E(1) 平衡，熔化在平衡状态下进行，吉布斯自由能变化为零。

升高温度到 T_1。液相组成未变，由于温度升高，E(1) 成为 E(l')。固相 E(s) 溶化为液相 E(l')，在非平衡条件下进行，有

$$E(s) = E(l')$$

即

$$x_A A(s) + x_B B(s) = x_A (A)_{E(l')} + x_B (B)_{E(l')}$$

或

$$A(s) = A_{E(l')}$$
$$B(s) = B_{E(l')}$$

该过程的摩尔吉布斯自由能变化为

$$\Delta G_{m,E}(T_1) = G_{m,E(l')}(T_1) - G_{m,E(s)}(T_1) = \Delta_{fus}H_{m,E}(T_1) - T_1\Delta_{fus}S_{m,E}(T_1)$$

$$\approx \Delta_{fus}H_{m,E}(T_E) - T_1\Delta_{fus}S_{m,E}(T_E) = \Delta_{fus}H_{m,E}(T_E) - T_1\frac{\Delta_{fus}H_{m,E}(T_E)}{T_E}$$

$$= \frac{\Delta_{fus}H_{m,E}(T_E)\Delta T}{T_E} \tag{7.15}$$

式中，$\Delta_{fus}H_{m,E}(T_E)$ 为 E 在温度 T_E 的熔化焓，$\Delta_{fus}S_{m,E}(T_1)$ 为 E 在温度 T_E 的熔化熵。

或如下计算

$$\Delta G_{m,A}(T_1) = \overline{G}_{m,A_{E(l')}}(T_1) - G_{m,A(s)}(T_1) = \Delta_{sol}H_{m,A}(T_1) - T_1\Delta_{sol}S_{m,A}(T_1)$$

$$\approx \Delta_{sol}H_{m,A}(T_E) - T_1\Delta_{sol}S_{m,A}(T_E) = \Delta_{sol}H_{m,A}(T_E) - T_1\frac{\Delta_{fus}H_{m,A}(T_E)}{T}$$

$$= \frac{\Delta_{sol}H_{m,A}(T_E)\Delta T}{T_E} \tag{7.16}$$

$$\Delta G_{m,B}(T_1) = \overline{G}_{m,B_{E(l')}}(T_1) - G_{m,B(s)}(T_1) = \Delta_{sol}H_{m,B}(T_1) - T_1\Delta_{sol}S_{m,B}(T_1)$$

$$\approx \Delta_{sol}H_{m,B}(T_E) - T_1\Delta_{sol}\Delta S_{m,B}(T_E) = \frac{\Delta_{sol}H_{m,E}(T_E)\Delta T}{T_E} \tag{7.17}$$

式中，$\Delta_{sol}H_{m,A}(T_E)$、$\Delta_{sol}H_{m,B}(T_E)$ 分别为组元 A、B 在温度 T_E 的溶解焓；$\Delta_{sol}S_{m,A}(T_E)$、$\Delta_{sol}\Delta S_{m,B}(T_E)$ 分别为组元 A、B 在温度 T_E 的溶解熵。它们是组元 A、B 饱和（平衡）状态的溶解焓和溶解熵。

总摩尔吉布斯自由能变化为

$$\Delta G_{m,E}(T_1) = x_A\Delta G_{m,A}(T_1) - x_B\Delta G_{m,B}(T_1)$$
$$= \frac{(x_A\Delta_{sol}H_{m,A}(T_E) + x_B\Delta_{sol}H_{m,B}(T_E))\Delta T}{T_E} \tag{7.18}$$

式中

$$\Delta T = T_E - T_1 < 0$$

或如下计算：

固相和液相中的组元 A、B 都以其纯固态为标准状态，浓度以摩尔分数表示，该过程的摩尔吉布斯自由能变化为

$$\Delta G_{m,A} = \mu_{(A)E(l')} - \mu_{A(s)} = RT\ln a^R_{(A)E(l')} \tag{7.19}$$

式中，$\mu_{(A)E(l')} = \mu^*_{A(s)} + RT\ln a^R_{(A)E(l')}$；$\mu_{A(s)} = \mu^*_{A(s)}$。

$$\Delta G_{m,B} = \mu_{(B)E(l')} - \mu_{B(s)} = RT\ln a^R_{(B)E(l')} \tag{7.20}$$

式中，$\mu_{(B)E(l')} = \mu^*_{B(s)} + RT\ln a^R_{(B)E(l')}$；$\mu_{B(s)} = \mu^*_{B(s)}$。

总摩尔吉布斯自由能变化为

$$\Delta G_{m,E} = x_A\Delta G_{m,A} - x_B\Delta G_{m,B} = RT(x_A\ln a^R_{(A)E(l')} + x_B\ln a^R_{(B)E(l')}) \tag{7.21}$$

直到组成为 E(s) 的固相完全消失，固相组元 A 消失，剩余的固相组元 B 继续向溶液 E(l') 中溶解，有

$$B(s) = (B)_{E(l')}$$

该过程的摩尔吉布斯自由能变化为

$$\Delta G_{m,B}(T_1) = \bar{G}_{m,(B)E(l')}(T_1) - G_{m,B(s)}(T_1)$$
$$= (\bar{H}_{m,(B)E(l')}(T_1) - T_1\bar{S}_{m,(B)E(l')}(T_1)) - (H_{m,B(s)}(T_1) - T_1S_{m,B(s)}(T_1))$$
$$= \Delta_{sol}H_{m,B}(T_1) - T_1\Delta_{sol}S_{m,B}(T_1) \approx \Delta_{sol}H_{m,B}(T_E) - T_1\Delta_{sol}S_{m,B}(T_E)$$
$$= \frac{\Delta_{sol}H_{m,B}(T_E)\Delta T}{T_E} \tag{7.22}$$

式中，$\Delta_{sol}H_{m,B}(T_1) \approx \Delta_{sol}H_{m,B}(T_E) > 0$；$\Delta_{sol}S_{m,B}(T_1) \approx \Delta_{sol}S_{m,B}(T_E) = \frac{\Delta_{sol}H_{m,B}(T_E)}{T_E} > 0$；$\Delta T = T_E - T_1 < 0$；$\Delta_{sol}H_{m,B}(T_1)$ 和 $\Delta_{sol}S_{m,B}(T_1)$ 分别为固体组元 B 在温度 T_1 的溶解焓和溶解熵。

或如下计算：

固相和液相中的组元 B 以纯固态为标准状态，浓度以摩尔分数表示，该过程的摩尔吉布斯自由能变化为

$$\Delta G_{m,B} = \mu_{(B)E(l')} - \mu_{B(s)} = RT\ln a^R_{(B)E(l')} \tag{7.23}$$

式中，$\mu_{(B)E(l')} = \mu^*_{B(s)} + RT\ln a^R_{(B)E(l')}$；$\mu_{B(s)} = \mu^*_{B(s)}$。

直到固相组元 B 溶解达到饱和，固液两相达成平衡。平衡液相组成为液相线 ET_B 上的 l_1 点。有

$$B(s) \Longleftrightarrow (B)_{1_1} \xlongequal{\quad} (B)_{饱和}$$

从温度 T_1 到温度 T_n，随着温度的升高，固相组元 B 不断地向溶液中溶解。该过程可以统一描写如下：

在温度 T_{i-1}，固液两相达成平衡，组元 B 溶解达到饱和。平衡液相组成为 1_{i-1}。有

$$B(s) \Longleftrightarrow (B)_{1_{i-1}} \xlongequal{\quad} (B)_{饱和} \quad (i = 1, 2, \cdots, n)$$

继续升高温度到 T_i。温度刚升到 T_i，固相组元 B 还未来得及溶解进入液相时，溶液组成仍与 1_{i-1} 相同。但是已经由组元 B 饱和的溶液 1_{i-1} 变成其不饱和的溶液 $1'_{i-1}$。因此，固相组元 B 向溶液 $1'_{i-1}$ 中溶解。液相组成由 $1'_{i-1}$ 向该温度的平衡液相组成 1_i 转变，物质组成由 P_{i-1} 向 P_i 转变。该过程可以表示为

$$B(s) \Longleftrightarrow (B)_{1'_{i-1}} \quad (i = 1, 2, \cdots, n)$$

该过程的摩尔吉布斯自由能变化为

$$\begin{aligned}
\Delta G_{m, B}(T_i) &= \overline{G}_{m, (B)_{E(1')}}(T_i) - G_{m, B(s)}(T_i) \\
&= (\overline{H}_{m, (B)_{E(1')}}(T_i) - T_i \overline{S}_{m, (B)_{E(1')}}(T_i)) - (H_{m, B(s)}(T_i) - T_i S_{m, B(s)}(T_i)) \\
&= \Delta_{sol}H_{m, B}(T_i) - T_i \Delta_{sol}S_{m, B}(T_i) \approx \Delta_{sol}H_{m, B}(T_{i-1}) - T_1 \Delta_{sol}S_{m, B}(T_{i-1}) \\
&= \frac{\Delta_{sol}H_{m, B}(T_{i-1})\Delta T}{T_{i-1}}
\end{aligned} \tag{7.24}$$

式中，$\Delta T = T_{i-1} - T_1 < 0$；$\Delta_{sol}H_{m,B} \approx \Delta_{sol}H_{m,B}(T_{i-1})$；$\Delta_{sol}S_{m,B} \approx \Delta_{sol}S_{m,B}(T_{i-1}) = \dfrac{\Delta_{sol}H_{m,B}(T_{i-1})}{T_{i-1}}$。

或如下计算：

固相和液相中的组元 B 都以其纯固态为标准状态，浓度以摩尔分数表示。有

$$\Delta G_{m, B} = \mu_{(B)_{1'_{i-1}}} - \mu_{B(s)} = RT\ln a^R_{(B)_{1'_{i-1}}} \tag{7.25}$$

式中，$\mu_{(B)_{1'_{i-1}}} = \mu^*_{B(s)} + RT\ln a^R_{(B)_{1'_{i-1}}}$；$\mu_{B(s)} = \mu^*_{B(s)}$。

直到固相组元 B 溶解达到饱和，固液两相达成新的平衡。平衡液相组成为液相线 ET_B 上的 1_i 点。有

$$B(s) \Longleftrightarrow (B)_{1_i} \xlongequal{\quad} (B)_{饱和}$$

在温度 T_n，固液两相达成平衡，组元 B 的溶解达到饱和。平衡液相组成为液相线 ET_B 上的 1_n 点，有

$$B(s) \Longleftrightarrow (B)_{1_n} \xlongequal{\quad} (B)_{饱和}$$

温度升到高于 T_n 的温度 T。在温度刚升到 T，固相组元 B 还未来得及溶解进入溶液时，溶液组成仍与 1_n 相同。但是已经由组元 B 饱和的溶液 1_n 变成其不饱和的溶液 $1'_n$。固相组元 B 向其中溶解。有

$$B(s) \xlongequal{\quad} (B)_{1'_n}$$

该过程的摩尔吉布斯自由能变化为

$$\begin{aligned}
\Delta G_{m, B}(T) &= \overline{G}_{m, (B)_{E(1')}}(T) - G_{m, B(s)}(T) \\
&\approx \Delta_{sol}H_{m, B}(T_n) - T_1 \Delta_{sol}S_{m, B}(T_n) = \frac{\Delta_{sol}H_{m, B}(T_n)\Delta T}{T_n}
\end{aligned} \tag{7.26}$$

式中，$\Delta_{sol}H_{m, B} \approx \Delta_{sol}H_{m, B}(T_n)$；$\Delta_{sol}S_{m, B} \approx \Delta_{sol}S_{m, B}(T_n) = \dfrac{\Delta_{sol}H_{m, B}(T_n)}{T_n}$。

$$\Delta T = T_n - T < 0 \tag{7.27}$$

固相和液相中的组元 B 和 A 都以其纯固态为标准状态，浓度以摩尔分数表示，有

$$\Delta G_{m, B} = \mu_{(B)_{l'_n}} - \mu_{B(s)} = RT \ln a_{(B)_{l'_n}}^R \tag{7.28}$$

式中，$\mu_{(B)_{l'_n}} = \mu_{B(s)}^* + RT \ln a_{(B)_{l'_n}}^R$；$\mu_{B(s)} = \mu_{B(s)}^*$。

7.1.3 具有最低共熔点的三元系熔化过程的热力学

图 7.4 是具有最低共熔点的三元系相图。在恒压条件下，物质组成点为 M 的固相升温熔化。温度升到 T_E，物质组成点达到最低共熔点 E 所在的平行于底面的等温平面，组成为 E 的均匀固相熔化为液相 E(l)。可以表示为

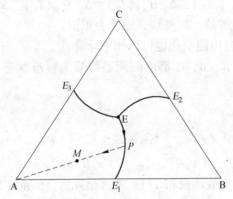

图 7.4 具有最低共熔点的三元系相图

$$E(s) \Longrightarrow E(l)$$

即

$$x_A A(s) + x_B B(s) + x_C C(s) \Longrightarrow x_A (A)_{E(l)} + x_B (B)_{E(l)} + x_C (C)_{E(l)}$$

或

$$A(s) \Longrightarrow (A)_{E(l)}$$
$$B(s) \Longrightarrow (B)_{E(l)}$$
$$C(s) \Longrightarrow (C)_{E(l)}$$

式中，x_A、x_B、x_C 为组成 E 的组元 A、B、C 的摩尔分数。并有

$$M_E = x_A M_A + x_B M_B + x_C M_C$$

式中，M_E、M_A、M_B、M_C 分别为组元 E、A、B、C 的摩尔量。熔化过程的摩尔吉布斯自由能变化为

$$\begin{aligned}
\Delta G_{m, E}(T_E) &= G_{m, E(l)}(T_E) - G_{m, E(s)}(T_E) \\
&= (H_{m, E(l)}(T_E) - T_E S_{m, E(l)}(T_E)) - (H_{m, E(s)}(T_E) - T_E S_{m, E(s)}(T_E)) \\
&= \Delta_{fus} H_{m, E}(T_E) - T_E \Delta_{fus} S_{m, E}(T_E) \\
&= \Delta_{fus} H_{m, E}(T_E) - T_E \frac{\Delta_{fus} H_{m, E}(T_E)}{T_E} = 0 \tag{7.29}
\end{aligned}$$

或

$$\Delta G_{m, A}(T_E) = \overline{G}_{m, (A)_{E(l)}}(T_E) - G_{m, A(s)}(T_E)$$

$$=(\overline{H}_{m,\,(A)_{E(l)}}(T_E) - T_E\overline{S}_{m,\,(A)_{E(l)}}(T_E)) - (H_{m,\,A(s)}(T_E) - T_1 S_{m,\,A(s)}(T_E))$$

$$=\Delta_{fus}H_{m,\,A}(T_E) - T_E\Delta_{fus}S_{m,\,A}(T_E)$$

$$=\Delta_{fus}H_{m,\,A}(T_E) - T_E\frac{\Delta_{fus}H_{m,\,A}(T_E)}{T_E} = 0 \tag{7.30}$$

同理

$$\Delta G_{m,\,B}(T_E) = \overline{G}_{m,\,(B)_{E(l)}}(T_E) - G_{m,\,B(s)}(T_E) = \Delta_{fus}H_{m,\,B}(T_E) - T_E\frac{\Delta_{fus}H_{m,\,B}(T_E)}{T_E} = 0 \tag{7.31}$$

$$\Delta G_{m,\,C}(T_E) = \overline{G}_{m,\,(C)_{E(l)}}(T_E) - G_{m,\,C(s)}(T_E) = \Delta_{fus}H_{m,\,C}(T_E) - T_E\frac{\Delta_{fus}H_{m,\,C}(T_E)}{T_E} = 0 \tag{7.32}$$

式中，$\Delta_{fus}H_{m,A}(T_E)$、$\Delta_{fus}S_{m,A}(T_E)$、$\Delta_{fus}H_{m,B}(T_E)$、$\Delta_{fus}S_{m,B}(T_E)$、$\Delta_{fus}H_{m,C}(T_E)$、$\Delta_{fus}S_{m,C}(T_E)$ 分别为组元 A、B、C 的溶解焓、溶解熵，通常为正值。

该过程的摩尔吉布斯自由能变化也可以如下计算：

固相和液相中的组元 A、B、C 都以纯固态物质为标准状态，浓度以摩尔分数表示，摩尔吉布斯自由能变化为

$$\Delta G_{m,\,E} = \mu_{E(l)} - \mu_{E(s)}$$

$$=(x_A\mu_{(A)_{E(l)}} + x_B\mu_{(B)_{E(l)}} + x_C\mu_{(C)_{E(l)}}) - (x_A\mu_{A_{(s)}} + x_B\mu_{B_{(s)}} + x_C\mu_{c_{(s)}}) \tag{7.33}$$

$$=x_A RT\ln a^R_{(A)_{E(l)}} + x_B RT\ln a^R_{(B)_{E(l)}} + x_C RT\ln a^R_{(C)_{E(l)}}$$

在温度 T_E，最低共熔组成的液相 T(1) 中，组元 A、B 和 C 都是饱和的。所以

$$a^R_{(A)_{E(l)}} = a^R_{(B)_{E(l)}} = a^R_{(C)_{E(l)}} = 1 \tag{7.34}$$

$$\Delta G_{m,\,E} = 0 \tag{7.35}$$

升高温度到 T_1。在温度刚升到 T_1，固相组元 A、B、C 还未来得及溶解进入溶液时。液相组成仍与 E(1) 相同，只是由组元 A、B、C 饱和的溶液 E(1) 变为不饱和的溶液 E(1')。固体组元 A、B、C 向其中溶解。有

$$E(s) == E(1')$$

即

$$x_A A(s) + x_B B(s) + x_C C(s) = x_A (A)_{E(1')} + x_B (B)_{E(1')} + x_C (C)_{E(1')}$$

或

$$A(s) == A(1')$$
$$B(s) == B(1')$$
$$C(s) == C(1')$$

该过程的摩尔吉布斯自由能变化为

$$\Delta G_{m,\,E}(T_1) = G_{m,\,E(1')}(T_1) - G_{m,\,E(s)}(T_1) = \Delta_{fus}H_{m,\,E}(T_1) - T_1\Delta_{fus}S_{m,\,E}(T_1)$$

$$\approx \Delta_{fus}H_{m,\,E}(T_E) - T_1\Delta_{fus}S_{m,\,E}(T_E) = \Delta_{fus}H_{m,\,E}(T_E) - T_1\frac{\Delta_{fus}H_{m,\,E}(T_E)}{T_E}$$

$$=\frac{\Delta_{fus}H_{m,\,B}(T_E)\Delta T}{T_E} \tag{7.36}$$

式中，$\Delta_{fus}H_{m,\,E}(T_1) \approx \Delta_{fus}H_{m,\,E}(T_E)$；$\Delta_{fus}S_{m,\,E}(T_1) \approx \Delta_{fus}S_{m,\,E}(T_E) = \dfrac{\Delta_{fus}H_{m,\,E}(T_E)}{T_E}$；$\Delta T =$

$T_n - T_1 < 0$。

或

$$\Delta G_{m,A}(T_1) = \overline{G}_{m,(A)_{E(l')}}(T_1) - G_{m,A(s)}(T_1)$$

$$= (\overline{H}_{m,(A)_{E(l')}}(T_1) - T_1\overline{S}_{m,(A)_{E(l')}}(T_1)) - (H_{m,A(s)}(T_1) - T_1S_{m,A(s)}(T_1))$$

$$= \Delta_{sol}H_{m,A}(T_1) - T_1\Delta_{sol}S_{m,A}(T_1) \approx \Delta_{sol}H_{m,A}(T_E) - T_1\Delta_{sol}S_{m,A}(T_E)$$

$$= \Delta_{sol}H_{m,A}(T_E) - T_1\frac{\Delta_{sol}H_{m,A}(T_E)}{T_E} = \frac{\Delta_{sol}H_{m,A}(T_E)\Delta T}{T_E} \tag{7.37}$$

同理可得

$$\Delta G_{m,B}(T_1) = \overline{G}_{m,(B)_{E(l')}}(T_1) - G_{m,B(s)}(T_1) = \frac{\Delta_{sol}H_{m,B}(T_E)\Delta T}{T_E} \tag{7.38}$$

$$\Delta G_{m,C}(T_1) = \overline{G}_{m,(C)_{E(l')}}(T_1) - G_{m,C(s)}(T_1) = \frac{\Delta_{sol}H_{m,C}(T_E)\Delta T}{T_E} \tag{7.39}$$

式中，$\Delta T = T_E - T_1 < 0$。

总摩尔吉布斯自由能变化为

$$\Delta G_m(T_1) = x_A\Delta G_{m,A}(T_1) + x_B\Delta G_{m,B}(T_1) + x_C\Delta G_{m,B}(T_1)$$

$$= \frac{x_A\Delta_{sol}H_{m,A}(T_E)\Delta T}{T_E} + \frac{x_B\Delta_{sol}H_{m,B}(T_E)\Delta T}{T_E} + \frac{x_C\Delta_{sol}H_{m,C}(T_E)\Delta T}{T_E} < 0 \tag{7.40}$$

该过程的摩尔吉布斯自由能变化也可以如下计算：

固相和液相中的组元 E、A、B、C 都以纯物质为标准状态，浓度以摩尔分数表示，摩尔吉布斯自由能变化为

$$\Delta G_{m,E} = \mu_{E(l')} - \mu_{E(s)}$$

$$= (x_A\mu_{(A)_{E(l')}} + x_B\mu_{(B)_{E(l')}} + x_C\mu_{(C)_{E(l')}}) - (x_A\mu_{A(s)} + x_B\mu_{B(s)} + x_C\mu_{C(s)})$$

$$= x_A\Delta G_{m,A} + x_B\Delta G_{m,B} + x_C\Delta G_{m,B}$$

$$= x_ART\ln a_{(A)_{E(l')}}^R + x_BRT\ln a_{(B)_{E(l')}}^R + x_CRT\ln a_{(C)_{E(l')}}^R < 0 \tag{7.41}$$

式中，$\mu_{(A)_{E(l')}} = \mu_{A(s)}^* + RT\ln a_{(A)_{E(l')}}^R$；$\mu_{A(s)} = \mu_{A(s)}^*$；$\mu_{(B)_{E(l')}} = \mu_{B(s)}^* + RT\ln a_{(B)_{E(l')}}^R$；$\mu_{B(s)} = \mu_{B(s)}^*$；$\mu_{(C)_{E(l')}} = \mu_{C(s)}^* + RT\ln a_{(C)_{E(l')}}^R$；$\mu_{C(s)} = \mu_{C(s)}^*$；$\Delta G_{m,A} = \mu_{(A)_{E(l')}} - \mu_{A(s)} = RT\ln a_{(A)_{E(l')}}^R < 0$；$\Delta G_{m,B} = \mu_{(B)_{E(l')}} - \mu_{B(s)} = RT\ln a_{(B)_{E(l')}}^R < 0$；$\Delta G_{m,C} = \mu_{(C)_{E(l')}} - \mu_{C(s)} = RT\ln a_{(C)_{E(l')}}^R < 0$。

直到固相组元 C 消失，剩余的固相组元 A 和 B 继续向溶液 E(l') 中溶解，有

$$A(s) =\!=\!= (A)_{E(l')}$$

$$B(s) =\!=\!= (B)_{E(l')}$$

该过程的摩尔吉布斯自由能变化为

$$\Delta G_{m,A}(T_1) = \overline{G}_{m,(A)_{E(l')}}(T_1) - G_{m,A(s)}(T_1)$$

$$= (\overline{H}_{m,(A)_{E(l')}}(T_1) - T_1\overline{S}_{m,(A)_{E(l')}}(T_1)) - (H_{m,A(s)}(T_1) - T_1S_{m,A(s)}(T_1))$$

$$= \Delta_{sol}H_{m,A}(T_1) - T_1\Delta_{sol}S_{m,A}(T_1) \approx \Delta_{sol}H_{m,A}(T_E) - T_1\Delta_{sol}S_{m,A}(T_E)$$

$$= \frac{\Delta_{sol}H_{m,A}(T_E)\Delta T}{T_E} \tag{7.42}$$

$$\Delta G_{m,B}(T_1) = \overline{G}_{m,(B)_{E(l')}}(T_1) - G_{m,B(s)}(T_1)$$

$$= (\overline{H}_{m,\,(B)E(l')}(T_1) - T_1 \overline{S}_{m,\,(B)E(l')}(T_1)) - (H_{m,\,B(s)}(T_1) - T_1 S_{m,\,B(s)}(T_1))$$

$$= \Delta_{sol}H_{m,\,B}(T_1) - T_1 \Delta_{sol}S_{m,\,B}(T_1) \approx \Delta_{sol}H_{m,\,B}(T_E) - T_1 \Delta_{sol}S_{m,\,B}(T_E)$$

$$= \frac{\Delta_{sol}H_{m,\,B}(T_E)\Delta T}{T_E} \tag{7.43}$$

式中，$\Delta T = T_E - T_1 < 0$。

总摩尔吉布斯自由能变化为

$$\Delta G_m(T_1) = x_A \Delta G_{m,\,A}(T_1) + x_B \Delta G_{m,\,B}(T_1)$$

$$= \frac{(x_A \Delta_{sol}H_{m,\,A}(T_E) + x_B \Delta_{sol}H_{m,\,B}(T_E))\Delta T}{T_E} \tag{7.44}$$

或如下计算：

固相和液相中的组元 A 和 B 都以纯固态为标准状态，浓度以摩尔分数表示，该过程的摩尔吉布斯自由能变为

$$\Delta G_{m,\,A} = \mu_{(A)E(l')} - \mu_{A(s)} = RT\ln a^R_{(A)E(l')} \tag{7.45}$$

$$\Delta G_{m,\,B} = \mu_{(B)E(l')} - \mu_{B(s)} = RT\ln a^R_{(B)E(l')} \tag{7.46}$$

$$\Delta G_m = x_A \Delta G_{m,\,A} + x_B \Delta G_{m,\,B} = x_A RT\ln a^R_{(A)E(l')} + x_B RT\ln a^R_{(B)E(l')} \tag{7.47}$$

直到固相组元 A 和 B 溶解达到饱和，固相组元 A 和 B 与液相达成平衡，平衡液相为共熔线 EE_1 上的 l_1 点。有

$$A(s) \Longrightarrow (A)_{l_1} \Longrightarrow (A)_{饱和}$$

$$B(s) \Longrightarrow (B)_{l_1} \Longrightarrow (B)_{饱和}$$

温度从 T_2 升到 T_p，重复上述过程，可以统一描述如下：

继续升高温度，温度从 T_2 到 T_p，溶解过程沿着共熔线 EE_1，从 E 点移动到 P 点。该过程描述如下。

在温度 T_{i-1}，液固两相达成平衡，平衡液相组成为共熔线 EE_1 上的 l_{i-1} 点。有

$$A(s) \Longrightarrow (A)_{l_{i-1}} \Longrightarrow (A)_{饱和}$$

$$B(s) \Longrightarrow (B)_{l_{i-1}} \Longrightarrow (B)_{饱和}$$

$$(i = 1,\, 2,\, \cdots,\, n)$$

继续升高温度到 T_i。在温度刚升到 T_i，固相组元 A、B 还未来得及溶入液相时，溶液组成未变。但已由组元 A 和 B 的饱和溶液 l_{i-1} 成为不饱和溶液 l'_{i-1}。在温度 T_i，与固相组元 A、B 平衡的液相为共熔线 EE_1 上的 l_i 点，是组元 A 和 B 的饱和溶液。因此，固相组元 A 和 B 会向液相 l'_{i-1} 中溶解，可以表示为

$$A(s) \Longrightarrow (A)_{l'_{i-1}}$$

$$B(s) \Longrightarrow (B)_{l'_{i-1}}$$

该过程的摩尔吉布斯自由能变化为

$$\Delta G_{m,\,A}(T_i) = \overline{G}_{m,\,(A)l'}(T_i) - G_{m,\,A(s)}(T_i)$$

$$= (\overline{H}_{m,\,(A)l'}(T_i) - T_i \overline{S}_{m,\,(A)l'}(T_i)) - (H_{m,\,A(s)}(T_i) - T_i S_{m,\,A(s)}(T_i))$$

$$= \Delta_{sol}H_{m,\,A}(T_i) - T_i \Delta_{sol}S_{m,\,A}(T_i) \approx \Delta_{sol}H_{m,\,A}(T_{i-1}) - T_i \frac{\Delta_{sol}H_{m,\,A}(T_{i-1})}{T_{i-1}}$$

$$= \frac{\Delta_{sol} H_{m, A}(T_{i-1}) \Delta T}{T_{i-1}} < 0 \tag{7.48}$$

同理

$$\Delta G_{m, B}(T_i) = \overline{G}_{m, (B)_{l'}}(T_i) - G_{m, B(s)}(T_i) \approx \Delta_{sol} H_{m, B}(T_{i-1}) - T_i \Delta_{sol} S_{m, B}(T_{i-1})$$

$$= \frac{\Delta_{sol} H_{m, B}(T_{i-1}) \Delta T}{T_{i-1}} < 0 \tag{7.49}$$

总摩尔吉布斯自由能变化为

$$\Delta G_m(T_i) = x_A \Delta G_{m, A}(T_i) + x_B \Delta G_{m, B}(T_i) = \frac{(x_A \Delta_{sol} H_{m, A}(T_{i-1}) + x_B \Delta_{sol} H_{m, B}(T_{i-1})) \Delta T}{T_{i-1}}$$

式中，$\Delta_{sol} H_{m, A}(T_i) \approx \Delta_{sol} H_{m, A}(T_{i-1})$；$\Delta_{sol} S_{m, A}(T_i) \approx \Delta_{sol} S_{m, A}(T_{i-1}) = \dfrac{\Delta_{sol} H_{m, A}(T_{i-1})}{T_{i-1}}$；

$\Delta_{sol} H_{m, B}(T_i) \approx \Delta_{sol} H_{m, B}(T_{i-1})$；$\Delta_{sol} S_{m, B}(T_i) \approx \Delta_{sol} S_{m, B}(T_{i-1}) = \dfrac{\Delta_{sol} H_{m, B}(T_{i-1})}{T_{i-1}}$；$\Delta T = T_{i-1} -$

$T_i < 0$。

该过程的摩尔溶解吉布斯自由能变化也可以如下计算：

固液两相的组元 A、B 都以纯固态组元 A、B 为标准状态，浓度以摩尔分数表示，该过程的摩尔吉布斯自由能变化为

$$\Delta G_{m, A} = \mu_{(A)_{i'-1}} - \mu_{A(s)} = RT \ln a^R_{(A)_{i'-1}} \tag{7.50}$$

式中，$\mu_{(A)_{i'-1}} = \mu^*_{A(s)} + RT \ln a^R_{(A)_{i'-1}}$；$\mu_{A(s)} = \mu^*_{A(s)}$。

同理

$$\Delta G_{m, B} = \mu_{(B)_{i'-1}} - \mu_{B(s)} = RT \ln a^R_{(B)_{i'-1}} \tag{7.51}$$

式中，$\mu_{(B)_{i'-1}} = \mu^*_{B(s)} + RT \ln a^R_{(B)_{i'-1}}$；$\mu_{B(s)} = \mu^*_{B(s)}$。

$$\Delta G_m = x_A \Delta G_{m, A} + x_B \Delta G_{m, B} = x_A RT \ln a^R_{(A)_{l'_{i-1}}} + x_B RT \ln a^R_{(B)_{l'_{i-1}}} \tag{7.52}$$

直到达成平衡，平衡液相组成为共熔线 EE_1 上的 l_i 点。有

$$A(s) \Longleftrightarrow (A)_{l_i} =\!=\!= (A)_{饱和}$$
$$B(s) \Longleftrightarrow (B)_{l_i} =\!=\!= (B)_{饱和}$$

继续升高温度，在温度 T_p，溶解达成平衡，有

$$A(s) \Longleftrightarrow (A)_{l_p} =\!=\!= (A)_{饱和}$$
$$B(s) \Longleftrightarrow (B)_{l_p} =\!=\!= (B)_{饱和}$$

继续升高温度到 T_{M_1}。温度刚升到 T_{M_1}，固相组元 A、B 还未来得及溶解进入液相时。溶液组成仍与 l_p 相同，但已由组元 A、B 的饱和溶液 l_p 变为不饱和溶液 l'_p。固相组元 A、B 向其中溶解，有

$$A(s) =\!=\!= (A)_{l'_p}$$
$$B(s) =\!=\!= (B)_{l'_p}$$

该过程的摩尔吉布斯自由能变化为

$$\Delta G_{m, A}(T_{M_1}) = \overline{G}_{m, (A)_{l'_p}}(T_{M_1}) - G_{m, A(s)}(T_{M_1}) = \Delta_{sol} H_{m, A}(T_{M_1}) - T_{M_1} \Delta_{sol} S_{m, A}(T_{M_1})$$

$$\approx \frac{\Delta_{sol} H_{m, A}(T_p) \Delta T}{T_p} \tag{7.53}$$

$$\Delta G_{m, B}(T_{M_1}) = \overline{G}_{m, (B)_{l'_p}}(T_{M_1}) - G_{m, B(s)}(T_{M_1}) = \Delta_{sol}H_{m, B}(T_{M_1}) - T_{M_1}\Delta_{sol}S_{m, B}(T_{M_1})$$

$$\approx \frac{\Delta_{sol}H_{m, B}(T_p)\Delta T}{T_p} \tag{7.54}$$

总摩尔吉布斯自由能变化为

$$\Delta G_m(T_{M_1}) = x_A\Delta G_{m, A}(T_{M_1}) + x_B\Delta G_{m, B}(T_{M_1}) = \frac{(x_A\Delta_{sol}H_{m, A}(T_p) + x_B\Delta_{sol}H_{m, B}(T_p))\Delta T}{T_p}$$

式中，$\Delta T = T_p - T_{M_1} < 0$。

也可以如下计算：

固相和液相中的组元 A、B 都以其纯固态为标准状态，浓度以摩尔分数表示，有

$$\Delta G_{m, A} = \mu_{(A)_{l'_p}} - \mu_{A(s)} = RT\ln a^R_{(A)_{l'_p}} \tag{7.55}$$

式中，$\mu_{(A)_{l'_p}} = \mu^*_{A(s)} + RT\ln a^R_{(A)_{l'_p}}$；$\mu_{A(s)} = \mu^*_{A(s)}$。

$$\Delta G_{m, B} = \mu_{(B)_{l'_p}} - \mu_{B(s)} = RT\ln a^R_{(B)_{l'_p}} \tag{7.56}$$

式中，$\mu_{(B)_{l'_p}} = \mu^*_{B(s)} + RT\ln a^R_{(B)_{l'_p}}$；$\mu_{B(s)} = \mu^*_{B(s)}$。

总摩尔吉布斯自由能变化为

$$\Delta G_m = x_A\Delta G_{m, A} + x_B\Delta G_{m, B} = x_A RT\ln a^R_{(A)_{l'_p}} + x_B RT\ln a^R_{(B)_{l'_p}}$$

直到固相组元 B 消失，固相组元 A 继续溶解，有

$$A(s) \Longrightarrow (A)_{l''_p}$$

由于固相组元 A、B 的溶入，液相不是 l'_p 而是 l''_p。

该过程的摩尔吉布斯自由能变化为

$$\Delta G_{m, A}(T_{M_1}) = \overline{G}_{m, (A)_{l''_p}}(T_{M_1}) - G_{m, A(s)}(T_{M_1})$$

$$= (\overline{H}_{m, (A)_{l''_p}}(T_{M_1}) - T_{M_1}\overline{S}_{m, (A)_{l''_p}}(T_{M_1})) - (H_{m, A(s)}(T_{M_1}) - TS_{m, A(s)}(T_{M_1}))$$

$$= \Delta_{sol}H_{m, A}(T_{M_1}) - T_{M_1}\Delta_{sol}S_{m, A}(T_{M_1}) \approx \frac{\Delta_{sol}H_{m, A}(T_p)\Delta T}{T_p} \tag{7.57}$$

式中，$\Delta T = T_p - T_{M_1} < 0$。

或者如下计算：

固相或液相中的组元 A 都以纯固态为标准状态，浓度以摩尔分数表示，有

$$\Delta G_{m, A} = \mu_{(A)_{l''_p}} - G_{A(s)} = RT\ln a^R_{(A)_{l''_p}} \tag{7.58}$$

式中，$\mu_{(A)_{l''_p}} = \mu^*_{A(s)} + RT\ln a^R_{(A)_{l''_p}}$；$\mu_{A(s)} = \mu^*_{A(s)}$。

直到固相组元 A 溶解达到饱和，溶液组成为 PA 线上的 l_{M_1} 点，是固态组元 A 的平衡液相组成点。有

$$A(s) \Longrightarrow (A)_{l_{M_1}} \Longrightarrow (A)_{饱和}$$

继续升高温度。温度从 T_{M_1} 升高到 T_M，固态组元 A 的平衡液相组成从 P 点沿 PA 连线向 M 点移动。固相组元 A 的溶解过程可以统一描写如下：

在温度 T_{k-1}，固相组元 A 溶解达到饱和，平衡液相组成为 l_{k-1}，有

$$A(s) \Longrightarrow (A)_{l_{k-1}} \Longrightarrow (A)_{饱和}$$

温度升高到 T_k。在温度刚升到 T_k，固相组元 A 还未来得及溶解时，溶液组成仍然和 l_{k-1} 相同。只是由组元 A 饱和的溶液 l_{k-1} 变成不饱和的 l'_{k-1}，固相组元 A 向其中溶解，有

$$A(s) \Longrightarrow (A)_{l_{k-1}}$$

该过程的摩尔吉布斯自由能变化为

$$\Delta G_{m, A}(T_k) = \overline{G}_{m, (A)_{l'_{k-1}}}(T_k) - G_{m, A(s)}(T_k) \approx \frac{\Delta_{sol}H_{m, A}(T_{k-1})\Delta T}{T_{k-1}} \tag{7.59}$$

式中，$\Delta T = T_{k-1} - T_k < 0$。

或固相和液相中的组元 A 都以纯固态为标准状态，浓度以摩尔分数表示，有

$$\Delta G_{m, A} = \mu_{(A)_{l'_{k-1}}} - \mu_{A(s)} = RT \ln a^R_{(A)_{l'_{k-1}}} \tag{7.60}$$

式中，$\mu_{(A)_{l'_{k-1}}} = \mu^*_{A(s)} + RT \ln a^R_{(A)_{l'_{k-1}}}$；$\mu_{A(s)} = \mu^*_{A(s)}$。

直到固相组元 A 溶解达到饱和，溶液组成为 PA 连线上的 l_k 点，是固相组元 A 的平衡液相组成点，有

$$A(s) \Longrightarrow (A)_{l_k} \Longrightarrow (A)_{饱和}$$

在温度 T_M，固相组元 A 溶解达到饱和，平衡液相组成为 l_M 点。有

$$A(s) \Longrightarrow (A)_{l_M} \Longrightarrow (A)_{饱和}$$

升高温度到 T_{M+1}，饱和溶液 l_M 变为不饱和溶液 l'_M，固相组元 A 向其中溶解，有

$$A(s) \Longrightarrow (A)_{l_M}$$

该过程的摩尔吉布斯自由能变化为

$$\Delta G_{m, A}(T_{M+1}) = \overline{G}_{m, (A)_{l'_M}}(T_{M+1}) - G_{m, A(s)}(T_{M+1}) \approx \frac{\Delta_{sol}H_{m, A}(T_M)\Delta T}{T_M} \tag{7.61}$$

式中，$\Delta T = T_M - T_{M+1} < 0$。

或如下计算：

固相和液相中的组元 A 都以纯固态为标准状态，浓度以摩尔分数表示，有

$$\Delta G_{m, A} = \mu_{(A)_{l'_M}} - \mu_{A(s)} = RT \ln a^R_{(A)_{l'_M}} \tag{7.62}$$

式中，$\mu_{(A)_{l'_M}} = \mu^*_{A(s)} + RT \ln a^R_{(A)_{l'_M}}$；$\mu_{A(s)} = \mu^*_{A(s)}$。

7.2 凝 固

7.2.1 纯物质的结晶

7.2.1.1 液体凝固的形核过程

在恒温、恒压条件下，由液体凝聚成固体的过程称为凝固。由液体凝聚成的固体有晶体和非晶体。非晶体也称为玻璃体，实际上是过冷溶液。我们这里讨论由溶液凝聚成晶体的凝固过程。

A 纯液体凝固的热力学条件

纯物质都有确定的凝固温度，也就是它的熔点。在凝固温度时，液、固两相平衡共存，体系处于热力学平衡状态的温度。此温度称为理论凝固温度，以 T_m 表示。对于实际液体，温度低于其熔点 T_m，才能发生凝固。

在一定温度，由液相转变为固相的自由能变化为

$$\Delta G = (H_S - H_L) - T(S_S - S_L) = \Delta H - T\Delta S \qquad (7.63)$$

由液相转变为固相的单位体积吉布斯自由能变化为

$$\Delta G_V = \Delta H_V - T\Delta S_V \qquad (7.64)$$

其中

$$\Delta H_V = H_{V,s} - H_{V,L} = L_{V,r} = -L_{V,m} \qquad (7.65)$$

$$\Delta S_V = S_{V,s} - S_{V,L} = \frac{L_{V,r}}{T_m} = -\frac{L_{V,m}}{T_m} \qquad (7.66)$$

将式 (7.65) 和式 (7.66) 代入式 (7.64)，得

$$\Delta G_V = -L_{V,m} + T\frac{L_{V,m}}{T_m} = -\frac{L_{V,m}\Delta T}{T_m} \qquad (7.67)$$

式中，$L_{V,r}$ 为单位体积的结晶潜热，取负值；$L_{V,m}$ 为单位体积的熔化热，取正值；T_m 为熔点；ΔT 为过冷度，$\Delta T = T - T_m$。若使 $\Delta G < 0$，必须 $\Delta T > 0$，即 $T < T_m$，液体的温度低于其熔点。凝固的推动力是固液两相的自由能差。

纯物质实际凝固的温度低于理论凝固温度的现象称为过冷，其温度差 ΔT 即过冷度。不是一个恒定值，它与冷却速率有关。对于不同的物质，其值也不同。

液体凝固过程如果有足够的时间使其内部原子呈规则排列，则形成晶体。如果冷却速度足够快，内部原子来不及规则排列，则形成非晶体。形成非晶体的转变温度称为玻璃化温度。玻璃化温度以 T_g 表示。物质的玻璃化温度 T_g 与其熔点 T_m 的差值 $T_g - T_m$ 越小，凝固时越容易形成非晶态结构。例如，玻璃和有机聚合物的 $T_g - T_m$ 差值小，容易形成非晶态固体；而金属的 $T_g - T_m$ 差值大，难以形成非晶态固体，只有在快速冷却条件下，才能形成非晶态金属。

B　均匀形核

液体凝固成晶体的过程是形成晶核和晶核长大的过程。有两种形核机理，即均匀形核和非均匀形核。均匀形核是新相晶核在母相基体中无择优地任意均匀分布；非均匀形核是新相晶核在某些特殊位置择优形核，例如：器壁、母相中的缺陷等。

均匀形核是新相晶核在均相体系中由液相中的一些原子团直接形成，不受杂质微粒或外表面影响。非均匀形核是新相晶核在液相中依附于固相杂质或固相表面形成。

a　均匀形核机理

当温度降到熔点以下，液体中时聚时散的短程有序的原子、离子或分子等微粒集团形成晶胚。晶胚内部质点呈晶态的规则排列，其外层质点与液体中不规则排列的微粒相接触构成界面。当过冷液体中形成晶胚时，由于原子由液态的聚集状态转变为固态的排列状态，其自由能降低，即

$$\Delta G_V = G_{VS} - G_{VL} < 0 \qquad (7.68)$$

式中，ΔG_V 为固液相之间的体积自由能之差。再者，由于晶胚产生新的表面，增加了表面自由能，单位表面自由能为 σ。假设晶胚是半径为 r 的球形，则产生一个晶胚的自由能变化为

$$\Delta G = V\Delta G_V + V\Delta G_S = \frac{4}{3}\pi r^3 \Delta G_V + 4\pi r^2 \sigma \qquad (7.69)$$

式中，ΔG_S 为产生一个晶胚所引起的表面自由能变化，为正值，$\Delta G_S = 4\pi r^2 \Delta\sigma$。

由式（7.69）可见，ΔG 是 r 的函数。以 ΔG 对 r 作图，得图 7.5 所示的曲线。

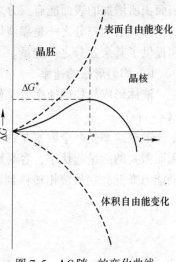

ΔG 在半径为 $r_临$ 时达到最大值。可见，即使过冷液体，也不是所有晶胚都稳定而形成晶核。如果晶胚的半径小于临界半径，即 $r < r_临$，则形成晶胚将导致体系的吉布斯自由能增加，因此，晶胚不稳定，会熔化而消失。若 r 等于或大于 $r_临$ 值，晶胚就能稳定存在，并继续长大成为晶核。体系的吉布斯自由能随 r 的增大而减少。

将式（7.69）对 r 求导，并令

$$\frac{\mathrm{d}\Delta G}{\mathrm{d}r} = 0$$

图 7.5　ΔG 随 r 的变化曲线

得

$$r_临 = -\frac{2\sigma}{\Delta G_V} \tag{7.70}$$

将式（7.67）代入式（7.70），得

$$r_临 = \frac{2\sigma T_m}{L_{V,m}\Delta T} \tag{7.71}$$

可见，临界半径 $r_临$ 值由 σ 和 ΔG_V 两个因素决定，而 ΔG_V 由过冷度 ΔT 所决定。过冷度 ΔT 越大，ΔG_V 的绝对值越大，而 σ 随温度变化小。因此，ΔT 变大，$r_临$ 变小，能形核的晶胚尺寸变小，这意味着液体形核的几率增大，形核的数量增多。

当温度等于熔点时，$\Delta T = 0$，$\Delta G_V = 0$，由式（7.70）和式（7.71）可得 $r_临 = \infty$，即任何晶胚都不能成为晶核，凝固不能进行。

将式（7.70）代入式（7.71），得

$$\Delta G_临 = \frac{16\pi\sigma^3}{3(\Delta G_V)^2} \tag{7.72}$$

将式（7.67）代入式（7.72），得

$$\Delta G_临 = \frac{16\pi\sigma^3 T_m^2}{3(L_m\Delta T)^2} \tag{7.73}$$

式中，$\Delta G_临$ 为临界自由能，也称为临界晶核形成功，简称形核功，即形成临界晶核时要有 $\Delta G_临$ 值的自由能增加。由上式可见，$\Delta G_临$ 与 $(\Delta T)^2$ 成反比，过冷度增大，形核功减小。临界晶核的表面积为

$$\Omega_临 = 4\pi r_临^2 = \frac{16\pi\sigma^2}{(\Delta G_V)^2} \tag{7.74}$$

因而

$$\Delta G_临 = \frac{1}{3}A_临\sigma \tag{7.75}$$

即形成临界晶核增加的自由能等于其表面能的三分之一。这意味着形成临界晶核产生的新

表面积所增加的表面能有三分之二是由形成临界晶核时液相变成固相所减少的自由能提供的，而其余的三分之一是靠液体中存在的能量起伏提供的，即那些高于过冷温度的粒子集团提供了其余三分之一能量。

b　均匀形核的速率

液体形成晶核的速率以单位时间、单位体积所形成的晶核数目表示，单位是晶核数目 $/(s \cdot cm^3)$。

形核速率受两个因素制约：一方面随着过冷度增大，晶核的临界半径及形核功减小，因而需要的能量起伏小，容易形成稳定的晶核；另一方面，随着过冷度的增大，原子的活动能力降低，它从液相转移到固相的几率降低，不利于晶粒形成。因此，形核速率可表示为

$$J = k\exp\left(-\frac{\Delta G_{临}}{k_B T}\right)\exp\left(-\frac{Q}{k_B T}\right) \tag{7.76}$$

式中，J 为形核速率；k 为比例常数；$\Delta G_{临}$ 为形核功；Q 为原子越过液固相界面的扩散活化能，即原子由液相转入固相所需的能量；k_B 为玻耳兹曼常数；T 为绝对温度。式(7.76) 右边前一个指数表示的是形核功对形核速率的影响，后一个指数表示的是原子扩散对形核速率的影响。

Q 的数值随温度变化很小，可近似看作常数。所以 $\exp\left(-\frac{Q}{k_B T}\right)$ 随过冷度增加（即温度降低）而减小，如图7.6 中曲线 b 所示。由于 $\Delta G_{临}$ 与 $(\Delta T)^2$ 成反比，所以 $\exp\left(-\frac{\Delta G_{临}}{k_B T}\right)$ 随过冷度增大而上升，ΔT 趋近于零时，$\exp\left(-\frac{\Delta G_{临}}{k_B T}\right)$ 也趋近于零。可见，在过冷度较小时，形核速率主要受 $\exp\left(-\frac{\Delta G_{临}}{k_B T}\right)$ 控制，随着过冷度的增大而增加；当过冷度很大时，形核速率受 $\exp\left(-\frac{Q}{k_B T}\right)$ 控制而降低。

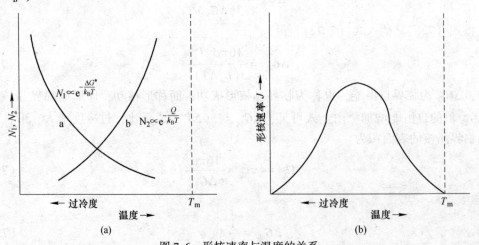

图 7.6　形核速率与温度的关系

(a) 温度对 N_1、N_2 的影响；(b) 形核速率与温度的关系

金属液体的结晶倾向极大，形核速率与过冷度的关系如图7.7所示。由图可见，在体系达到某一过冷度之前，形核速率很小，几乎为零，液体不发生结晶。而当温度降低到某一过冷度时，形核速率突然增大。形核速率突然增大的温度称为有效形核温度。

特恩布尔（Turnbull）和费歇（Fisher）应用绝对反应速度理论求得式（7.76）中的 k 值，得形核速率方程为

$$J = \frac{nKT}{h}\exp\left(-\frac{\Delta G_\text{临}}{k_\text{B}T}\right)\exp\left(-\frac{Q}{k_\text{B}T}\right) \quad (7.77)$$

式中，n 为单位体积中的原子总数；h 为普朗克常数；K 为常数。

图 7.7 金属的形核速率
J 与过冷度 ΔT 的关系

由上式可算得金属的均匀形核过冷度约为 $0.2T_\text{m}$（T_m 用绝对温度表示），这与许多金属的实验结果相符。在这样的过冷度下，所形成的晶核临界半径 $r_\text{临} \approx 10\text{nm}$，约包含 200 个原子。

表7.1是实验测得的一些金属液滴均匀形核的过冷度。其数值近似为 $0.2T_\text{m}$。

表 7.1 一些金属液滴均匀形核时的过冷度数值

金属	熔点 T_m/K	过冷度 ΔT/℃	$\Delta T/T_\text{m}$	金属	熔点 T_m/K	过冷度 ΔT/℃	$\Delta T/T_\text{m}$
Hg	234.2	58	0.287	Ag	1233.7	227	0.184
Ga	303	76	0.250	Au	1336	230	0.172
Sn	505.7	105	0.208	Cu	1356	236	0.174
Bi	544	90	0.166	Mn	1493	308	0.206
Pb	600.7	80	0.133	Ni	1725	319	0.185
Sb	903	135	0.150	Co	1763	330	0.187
Al	931.7	130	0.140	Fe	1803	295	0.164
Ge	1231.7	227	0.184	Pt	2043	370	0.181

C 非均匀形核

a 非均匀形核机理

实际上，均匀形核的情况很难看到，因为绝对纯净的液体是没有的。再者，即使是纯净的液体也与盛装的容器壁接触，液体中的杂质和容器壁都会成为液体形成晶核的活性中心，造成非均匀形核。

过冷的均相液体不能立即形核的主要原因是形成晶核需产生新的表面——液固界面，具有界面能，使体系能量升高。如果晶核依附于已存在的界面上形成，就可以使界面能降低，因而，可以在较小的过冷度下形核。

假设晶核 α 在容器壁的平面 W 上形成，其形状是半径为 r 的球的球冠，其俯视图是一半径为 R 的圆。如图7.8所示。图中的 L 表示液相。

若形成晶核使体系增加的表面能为 $\Delta_\text{t}G_\text{S}$，则

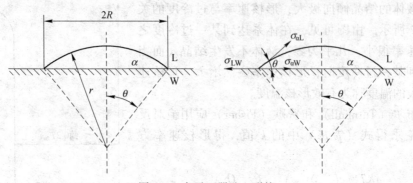

图 7.8 在平面器壁上形核

$$\Delta_t G_S = S_{\alpha L}\sigma_{\alpha L} + S_{\alpha W}\sigma_{\alpha W} - S_{\alpha W}\sigma_{LW} \tag{7.78}$$

式中，$S_{\alpha L}$、$S_{\alpha W}$ 分别为晶核 α 与液相 L 及壁 W 之间的界面积。$\sigma_{\alpha L}$、$\sigma_{\alpha W}$、σ_{LW} 分别为 α-L、α-W 和 L-W 的界面的界面能。由图 7.8 可见，在三相交点处，表面张力应达成平衡，即

$$\sigma_{LW} = \alpha_{\alpha L}\cos\theta + \sigma_{\alpha W} \tag{7.79}$$

式中，θ 为晶核 α 与壁 W 的接触角。由几何知识可得

$$S_{\alpha W} = \pi R^2 \tag{7.80}$$

$$S_{\alpha L} = 2\pi r^2(1 - \cos\theta) \tag{7.81}$$

$$V_\alpha = \pi r^3\left(\frac{2 - 3\cos\theta + \cos^3\theta}{3}\right) \tag{7.82}$$

$$R = r\sin\theta \tag{7.83}$$

式中，V_α 为晶核 α 的体积。将式 (7.79) 和式 (7.80) 代入式 (7.78)，得

$$\Delta G_S = S_{\alpha L}\sigma_{\alpha L} - \pi R^2(\sigma_{\alpha L}\cos\theta) \tag{7.84}$$

形成晶核引起体系总自由能变化为

$$\Delta G = V_\alpha \Delta G_V + \Delta_t G_S = V_\alpha \Delta G_V + (S_{\alpha L} - \pi R^2\cos\theta)\sigma_{\alpha L} \tag{7.85}$$

将式 (7.81)~式 (7.83) 代入式 (7.85)，得

$$\Delta G = \left(\frac{4}{3}\pi r^3 \Delta G_V + 4\pi r^2 \sigma_{\alpha L}\right)\left(\frac{2 - 3\cos\theta + \cos^3\theta}{4}\right) \tag{7.86}$$

将上式与均匀形核的式 (7.70) 相比较，两者也仅差一系数项 $\frac{2-3\cos\theta+\cos^3\theta}{4}$。

类似于均匀形核的方法，可以求出非均匀形核的临界晶核半径，即球冠半径为

$$r_{临} = -\frac{2\sigma_{\alpha L}}{\Delta G_V} \tag{7.87}$$

可见，非均匀形核所成球冠形晶核的球冠半径与均匀形核所成球形晶核的半径相等。将式 (7.87) 代入式 (7.86)，得

$$\Delta G_{临界} = \frac{16\pi\sigma_{\alpha L}^3}{3(\Delta G_V)^2}\left(\frac{2 - 3\cos\theta + \cos^3\theta}{4}\right) \tag{7.88}$$

与均匀形核的式 (7.72) 相比，两者也仅差一系数项 $\frac{2-3\cos\theta+\cos^3\theta}{4}$。

从图 7.8 可见，θ 的变化范围是 $0\sim\pi$，则 $\cos\theta$ 的取值范围是 $1\sim-1$。当 $\theta=0$ 时，

$\cos\theta = 1$, 得

$$\frac{2 - 3\cos\theta + \cos^3\theta}{4} = 0 \tag{7.89}$$

$$\Delta G_{临界} = 0 \tag{7.90}$$

当 $\theta = \pi$ 时, $\cos\theta = -1$, 得

$$\frac{2 - 3\cos\theta + \cos^3\theta}{4} = 1 \tag{7.91}$$

$$\Delta G_{临界} = \frac{16\pi\sigma_{\alpha L}^3}{3(\Delta G_V)^2} \tag{7.92}$$

当 $\theta > \pi$ 时, $\cos\theta < 1$, 得

$$\frac{2 - 3\cos\theta + \cos^3\theta}{4} < 1 \tag{7.93}$$

$$\Delta G_{临界} < \frac{16\pi\sigma_{\alpha L}^3}{3(\Delta G_V)^2} \tag{7.94}$$

与均匀形核的式（7.72）相比, 可见非均匀形核的临界晶核形成功小于均匀形核的临界晶核形成功。除非 $\theta = \pi$, 而这时球冠形晶核已成为球形晶核, 壁平面对形核已不起作用, 非均匀形核已相当于均匀形核。上述分析也适用于非球冠形晶核。

b 非均匀形核的速率

非均匀形核的速率表达式如同式（7.74）, 由于非均匀形核功小于均匀形核功, 所以非均匀形核在小的过冷度下就可有高的形核速率。

将非均匀形核速率对过冷度 ΔT 作图, 所得曲线如图 7.9 所示。由图可见, 随着过冷度增大, 形核速率由小到大过渡较为平稳, 不像均匀形核那样突然；随着过冷度增加, 形核速率达到最大值后, 曲线下降并中断。这是因为形核速率达到最大值时新相晶核使用了大部分固相形核中心, 已少有形核中心了。

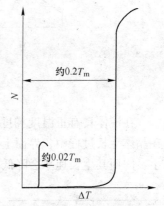

图 7.9 均匀形核速率和非均匀形核速率随过冷度变化的对比

7.2.1.2 纯物质晶体生长

形成稳定的晶核后, 晶体逐渐长大的过程就是晶体生长。对于晶体生长可以从宏观和微观两个方面进行考察。宏观生长是指液体和晶体的界面形态；微观生长是指原子（或离子）进入晶面的方式。下面讨论纯物质（主要是纯金属）的生长情况。

A 晶体的宏观生长

在晶体生长过程中, 液固相界面的形态取决于界面前沿液体中的温度分布。通常有两种情况：一是正温度梯度, 即液固相界面前沿的温度比液体本体温度低。液固相界面前沿液体的过冷度比液体本体过冷度大, 有关系式

$$\frac{dT}{dx} > 0 \tag{7.95}$$

及

$$\frac{d\Delta T}{dx} < 0 \tag{7.96}$$

式中，x 是液固相界面到液相本体某点的距离；ΔT 是过冷度。

这种情况是由于液固界面处散热速度快，结晶潜热能很快散失。二是负温度梯度，即液固相界面前沿温度比液体本体温度高，液固相界面前沿过冷度比液体本体过冷度小，有关系式

$$\frac{dT}{dx} > 0 \tag{7.97}$$

及

$$\frac{d\Delta T}{dx} > 0 \tag{7.98}$$

这种情况是由于液固界面处散热速度慢，结晶潜热不能及时散去，而使界面附近温度升高。图 7.10 给出了两种情况的示意图。

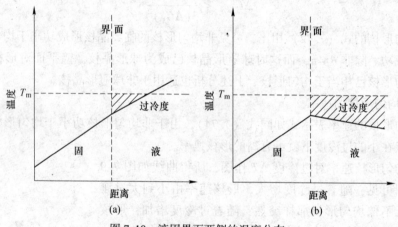

图 7.10 液固界面两侧的温度分布
(a) 正梯度；(b) 负梯度

在液体具有正温度梯度分布的情况下，晶体以界面方式推移长大，如图 7.11 所示。在晶体生长过程中，界面上任何超过界面的小凸起，其过冷度都会比平的界面的过冷度小，因而其生长速率会降低，而被其他部分赶上。

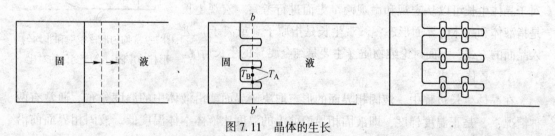

图 7.11 晶体的生长

在液体具有负温度梯度的条件下，界面上偶然的突起会具有更大的过冷度，使其更快地生长，形成枝晶的一级轴。一个枝晶生长过程中放出的潜热使其周围邻近的液体温度升高，过冷度降低，不利于晶体生长，其邻近部分界面生长变慢。所以，枝晶只能在相邻一

定距离的界面上生长，相互平行分布。在一次枝晶生长处的温度比周围液体温度高，形成负温度梯度，这促使枝晶的一级轴上又长出分枝，称为二级轴。依此类推，可以长出多级分枝。在枝晶生长的最后阶段，由于凝固潜热的积累，可使枝晶周围的液体温度升至熔点以上，变成正温度梯度。此时晶体生长变成平面生长方式向液体中推进，直到枝晶间隙全部被填满。

晶体生长的宏观推动力是体系的吉布斯自由能随着晶体体积的增大而减小。

B　晶体的微观生长

晶体长大在微观上是液体原子转移到固体界面上的过程，这种转移的微观方式取决于液–固界面的结构。

液–固界面可按微观结构的不同分为光滑界面和粗糙界面。光滑界面液固两相是截然分开的。固相的表面为基本完整的原子密排晶面，从微观来看界面是光滑的。由于界面上各处晶面取向不同，从宏观来看界面是曲折的，由锯齿形小平面构成，所以也称小平面界面，如图 7.12 所示。一般有机物凝固时形成光滑界面。

粗糙界面从微观来看是凸凹不平的（图 7.13），界面由几个原子厚的过渡层组成，过渡层上有一半位置为原子占据，一半为空位。过渡层很薄，从宏观上看界面反而是平直的，没有曲折的小平面。一般金属凝固时形成粗糙界面，因而粗糙界面也称金属界面。

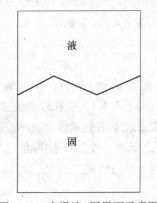

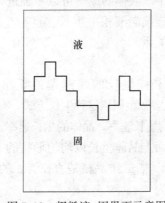

图 7.12　光滑液–固界面示意图　　　　　　图 7.13　粗糙液–固界面示意图

此外，类金属（Bi、Sb、Te、Ga、Si）则形成小台阶式的混合界面。

杰克逊（Jackson）研究了界面的平衡结构，指出界面的平衡结构是界面能最低的结构。假设界面上有 N 个原子位置，其中 n 个被固相原子占据，其占据分数为 $x = \dfrac{n}{N}$，空位分数为 $1-x$，空位数为 $N(1-x)$。形成空位会引起内能和结构熵的变化，即引起表面吉布斯自由能的变化，可表示为

$$\frac{\Delta G_{S}}{RT_{m}} = \alpha x(1-x) + x\ln x + (1-x)\ln(1-x) \tag{7.99}$$

式中，$R = Nk_{B}$，N 为 1mol 界面原子位置，k_{B} 为玻耳兹曼常数；T_{m} 为熔点。

$$\alpha = \frac{\Delta S_{m}}{R} \times \frac{Z'}{Z} \tag{7.100}$$

式中，ΔS_m 为摩尔熔化熵，$\Delta S_m = \dfrac{L_m}{T_m}$，这里也是 1mol 界面原子形成空位所引起的结构熵的变化；L_m 为摩尔熔化潜热；Z 为晶体的配位数；Z' 为晶体表面配位数。

对于不同的 α 值，将 $\dfrac{\Delta G_S}{RT}$ 对 x 作图，得图 7.14。

由图可见，对于 $\alpha \le 2$ 的曲线，在 $x = 0.5$ 处界面能具有极小值，即界面的平衡结构应是有一半的原子位置被固相原子占据，而另一半的原子位置空着，这种界面为粗糙界面。金属凝固时的界面就是这种情况。

对于 $\alpha \ge 5$ 的曲线，在 x 取值为 0 时，附近界面能取极小值，这表明界面的平衡结构应该是只有几个原子的位置都被固相原子占据，这种界面为基本完整的界面，即光滑界面。

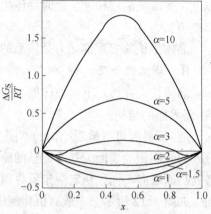

图 7.14 α 取值不同时 $\dfrac{\Delta G_S}{RT}$ 与 x 关系曲线图

C 晶体微观生长方式和长大速率

晶体的微观生长方式与界面结构有关。粗糙界面上约有 50% 的原子空位，这些位置都可以接受原子。液体的原子可以单独进入空位与晶体相连接，界面沿其法线方向垂直向前推移。晶体连续向液相中生长，这种生长方式称连续生长。其生长线速率与过冷度成正比，有以下关系

$$J_{g1} = k_1 \Delta T \tag{7.101}$$

式中，J_{g1} 为晶体生长的线速率，即晶面向液相中推移的速率；k_1 为比例常数，cm/(s·K)。大多数金属取这种生长方式。有人估计 $k_1 \approx 1$cm/(s·K)，故在较小的过冷度下，就可以有较大的生长速率。晶体的生长速率还受凝固时释放的潜热和热量传导速率控制。

光滑界面上晶体生长以均匀形核的方式在小平面上形成一个原子层厚的二维晶核，如图 7.15 所示。若二维晶核是边长为 a 的正方形，厚为 b，则形成二维晶核时体系的吉布斯自由能变化为

$$\Delta G = a^2 b \Delta G_V + 4ab\sigma \tag{7.102}$$

将式 (7.102) 对 a 求导，并令

$$\frac{d(\Delta G)}{da} = 0$$

得临界二维晶核的尺寸为

$$a_{临} = -\frac{2\sigma}{\Delta G_V} \tag{7.103}$$

将式 (7.67) 代入式 (7.103)，得

$$a_{临} = \frac{2\sigma T_m}{L_m \Delta T} \tag{7.104}$$

将式 (7.103) 代入式 (7.102)，得

$$\Delta G_{临} = a_{临}^2 b \Delta G_V + 4a_{临} b\sigma = -\frac{4\sigma^2 b}{\Delta G_V} \tag{7.105}$$

将式 (7.100) 代入式 (7.105),得

$$\Delta G_{临} = -\frac{4\sigma^2 bT_{\mathrm{m}}}{L_{\mathrm{m}}\Delta T} \qquad (7.106)$$

临界表面自由能为

$$\Delta G_{表临} = 4ab\sigma = -\frac{8\sigma^2 bT_{\mathrm{m}}}{L_{\mathrm{m}}\Delta T} \qquad (7.107)$$

比较式 (7.106) 与式 (7.107),得

$$\Delta G_{临} = \frac{1}{2}\Delta G_{表临} \qquad (7.108)$$

即二维晶核形核功为表面能的二分之一,所以二维晶核需要在有能量起伏的界面微观区域形成。界面上形成二维晶核后,与原界面间形成台阶,个别原子可在台阶上填充,使二维晶核侧向生长,当该层填满后,再在新的界面上生成二维晶核,继续填满,如此反复,晶体逐渐长大。这种晶体生长是不连续的,其生长速率取决于二维晶核的形核率,故有

$$J_{g2} = k_2\exp\left(-\frac{b}{\Delta T}\right) \qquad (7.109)$$

式中,k_2 和 b 都是常数。由式 (7.109) 可见,随着冷度 ΔT 增大,晶体生长速率增加。

若在液–固界面上存在晶体缺陷,它常可作为向界面上添加原子的台阶,使晶体连续生长,最简单的台阶就是光滑界面上的螺旋位错露头,使该界面成为螺旋面,形成不会消失的台阶,原子附着在台阶上使晶体长大。其生长速率为

$$J_{g3} = k_3\left(\Delta T\right)^2 \qquad (7.110)$$

式中,k_3 为比例常数。其长大速率低于连续生长的情况。

上述三种长大方式与过冷度的关系如图 7.15 所示。

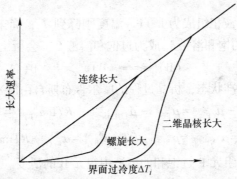

图 7.15 三种生长方式长大速率与过冷度的关系

7.2.2 具有最低共熔点的二元系凝固过程的热力学

图 7.16 是具有最低共熔点的二元系相图。

在恒压条件下,物质组成为 P 的液体降温凝固。温度降到 T_1,物质组成点到达液相线上的 P_1 点,也是平衡液相组成的 l_1 点,两者重合。有

$$l_1 \Longleftrightarrow B(s)$$

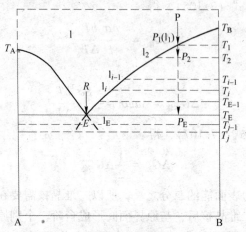

图 7.16 具有最低共熔点的二元系相图

即

$$(B)l_1 \Longrightarrow (B)_{饱和} \Longrightarrow B(s)$$

l_1 是组元 B 的饱和溶液。液固两相平衡，相变在平衡状态下进行。固相和液相中的组元 B 都以纯固态为标准状态，摩尔吉布斯自由能变化为

$$\Delta G_{m, B} = \mu_{B(s)} - \mu_{(B)l_1} = \mu_{B(s)}^* - \mu_{B(s)}^* - RT\ln a_{(B)l_1}^R = -RT\ln a_{(B)饱和}^R = 0$$

或如下计算

$$\Delta G_{m, B}(T_1) = G_{m, B(s)}(T_1) - \overline{G}_{m, (B)l_1}(T_1)$$

$$= (H_{m, B(s)}(T_1) - T_1 S_{m, B(s)}(T_1)) - (\overline{H}_{m, (B)l_1}(T_1) - T_1 S_{m, (B)l_1}(T_1))$$

$$= \Delta_{ref}H_{m, B}(T_1) - T_1 \Delta_{ref}S_{m, B}(T_1) = \Delta_{ref}H_{m, B}(T_1) - T_1 \frac{\Delta_{ref}H_{m, A}(T_1)}{T_1} = 0$$

继续降温到 T_2，平衡液相组成为 l_2 点。温度刚降到 T_2，尚未来得及析出固相组元 B 时，在温度 T_1 时组元 B 的饱和溶液 l_1 成为过饱和溶液 l_1'，会析出固相组元 B，有

$$(B)_{l_1'} \Longrightarrow (B)_{饱和} \Longrightarrow B(s)$$

以纯固态组元 B 为标准状态，析晶过程的摩尔吉布斯自由能变化为

$$\Delta G_{m, B} = \mu_{B(s)} - \mu_{(B)l_1'} = \mu_{B(s)} - \mu_{(B)过饱} = -RT\ln a_{(B)l_1'}^R = -RT\ln a_{(B)过饱}^R \qquad (7.111)$$

式中，$\mu_{B(s)} = \mu_{B(s)}^*$；$\mu_{(B)l_1'} = \mu_{(B)过饱} = \mu_{B(s)}^* + RT\ln a_{(B)l_1'}^R = \mu_{B(s)}^* + RT\ln a_{(B)过饱}^R$；$a_{(B)l_1'}^R$ 和 $a_{(B)过饱}^R$ 分别是在温度 T_2，液相 l_1' 即组元 B 过饱和的溶液中组元 B 的活度。

或者如下计算：

$$\Delta G_{m, B}(T_2) = G_{m, B(s)}(T_2) - \overline{G}_{m, (B)l_1'}(T_2)$$

$$= (H_{m, B(s)}(T_2) - T_2 S_{m, B(s)}(T_2)) - (\overline{H}_{m, (B)l_1'}(T_2) - T_2 \overline{S}_{m, B(s)l_1'}(T_2))$$

$$= \Delta_{ref}H_{m, B}(T_2) - T_2 \Delta_{ref}S_{m, B}(T_2) \approx \Delta_{ref}H_{m, B}(T_1) - T_2 \Delta_{ref}S_{m, B}(T_1)$$

$$= \Delta_{ref}H_{m, B}(T_1) - T_2 \frac{\Delta_{ref}H_{m, B}(T_1)}{T_1} = \frac{\theta_{B, T_2}\Delta_{ref}H_{m, B}(T_1)}{T_1}$$

$$= \eta_{B, T_2} \Delta_{ref} H_{m, B}(T_1) \tag{7.112}$$

式中，$\Delta_{ref} H_{m, B}(T_2) \approx \Delta_{ref} H_{m, B}(T_1)$；$\Delta_{ref} S_{m, B}(T_2) \approx \Delta_{ref} S_{m, B}(T_1) = \dfrac{\Delta_{ref} H_{m, B}(T_1)}{T_1}$；$T_1 > T_2$；

$\Delta_{ref} H_{m, B}$、$\Delta_{ref} S_{m, B}$ 为析晶焓、析晶熵，是溶解焓、溶解熵的负值；$\theta_{B, T_2} = T_1 - T_2 > 0$ 为组元 B

在温度 T_2 的绝对饱和过冷度；$\eta_{B, T_2} = \dfrac{T_1 - T_2}{T_1} > 0$ 为组元 B 在温度 T_2 的相对饱和过冷度。

直到固相组元 B 与液相达到平衡，液相成为饱和溶液，平衡液相组成为组元 B 的饱和溶解度线 ET_B 上的 l_2 点。有

$$(B)_{l_2} =\!=\!= (B)_{饱和} =\!\!=\!\!= B(s)$$

继续降温，从 T_1 到 T_E，析晶过程同上。可以统一表述如下：在温度 T_{i-1}，析出的固相组元 B 与液相平衡，有

$$(B)_{l_{i-1}} =\!=\!= (B)_{过饱} =\!\!=\!\!= B(s)$$

在温度刚降至 T_i，还未来得及析出固相组元 B 时，在温度 T_{i-1} 的饱和溶液 l_{i-1} 成为过饱和溶液 l'_{i-1}，析出固相组元 B，即

$$(B)_{l'_{i-1}} =\!=\!= (B)_{过饱} =\!\!=\!\!= B(s)$$

以纯固态组元 B 为标准状态，在温度 T_i，析晶过程的摩尔吉布斯自由能变化为

$$\Delta G_{m, B} = \mu_{B(s)} - \mu_{(B)_{过饱}} = \mu_{B(s)} - \mu_{(B)_{l'_{i-1}}}$$
$$= -RT\ln a^R_{(B)_{过饱}} = -RT\ln a^R_{(B)_{l'_{i-1}}} \quad (i = 1, 2, \cdots, n) \tag{7.113}$$

式中，$\mu_{B(s)} = \mu^*_{B(s)}$；$\mu_{(B)_{过饱}} = \mu^*_{B(s)} + RT\ln a^R_{(B)_{过饱}} = \mu^*_{B(s)} + RT\ln a^R_{(B)_{l'_{i-1}}}$；$a^R_{(B)_{过饱}}$ 和 $a^R_{(B)_{l'_{i-1}}}$ 分别是

在温度 T_i，液相 l'_{i-1} 即组元 B 的过饱和溶液中组元 B 的活度。

也可以如下计算

$$\Delta G_{m, B}(T_i) = G_{m, B(s)}(T_i) - G_{m, (B)_{l'-1}}(T_i)$$
$$\approx \frac{\theta_{B, T_i} \Delta H_{m, B}(T_{i-1})}{T_{i-1}} \approx \eta_{B, T_i} \Delta_{ref} H_{m, B}(T_{i-1}) \tag{7.114}$$

式中，$T_{i-1} > T_i$；$\theta_{B, T_i} = T_{i-1} - T_i > 0$ 为组元 B 在温度 T_i 的绝对饱和过冷度；$\eta_{B, T_i} = \dfrac{T_{i-1} - T_i}{T_{i-1}}$

> 0 为组元 B 在温度 T_i 的相对饱和过冷度。

直到过饱和液相析出固相组元 B 达到饱和，固液两相平衡，平衡液相组成为 l_i，有

$$(B)_{l_i} =\!=\!= (B)_{饱和} =\!\!=\!\!= B(s)$$

在温度 T_{E-1}，固相组元 B 与液相平衡，有

$$(B)_{l_{E-1}} =\!=\!= (B)_{饱和} =\!\!=\!\!= B(s)$$

继续降温到 T_E。在温度刚降到 T_E，固相组元 B 还未来得及析出时，在温度 T_{E-1} 时组元 B 的饱和溶液 l_{E-1} 成为组元 B 的过饱和溶液 l'_{E-1}，析出固相组元 B，即

$$(B)_{l_{E-1}} =\!=\!= (B)_{过饱} =\!\!=\!\!= B(s)$$

以纯固态组元 B 为标准状态，析晶过程的摩尔吉布斯自由能变化为

$$\Delta G_{m, B} = \mu_{B(s)} - \mu_{(B)_{过饱}} = \mu_{B(s)} - \mu_{(B)_{l'_{E-1}}} = -RT\ln a^R_{(B)_{过饱}} = -RT\ln a^R_{(B)_{l'_{E-1}}} \tag{7.115}$$

式中，$\mu_{B(s)} = \mu^*_{B(s)} = \mu^*_{B(s)} + RT\ln a^R_{(B)_{过饱}} = \mu^*_{B(s)} + RT\ln a^R_{(B)_{l'_{E-1}}}$；$a^R_{(B)_{过饱}}$ 和 $a^R_{(B)_{l'_{E-1}}}$ 为在温度 T_E 时

的液相 l'_{E-1} 中组元 B 的活度。

也可以如下计算

$$\Delta G_{m,B}(T_E) \approx \frac{\theta_{B,T_E}\Delta_{ref}H_{m,B}(T_{E-1})}{T_{E-1}} \approx \eta_{B,T_E}\Delta H_{m,B}(T_{E-1}) \tag{7.116}$$

式中，$T_{E-1} > T_E$；$\theta_{B,T_E} = T_{E-1} - T_E > 0$；$\eta_{B,T_E} = \dfrac{T_{E-1} - T_E}{T_{E-1}} > 0$。

直到溶液成为组元 B 和 A 的饱和溶液。有

$$(B)_{l_E} \Longrightarrow (B)_{饱和} \Longrightarrow B(s)$$
$$(A)_{l_E} \Longrightarrow (A)_{饱和} \Longrightarrow A(s)$$

在温度 T_E，液相 l_E 和固相组元 A、B 三相平衡，有

$$l_E \Longrightarrow A(s) + B(s)$$

即

$$(A)_{l_E} \Longrightarrow (A)_{饱和} \Longrightarrow A(s)$$
$$(B)_{l_E} \Longrightarrow (B)_{饱和} \Longrightarrow B(s)$$

析晶是在恒温恒压平衡状态进行的，液相和固相中的组元 A 和 B 都以纯固态为标准状态，该过程的摩尔吉布斯自由能变化为

$$\Delta G_{m,A} = \mu_{A(s)} - \mu_{(A)和} = \mu_{A(s)} - \mu_{(A)_{l_E}} = \mu^*_{A(s)} - \mu^*_{A(s)} = 0$$
$$\Delta G_{m,B} = \mu_{B(s)} - \mu_{(B)和} = \mu_{B(s)} - \mu_{(B)_{l_E}} = \mu^*_{B(s)} - \mu^*_{B(s)} = 0$$

总摩尔吉布斯自由能变化为

$$\Delta G_m = x_A\Delta G_{m,A} + x_B\Delta G_{m,B} = 0$$

继续降温至 T_E 以下，在低于 T_E 的温度 T_{j-1}，组元 A 和 B 的平衡液相组成分别为组元 A 和 B 的饱和溶液 q_{j-1} 和 l_{j-1}。有

$$(A)_{q_{j-1}} \Longrightarrow (A)_{饱和} \Longrightarrow A(s)$$
$$(B)_{l_{j-1}} \Longrightarrow (B)_{饱和} \Longrightarrow B(s)$$

继续降温至 T_i。温度刚降到 T_i，还未来得及析出固体组元 A 和 B 时，在温度 T_{j-1} 时的组元 A 和 B 的饱和溶液 q_{j-1} 和 l_{j-1} 成为组元 A 和 B 的过饱和溶液 q'_{j-1} 和 l'_{j-1}，析出固相组元 A 和 B，可以表示为

$$(A)_{q'_{j-1}} \Longrightarrow (A)_{过饱} \Longrightarrow A(s)$$
$$(B)_{l'_{j-1}} \Longrightarrow (B)_{过饱} \Longrightarrow B(s)$$

在温度 T_j，组元 A 和 B 的平衡液相组成为 q_j 和 l_j，是组元 A 和 B 的饱和溶液，有

$$(A)_{q_j} \Longrightarrow (A)_{饱和} \Longrightarrow A(s)$$
$$(B)_{l_j} \Longrightarrow (B)_{饱和} \Longrightarrow B(s)$$

以纯固态组元 A 和 B 为标准状态，在温度 T_j，析晶过程的摩尔吉布斯自由能变化为

$$\Delta G_{m,A} = \mu_{A(s)} - \mu_{(A)过饱} = \mu_{A(s)} - \mu_{(A)_{q_{j-1}}} = -RT\ln a^R_{(A)过饱} = -RT\ln a^R_{(A)_{q_{j-1}}} \tag{7.117}$$

$$\Delta G_{m,B} = \mu_{B(s)} - \mu_{(B)过饱} = \mu_{B(s)} - \mu_{(B)_{l_{j-1}}} = -RT\ln a^R_{(B)过饱} = -RT\ln a^R_{(B)_{l_{j-1}}} \tag{7.118}$$

总摩尔吉布斯自由能变化为

$$\Delta G_m = x_A\Delta G_{m,A} + x_B\Delta G_{m,B} = -x_A RT\ln a^R_{(A)_{q_{j-1}}} - x_B RT\ln a^R_{(B)_{l_{j-1}}}$$

也可以如下计算：

$$\Delta G_{m, A}(T_j) \approx \frac{\theta_{A, T_j} \Delta_{ref} H_{m, A}(T_{j-1})}{T_{j-1}} \approx \eta_{A, T_j} \Delta_{ref} H_{m, A}(T_{j-1}) \quad (7.119)$$

$$\Delta G_{m, B}(T_j) \approx \frac{\theta_{B, T_j} \Delta_{ref} H_{m, B}(T_{j-1})}{T_{j-1}} \approx \eta_{B, T_j} \Delta_{ref} H_{m, B}(T_{j-1}) \quad (7.120)$$

式中，$T_{j-1} > T_j$；$\theta_{I, T_j} = T_{j-1} - T_j$；$\eta_{I, T_j} = \dfrac{T_{j-1} - T_j}{T_{j-1}}(I = A、B)$。

总摩尔吉布斯自由能变化为

$$\Delta G_m(T_j) = x_A \Delta G_{m, A}(T_j) + x_B \Delta G_{m, B}(T_j) = \frac{x_A \theta_{A, T_j} \Delta_{ref} H_{m, A}(T_{j-1}) + x_B \theta_{B, T_j} \Delta_{ref} H_{m, B}(T_{j-1})}{T_{j-1}}$$

直到液相组元 A、B 消失，液相完全转变为固相。物相组成点为 P_j。

7.2.3 具有最低共熔点的三元系凝固过程的热力学

图 7.17 为具有最低共熔点的三元系相图。

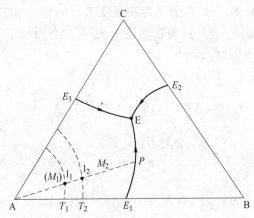

图 7.17 具有最低共熔点的三元系相图

物质组成为 M 点的液体降温冷却。温度降到 T_1，物质组成为液相面 A 上的 M_1 点，平衡液相组成为 l_1 点（两点重合），l_1 是组元 A 的饱和溶液。有

$$(A)_{l_1} \rightleftharpoons (A)_{饱和} \rightleftharpoons A(s)$$

液固两相平衡共存，相变在平衡状态下进行。固相和液相中的组元 A 都以纯固态为标准状态，浓度以摩尔分数表示，摩尔吉布斯自由能变化为

$$\Delta G_{m, A} = \mu_{A(s)} - \mu_{(A)_{l_1}} = \mu_{A(s)}^* - \mu_{A(s)}^* - RT\ln a_{(A)_{l_1}}^R = -RT\ln a_{(A)饱和}^R = 0$$

或如下计算

$$\Delta G_{m, A}(T_1) = G_{m, A(s)}(T_1) - G_{m, (A)_{l_1}}(T_1)$$

$$= (H_{m, A(s)}(T_1) - T_1 S_{m, A(s)}(T_1)) - (H_{m, (A)_{l_1}}(T_1) - T_1 \bar{S}_{m, (A)_{l_1}}(T_1))$$

$$= \Delta_{ref} H_{m, A}(T_1) - T_1 \Delta_{ref} S_{m, A}(T_1) = \Delta_{ref} H_{m, A}(T_1) - T_1 \frac{\Delta_{ref} S_{m, A}(T_1)}{T_1} = 0$$

继续降温到 T_2，物质组成为 M_2 点。温度刚降到 T_2，固体组元 A 还未来得及析出时。

固相组成仍为 l_1，但已由组元 A 的饱和溶液 l_1 变成组元 A 的过饱和溶液 l_1'，析出固相组元 A，即

$$(A)_{l_1'} \Longrightarrow (A)_{过饱} \Longrightarrow A(s)$$

以纯固态组元 A 为标准状态，浓度以摩尔分数表示，析晶过程的摩尔吉布斯自由能变化为

$$\Delta G_{m,A} = \mu_{A(s)} - \mu_{(A)过饱} = \mu_{A(s)} - \mu_{(A)_{l_1'}} = RT\ln a_{(A)_{l_1'}}^R = -RT\ln a_{(A)过饱}^R \qquad (7.121)$$

式中，$\mu_{A(s)} = \mu_{A(s)}^*$；$\mu_{(A)过饱} = \mu_{(A)_{l_1'}} = \mu_{A(s)}^* + RT\ln a_{(A)过饱}^R = \mu_{A(s)}^* + RT\ln a_{(A)_{l_1'}}^R$；$a_{(A)_{l_1'}}^R$ 和 $a_{(A)过饱}^R$ 为温度为 T_2 时，在组成为 l_1' 的溶液中组元 A 的活度。

或如下计算：

$$\Delta G_{m,A}(T_2) = \Delta_{ref}H_{m,A}(T_2) - T_2\Delta_{ref}S_{m,A}(T_2) \qquad (7.122)$$

其中

$$\Delta_{ref}H_{m,A}(T_2) \approx \Delta_{ref}H_{m,A}(T_1) \qquad (7.123)$$

$$\Delta_{ref}S_{m,A}(T_2) \approx \frac{\Delta_{ref}H_{m,A}(T_1)}{T_1} \qquad (7.124)$$

式中，$\Delta_{ref}H_{m,A}(T_2)$ 和 $\Delta_{ref}S_{m,A}(T_2)$ 分别为在温度 T_2，固相 A 和过饱和溶液中 $(A)_{过饱}$ 的热焓差值和熵的差值；$\Delta_{ref}H_{m,A}(T_1)$ 为在温度 T_1 平衡状态固相组元 A 与饱和溶液中组元 $(A)_{饱和}$ 热焓的差值，即 A 的析晶潜热。

将式（7.123）和式（7.124）代入式（7.122），得

$$\Delta G_{m,A}(T_2) \approx \Delta_{ref}H_{m,A}(T_1) - T_2\frac{\Delta_{ref}H_{m,A}(T_1)}{T_1}$$

$$\approx \frac{\theta_{A,T_2}\Delta_{ref}H_{m,A}(T_1)}{T_1} \approx \eta_{A,T_2}\Delta_{ref}H_{m,A}(T_1) \qquad (7.125)$$

式中，$\theta_{A,T_2} = T_1 - T_2 > 0$ 为组元 A 在温度 T_2 的绝对饱和过冷度；$\eta_{A,T_2} = \dfrac{\theta_{A,T_2}}{T_1} = \dfrac{T_1 - T_2}{T_1}$ 为组元 A 在温度 T_2 的相对饱和过冷度。

直到过饱和溶液 l_1' 成为饱和溶液 l_2，固液两相达成新的平衡。有

$$(A)_{l_2} \Longrightarrow (A)_{饱和} \Longrightarrow A(s)$$

继续降温，从温度 T_1 到 T_p，平衡液相组成沿着 AM_1 连线的延长线向共熔线 EE_1 移动，并交于共熔线上的 P 点。析晶过程同上，可以统一表述如下：

在温度 T_{i-1}，固相组元 A 与液相平衡，有

$$(A)_{l_{i-1}} \Longrightarrow (A)_{饱和} \Longrightarrow A(s)$$

继续降温，温度刚降至 T_i，还未来得及析出固相组元 A 时，在温度 T_{i-1} 的饱和溶液 l_{i-1} 成为过饱和溶液 l_{i-1}'。析出固相组元 A，可以表示为

$$(A)_{l_{i-1}'} \Longrightarrow (A)_{过饱} \Longrightarrow A(s)$$

以纯固态组元 A 为标准状态，析晶过程的摩尔吉布斯自由能变化为

$$\Delta G_{m,A} = \mu_{A(s)} - \mu_{(A)过饱} = \mu_{A(s)} - \mu_{(A)_{l_{i-1}'}} = -RT\ln a_{(A)_{l_{i-1}'}}^R = -RT\ln a_{(A)过饱}^R \qquad (7.126)$$

式中，$\mu_{A(s)} = \mu_{A(s)}^*$；$\mu_{(A)过饱} = \mu_{(A)_{l_{i-1}'}} = \mu_{A(s)}^* + RT\ln a_{(A)过饱}^R = \mu_{A(s)}^* + RT\ln a_{(A)_{l_{i-1}'}}^R$。$a_{(A)_{l_{i-1}'}}^R$ 和

$a_{(A)过饱}^R$ 分别为在温度 T_i，溶液 l'_{i-1} 中组元 A 的活度。

或做如下计算

$$\Delta G_{m,A}(T_i) = \frac{\theta_{A,T_i}\Delta_{ref}H_{m,A}(T_{i-1})}{T_{i-1}} = \eta_{A,T_i}\Delta_{ref}H_{m,A}(T_{i-1}) \tag{7.127}$$

式中，$\theta_{A,T_i} = T_{i-1} - T_i$ 为在温度 T_i 时，组元 A 的绝对过饱和度；$\eta_{A,T_i} = \dfrac{T_{i-1} - T_i}{T_{i-1}}$ 为在温度 T_i 时，组元 A 的相对过饱和度。

直到液相成为组元 A 的饱和溶液 l_i，液固两相平衡，有

$$(A)_{l_i} \rightleftharpoons (A)_{饱和} \cdot \rightleftharpoons A(s)$$

在温度 T_{p-1}，析出的固相组元 A 和液相 l_{p-1} 达成平衡，有

$$(A)_{l_{p-1}} \rightleftharpoons (A)_{饱和} \rightleftharpoons A(s)$$

温度降到 T_p，平衡液相组成为共熔线上的 P 点，以 l_p 表示。温度刚降到 T_p 时，固相组元 A 还未来得及析出时，在温度 T_{p-1} 时的平衡液相组成为 l_{p-1} 的组元 A 的饱和溶液成为组元 A 的过饱和溶液 l'_{p-1}。固相组元 A 析出，有

$$(A)_{l'_{p-1}} \rightleftharpoons (A)_{过饱} \rightleftharpoons A(s)$$

以纯固态组元 A 为标准状态，浓度以摩尔分数表示，析晶过程的摩尔吉布斯自由能变化为

$$\Delta G_{m,A} = \mu_{A(s)} - \mu_{(A)过饱} = \mu_{A(s)} - \mu_{(A)_{l'_{p-1}}} = -RT\ln a_{(A)_{l'_{p-1}}}^R = -RT\ln a_{(A)过饱}^R \tag{7.128}$$

式中，$\mu_{A(s)} = \mu_{A(s)}^*$；$\mu_{(A)过饱} = \mu_{A(s)}^* + RT\ln a_{(A)过饱}^R = \mu_{A(s)}^* + RT\ln a_{(A)_{l'_{p-1}}}^R$。

或如下计算：

$$\Delta G_{m,A}(T_p) \approx \frac{\theta_{A,T_p}\Delta_{ref}H_{m,A}(T_{p-1})}{T_{p-1}} \approx \eta_{A,T_p}\Delta_{ref}H_{m,A}(T_{p-1}) \tag{7.129}$$

式中，$\theta_{A,T_p} = T_{p-1} - \dot{T}_p$ 为组元 A 在温度 T_p 的绝对饱和过冷度；$\eta_{A,T_p} = \dfrac{T_{p-1} - T_p}{T_{p-1}}$ 为组元 A 在温度 T_p 的相对饱和过冷度。

直到液相成为组元 A 和 B 的饱和溶液 l_p，液固相达成新的平衡，有

$$(A)_{l_p} \rightleftharpoons (A)_{饱和} \rightleftharpoons A(s)$$
$$(B)_{l_p} \rightleftharpoons (B)_{饱和} \rightleftharpoons B(s)$$

继续降温，从温度 T_p 到 T_E，平衡液相组成沿共熔线 EE_1 移动。同时析出固相组元 A 和 B。析晶过程可以统一表示为：在温度 T_{j-1}，析晶过程达成平衡，即固相组元 A 和 B 与液相 l_{j-1} 平衡，有

$$(A)_{l_{j-1}} \rightleftharpoons (A)_{饱和} \rightleftharpoons A(s)$$
$$(B)_{l_{j-1}} \rightleftharpoons (B)_{饱和} \rightleftharpoons B(s)$$

温度降至 T_j，在温度刚降至 T_j，液相 l_{j-1} 还未来得及析出固相组元 A 和 B 时，液相 l_{j-1} 组成未变，但已由温度 T_j 时组元 A、B 的饱和溶液 l_{j-1} 变成组元 A 和 B 的过饱和溶液 l'_{j-1}，同时，析出固相组元 A 和 B，可以表示为

$$(A)_{l'_{j-1}} \rightleftharpoons (A)_{过饱} \rightleftharpoons A(s)$$
$$(B)_{l'_{j-1}} \rightleftharpoons (B)_{饱和} \rightleftharpoons B(s)$$

以纯固态组元 A 和 B 为标准状态，析晶过程的摩尔吉布斯自由能变化为

$$\Delta G_{\mathrm{m,\ A}} = \mu_{\mathrm{A(s)}} - \mu_{\mathrm{(A)过饱}} = \mu_{\mathrm{A(s)}} - \mu_{\mathrm{(A)}l'_{j-1}} = -RT\ln a^{\mathrm{R}}_{\mathrm{(A)}l'_{j-1}} = -RT\ln a^{\mathrm{R}}_{\mathrm{(A)过饱}} \qquad (7.130)$$

式中，$\mu_{\mathrm{A(s)}} = \mu^*_{\mathrm{A(s)}}$；$\mu_{\mathrm{(A)过饱}} = \mu^*_{\mathrm{A(s)}} + RT\ln a^{\mathrm{R}}_{\mathrm{(A)过饱}} = \mu^*_{\mathrm{A(s)}} + RT\ln a^{\mathrm{R}}_{\mathrm{(A)}l'_{j-1}}$。

和

$$\Delta G_{\mathrm{m,\ B}} = \mu_{\mathrm{B(s)}} - \mu_{\mathrm{(B)过饱}} = \mu_{\mathrm{B(s)}} - \mu_{\mathrm{(B)}l'_{j-1}} = -RT\ln a^{\mathrm{R}}_{\mathrm{(B)}l'_{j-1}} = -RT\ln a^{\mathrm{R}}_{\mathrm{(B)过饱}} \qquad (7.131)$$

式中，$\mu_{\mathrm{B(s)}} = \mu^*_{\mathrm{B(s)}}$；$\mu_{\mathrm{(B)过饱}} = \mu^*_{\mathrm{B(s)}} + RT\ln a^{\mathrm{R}}_{\mathrm{(B)过饱}} = \mu^*_{\mathrm{B(s)}} + RT\ln a^{\mathrm{R}}_{\mathrm{(B)}l'_{j-1}}$。

总摩尔吉布斯自由能变化为

$$\Delta G_{\mathrm{m}} = x_{\mathrm{A}}\Delta G_{\mathrm{m,\ A}} + x_{\mathrm{B}}\Delta G_{\mathrm{m,\ B}} = RT\left[x_{\mathrm{A}}\ln\frac{1}{a^{\mathrm{R}}_{\mathrm{(A)}l'_{j-1}}} + x_{\mathrm{B}}\ln\frac{1}{a^{\mathrm{R}}_{\mathrm{(B)}l'_{j-1}}}\right]$$

或如下计算：

$$\Delta G_{\mathrm{m,\ A}}(T_j) \approx \frac{\theta_{\mathrm{A,}\ T_j}\Delta_{\mathrm{ref}}H_{\mathrm{m,\ A}}(T_{j-1})}{T_{j-1}} \approx \eta_{\mathrm{A,}\ T_j}\Delta_{\mathrm{ref}}H_{\mathrm{m,\ A}}(T_{j-1}) \qquad (7.132)$$

$$\Delta G_{\mathrm{m,\ B}}(T_j) \approx \frac{\theta_{\mathrm{B,}\ T_j}\Delta_{\mathrm{ref}}H_{\mathrm{m,\ B}}(T_{j-1})}{T_{j-1}} \approx \eta_{\mathrm{B,}\ T_j}\Delta_{\mathrm{ref}}H_{\mathrm{m,\ B}}(T_{j-1}) \qquad (7.133)$$

式中，$\theta_{\mathrm{A,}\ T_j} = T_{j-1} - T_j$；$\eta_{\mathrm{A,}\ T_j} = \dfrac{T_{j-1} - T_j}{T_{j-1}}$；$\theta_{\mathrm{B,}\ T_j} = T_{j-1} - T_j$；$\eta_{\mathrm{B,}\ T_j} = \dfrac{T_{j-1} - T_j}{T_{j-1}}$。

总摩尔吉布斯自由能变化为

$$\begin{aligned}\Delta G_{\mathrm{m}}(T_j) &= x_{\mathrm{A}}\Delta G_{\mathrm{m,\ A}}(T_j) + x_{\mathrm{B}}\Delta G_{\mathrm{m,\ B}}(T_j)\\ &= \frac{1}{T_{j-1}}[x_{\mathrm{A}}\theta_{\mathrm{A,}\ T_j}\Delta_{\mathrm{ref}}H_{\mathrm{m,\ A}}(T_{j-1}) + x_{\mathrm{B}}\theta_{\mathrm{B,}\ T_j}\Delta_{\mathrm{ref}}H_{\mathrm{m,\ B}}(T_{j-1})]\\ &= x_{\mathrm{A}}\eta_{\mathrm{A,}\ T_j}\Delta_{\mathrm{ref}}H_{\mathrm{m,\ A}}(T_{j-1}) + x_{\mathrm{B}}\eta_{\mathrm{B,}\ T_j}\Delta_{\mathrm{ref}}H_{\mathrm{m,\ B}}(T_{j-1})\end{aligned}$$

符号意义同前。

在温度 $T_{\mathrm{E-1}}$，析晶过程达成平衡，固相组元 A 和 B 与液相 $l_{\mathrm{E-1}}$ 平衡，有

$$(\mathrm{A})_{l_{\mathrm{E-1}}} =\!=\!= (\mathrm{A})_{饱和} \Longleftrightarrow \mathrm{A(s)}$$

$$(\mathrm{B})_{l_{\mathrm{E-1}}} =\!=\!= (\mathrm{B})_{饱和} \Longleftrightarrow \mathrm{B(s)}$$

温度降到 T_{E}。当温度刚降到 T_{E}，在温度 $T_{\mathrm{E-1}}$ 的平衡液相 $l_{\mathrm{E-1}}$ 还未来得及析出固相组元 A 和 B 时，虽然其组成未变，但已由组元 A、B 的饱和溶液 $l_{\mathrm{E-1}}$ 变成为组元 A 和 B 的过饱和溶液 $l'_{\mathrm{E-1}}$。析出组元 A 和 B 的晶体。析晶过程为

$$(\mathrm{A})_{l_{\mathrm{E-1}}} =\!=\!= (\mathrm{A})_{过饱} =\!=\!= \mathrm{A(s)}$$

$$(\mathrm{B})_{l_{\mathrm{E-1}}} =\!=\!= (\mathrm{B})_{过饱} =\!=\!= \mathrm{B(s)}$$

以纯固态组元 A 和 B 为标准状态，浓度以摩尔分数表示，析晶过程的摩尔吉布斯自由能变化为

$$\Delta G_{\mathrm{m,\ A}} = \mu_{\mathrm{A(s)}} - \mu_{\mathrm{(A)过饱}} = \mu_{\mathrm{A(s)}} - \mu_{\mathrm{(A)}l'_{\mathrm{E-1}}} = -RT\ln a^{\mathrm{R}}_{\mathrm{(A)过饱}} = -RT\ln a^{\mathrm{R}}_{\mathrm{(A)}l'_{\mathrm{E-1}}} \qquad (7.134)$$

式中，$\mu_{\mathrm{A(s)}} = \mu^*_{\mathrm{A(s)}}$；$\mu_{\mathrm{(A)过饱}} = \mu^*_{\mathrm{A(s)}} + RT\ln a^{\mathrm{R}}_{\mathrm{(A)过饱}} = \mu^*_{\mathrm{A(s)}} + RT\ln a^{\mathrm{R}}_{\mathrm{(A)}l'_{\mathrm{E-1}}}$。

$$\Delta G_{\mathrm{m,\ B}} = \mu_{\mathrm{B(s)}} - \mu_{\mathrm{(B)过饱}} = \mu_{\mathrm{B(s)}} - \mu_{\mathrm{(B)}l'_{\mathrm{E-1}}} = -RT\ln a^{\mathrm{R}}_{\mathrm{(B)过饱}} = -RT\ln a^{\mathrm{R}}_{\mathrm{(B)}l'_{\mathrm{E-1}}} \qquad (7.135)$$

式中，$\mu_{\mathrm{B(s)}} = \mu^*_{\mathrm{B(s)}}$；$\mu_{\mathrm{(B)过饱}} = \mu^*_{\mathrm{B(s)}} + RT\ln a^{\mathrm{R}}_{\mathrm{(B)过饱}} = \mu^*_{\mathrm{B(s)}} + RT\ln a^{\mathrm{R}}_{\mathrm{(B)}l'_{\mathrm{E-1}}}$。

总摩尔吉布斯自由能变化为

$$\Delta G_{\mathrm{m}} = x_{\mathrm{A}}\Delta G_{\mathrm{m, A}} + x_{\mathrm{B}}\Delta G_{\mathrm{m, B}} = RT\left[x_{\mathrm{A}}\ln\frac{1}{a^{\mathrm{R}}_{(\mathrm{A})_{l'_{\mathrm{E-1}}}}} + x_{\mathrm{B}}\ln\frac{1}{a^{\mathrm{R}}_{(\mathrm{A})_{l'_{\mathrm{E-1}}}}}\right]$$

或如下计算：

$$\Delta G_{\mathrm{m, A}}(T_{\mathrm{E}}) \approx \frac{\theta_{\mathrm{A}, T_{\mathrm{E}}}\Delta_{\mathrm{ref}}H_{\mathrm{m, A}}(T_{\mathrm{E-1}})}{T_{\mathrm{E'}}} \approx \eta_{\mathrm{A}, T_{\mathrm{E}}}\Delta_{\mathrm{ref}}H_{\mathrm{m, A}}(T_{\mathrm{E-1}}) \quad (7.136)$$

$$\Delta G_{\mathrm{m, B}}(T_{\mathrm{E}}) \approx \frac{\theta_{\mathrm{B}, T_{\mathrm{E}}}\Delta_{\mathrm{ref}}H_{\mathrm{m, B}}(T_{\mathrm{E-1}})}{T_{\mathrm{E'}}} \approx \eta_{\mathrm{B}, T_{\mathrm{E}}}\Delta_{\mathrm{ref}}H_{\mathrm{m, B}}(T_{\mathrm{E-1}}) \quad (7.137)$$

式中，$T_{\mathrm{E-1}} > T_{\mathrm{E}}$；$\theta_{j, T_{\mathrm{E}}} = T_{\mathrm{E-1}} - T_{\mathrm{E}}$；$\eta_{j, T_{\mathrm{E}}} = \dfrac{T_{\mathrm{E-1}} - T_{\mathrm{E}}}{T_{\mathrm{E-1}}}$。

总摩尔吉布斯自由能变化为

$$\Delta G_{\mathrm{m}}(T_{\mathrm{E}}) = x_{\mathrm{A}}\Delta G_{\mathrm{m, A}}(T_{\mathrm{E}}) + x_{\mathrm{B}}\Delta G_{\mathrm{m, B}}(T_{\mathrm{E}})$$

$$= \frac{1}{T_{\mathrm{E}}}\left[x_{\mathrm{A}}\theta_{\mathrm{A}, T_{\mathrm{E}}}\Delta_{\mathrm{ref}}H_{\mathrm{m, A}}(T_{\mathrm{E-1}}) + x_{\mathrm{B}}\theta_{\mathrm{B}, T_{\mathrm{E}}}\Delta_{\mathrm{ref}}H_{\mathrm{m, B}}(T_{\mathrm{E-1}})\right]$$

$$= x_{\mathrm{A}}\eta_{\mathrm{A}, T_{\mathrm{E}}}\Delta_{\mathrm{ref}}H_{\mathrm{m, A}}(T_{\mathrm{E-1}}) + x_{\mathrm{B}}\eta_{\mathrm{B}, T_{\mathrm{E}}}\Delta_{\mathrm{ref}}H_{\mathrm{m, B}}(T_{\mathrm{E-1}})$$

直到液相成为组元 A、B 和 C 的饱和溶液 E(1)，液固相达成新的平衡，有

$$(\mathrm{A})_{\mathrm{E(1)}} =\!=\!= (\mathrm{A})_{饱和} \Longleftrightarrow \mathrm{A(s)}$$

$$(\mathrm{B})_{\mathrm{E(1)}} =\!=\!= (\mathrm{B})_{饱和} \Longleftrightarrow \mathrm{B(s)}$$

$$(\mathrm{C})_{\mathrm{E(1)}} =\!=\!= (\mathrm{C})_{饱和} \Longrightarrow \mathrm{C(s)}$$

在温度 T_{E}，液相 E(1) 是组元 A、B 和 C 的饱和溶液。液相 E(1) 和固相 A、B、C 四相平衡共存，析晶在平衡状态下进行。摩尔吉布斯自由能变化为零

$$\Delta G_{\mathrm{m, A}} = 0$$

$$\Delta G_{\mathrm{m, B}} = 0$$

$$\Delta G_{\mathrm{m, C}} = 0$$

总摩尔吉布斯自由能变化为

$$\Delta G_{\mathrm{m}} = x_{\mathrm{A}}\Delta G_{\mathrm{m, A}} + x_{\mathrm{B}}\Delta G_{\mathrm{m, B}} + x_{\mathrm{C}}\Delta G_{\mathrm{m, C}} = 0$$

在温度 T_{E}，恒压条件下，四相平衡共存，即

$$\mathrm{E(1)} \Longleftrightarrow \mathrm{A(s)} + \mathrm{B(s)} + \mathrm{C(s)}$$

在温度刚降到 T_{E} 以下，还未来得及析出固相组元 A、B 和 C。液相 E(1) 就成为组元 A、B 和 C 的过饱和溶液。析出固相组元 A、B 和 C，直到液相消失。具体描述如下：

在 T_{E} 以下的温度 T_{k-1}，组元 A、B、C 的平衡液相组成为 q_{k-1}、l_{k-1}、g_{k-1}；在温度 T_k，组元 A、B、C 的平衡液相组成为 q_k、l_k、g_k。在温度刚降到 T_k 还未来得及析出固相组元 A、B、C 时，在温度 T_{k-1} 时的平衡液相 q_{k-1}、l_{k-1}、g_{k-1} 成为组元 A、B、C 的过饱和溶液 q'_{k-1}、l'_{k-1}、g'_{k-1}，析出固相组元 A、B、C，表示为

$$(\mathrm{A})_{q_{k-1}} =\!=\!= (\mathrm{A})_{过饱} =\!=\!= \mathrm{A(s)}$$

$$(\mathrm{B})_{l_{k-1}} =\!=\!= (\mathrm{B})_{过饱} =\!=\!= \mathrm{B(s)}$$

$$(\mathrm{C})_{g_{k-1}} =\!=\!= (\mathrm{C})_{过饱} =\!=\!= \mathrm{C(s)}$$

以纯固态组元 A、B 和 C 为标准状态，析晶过程的摩尔吉布斯自由能变化为

$$\Delta G_{m,A} = \mu_{A(s)} - \mu_{(A)过饱} = \mu_{A(s)} - \mu_{(A)q'_{k-1}} = -RT\ln a_{(A)过饱}^R = -RT\ln a_{(A)q'_{k-1}}^R \tag{7.138}$$

式中，$\mu_{A(s)} = \mu_{A(s)}^*$；$\mu_{(A)过饱} = \mu_{A(s)}^* + RT\ln a_{(A)过饱}^R = \mu_{A(s)}^* + RT\ln a_{(A)q'_{k-1}}^R$。

$$\Delta G_{m,B} = \mu_{B(s)} - \mu_{(B)过饱} = \mu_{B(s)} - \mu_{(B)l'_{k-1}} = -RT\ln a_{(B)过饱}^R = -RT\ln a_{(B)l'_{k-1}}^R \tag{7.139}$$

式中，$\mu_{B(s)} = \mu_{B(s)}^*$；$\mu_{(B)过饱} = \mu_{B(s)}^* + RT\ln a_{(B)过饱}^R = \mu_{B(s)}^* + RT\ln a_{(B)l'_{k-1}}^R$。

$$\Delta G_{m,C} = \mu_{C(s)} - \mu_{(C)过饱} = \mu_{C(s)} - \mu_{(C)g'_{k-1}} = -RT\ln a_{(C)过饱}^R = -RT\ln a_{(C)g'_{k-1}}^R \tag{7.140}$$

式中，$\mu_{C(s)} = \mu_{C(s)}^*$；$\mu_{(C)过饱} = \mu_{C(s)}^* + RT\ln a_{(C)过饱}^R = \mu_{C(s)}^* + RT\ln a_{(C)g'_{k-1}}^R$。

总摩尔吉布斯自由能变化为

$$\Delta G_m = x_A \Delta G_{m,A} + x_B \Delta G_{m,B} + x_C \Delta G_{m,C} = RT\left[x_A \ln \frac{1}{a_{(A)q'_{k-1}}^R} + x_B \ln \frac{1}{a_{(B)l'_{k-1}}^R} + x_C \ln \frac{1}{a_{(C)g'_{k-1}}^R} \right]$$

或如下计算：

$$\Delta G_{m,A}(T_k) \approx \frac{\theta_{A,T_k} \Delta_{ref} H_{m,A}(T_{k-1})}{T_{k-1}} \approx \eta_{A,T_k} \Delta_{ref} H_{m,A}(T_{k-1}) \tag{7.141}$$

$$\Delta G_{m,B}(T_k) \approx \frac{\theta_{B,T_k} \Delta_{ref} H_{m,B}(T_{k-1})}{T_{k-1}} \approx \eta_{B,T_k} \Delta_{ref} H_{m,B}(T_{k-1}) \tag{7.142}$$

$$\Delta G_{m,C}(T_k) \approx \frac{\theta_{C,T_k} \Delta_{ref} H_{m,C}(T_{k-1})}{T_{k-1}} \approx \eta_{C,T_k} \Delta_{ref} H_{m,C}(T_{k-1}) \tag{7.143}$$

式中，$T_{k-1} > T_k$；$\theta_{j,T_k} = T_{k-1} - T_k > 0$；$\eta_{j,T_k} = \dfrac{T_{k-1} - T_k}{T_{k-1}} > 0$。

总摩尔吉布斯自由能变化为

$$\Delta G_m(T_k) = x_A \Delta G_{m,A}(T_k) + x_B \Delta G_{m,B}(T_k) + x_C \Delta G_{m,C}(T_k)$$

$$= \frac{1}{T_{k-1}}\left[x_A \theta_{A,T_k} \Delta_{ref} H_{m,A}(T_{k-1}) + x_B \theta_{B,T_k} \Delta_{ref} H_{m,B}(T_{k-1}) + x_C \theta_{C,T_k} \Delta_{ref} H_{m,C}(T_{k-1}) \right]$$

$$= x_A \eta_{A,T_k} \Delta_{ref} H_{m,A}(T_{k-1}) + x_B \eta_{B,T_k} \Delta_{ref} H_{m,B}(T_{k-1}) + x_C \eta_{C,T_k} \Delta_{ref} H_{m,C}(T_{k-1})$$

直到组元 A、B、C 完全析出，液相消失。

7.3　固态相变

7.3.1　固态相变的类型

7.3.1.1　固态相变的变化内容

固态相变包括三种变化：

（1）晶体结构的变化；

（2）化学成分的变化；

（3）有序程度的变化。

有些相变只包括其中一种变化，有些相变包括其中两种变化或三种变化。例如，晶体的同素异构转变，只是晶体结构的变化；调幅分解只是晶体的化学成分的变化；合金的有

序化转变，只是晶格中原子的配位发生变化；脱溶（沉淀）既有晶体结构转变又有化学成分变化。

7.3.1.2 固态相变的类型

固态相变有多种类型，可以按照不同的方法进行分类，通常有按热力学分类和按原子迁移情况分类。

按热力学分类是根据相变前后热力学函数的变化，即按化学势的变化将相变分为一级相变、二级相变和 n 级相变。新旧两相的化学势相等，但化学势的一阶偏导数不等，为一级相变；新旧两相的化学势相等，化学势的一阶偏导数也相等，但化学势的二阶偏导数不等，为二级相变；新旧两相的化学势相等，化学势的一阶偏导数相等、二阶偏导数也相等，但化学势的三阶偏导数不等，称为三级相变。依次类推，化学势的 $n-1$ 阶导数相等，n 阶导数不等，称为 n 级相变。一级固态相变的例子有脱溶转变、共析转变、调幅分解等；二级相变的例子有材料的磁性转变、合金中的无序-有序转变等。

按动力学分类，即按原子迁移情况分类，是根据相变过程中原子迁移情况将固态相变分为扩散型相变和非扩散型相变。扩散型相变是指相变过程由原子迁移来实现；非扩散型相变是指相变过程中没有原子的迁移。扩散型相变的例子有纯物质的同素异构转变、固溶体的脱溶转变、共析转变、调幅分解等；非扩散型相变的例子有铁碳合金中的马氏体转变，低温条件下纯金属锆、钛、锂、钴的同素异构转变等。

此外，还有一些相变既可以划分为扩散型，又可以划分为非扩散型，例如贝氏体转变等。

7.3.2 固态相变的热力学性质

7.3.2.1 一级相变

相变时，新、旧两相的化学势相等，但化学势的一阶偏导数不等，称为一级相变。有

$$\mu^{\alpha} = \mu^{\beta}$$

$$\left(\frac{\partial \mu^{\alpha}}{\partial T}\right)_{p} \neq \left(\frac{\partial \mu^{\beta}}{\partial T}\right)_{p}$$

$$\left(\frac{\partial \mu^{\alpha}}{\partial p}\right)_{T} \neq \left(\frac{\partial \mu^{\beta}}{\partial p}\right)_{T}$$

由

$$\left(\frac{\partial \mu}{\partial p}\right)_{T} = V$$

和

$$\left(\frac{\partial \mu}{\partial T}\right)_{p} = -S$$

可得

$$S^{\alpha} \neq S^{\beta}$$

$$V^{\alpha} \neq V^{\beta}$$

因此，一级相变的熵和体积呈不连续变化，即伴随相变有热量和体积突变。

7.3.2.2　二级相变

相变时，新、旧两相的化学势相等，一阶偏导数也相等，但二阶偏导数不等，称为二级相变。有

$$\mu^\alpha = \mu^\beta$$

$$\left(\frac{\partial \mu^\alpha}{\partial T}\right)_p = \left(\frac{\partial \mu^\beta}{\partial T}\right)_p$$

$$\left(\frac{\partial \mu^\alpha}{\partial p}\right)_T = \left(\frac{\partial \mu^\beta}{\partial p}\right)_T$$

$$\left(\frac{\partial^2 \mu^\alpha}{\partial T^2}\right)_p \neq \left(\frac{\partial^2 \mu^\beta}{\partial T^2}\right)_p$$

$$\left(\frac{\partial^2 \mu^\alpha}{\partial p^2}\right)_T \neq \left(\frac{\partial^2 \mu^\beta}{\partial p^2}\right)_T$$

$$\frac{\partial^2 \mu^\alpha}{\partial p \partial T} \neq \frac{\partial^2 \mu^\beta}{\partial T \partial p}$$

由

$$\left(\frac{\partial^2 \mu^\alpha}{\partial T^2}\right)_p = -\left(\frac{\partial S}{\partial T}\right)_p = -\frac{c_p}{T}$$

$$\left(\frac{\partial^2 \mu^\alpha}{\partial p^2}\right)_T = -\left(\frac{\partial V}{\partial p}\right)_T = kV$$

$$k = \frac{1}{V}\left(\frac{\partial V}{\partial p}\right)_T$$

和

$$\frac{\partial^2 \mu}{\partial T \partial p} = \left(\frac{\partial V}{\partial T}\right)_p = \alpha V$$

$$\alpha = \frac{1}{V}\left(\frac{\partial V}{\partial T}\right)_p$$

可得

$$S^\alpha = S^\beta$$

$$V^\alpha = V^\beta$$

$$c_p^\alpha \neq c_p^\beta$$

$$k^\alpha \neq k^\beta$$

$$\alpha^\alpha = \alpha^\beta$$

式中，k 为压缩系数；α 为膨胀系数；c_p 为恒压热容。可见，二级相变的熵和体积不发生变化，恒压热容、压缩系数、膨胀系数发生变化。

7.3.2.3　一级和二级相变的相图特征

一级相变和二级相变在相图上也有区别（图 7.18）。例如，在二元系相图中，一级相变的 α 和 β 两个单相区被一个两相区隔开，只有在相图的极大点或极小点两相区相遇，仅在此点两相的化学成分相同。而二级相变的 α 和 β 两个单相区只被一条线隔开，在任一平衡点，α 和 β 两相的化学成分都相同。

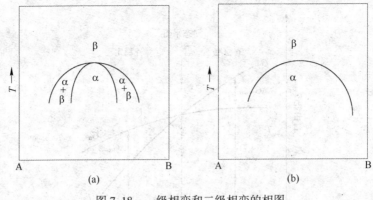

图 7.18 一级相变和二级相变的相图

（a）一级相变；（b）二级相变

7.3.3 固态相变的热力学

大多数固态相变都是由形成晶核和晶核长大实现。晶核由晶胚长成。晶胚能否长成晶核，由相变驱动力和相变阻力共同决定。相变过程体系能量降低。在相变过程中使体系能量降低的因素都是相变的驱动力。固态相变的驱动力有：体积自由能差、母相晶体中的缺陷。在相变过程中使体系能量升高的因素都是相变的阻力。固态相变的阻力有：形成新相时产生的新旧两相的界面能、应变能。

在恒温恒压条件下，固态相变的吉布斯自由能变化为

$$dG = -SdT + Vdp$$

通常认为固态相变发生前后的新相和旧相体积相等，即相变过程体积不变，所以

$$\left(\frac{\partial G}{\partial T}\right)_V = -S$$

$$\left(\frac{\partial^2 G}{\partial T^2}\right)_V = -\left(\frac{\partial S}{\partial T}\right)_V$$

熵总是正值，且随温度升高而增加，所以吉布斯自由能对温度的一阶和二阶导数都是负值，这表明任何固相的吉布斯自由能与温度关系的曲线。吉布斯自由能随着温度的升高而下降，且曲线向下弯曲，如图 7.19 所示。两个相的吉布斯自由能与温度的关系曲线在 T_0 相交。T_0 就是理论相变温度。

$$T > T_0 \quad G_\gamma < G_\alpha \quad \alpha \rightarrow \gamma$$
$$T = T_0 \quad G_\gamma = G_\alpha \quad \alpha \rightleftharpoons \gamma$$
$$T < T_0 \quad G_\gamma > G_\alpha \quad \alpha \leftarrow \gamma$$

因此，相变进行的热力学条件是过冷 $\Delta T = T_0 - T > 0$ 或过热 $\Delta T = T_0 - T < 0$。

在恒温恒压条件下，吉布斯自由能变化

$$\Delta G = G_{末态} - G_{始态} < 0$$

是相变的必要条件，而不是充分条件。因此，即使 $\Delta G < 0$，相变也不一定发生。因为发生相变还要克服阻力，即相变能垒。相变能垒是指相变时，晶格重组需要克服的原子、离子等微粒间的引力。晶体中的微粒克服相变能垒所需的能量来自热振动和机械应力。

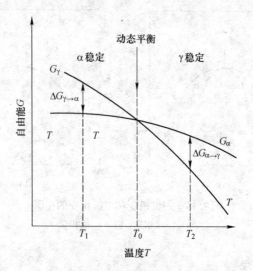

图 7.19   各相自由能与温度的关系曲线

晶体中的微粒热振动不均匀，有些热振动能量高的微粒会克服微粒间的引力离开平衡位置，为晶格重组创造了条件。相变能垒与原子、离子等微粒的激活能相对应。激活能大，表明原子、离子等微粒要被激活需要的能量大；激活能小，表明原子、离子等微粒被激活需要的能量小。因此，激活能小就有更多的原子被激活，而离开原来的平衡位置，进行晶格重组。激活能与温度有关，温度越高，原子、离子等微粒的能量越高，被激活需要的能量越少，就有更多的原子容易被激活，相变更易进行。而自扩散系数的大小可以反映原子、离子等微粒能量的高低，所以相变能垒也可以用自扩散系数表示。

弹塑性变形破坏了晶体局部排列的规律性，产生的内应力强制某些原子、离子等微粒离开平衡位置，实现晶格改组。

7.3.4   固相形核

7.3.4.1   均匀形核

在恒温恒压条件下，固体相变均匀形核的吉布斯自由能变化为

$$\Delta G = -V\Delta G_{\mathrm{V}} + S\sigma + V\Delta G_{\varepsilon} \tag{7.144}$$

式中，V 为新相晶核体积；ΔG_{V} 为新相与母相单位体积吉布斯自由能差；S 为新相的表面积；σ 为新相与母相间的单位面积的界面能；ΔG_{ε} 为形成新相引起的单位体积弹性应变能。

如果晶核是半径为 r 的球形，则上式成为

$$\Delta G = -\frac{4}{3}\pi r^3(\Delta G_{\mathrm{V}} - \Delta G_{\varepsilon}) + 4\pi r^2\sigma \tag{7.145}$$

以 ΔG 对 r 作图，得图 7.20。

由图可见，由于应变能的存在，相变的有效驱动力从 ΔG_{V} 减小到 $\Delta G_{\mathrm{V}} - \Delta G_{\varepsilon}$。$\Delta G$-$r$ 的曲线在 $r = r^*$ 处有一极大值 ΔG^*，将式（7.145）对 r 求导，并令

$$\frac{\partial \Delta G}{\partial r} = 0 \tag{7.146}$$

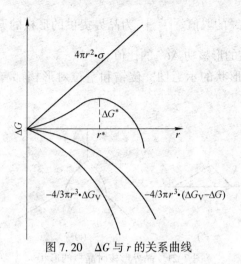

图 7.20 ΔG 与 r 的关系曲线

得

$$r^* = -\frac{2\sigma}{\Delta G_V - \Delta G_\varepsilon} \tag{7.147}$$

将式（7.146）代入式（7.147），得

$$\Delta G^* = \frac{16}{3}\pi\sigma^3(\Delta G_V - \Delta G_\varepsilon)^2 \tag{7.148}$$

式中，r^* 为晶核的临界尺寸。ΔG^* 为临界吉布斯自由能，是晶胚形成晶核要越过的最大能力障碍。

晶胚的尺寸 $r \geq r^*$，随着晶胚长大，体系吉布斯自由能降低，晶胚能够长成晶核；晶胚的尺寸 $r \leq r^*$，随着晶胚长大，体系吉布斯自由能增大，晶胚不能长成晶核。由于弹性应变能 ΔG_ε 存在，固相形核的临界形核功增大，与液相形核相比，固相形核更难。

7.3.4.2 非均匀形核

固相非均匀形核是在各种晶体缺陷的位置，例如晶界、位错等处。晶体缺陷所造成的能量升高使形成晶核的能量降低，因此，非均匀形核比均匀形核容易。

非均匀形核的吉布斯自由能变化为

$$\Delta G = -V\Delta G_V + S\sigma + V\Delta G_\varepsilon - \Delta G_d \tag{7.149}$$

式中，ΔG_d 为形核时由于晶体缺陷消失而释放出的能量。

7.3.4.3 形核速率

均匀形核的形核速率为

$$J = N\nu\exp\left(-\frac{Q + \Delta G^*}{k_B T}\right) = k\exp\left(-\frac{Q + \Delta G^*}{k_B T}\right) \tag{7.150}$$

式中，N 为单位体积母相的原子数；ν 为原子振动频率，有时可以写作 $k_B T/h$。

在晶界处，非均匀形核的形核速率为

$$J = N\nu\left(\frac{\delta}{L}\right)^{3-i}\exp\left(-\frac{Q}{k_B T}\right)\exp\left(\frac{-A_i\Delta G^*}{k_B T}\right) \tag{7.151}$$

式中，δ 为晶界厚度，L 为构成晶界的晶粒的平均直径，$i=0，1，2$，分别表示在界隅、界面和界线三种晶界上形核 i 的取值。$\left(\dfrac{\delta}{L}\right)^{3-i}$ 为晶界提供的形核的原子分数，A_i 为三种晶界形核的形核功与均匀形核的形核功 ΔG^* 的比值。

图 7.21 为三种晶界形状的示意图。位错和空位对形核都有促进作用，可以减少形核功。

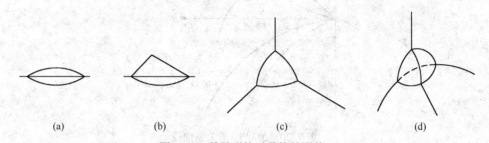

$$\text{(a)} \qquad\qquad \text{(b)} \qquad\qquad\qquad \text{(c)} \qquad\qquad\qquad \text{(d)}$$

图 7.21　晶界形核时晶核的形状

（a）非晶格界面处；（b）共格和非共格界面处；（c）界线处；（d）界隅处

7.3.5　纯固态物质相变的热力学

一般固态物质有多个相。在一定条件下，其中某个相稳定。条件变化，相之间会发生转变。

在恒温恒压条件下，纯物质的两相平衡，可以表示为

$$\alpha - A \Longleftrightarrow \beta - A$$

该过程的摩尔吉布斯自由能变化为

$$
\begin{aligned}
\Delta G_{\mathrm{m},\,A(\alpha\to\beta)}(T_{\text{平}}) &= G_{\mathrm{m},\,\beta\text{-}A}(T_{\text{平}}) - G_{\mathrm{m},\,\alpha\text{-}A}(T_{\text{平}}) \\
&= (H_{\mathrm{m},\,\beta\text{-}A}(T_{\text{平}}) - T_{\text{平}} S_{\mathrm{m},\,\beta\text{-}A}(T_{\text{平}})) - (H_{\mathrm{m},\,\alpha\text{-}A}(T_{\text{平}}) - T_{\text{平}} S_{\mathrm{m},\,\alpha\text{-}A}(T_{\text{平}})) \\
&= (H_{\mathrm{m},\,\beta\text{-}A}(T_{\text{平}}) - H_{\mathrm{m},\,\alpha\text{-}A}(T_{\text{平}})) - T_{\text{平}}(S_{\mathrm{m},\,\beta\text{-}A}(T_{\text{平}}) - S_{\mathrm{m},\,\alpha\text{-}A}(T_{\text{平}})) \\
&= \Delta H_{\mathrm{m},\,A(\alpha\to\beta)}(T_{\text{平}}) - T_{\text{平}} \Delta S_{\mathrm{m},\,A(\alpha\to\beta)}(T_{\text{平}}) \\
&= \Delta H_{\mathrm{m},\,A(\alpha\to\beta)}(T_{\text{平}})^* - T_{\text{平}} \frac{\Delta H_{\mathrm{m},\,A(\alpha\to\beta)}(T_{\text{平}})}{T_{\text{平}}} = 0
\end{aligned}
$$

改变温度到 T。在温度 T，纯物质 A 的相变继续进行，有

$$\alpha - A \Longleftrightarrow \beta - A$$

该过程的摩尔吉布斯自由能变化为

$$
\begin{aligned}
\Delta G_{\mathrm{m},\,A(\alpha\to\beta)}(T) &= G_{\mathrm{m},\,\beta\text{-}A}(T) - G_{\mathrm{m},\,\alpha\text{-}A}(T) \\
&= (H_{\mathrm{m},\,\beta\text{-}A}(T) - T S_{\mathrm{m},\,\beta\text{-}A}(T)) - (H_{\mathrm{m},\,\alpha\text{-}A}(T) - T S_{\mathrm{m},\,\alpha\text{-}A}(T)) \\
&= (H_{\mathrm{m},\,\beta\text{-}A}(T) - H_{\mathrm{m},\,\alpha\text{-}A}(T)) - T(S_{\mathrm{m},\,\beta\text{-}A}(T) - S_{\mathrm{m},\,\alpha\text{-}A}(T)) \\
&= \Delta H_{\mathrm{m},\,A(\alpha\to\beta)}(T) - T \Delta S_{\mathrm{m},\,A(\alpha\to\beta)}(T) \\
&\approx \Delta H_{\mathrm{m},\,A(\alpha\to\beta)}(T_{\text{平}}) - T \frac{\Delta H_{\mathrm{m},\,A(\alpha\to\beta)}(T_{\text{平}})}{T_{\text{平}}} \\
&= \frac{\Delta H_{\mathrm{m},\,A(\alpha\to\beta)}(T_{\text{平}}) \Delta T}{T_{\text{平}}}
\end{aligned}
$$

式中，$\Delta T = T_{平} - T$。

升温相变，相变过程吸热，$\Delta H_{m,A(\alpha \to \beta)} > 0$，$T > T_{平}$，$\Delta T < 0$，$\Delta G_{m,A(\alpha \to \beta)} < 0$。

降温相变，相变过程放热，$\Delta H_{m,A(\alpha \to \beta)} < 0$，$T_{平} > T$，$\Delta T > 0$，$\Delta G_{m,A(\alpha \to \beta)} < 0$。

7.3.6 具有最低共晶点的二元系降温过程相变的热力学

图 7.22 是具有最低共晶点的二元系相图。物质组成点为 P 的固相 γ 降温冷却。温度降到 T_1，物质组成点到达共晶线上的 P_1 点，也是平衡相组成的 q_1 点，两点重合。组元 B 在固相 γ 中溶解达到饱和，两相平衡，有

$$(B)_{q_1} \Longdashes (B)_{饱和} \rightleftharpoons B(s)$$

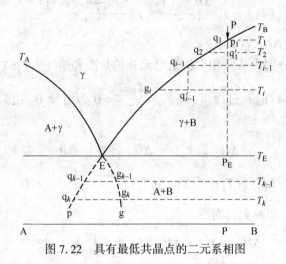

图 7.22 具有最低共晶点的二元系相图

摩尔吉布斯自由能变化为

$$\Delta G_{m,B}(T_1) = G_{m,B(s)}(T_1) - \overline{G}_{m,(B)_{饱和}}(T_1)$$

$$= (H_{m,B(s)}(T_1) - T_1 S_{m,B(s)}(T_1)) - (\overline{H}_{m,(B)_{饱和}}(T_1) - T_1 \overline{S}_{m,(B)_{饱和}}(T_1))$$

$$= (H_{m,B(s)}(T_1) - \overline{H}_{m,(B)_{饱和}}(T_1)) - T_1(S_{m,B(s)} - \overline{S}_{m,(B)_{饱和}}(T_1))$$

$$= \Delta H_{m,B(s)}(T_1) - T_1 \Delta S_{m,B(s)}(T_1)$$

$$= \Delta H_{m,B}(T_1) - T_1 \frac{\Delta H_{m,B}(T_1)}{T_1} = 0$$

或者如下计算：

纯固相组元 B 和组元 B 饱和的 γ 相中组元 B 都以纯固相为标准状态，浓度以摩尔分数表示，则摩尔吉布斯自由能变化为

$$\Delta G_{m,B} = \mu_{B(s)} - \mu_{(B)_{饱和}} = \mu_{B(s)}^* - (\mu_{B(s)}^* + RT \ln a_{(B)_{饱和}}^R) = 0 \qquad (7.152)$$

式中，$\ln a_{(B)_{饱和}}^R = 1$。

继续降温到 T_2。当温度刚降到 T_2，组元 B 还未来得及析出时，γ 相组成未变，但已由组元 B 的饱和相 q_1 变成组元 B 的过饱和的 q_1'，析出组元 B 的晶体，有

$$(B)_{q_1'} \Longdashes (B)_{过饱} \Longdashes B(s)$$

以纯固态组元 B 为标准状态，浓度以摩尔分数表示，析出组元 B 过程的摩尔吉布斯自由能变化为

$$\Delta G_{m,B} = \mu_{B(s)} - \mu_{(B)过饱} = \mu_{B(s)} - \mu_{(B)q_1'} = -RT\ln a^R_{(B)过饱} = -RT\ln a^R_{(B)q_1'} \qquad (7.153)$$

式中，$\mu_{B(s)} = \mu^*_{B(s)}$；$\mu_{(B)过饱} = \mu_{(B)q_1'} = \mu^*_{B(s)} + RT\ln a^R_{(B)过饱} = \mu^*_{B(s)} + RT\ln a^R_{(B)q_1'}$。

或如下计算：

$$\Delta G_{m,B}(T_2) = G_{m,B(s)}(T_2) - \overline{G}_{m,(B)过饱}(T_2)$$

$$= (H_{m,B(s)}(T_2) - T_2 S_{m,B(s)}(T_2)) - (\overline{H}_{m,(B)过饱}(T_2) - T_2 \overline{S}_{m,(B)过饱}(T_2))$$

$$= \Delta H_{m,B}(T_2) - T_2 \Delta S_{m,B}(T_2) \approx \Delta H_{m,B}(T_1) - T_2 \Delta S_{m,B}(T_1)$$

$$\approx \Delta H_{m,B}(T_1) - T_2 \frac{\Delta H_{m,B}(T_1)}{T_1} = \frac{\theta_{B,T_2} \Delta H_{m,B}(T_1)}{T_1}$$

$$= \eta_{B,T_2} \Delta H_{m,B}(T_1) \qquad (7.154)$$

式中，$\Delta H_{m,B}$ 和 $\Delta S_{m,B}$ 分别为从 γ 相中析出组元 B 的焓变和熵变；$T_1 > T_2$，$\theta_{B,T_2} = T_1 - T_2 > 0$ 为组元 B 在温度 T_2 的绝对饱和过冷度；$\eta_{B,T_2} = \dfrac{T_1 - T_2}{T_1} > 0$ 为组元 B 在温度 T_2 的相对饱和过冷度。

$$\Delta H_{m,B}(T_2) \approx \Delta H_{m,B}(T_1) < 0$$

$$\Delta S_{m,B}(T_2) \approx \Delta S_{m,B}(T_1) = \frac{\Delta H_{m,B}(T_1)}{T_1} < 0$$

如果温度 T_1 和 T_2 相差大，则

$$\Delta H_{m,B}(T_2) = \Delta H_{m,B}(T_1) + \int_{T_1}^{T_2} \Delta c_{p,B} dT$$

$$\Delta S_{m,B}(T_1) = \Delta S_{m,B}(T_1) + \int_{T_1}^{T_2} \frac{\Delta c_{p,B}}{T} dT$$

式中，$\Delta c_{p,B}$ 为纯固态组元 B 和 γ 相中组元 B 的热容差，即

$$\Delta c_{p,B} = c_{p,B(s)} - c_{p,(B)过饱}$$

随着组元 B 的析出，组元 B 的过饱和程度逐渐减小，直到达到饱和。达到新的平衡相 q_2 点，有

$$(B)_{q_2} \rightleftharpoons (B)_{饱和} \rightleftharpoons B(s)$$

继续降温。从温度 T_1 到 T_E，析晶过程可以描述如下：

在温度 T_{i-1}，组元 B 达到饱和，平衡相为 q_{i-1}，有

$$(B)_{q_{i-1}} \rightleftharpoons (B)_{饱和} \rightleftharpoons B(s)$$

温度降到 T_i。在温度 T_i，平衡相为 q_i。当温度刚降到 T_i，组元 B 还未来得及析出时，在温度 T_{i-1} 的平衡相 q_{i-1} 的组成未变，但已由组元 B 的饱和相 q_{i-1} 变成为组元 B 的过饱和相 q_{i-1}'，析出组元 B。有

$$(B)_{q_{i-1}'} \rightleftharpoons (B)_{过饱} \rightleftharpoons B(s)$$

以纯固态组元 B 为标准状态，浓度以摩尔分数表示，析出组元 B 的摩尔吉布斯自由能变化为

$$\Delta G_{m,B} = \mu_{B(s)} - \mu_{(B)过饱} = \mu_{B(s)} - \mu_{(B)q_{i-1}'} = -RT\ln a^R_{(B)过饱} = -RT\ln a^R_{(B)q_{i-1}'} \qquad (7.155)$$

式中，$\mu_{B(s)} = \mu_{B(s)}^*$；$\mu_{(B)过饱} = \mu_{(B)q_{i-1}'} = \mu_{B(s)}^* + RT\ln a_{(B)过饱}^R = \mu_{B(s)}^* + RT\ln a_{(B)q_{i-1}'}^R$。

或如下计算：

$$\Delta G_{m, B}(T_i) = G_{m, B(s)}(T_i) - \overline{G}_{m, (B)过饱}(T_i)$$

$$= (H_{m, B(s)}(T_i) - T_i S_{m, B(s)}(T_i)) - (\overline{H}_{m, (B)过饱}(T_i) - T_i \overline{S}_{m, (B)过饱}(T_i))$$

$$= (H_{m, B(s)}(T_i) - \overline{H}_{m, (B)过饱}(T_i)) - T_i(S_{m, B(s)}(T_i) - \overline{S}_{m, (B)过饱}(T_i))$$

$$= \Delta H_{m, B}(T_i) - T_i\Delta S_{m, B}(T_i) \approx \Delta H_{m, B}(T_{i-1}) - T_i\Delta S_{m, B}(T_{i-1})$$

$$= \frac{\theta_{B, T_2}\Delta H_{m, B}(T_{i-1})}{T_{i-1}} = \eta_{B, T_{i-1}}\Delta H_{m, B}(T_{i-1})$$

式中，$T_{i-1} > T_i$；$\theta_{B, T_1} = T_{i-1} - T_i > 0$ 为组元 B 在温度 T_i 的绝对饱和过冷度；$\eta_{B, T_i} = \dfrac{T_{i-1} - T_i}{T_{i-1}} > 0$ 为组元 B 在温度 T_i 的相对饱和过冷度。

$$\Delta H_{m, B}(T_i) \approx \Delta H_{m, B}(T_i) < 0$$

$$\Delta S_{m, B}(T_i) \approx \Delta S_{m, B}(T_{i-1}) = \frac{\Delta H_{m, B}(T_{i-1})}{T_{i-1}}$$

如果温度 T_1 和 T_2 相差大，则

$$\Delta H_{m, B}(T_i) = \Delta H_{m, B}(T_{i-1}) + \int_{T_{i-1}}^{T_i} \Delta c_{p, B}dT$$

$$\Delta S_{m, B}(T_i) = \Delta S_{m, B}(T_{i-1}) + \int_{T_{i-1}}^{T_i} \frac{\Delta c_{p, B}}{T}dT$$

随着组元 B 的析出，组元 B 的过饱和程度逐渐减小，直到达到饱和。达到与 γ 相达成平衡，成为饱和相。有

$$(B)_{q_i} \Longrightarrow (B)_{饱和} \Longleftrightarrow B(s)$$

继续降温。在温度 T_{E-1}，组元 B 达到不饱和，平衡相为 q_{E-1}，有

$$(B)_{q_{E-1}} \Longrightarrow (B)_{饱和} \Longleftrightarrow B(s)$$

继续降温到 T_E。当温度刚降到 T_E，组元 B 还未来得到析出时，在温度 T_{E-1} 的平衡相 q_{E-1} 成为组元 B 的过饱和相 q_{E-1}'，析出组元 B。有

$$(B)_{q_{E-1}'} \Longrightarrow (B)_{过饱} \Longleftrightarrow B(s)$$

以纯固态组元 B 为标准状态，浓度以摩尔分数表示，析出组元 B 的摩尔吉布斯自由能变化为

$$\Delta\mu_{m, B} = \mu_{B(s)} - \mu_{(B)过饱} = \mu_{B(s)} - \mu_{(B)q_{E-1}'} = -RT\ln a_{(B)过饱}^R = -RT\ln a_{(B)q_{E-1}'}^R \quad (7.156)$$

式中，$\mu_{B(s)} = \mu_{B(s)}^*$；$\mu_{(B)过饱} = \mu_{(B)q_{E-1}} = \mu_{B(s)}^* + RT\ln a_{(B)过饱}^R = \mu_{B(s)}^* + RT\ln a_{(B)q_{E-1}'}^R$。

或者如下计算：

$$\Delta G_{m, B}(T_E) = G_{m, B(s)}(T_E) - G_{m, (B)过饱}(T_E)$$

$$= (H_{m, B(s)}(T_E) - T_E S_{m, B(s)}(T_E)) - (\overline{H}_{m, (B)过饱} - T_E \overline{S}_{m, (B)过饱}(T_E))$$

$$= (H_{m, B(s)}(T_E) - \overline{H}_{m, (B)过饱}(T_E)) - T_E(S_{m, B(s)}(T_E) - S_{m, (B)过饱}(T_E))$$

$$= \Delta H_{m, B}(T_E) - T_E\Delta S_{m, B}(T_E) \approx \Delta H_{m, B}(T_{E-1}) - T_E\Delta S_{m, B}(T_{E-1})$$

$$= \frac{\theta_{\mathrm{m},T_{\mathrm{E}}} \Delta H_{\mathrm{m,B}}(T_{\mathrm{E-1}})}{T_{\mathrm{E-1}}} = \eta_{\mathrm{m},T_{\mathrm{E}}} \Delta H_{\mathrm{m,B}}(T_{\mathrm{E-1}})$$

式中，$T_{\mathrm{E-1}} > T_{\mathrm{E}}$；$\theta_{\mathrm{B},T_{\mathrm{E}}} = T_{\mathrm{E-1}} - T_{\mathrm{E}}$ 为组元 B 在温度 T_{E} 的绝对饱和过冷度；$\eta_{\mathrm{B},T_{\mathrm{E}}} = \dfrac{T_{\mathrm{E-1}} - T_{\mathrm{E}}}{T_{\mathrm{E-1}}}$ 为组元 B 在温度 T_{E} 的相对饱和过冷度；$\Delta H_{\mathrm{m,B}}(T_{\mathrm{E}}) \approx \Delta H_{\mathrm{m,B}}(T_{\mathrm{E-1}})$；$\Delta S_{\mathrm{m,B}}(T_{\mathrm{E}}) \approx \Delta S_{\mathrm{m,B}}(T_{\mathrm{E-1}}) = \dfrac{\Delta H_{\mathrm{m,B}}(T_{\mathrm{E-1}})}{T_{\mathrm{E-1}}}$。

如果温度 $T_{\mathrm{E-1}}$ 和 T_{E} 相差大，则

$$\Delta H_{\mathrm{m,B}}(T_{\mathrm{E}}) = \Delta H_{\mathrm{m,B}}(T_{\mathrm{E-1}}) + \int_{T_{\mathrm{E-1}}}^{T_{\mathrm{E}}} \Delta c_{p,\mathrm{B}} \mathrm{d}T$$

$$\Delta S_{\mathrm{m,B}}(T_{\mathrm{E}}) = \Delta S_{\mathrm{m,B}}(T_{\mathrm{E-1}}) + \int_{T_{\mathrm{E-1}}}^{T_{\mathrm{E}}} \frac{\Delta c_{p,\mathrm{B}}}{T} \mathrm{d}T$$

随着组元 B 的析出，组元 B 的过饱和程度逐渐减小，直到达到饱和。达到与 γ 相达成平衡。组元 B 饱和，同时组元 A 也达到饱和，有

$$(\mathrm{B})_{\mathrm{E}} \Longrightarrow (\mathrm{B})_{饱和} \Longrightarrow \mathrm{B(s)}$$
$$(\mathrm{A})_{\mathrm{E}} \Longrightarrow (\mathrm{A})_{饱和} \Longrightarrow \mathrm{A(s)}$$

在温度 T_{E}，三相平衡共存，有

$$\mathrm{E} \Longrightarrow \mathrm{A(s)} + \mathrm{B(s)}$$

即

$$x_{\mathrm{A}}(\mathrm{A})_{\mathrm{E}} + x_{\mathrm{B}}(\mathrm{B})_{\mathrm{E}} \Longrightarrow x_{\mathrm{A}}\mathrm{A(s)} + x_{\mathrm{B}}\mathrm{B(s)}$$

在恒温恒压条件下，在平衡状态，相 E 转变为固相组元 A 和 B，摩尔吉布斯自由能变化为

$$\begin{aligned}
\Delta G_{\mathrm{m,B}}(T_{\mathrm{E}}) &= G_{\mathrm{m,B(s)}}(T_{\mathrm{E}}) - \overline{G}_{\mathrm{m,(B)}_{饱和}}(T_{\mathrm{E}}) \\
&= (H_{\mathrm{m,B(s)}}(T_{\mathrm{E}}) - T_{\mathrm{E}}S_{\mathrm{m,B(s)}}(T_{\mathrm{E}})) - (\overline{H}_{\mathrm{m,(B)}_{饱和}} - T_{\mathrm{E}}\overline{S}_{\mathrm{m,(B)}_{饱和}}(T_{\mathrm{E}})) \\
&= (H_{\mathrm{m,B(s)}}(T_{\mathrm{E}}) - \overline{H}_{\mathrm{m,(B)}_{饱和}}(T_{\mathrm{E}})) - T_{\mathrm{E}}(S_{\mathrm{m,B(s)}}(T_{\mathrm{E}}) - \overline{S}_{\mathrm{m,(B)}_{饱和}}(T_{\mathrm{E}})) \\
&= \Delta H_{\mathrm{m,B}}(T_{\mathrm{E}}) - T_{\mathrm{E}}\Delta S_{\mathrm{m,B}}(T_{\mathrm{E}}) = \Delta H_{\mathrm{m,B}}(T_{\mathrm{E}}) - T_{\mathrm{E}} \frac{\Delta H_{\mathrm{m,B}}(T_{\mathrm{E}})}{T_{\mathrm{E}}} = 0
\end{aligned}$$

$$\begin{aligned}
\Delta G_{\mathrm{m,A}}(T_{\mathrm{E}}) &= G_{\mathrm{m,A(s)}}(T_{\mathrm{E}}) - \overline{G}_{\mathrm{m,(A)}_{饱和}}(T_{\mathrm{E}}) \\
&= (H_{\mathrm{m,A(s)}}(T_{\mathrm{E}}) - T_{\mathrm{E}}S_{\mathrm{m,A(s)}}(T_{\mathrm{E}})) - (\overline{H}_{\mathrm{m,(A)}_{饱和}} - T_{\mathrm{E}}\overline{S}_{\mathrm{m,(A)}_{饱和}}(T_{\mathrm{E}})) \\
&= (H_{\mathrm{m,A(s)}}(T_{\mathrm{E}}) - \overline{H}_{\mathrm{m,(A)}_{饱和}}(T_{\mathrm{E}})) - T_{\mathrm{E}}(S_{\mathrm{m,A(s)}}(T_{\mathrm{E}}) - \overline{S}_{\mathrm{m,(A)}_{饱和}}(T_{\mathrm{E}})) \\
&= \Delta H_{\mathrm{m,A}}(T_{\mathrm{E}}) - T_{\mathrm{E}}\Delta S_{\mathrm{m,A}}(T_{\mathrm{E}}) = \Delta H_{\mathrm{m,A}}(T_{\mathrm{E}}) - T_{\mathrm{E}} \frac{\Delta H_{\mathrm{m,A}}(T_{\mathrm{E}})}{T_{\mathrm{E}}} = 0
\end{aligned}$$

$$\begin{aligned}
\Delta G_{\mathrm{m}}(T_{\mathrm{E}}) &= (x_{\mathrm{A}}G_{\mathrm{m,A(s)}}(T_{\mathrm{E}}) + x_{\mathrm{B}}G_{\mathrm{m,B(s)}}(T_{\mathrm{E}})) - (x_{\mathrm{A}}\overline{G}_{\mathrm{m,(A)}_{\mathrm{E}}}(T_{\mathrm{E}}) + x_{\mathrm{B}}\overline{G}_{\mathrm{m,(B)}_{\mathrm{E}}}(T_{\mathrm{E}})) \\
&= x_{\mathrm{A}}(G_{\mathrm{m,A(s)}}(T_{\mathrm{E}}) - \overline{G}_{\mathrm{m,(A)}_{\mathrm{E}}}(T_{\mathrm{E}})) + x_{\mathrm{B}}(G_{\mathrm{m,B(s)}}(T_{\mathrm{E}}) - \overline{G}_{\mathrm{m,(B)}_{\mathrm{E}}}(T_{\mathrm{E}})) \\
&= x_{\mathrm{A}}(\Delta H_{\mathrm{m,A}}(T_{\mathrm{E}}) - T_{\mathrm{E}}S_{\mathrm{m,A}}(T_{\mathrm{E}})) + x_{\mathrm{B}}(\Delta H_{\mathrm{m,B}}(T_{\mathrm{E}}) - T_{\mathrm{E}}\Delta S_{\mathrm{m,B}}(T_{\mathrm{E}})) = 0
\end{aligned}$$

或如下计算：

以纯固态组元 A 和 B 为标准状态，浓度以摩尔分数表示，摩尔吉布斯自由能变化为

$$\Delta G_{\mathrm{m}} = (x_{\mathrm{A}}\mu_{\mathrm{A(s)}} + x_{\mathrm{B}}\mu_{\mathrm{B(s)}}) - (x_{\mathrm{A}}\mu_{\mathrm{(A)_E}} + x_{\mathrm{B}}\mu_{\mathrm{(B)_E}})$$
$$= x_{\mathrm{A}}(\mu_{\mathrm{A(s)}} - \mu_{\mathrm{(A)_E}}) + x_{\mathrm{B}}(\mu_{\mathrm{B(s)}} - \mu_{\mathrm{(B)_E}}) = 0 \tag{7.157}$$

式中，$\mu_{\mathrm{A(s)}} = \mu_{\mathrm{A(s)}}^*$；$\mu_{\mathrm{(A)_E}} = \mu_{\mathrm{A(s)}}^* + RT\ln a_{\mathrm{(A)饱和}}^{\mathrm{R}} = \mu_{\mathrm{A(s)}}^*$；$\mu_{\mathrm{B(s)}} = \mu_{\mathrm{B(s)}}^*$；$\mu_{\mathrm{(B)_E}} = \mu_{\mathrm{B(s)}}^* + RT\ln a_{\mathrm{(B)饱和}}^{\mathrm{R}} = \mu_{\mathrm{B(s)}}^*$。

继续降温到 T。固溶体 E(γ) 完全转变为共晶相 A 和 B。从温度 T_{E} 到 T，析晶过程描述如下：

在温度 T_{j-1} 固溶体与析出的固相组元 A 和 B 达成平衡，组元 A 和 B 在固溶体中溶解达到饱和，有

$$(\mathrm{A})_{\mathrm{E}_{j-1}} \Longleftrightarrow (\mathrm{A})_{g_{j-1}} \Longleftrightarrow (\mathrm{A})_{饱和} \Longleftrightarrow \mathrm{A(s)}$$
$$(\mathrm{B})_{\mathrm{E}_{j-1}} \Longleftrightarrow (\mathrm{B})_{g_{j-1}} \Longleftrightarrow (\mathrm{B})_{饱和} \Longleftrightarrow \mathrm{B(s)}$$

式中，g_{j-1} 和 q_{j-1} 分别为在温度 T_{j-1}，组元 A 和 B 共晶线 T_{AE} 和 T_{BE} 延长线上的点，即组元 A 和 B 的饱和组成点；E_{j-1} 为在 g_{j-1} 和 q_{j-1} 连线上，符合杠杆规则的点，即实际组成点。

温度降到 T_j。在温度刚降到 T_j，固相组元 A 和 B 还未来得及析出时，固体组成未变，但在温度 T_{j-1} 时组元 A 和 B 的饱和相 E_{j-1} 成为过饱和相 E_{j-1}'，析出固相组元 A 和 B，可以表示为

$$(\mathrm{A})_{g_{j-1}'} \Longleftrightarrow (\mathrm{A})_{过饱} \Longleftrightarrow \mathrm{A(s)}$$
$$(\mathrm{B})_{q_{j-1}'} \Longleftrightarrow (\mathrm{B})_{过饱} \Longleftrightarrow \mathrm{B(s)}$$

以固态组元 A 和 B 为标准状态，浓度以摩尔分数表示，析晶过程的摩尔吉布斯自由能变化为

$$\Delta G_{\mathrm{m,A}} = \mu_{\mathrm{A(s)}} - \mu_{\mathrm{(A)过饱}} = \mu_{\mathrm{A(s)}} - \mu_{\mathrm{(A)}g_{j-1}'} = -RT\ln a_{\mathrm{(A)过饱}}^{\mathrm{R}} = -RT\ln a_{\mathrm{(A)}g_{j-1}'}^{\mathrm{R}} \tag{7.158}$$

式中，$\mu_{\mathrm{A(s)}} = \mu_{\mathrm{A(s)}}^*$；$\mu_{\mathrm{(A)过饱}} = \mu_{\mathrm{(A)}g_{j-1}'} = \mu_{\mathrm{A(s)}}^* + RT\ln a_{\mathrm{(A)过饱}}^{\mathrm{R}} = \mu_{\mathrm{A(s)}}^* + RT\ln a_{\mathrm{(A)}g_{j-1}'}^{\mathrm{R}}$。

$$\Delta G_{\mathrm{m,B}} = \mu_{\mathrm{B(s)}} - \mu_{\mathrm{(B)过饱}} = \mu_{\mathrm{B(s)}} - \mu_{\mathrm{(B)}q_{j-1}'} = -RT\ln a_{\mathrm{(B)过饱}}^{\mathrm{R}} = -RT\ln a_{\mathrm{(B)}q_{j-1}'}^{\mathrm{R}} \tag{7.159}$$

式中，$\mu_{\mathrm{B(s)}} = \mu_{\mathrm{B(s)}}^*$；$\mu_{\mathrm{(B)过饱}} = \mu_{\mathrm{B(s)}}^* + RT\ln a_{\mathrm{(B)过饱}}^{\mathrm{R}} = \mu_{\mathrm{B(s)}}^* + RT\ln a_{\mathrm{(B)}q_{j-1}'}^{\mathrm{R}}$。

总摩尔吉布斯自由能变化为

$$\Delta G_{\mathrm{m}} = x_{\mathrm{A}}G_{\mathrm{m,A(s)}} + x_{\mathrm{B}}G_{\mathrm{m,B(s)}} = -RT(x_{\mathrm{A}}\ln a_{\mathrm{(A)过饱}}^{\mathrm{R}} + x_{\mathrm{B}}\ln a_{\mathrm{(B)过饱}}^{\mathrm{R}})$$

或如下计算：

$$\Delta G_{\mathrm{m,A}}(T_j) = G_{\mathrm{m,A(s)}}(T_j) - \overline{G}_{\mathrm{m,(A)过饱}}(T_j)$$
$$= (H_{\mathrm{m,A(s)}}(T_j) - T_j S_{\mathrm{m,A(s)}}(T_j)) - (\overline{H}_{\mathrm{m,(A)过饱}}(T_j) - T_j \overline{S}_{\mathrm{m,(A)过饱}}(T_j))$$
$$= (H_{\mathrm{m,A(s)}}(T_j) - \overline{H}_{\mathrm{m,(A)过饱}}(T_j)) - T_j(S_{\mathrm{m,A(s)}}(T_j) - \overline{S}_{\mathrm{m,(A)过饱}}(T_j))$$
$$= \Delta H_{\mathrm{m,A}}(T_j) - T_j \Delta S_{\mathrm{m,A}}(T_j) \approx \Delta H_{\mathrm{m,A}}(T_{j-1}) - T_j \Delta S_{\mathrm{m,A}}(T_{j-1})$$
$$= \Delta H_{\mathrm{m,A}}(T_{j-1}) - T_j \frac{\Delta H_{\mathrm{m,A}}(T_{j-1})}{T_{j-1}} = \frac{\theta_{\mathrm{A},T_j}\Delta H_{\mathrm{m,A}}(T_{j-1})}{T_{j-1}} = \eta_{\mathrm{A},T_j}\Delta H_{\mathrm{m,A}}(T_{j-1})$$

式中，$T_{j-1} > T_j$；$\theta_{\mathrm{A},T_j} = T_{j-1} - T_j$ 为组元 A 在 T_j 温度的绝对饱和过冷度；$\eta_{\mathrm{A},T_j} = \dfrac{T_{j-1} - T_j}{T_{j-1}}$ 为组元 A 在 T_j 温度的相对饱和过冷度。

如果温度 T_j 和 T_{j-1} 相差大，则

$$\Delta H_{m,A}(T_j) = \Delta H_{m,A}(T_{j-1}) + \int_{T_{j-1}}^{T_j} \Delta c_{p,A} \mathrm{d}T$$

$$\Delta S_{m,A}(T_j) = \Delta S_{m,A}(T_{j-1}) + \int_{T_{j-1}}^{T_j} \frac{\Delta c_{p,A}}{T} \mathrm{d}T$$

$$\Delta G_{m,B}(T_j) = G_{m,B(s)}(T_j) - \overline{G}_{m,(B)过饱}(T_j)$$

$$= (H_{m,B(s)}(T_j) - T_j S_{m,B(s)}(T_j)) - (\overline{H}_{m,(B)过饱}(T_j) - T_j \overline{S}_{m,(B)过饱}(T_j))$$

$$= (H_{m,B(s)}(T_j) - \overline{H}_{m,(B)过饱}(T_j)) - T_j(S_{m,B(s)}(T_j) - \overline{S}_{m,(B)过饱}(T_j))$$

$$= \Delta H_{m,B}(T_j) - T_j \Delta S_{m,B}(T_j) \approx \Delta H_{m,B}(T_{j-1}) - T_j \Delta S_{m,B}(T_{j-1})$$

$$= \Delta H_{m,B}(T_{j-1}) - T_j \frac{\Delta H_{m,B}(T_{j-1})}{T_{j-1}} = \frac{\theta_{B,T_j} \Delta H_{m,B}(T_{j-1})}{T_{j-1}}$$

$$= \eta_{B,T_j} \Delta H_{m,B}(T_{j-1})$$

式中，$T_{j-1} > T_j$；$\theta_{B,T_j} = T_{j-1} - T_j$ 为组元 B 在 T_j 温度的绝对饱和过冷度；$\eta_{B,T_j} = \dfrac{T_{j-1} - T_j}{T_{j-1}}$ 为组元 B 在 T_j 温度的相对饱和过冷度；$\Delta H_{m,B}(T_j) \approx \Delta H_{m,B}(T_{j-1}) < 0$；$\Delta S_{m,B}(T_j) \approx \Delta S_{m,B}(T_{j-1}) = \dfrac{\Delta H_{m,B}(T_{j-1})}{T_{j-1}} < 0$。

如果温度 T_j 和 T_{j-1} 相差大，则

$$\Delta H_{m,B}(T_j) = \Delta H_{m,B}(T_{j-1}) + \int_{T_{j-1}}^{T_j} \Delta c_{p,B} \mathrm{d}T$$

$$\Delta S_{m,B}(T_j) = \Delta S_{m,B}(T_{j-1}) + \int_{T_{j-1}}^{T_j} \frac{\Delta c_{p,B}}{T} \mathrm{d}T$$

总摩尔吉布斯自由能变化为

$$\Delta G_m = x_A G_{m,A(s)} + x_B G_{m,B(s)} = \frac{x_A \theta_{A,T_j} \Delta H_{m,A}(T_{j-1})}{T_{j-1}} + \frac{x_B \theta_{B,T_j} \Delta H_{m,B}(T_{j-1})}{T_{j-1}}$$

$$= x_A \eta_{A,T_j} \Delta H_{m,A}(T_{j-1}) + x_B \eta_{B,T_j} \Delta H_{m,B}(T_{j-1})$$

也可以如下计算：

以纯固态组元 A 和 B 为标准状态，浓度以摩尔分数表示，析晶过程的摩尔吉布斯自由能变化为

$$\Delta G_{m,A} = \mu_{A(s)} - \mu_{(A)过饱} = \mu_{A(s)} - \mu_{(A)E'_{j-1}} = -RT\ln a^R_{(A)过饱} = -RT\ln a^R_{(A)E'_{j-1}} \quad (7.160)$$

式中，$\mu_{A(s)} = \mu^*_{A(s)}$；$\mu_{(A)过饱} = \mu_{(A)E'_{j-1}} = \mu^*_{A(s)} + RT\ln a^R_{(A)过饱} = \mu^*_{A(s)} + RT\ln a^R_{(A)E'_{j-1}}$。

$$\Delta G_{m,B} = \mu_{B(s)} - \mu_{(B)过饱} = \mu_{B(s)} - \mu_{(B)E'_{j-1}} = -RT\ln a^R_{(B)过饱} = -RT\ln a^R_{(B)E'_{j-1}} \quad (7.161)$$

式中，$\mu_{B(s)} = \mu^*_{B(s)}$；$\mu_{(B)过饱} = \mu_{(B)E'_{j-1}} = \mu^*_{B(s)} + RT\ln a^R_{(B)过饱} = \mu^*_{B(s)} + RT\ln a^R_{(B)E'_{j-1}}$。

总摩尔吉布斯自由能变化为

$$\Delta G_m = x_A G_{m,A(s)} + x_B G_{m,B(s)} = -RTx_A\ln a^R_{(A)过饱} - RTx_B\ln a^R_{(B)过饱}$$

$$= -RTx_A\ln a^R_{(A)E'_{j-1}} - RTx_B\ln a^R_{(B)E'_{j-1}}$$

直到相 E 完全转变为组元 A 和 B。

7.3.7 具有最低共晶点的三元系降温过程相变的热力学

图 7.23 为具有最低共晶点的三元系相图。物质组成点为 M 的固相 γ 降温冷却。温度降到 T_1，物质组成为相 A 面上的 M_1 点，平衡相组成为 q_1 点，两点重合，是组元 A 的饱和相，有

$$(A)_{q_1} \Longrightarrow (A)_{饱和} \Longleftrightarrow A(s)$$

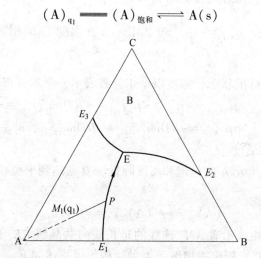

图 7.23 具有最低共晶点的三元系相图

摩尔吉布斯自由能变化为

$$\Delta G_{m,A}(T_1) = G_{m,A(s)}(T_1) - \overline{G}_{m,(A)_{饱和}}(T_1)$$

$$= (H_{m,A(s)}(T_1) - T_1 S_{m,A(s)}(T_1)) - (\overline{H}_{m,(A)_{饱和}}(T_1) - T_1 \overline{S}_{m,(A)_{饱和}})$$

$$= (H_{m,A(s)}(T_1) - \overline{H}_{m,(A)_{饱和}}(T_1)) - T_1(S_{m,A(s)}(T_1) - \overline{S}_{m,(A)_{饱和}}(T_1))$$

$$= \Delta H_{m,A}(T_1) - T_1 \Delta S_{m,A}(T_1) = \Delta H_{m,A}(T_1) - T_1 \frac{\Delta H_{m,A}(T_1)}{T_1} = 0$$

或者如下计算：

以纯固态 A 为标准状态，浓度以摩尔分数表示，摩尔吉布斯自由能变化为

$$\Delta G_{m,A} = \mu_{A(s)} - \mu_{(A)_{饱和}} = \mu_{A(s)} - \mu_{(A)_{q_1}} = -RT\ln a^R_{(A)_{饱和}} = 0 \qquad (7.162)$$

式中，$\mu_{A(s)} = \mu^*_{A(s)}$；$\mu_{(A)_{饱和}} = \mu^*_{A(s)} + RT\ln a^R_{(A)_{饱和}} = \mu^*_{A(s)}$。

继续降低温度到 T_2。物质组成点为 M_2 点。温度刚降到 T_2，组元 A 还未来得及析出时，物相组成未变，但已由组元 A 的饱和相 q_1 变成组元 A 的过饱和相 q_1'，析出固相组元 A，即

$$(A)_{q_1'} \Longrightarrow (A)_{过饱} \Longrightarrow A(s)$$

摩尔吉布斯自由能变化为

$$\Delta G_{m,A}(T_2) = G_{m,A(s)}(T_2) - \overline{G}_{m,(A)_{过饱}}(T_2)$$

$$= (H_{m,A(s)}(T_2) - T_j S_{m,A(s)}(T_2)) - (\overline{H}_{m,(A)_{过饱}}(T_2) - T_2 \overline{S}_{m,(A)_{过饱}}(T_2))$$

$$= (H_{m,A(s)}(T_2) - \overline{H}_{m,(A)_{过饱}}(T_2)) - T_2(S_{m,A(s)}(T_2) - \overline{S}_{m,(A)_{过饱}}(T_2))$$

$$= \Delta H_{m, A}(T_2) - T_2 \Delta S_{m, A}(T_2) \approx \Delta H_{m, A}(T_1) - T_2 \Delta S_{m, A}(T_1)$$

$$= \Delta H_{m, A}(T_1) - T_2 \frac{\Delta H_{m, A}(T_1)}{T_1} = \frac{\theta_{A, T_2} \Delta H_{m, A}(T_1)}{T_{E-1}}$$

$$= \eta_{A, T_2} \Delta H_{m, A}(T_1)$$

式中，$\Delta H_{m,B}$ 和 $\Delta S_{m,B}$ 分别为组元 A 的焓变和熵变；$T_1 > T_2$，$\theta_{A,T_2} = T_1 - T_2 > 0$ 为组元 A 在温度 T_2 的绝对饱和过冷度；$\eta_{A,T_2} = \dfrac{T_1 - T_2}{T_1} > 0$ 为组元 A 在温度 T_1 的相对饱和过冷度。

或者如下计算：

以纯固态组元 A 为标准状态，浓度以摩尔分数表示，摩尔吉布斯自由能变化为

$$\Delta G_{m, A} = \mu_{A(s)} - \mu_{(A)过饱} = \mu_{A(s)} - \mu_{(A)q_1'} = -RT\ln a^R_{(A)过饱} = -RT\ln a^R_{(A)q_1'} \tag{7.163}$$

式中，$\mu_{A(s)} = \mu^*_{A(s)}$；$\mu_{(A)过饱} = \mu_{(A)q_1'} = -RT\ln a^R_{(A)过饱} = -RT\ln a^R_{(A)q_1'}$；$a^R_{(A)过饱} = a^R_{(A)q_1'}$ 为在温度 T_2，过饱和相 q_1' 中组元 A 的活度。

随着组元 A 析出，组元 A 的过饱和程度降低，直到达到平衡相组成 q_2 点，达到新的平衡，有

$$(A)_{q_2} \Longrightarrow (A)_{饱和} \Longleftrightarrow A(s)$$

继续降温，平衡相组成沿着 AM_1 连线的延长线向共晶线 EE_1 移动，并交于共晶线上的 P 点。从温度 T_1 到 T_p，析出固相组元 A 的过程可以描述如下：

在温度 T_{i-1}，析出组元 A 达到平衡，平衡相组成为 q_{i-1} 点，有

$$(A)_{q_{i-1}} \Longrightarrow (A)_{饱和} \Longleftrightarrow A(s)$$

温度降到 T_i，在温度刚降到 T_i，组元 A 还未来得到析出时，物相组成未变，但已由组元 A 的饱和相 q_{i-1} 变成组元 A 的过饱和相 q_{i-1}'，析出固相组元 A，即

$$(A)_{q_{i-1}'} \Longrightarrow (A)_{过饱} \Longrightarrow A(s)$$

摩尔吉布斯自由能变化为

$$\Delta G_{m, A}(T_i) = G_{m, A(s)}(T_i) - \bar{G}_{m, (A)过饱}(T_i)$$

$$=(H_{m, A(s)}(T_i) - T_j S_{m, A(s)}(T_2)) - (\bar{H}_{m, (A)过饱}(T_i) - T_2 \bar{S}_{m, (A)过饱}(T_i))$$

$$=(H_{m, A(s)}(T_i) - \bar{H}_{m, (A)过饱}(T_i)) - T_2(S_{m, A(s)}(T_i) - \bar{S}_{m, (A)过饱}(T_i))$$

$$=\Delta H_{m, A}(T_i) - T_2 \Delta S_{m, A}(T_i) \approx \Delta H_{m, A}(T_i) - T_2 \frac{\Delta H_{m, A}(T_{i-1})}{T_{i-1}}$$

$$= \frac{\theta_{A, T_i} \Delta H_{m, A}(T_{i-1})}{T_{E-1}} = \eta_{A, T_i} \Delta H_{m, A}(T_{i-1})$$

式中，$T_{i-1} > T_i$；$\theta_{A, T_i} = T_{i-1} - T_i$ 为组元 A 在温度 T_i 的绝对饱和过冷度；$\eta_{A, T_i} = \dfrac{T_{i-1} - T_i}{T_{i-1}} > 0$ 为组元 A 在温度 T_i 的相对饱和过冷度。

或者如下计算：

以纯固态组元 A 为标准状态，浓度以摩尔分数表示，摩尔吉布斯自由能变化为

$$\Delta G_{m, A} = \mu_{A(s)} - \mu_{(A)过饱} = \mu_{A(s)} - \mu_{(A)q_{i-1}'} = -RT\ln a^R_{(A)过饱} = -RT\ln a^R_{(A)q_{i-1}'} \tag{7.164}$$

式中，$\mu_{A(s)} = \mu^*_{A(s)}$；$\mu_{(A)过饱} = \mu_{(A)q_{i-1}'} = \mu^*_{A(s)} + RT\ln a^R_{(A)过饱} = \mu^*_{A(s)} + RT\ln a^R_{(A)q_{i-1}'}$；$a^R_{(A)过饱} =$

$a_{(A)q'_{i-1}}^{R}$ 为过饱和相 q'_{i-1} 中组元 A 的活度。

随着组元 A 的析出，组元 A 的过饱和程度降低，直到达到新的平衡组成 q_i 点，成为饱和溶液有

$$(A)_{q_i} \Longrightarrow (A)_{饱和} \Longrightarrow A(s)$$

继续降温。在温度 T_{p-1}，析出组元 A 达到平衡，平衡相组成为 q_{p-1} 点，有

$$(A)_{q_{p-1}} \Longrightarrow (A)_{饱和} \Longrightarrow A(s)$$

继续降低温度到 T_p，温度刚降到共晶线上的 P 点，还未来得析出组元 A 时，物相组成未变，但已由组元 A 的饱和相 q_{p-1} 变成组元 A 的过饱和相 q'_{p-1}，析出固相组元 A，即

$$(A)_{q'_{p-1}} \Longrightarrow (A)_{过饱} \Longrightarrow A(s)$$

摩尔吉布斯自由能变化为

$$\Delta G_{m,A}(T_p) = G_{m,A(s)}(T_p) - \overline{G}_{m,(A)过饱}(T_p)$$

$$= (H_{m,A(s)}(T_p) - T_p S_{m,A(s)}(T_p)) - (\overline{H}_{m,(A)过饱}(T_p) - T_p \overline{S}_{m,(A)过饱}(T_p))$$

$$= (H_{m,A(s)}(T_p) - \overline{H}_{m,(A)过饱}(T_p)) - T_p(S_{m,A(s)}(T_p) - \overline{S}_{m,(A)过饱}(T_p))$$

$$= \Delta H_{m,A}(T_p) - T_p \Delta S_{m,A}(T_p) \approx \Delta H_{m,A}(T_p) - T_p \frac{\Delta H_{m,A}(T_{p-1})}{T_{p-1}}$$

$$= \frac{\theta_{A,T_p} \Delta H_{m,A}(T_{p-1})}{T_{E-1}} = \eta_{A,T_p} \Delta H_{m,A}(T_{p-1})$$

或者如下计算：

以纯固态组元 A 为标准状态，浓度以摩尔分数表示，摩尔吉布斯自由能变化为

$$\Delta G_{m,A} = \mu_{A(s)} - \mu_{(A)过饱} = \mu_{A(s)} - \mu_{(A)q'_{p-1}} = -RT\ln a_{(A)过饱}^{R} = -RT\ln a_{(A)q'_{p-1}}^{R} \tag{7.165}$$

式中，$\mu_{A(s)} = \mu_{A(s)}^{*}$；$\mu_{(A)过饱} = \mu_{(A)q'_{p-1}} = \mu_{A(s)}^{*} + RT\ln a_{(A)过饱}^{R} = \mu_{A(s)}^{*} + RT\ln a_{(A)q'_{p-1}}^{R}$；$a_{(A)过饱}^{R} = a_{(A)q'_{p-1}}^{R}$ 为在温度 T_p，过饱和相 q'_{p-1} 中组元 A 的活度。

随着组元 A 的析出，组元 A 的过饱和程度降低，直到达到新的平衡相组成 q_p 点，达到新的平衡，成为组元 A 的饱和相，此时，组元 B 也达到饱和，有

$$(A)_{q_p} \Longrightarrow (A)_{饱和} \Longrightarrow A(s)$$

$$(B)_{q_p} \Longrightarrow (B)_{饱和} \Longrightarrow B(s)$$

继续降温，从温度 T_p 到 T_E，平衡相组成沿着共晶线 EE_1 移动。析出晶体过程可以描述如下：

在温度 T_{j-1}，析出固相组元 A 和 B 达到平衡，平衡相组成点为 q_{j-1} 点，是组元 A 和 B 的饱和相，有

$$(A)_{q_{j-1}} \Longrightarrow (A)_{饱和} \Longrightarrow A(s)$$

$$(B)_{q_{j-1}} \Longrightarrow (B)_{饱和} \Longrightarrow B(s)$$

继续降低温度到 T_j。温度刚降到 T_j，还未来得及析出固相组元 A 和 B 时，物相组成未变，但已由组元 A 和 B 的饱和相 q_{j-1} 变成组元 A 和 B 的过饱和相 q'_{j-1}，析出固相组元 A 和 B，有

$$(A)_{q'_{j-1}} \Longrightarrow (A)_{过饱} \Longrightarrow A(s)$$

$$(B)_{q'_{j-1}} \Longrightarrow (B)_{过饱} \Longrightarrow B(s)$$

摩尔吉布斯自由能变化为

$$\Delta G_{m,A}(T_j) = G_{m,A(s)}(T_j) - \overline{G}_{m,(A)过饱}(T_j)$$

$$= (H_{m,A(s)}(T_j) - T_j S_{m,A(s)}(T_j)) - (\overline{H}_{m,(A)过饱}(T_j) - T_j \overline{S}_{m,(A)过饱}(T_j))$$

$$= (H_{m,A(s)}(T_j) - \overline{H}_{m,(A)过饱}(T_j)) - T_j(S_{m,A(s)}(T_j) - \overline{S}_{m,(A)过饱}(T_j))$$

$$= \Delta H_{m,A}(T_j) - T_j \Delta S_{m,A}(T_j) \approx \Delta H_{m,A}(T_{j-1}) - T_j \frac{\Delta H_{m,A}(T_{j-1})}{T_{j-1}}$$

$$= \frac{\theta_{A,T_j} \Delta H_{m,A}(T_{j-1})}{T_{j-1}} = \eta_{A,T_j} \Delta H_{m,A}(T_{j-1})$$

式中，$T_{j-1} > T_j$；$\theta_{A,T_j} = T_{j-1} - T_j$ 为组元 A 在 T_j 温度的绝对饱和过冷度；$\eta_{A,T_j} = \dfrac{T_{j-1} - T_j}{T_{j-1}}$ 为组元 A 在 T_j 温度的相对饱和过冷度。

同理

$$\Delta G_{m,B}(T_j) = G_{m,B(s)}(T_j) - \overline{G}_{m,(B)过饱}(T_j) = \Delta H_{m,B}(T_j) - T_j \Delta S_{m,B}(T_j)$$

$$\approx \Delta H_{m,B}(T_{j-1}) - T_j \frac{\Delta H_{m,B}(T_{j-1})}{T_{j-1}} = \frac{\theta_{B,T_j} \Delta H_{m,B}(T_{j-1})}{T_{j-1}} \qquad (7.166)$$

$$= \eta_{B,T_j} \Delta H_{m,B}(T_{j-1})$$

式中，$\theta_{B,T_j} = T_{j-1} - T_j$ 为组元 B 在温度 T_j 的绝对饱和过冷度；$\eta_{B,T_j} = \dfrac{T_{j-1} - T_j}{T_{j-1}}$ 为组元 B 在温度 T_j 的相对饱和过冷度。

或者如下计算：

以纯固态组元 A 和 B 为标准状态，浓度以摩尔分数表示，析晶过程的摩尔吉布斯自由能变化为

$$\Delta G_{m,A} = \mu_{A(s)} - \mu_{(A)过饱} = \mu_{A(s)} - \mu_{(A)q'_{j-1}} = -RT \ln a^R_{(A)过饱} = -RT \ln a^R_{(A)q'_{j-1}} \quad (7.167)$$

式中，$\mu_{A(s)} = \mu^*_{A(s)}$；$\mu_{(A)过饱} = \mu_{(A)q'_{j-1}} = \mu^*_{A(s)} + RT \ln a^R_{(A)过饱} = \mu^*_{A(s)} + RT \ln a^R_{(A)q'_{j-1}}$。

$$\Delta G_{m,B} = \mu_{B(s)} - \mu_{(B)过饱} = \mu_{B(s)} - \mu_{(B)q'_{j-1}} = -RT \ln a^R_{(B)过饱} = -RT \ln a^R_{(B)q'_{j-1}} \quad (7.168)$$

式中，$\mu_{B(s)} = \mu^*_{B(s)}$；$\mu_{(B)过饱} = \mu_{(B)q'_{j-1}} = \mu^*_{B(s)} + RT \ln a^R_{(B)过饱} = \mu^*_{B(s)} + RT \ln a^R_{(B)q'_{j-1}}$。

总摩尔吉布斯自由能变化为

$$\Delta G_m(T_j) = x_A G_{m,A(s)}(T_j) + x_B G_{m,B(s)}(T_j)$$

$$= \frac{x_A \theta_{A,T_j} \Delta H_{m,A}(T_{j-1})}{T_{j-1}} + \frac{x_B \theta_{B,T_j} \Delta H_{m,B}(T_{j-1})}{T_{j-1}}$$

$$= x_A \eta_{A,T_j} \Delta H_{m,A}(T_{j-1}) + x_B \eta_{B,T_j} \Delta H_{m,B}(T_{j-1})$$

或

$$\Delta G_m = -RT x_A \ln a^R_{(A)过饱} - RT x_B \ln a^R_{(B)过饱} = -RT x_A \ln a^R_{(A)q'_{j-1}} - RT x_B \ln a^R_{(B)q'_{j-1}}$$

随着组元 A 和 B 的析出，组元 A 和 B 的过饱和程度降低。直到达到新的平衡，成为组元 A 和 B 的饱和相，组成为共晶线上的 q_j 点，有

$$(A)_{q_j} \Longrightarrow (A)_{饱和} \Longleftrightarrow A(s)$$

$$(B)_{q_j} \Longrightarrow (B)_{饱和} \Longleftrightarrow B(s)$$

在温度 T_{E-1}，析出组元 A 和 B 达到平衡，平衡相组成点为 q_{E-1}，有

$$(A)_{q_{E-1}} \Longrightarrow (A)_{饱和} \Longleftrightarrow A(s)$$

$$(B)_{q_{E-1}} \Longrightarrow (B)_{饱和} \Longleftrightarrow B(s)$$

继续降低温度到 T_E，温度刚降到三元共晶点 E，还未来得析出组元 A 和 B 时，物相组成仍为在温度 T_{E-1} 时的组成 q_{E-1}，但已由组元 A 和 B 的饱和相 q_{E-1} 变成组元 A 和 B 的过饱和相 q'_{E-1}，析出固相组元 A 和 B，即

$$(A)_{q'_{E-1}} \Longrightarrow (A)_{过饱} \Longleftrightarrow A(s)$$

$$(B)_{q'_{E-1}} \Longrightarrow (B)_{过饱} \Longleftrightarrow B(s)$$

摩尔吉布斯自由能变化为

$$\Delta G_{m,A}(T_E) = G_{m,A(s)}(T_E) - \overline{G}_{m,(A)_{过饱}}(T_E)$$

$$= (H_{m,A(s)}(T_E) - T_E S_{m,A(s)}(T_E)) - (\overline{H}_{m,(A)_{过饱}}(T_E) - T_E \overline{S}_{m,(A)_{过饱}}(T_E))$$

$$= (H_{m,A(s)}(T_E) - \overline{H}_{m,(A)_{过饱}}(T_E)) - T_E(S_{m,A(s)}(T_E) - \overline{S}_{m,(A)_{过饱}}(T_E))$$

$$= \Delta H_{m,A}(T_E) - T_j \Delta S_{m,A}(T_E) \approx \Delta H_{m,A}(T_{E-1}) - T_E \frac{\Delta H_{m,A}(T_{E-1})}{T_{E-1}}$$

$$= \frac{\theta_{A,T_E} \Delta H_{m,A}(T_{E-1})}{T_{E-1}} = \eta_{A,T_E} \Delta H_{m,A}(T_{E-1})$$

式中，$T_{E-1} > T_E$；$\theta_{A,T_E} = T_{E-1} - T_E$ 为组元 A 在 T_E 温度的绝对饱和过冷度；$\eta_{A,T_E} = \dfrac{T_{E-1} - T_E}{T_{E-1}}$ 为组元 A 在 T_E 温度的相对饱和过冷度。

同理

$$\Delta G_{m,B}(T_E) = G_{m,B}(T_E) - \overline{G}_{m,(B)_{过饱}}(T_E) = \Delta H_{m,B}(T_E) - T_E \Delta S_{m,B}(T_E)$$

$$\approx \Delta H_{m,B}(T_{E-1}) - T_E \frac{\Delta H_{m,B}(T_{E-1})}{T_{E-1}} \tag{7.169}$$

$$= \frac{\theta_{A,T_E} \Delta H_{m,B}(T_{E-1})}{T_{E-1}} = \eta_{A,T_E} \Delta H_{m,B}(T_{E-1})$$

式中，$T_{E-1} > T_E$；$\theta_{B,T_E} = T_{E-1} - T_E$ 为组元 B 在温度 T_E 的绝对饱和过冷度；$\eta_{B,T_E} = \dfrac{T_{E-1} - T_E}{T_{E-1}}$ 为组元 B 在温度 T_E 的相对饱和过冷度。

或者如下计算：

$$\Delta G_{m,A} = \mu_{A(s)} - \mu_{(A)_{过饱}} = \mu_{A(s)} - \mu_{(A)q'_{E-1}} = -RT\ln a^R_{(A)_{过饱}} = -RT\ln a^R_{(A)q'_{E-1}} \tag{7.170}$$

$$\Delta G_{m,B} = \mu_{B(s)} - \mu_{(B)_{过饱}} = \mu_{B(s)} - \mu_{(B)q'_{E-1}} = -RT\ln a^R_{(B)_{过饱}} = -RT\ln a^R_{(B)q'_{E-1}} \tag{7.171}$$

总摩尔吉布斯自由能变化为

$$\Delta G_m(T_E) = x_A \Delta G_{m,A(s)}(T_E) + x_B \Delta G_{m,B(s)}(T_E)$$

$$= \frac{x_A \theta_{A,T_E} \Delta H_{m,A}(T_{E-1})}{T_{j-1}} + \frac{x_B \theta_{B,T_E} \Delta H_{m,B}(T_{E-1})}{T_{j-1}}$$

$$= x_A \eta_{A,T_E} \Delta H_{m,A}(T_{E-1}) + x_B \eta_{B,T_E} \Delta H_{m,B}(T_{E-1})$$

或

$$\Delta G_m = x_A \Delta G_{m,A} + x_B \Delta G_{m,B} = -RTx_A \ln a_{(A)过饱}^R - RTx_B \ln a_{(B)过饱}^R$$

$$= -RTx_A \ln a_{(A)q_{E-1}}^R - RTx_B \ln a_{(B)q_{E-1}}^R$$

随着组元 A 和 B 的析出，组元 A 和 B 的过饱和程度降低。直到达到新的平衡，成为组元 A 和 B 的饱和相，同时，组元 C 也达到饱和，有

$$(A)_{q_E} \Longrightarrow (A)_{饱和} \Longrightarrow A(s)$$
$$(B)_{q_E} \Longrightarrow (B)_{饱和} \Longrightarrow B(s)$$
$$(C)_{q_E} \Longrightarrow (C)_{饱和} \Longrightarrow C(s)$$

在温度 T_E，三相平衡共存，有

$$q_E \Longrightarrow x_A A(s) + x_B B(s) + x_C C(s)$$

即

$$x_A (A)_{q_E} + x_B (B)_{q_E} + x_C (C)_{q_E} \Longrightarrow x_A A(s) + x_B B(s) + x_C C(s)$$

摩尔吉布斯自由能变化为零，有

$$\Delta G_{m,A}(T_E) = G_{m,A(s)}(T_E) - \overline{G}_{m,(A)饱和}(T_E)$$

$$= (H_{m,A(s)}(T_E) - T_E S_{m,A(s)}(T_E)) - (\overline{H}_{m,(A)过饱}(T_E) - T_E \overline{S}_{m,(A)过饱}(T_E))$$

$$= (H_{m,A(s)}(T_E) - \overline{H}_{m,(A)饱和}(T_E)) - T_E (S_{m,A(s)}(T_E) - \overline{S}_{m,(A)饱和}(T_E))$$

$$= \Delta H_{m,A}(T_E) - T_E \Delta S_{m,A}(T_E) = \Delta H_{m,A}(T_E) - T_E \frac{\Delta H_{m,A}(T_E)}{T_E} = 0$$

同理

$$\Delta G_{m,B}(T_E) = \Delta H_{m,B}(T_E) - T_E \frac{\Delta H_{m,B}(T_E)}{T_E} = 0$$

$$\Delta G_{m,C}(T_E) = \Delta H_{m,C}(T_E) - T_E \frac{\Delta H_{m,C}(T_E)}{T_E} = 0$$

或者如下计算：

$$\Delta G_{m,A} = \mu_{A(s)} - \mu_{(A)过饱} = \mu_{A(s)} - \mu_{(A)q_E} = 0 \tag{7.172}$$

$$\Delta G_{m,B} = \mu_{B(s)} - \mu_{(B)饱和} = \mu_{B(s)} - \mu_{(B)q_E} = 0 \tag{7.173}$$

$$\Delta G_{m,C} = \mu_{C(s)} - \mu_{(C)饱和} = \mu_{C(s)} - \mu_{(C)q_E} = 0 \tag{7.174}$$

式中，$\mu_{A(s)} = \mu_{A(s)}^*$；$\mu_{(A)饱和} = \mu_{(A)q_E} = \mu_{A(s)}^* + RT \ln a_{(A)饱和}^R$；$a_{(A)饱和}^R = 1$；

$\mu_{B(s)} = \mu_{B(s)}^*$；$\mu_{(B)饱和} = \mu_{(B)q_E} = \mu_{B(s)}^* + RT \ln a_{(B)饱和}^R$；$a_{(B)饱和}^R = 1$；

$\mu_{C(s)} = \mu_{C(s)}^*$；$\mu_{(C)饱和} = \mu_{(C)q_E} = \mu_{C(s)}^* + RT \ln a_{(C)饱和}^R$；$a_{(C)饱和}^R = 1$。

总摩尔吉布斯自由能变化为

$$\Delta G_m = x_A \Delta G_{m,A} + x_B \Delta G_{m,B} + x_C \Delta G_{m,C} = 0$$

继续降低温度到 T_E 以下，从温度 T_E 到温度 T，组元 A、B、C 全部从 q_E 中析出，过程可以描述如下：

在温度 T_{k-1}，析出组元 A、B 和 C 达到平衡，组元 A、B 和 C 的平衡组成分别为 q_{k-1}、g_{k-1} 和 r_{k-1}。实际组成为符合杠杆定则的 E_{k-1}，是组元 A、B 和 C 的饱和相，有

$$(A)_{E_{k-1}} \Longrightarrow (A)_{q_{k-1}} \Longrightarrow (A)_{饱和} \Longrightarrow A(s)$$

$$(B)_{E_{k-1}} =\!\!=\!\!= (B)_{g_{k-1}} =\!\!=\!\!= (B)_{饱和} =\!\!=\!\!= B(s)$$

$$(C)_{E_{k-1}} =\!\!=\!\!= (C)_{r_{k-1}} =\!\!=\!\!= (C)_{饱和} =\!\!=\!\!= C(s)$$

降低温度到 T_k。在温度刚降到 T_k，还未来得及析出固相组元 A、B 和 C 时，物相组成未变，但已由组元 A、B 和 C 的饱和相 E_{k-1} 变成过饱相 E'_{k-1}，析出组元 A、B 和 C。有

$$(A)_{E'_{k-1}} =\!\!=\!\!= (A)_{q'_{k-1}} =\!\!=\!\!= (A)_{过饱} =\!\!=\!\!= A(s)$$

$$(B)_{E'_{k-1}} =\!\!=\!\!= (B)_{g'_{k-1}} =\!\!=\!\!= (B)_{过饱} =\!\!=\!\!= B(s)$$

$$(C)_{E'_{k-1}} =\!\!=\!\!= (C)_{r'_{k-1}} =\!\!=\!\!= (C)_{过饱} =\!\!=\!\!= C(s)$$

摩尔吉布斯自由能变化为

$$\Delta G_{m,A}(T_k) = G_{m,A(s)}(T_k) - \overline{G}_{m,(A)过饱}(T_k) = \Delta H_{m,A}(T_k) - T_k\Delta S_{m,A}(T_k)$$

$$\approx \Delta H_{m,A}(T_{k-1}) - T_k\frac{\Delta H_{m,A}(T_{k-1})}{T_{k-1}} = \frac{\theta_{A,T_k}\Delta H_{m,A}(T_{k-1})}{T_{k-1}}$$

$$= \eta_{A,T_k}\Delta H_{m,A}(T_{k-1})$$

同理

$$\Delta G_{m,B}(T_k) = G_{m,B(s)}(T_k) - \overline{G}_{m,(B)过饱}(T_k) = \Delta H_{m,B}(T_k) - T_k\Delta S_{m,B}(T_k)$$

$$\approx \Delta H_{m,B}(T_{k-1}) - T_k\frac{\Delta H_{m,B}(T_{k-1})}{T_{k-1}} = \frac{\theta_{B,T_k}\Delta H_{m,B}(T_{k-1})}{T_{k-1}}$$

$$= \eta_{B,T_k}\Delta H_{m,B}(T_{k-1})$$

$$\Delta G_{m,C}(T_k) = G_{m,C(s)}(T_k) - \overline{G}_{m,(C)过饱}(T_k) = \Delta H_{m,C}(T_k) - T_k\Delta S_{m,C}(T_k)$$

$$\approx \Delta H_{m,C}(T_{k-1}) - T_k\frac{\Delta H_{m,C}(T_{k-1})}{T_{k-1}} = \frac{\theta_{C,T_k}\Delta H_{m,C}(T_{k-1})}{T_{k-1}}$$

$$= \eta_{C,T_k}\Delta H_{m,C}(T_{k-1})$$

式中，$T_{k-1} > T_k$；$\theta_{I,T_k} = T_{k-1} - T_k (I = A, B, C)$；$\eta_{i,T_k} = \dfrac{T_{k-1} - T_k}{T_{k-1}}$。

或者如下计算：

以纯固态组元 A 和 B 为标准状态，浓度以摩尔分数表示，摩尔吉布斯自由能变化为

$$\Delta G_{m,A} = \mu_{A(s)} - \mu_{(A)过饱} = \mu_{A(s)} - \mu_{(A)E'_{k-1}} = -RT\ln a^R_{(A)过饱} = -RT\ln a^R_{(A)E'_{k-1}} \tag{7.175}$$

式中，$\mu_{A(s)} = \mu^*_{A(s)}$；$\mu_{(A)过饱} = \mu_{(A)E'_{k-1}} = \mu^*_{A(s)} + RT\ln a^R_{(A)过饱} = \mu^*_{A(s)} + RT\ln a^R_{(A)E'_{k-1}}$。

$$\Delta G_{m,B} = \mu_{B(s)} - \mu_{(B)过饱} = \mu_{B(s)} - \mu_{(B)E'_{k-1}} = -RT\ln a^R_{(B)过饱} = -RT\ln a^R_{(B)E'_{k-1}} \tag{7.176}$$

式中，$\mu_{B(s)} = \mu^*_{B(s)}$；$\mu_{(B)过饱} = \mu_{(B)E'_{k-1}} = \mu^*_{B(s)} + RT\ln a^R_{(B)过饱} = \mu^*_{B(s)} + RT\ln a^R_{(B)E'_{k-1}}$。

$$\Delta G_{m,C} = \mu_{C(s)} - \mu_{(C)过饱} = \mu_{C(s)} - \mu_{(C)E'_{k-1}} = -RT\ln a^R_{(C)过饱} = -RT\ln a^R_{(C)E'_{k-1}} \tag{7.177}$$

式中，$\mu_{C(s)} = \mu^*_{C(s)}$；$\mu_{(C)过饱} = \mu_{(C)E'_{k-1}} = \mu^*_{C(s)} + RT\ln a^R_{(C)过饱} = \mu^*_{C(s)} + RT\ln a^R_{(C)E'_{k-1}}$。

总摩尔吉布斯自由能变化为

$$\Delta G_m(T_k) = x_A\Delta G_{m,A}(T_k) + x_B\Delta G_{m,B}(T_k) + x_C\Delta G_{m,C}(T_k)$$

$$= \frac{1}{T_{k-1}}[x_A\theta_{A,T_k}\Delta H_{m,A}(T_{k-1}) + x_B\theta_{B,T_k}\Delta H_{m,B}(T_{k-1}) + x_C\theta_{C,T_k}\Delta H_{m,C}(T_{k-1})]$$

$$= x_A\eta_{A,T_k}\Delta H_{m,A}(T_{k-1}) + x_B\eta_{B,T_k}\Delta H_{m,B}(T_{k-1}) + x_C\eta_{C,T_k}\Delta H_{m,C}(T_{k-1})$$

或

$$\Delta G_{m}(T_{k}) = x_{A}\Delta G_{m,A}(T_{k}) + x_{B}\Delta G_{m,B}(T_{k}) + x_{C}\Delta G_{m,C}(T_{k})$$

$$= -x_{A}RT\ln a_{(A)过饱}^{R} - x_{B}RT\ln a_{(B)过饱}^{R} - x_{C}RT\ln a_{(C)过饱}^{R}$$

$$= -x_{A}RT\ln a_{(A)E_{k-1}}^{R} - x_{B}RT\ln a_{(B)E_{k-1}}^{R} - x_{C}RT\ln a_{(C)E_{k-1}}^{R}$$

直到相 E 完全转变为组元 A、B、C。

7.3.8　具有最低共晶点的二元系升温过程相变的热力学

图 7.24 是具有最低共晶点的二元系相图。在恒压条件下，组成点为 P 的物质升温。温度升到 T_{E}，物质组成点为 P_{E}。在相组成为 P_{E} 的物质中，有共晶点组成的 E 和过量的组元 B。

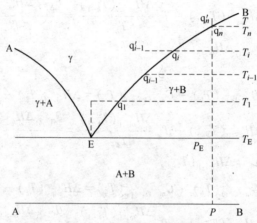

图 7.24　具有最低共晶点的二元系相图

温度升到 T_{E}。组成为 E 的固相发生相变，可以表示为

$$E(A + B) \rightleftharpoons E(\gamma)$$

即

$$x_{A}A(s) + x_{B}B(s) \rightleftharpoons x_{A}(A)_{E(\gamma)} + x_{B}(B)_{E(\gamma)}$$

或

$$A(s) \rightleftharpoons (A)_{E(\gamma)} \Longequal (A)_{饱和}$$

$$B(s) \rightleftharpoons (B)_{E(\gamma)} \Longequal (B)_{饱和}$$

式中，x_{A} 和 x_{B} 是组成 E 的组元 A 和 B 的摩尔分数。

相变过程的摩尔吉布斯自由能变化为

$$\Delta G_{m,E}(T_{E}) = G_{m,E(\gamma)}(T_{E}) - G_{m,E(A+B)}(T_{E})$$

$$= (H_{m,E(\gamma)}(T_{E}) - T_{E}S_{m,E(\gamma)}(T_{E})) - (H_{m,E(A+B)}(T_{E}) - T_{E}S_{m,E(A+B)}(T_{E}))$$

$$= (H_{m,E(\gamma)}(T_{E}) - H_{m,E(A+B)}(T_{E})) - T_{E}(S_{m,E(\gamma)}(T_{E}) - S_{m,E(A+B)}(T_{E}))$$

$$= \Delta H_{m,E}(T_{E}) - T_{E}\Delta S_{m,E}(T_{E}) = \Delta H_{m,E}(T_{E}) - T_{E}\frac{\Delta H_{m,E}(T_{E})}{T_{E}} = 0$$

或者

$$\Delta G_{m,A}(T_{E}) = \overline{G}_{m,(A)_{E(\gamma)}}(T_{E}) - G_{m,A(s)}(T_{E})$$

$$= (\overline{H}_{m,(A)_{E(\gamma)}}(T_{E}) - T_{E}\overline{S}_{m,(A)_{E(\gamma)}}(T_{E})) - (H_{m,A(s)}(T_{E}) - T_{E}S_{m,A(s)}(T_{E}))$$

$$=(\bar{H}_{m,\,(A)_{E(\gamma)}}(T_E)-H_{m,\,A(s)}(T_E))-T_E(\bar{S}_{m,\,(A)_{E(\gamma)}}(T_E)-S_{m,\,A(s)}(T_E))$$

$$=\Delta H_{m,\,A}(T_E)-T_E\Delta S_{m,\,A}(T_E)=\Delta H_{m,\,A}(T_E)-T_E\frac{\Delta H_{m,\,A}(T_E)}{T_E}=0$$

同理

$$\Delta G_{m,\,B}(T_E)=\bar{G}_{m,\,(B)_{E(\gamma)}}(T_E)-G_{m,\,B(s)}(T_E)=0$$

总摩尔吉布斯自由能变化

$$\Delta G_m(T_E)=x_A G_{m,\,A}(T_E)+x_B G_{m,\,B}(T_E)=0$$

也可以如下计算：

以纯固态组元 A 和 B 为标准状态，浓度以摩尔分数表示，摩尔吉布斯自由能变化为

$$\Delta G_{m,\,A}=\mu_{(A)_{E(\gamma)}}-\mu_{A(s)}=\mu_{(A)_{饱和}}-\mu_{A(s)}=0 \tag{7.178}$$

式中，$\mu_{(A)_{饱和}}=\mu_{(A)_{E(\gamma)}}=\mu_{A(s)}^*+RT\ln a_{(A)_{E(\gamma)}}^R=\mu_{A(s)}^*+RT\ln a_{(A)_{饱和}}^R$；$\mu_{A(s)}=\mu_{A(s)}^*$；$a_{(A)_{饱和}}^R=a_{(A)_{E(\gamma)}}^R=1$。

$$\Delta G_{m,\,B}=\mu_{(B)_{E(\gamma)}}-\mu_{B(s)}=\mu_{(B)_{饱和}}-\mu_{B(s)}=0 \tag{7.179}$$

式中，$\mu_{(B)_{饱和}}=\mu_{(B)_{E(\gamma)}}=\mu_{B(s)}^*+RT\ln a_{(B)_{E(\gamma)}}^R=\mu_{B(s)}^*+RT\ln a_{(B)_{饱和}}^R$；$\mu_{B(s)}=\mu_{B(s)}^*$；$a_{(B)_{饱和}}^R=a_{(B)_{E(\gamma)}}^R=1$。

升高温度到 T_1。组成为 E 的组元 A 和 B 如果在温度 T_E 还没完全转变为 E(γ)，则会继续转变为 E(γ)，这时的 E(γ) 已由组元 A、B 的饱和相变成组元 A、B 的不饱和相 E'(γ)，有

$$E(A+B)\xLongequal{}E'(\gamma)$$

即

$$x_A A(s)+x_B B(s)\xLongequal{}x_A(A)_{E'(\gamma)}+x_B(B)_{E'(\gamma)}$$

或

$$A(s)\xLongequal{}(A)_{E'(\gamma)}\xLongequal{}(A)_{未饱}$$

$$B(s)\xLongequal{}(B)_{E'(\gamma)}\xLongequal{}(B)_{未饱}$$

转变过程在非平衡状态下进行，摩尔吉布斯自由能变化为

$$\Delta G_{m,\,A}(T_1)=\bar{G}_{m,\,(A)_{E'(\gamma)}}(T_1)-G_{m,\,A(s)}(T_1)$$

$$=(\bar{H}_{m,\,(A)_{E'(\gamma)}}(T_1)-T_1\bar{S}_{m,\,(A)_{E'(\gamma)}}(T_1))-(H_{m,\,A(s)}(T_1)-T_1 S_{m,\,A(s)}(T_1))$$

$$=(\bar{H}_{m,\,(A)_{E'(\gamma)}}(T_1)-H_{m,\,A(s)}(T_1))-T_1(\bar{S}_{m,\,(A)_{E'(\gamma)}}(T_1)-S_{m,\,A(s)}(T_1))$$

$$=\Delta H_{m,\,A}(T_1)-T_1\Delta S_{m,\,A}(T_1)\approx\Delta H_{m,\,A}(T_E)-T_1\Delta S_{m,\,A}(T_E)$$

$$=\frac{\Delta H_{m,\,A}(T_E)\Delta T}{T_E}$$

同理

$$\Delta G_{m,\,B}(T_1)=\bar{G}_{m,\,(B)_{E'(\gamma)}}(T_1)-G_{m,\,B(s)}(T_1)=\Delta H_{m,\,B}(T_1)-T_1\Delta S_{m,\,B}(T_1)$$

$$\approx\Delta H_{m,\,B}(T_E)-T_1\Delta S_{m,\,B}(T_E)=\frac{\Delta H_{m,\,B}(T_E)\Delta T}{T_E}$$

式中，$T_1>T_E$；$\Delta T=T_E-T_1<0$；$\Delta H_{m,\,A}>0$；$\Delta H_{m,\,B}>0$；$\Delta H_{m,\,A}$ 和 $\Delta S_{m,\,A}$ 为组元 A(s) 和 B(s) 的溶解到 γ 相中的焓变和溶解自由能熵变。

总摩尔吉布斯自由能变化为

$$\Delta G_m(T_1) = x_A \Delta G_{m,A}(T_1) + x_B \Delta G_{m,B}(T_1) = \frac{x_A \Delta H_{m,A}(T_E)\Delta T}{T_E} + \frac{x_B \Delta H_{m,B}(T_E)\Delta T}{T_E}$$

也可以如下计算：

组元 A 和 B 都以纯固态为标准状态，浓度以摩尔分数表示，摩尔吉布斯自由能变化为

$$\Delta G_{m,A} = \mu_{(A)E'(\gamma)} - \mu_{A(s)} = \mu_{(A)未饱} - \mu_{A(s)} = -RT\ln a^R_{(A)E'(\gamma)} = -RT\ln a^R_{(A)未饱} \quad (7.180)$$

式中，$\mu_{(A)E(\gamma)} = \mu_{(A)未饱} = \mu^*_{A(s)} + RT\ln a^R_{(A)未饱} = \mu^*_{A(s)} + RT\ln a^R_{(A)E'(\gamma)}$；$\mu_{A(s)} = \mu^*_{A(s)}$；$a^R_{(A)未饱} = a^R_{(A)E'(\gamma)} < 1$，为 E($\gamma$) 相中组元 A 的活度。

$$\Delta G_{m,B} = \mu_{(B)E'(\gamma)} - \mu_{B(s)} = \mu_{(B)未饱} - \mu_{B(s)} = -RT\ln a^R_{(B)E'(\gamma)} = -RT\ln a^R_{(B)未饱} \quad (7.181)$$

式中，$\mu_{(B)E(\gamma)} = \mu_{(B)未饱} = \mu^*_{B(s)} + RT\ln a^R_{(B)未饱} = \mu^*_{B(s)} + RT\ln a^R_{(B)E'(\gamma)}$；$\mu_{B(s)} = \mu^*_{B(s)}$；$a^R_{(B)未饱} = a^R_{(B)E'(\gamma)} < 1$，为 E($\gamma$) 相中组元 B 的活度。

总摩尔吉布斯自由能变化为

$$\Delta G_m(T_1) = x_A \Delta G_{m,A} + x_B \Delta G_{m,B} = x_A RT\ln a^R_{(A)E'(\gamma)} + x_B RT\ln a^R_{(B)E'(\gamma)}$$

组成为 E 的组元 A 和 B 完全转变为 E'(γ) 后，在温度 T_1，E'(γ) 仍是不饱和相，但已和上述的 E'(γ) 不同，因为已经溶入组元 A 和 B，其组成和温度 T_E 的 E'(γ) 相同，但温度不同，以 E''(γ) 表示。按照组成为 E 而过量的组元 B 继续向 E''(γ) 相中溶解，有

$$B(s) \Longrightarrow (B)_{E''(\gamma)}$$

摩尔吉布斯自由能变化为

$$\Delta G_{m,B}(T_1) = \overline{G}_{m,(B)E''(\gamma)}(T_1) - G_{m,B(s)}(T_1)$$

$$= (\overline{H}_{m,(B)E''(\gamma)}(T_1) - T_1 \overline{S}_{m,(B)E''(\gamma)}(T_1)) - (H_{m,B(s)}(T_1) - T_1 S_{m,B(s)}(T_1))$$

$$= (\overline{H}_{m,(B)E''(\gamma)}(T_1) - H_{m,B(s)}(T_1)) - T_1(\overline{S}_{m,(B)E''(\gamma)}(T_1) - S_{m,B(s)}(T_1))$$

$$= \Delta H_{m,B}(T_1) - T_1 \Delta S_{m,B}(T_1) \approx \frac{\Delta H_{m,B}(T_E)\Delta T}{T_E}$$

式中，$T_1 > T_E$；$\Delta T = T_E - T_1 < 0$。

或者如下计算：

以纯固态组元 B 为标准状态，浓度以摩尔分数表示，有

$$\Delta G_{m,B} = \mu_{(B)E''(\gamma)} - \mu_{B(s)} = \mu_{(B)未饱} - \mu_{B(s)} = -RT\ln a^R_{(B)E(\gamma)} = -RT\ln a^R_{(B)未饱} \quad (7.182)$$

式中，$\mu_{(B)E(\gamma)} = \mu_{(B)未饱} = \mu^*_{B(s)} + RT\ln a^R_{(B)未饱} = \mu^*_{B(s)} + RT\ln a^R_{(B)E(\gamma)}$；$\mu_{B(s)} = \mu^*_{B(s)}$。

组元 B 向 E''(γ) 中溶解，直到组元 B 达到饱和，与 γ 相达到平衡，组成为共晶线 ET_B 上的 q_1 点。有

$$B(s) \Longrightarrow (B)_{q_1} \Longrightarrow (B)_{饱和}$$

从温度 T_1 到温度 T_m，随着温度的升高，组元 B 在 γ 相中的溶解度增大，γ 相成为不饱和相。因此，组元 B 向 γ 相中溶解。该过程可以统一描述如下：

在温度 T_{i-1}，组元 B 在 γ 相中的溶解达到饱和，平衡组成为共晶线 EE_1 上的 q_{i-1} 点，有

$$B(s) \Longrightarrow (B)_{q_{i-1}} \Longrightarrow (B)_{饱和} \quad (i = 1, 2, \cdots, n)$$

升高温度到 T_i。在温度刚升到 T_i，组元 B 还未来得及向 γ 相溶解，γ 相组成未变，仍为 q_{i-1}，但已由组元 B 饱和的相 q_{i-1} 变成组元 B 不饱和的相 q'_{i-1}，组元 B 向其中溶解，有

$$B(s) \rightleftharpoons (B)_{q'_{i-1}} \rightleftharpoons (B)_{\text{未饱}} \quad (i = 1, 2, \cdots, n)$$

摩尔吉布斯自由能变化为

$$\Delta G_{m, B}(T_i) = \overline{G}_{m, (B)_{q'_{i-1}}}(T_i) - G_{m, B(s)}(T_i)$$

$$= (\overline{H}_{m, (B)_{q'_{i-1}}}(T_i) - T_i \overline{S}_{m, (B)_{q'_{i-1}}}(T_i)) - (H_{m, B(s)}(T_i) - T_i S_{m, B(s)}(T_i))$$

$$= (\overline{H}_{m, (B)_{q'_{i-1}}}(T_i) - H_{m, B(s)}(T_i)) - T_i(\overline{S}_{m, (B)_{q'_{i-1}}}(T_i) - S_{m, B(s)}(T_i))$$

$$= \Delta H_{m, B}(T_i) - T_i \Delta S_{m, B}(T_i) \approx \Delta H_{m, B}(T_{i-1}) - T_i \frac{\Delta H_{m, B}(T_{i-1})}{T_{i-1}}$$

$$= \frac{\Delta H_{m, B}(T_{i-1}) \Delta T}{T_{i-1}}$$

式中，$T_i > T_{i-1}$；$\Delta T = T_{i-1} - T_i < 0$；$\Delta H_{m, B} > 0$。

或者如下计算：

以纯固态组元 B 为标准状态，浓度以摩尔分数表示，摩尔吉布斯自由能变化为

$$\Delta G_{m, B} = \mu_{(B)_{q'_{i-1}}} - \mu_{B(s)} = \mu_{(B)_{\text{未饱}}} - \mu_{B(s)} = -RT \ln a^R_{(B)_{q'_{i-1}}} = -RT \ln a^R_{(B)_{\text{未饱}}} \quad (7.183)$$

式中，$\mu_{(B)_{q'_{i-1}}} = \mu_{(B)_{\text{未饱}}} = \mu^*_{B(s)} + RT \ln a^R_{(B)_{q'_{i-1}}} = \mu^*_{B(s)} + RT \ln a^R_{(B)_{\text{未饱}}}$；$\mu_{B(s)} = \mu^*_{B(s)}$。

随着组元 B 向 q'_{i-1} 相中溶解，相 q'_{i-1} 的未饱和程度降低，直到组元 B 溶解达到饱和，组元 B 和 γ 相达到新的平衡，平衡相组成为共晶线 ET_B 上的 q_i 点。有

$$B(s) \rightleftharpoons (B)_{q_i} \rightleftharpoons (B)_{\text{饱和}}$$

在温度 T_n，组元 B 在 γ 相中的溶解达到饱和，组元 B 和 γ 相达成平衡，组成为共晶线上的 q_n 点，有

$$B(s) \rightleftharpoons (B)_{q_n} \rightleftharpoons (B)_{\text{饱和}}$$

升高温度到 T。在温度刚升到 T，γ 相组成仍为 q_n，但已由组元 B 饱和的相 q_n 变成不饱和相 q'_n，组元 B 向其中溶解，有

$$B(s) \rightleftharpoons (B)_{q'_n} \rightleftharpoons (B)_{\text{未饱}}$$

摩尔吉布斯自由能变化为

$$\Delta G_{m, B}(T) = \overline{G}_{m, (B)_{q'_n}}(T) - G_{m, B(s)}(T)$$

$$= (\overline{H}_{m, (B)_{q'_n}}(T) - T \overline{S}_{m, (B)_{q'_n}}(T)) - (H_{m, B(s)}(T) - T S_{m, B(s)}(T))$$

$$= (\overline{H}_{m, (B)_{q'_n}}(T) - H_{m, B(s)}(T)) - T(\overline{S}_{m, (B)_{q'_n}}(T) - S_{m, B(s)}(T))$$

$$= \Delta H_{m, B}(T) - T \Delta S_{m, B}(T) \approx \Delta H_{m, B}(T_n) - T \frac{\Delta H_{m, B}(T_n)}{T_n}$$

$$= \frac{\Delta H_{m, B}(T_n) \Delta T}{T_n}$$

式中，$T > T_n$；$\Delta T = T - T_n < 0$。

也可以如下计算：

以纯固态组元 B 为标准状态，浓度以摩尔分数表示，摩尔吉布斯自由能变化为

$$\Delta G_{m, B} = \mu_{(B)_{q'_n}} - \mu_{B(s)} = \mu_{(B)_{\text{未饱}}} - \mu_{B(s)} = -RT \ln a^R_{(B)_{q'_n}} = -RT \ln a^R_{(B)_{\text{未饱}}} \quad (7.184)$$

直到组元 B 完全溶解进入 γ 相中。

7.3.9 具有最低共晶点的三元系升温过程相变的热力学

图 7.25 是具有最低共晶点的三元系相图。在恒压条件下，物质组成点为 M 的固相升温。温度升到 T_E，物质组成点到达低共晶点 E 所在的平行于底面的等温平面。在组成为 M 的物质中，有共晶点组成的 E 和过量的组元 A 和 B。

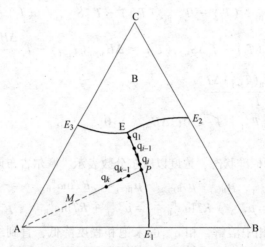

图 7.25　具有最低共晶点的三元系相图

温度升到 T_E，组成为 E 的组元相变过程可表示为

$$E(A + B + C) \Longrightarrow E(\gamma)$$

即

$$x_A A(s) + x_B B(s) + x_C C(s) \Longrightarrow x_A (A)_{E(\gamma)} + x_B (B)_{E(\gamma)} + x_C (C)_{E(\gamma)}$$

或

$$A(s) \Longrightarrow (A)_{E(\gamma)} \Longrightarrow (A)_{饱和}$$
$$B(s) \Longrightarrow (B)_{E(\gamma)} \Longrightarrow (B)_{饱和}$$
$$C(s) \Longrightarrow (C)_{E(\gamma)} \Longrightarrow (C)_{饱和}$$

式中，x_A、x_B 和 x_C 是组成 E 的组元 A、B 和 C 的摩尔分数。

摩尔吉布斯自由能变化为

$$\Delta G_{m, E}(T_E) = G_{m, E(\gamma)}(T_E) - G_{m, E(A+B+C)}(T_E)$$
$$= (H_{m, E(\gamma)}(T_E) - T_E S_{m, E(\gamma)}(T_E)) - (H_{m, E(A+B+C)}(T_E) - T_E S_{m, E(A+B+C)}(T_E))$$
$$= \Delta H_{m, E}(T_E) - T_E \Delta S_{m, E}(T_E) = \Delta H_{m, E}(T_E) - T_E \frac{\Delta H_{m, E}(T_E)}{T_E} = 0$$

或者

$$\Delta G_{m, A}(T_E) = \overline{G}_{m, (A)_{E(\gamma)}}(T_E) - G_{m, A(s)}(T_E)$$
$$= (\overline{H}_{m, (A)_{E(\gamma)}}(T_E) - T_E \overline{S}_{m, (A)_{E(\gamma)}}(T_E)) - (H_{m, A(s)}(T_E) - T_E S_{m, A(s)}(T_E))$$
$$= \Delta H_{m, A}(T_E) - T_E \Delta S_{m, A}(T_E) = \Delta H_{m, A}(T_E) - T_E \frac{\Delta H_{m, A}(T_E)}{T_E} = 0$$

同理

$$\Delta G_{m, B}(T_E) = \overline{G}_{m, (B)_{E(\gamma)}}(T_E) - G_{m, B(s)}(T_E) = 0$$

$$\Delta G_{m, C}(T_E) = \overline{G}_{m, (C)_{E(\gamma)}}(T_E) - G_{m, C(s)}(T_E) = 0$$

总摩尔吉布斯自由能变化为

$$\Delta G_m(T_E) = x_A \Delta G_{m, A}(T_E) + x_B \Delta G_{m, B}(T_E) + x_C \Delta G_{m, C}(T_E) = 0$$

也可以如下计算：

以纯固态组元 A、B 和 C 为标准状态，浓度以摩尔分数表示，有

$$\Delta G_{m, A} = \mu_{(A)_{E(\gamma)}} - \mu_{A(s)} = \mu_{(A)饱和} - \mu_{A(s)} = 0 \qquad (7.185)$$

式中，$\mu_{(A)饱} = \mu_{(A)_{E(\gamma)}} = \mu_{A(s)}^* + RT\ln a_{(A)_{E(\gamma)}}^R = \mu_{A(s)}^* + RT\ln a_{(A)饱和}^R$；$\mu_{A(s)} = \mu_{A(s)}^*$；$a_{(A)饱和}^R = a_{(A)_{E(\gamma)}}^R = 1$。

$$\Delta G_{m, B} = \mu_{(B)_{E(\gamma)}} - \mu_{B(s)} = \mu_{(B)饱和} - \mu_{B(s)} = 0 \qquad (7.186)$$

式中，$\mu_{(B)饱} = \mu_{(B)_{E(\gamma)}} = \mu_{B(s)}^* + RT\ln a_{(B)_{E(\gamma)}}^R = \mu_{B(s)}^* + RT\ln a_{(B)饱和}^R$；$\mu_{B(s)} = \mu_{B(s)}^*$；$a_{(B)饱和}^R = a_{(B)_{E(\gamma)}}^R = 1$。

$$\Delta G_{m, C} = \mu_{(C)_{E(\gamma)}} - \mu_{C(s)} = \mu_{(C)饱和} - \mu_{C(s)} = 0$$

式中，$\mu_{(C)饱} = \mu_{(C)_{E(\gamma)}} = \mu_{A(s)}^* + RT\ln a_{(C)_{E(\gamma)}}^R = \mu_{C(s)}^* + RT\ln a_{(C)饱和}^R$。

总摩尔吉布斯自由能变化为

$$\Delta G_m = x_A \Delta G_{m, A} + x_B \Delta G_{m, B} + x_C \Delta G_{m, C} = 0$$

升高温度到 T_1。$E(\gamma)$ 由组元 A、B、C 的饱和相变成不饱和相 $E'(\gamma)$ 组成为 E 的组元 A、B 和 C 如果在温度 T_E 还没完全转变为 $E(\gamma)$，则会继续向 $E'(\gamma)$ 中溶液，有

$$E(A + B + C) =\!=\!= E(\gamma)$$

即

$$x_A A(s) + x_B B(s) + x_C C(s) =\!=\!= x_A(A)_{E'(\gamma)} + x_B(B)_{E'(\gamma)} + x_C(C)_{E'(\gamma)}$$

或

$$A(s) =\!=\!= (A)_{E'(\gamma)} =\!=\!= (A)_{未饱}$$

$$B(s) =\!=\!= (B)_{E'(\gamma)} =\!=\!= (B)_{未饱}$$

$$C(s) =\!=\!= (C)_{E'(\gamma)} =\!=\!= (C)_{未饱}$$

摩尔吉布斯自由能变化为

$$\Delta G_{m, A}(T_1) = \overline{G}_{m, (A)_{E(\gamma)}}(T_1) - G_{m, A(s)}(T_1)$$

$$= (\overline{H}_{m, (A)_{E(\gamma)}}(T_1) - T_1 \overline{S}_{m, (A)_{E(\gamma)}}(T_1)) - (H_{m, A(s)}(T_1) - T_1 S_{m, A(s)}(T_1))$$

$$= (\overline{H}_{m, (A)_{E(\gamma)}}(T_1) - H_{m, A(s)}(T_1)) - T_1 (\overline{S}_{m, (A)_{E(\gamma)}}(T_1) - S_{m, A(s)}(T_1))$$

$$= \Delta H_{m, A}(T_1) - T_1 \Delta S_{m, A}(T_1) \approx \Delta H_{m, A}(T_E) - T_1 \Delta S_{m, A}(T_E)$$

$$= \frac{\Delta H_{m, A}(T_E)\Delta T}{T_E}$$

同理

$$\Delta G_{m, B}(T_1) = \overline{G}_{m, (B)_{E(\gamma)}}(T_1) - G_{m, B(s)}(T_1)$$

$$= \Delta H_{m, B}(T_1) - T_1 \Delta S_{m, B}(T_1) \approx \Delta H_{m, B}(T_E) - T_1 \Delta S_{m, B}(T_E)$$

$$= \frac{\Delta H_{m, B}(T_E)\Delta T}{T_E} < 0$$

$$\Delta G_{m, C}(T_1) = \overline{G}_{m, (C)_{E(\gamma)}}(T_1) - G_{m, C(s)}(T_1)$$

$$=\Delta H_{\mathrm{m,C}}(T_1) - T_1\Delta S_{\mathrm{m,C}}(T_1) \approx \Delta H_{\mathrm{m,C}}(T_{\mathrm{E}}) - T_1\Delta S_{\mathrm{m,C}}(T_{\mathrm{E}})$$

$$=\frac{\Delta H_{\mathrm{m,C}}(T_{\mathrm{E}})\Delta T}{T_{\mathrm{E}}} < 0$$

式中，$T > T_{\mathrm{E}}$；$\Delta T = T_{\mathrm{E}} - T_1 < 0$；$\Delta H_{\mathrm{m},I} > 0$，$\Delta S_{\mathrm{m},I} > 0(I = \mathrm{A, B, C})$ 为组元 A(s)、B(s) 和 C(s) 溶解到 γ 相中的焓变溶解自由能和熵变。

总摩尔吉布斯自由能变化为

$$\Delta G_{\mathrm{m}}(T_1) = x_{\mathrm{A}}\Delta G_{\mathrm{m,A}}(T_1) + x_{\mathrm{B}}\Delta G_{\mathrm{m,B}}(T_1) + x_{\mathrm{C}}\Delta G_{\mathrm{m,C}}(T_1)$$

$$=\frac{x_{\mathrm{A}}\Delta H_{\mathrm{m,A}}(T_1)\Delta T}{T_1} + \frac{x_{\mathrm{B}}\Delta H_{\mathrm{m,B}}(T_1)\Delta T}{T_1} + \frac{x_{\mathrm{C}}\Delta H_{\mathrm{m,C}}(T_1)\Delta T}{T_1}$$

也可以如下计算：

以纯固态组元 A、B、C 为标准状态，浓度以摩尔分数表示，摩尔吉布斯自由能变化为

$$\Delta G_{\mathrm{m,A}} = \mu_{\mathrm{(A)}_{E'(\gamma)}} - \mu_{\mathrm{A(s)}} = \mu_{\mathrm{(A)}_{\mathrm{未饱}}} - \mu_{\mathrm{A(s)}} = -RT\ln a^{\mathrm{R}}_{\mathrm{(A)}_{E'(\gamma)}} = -RT\ln a^{\mathrm{R}}_{\mathrm{(A)}_{\mathrm{未饱}}} \quad (7.187)$$

式中，$\mu_{\mathrm{(A)}_{E'(\gamma)}} = \mu_{\mathrm{(A)}_{\mathrm{未饱}}} = \mu^*_{\mathrm{A(s)}} + RT\ln a^{\mathrm{R}}_{\mathrm{(A)}_{E'(\gamma)}} = \mu^*_{\mathrm{A(s)}} + RT\ln a^{\mathrm{R}}_{\mathrm{(A)}_{\mathrm{未饱}}}$；$\mu_{\mathrm{A(s)}} = \mu^*_{\mathrm{A(s)}}$；$a^{\mathrm{R}}_{\mathrm{(A)}_{E'(\gamma)}} = a^{\mathrm{R}}_{\mathrm{(A)}_{\mathrm{未饱}}} < 1$ 为 $E'(\gamma)$ 相中组元 A 的活度。

$$\Delta G_{\mathrm{m,B}} = \mu_{\mathrm{(B)}_{E'(\gamma)}} - \mu_{\mathrm{B(s)}} = \mu_{\mathrm{(B)}_{\mathrm{未饱}}} - \mu_{\mathrm{B(s)}} = -RT\ln a^{\mathrm{R}}_{\mathrm{(B)}_{E'(\gamma)}} = -RT\ln a^{\mathrm{R}}_{\mathrm{(B)}_{\mathrm{未饱}}} \quad (7.188)$$

式中，$\mu_{\mathrm{(B)}_{E'(\gamma)}} = \mu_{\mathrm{(B)}_{\mathrm{未饱}}} = \mu^*_{\mathrm{B(s)}} + RT\ln a^{\mathrm{R}}_{\mathrm{(B)}_{E'(\gamma)}} = \mu^*_{\mathrm{B(s)}} + RT\ln a^{\mathrm{R}}_{\mathrm{(B)}_{\mathrm{未饱}}}$；$\mu_{\mathrm{B(s)}} = \mu^*_{\mathrm{B(s)}}$；$a^{\mathrm{R}}_{\mathrm{(B)}_{E'(\gamma)}} = a^{\mathrm{R}}_{\mathrm{(B)}_{\mathrm{未饱}}} < 1$ 为 $E'(\gamma)$ 相中组元 B 的活度。

$$\Delta G_{\mathrm{m,C}} = \mu_{\mathrm{(C)}_{E'(\gamma)}} - \mu_{\mathrm{BC(s)}} = \mu_{\mathrm{(C)}_{\mathrm{未饱}}} - \mu_{\mathrm{C(s)}} = -RT\ln a^{\mathrm{R}}_{\mathrm{(C)}_{E'(\gamma)}} = -RT\ln a^{\mathrm{R}}_{\mathrm{(C)}_{\mathrm{未饱}}} \quad (7.189)$$

式中，$\mu_{\mathrm{(C)}_{E'(\gamma)}} = \mu_{\mathrm{(C)}_{\mathrm{未饱}}} = \mu^*_{\mathrm{C(s)}} + RT\ln a^{\mathrm{R}}_{\mathrm{(C)}_{E'(\gamma)}} = \mu^*_{\mathrm{C(s)}} + RT\ln a^{\mathrm{R}}_{\mathrm{(C)}_{\mathrm{未饱}}}$；$\mu_{\mathrm{C(s)}} = \mu^*_{\mathrm{C(s)}}$；$a^{\mathrm{R}}_{\mathrm{(C)}_{E'(\gamma)}} = a^{\mathrm{R}}_{\mathrm{(C)}_{\mathrm{未饱}}} < 1$ 为 $E'(\gamma)$ 相中组元 C 的活度。

总摩尔吉布斯自由能变化为

$$\Delta G_{\mathrm{m}}(T_1) = x_{\mathrm{A}}\Delta G_{\mathrm{m,A}} + x_{\mathrm{B}}\Delta G_{\mathrm{m,B}} + x_{\mathrm{C}}\Delta G_{\mathrm{m,C}}$$

$$=x_{\mathrm{A}}RT\ln a^{\mathrm{R}}_{\mathrm{(A)}_{E'(\gamma)}} + x_{\mathrm{B}}RT\ln a^{\mathrm{R}}_{\mathrm{(B)}_{E'(\gamma)}} + x_{\mathrm{C}}RT\ln a^{\mathrm{R}}_{\mathrm{(C)}_{E'(\gamma)}}$$

组成为 E 的组元 A、B 和 C 完全转变为 $E'(\gamma)$ 后，在温度 T_1，$E(\gamma)$ 仍是不饱和相，但已和上述的 $E'(\gamma)$ 不同，因为已经溶入组元 A、B 和 C，其组成和温度 T_{E} 的 $E(\gamma)$ 相同，但温度不同，以 $E''(\gamma)$ 表示。按照组成为 E 而过量的组元 A 和 B 继续向 $E''(\gamma)$ 相中溶解，有

$$\mathrm{A(s)} = \!\!= (\mathrm{A})_{E''(\gamma)}$$

$$\mathrm{B(s)} = \!\!= (\mathrm{B})_{E''(\gamma)}$$

摩尔吉布斯自由能变化为

$$\Delta G_{\mathrm{m,A}}(T_1) = \bar{G}_{\mathrm{m,(A)}_{E''(\gamma)}}(T_1) - G_{\mathrm{m,A(s)}}(T_1)$$

$$=(\bar{H}_{\mathrm{m,(A)}_{E''(\gamma)}}(T_1) - T_1\bar{S}_{\mathrm{m,(A)}_{E''(\gamma)}}(T_1)) - (H_{\mathrm{m,A(s)}}(T_1) - T_1 S_{\mathrm{m,A(s)}}(T_1))$$

$$=(\bar{H}_{\mathrm{m,(A)}_{E''(\gamma)}}(T_1) - H_{\mathrm{m,A(s)}}(T_1)) - T_1(\bar{S}_{\mathrm{m,(A)}_{E''(\gamma)}}(T_1) - S_{\mathrm{m,A(s)}}(T_1))$$

$$=\Delta H_{\mathrm{m,A}}(T_1) - T_1\Delta S_{\mathrm{m,A}}(T_1) = \frac{\Delta H_{\mathrm{m,A}}(T_{\mathrm{E}})\Delta T}{T_{\mathrm{E}}}$$

同理

$$\Delta G_{m, B}(T_1) = \overline{G}_{m, (B)_{E''(\gamma)}}(T_1) - G_{m, B(s)}(T_1)$$

$$= \Delta H_{m, B}(T_1) - T_1 \Delta S_{m, B}(T_1) = \frac{\Delta H_{m, B}(T_E) \Delta T}{T_E}$$

式中，$T_1 > T_E$；$\Delta T = T_E - T_1 < 0$。

$$\Delta G_{m, t}(T_1) = x_A \Delta G_{m, A}(T_1) + x_B \Delta G_{m, B}(T_1) \approx \frac{x_A \Delta H_{m, A}(T_E) \Delta T}{T_E} + \frac{x_B \Delta H_{m, B}(T_E) \Delta T}{T_E}$$

也可以如下计算：

以纯固态组元 A 和 B 为标准状态，浓度以摩尔分数表示，有

$$\Delta G_{m, A} = \mu_{(A)_{E''(\gamma)}} - \mu_{A(s)} = \mu_{(A)_{未饱}} - \mu_{A(s)} = - RT \ln a_{(A)_{E''(\gamma)}}^R = - RT \ln a_{(A)_{未饱}}^R \quad (7.190)$$

式中，$\mu_{(A)_{E''(\gamma)}} = \mu_{(A)_{未饱}} = \mu_{A(s)}^* + RT \ln a_{(A)_{E''(\gamma)}}^R = \mu_{A(s)}^* + RT \ln a_{(A)_{未饱}}^R$；$\mu_{A(s)} = \mu_{A(s)}^*$；$a_{(A)_{E''(\gamma)}}^R = a_{(A)_{未饱}}^R < 1$。

$$\Delta G_{m, B} = \mu_{(B)_{E''(\gamma)}} - \mu_{B(s)} = \mu_{(B)_{未饱}} - \mu_{B(s)} = - RT \ln a_{(B)_{E''(\gamma)}}^R = - RT \ln a_{(B)_{未饱}}^R \quad (7.191)$$

式中，$\mu_{(B)_{E''(\gamma)}} = \mu_{(B)_{未饱}} = \mu_{B(s)}^* + RT \ln a_{(B)_{E''(\gamma)}}^R = \mu_{B(s)}^* + RT \ln a_{(B)_{未饱}}^R$；$\mu_{B(s)} = \mu_{B(s)}^*$；$a_{(B)_{E''(\gamma)}}^R = a_{(B)_{未饱}}^R < 1$。

组元 A 和 B 向 $E''(\gamma)$ 中溶解，直到组元 A 和 B 达到饱和，与 γ 相达到平衡，组成为共晶线 EE_1 上的 q_1 点。有

$$A(s) \Longrightarrow (A)_{q_1} \Longrightarrow (A)_{饱和}$$
$$B(s) \Longrightarrow (B)_{q_1} \Longrightarrow (B)_{饱和}$$

从温度 T_1 到 T_p，随着温度的升高，平衡组成沿共晶线 EP 移动到 P 点。组元 A、B 在 γ 相中的溶解度增大。因此，组元 A、B 向相 γ 中溶解。该过程可以统一描述如下：

在温度 T_{i-1}，组元 A、B 在 γ 相中的溶解达到饱和，和 γ 相达成平衡，平衡组成为共晶线 EP 上的 q_{i-1} 点。有

$$A(s) \Longrightarrow (A)_{q_{i-1}} \Longrightarrow (A)_{饱和}$$
$$B(s) \Longrightarrow (B)_{q_{i-1}} \Longrightarrow (B)_{饱和} \quad (i = 1, 2, \cdots, p)$$

升高温度到 T_i。在温度刚升到 T_i，组元 A 和 B 还未来得及向 q_{i-1} 中溶解，其组成未变，仍为 q_{i-1}，但已由组元 A 和 B 饱和的相 q_{i-1} 变成组元 A 和 B 不饱和的相 q'_{i-1}，组元 A 和 B 向其中溶解，有

$$A(s) \Longrightarrow (A)_{q'_{i-1}} \Longrightarrow (A)_{未饱}$$
$$B(s) \Longrightarrow (B)_{q'_{i-1}} \Longrightarrow (B)_{未饱} \quad (i = 1, 2, \cdots p)$$

摩尔吉布斯自由能变化为

$$\Delta G_{m, A}(T_i) = \overline{G}_{m, (A)_{q'_{i-1}}}(T_i) - G_{m, A(s)}(T_i) = \Delta H_{m, A}(T_i) - T_i \Delta S_{m, A}(T_i)$$

$$\approx \Delta H_{m, A}(T_{i-1}) - T_i \frac{\Delta H_{m, A}(T_{i-1})}{T_{i-1}} = \frac{\Delta H_{m, A}(T_{i-1}) \Delta T}{T_{i-1}}$$

同理

$$\Delta G_{m, B}(T_i) = \overline{G}_{m, (B)_{q'_{i-1}}}(T_i) - G_{m, B(s)}(T_i)$$

$$\approx \Delta H_{m, B}(T_{i-1}) - T_i S_{m, B}(T_{i-1}) = \frac{\Delta H_{m, B}(T_{i-1}) \Delta T}{T_{i-1}}$$

式中，$T_i > T_{i-1}$；$\Delta T = T_{i-1} - T_i < 0$。

也可以如下计算：

以纯固态组元 A 和 B 为标准状态，浓度以摩尔分数表示，摩尔吉布斯自由能变化为

$$\Delta G_{m,\,A} = \mu_{(A)_{q'_{i-1}}} - \mu_{A(s)} = RT\ln a_{(A)_{q'_{i-1}}}^{R} \tag{7.192}$$

式中，$\mu_{(A)_{q'_{i-1}}} = \mu_{A(s)}^{*} + RT\ln a_{(A)_{q'_{i-1}}}^{R}$；$\mu_{A(s)} = \mu_{A(s)}^{*}$。

$$\Delta G_{m,\,B} = \mu_{(B)_{q'_{i-1}}} - \mu_{B(s)} = -RT\ln a_{(B)_{q'_{i-1}}}^{R}$$

式中，$\mu_{(B)_{q'_{i-1}}} = \mu_{(B)_{未饱}} = \mu_{B(s)}^{*} + RT\ln a_{(B)_{q'_{i-1}}}^{R} = \mu_{B(s)}^{*} = \mu_{B(s)}^{*}$。

总摩尔吉布斯自由能变化为

$$\Delta G_m = x_A \Delta G_{m,\,A} + x_B \Delta G_{m,\,B} = x_A RT\ln a_{(A)_{q'_{i-1}}}^{R} + x_B RT\ln a_{(B)_{q'_{i-1}}}^{R}$$

随着组元 A 和 B 向 q'_{i-1} 相中溶解，相 q'_{i-1} 的未饱和程度降低，直到组元 A 和 B 溶解达到饱和，组元 A、B 和 γ 相达到新的平衡，平衡相组成为共晶线 EE_1 上的 q_i 点。有

$$A(s) \Longrightarrow (A)_{q_i} \Longrightarrow (A)_{饱和}$$

$$B(s) \Longrightarrow (B)_{q_i} \Longrightarrow (B)_{饱和}$$

继续升高温度，在温度 T_p，组元 A、B 在 γ 相中的溶解达到饱和，有

$$A(s) \Longrightarrow (A)_{q_p} \Longrightarrow (A)_{饱和}$$

$$B(s) \Longrightarrow (B)_{q_p} \Longrightarrow (B)_{饱和}$$

继续升高温度到 T_{M_1}。温度刚升到 T_{M_1}，组元 A 和 B 还未来得及溶解进入 q_p 相中，其组成未变，但已由组元 A、B 的饱和相 q_p 变成组元 A、B 不饱和相 q'_p。因此，组元 A、B 向其中溶解，有

$$A(s) \Longrightarrow (A)_{q'_p} \Longrightarrow (A)_{未饱}$$

$$B(s) \Longrightarrow (B)_{q'_p} \Longrightarrow (B)_{未饱}$$

该过程摩尔吉布斯自由能变化为

$$\Delta G_{m,\,A}(T_{M_1}) = \overline{G}_{m,\,(A)_{q'_p}}(T_{M_1}) - G_{m,\,A(s)}(T_{M_1}) = \Delta H_{m,\,A}(T_{M_1}) - T_{M_1}\Delta S_{m,\,A}(T_{M_1})$$

$$\approx \Delta H_{m,\,A}(T_p) - T_{M_1}\Delta S_{m,\,A}(T_p) = \frac{\Delta H_{m,\,A}(T_p)\Delta T}{T_p}$$

同理

$$\Delta G_{m,\,B}(T_{M_1}) = \overline{G}_{m,\,(B)_{q'_p}}(T_{M_1}) - G_{m,\,B(s)}(T_{M_1}) = \Delta H_{m,\,B}(T_{M_1}) - T_{M_1}\Delta S_{m,\,B}(T_{M_1})$$

$$\approx \Delta H_{m,\,B}(T_p) - T_{M_1}\Delta S_{m,\,B}(T_p) = \frac{\Delta H_{m,\,B}(T_p)\Delta T}{T_p}$$

式中，$T_{M_1} > T_p$；$\Delta T = T_p - T_{M_1} < 0$。

总摩尔吉布斯自由能变化为

$$\Delta G_m(T_{M_1}) = x_A \Delta G_{m,\,A}(T_{M_1}) + x_B \Delta G_{m,\,B}(T_{M_1})$$

$$\approx \frac{x_A \Delta H_{m,\,A}(T_p)\Delta T}{T_p} + \frac{x_B \Delta H_{m,\,B}(T_p)\Delta T}{T_p}$$

也可以如下计算：

以纯固态组元 A 和 B 为标准状态，浓度以摩尔分数表示，摩尔吉布斯自由能变化为

$$\Delta G_{m,A} = \mu_{(A)_{q'_p}} - \mu_{A(s)} = RT\ln a^R_{(A)_{q'_p}} \tag{7.193}$$

式中，$\mu_{(A)_{q'_p}} = \mu^*_{A(s)} + RT\ln a^R_{(A)_{q'_p}}$；$\mu_{A(s)} = \mu^*_{A(s)}$。

$$\Delta G_{m,B} = \mu_{(B)_{q'_p}} - \mu_{B(s)} = - RT\ln a^R_{(B)_{q'_p}} \tag{7.194}$$

式中，$\mu_{(B)_{q'_p}} = \mu^*_{B(s)} + RT\ln a^R_{(B)_{q'_p}}$；$\mu_{B(s)} = \mu^*_{B(s)}$。

直到组元 B 消失，完全溶解到 q'_p 中，组元 A 溶解达到饱和，组元 A 的平衡组成为 PM 连线上的 q_{M_1} 点。有

$$A(s) \rightleftharpoons (A)_{q_{M_1}} \Longrightarrow (A)_{饱和}$$

继续升高温度。从温度 T_{M_1} 到 T_M，组元 A 的平衡组成沿 PM 连线从 P 点向 M 点移动。组元 A 在 γ 相中的溶解度增大。因此，组元 A 向 γ 相中溶解。组元 A 的溶解过程可以统一描写如下：

在温度 T_{k-1}，组元 A 溶解达到饱和，平衡组成为 q_{k-1} 点，有

$$A(s) \rightleftharpoons (A)_{q_{k-1}} \Longrightarrow (A)_{饱和}$$

升高温度到 T_k。在温度刚升到 T_k，组元 A 还未来得及溶解时，其组成仍为 q_{k-1}，但已由组元 A 饱和的相 q_{k-1} 变成不饱和的相 q'_{k-1}，组元 A 向其中溶解，有

$$A(s) \rightleftharpoons (A)_{q'_{k-1}}$$

摩尔吉布斯自由能变化为

$$
\begin{aligned}
\Delta G_{m,A}(T_k) &= \overline{G}_{m,(A)_{q'_{k-1}}}(T_k) - G_{m,A(s)}(T_k)\\
&= (\overline{H}_{m,(A)_{q'_{k-1}}}(T_k) - T_1 \overline{S}_{m,(A)_{q'_{k-1}}}(T_k)) - (H_{m,A(s)}(T_k) - T_k S_{m,A(s)}(T_k))\\
&= \Delta H_{m,A}(T_k) - T_k \Delta S_{m,A}(T_k) = \frac{\Delta H_{m,A}(T_{k-1})\Delta T}{T_{k-1}}
\end{aligned}
$$

式中，$T_k > T_{k-1}$；$\Delta T = T_{k-1} - T_k < 0$。

也可以如下计算：

以纯固态组元 A 为标准状态，浓度以摩尔分数表示，摩尔吉布斯自由能变化为

$$\Delta G_{m,A} = \mu_{(A)_{q'_{k-1}}} - \mu_{A(s)} = RT\ln a^R_{(A)_{q'_{k-1}}} \tag{7.195}$$

式中，$\mu_{(A)_{q'_{k-1}}} = \mu^*_{A(s)} + RT\ln a^R_{(A)_{q'_{k-1}}}$；$\mu_{A(s)} = \mu^*_{A(s)}$。

组元 A 向 q'_{k-1} 相中溶解达到饱和，两相达到平衡，平衡组成为 PM 连线上的 q_k 点。有

$$A(s) \rightleftharpoons (A)_{q_k} \Longrightarrow (A)_{饱和}$$

在温度 T_M，组元 A 溶解达到饱和，平衡组成为 q_M 点，有

$$A(s) \rightleftharpoons (A)_{q_M} \Longrightarrow (A)_{饱和}$$

升高温度到 T。在温度刚升到 T，组元 A 还未来得及向 q_M 中溶解时，其组成未变，但已由组元 A 饱和的相 q_M 变成不饱和的 q'_M，组元 A 向其中溶解，有

$$A(s) \rightleftharpoons (A)_{q'_M}$$

摩尔吉布斯自由能变化为

$$\Delta G_{m,A}(T) = \overline{G}_{m,(A)_{q'_M}}(T) - G_{m,A(s)}(T_k T) = \Delta H_{m,A}(T) - T\Delta S_{m,A}(T) = \frac{\Delta H_{m,A}(T_M)\Delta T}{T_M}$$

式中，$T > T_M$；$\Delta T = T_M - T < 0$。

也可以如下计算：

$$\Delta G_{m, A} = \mu_{(A)_{q'_M}} - \mu_{A(s)} = RT\ln a^R_{(A)_{q'_M}} \tag{7.196}$$

式中，$\mu_{(A)_{q'_M}} = \mu^*_{A(s)} + RT\ln a^R_{(A)_{q'_M}}$；$\mu_{A(s)} = \mu^*_{A(s)}$。

直到组元 A 消失，完全溶解到 γ 相中。

7.3.10　几种典型固态相变的热力学

固态相变有多种类型。本节讨论几种典型的固态相变的热力学。

7.3.10.1　脱溶过程的热力学

从过饱和固溶体中析出第二相或形成溶质原子富集的亚稳区等过渡相的过程叫作沉淀，或叫作脱溶。

图 7.26 是具有最低共晶点的二元系相图。其中 γ、A、B 均为固相，曲线 ET_B 是组元 B 在 γ 相中的饱和溶解度线。在恒压条件下，物质组成点为 P 的 γ 相降温冷却。温度降至 T_1，物质组成点为 P_1，也是组元 B 在 γ 相的饱和溶解度线上的 q_1 点，两点重合。组元 B 在 γ 相中的溶解达到饱和，有

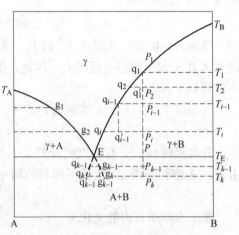

图 7.26　具有最低共晶点的二元系相图

$$q_1 \rightleftharpoons B$$

即

$$(B)_{q_1} = (B)_{饱和} \rightleftharpoons B(s)$$

T_1 为 P 组成的 γ 固溶体的平衡相变温度。在温度 T_1，相变在平衡状态下进行，摩尔吉布斯自由能变化为零，即

$$\Delta G_{m, B} = \mu_{B(s)} - \mu_{B(饱和)} = \mu^*_{B(s)} - \mu^*_{B(s)} - \mu_{B(饱和)} = 0 \tag{7.197}$$

或

$$\Delta G_{m, B}(T_1) = G^*_{m, B(s)}(T_1) - \overline{G}_{m, (B)_{饱和}}(T_1)$$

$$= (H_{m, B(s)}(T_1) - T_1 S_{m, B(s)}(T_1)) - (\overline{H}_{m, (B)_{饱和}}(T_1) - T_1 \overline{S}_{m, (B)_{饱和}}(T_1))$$

$$= \Delta H_{m, B}(T_1) - T_1 \Delta S_{m, B}(T_1) = \Delta H_{m, B}(T_1) - T_1 \frac{\Delta H_{m, B}(T_1)}{T_1} = 0 \tag{7.198}$$

温度由 T_1 降到 T_2，物质组成点从 P_1 移到 P_2。当温度刚降到 T_2，组元 B 还未来得及析出时，γ 相组成仍为 q_1。由于温度降低，组元 B 在 γ 相中的溶解度变小，平衡相组成应为 q_2，q_1 已变为组元 B 过饱和的相 q'_1。B 在 γ 相中已达过饱和，析出晶体 B，进行脱溶反应。可以表示为

$$(B)_{q'_1} = (B)_{过饱} = B(s)$$

该过程的摩尔吉布斯自由能变化为

$$\Delta G_{m, B} = \mu_{B(s)} - \mu_{(B)过饱} \tag{7-199}$$

以纯固态组元 B 为标准状态，式中

$$\mu_B = \mu_B^* \tag{7-200}$$

$$\mu_{(B)过饱} = \mu_{B(s)}^* + RT\ln a_{(B)过饱}^R = \mu_{B(s)}^* + RT\ln a_{(B)q_1'}^R \tag{7.201}$$

将式（7.200）和式（7.201）代入式（7.199），得

$$\Delta G_{m,B} = -RT\ln a_{Bq_1'}^R = -RT\ln a_{(B)过饱}^R < 0 \tag{7.202}$$

在温度 T_2，脱溶过程可以自发进行。

也可以如下计算

$$\Delta G_{m,B}(T_2) = \Delta G_{m,B}(T_2) - \overline{G}_{m,(B)_{q_1'}}(T_2)$$

$$= (H_{m,B}(T_2) - T_2 S_{m,B}(T_2)) - (\overline{H}_{m,(B)_{q_1'}}(T_2) - T_2 \overline{S}_{m,(B)_{q_1'}}(T_2))$$

$$= \Delta_{ref}H_{m,B}(T_2) - T_2 \Delta_{ref}S_{m,B}(T_2)$$

$$\approx \frac{\theta_{B,T_2}\Delta_{ref}H_{m,B}(T_1)}{T_1} \approx \eta_{B,T_2}\Delta_{ref}H_{m,B}(T_1) \tag{7.203}$$

式中，$\Delta_{ref}S_{m,B}(T_2) \approx \Delta_{ref}S_{m,B}(T_1) = \dfrac{\Delta_{ref}H_{m,B}(T_1)}{T_1}$；$\Delta_{ref}H_{m,B}(T_2) \approx \Delta_{ref}H_{m,B}(T_1)$；$T_1 > T_2$；$\theta_{B,T_2} = T_1 - T_2$ 为组元 B 的绝对饱和过冷度；

$$\eta_{B,T_2} = \frac{T_1 - T_2}{T_1} \tag{7.204}$$

为组元 B 的相对饱和过冷度。

直到达成新的平衡，γ 相成为 T_2 温度组元 B 的饱和相 q_2，有

$$(B)_{q_2} \Longleftrightarrow (B)_{饱和} \Longleftrightarrow B(s)$$

继续降温，从 T_1 到 T_E，脱溶过程同上，可以统一描述如下：

在温度 T_{i-1}，析出的固相组元 B 与 γ 相平衡，即

$$(B)_{q_{i-1}} \Longleftrightarrow (B)_{饱和} \Longleftrightarrow B(s)$$

温度降到 T_i。在温度刚降至 T_i，还未来得及析出组元 B 时，在温度 T_{i-1} 的饱和相 q_{i-1} 成为过饱和相 q_{i-1}'，析出组元 B，即

$$(B)_{q_{i-1}} \Longleftrightarrow (B)_{饱和} \Longleftrightarrow B(s)$$

以纯固态组元 B 为标准状态，在温度 T_i，脱溶过程的摩尔吉布斯自由能变化为

$$\Delta G_{m,B} = \mu_B - \mu_{(B)过饱} = \mu_B - \mu_{(B)q_{i-1}'} = -RT\ln a_{(B)过饱}$$

$$= -RT\ln a_{(B)q_{i-1}'} \quad (i = 1, 2, 3, \cdots) \tag{7.205}$$

式中，$\mu_B = \mu_{B(s)}^*$；$\mu_{(B)q_{i-1}'} = \mu_{B(s)}^* + RT\ln a_{(B)过饱} = \mu_{B(s)}^* + RT\ln a_{(B)q_{i-1}'}$。

也可以如下计算：

$$\Delta G_{m,B}(T_i) \approx \frac{\theta_{B,T_i}\Delta H_{m,B}(T_{i-1})}{T_{i-1}} \approx \eta_{B,T_i}\Delta H_{m,B}(T_{i-1}) \tag{7.206}$$

式中，$T_{i-1} > T_i$；$\theta_{B,T_i} = T_{i-1} - T_i > 0$ 为组元 B 在温度 T_i 的绝对饱和过冷度；$\eta_{B,T_i} = \dfrac{T_{i-1} - T_i}{T_i} > 0$ 为组元 B 在温度 T_i 的相对饱和过冷度。

直到过饱和的 q_{i-1}' 相析出组元 B 成为饱和相 q_i，两相达到新的平衡，有

$$(B)_{q_i} \Longrightarrow (B)_{饱和} \Longleftrightarrow B(s)$$

在温度 T_{E-1}，组元 B 与组成为 l_{E-1} 的 γ 相平衡，有

$$(B)_{q_{E-1}} \Longrightarrow (B)_{饱和} \Longleftrightarrow B(s)$$

降低温度到 T_E，在温度刚降到 T_E，尚未来得及析出组元 B 时，在温度 T_{E-1} 时，组元 B 饱和的 q_{E-1} 成为组元 B 过饱和 q'_{E-1}，析出组元 B，即

$$(B)_{q'_{E-1}} \Longrightarrow (B)_{饱和} \Longrightarrow B(s)$$

以纯固态组元 B 为标准状态，脱溶过程的摩尔吉布斯自由能变化为

$$\Delta G_{m, B} = \mu_B - \mu_{(B)_{过饱}} = \mu_B - \mu_{(B)_{q'_{E-1}}} \tag{7.207}$$

$$= -RT\ln a_{(B)_{过饱}}^R = -RT\ln a_{(B)_{q'_{E-1}}}^R$$

式中，$\mu_B = \mu_{B(s)}^*$；$\mu_{(B)_{过饱}} = \mu_{B(s)}^* + RT\ln a_{(B)_{过饱}}^R = \mu_{B(s)}^* + RT\ln a_{(B)_{q'_{E-1}}}^R$；$a_{(B)_{过饱}}^R$ 和 $a_{(B)_{q'_{E-1}}}^R$ 为在温度 T_E，组成为 q'_{i-1} 的 γ 相中组元 B 的活度。

也可以如下计算：

$$\Delta G_{m, B}(T_E) \approx \frac{\theta_{B, T_i} \Delta_{cry} H_{m, B}(T_{E-1})}{T_{i-1}} \approx \eta_{B, T_i} \Delta_{cry} H_{m, B}(T_{E-1}) \tag{7.208}$$

式中，$T_{E-1} > T_E$；$\theta_{B, T_E} = T_{E-1} - T_E$ 为在温度 T_E，组元 B 的绝对饱和过冷度；$\eta_{B, T_E} = \dfrac{T_{E-1} - T_E}{T_{E-1}}$ 为在温度 T_E，组元 B 的相对饱和过冷度。

直到组元 B 达到饱和，组元 A 也达到饱和。γ 相组成为 E (γ)。组元 A、B 和 E (γ) 相达到平衡，有

$$E(\gamma) \Longrightarrow A + B$$

即

$$x_A(A)_{E(\gamma)} + x_B(B)_{E(\gamma)} \Longleftrightarrow x_A A + x_B B$$

$$(A)_{E(\gamma)} \Longrightarrow (A)_{饱和} \Longleftrightarrow A(s)$$

$$(B)_{E(\gamma)} \Longrightarrow (B)_{饱和} \Longleftrightarrow B(s)$$

在温度 T_E 和恒压条件下，析晶在平衡状态进行，该过程的摩尔吉布斯自由能变化为

$$\Delta G_{m, A} = \mu_A - \mu_{(A)E(\gamma)} = \mu_A - \mu_{(A)_{饱和}} = \mu_{A(s)}^* - \mu_{A(s)}^* = 0 \tag{7.209}$$

$$\Delta G_{m, B} = \mu_B - \mu_{(B)E(\gamma)} = \mu_B - \mu_{(B)_{饱和}} = \mu_{B(s)}^* - \mu_{B(s)}^* = 0 \tag{7.210}$$

总摩尔吉布斯自由能变化为

$$\Delta G_m(T_E) = x_A \Delta G_{m, A}(T_E) + x_B \Delta G_{m, B}(T_E) = 0$$

继续降温到 T_E 以下，从温度 T_E 到组元 A、B 完全析出的温度，过程可以统一描述如下：在低于 T_E 温度的 T_{k-1}，析出组元 A 和 B 晶体达到平衡，有

$$(A)_{q_{k-1}} \Longrightarrow (A)_{过饱} \Longleftrightarrow A(s)$$

$$(B)_{q_{k-1}} \Longrightarrow (B)_{过饱} \Longleftrightarrow B(s)$$

继续降温到 T_k，温度刚降到 T_k，尚未来得及析出组元 A 和 B 时，在温度 T_{k-1} 时的组元 A 和 B 的饱和相 q_{k-1} 组成未变但已成为组元 A 和 B 的过饱和相 q'_{k-1}，析出组元 A 和 B，可以表示为

$$(A)_{q'_{k-1}} \Longrightarrow (A)_{饱和} \Longleftrightarrow A(s)$$

$$(B)_{q'_{k-1}} \Longrightarrow (B)_{饱和} \Longleftrightarrow B(s)$$

这实际上是共析转变。

以纯固态组元 A 和 B 为标准状态，在温度 T_k，共析过程的摩尔吉布斯自由能变化为

$$\Delta G_{m,A} = \mu_A - \mu_{(A)过饱} = \mu_A - \mu_{(A)_{q'_{k-1}}} = -RT\ln a^R_{(A)过饱} = -RT\ln a^R_{(A)_{q'_{k-1}}} \tag{7.211}$$

$$\Delta G_{m,B} = \mu_B - \mu_{(B)过饱} = \mu_B - \mu_{(B)_{q'_{k-1}}} = -RT\ln a^R_{(B)过饱} = -RT\ln a^R_{(B)_{q'_{k-1}}} \tag{7.212}$$

总摩尔吉布斯自由能变化为

$$\Delta G_m = x_A \Delta G_{m,A} + x_B \Delta G_{m,B} = -x_A RT\ln a^R_{(A)_{q'_{k-1}}} - x_B RT\ln a^R_{(B)_{q'_{k-1}}}$$

也可以如下计算：

$$\Delta G_{m,A}(T_k) \approx \frac{\theta_{A,T_k} \Delta_{cry} H_{m,A}(T_{k-1})}{T_{k-1}} \approx \eta_{A,T_k} \Delta_{cry} H_{m,A}(T_{k-1}) \tag{7.213}$$

$$\Delta G_{m,B}(T_k) \approx \frac{\theta_{B,T_k} \Delta_{cry} H_{m,B}(T_{k-1})}{T_{k-1}} \approx \eta_{B,T_k} \Delta_{cry} H_{m,B}(T_{k-1}) \tag{7.214}$$

式中，$T_{k-1} > T_k$；$\theta_{J,T_k} = T_{J-1} - T_J$；$\eta_{J,T_k} = \dfrac{T_{J-1} - T_J}{T_{J-1}}$（$J = A，B$）。

总摩尔吉布斯自由能变化为

$$\Delta G_m(T_k) = x_A \Delta G_{m,A}(T_k) + x_B \Delta G_{m,B}(T_k)$$

$$= \frac{x_A \theta_{A,T_k} \Delta_{cry} H_{m,A}(T_{k-1}) + x_B \theta_{B,T_k} \Delta_{cry} H_{m,B}(T_{k-1})}{T_{k-1}}$$

$$= x_A \eta_{A,T_k} \Delta_{cry} H_{m,A}(T_{k-1}) + x_B \eta_{B,T_k} \Delta_{cry} H_{m,B}(T_{k-1})$$

直到固溶体 γ 相完全转变为组元 A 和 B。其中有组元 A、B 组成的共晶相和过量的组元 B。物相组成为相图上的 P_k 点。

7.3.10.2 共析转变的热力学

从过饱和固溶体中，同时析出固相组元 A 和 B 的过程称为共析转变。可以表示为

$$\gamma \Longrightarrow A + B$$

图 7.27 为具有最低共晶点的二元系相图。物质组成点为 P 的 γ 相降温冷却。温度降至 T_E 物质组成点到达 P_E，与共晶点 E 重合。在共晶点，组元 A 和 B 都达到饱和。有

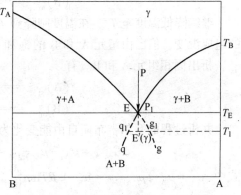

图 7.27 具有最低共晶点的二元系相图

$$\gamma \Longrightarrow A + B$$

即

$$(A)_\gamma \Longrightarrow (A)_{饱和} \Longrightarrow A(s)$$

$$(B)_\gamma \Longrightarrow (B)_{饱和} \Longrightarrow B(s)$$

在温度 T_E 和恒压条件下，γ 相和固相组元 A 和 B 三相平衡，析晶过程在平衡状态下进行，以纯固态组元 A 和 B 为标准状态，该过程的摩尔吉布斯自由能变化为零，即

$$\Delta G_{m,A} = \mu_A - \mu_{(A)饱和} = \mu^*_{A(s)} - \mu^*_{A(s)} = 0 \tag{7.215}$$

$$\Delta G_{m,B} = \mu_B - \mu_{(B)饱和} = \mu^*_{B(s)} - \mu^*_{B(s)} = 0 \tag{7.216}$$

总摩尔吉布斯自由能变化为

$$\Delta G_m = x_A \Delta G_{m,A} + x_B \Delta G_{m,B} = 0 \qquad (7.217)$$

继续降温到 T_1。在温度刚降至 T_1，组元 A 和 B 还未来得及析出时，组成为 E(γ) 的 γ 相组成不变，但已由组元 A 和 B 的饱和相成为组元 A 和 B 的过饱和相 E′(γ)，超过临界过饱和度就会析出组元 A 和 B，即共析转变。该过程可以表示为

$$(A)_{E'(\gamma)} = (A)_{过饱} = A(s)$$
$$(B)_{E'(\gamma)} = (B)_{过饱} = B(s)$$

以纯固态组元 A、B 为标准状态，浓度以摩尔分数表示，共析过程的摩尔吉布斯自由能变化为

$$\Delta G_{m,A} = \mu_A - \mu_{(A)过饱} = \mu_A - \mu_{(A)E'(\gamma)} = -RT\ln a^R_{(A)E'(\gamma)} = -RT\ln a^R_{(A)过饱} \qquad (7.218)$$

式中，$\mu_A = \mu^*_{A(s)}$；$\mu_{(A)过饱} = \mu^*_{A(s)} + RT\ln a^R_{(A)过饱} = \mu^*_{A(s)} + RT\ln a^R_{(A)E'(\gamma)}$。

$$\Delta G_{m,B} = \mu_B - \mu_{(B)过饱} = \mu_B - \mu_{(B)E'(\gamma)} = -RT\ln a^R_{(B)过饱} = -RT\ln a^R_{(B)E'(\gamma)} \qquad (7.219)$$

式中，$\mu_B = \mu^*_{B(s)}$；$\mu_{(B)过饱} = \mu^*_{B(s)} + RT\ln a^R_{(B)过饱} = \mu^*_{B(s)} + RT\ln a^R_{(B)E'(\gamma)}$。

直到达成该温度的平衡组成 g_1 和 q_1，是组元 A 和 B 的饱和相，有

$$(A)_{g_1} = (A)_{饱和} = A(s)$$
$$(B)_{q_1} = (B)_{饱和} = B(s)$$

从温度 T_E 直到组元 A 和 B 完全析出，脱溶反应完成，这个过程可以统一描述如下：在温度 T_{k-1}，析晶达到平衡，有

$$(A)_{g_{k-1}} = (A)_{饱和} = A(s)$$
$$(B)_{q_{k-1}} = (B)_{饱和} = B(s)$$

继续降低温度至 T_k。在温度刚降到 T_k，组元 A 和 B 还未来得及析出时，相 g_{k-1} 和 q_{k-1} 的组成没变，但已由组元 A 和 B 的饱和相 g_{k-1} 和 q_{k-1} 变成组元 A 和 B 的过饱和相 g'_{k-1} 和 q'_{k-1}，析出固相组元 A 和 B。有

$$(A)_{g'_{k-1}} = (A)_{过饱} = A(s)$$
$$(B)_{q'_{k-1}} = (B)_{过饱} = B(s)$$

共析过程的摩尔吉布斯自由能变化为

$$\Delta G_{m,A} = \mu_A - \mu_{(A)过饱} = -RT\ln a^R_{(A)过饱} = -RT\ln a^R_{(A)g'_{k-1}} \qquad (7.220)$$

式中，$\mu_A = \mu^*_A$；$\mu_{(A)过饱} = \mu^*_A + RT\ln a^R_{(A)过饱} = \mu^*_A + RT\ln a^R_{(A)g'_{k-1}}$。

$$\Delta G_{m,B} = \mu_B - \mu_{(B)过饱} = -RT\ln a^R_{(B)过饱} = -RT\ln a^R_{(B)q'_{k-1}} \qquad (7.221)$$

式中，$\mu_B = \mu^*_B$；$\mu_{(B)过饱} = \mu^*_{B(s)} + RT\ln a^R_{(B)过饱} = \mu^*_{B(s)} + RT\ln a^R_{(B)q'_{k-1}}$。

总摩尔吉布斯自由能变化为

$$\Delta G_m = x_A \Delta G_{m,A} + x_B \Delta G_{m,B} = -RT(x_A \ln a^R_{(A)g'_{k-1}} + x_B \ln a^R_{(B)q'_{k-1}}) = -RT(x_A \ln a^R_{(A)过饱} + x_B \ln a^R_{(B)过饱})$$

也可以如下计算

$$\Delta G_{m,A}(T_k) \approx \frac{\theta_{A,T_k} \Delta H_{m,A}(T_{k-1})}{T_{k-1}} \approx \eta_{A,T_k} \Delta H_{m,A}(T_{k-1}) \qquad (7.222)$$

$$\Delta G_{m,B}(T_k) \approx \frac{\theta_{B,T_k} \Delta H_{m,B}(T_{k-1})}{T_{k-1}} \approx \eta_{B,T_k} \Delta H_{m,B}(T_{k-1}) \qquad (7.223)$$

式中，$T_{k-1} > T_k$；$\theta_{A, T_k} = \theta_{B, T_k} = T_{k-1} - T_k$；$\eta_{A, T_k} = \eta_{B, T_k} = \dfrac{T_{k-1} - T_k}{T_{k-1}}$；$\Delta H_{m, A}(T_{k-1})$ 和 $\Delta H_{m, B}$

(T_{k-1}) 为在温度 T_{k-1} 组元 A 和 B 析晶过程的熔变。

总摩尔吉布斯自由能变化为

$$\begin{aligned}
\Delta G_{m, t}(T_k) &= x_A \Delta G_{m, A}(T_k) + x_B \Delta G_{m, B}(T_k) \\
&= \frac{1}{T_{k-1}} (x_A \theta_{A, T_k} \Delta H_{m, A}(T_{k-1}) + x_B \theta_{B, T_k} \Delta H_{m, B}(T_{k-1})) \\
&= x_A \eta_{A, T_k} \Delta H_{m, A}(T_{k-1}) + x_B \eta_{B, T_k} \Delta H_{m, B}(T_{k-1})
\end{aligned} \tag{7.224}$$

直到达成平衡，是组元 A 和 B 的饱和相，有

$$(A)_{g_k} = (A)_{饱和} \rightleftharpoons A(s)$$
$$(B)_{q_k} = (B)_{饱和} \rightleftharpoons B(s)$$

继续降温，重复上述过程。直到固溶体 γ 相完全转变为组元 A 和 B 形成的共晶相。

7.3.10.3 马氏体相变

奥氏体淬火快速冷却，在低温，过冷奥氏体转变为亚稳态的马氏体。这种转变称为马氏体相变。奥氏体转变为马氏体化学组成不变，是非扩散型转变，即"协同型"转变。马氏体相变是德国冶金学家马滕斯（martens）最早在钢的热处理过程中发现的。

后来发现在铁基合金、有色金属合金、纯金属和陶瓷也发生马氏体相变。表 7.2 给出了几种有色金属及其合金的马氏体转变的晶体结构变化。

表 7.2　有色金属中的马氏体转变

材料及其成分	晶体结构的变化	惯用面
纯 Ti	bcc→hcp	{8, 811} 或 {8, 9, 12}
Ti-10%Mo	bcc→hcp	{334} 或 {344}
Ti-5%Mn	bcc→hcp	{334} 或 {344}
纯 Zr	bcc→hcp	
Zr-2.5%Nb	bcc→hcp	
Zr-0.75%Cr	bcc→hcp	
纯 Li	bcc→hcp（层错）	{144}
	bcc→fcc（层错）	
纯 Na	bcc→hcp（层错）	
Cu-40%Zn	bcc→面心四方（层错）	~{155}
Cu-11%~13.1%Al	bcc→fcc（层错）	~{133}
Cu-12.9%~14.9%Al	bcc→正交	~{122}
Cu-Sn	bcc→fcc（层错）	
	bcc→正交	
Cu-Ga	bcc→fcc（层错）	
	bcc→正交	
Au-47.5%Cd	bcc→正交	{133}
Au-50%（mol）Mn	bcc→正交	
纯 Co	bcc→hcp	{111}
In-18%~20%Tl	bcc→面心四方	{011}

材料及其成分	晶体结构的变化	惯用面
Mn-0~25%Cu	bcc→面心四方	{011}
Au-56%（mol）Cu	fcc→复杂正交（有序⇄无序）	
U-0.4%（mol）Cr	复杂四方→复杂正交	$(1\bar{4}\bar{4})$ 与 $(1\bar{2}\bar{3})$ 之间
U-1.4%（mol）Cr	复杂四方→复杂正交	$(1\bar{4}\bar{4})$ 与 $(1\bar{2}\bar{3})$ 之间
纯 Hg	菱方→体心四方	

由奥氏体向马氏体转变的过程可以表示为：

$$\gamma \Longrightarrow \alpha$$

式中，γ 表示奥氏体，α 表示马氏体。该过程的摩尔吉布斯自由能变化为

$$\Delta G_{m(\gamma\to\alpha)}(T) = G_{m,\alpha}(T) - G_{m,\gamma}(T) = (H_{m,\alpha}(T) - TS_{m,\alpha}(T)) - (H_{m,\gamma}(T) - TS_{m,\gamma}(T))$$

$$= \Delta H_{m,\gamma\to\alpha}(T) - T\Delta S_{m,\gamma\to\alpha}(T) \approx \Delta H_{m,\gamma\to\alpha}(T_平) - T\frac{\Delta H_{m,\gamma\to\alpha}}{T_平}(T_平)$$

$$= \frac{\Delta H_{m,\gamma\to\alpha}(T_平)\Delta T}{T_平} \tag{7.225}$$

式中，$T_平$ 为 α 相和 γ 相两相平衡的温度；T 为相变实际发生的温度；$\Delta T = T_平 - T$。

若 $T = T_平$，$\Delta T = 0$，$\Delta G_{m,\gamma\to\alpha} = 0$，$\alpha$、$\beta$ 两相达到平衡，相变在平衡状态发生。

若 $T < T_平$，则 $\Delta T > 0$，$\Delta G_{m,\gamma\to\alpha} < 0$，相变在非平衡状态发生。

若 $T > T_平$，$\Delta T > 0$，$\Delta G_{m,\gamma\to\alpha} > 0$，$\gamma\to\alpha$ 相变不能发生，相反 $\alpha\to\gamma$ 能发生。

$\Delta G_{m,\gamma\to\alpha}$ 为相变过程的热焓，正值；$\Delta S_{m,\gamma\to\alpha}$ 为相变过程的熵变。

7.3.10.4 调幅分解

在一定温度和压力条件下，固溶体分解成结构相同而成分不同（在一定范围内连续变化）的两相。一相含原固溶体的 A 成分多、B 成分少，一相含原固溶体的 A 成分少、B 成分多，称为调幅分解。类似于液相分层所形成的两液相。该过程可以表示如下。

$$\gamma \longrightarrow \alpha + \beta$$

即

$$\gamma \Longrightarrow x\alpha + y\beta$$

图 7.28 为调幅分解图。该过程的摩尔吉布斯自由能变化为

$$\Delta G_{m,\gamma\to\alpha+\beta}(T) = xG_{m,\alpha}(T) + yG_{m,\beta}(T) - G_{m,\gamma}(T)$$

$$= x(H_{m,\alpha}(T) - TS_{m,\alpha}(T)) + y(H_{m,\beta}(T) - TS_{m,\beta}(T)) - (H_{m,\gamma}(T) - TS_{m,\gamma}(T))$$

$$= (xH_{m,\alpha}(T) + yH_{m,\beta}(T) - H_{m,\gamma}(T)) - T(xS_{m,\alpha}(T) + yS_{m,\beta}(T) - S_{m,\gamma}(T))$$

$$\approx (xH_{m,\alpha}(T_平) + yH_{m,\beta}(T_平) - H_{m,\gamma}(T_平)) -$$

$$T\frac{xH_{m,\alpha}(T_平) + yH_{m,\beta}(T_平) - H_{m,\gamma}(T_平)}{T_平}$$

$$= \frac{(xH_{m,\alpha}(T_平) + yH_{m,\beta}(T_平) - H_{m,\gamma}(T_平))\Delta T}{T_平}$$

$$= \frac{\Delta H_{m,\gamma\to\alpha+\beta}(T_平)\Delta T}{T_平} \tag{7.226}$$

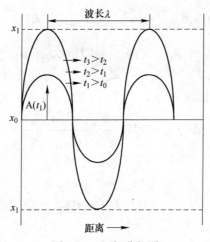

图 7.28 调幅分解图

式中，$\Delta H_{m,\gamma \to \alpha+\beta}(T_{\Psi}) = x H_{m,\alpha}(T_{\Psi}) + y H_{m,\beta}(T_{\Psi}) - H_{m,\gamma}(T_{\Psi})$ 为相变过程的热焓，为负值；$\Delta S_{m,\gamma \to \alpha+\beta}(T_{\Psi}) = \dfrac{\Delta H_{m,\gamma \to \alpha+\beta}(T_{\Psi})}{T_{\Psi}}$ 为相变过程的熵变；$\Delta T = T_{\Psi} - T$，T 为相变温度；T_{Ψ} 为相变达到平衡的温度。

若 $T = T_{\Psi}$，则 $\Delta T = 0$，$\Delta G_m = 0$，α、β、γ 三相达到平衡，相变在平衡状态发生。

若 $T < T_{\Psi}$，则 $\Delta T > 0$。

若相变过程放热，则 $\Delta G_m < 0$，相变在非平衡状态发生。

若 $T > T_{\Psi}$，则 $\Delta T < 0$。

若相变过程放热，则 $\Delta G_m > 0$，相变不能发生。

若相变过程吸热，则情况相反。

也可以如下计算：

$$\gamma \longrightarrow \alpha + \beta$$

即

$$\gamma \longrightarrow m(A)_\gamma + n(B)_\gamma$$
$$m(A)_\gamma = m_1(A)_\alpha + m_2(A)_\beta$$
$$n(B)_\gamma = n_1(B)_\alpha + n_2(B)_\beta$$

式中，m、m_1、m_2 和 n、n_1、n_2 为计量系数。

在固溶体 γ、α、β 中的组元 A 和 B 分别以纯固态组元 A 和 B 为标准状态，该过程的摩尔吉布斯自由能变化为

$$\Delta G_{m,A} = m_1 \mu_{(A)\alpha} + m_2 \mu_{(A)\beta} - m \mu_{(A)\gamma} = \Delta G_{m,A}^* + RT\ln \frac{(a_{(A)\alpha}^R)^{m_1}(a_{(A)\beta}^R)^{m_2}}{(a_{(A)\gamma}^R)^m} \tag{7.227}$$

式中，$\mu_{(A)\alpha} = \mu_{A(s)}^* + RT\ln a_{(A)\alpha}^R$；$\mu_{(A)\beta} = \mu_{A(s)}^* + RT\ln a_{(A)\beta}^R$；$\mu_{(A)\gamma} = \mu_{A(s)}^* + RT\ln a_{(A)\gamma}^R$。

$$\Delta G_{m,A}^* = m_1 \mu_{A(s)}^* + m_2 \mu_{A(s)}^* - m \mu_{A(s)}^* = 0$$

所以

$$\Delta G_{m,A} = RT\ln \frac{(a_{(A)\alpha}^R)^{m_1}(a_{(A)\beta}^R)^{m_2}}{(a_{(A)\gamma}^R)^m} \tag{7.228}$$

$$\Delta G_{\mathrm{m,B}} = n_1\mu_{\mathrm{(B)}_\alpha} + n_2\mu_{\mathrm{(B)}_\beta} - n\mu_{\mathrm{(B)}_\gamma} = \Delta G_{\mathrm{m,B}}^* + RT\ln\frac{(a_{\mathrm{(B)}\alpha}^{\mathrm{R}})^{n_1}(a_{\mathrm{(B)}\beta}^{\mathrm{R}})^{n_2}}{(a_{\mathrm{(B)}\gamma}^{\mathrm{R}})^n} \tag{7.229}$$

式中，$\mu_{\mathrm{(B)}_\alpha} = \mu_{\mathrm{B(s)}}^* + RT\ln a_{\mathrm{(B)}_\alpha}^{\mathrm{R}}$；$\mu_{\mathrm{(B)}_\beta} = \mu_{\mathrm{B(s)}}^* + RT\ln a_{\mathrm{(B)}_\beta}^{\mathrm{R}}$；$\mu_{\mathrm{(B)}_\gamma} = \mu_{\mathrm{B(s)}}^* + RT\ln a_{\mathrm{(B)}_\gamma}^{\mathrm{R}}$。

$$\Delta G_{\mathrm{m,B}}^* = n_1\mu_{\mathrm{B(s)}}^* + n_2\mu_{\mathrm{B(s)}}^* - n\mu_{\mathrm{B(s)}}^* = 0$$

所以，摩尔吉布斯自由能变化为

$$\Delta G_{\mathrm{m,B}} = RT\ln\frac{(a_{\mathrm{(B)}\alpha}^{\mathrm{R}})^{n_1}(a_{\mathrm{(B)}\beta}^{\mathrm{R}})^{n_2}}{(a_{\mathrm{(B)}\gamma}^{\mathrm{R}})^n} \tag{7.230}$$

达到平衡有

$$(\mathrm{A})_\alpha \rightleftharpoons (\mathrm{A})_\beta$$
$$(\mathrm{B})_\alpha \rightleftharpoons (\mathrm{B})_\beta$$

总摩尔吉布斯自由能变化为

$$\Delta G_{\mathrm{m,t}} = \Delta G_{\mathrm{m,A}} + \Delta G_{\mathrm{m,B}} = RT\ln\left[\frac{(a_{\mathrm{(A)}\alpha}^{\mathrm{R}})^{m_1}(a_{\mathrm{(A)}\beta}^{\mathrm{R}})^{m_2}}{(a_{\mathrm{(A)}\gamma}^{\mathrm{R}})^m} + \frac{(a_{\mathrm{(B)}\alpha}^{\mathrm{R}})^{n_1}(a_{\mathrm{(B)}\beta}^{\mathrm{R}})^{n_2}}{(a_{\mathrm{(B)}\gamma}^{\mathrm{R}})^n}\right] \tag{7.231}$$

或者如下计算：

该过程的摩尔吉布斯自由能变化为

$$
\begin{aligned}
\Delta G_{\mathrm{m,A}}(T) &= m_1\overline{G}_{\mathrm{m,(A)}\alpha}(T) + m_2\overline{G}_{\mathrm{m,(A)}\beta}(T) - m\overline{G}_{\mathrm{m,(A)}\gamma}(T)\\
&= m_1(\overline{H}_{\mathrm{m,(A)}\alpha}(T) - T\overline{S}_{\mathrm{m,(A)}\alpha}(T)) + m_2(\overline{H}_{\mathrm{m,(A)}\beta}(T) - T\overline{S}_{\mathrm{m,(A)}\beta}(T)) -\\
&\quad m(\overline{H}_{\mathrm{m,(A)}\gamma}(T) - T\overline{S}_{\mathrm{m,(A)}\gamma}(T))\\
&= (m_1\overline{H}_{\mathrm{m,(A)}\alpha}(T) + m_2\overline{H}_{\mathrm{m,(A)}\beta}(T) - m\overline{H}_{\mathrm{m,(A)}\gamma}(T)) + T(m_1\overline{S}_{\mathrm{m,(A)}\alpha}(T) -\\
&\quad m_2\overline{S}_{\mathrm{m,(A)}\beta}(T) - m\overline{S}_{\mathrm{m,(A)}\gamma}(T))\\
&\approx (m_1\overline{H}_{\mathrm{m,(A)}\alpha}(T_平) + m_2\overline{H}_{\mathrm{m,(A)}\beta}(T_平) - m\overline{H}_{\mathrm{m,(A)}\gamma}(T_平)) -\\
&\quad T\frac{m_1\overline{H}_{\mathrm{m,(A)}\alpha}(T_平) + m_2\overline{H}_{\mathrm{m,(A)}\beta}(T_平) - m\overline{H}_{\mathrm{m,(A)}\gamma}(T_平)}{T_平}\\
&= \frac{(m_1\overline{H}_{\mathrm{m,(A)}\alpha}(T_平) + m_2\overline{H}_{\mathrm{m,(A)}\beta}(T_平) - m\overline{H}_{\mathrm{m,(A)}\gamma}(T_平))\Delta T}{T_平}\\
&= \frac{\Delta\overline{H}_{\mathrm{m,A}}(T_平)\Delta T}{T_平}
\end{aligned}
\tag{7.232}
$$

同理

$$\Delta G_{\mathrm{m,B}} = \frac{\Delta\overline{H}_{\mathrm{m,B}}(T_平)\Delta T}{T_平} \tag{7.233}$$

式中，$\Delta\overline{H}_{\mathrm{m,A}}(T_平) = m_1\overline{H}_{\mathrm{m,(A)}\alpha}(T_平) + m_2\overline{H}_{\mathrm{m,(A)}\beta}(T_平) - m\overline{H}_{\mathrm{m,(A)}\gamma}$；$\Delta\overline{H}_{\mathrm{m,B}} = n_1\overline{H}_{\mathrm{m,(B)}\alpha}(T_平) + n_2\overline{H}_{\mathrm{m,(B)}\beta}(T_平) - n\overline{H}_{\mathrm{m,(B)}\gamma}(T_平)$，为调幅分解过程的焓变；$\Delta T = T_平 - T$。

7.3.10.5　奥氏体相变

A　由渗碳体+珠光体转变为奥氏体

图 7.29 是部分 Fe-C 相图。在恒压条件下，把组成点为 P 的物质加热升温。温度升至

T_E，物质组成点为 P_E。在组成点为 P_E 的物质中，有符合共晶点组成的珠光体和 Fe_3C。珠光体是由铁素体和渗碳体按确定比例形成的共晶相。

在温度 T_E，由铁素体和渗碳体形成的共晶相——珠光体转变为奥氏体。可以表示为

$$E(珠光体) \longrightarrow E(奥氏体)$$

即

$$x_1\alpha + x_2Fe_3C \Longleftrightarrow x_1(\alpha)_{E(\gamma)} + x_2(Fe_3C)_{E(\gamma)}$$

或

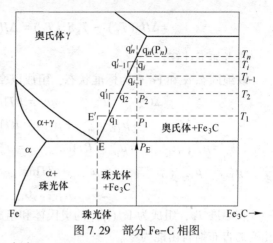

图 7.29 部分 Fe-C 相图

$$\alpha \Longleftrightarrow (\alpha)_{E(\gamma)}$$
$$Fe_3C \Longleftrightarrow (Fe_3C)_{E(\gamma)}$$

式中，E（珠光体）表示珠光体；α 表示铁素体；Fe_3C 为渗碳体；E（奥氏体）和 E（γ）表示组成为 E 的奥氏体；x_1 和 x_2 分别是组成共晶相 E（珠光体）的组元 α-铁素体和 Fe_3C-渗碳体的摩尔分数，并有 $x_1 + x_2 = 1$。

该过程的摩尔吉布斯自由能变化为

$$
\begin{aligned}
\Delta G_{m,\,\alpha}(T_E) &= \overline{G}_{m,\,(\alpha)_{E(\gamma)}}(T_E) - G_{m,\,\alpha}(T_E) \\
&= (\overline{H}_{m,\,(\alpha)_{E(\gamma)}}(T_E) - T_E\overline{S}_{m,\,(\alpha)_{E(\gamma)}}(T_E)) - (H_{m,\,\alpha}(T_E) - T_ES_{m,\,\alpha}(T_E)) \\
&= \Delta H_{m,\,\alpha}(T_E) - T_ES_{m,\,\alpha}(T_E) = \Delta H_{m,\,\alpha}(T_E) - T_E\frac{\Delta H_{m,\,\alpha}(T_E)}{T_E} = 0 \quad (7.234)
\end{aligned}
$$

$$
\begin{aligned}
\Delta G_{m,\,Fe_3C}(T_E) &= \overline{G}_{m,\,(Fe_3C)_{E(\gamma)}}(T_E) - G_{m,\,Fe_3C}(T_E) \\
&= (\overline{H}_{m,\,(Fe_3C)_{E(\gamma)}}(T_E) - T_E\overline{S}_{m,\,(Fe_3C)_{E(\gamma)}}(T_E)) - \\
&\quad (H_{m,\,Fe_3C}(T_E) - T_ES_{m,\,Fe_3C}(T_E)) \\
&= \Delta H_{m,\,Fe_3C}(T_E) - T_ES_{m,\,Fe_3C}(T_E) \\
&= \Delta H_{m,\,Fe_3C}(T_E) - T_E\frac{\Delta H_{m,\,Fe_3C}(T_E)}{T_E} = 0 \quad (7.235)
\end{aligned}
$$

$$
\begin{aligned}
\Delta G_{m,\,E}(T_E) &= x_1\Delta G_{m,\,\alpha}(T_E) + x_2\Delta G_{m,\,Fe_3C}(T_E) \\
&= (x_1\Delta H_{m,\,\alpha}(T_E) + x_2\Delta H_{m,\,Fe_3C}(T_E)) - \frac{T_E(x_1H_{m,\,\alpha}(T_E) + x_2\Delta H_{m,\,Fe_3C}(T_E))}{T_E} \\
&= 0 \quad (7.236)
\end{aligned}
$$

或者如下计算：

$$
\begin{aligned}
\Delta G_{m,\,E(\gamma)}(T_E) &= G_{m,\,E(\gamma)}(T_E) - x_1G_{m,\,\alpha}(T_E) - x_2G_{m,\,Fe_3C}(T_E) \\
&= (H_{m,\,E(\gamma)}(T_E) - T_ES_{m,\,E(\gamma)}(T_E)) - x_1(H_{m,\,\alpha}(T_E) - T_ES_{m,\,\alpha}(T_E)) - \\
&\quad x_2(H_{m,\,Fe_3C}(T_E) - T_ES_{m,\,Fe_3C}(T_E)) \\
&= (H_{m,\,E(\gamma)}(T_E) - H_{m,\,\alpha} - H_{m,\,Fe_3C}(T_E)) - T_E(S_{m,\,E(\gamma)}(T_E) - \\
&\quad T_ES_{m,\,\alpha}(T_E) - T_ES_{m,\,Fe_3C}(T_E))
\end{aligned}
$$

$$=\Delta H_{\mathrm{m}}(T_{\mathrm{E}}) - T_{\mathrm{E}}S_{\mathrm{m}}(T_{\mathrm{E}}) = \Delta H_{\mathrm{m}}(T_{\mathrm{E}}) - T_{\mathrm{E}}\frac{\Delta H_{\mathrm{m}}(T_{\mathrm{E}})}{T_{\mathrm{E}}} = 0$$

或者如下计算:

以纯固态 α 和 Fe_3C 为标准状态, 组成以摩尔分数表示, 有

$$\Delta G_{\mathrm{m},\,\alpha} = \mu_{(\alpha)_{E(\gamma)}} - \mu_\alpha = RT\ln a_{(\alpha)_{E(\gamma)}} = RT\ln a_{(\alpha)_{饱和}} = 0 \tag{7.237}$$

$$\Delta G_{\mathrm{m},\,Fe_3C} = \mu_{(Fe_3C)_{E(\gamma)}} - \mu_{Fe_3C} = RT\ln a_{(Fe_3C)_{E(\gamma)}} = RT\ln a_{(Fe_3C)_{饱和}} = 0 \tag{7.238}$$

式中, $\mu_\alpha = \mu_\alpha^*$; $\mu_{(\alpha)_{E(\gamma)}} = \mu_\alpha^* + RT\ln a_{(\alpha)_{E(\gamma)}} = \mu_\alpha^* + RT\ln a_{(\alpha)_{饱和}}$;

$\mu_{Fe_3C} = \mu_{Fe_3C}^*$; $\mu_{(Fe_3C)_{E(\gamma)}} = \mu_{Fe_3C}^* + RT\ln a_{(Fe_3C)_{E(\gamma)}} = \mu_{Fe_3C}^* + RT\ln a_{(Fe_3C)_{饱和}} = 0$。

$$\Delta G_{\mathrm{m},\,E(\gamma)} = x_1 G_{\mathrm{m},\,\alpha} + x_2 G_{\mathrm{m},\,Fe_3C} = 0$$

在温度 T_{E}, 组成为 E (γ) 的奥氏体和组成为珠光体的铁素体 α、渗碳体 Fe_3C 平衡。相变的吉布斯自由能为零。

升高温度到 T_1, 物质组成点到达 P_1。组成为 E′的珠光体向奥氏体 E (γ) 转变。可以表示为

$$x_1\alpha + x_2 Fe_3C \Longrightarrow E(\gamma)$$

该过程的摩尔吉布斯自由能变化为

$$
\begin{aligned}
\Delta G_{\mathrm{m},\,E(\gamma)}(T_1) &= G_{\mathrm{m},\,E(\gamma)}(T_1) - x_1 G_{\mathrm{m},\,\alpha}(T_1) - x_2 G_{Fe_3C}(T_1) \\
&= (H_{\mathrm{m},\,E(\gamma)}(T_1) - x_1 H_{\mathrm{m},\,\alpha}(T_1) - x_2 H_{\mathrm{m},\,Fe_3C}(T_1)) - T_1(S_{\mathrm{m},\,E(\gamma)}(T_1) - \\
&\quad x_1 S_{\mathrm{m},\,\alpha}(T_1) - x_2 S_{\mathrm{m},\,Fe_3C}(T_1)) \\
&\approx (H_{\mathrm{m},\,E(\gamma)}(T_{\mathrm{E}}) - x_1 H_{\mathrm{m},\,\alpha}(T_{\mathrm{E}}) - x_2 H_{\mathrm{m},\,Fe_3C}(T_{\mathrm{E}})) - \\
&\quad \frac{T_1(H_{\mathrm{m},\,E(\gamma)}(T_{\mathrm{E}}) - x_1 H_{\mathrm{m},\,\alpha}(T_{\mathrm{E}}) - x_2 H_{\mathrm{m},\,Fe_3C}(T_{\mathrm{E}}))}{T_{\mathrm{E}}} \\
&= \frac{\Delta H_{\mathrm{m},\,E(\gamma)}(T_{\mathrm{E}})\Delta T}{T_{\mathrm{E}}}
\end{aligned}
\tag{7.239}
$$

式中, $\Delta H_{\mathrm{m},\,E(\gamma)}(T_{\mathrm{E}}) = H_{\mathrm{m},\,E(\gamma)}(T_{\mathrm{E}}) - x_1 H_{\mathrm{m},\,\alpha}(T_{\mathrm{E}}) - x_2 H_{\mathrm{m},\,Fe_3C}(T_{\mathrm{E}})$ 是 x_1 摩尔 α 和 x_2 摩尔 Fe_3C 转化为 1mol 奥氏体的相变潜热, 为正值; $\Delta T = T_{\mathrm{E}} - T_1 < 0$。

或如下计算:

各组元都以其纯固态为标准状态, 组成以摩尔分数表示, 有

$$\Delta G_{\mathrm{m},\,E(\gamma)} = G_{\mathrm{m},\,E(\gamma)} - x_1 G_{\mathrm{m},\,E(\gamma)} - x_2 G_{Fe_3C} \tag{7.240}$$

$$\Delta G_{\mathrm{m},\,E(\gamma)} = (x_{(Fe)E(\gamma)}\mu_{(Fe)E(\gamma)} + x_{(C)E(\gamma)}\mu_{(C)E(\gamma)}) - x_1(x_{(Fe)\alpha}\mu_{(Fe)\alpha} + x_{(C)\alpha}\mu_{(C)\alpha}) - x_2 G_{\mathrm{m},\,Fe_3C} \tag{7.241}$$

$$(x_1 + x_2 = 1)$$

式中, $\mu_{(Fe)E(\gamma)} = \mu_{Fe(s)}^* + RT\ln a_{(Fe)E(\gamma)}^{\mathrm{R}}$; $\mu_{(C)E(\gamma)} = \mu_{C(s)}^* + RT\ln a_{(C)E(\gamma)}^{\mathrm{R}}$; $\mu_{(Fe)\alpha} = \mu_{Fe(s)}^* + RT\ln a_{(Fe)\alpha}^{\mathrm{R}}$; $\mu_{(C)\alpha} = \mu_{C(s)}^* + RT\ln a_{(C)\alpha}^{\mathrm{R}}$; $G_{\mathrm{m},\,Fe_3C} = G_{\mathrm{m},\,Fe_3C}^*$。

将上面各式代入式 (7.222), 得

$$\Delta G_{\mathrm{m},\,E(\gamma)} = \Delta G_{\mathrm{m},\,E(\gamma)}^* + RT\ln\frac{(a_{(Fe)E(\gamma)}^{\mathrm{R}})^{x_{(Fe)E(\gamma)}}(a_{(C)E(\gamma)}^{\mathrm{R}})^{x_{(C)E(\gamma)}}}{(a_{(Fe)\alpha}^{\mathrm{R}})^{x_1 x_{(Fe)\alpha}}(a_{(C)\alpha}^{\mathrm{R}})^{x_1 x_{(C)\alpha}}} \tag{7.242}$$

其中

$$\Delta G_{m,\gamma}^{*} = x_{(Fe)E(\gamma)}\mu_{Fe(s)}^{*} - x_1 x_{(Fe)\alpha}\mu_{Fe(s)}^{*} + x_{(C)E(\gamma)}\mu_{C(s)}^{*} - x_1 x_{(C)\alpha}\mu_{C(s)}^{*} - x_2 G_{m,Fe_3C}^{*}$$
$$= - RT\ln K_{E(\gamma)} \tag{7.243}$$

$$K_{E(\gamma)} = \frac{(a_{(Fe)E(\gamma)}^{R})^{x_{(Fe)E(\gamma)}}(a_{(C)E(\gamma)}^{R})^{x_{(C)E(\gamma)}}}{(a_{(Fe)\alpha}^{R})^{x_1 x_{(Fe)\alpha}}(a_{(C)\alpha}^{R})^{x_1 x_{(C)\alpha}}} \tag{7.244}$$

直到组成为 E 的珠光体完全转变为奥氏体。这时，组成为 E（γ）的奥氏体中 Fe_3C 还未达到饱和，Fe_3C 会向奥氏体 E（γ）中溶解，有

$$Fe_3C \Longrightarrow (Fe_3C)_{E(\gamma)}$$

该过程的摩尔吉布斯自由能变化为

$$\Delta G_m(T_1) = \overline{G}_{m,(Fe_3C)E(\gamma)}(T_1) - G_{m,Fe_3C}(T_1)$$
$$= (\overline{H}_{m,(Fe_3C)E(\gamma)}(T_1) - T_1 \overline{S}_{m,(Fe_3C)E(\gamma)}(T_1)) - (H_{m,Fe_3C}(T_1) - S_{m,Fe_3C}(T_1))$$
$$= \Delta H_m(T_1) - T_1 \Delta S_m(T_1)$$

$$\approx \Delta H_m(T_E) - T_1 \Delta S_m(T_E) = \Delta H_m(T_E) - T_1 \frac{\Delta H_m(T_E)}{T_E} = \frac{\Delta H_m(T_E)\Delta T}{T_E}$$

式中，$\Delta T = T_E - T_1 < 0$。

或者如下计算：

以纯固态 Fe_3C 为标准状态，组成以摩尔分数表示，则

$$\Delta G_m = \mu_{(Fe_3C)E(\gamma)} - \mu_{Fe_3C} = RT\ln a_{(Fe_3C)E(\gamma)} \tag{7.245}$$

式中，$\mu_{(Fe_3C)E(\gamma)} = \mu_{Fe_3C}^{*} + RT\ln a_{(Fe_3C)E(\gamma)}$；$\mu_{Fe_3C} = \mu_{Fe_3C}^{*}$。

直到渗碳体 Fe_3C 在奥氏体 γ 中溶解达到饱和，Fe_3C 和奥氏体 γ 相达成新的平衡。平衡相组成为共晶线上的 q_1 点。有

$$Fe_3C \Longrightarrow (Fe_3C)_{q_1} \Longrightarrow (Fe_3C)_{饱和}$$

从温度 T_1 到温度 T_n，随着温度的升高，组元 Fe_3C 不断地向 γ 相中溶解，该过程可以描述如下：

在温度 T_{i-1}，Fe_3C 和 γ 相达成平衡，Fe_3C 在 γ 相中的溶解达到饱和。平衡组成为共晶线上的 q_{i-1} 点。有

$$Fe_3C \Longrightarrow (Fe_3C)_{\gamma} = (Fe_3C)_{饱和} \quad (i = 1, 2, \cdots, n)$$

继续升高温度至 T_i，Fe_3C 还未来得及溶解进入 γ 相时，γ 相组成仍然与 q_{i-1} 相同，但是已由 Fe_3C 饱和的 q_{i-1} 变成不饱和的 q'_{i-1}。因此，Fe_3C 向 γ 相 q'_{i-1} 中溶解。γ 相组成由 q'_{i-1} 向该温度的平衡相组成 q_i 转变，物质组成点由 P_{i-1} 向 P_i 转变。该过程可以表示为

$$Fe_3C \Longrightarrow (Fe_3C)_{q'_{i-1}} \quad (i = 1, 2, \cdots, n)$$

该过程的摩尔吉布斯自由能变化为

$$\Delta G_{m,Fe_3C}(T_i) = \overline{G}_{m,(Fe_3C)q'_{i-1}}(T_i) - G_{m,Fe_3C}(T_i)$$
$$= (\overline{H}_{m,(Fe_3C)q'_{i-1}}(T_i) - T_i \overline{S}_{m,(Fe_3C)q'_{i-1}}(T_i)) - (H_{m,Fe_3C}(T_i) - T_i S_{m,Fe_3C}(T_i))$$
$$= \Delta_{sol}H_{m,Fe_3C}(T_i) - T_i \Delta_{sol}S_{m,Fe_3C}(T_i) \approx \Delta_{sol}H_{m,Fe_3C}(T_{i-1}) - T_i \Delta_{sol}S_{m,Fe_3C}(T_{i-1})$$
$$= \frac{\Delta_{sol}H_{m,Fe_3C}(T_{i-1})\Delta T}{T_{i-1}} \tag{7.246}$$

式中，$\Delta_{sol}H_{m,(Fe_3C)}$、$\Delta_{sol}S_{m,(Fe_3C)}$ 分别为 Fe_3C 的溶解焓、溶解熵；$\Delta_{sol}S_{m,Fe_3C}(T_i) \approx$

$$\Delta_{sol}S_{m,Fe_3C}(T_{i-1}) = \frac{\Delta_{sol}H_{m,Fe_3C}(T_{i-1})}{T_{i-1}}; \ \Delta T = T_{i-1} - T_i < 0。$$

或者如下计算：

Fe_3C 以其纯固态为标准状态，浓度以摩尔分数表示。有

$$\Delta G_{m,Fe_3C} = \mu_{(Fe_3C)q'_{i-1}} - \mu_{Fe_3C} = RT\ln a_{(Fe_3C)q'_{i-1}} \tag{7.247}$$

式中，$\mu_{(Fe_3C)q'_{i-1}} = \mu^*_{Fe_3Cq'_{i-1}} + RT\ln a^R_{(Fe_3C)q'_{i-1}}$；$\mu_{Fe_3C} = \mu^*_{Fe_3C}$。

直到 Fe_3C 在 γ 相中的溶解达到饱和，Fe_3C 和奥氏体相达成新的平衡。平衡相组成为共晶线上的点 q_i。有

$$Fe_3C \Longleftrightarrow (Fe_3C)_{q_i} \Longleftrightarrow (Fe_3C)_{饱和}$$

在温度 T_n，Fe_3C 和 γ 相达成平衡，Fe_3C 在 γ 相中的溶解到饱和，平衡相组成为共晶线上的 q_n 点。有

$$Fe_3C \Longleftrightarrow (Fe_3C)_{q_n} \Longleftrightarrow (Fe_3C)_{饱和}$$

温度升到高于 T_n 的温度 T。在温度刚升至 T，Fe_3C 还未来得及溶解进入 γ 相时，γ 相组成仍与 q_n 点相同。但是，已由 Fe_3C 的饱和相 q_n 变成其不饱和相 q'_n。剩余的 Fe_3C 向其中溶解，有

$$Fe_3C \Longleftrightarrow (Fe_3C)_{q'_n}$$

该过程的摩尔吉布斯自由能变化为

$$\begin{aligned}\Delta G_{m,Fe_3C}(T) &= \overline{G}_{m,(Fe_3C)q'_n}(T) - G_{m,Fe_3C}(T)\\ &= \Delta_{sol}H_{m,Fe_3C}(T) - T\Delta_{sol}S_{m,Fe_3C}(T)\\ &\approx \frac{\Delta_{sol}H_{m,Fe_3C}(T_n)\Delta T}{T_n}\end{aligned} \tag{7.248}$$

式中，$\Delta T = T_n - T < 0$。

或者如下计算：

以纯固态 Fe_3C 为标准状态，浓度以摩尔分数表示。有

$$\Delta G_{m,Fe_3C} = \mu_{(Fe_3C)q'_n} - \mu_{Fe_3C} = RT\ln a^R_{(Fe_3C)q'_n} \tag{7.249}$$

式中，$\mu_{(Fe_3C)q'_n} = \mu^*_{(Fe_3C)} + RT\ln a^R_{(Fe_3C)q'_n}$；$\mu_{Fe_3C} = \mu^*_{(Fe_3C)}$。

直到 Fe_3C 完全溶解进入 γ 相，奥氏体转变完成。

B 由铁素体+珠光体转变为奥氏体

图 7.30 是部分 Fe-C 相图。在恒压条件下，把组成点为 Q 的物质加热升温。温度升至 T_E，物质组成点为 Q_E，在组成点为 Q_E 的物质中，有符合共晶点组成的珠光体和过量的铁素体 α。

在温度 T_E，珠光体转变为奥氏体，可以表示为

$$E(珠光体) \Longleftrightarrow E(奥氏体)$$

即

$$x_1\alpha + x_2Fe_3C \Longleftrightarrow E(\gamma)$$

或

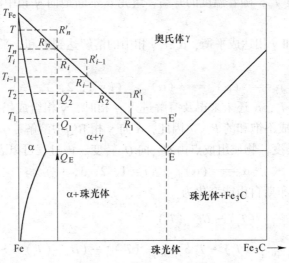

图 7.30 部分 Fe-C 相图

$$\alpha \Longleftrightarrow (\alpha)_{E(\gamma)}$$
$$Fe_3C \Longleftrightarrow (Fe_3C)_{E(\gamma)}$$

相变在平衡状态下进行，吉布斯自由能变化为零。

温度升高到 T_1，物质组成点到达 Q_1，组成为 E 的珠光体向奥氏体 E(γ) 转变，可以表示为

$$x_1\alpha + x_2Fe_3C \Longleftrightarrow E(\gamma)$$

相变在非平衡状态下进行，摩尔吉布斯自由能变化同式（7.239）和式（7.242）。

直到组成为 E 的珠光体完全转变为奥氏体。这时组成为 E(γ) 的奥氏体中铁素体 α 还未达到饱和，α 会向奥氏体 E(γ) 中溶解，有

$$\alpha \Longleftrightarrow (\alpha)_{E(\gamma)}$$

该过程的摩尔吉布斯自由能变化为

$$\Delta G_m(T_1) = \overline{G}_{m,\,(\alpha)_{E(\gamma)}}(T_1) - G_{m,\,\alpha}(T_1)$$
$$= (\overline{H}_{m,\,(\alpha)_{E(\gamma)}}(T_1) - T_1\overline{S}_{m,\,(\alpha)_{E(\gamma)}}(T_1)) - (H_{m,\,\alpha}(T_1) - S_{m,\,\alpha}(T_1))$$
$$= \Delta H_m(T_1) - T_1\Delta S_m(T_1) \approx \Delta H_m(T_E) - T_1\Delta S_m(T_E)$$
$$= \Delta H_m(T_E) - T_1\frac{\Delta H_m(T_E)}{T_E} = \frac{\Delta H_m(T_E)\Delta T}{T_E}$$

或者如下计算：

以纯固态铁素体为标准状态，组成以摩尔分数表示，则

$$\Delta G_m = \mu_{(\alpha)_{E(\gamma)}} - \mu_\alpha = RT\ln a^R_{(\alpha)_{E(\gamma)}} \tag{7.250}$$

式中，$\mu_{(\alpha)_{E(\gamma)}} = \mu^*_{\alpha(s)} + RT\ln a^R_{(\alpha)_{E(\gamma)}}$；$\mu_\alpha = \mu^*_{\alpha(s)}$。

直到铁素体 α 在奥氏体 γ 中的溶解达到饱和，α 和奥氏体 γ 达成新的平衡。平衡相组成为共晶线 Eγ-Fe 上的 R_1 点。有

$$\alpha \Longleftrightarrow (\alpha)_{R_1} \Longleftrightarrow (\alpha)_{饱和}$$

从温度 T_1 到温度 T_n，随着温度的升高，组元 α 不断地向 γ 相中溶解，该过程可以描述如下。

在温度 T_{i-1}，α 和 γ 相达成平衡，α 在 γ 相中的溶解达到饱和。平衡组成为共晶线Eγ-Fe 上的 R_{i-1} 点。有

$$\alpha \rightleftharpoons (\alpha)_\gamma \rightleftharpoons (\alpha)_{饱和} \quad (i = 1,\ 2,\ 3,\ \cdots)$$

继续升高温度值 T_i，α 还未来得及溶解进入 γ 相时，γ 相组成仍然与 R_{i-1} 相同，但是已由 α 饱和的 R_{i-1} 变成不饱和的 R'_{i-1}。因此，α 向 γ 相 R'_{i-1} 中溶解。γ 相组成由 R'_{i-1} 向该温度的平衡相组成 R_i 转变，物质组成点由 Q_{i-1} 向 Q_i 转变。该过程可以表示为

$$\alpha \rightleftharpoons (\alpha)_{R'_{i-1}} \quad (i = 1,\ 2,\ 3,\ \cdots)$$

该过程的摩尔吉布斯自由能变化为

$$\Delta G_{m,\ \alpha}(T_i) = \overline{G}_{m,\ (\alpha)_{R'_{i-1}}}(T_i) - G_{m,\ \alpha}(T_i)$$

$$= (\overline{H}_{m,\ (\alpha)_{R'_{i-1}}}(T_i) - T_i \overline{S}_{m,\ (\alpha)_{R'_{i-1}}}(T_i)) - (H_{m,\ \alpha}(T_i) - S_{m,\ \alpha}(T_i))$$

$$= \Delta_{sol}H_{m,\ \alpha}(T_i) - T_i \Delta_{sol}S_{m,\ \alpha}(T_i) \approx \Delta_{sol}H_{m,\ \alpha}(T_{i-1}) - T_i \Delta_{sol}S_{m,\ \alpha}(T_{i-1})$$

$$= \frac{\Delta_{sol}H_{m,\ \alpha}(T_{i-1})\Delta T}{T_{i-1}} \tag{7.251}$$

式中，$\Delta_{sol}H_{m,\ \alpha}$、$\Delta_{sol}S_{m,\ \alpha}$ 分别为 α 的溶解焓、溶解熵；$\Delta_{sol}H_{m,\ \alpha}(T_i) \approx \Delta_{sol}H_{m,\ \alpha}(T_{i-1})$；$\Delta_{sol}S_{m,\ \alpha}(T_i) \approx \Delta_{sol}S_{m,\ \alpha}(T_{i-1}) = \dfrac{\Delta_{sol}H_{m,\ \alpha}(T_{i-1})}{T_{i-1}}$；$\Delta T = T_{i-1} - T_i < 0$。

或者如下计算：

α 以其纯固态为标准状态，浓度以摩尔分数表示。有

$$\Delta G_{m,\ \alpha} = \mu_{(\alpha)_{R_{i-1}}} - \mu_\alpha = RT \ln a^R_{(\alpha)_{R_{i-1}}} \tag{7.252}$$

式中，$\mu_{(\alpha)_{R_{i-1}}} = \mu_\alpha^* + RT \ln a^R_{(\alpha)_{R_{i-1}}}$；$\mu_\alpha = \mu_\alpha^*$。

直到 α 在 γ 相中的溶解达饱和，α 和奥氏体相达成新的平衡。平衡相组成为共晶线 Eγ-Fe 上的 R_i 点，有

$$\alpha \rightleftharpoons (\alpha)_{R_i} \rightleftharpoons (\alpha)_{饱和}$$

在温度 T_n，α 和 γ 相达成平衡，平衡相组成为共晶线上的 R_n 点，有

$$\alpha \rightleftharpoons (\alpha)_{Rn} \rightleftharpoons (\alpha)_{饱和}$$

温度升到高于 T_n 的温度 T。在温度刚升至 T，α 还未来得及溶解进入 γ 相时，γ 相组成仍与 R_n 点相同。但是，已由 α 饱和的 R_n 变成其不饱和的 R'_n。剩余的 α 向其中溶解，有

$$\alpha \rightleftharpoons (\alpha)_{R'_n}$$

该过程的摩尔吉布斯自由能变化为

$$\Delta G_{m,\ \alpha}(T) = \overline{G}_{m,\ (\alpha)_{R_i}}(T) - G_{m,\ \alpha}(T)$$

$$= \Delta_{sol}H_{m,\ (\alpha)_{R_i}}(T) - T\Delta_{sol}S_{m,\ \alpha}(T) \approx \frac{\Delta_{sol}H_{m,\ \alpha}(T_n)\Delta T}{T_n} \tag{7.253}$$

式中，$\Delta T = T_n - T < 0$。

或者如下计算：

以纯固态 α 为标准状态，浓度以摩尔分数表示。有

$$\Delta G_{m,\alpha} = \mu_{(\alpha)_{R_n'}} - \mu_\alpha = RT\ln a^R_{(\alpha)_{R_n'}}$$

(7.254)

式中，$\mu_{(\alpha)_{R_n'}} = \mu_\alpha^* + RT\ln a^R_{(\alpha)_{R_n'}}$；$\mu_\alpha = \mu_\alpha^*$。

直到 α 完全溶解进入 γ 相，奥氏体转变完成。

习题与思考题

7-1 什么是相变，如何分类？

7-2 什么是形匀形核，什么是非形匀形核，两者有什么差别？

7-3 什么是一级相变，什么是二级相变？

7-4 相变的推动力是什么？

7-5 什么是溶析，什么是共析，两者有什么异同？

7-6 什么是调幅分解？

7-7 什么是马氏体相变？

7-8 什么是奥氏体相变？

8 冶金过程热力学分析范例

【本章学习要点】
　　综合应用冶金热力学的理论和知识，分析若干个实际冶金过程和冶金体系，介绍如何应用冶金热力学的理论和方法解决实际问题。

　　前面各章分别介绍了冶金热力学的理论和基本知识。冶金过程中的实际问题，不是仅用某一章中介绍的理论和知识就可以解决的，而是需要综合运用冶金物理化学的理论和知识加以解决。本章以一些实例介绍如何综合应用冶金热力学的理论和知识解决具体的冶金问题的方法，每个实例都有其特点。

8.1　燃　烧　反　应

8.1.1　C-O 体系的热力学分析

　　在火法冶金过程中，炭既作为还原剂也作为燃料被大量应用。作为燃料的炭与氧的反应称为燃烧反应。

　　8.1.1.1　C-O 体系的反应

　　在 C-O 体系中，存在下列反应：

　　(1) 碳的完全燃烧反应：

$$C(s) + O_2(g) = CO_2(g) \tag{8-1}$$

$$\Delta G_1^{\ominus} = -394.400 - 0.0011T \quad kJ/mol$$

　　(2) 碳的不完全燃烧反应：

$$2C(s) + O_2(g) = 2CO(g) \tag{8-2}$$

$$\Delta G_2^{\ominus} = -112.000 - 0.1035T \quad kJ/mol$$

　　(3) 一氧化碳的燃烧反应：

$$2CO(g) + O_2(g) = 2CO_2(g) \tag{8-3}$$

$$\Delta G_3^{\ominus} = -282.400 - 0.0866T \quad kJ/mol$$

　　(4) 碳的气化反应：

$$C(s) + CO_2(g) = 2CO(g) \tag{8-4}$$

$$\Delta G_4^{\ominus} = 170.700 - 0.1745T \quad kJ/mol$$

　　上面的四个反应同时处于平衡状态，该体系称为同时平衡体系，其中碳的气化反应为吸热反应，另外三个反应为放热反应。

在上面的四个反应中，任意两个的线性组合，都可以得到另外两个反应，所以四个反应中只有两个是独立反应。在四个反应中，可以任选两个作独立反应。由于碳的气化反应气相组成易于实验测量，一氧化碳的燃烧反应热力学数据比较准确，因此通常选这两个反应为独立反应。

8.1.1.2 碳的气化反应

碳的气化反应是气体的量增加的反应，改变总压力对平衡有影响。提高压力，平衡向左移动；降低压力，平衡向右移动。

根据相律，该体系自由度为2，在影响平衡的变量温度、压力和气相组成中，有两个是独立变量。可见，若压力一定，则气相组成随温度变化。

该反应的平衡常数为

$$K_p = \frac{(p_{CO}/p^{\ominus})^2}{p_{CO_2}/p^{\ominus}} \tag{8.1}$$

总压力

$$p = p_{CO} + p_{CO_2} \tag{8.2}$$

将上两式联立求解，得

$$\frac{p_{CO}}{p^{\ominus}} = -\frac{K_p}{2} + \left(\frac{K_p^2}{4} + K_p\frac{p}{p^{\ominus}}\right)^{\frac{1}{2}} \tag{8.3}$$

$$p_{CO_2}/p^{\ominus} = (p - p_{CO})/p^{\ominus} \tag{8.4}$$

将
$$x_{CO} = p_{CO}/p \tag{8.5}$$

和
$$x_{CO_2} = p_{CO_2}/p \tag{8.6}$$

代入式（8.3）和式（8.4），可以得到平衡气相组成与总压力 p 和温度 T 的关系。

取 $p = p^{\ominus}$，以 x_{CO} 对 T 作图，得 C–O 系的优势区图，见图8.1。图中曲线为碳的气化反应平衡状态曲线。该曲线将坐标平面分成两个区域：左侧为 CO 分解区，即碳的稳定区；右侧为碳的气化区，即 CO 的稳定区。

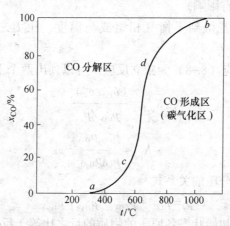

图 8.1 碳的气化反应在总压为 101325Pa 下 CO 的平衡浓度和温度的关系

由图 8.1 可见：

$t < 400℃$，$x_{CO} = 0$，碳的气化反应不能进行；

$400℃ < t < 1000℃$，x_{CO}随温度升高而增加；

$t > 1000℃$，$x_{CO} \approx 100\%$，碳的气化反应很完全。

图8.2是总压力变化时，x_{CO}-T的关系图。由图可见，在温度一定时，总压力p降低，平衡气相组成中x_{CO}增加；当x_{CO}一定时，温度升高，总压力增大。

该体系中还有少量的氧气，其含量可以由碳的气化反应与其他三个反应中的一个联立求得。

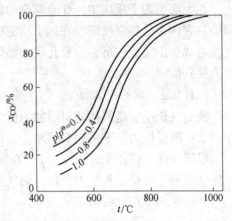

图8.2　总压变化时气化反应的x_{CO}-T关系图

8.1.2　C–H–O体系的热力学分析

氢也可以作为燃料和还原剂。如果体系中除碳外还有氢，则燃烧反应除与碳有关的四个反应外，还有

$$C(s) + H_2O(g) =\!=\!= H_2(g) + CO(g) \tag{8-5}$$
$$\Delta G_5^{\ominus} = 159.400 - 0.1427T \quad kJ/mol$$

$$C(s) + 2H_2O(g) =\!=\!= 2H_2(g) + CO_2(g) \tag{8-6}$$
$$\Delta G_6^{\ominus} = 98.490 - 0.1109T \quad kJ/mol$$

$$2H_2(g) + O_2(g) =\!=\!= 2H_2O(g) \tag{8-7}$$
$$\Delta G_7^{\ominus} = -492.500 + 0.1098T \quad kJ/mol$$

$$CO(s) + H_2O(g) =\!=\!= H_2(g) + CO_2(g) \tag{8-8}$$
$$\Delta G_8^{\ominus} = -36.620 + 0.0335T \quad kJ/mol$$

由于气相中平衡的氧分压很低，可以将氧参与的反应忽略不计，则C–H–O体系仅需考虑反应（8-4）~反应（8-6）和反应（8-8）四个反应。这样体系的独立反应数为2。

反应（8-8）为水煤气反应，是热效应较小的放热反应。反应前后气体的摩尔数不变，所以压力对其平衡没有影响。

气相中有四种物质，若得到平衡气相组成与温度、压力之间的关系，需要有四个方程。

选反应（8-4）和反应（8-8）为独立反应，可以列出两个平衡常数式。

$$K_{p,10} = \frac{(p_{CO}/p^{\ominus})^2}{p_{CO_2}/p^{\ominus}} \tag{8.7}$$

$$K_{p,4} = \frac{p_{CO_2}p_{H_2}}{p_{CO}p_{H_2O}} \tag{8.8}$$

还有总压力与各气体分压的关系式

$$p = p_{CO} + p_{CO_2} + p_{H_2} + p_{H_2O} \tag{8.9}$$

根据物料平衡，反应初始状态各原子的物质的量之比等于反应达到平衡时各原子的物质的量之比。若初始是碳和水蒸气，则

$$\left(\frac{n_H}{n_O}\right)_{初始} = \left(\frac{n_H}{n_O}\right)_{平衡} \tag{8.10}$$

即

$$\left(\frac{2n_{\text{H}_2\text{O}}}{n_{\text{H}_2\text{O}}}\right)_{\text{初始}} = \left(\frac{2n_{\text{H}_2\text{O}} + 2n_{\text{H}_2}}{n_{\text{H}_2\text{O}} + n_{\text{CO}} + n_{\text{CO}_2}}\right)_{\text{平衡}} = 2 \tag{8.11}$$

由

$$\frac{n_{\text{H}_2\text{O}}}{n} = \frac{p_{\text{H}_2\text{O}}}{p}$$

式中，n 为体系中各种气体的物质的量之和，即

$$n = n_{\text{H}_2\text{O}} + n_{\text{CO}} + n_{\text{CO}_2} + n_{\text{H}_2}$$

因此，有

$$2n_{\text{H}_2\text{O}} = \frac{np_{\text{H}_2\text{O}}}{p}$$

$$2n_{\text{H}_2} = \frac{2np_{\text{H}_2}}{p}$$

$$2n_{\text{CO}} = \frac{2np_{\text{CO}_2}}{p}$$

$$n_{\text{CO}} = \frac{np_{\text{CO}}}{p}$$

将上面各式代入式 (8.11)，并利用式 (8.10) 和式 (8.11) 的关系，得

$$\left(\frac{n_{\text{H}}}{n_{\text{O}}}\right)_{\text{平衡}} = \frac{2p_{\text{H}_2\text{O}} + 2p_{\text{H}_2}}{p_{\text{H}_2\text{O}} + p_{\text{CO}} + p_{\text{CO}_2}} = 2$$

即

$$p_{\text{H}_2} = p_{\text{CO}} + 2p_{\text{CO}_2} \tag{8.12}$$

联立方程 (8.7)~方程 (8.9) 和方程 (8.12)，得

$$\frac{2(p_{\text{CO}}/p^{\ominus})^3}{K_{\text{p},4}^2 K_{\text{p},14}^2} + \frac{(3K_{\text{p},8} + 1)(p_{\text{CO}}/p^{\ominus})^2}{K_{\text{p},4} K_{\text{p},14}} + 2(p_{\text{CO}_2}/p^{\ominus}) - p/p^{\ominus} = 0 \tag{8.13}$$

解方程 (8.13)，可以解出 $p_{\text{CO}}/p^{\ominus}$。将 $p_{\text{CO}}/p^{\ominus}$ 代入方程 (8.7)，可以解出 $p_{\text{CO}_2}/p^{\ominus}$，再将 $p_{\text{CO}}/p^{\ominus}$ 和 $p_{\text{CO}_2}/p^{\ominus}$ 代入方程 (8.8)，可以解出 $p_{\text{H}_2\text{O}}/p^{\ominus}$。

从式 (8.7)、式 (8.8)、式 (8.13) 可见，在体系气相中各组元的分压与平衡常数和总压力有关，而平衡常数与温度有关，所以温度和总压力确定后，体系的气相组成也确定。

8.2 铁液中的碳-氧反应

铁液中碳与氧的反应是炼钢过程的基本反应之一。在转炉炼钢和电炉吹氧脱碳过程中，氧气可以直接和铁液中的碳发生反应

$$[\text{C}] + \text{O}_2(\text{g}) =\!\!= \text{CO}_2(\text{g})$$

也可以溶入铁液中，再与铁液中的碳反应

$$\frac{1}{2}O_2(g) = [O]$$

$$[C] + [O] = CO(g)$$

在电炉不吹氧时,渣中的 FeO 也可以向铁液供氧,再与铁液中的碳反应

$$(FeO) = Fe(l) + [O]$$

$$[C] + [O] = CO(g)$$

总之,不论供氧方式如何,在铁液中都有碳与氧的反应。反应产生的 CO 气体搅动铁液,使铁液的温度和化学组成均匀。在 CO 气泡穿过铁液时,溶解在铁液中的有害气体氢、氮等也会向气泡中传递,被气泡带走,所以脱碳是炼钢过程中为了保证钢质量的一个重要手段。研究铁液中碳与氧的反应对认识炼钢过程具有重要意义。

铁液中碳氧反应,实际上包括下面四个平衡:

$$CO(g) + [O] = CO_2(g) \tag{8-9}$$

$$CO_2(g) + [C] = 2CO(g) \tag{8-10}$$

$$[C] + [O] = CO(g) \tag{8-11}$$

$$[C] + 2[O] = CO_2(g) \tag{8-12}$$

其中只有两个反应是独立的。此平衡体系物种数 $s=5$(即 CO、CO_2、C、O、Fe),独立反应数 $R=2$,所以组分数 $C=5-2=3$。根据相律

$$f = 3 - 2 + 2 = 3$$

温度压力恒定,还有一个独立可变因素——浓度。所以,研究此体系的基本方法是:在恒定温度、恒定压力条件下,用 $CO-CO_2$ 混合气体与含有碳、氧的铁液建立平衡,然后,取样分析铁中的碳和氧的浓度,与气相组成相结合算出有关热力学数据。具体方案有两种:

(1)流动气体法。将 p_{CO}/p_{CO_2} 比值一定的气流连续不断地通到铁液表面,达到平衡后,取样分析铁液中碳和氧的浓度。此法可以减少气相热扩散的影响,但气相总压只能是一个大气压,不能改变。

(2)静态法。整个装置放在高压容器内,气相总压可达数十个大气压,达到平衡后,取样分析铁液中碳和氧的浓度,还要分析气相中 CO 和 CO_2 的含量。此法的优点是:由于总压提高,则铁液中平衡的碳、氧浓度增大,减少了分析误差,气相中平衡的 CO_2 含量也增大。例如,在 1600℃化学反应方程式(8-10)的平衡常数

$$K_{10} = \frac{(p_{CO}/p^{\ominus})^2}{(p_{CO_2}/p^{\ominus})a_C} = 536$$

当 $a_C = 1$,可得

$$\frac{p_{CO}^2}{p_{CO_2}p^{\ominus}} = 536 \tag{8.14}$$

总压为 101325Pa,则

$$p_{CO} + p_{CO_2} = 0.1MPa \tag{8.15}$$

联立式(8.14)、式(8.15)解出 $w_{CO} = 99.81\%$,$w_{CO_2} = 0.19\%$。气相中 CO_2 含量如此低,是很难分析准确的,a_C 越大,p_{CO_2} 越低,所以流动气体法对高碳范围精度不够。若用静态

法，总压为7MPa，则

$$p_{CO} + p_{CO_2} = 7MPa \tag{8.16}$$

联立式（8.14）、式（8.16）解出 $p_{CO} = 6.27MPa$，$p_{CO_2} = 0.73MPa$，则气相中 w_{CO_2} 为 10.5%。这就提高了气体分析的精度，所以静态法更适合于高碳范围。

静态法的缺点是：由于铁液表面附近的气相中有温度梯度，造成气相中有浓度梯度，即高温区的 CO 含量较低温区大，这称为热扩散现象。热扩散的结果，使得所取的气体样品分析成分不能确切代表与铁液平衡的实际气相成分。

由实验测得的平衡气相组成和铁液中的碳、氧浓度。经过如下处理，可以求出 e_O^C、e_C^C 等数据。由化学反应方程式（8-9）得

$$K_9 = \frac{p_{CO_2}}{p_{CO} \dfrac{w_O}{w^\ominus} f_O} = \frac{K_9'}{f_O} \tag{8.17}$$

其中

$$K_9' = \frac{p_{CO_2}}{p_{CO} \dfrac{w_O}{w^\ominus}} \tag{8.18}$$

将式（8.17）取对数，得

$$\lg K_9 = \lg K_9' - \lg f_O = \lg K_9' - e_O^O \frac{w_O}{w^\ominus} - e_O^C \frac{w_C}{w^\ominus} \tag{8.19}$$

若铁液中含碳超过 0.2% 以上，铁中氧含量比碳含量小几十倍，e_O^O 项可以忽略，得

$$\lg K_9' = \lg K_9 + e_O^C \frac{w_C}{w^\ominus} \tag{8.20}$$

将 $\lg K_9'$ 对 $\dfrac{w_C}{w^\ominus}$ 作图，可得一直线，其斜率即 e_O^C。此直线在 $w_C/w^\ominus = 0$ 处截距即为 $\lg K_9$。

同样，对化学反应方程式（8-10），也有

$$K_{10} = \frac{(p_{CO}/p^\ominus)^2}{(p_{CO_2}/p^\ominus) \dfrac{w_C}{w^\ominus} f_C} = \frac{K_{10}'}{f_C} \tag{8.21}$$

其中 $K_{10}' = p_{CO}^2 \Big/ \left(p_{CO_2} p^\ominus \dfrac{w_C}{w^\ominus} \right)$，取对数后，仍然略去数值小得多的 $e_O^O \dfrac{w_O}{w^\ominus}$ 项，得

$$\lg K_{10}' = \lg K_{10} + e_O^C \frac{w_O}{w^\ominus}$$

以 $\lg K_{10}'$ 对 $\dfrac{w_O}{w^\ominus}$ 作图，所得直线的斜率即为 e_O^C。此直线在 $\dfrac{w_C}{w^\ominus} = 0$ 处的截距即为 $\lg K_{10}$。

用上述方法处理万谷志郎和的场幸雄的实验数据后求得：

$$CO(g) + [O] \Longrightarrow CO_2(g) \qquad \lg K_9 = \frac{8718}{T} - 4.762$$

$$\Delta G_9^\ominus = -166900 + 91.13T \quad J/mol$$

$$CO_2(g) + [C] = 2CO(g) \qquad \lg K_{10} = -\frac{7558}{T} + 6.765$$

$$\Delta G_{10}^{\ominus} = 144700 - 129.5T \quad \text{J/mol}$$

$$[C] + [O] = CO(g) \qquad \lg K_{11} = \frac{1160}{T} + 2.003$$

$$\Delta G_{11} = -22200 - 39.34T \quad \text{J/mol}$$

$$\lg f_C = e_C^C \frac{w_C}{w^{\ominus}} = 0.234 \frac{w_C}{w^{\ominus}} \tag{8.22}$$

$$\lg f_O = e_O^C \frac{w_C}{w^{\ominus}} = -0.421 \frac{w_C}{w^{\ominus}} \tag{8.23}$$

关于铁液中碳、氧反应平衡，已有很多学者进行了研究。他们测得的平衡常数 K 和标准吉布斯自由能变 $\Delta G^{\ominus}$ 的数据与万谷志郎等的数据接近，但 e_C^C 和 e_O^C 的数据却不同，兹选录在表 8.1 中。

表 8.1　e_C^C 和 e_O^C 的值

	Fuwa 和 Chipman	万谷志郎和的场幸雄	El-Kaddah 等（静态法）
e_C^C	0.22	0.243	0.135
e_O^C	-0.13	-0.421	0.100

反应（8-11）是钢液脱碳的基本反应。K_{11} 和 $\Delta G_{11}^{\ominus}$ 可以由反应（8-9）和（8-10）相加得到。$\Delta G_{11}^{\ominus}$ 的第一项值甚小。表明碳、氧反应是一个弱放热反应，K_{11} 随温度的变化不大，这是该反应的一个重要特点。将不同温度 K_{11} 的值列于表 8.2。

表 8.2　不同温度 K_{11} 值

温度/℃	1550	1600	1650	1700
平衡常数 K_{11}	435	419	404	389

$$K_{11} = \frac{p_{CO}/p^{\ominus}}{f_C(w_C/w^{\ominus})f_O(w_O/w^{\ominus})} \tag{8.24}$$

当 $p_{CO} = p^{\ominus}$ 时，

$$m' = \frac{w_C}{w^{\ominus}} \frac{w_O}{w^{\ominus}} = \frac{1}{K_{11}f_Cf_O} \tag{8.25}$$

在一定温度，K_{11} 是常数，f_Cf_O 随浓度的变化不算大。一般近似用 $m' = \frac{w_C}{w^{\ominus}}\frac{w_O}{w^{\ominus}}$ 代替。在低碳浓度时 $m' = 0.002 \sim 0.0025$。m' 随温度的变化也较小。将上式取对数，得

$$\lg m' = -\lg K_{11} - (\lg f_C - \lg f_O)$$

$$= -\lg K_{11} - \left(e_C^C \frac{w_C}{w^{\ominus}} + e_C^O \frac{w_O}{w^{\ominus}} + e_O^O \frac{w_O}{w^{\ominus}} + e_O^C \frac{w_C}{w^{\ominus}} \right) \tag{8.26}$$

在碳含量大于 0.2% 以上，w_O 很小（小于 0.01%）。式（8.26）含有 w_O 的项可以略去，简化为

$$\lg m' = -\lg K_{11} - (e_C^C + e_O^C)\frac{w_C}{w^\ominus} \tag{8.27}$$

可见，随着 w_C 的增加，m' 值是增加还是减小，就取决于 $e_C^C + e_O^C$ 的相对大小。如果 $e_C^C + e_O^C > 0$，则 m' 随 w_C 增加而减小，Fuwa 和 Chipam、El-Kaddah 等人的实验结果即如此。如果 $e_C^C + e_O^C < 0$，则 m' 值随 w_C 增加而变大。万谷志郎和的场幸雄的实验结果即如此。

8.3 钢液的脱氧反应

在炼钢过程的后期，为降低钢液的氧含量，要向钢液中加入比铁活泼的物质脱氧。该物质进入钢液后，溶解于钢液中并和溶解在钢液中的氧反应，即所谓的沉淀脱氧。

8.3.1 沉淀脱氧原理

M 为脱氧物质，M 溶入钢液后，与钢中的氧反应即为沉淀脱氧反应

$$x[M] + y[O] \rightleftharpoons M_xO_y \text{ (s 或 l)} \tag{8-13}$$

脱氧产物 M_xO_y 不溶于钢液中，其密度小于钢液，能上浮排出。M_xO_y 颗粒很小，其上浮速度可近似用斯托克斯（Stokes）公式计算

$$v = \frac{2}{9}\frac{gr^2(\rho_1 - \rho_2)}{\eta} \tag{8.28}$$

式中，v 为上浮速度，cm/s；g 为重力加速度，981cm/s^2；r 为颗粒的半径，cm；ρ_1、ρ_2 分别为钢液和颗粒的密度，g/cm^3；η 为钢液的黏度，g/(cm·s)。可以看到，脱氧产物颗粒越小，上浮速度越慢。实际上，有相当一部分脱氧产物来不及上浮，成为钢液中的夹杂物。

脱氧反应（8-13）的平衡常数

$$K = \frac{a_{M_xO_y}}{a_M^x a_O^y} = \frac{1}{f_M^x (w_M/w^\ominus)^x f_O^y (w_O/w^\ominus)^y} \tag{8.29}$$

$$a_M^x a_O^y = \frac{1}{K} = K_M \tag{8.30}$$

$$(w_M/w^\ominus)^x (w_O/w^\ominus)^y = \frac{K_M}{f_M^x f_O^y} = K_M' \tag{8.31}$$

式中，K_M 和 K_M' 都称为脱氧常数。实际上，K_M' 是表观脱氧常数，它与脱氧物质的浓度有关，只能近似地看成是常数。

在 M 浓度一定时，钢中平衡的氧含量越低（残余溶解氧），说明 M 的脱氧能力越强。

对式（8.30）、式（8.31）两边取对数，得

$$x\lg a_M + y\lg a_O = \lg K_M \tag{8.32}$$

$$x\lg(w_M/w^\ominus) + y\lg(w_O/w^\ominus) = \lg K_M - x\lg f_M - y\lg f_O$$

$$= \lg K_M - (xe_M^M + ye_O^M)(w_M/w^\ominus) - (xe_M^O + ye_O^O)(w_O/w^\ominus)$$

$$\approx \lg K_M - (xe_M^M + ye_O^M)(w_M/w^\ominus) \tag{8.33}$$

由于 $w_O/w^\ominus$ 很小，略去 $(xe_M^O + ye_O^O)(w_O/w^\ominus)$ 项，得上式。由式（8.32）知，$\lg a_M$ 与 $\lg a_O$

呈线性关系（见图 8.3）。图 8.3 中直线斜率为 $-x/y$。直线位置越低，则该物质的脱氧能力越强。但 $(w_O/w^\ominus)$ 与 $(w_M/w^\ominus)$ 却不呈直线关系（见图 8.4），在某一 $w_M/w^\ominus$ 处有一个极小值，这个现象，可以用活度相互作用系数来解释。

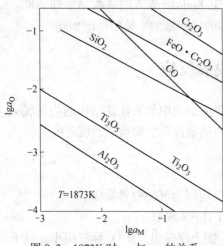

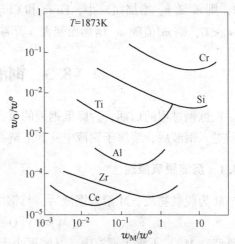

图 8.3   1873K 时 a_O 与 a_M 的关系   图 8.4   1873K 时铁液中 $(w_O/w^\ominus)$

与 $(w_M/w^\ominus)$ 的关系

将式（8.29）两边取对数，并移项，得

$$y\ln(w_O/w^\ominus) = -\ln K - x\ln(w_M/w^\ominus) - x\ln f_M - y\ln f_O \tag{8.34}$$

温度一定，K 是常数，上式对 $\dfrac{w_M}{w^\ominus}$ 求导，得

$$\frac{d(w_O/w^\ominus)}{d(w_M/w^\ominus)} = -\frac{w_O/w^\ominus}{y}\left[\frac{x}{w_M/w^\ominus} + 2.3x\frac{d\lg f_M}{d(w_M/w^\ominus)} + 2.3y\frac{d\lg f_O}{d(w_M/w^\ominus)}\right] \tag{8.35}$$

在极值处，$\dfrac{d(w_O/w^\ominus)}{d(w_M/w^\ominus)} = 0$。上式右边 $\dfrac{w_O/w^\ominus}{y}$ 不为零。若令上式右边等于零，则得极值处 $(w_M/w^\ominus)^*$ 的值为：

$$(w_M/w^\ominus)^* = -\frac{x/y}{2.3\left\{\dfrac{x}{y}\left[\dfrac{d\lg f_M}{d(w_M/w^\ominus)^*}\right]^* + \left[\dfrac{d\lg f_O}{d(w_M/w^\ominus)^*}\right]^*\right\}} \tag{8.36}$$

根据式（2.149）展开 f_O 和 f_M，则

$$\lg f_O = e_O^O(w_O/w^\ominus) + e_O^M(w_M/w^\ominus) + r_O^O(w_O/w^\ominus)^2 +$$
$$r_O^M(w_M/w^\ominus)^2 + r_O^{M,O}(w_M/w^\ominus)(w_O/w^\ominus) \tag{8.37}$$

$$\lg f_M = e_M^M(w_M/w^\ominus) + e_M^O(w_O/w^\ominus) + r_M^M(w_M/w^\ominus)^2 +$$
$$r_M^O(w_O/w^\ominus)^2 + r_M^{O,M}(w_O/w^\ominus)(w_M/w^\ominus) \tag{8.38}$$

式中，e_i^j、r_i^j、$r_i^{j,h}$ 分别代表一阶、二阶活度相互作用系数。

将以上两式对 $w_M/w^\ominus$ 求导数，注意到极值处

$$\frac{d(w_O/w^\ominus)}{d(w_M/w^\ominus)} = 0$$

得

$$\left[\frac{\mathrm{d}\lg f_{\mathrm{O}}}{\mathrm{d}(w_{\mathrm{M}}/w^{\ominus})}\right]^* = e_{\mathrm{O}}^{\mathrm{M}} + 2r_{\mathrm{O}}^{\mathrm{M}}(w_{\mathrm{M}}/w^{\ominus})^* + r_{\mathrm{O}}^{\mathrm{M,O}}(w_{\mathrm{O}}/w^{\ominus})^* \tag{8.39}$$

$$\left[\frac{\mathrm{d}\lg f_{\mathrm{M}}}{\mathrm{d}(w_{\mathrm{M}}/w^{\ominus})}\right]^* = e_{\mathrm{M}}^{\mathrm{M}} + 2r_{\mathrm{M}}^{\mathrm{M}}(w_{\mathrm{M}}/w^{\ominus})^* + r_{\mathrm{M}}^{\mathrm{O,M}}(w_{\mathrm{O}}/w^{\ominus})^* \tag{8.40}$$

由于 $(w_{\mathrm{O}}/w^{\ominus})^*$ 值较小，$r_{\mathrm{O}}^{\mathrm{M,O}}$ 和 $r_{\mathrm{M}}^{\mathrm{O,M}}$ 亦不大，式（8.39）和式（8.40）等号右边第三项可以忽略，代入式（8.38）得

$$(w_{\mathrm{M}}/w^{\ominus})^* = -\frac{1}{2.3}\frac{x/y}{\dfrac{x}{y}[e_{\mathrm{M}}^{\mathrm{M}} + 2r_{\mathrm{M}}^{\mathrm{M}}(w_{\mathrm{M}}/w^{\ominus})^*] + e_{\mathrm{O}}^{\mathrm{M}} + 2r_{\mathrm{O}}^{\mathrm{M}}(w_{\mathrm{M}}/w^{\ominus})^*} \tag{8.41}$$

即

$$2.3\left(2r_{\mathrm{O}}^{\mathrm{M}} + \frac{2x}{y}r_{\mathrm{M}}^{\mathrm{M}}\right)[(w_{\mathrm{M}}/w^{\ominus})^*]^2 + 2.3\left(e_{\mathrm{O}}^{\mathrm{M}} + \frac{x}{y}e_{\mathrm{M}}^{\mathrm{M}}\right)(w_{\mathrm{M}}/w^{\ominus})^* + \frac{x}{y} = 0 \tag{8.42}$$

令

$$a = 2.3\left(2r_{\mathrm{O}}^{\mathrm{M}} + \frac{2x}{y}r_{\mathrm{M}}^{\mathrm{M}}\right), \qquad b = 2.3\left(e_{\mathrm{O}}^{\mathrm{M}} + \frac{x}{y}e_{\mathrm{M}}^{\mathrm{M}}\right) \tag{8.43}$$

则式（8.42）成为

$$a[(w_{\mathrm{M}}/w^{\ominus})^*]^2 + b(w_{\mathrm{M}}/w^{\ominus})^* + \frac{x}{y} = 0 \tag{8.44}$$

若 a、b 值确定，方程式（8.44）对 $(w_{\mathrm{M}}/w^{\ominus})^*$ 来说，有两个根，相当于 $(w_{\mathrm{O}}/w^{\ominus})$ - $(w_{\mathrm{M}}/w^{\ominus})$ 曲线上有两个极值点，一个是极小值，另一个是极大值。

对于 Al 脱氧反应，在 1600℃

$$2[\mathrm{Al}] + 3[\mathrm{O}] =\!=\!= \mathrm{Al}_2\mathrm{O}_3(\mathrm{s}) \qquad K_{\mathrm{Al}} = a_{\mathrm{Al}}^2 a_{\mathrm{O}}^3 = 1.56 \times 10^{-14}$$

铝和氧都以质量百分之一为标准状态。

将 $e_{\mathrm{O}}^{\mathrm{Al}} = -3.9$，$e_{\mathrm{Al}}^{\mathrm{Al}} = 0.045$，$r_{\mathrm{Al}}^{\mathrm{Al}} = -0.001$ 代入式（8.43），可算得 $a = 7.82$，$b = -8.90$。再代入式（8.44），得出：当 $w_{\mathrm{M}}/w^{\ominus} = 0.081\%$，$w_{\mathrm{O}}/w^{\ominus}$ 有极小值。在 $w_{\mathrm{Al}}/w^{\ominus} = 1.06$，$w_{\mathrm{Al}}/w^{\ominus}$ 有极大值。

可见，只用一阶相互作用系数，就可对上述极值现象给予解释。

8.3.2 脱氧产物组成

研究脱氧反应的平衡，常用两种方法：直接法和间接法。前者是将脱氧物质直接加入钢液中，在惰性气体（一般用氩或氮）保护下，使脱氧反应在一定温度达成平衡，取样分析金属中平衡的 M 和氧含量，用物相分析手段确定脱氧产物的组成。可以用固体电解质电池测定钢液中平衡的氧活度，由 a_{O} 和 w_{O} 算出 f_{O} 和 $e_{\mathrm{O}}^{\mathrm{M}}$ 等数据。

间接法用 H_2-$\mathrm{H}_2\mathrm{O}$ 混合气体（其中还加入氩气以减弱热扩散的作用），在一定温度与含有 M 和氧的钢液建立平衡。实验过程中，缓慢地增加 $p_{\mathrm{H}_2\mathrm{O}}/p_{\mathrm{H}_2}$ 的比值，使氧势逐渐增加，当观察到铁液表面有氧化物膜（即脱氧产物 $\mathrm{M}_x\mathrm{O}_y$）出现时对应的 $p_{\mathrm{H}_2\mathrm{O}}/p_{\mathrm{H}_2}$ 值，即作为平衡气相组成。此时，下列反应达到平衡：

$$x[\mathrm{M}] + y\mathrm{H}_2\mathrm{O}(\mathrm{g}) =\!=\!= \mathrm{M}_x\mathrm{O}_y(\mathrm{s}) + y\mathrm{H}_2(\mathrm{g}) \tag{8-14}$$

$$H_2(g) + [O] \overset{\Delta G_{14}^{\ominus}}{=\!=\!=} H_2O(g) \qquad (8-15)$$

$$\Delta G_{15}^{\ominus}$$

又由反应 (8-14)+y×反应 (8-15) 得

$$x[M] + y[O] =\!=\!= M_xO_y(s) \qquad (8-16)$$

$$\Delta G_{16}^{\ominus} = \Delta G_{14}^{\ominus} + \Delta G_{15}^{\ominus}$$

反应 (8-15) 是钢液不含 M 时，气相与氧的反应。其中 $\Delta G_{15}^{\ominus}$ 值已有大量实验数据发表，只要由实验测出 $\Delta G_{14}^{\ominus}$，再与 $\Delta G_{15}^{\ominus}$ 组合，即可求出 $\Delta G_{16}^{\ominus}$，故称为间接法。脱氧产物 M_xO_y 为纯物质，反应 (8-14) 平衡常数为

$$K_{14} = \frac{1}{f_M^x(w_M/w^{\ominus})^x}\left(\frac{p_{H_2}}{p_{H_2O}}\right)^y \qquad (8.45)$$

$$\lg f_M = e_M^M(w_M/w^{\ominus}) + e_M^O(w_O/w^{\ominus})$$

由于 e_M^M、$w_O/w^{\ominus}$ 都很小，$\lg f_M \to 0$，所以 $f_M \approx 1$。将式 (8.45) 取对数，得

$$\lg(p_{H_2}/p_{H_2O}) = -\frac{1}{y}\lg K_{14} - \frac{x}{y}\lg(w_M/w^{\ominus}) \qquad (8.46)$$

温度一定，K_{14} 是常数。将实验数据以 $\lg(p_{H_2O}/p_{H_2})$ 对 $\lg(w_M/w^{\ominus})$ 作图 (见图8.5)，得一条直线，其斜率为 $-\dfrac{x}{y}$，即可知产物 M_xO_y 中的 $\dfrac{x}{y}$。再对产物作物相分析，就可最后确定脱氧产物组成。

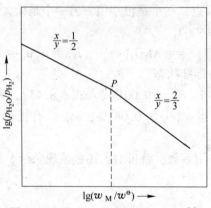

图 8.5　$\lg(p_{H_2O}/p_{H_2})$ 与 $\lg(w_{[M]}/w^{\ominus})$

下面以钒脱氧为例说明脱氧产物。在 1873K，当钢液中含钒小于 0.3% 时，将 $\lg(p_{H_2}/p_{H_2O})$ 对 $\lg(w_V/w^{\ominus})$ 作图，得到直线的斜率为 $-\dfrac{1}{2}$，表明钒脱氧产物中 $x:y = 1:2$。此产物可能是 $FeO \cdot V_2O_3$ 或 VO_2。对氧化物膜进行 X 射线衍射分析，确定是 $FeO \cdot V_2O_3$，故在钒小于 0.3% 范围内，钒与气相的反应是

$$[V] + 2H_2O(g) + \frac{1}{2}Fe(l) =\!=\!= \frac{1}{2}(FeO \cdot V_2O_3)(s) + 2H_2(g) \qquad (8-17)$$

又由

$$H_2(g) + [O] \Longrightarrow H_2O(g) \tag{8-18}$$

反应（8-17）+ 2 × 反应（8-18）得钒的脱氧反应为

$$[V] + 2[O] + \frac{1}{2}Fe(l) \Longrightarrow \frac{1}{2}(FeO \cdot V_2O_3)(s) \tag{8-19}$$

铁以纯液态为标准状态，$FeO \cdot V_2O_3$ 以纯固态为标准状态，钒和氧以质量百分之一为标准状态，有 $a_{Fe} = 1$，$a_{FeO \cdot V_2O_3} = 1$。

$$K'_{19} = (w_V/w^\ominus) a_O^2 \tag{8.47}$$

在钢液中钒大于 0.3% 范围内，将 $\lg(p_{H_2}/p_{H_2O})$ 对 $\lg(w_V/w^\ominus)$ 作图，得直线的斜率 $\dfrac{x}{y} = -\dfrac{2}{3}$，即 $x : y = 2 : 3$，表明脱氧产物是 V_2O_3。X 射线结构分析也确认脱氧产物是 V_2O_3。故在钒大于 0.3% 时，与气相的反应是

$$2[V] + 3H_2O(g) \Longrightarrow V_2O_3(s) + 3H_2(g) \tag{8-20}$$

再与

$$H_2(g) + [O] \Longrightarrow H_2O(g)$$

结合，得钒脱氧反应为

$$2[V] + 3[O] \Longrightarrow V_2O_3(s) \tag{8-21}$$

在钢液中含钒为 0.3% 时，脱氧产物是 $FeO \cdot V_2O_3$ 与 V_2O_3 的混合相。此时，反应（8-17）~反应（8-21）同时平衡。但只有三个反应是独立的。体系物种数 $s = 7 \{H_2, H_2O, [V], [O], Fe(l), FeO \cdot V_2O_3(s), V_2O_3(s)\}$，组分数 $C = s - R = 7 - 3 = 4$。根据相律，$f = C - P + 2 = 4 - 4 + 2$。当温度和总压确定后，自由度为 0。此时，无论是气相或钢液的平衡组成都是确定的。这正是图 8.5 中 P 点所对应的平衡组成。此时钢液中含钒 0.3%，钢液中含钒超过 0.3% 这个阈值时，脱氧产物只是 V_2O_3，低于此阈值时，产物是 $FeO \cdot V_2O_3$。唯有在 $w_V = 0.3\%$ 时，脱氧产物才是 $FeO \cdot V_2O_3$ 和 V_2O_3 的混合物。实验表明，此阈值与温度有关，见表 8.3。

表 8.3 阈值与温度的关系

T/K	1823	1873	1923	1973
$w_V/w^\ominus$	0.20	0.30	0.47	0.75

上述用 $\lg(p_{H_2}/p_{H_2O})$ 对 $\lg(w_M/w^\ominus)$ 作图以判断脱氧产物组成的方法是陈新民和启普曼首先在 Fe-Cr-O 系中采用的，至今已成为研究脱氧反应平衡所常用的一种数据处理方法。

8.3.3 脱氧反应平衡的相关系图

仍以 1600℃，Fe-V-O 为例，其平衡时的相关系可用图 8.6 表示。图的左边是 Fe-FeO 相图，上方是 FeO-V_2O_3 相图。浓度三角形给出的是 1600℃ 的等温截面。在富铁角部分已经放大。各点各线及各区的意义如下：

a 点：代表在 1600℃ 含氧饱和的钢液。

ab 线：钢中含有极少量钒，钒脱氧反应的产物是 FeO-V_2O_3 熔体（即 FeO-V_2O_3 相图

P 点以左的液相），随着钒含量增加，钢液中钒浓度沿 ab 线连续变化。与钢液平衡的FeO-V_2O_3 熔体浓度也在不断改变。

b 点：钢液中含 V 增加到 b 点浓度，与之平衡的脱氧产物是两相：一相是浓度为 P 点的 FeO-V_2O_3 熔体，另一相是固态 FeO·V_2O_3。物系点落在图中 II 区内，$f=3-3+1=1$。温度一定，钢液（b 点）和脱氧产物（P 点和 Q 点）的浓度都是确定的。

bc 线：钢液中含钒超过 b 点浓度，脱氧产物是 FeO·V_2O_3。物系点在第 III 区，$f=3-2+1=2$。温度一定，钢液浓度可以沿着 bc 线改变。

c 点：钢液中钒含量达到 b 点 $w(V)=0.3\%$，脱氧产物为 FeO·V_2O_3 和 V_2O_5 两相。$f=3-3+1=1$。温度一定，钢液和脱氧产物的浓度都是一定的。

cd 线：脱氧产物是 V_2O_3。$f=3-2+1=2$，即除温度外，有一个浓度可以独立变化。

图 8.6 中的 I、II、V 区都是两相区（钢液和脱氧产物相），II、IV 区为三相区（钢液相和两个脱氧产物相）。

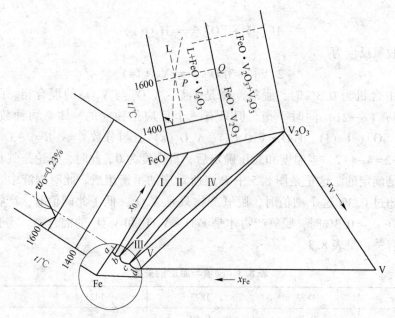

图 8.6   1600℃，Fe-V-O 系平衡相关系图

8.3.4　复合脱氧

两种或两种以上的脱氧组元一起加入钢液中脱氧，称为复合脱氧。炼钢常用硅锰、硅锰铝、硅钙、锰铝等复合脱氧。复合脱氧产物更为复杂，至少包含两种氧化物。

复合脱氧的特点：（1）脱氧产物复杂，熔点低，往往呈液态，易于聚集成较大颗粒而较快地上浮；（2）脱氧能力比单独脱氧有所增加。

现以硅-锰复合脱氧为例讨论其热力学规律。硅锰合金加入钢液中脱氧，脱氧产物是 SiO_2-MnO-FeO 的熔体。此熔体中 a_{SiO_2}、a_{MnO}、a_{FeO} 均小于 1，所以钢液中平衡氧活度比单独用硅锰脱氧时有所下降。下面用同时平衡的观点来进行讨论。

脱氧产物 SiO_2-MnO-FeO 熔体与钢液（其中含有 Si、Mn、O）在一定温度达成平衡，下列诸反应同时达成平衡：

$$Fe(l) + [O] \rightleftharpoons (FeO) \tag{8-22}$$

$$[Mn] + [O] \rightleftharpoons (MnO) \tag{8-23}$$

$$[Si] + 2[O] \rightleftharpoons (SiO_2) \tag{8-24}$$

$$[Si] + 2(MnO) \rightleftharpoons 2[Mn] + (SiO_2) \tag{8-25}$$

$$[Si] + 2(FeO) \rightleftharpoons 2Fe(l) + (SiO_2) \tag{8-26}$$

$$[Mn] + (FeO) \rightleftharpoons Fe(l) + (MnO) \tag{8-27}$$

这些反应中，物种数 $s=7$，元素数 $E=4$，独立反应数 $R=7-4=3$，组分数 $C=7-3=4$，根据相律，体系的自由度数 $f=4-2+1=3$。

在恒定温度条件下，还有两个浓度是独立可变的。倘若两个物质的浓度为已知，则体系其他组分的浓度即可求得。例如，已知铁液中含 0.20%Si、0.8%Mn，可以求出平衡氧含量和脱氧产物组成。

由反应（8-23）和反应（8-24）的热力学数据可以算出反应（8-25）的 $\Delta G_{25}^{\ominus}$ 为

$$\Delta G_{25}^{\ominus} = -94440 + 5.6T \quad J/mol$$

$T=1823K$，$K_{25}=259$，硅和锰都以质量百分之一为标准状态，SiO_2 和 MnO 以纯液态为标准状态。由 $a_{Si}=0.2$，$a_{Mn}=0.8$，得

$$\frac{a_{SiO_2}}{a_{MnO}^2} = K_{25}\frac{a_{Si}}{a_{Mn}^2} = 259 \times \frac{0.2}{0.8^2} = 81 \tag{8.48}$$

再根据锰脱氧反应（8-27）的数据 $\lg K_{27} = \dfrac{6440}{T} - 2.95$，可求出 1550℃，$K_{27}=3.825$，锰以质量百分之一为标准状态，MnO 和 FeO 以纯液态为标准状态

$$K_{27} = \frac{a_{MnO}}{a_{Mn}a_{FeO}} \tag{8.49}$$

$$\frac{a_{FeO}}{a_{MnO}} = \frac{1}{K_6 a_{Mn}} = \frac{1}{3.825 \times 0.8} = 0.327 \tag{8.50}$$

脱氧产物中的 a_{SiO_2}、a_{MnO}、a_{FeO} 必须同时满足式（8.48）、式（8.50）两式的要求，且与图 4.11 的数据一致。

采用试探法。选取脱氧产物组成为 $x_{SiO_2}=0.52$、$x_{MnO}=0.43$、$x_{FeO}=0.05$，由图 4.11 可以查得 $a_{SiO_2}=0.88$，代入式（8.48），算出 $a_{MnO}=0.104$，根据此二值，再从图 4.11 中查得相应的 $a_{FeO}=0.034$，得

$$\frac{a_{FeO}}{a_{MnO}} = \frac{0.034}{0.104} = 0.327 \tag{8.51}$$

此比值正好与式（8.50）的要求一致。因此，可以认为上述浓度的 FeO-MnO-SiO_2 熔体即为平衡时的熔体组成，其相应的各氧化物活度即为平衡值。若 $\dfrac{a_{FeO}}{a_{MnO}}$ 不符合式（8.50）的要求，再重新设定熔体组成。

再检验 a_O 值，由 K_{23} 得

$$a_O = \frac{a_{MnO}}{18.17} = \frac{0.104}{18.17} = 0.00572 \tag{8.52}$$

由 K_{22} 得

$$a_O = \frac{a_{FeO}}{5.88} = \frac{0.034}{5.88} = 0.00578 \qquad (8.53)$$

再由反应（8-24）计算 a_O，在 1823K，$K_{24} = a_{Si}a_O^2 = 7.64 \times 10^{-6}$，当 $a_{SiO_2} = 0.88$ 时

$$a_{Si}a_O^2 = 0.88 \times 7.64 \times 10^{-6} = 6.72 \times 10^{-6}$$

$$a_O = \sqrt{\frac{6.72 \times 10^{-6}}{0.2}} = 0.0058 \qquad (8.54)$$

由式（8.52）~式（8.54）可见，分别由反应（8-22）~反应（8-24）的平衡算出的 a_O 值十分接近，说明选定的脱氧产物组成合适。

如果只用硅脱氧，没有锰存在，则加入 0.2% 硅，平衡氧活度为

$$a_O = \sqrt{\frac{7.64 \times 10^{-6}}{0.2}} = 0.0062 \qquad (8.55)$$

可见，采用复合脱氧，硅的脱氧能力有所增加。这主要是由于脱氧反应产物中的 $a_{SiO_2} = 0.88$ 比单独脱氧时的 $a_{SiO_2} = 1$ 减少所致。

从上面的计算可以看到，Si-Mn 复合脱氧产物中主要是 MnO 和 SiO_2，而 FeO 含量甚少（在本例中 $x_{FeO} = 0.05$）。有时，为了简化计算，可近似用 MnO-SiO_2 二元渣系来求算 a_{MnO} 和 a_{SiO_2}。

8.4　液态 Cu-S-O 体系的等温反应

冰铜主要是 Cu_2S-FeS 熔体。冰铜在 1100~1300℃ 与氧反应。反应的第一阶段主要是冰铜中的铁和一部分硫氧化，产生的 FeO 与加入的造渣剂石英结合成 FeO-SiO_2 熔渣，SO_2 则直接进入气相，剩下的冰铜中含 FeS 逐渐减少，熔体变成白冰铜，其主要成分是 Cu_2S。反应的第二阶段是白冰铜继续氧化，除去其中的硫，最后得到粗铜。粗铜中还含有少量的硫和氧。粗铜进一步氧化除去其中的硫，然后加入还原剂除去其中残余的氧，得到的产品是阳极铜，作为电解精炼铜的阳极。从白冰铜（Cu_2S）到阳极铜，这一系列过程中，成分的变化与气相中 p_{O_2}、p_{SO_2}、p_{S_2} 的平衡关系，可以用 Cu-S-O 系等温反应平衡图来表示。本节介绍这个图的绘制、其实验依据以及它的应用。

用 CO-CO_2 混合气体与含氧铜液在一定温度下建立平衡

$$CO(g) + [O]_{Cu} \Longrightarrow CO_2(g) \qquad (8-28)$$

$$K_{28} = \frac{p_{CO_2}}{p_{CO}f_O(w_O/w^{\ominus})} \qquad (8.56)$$

令 $K'_{28} = \dfrac{p_{CO_2}}{p_{CO}(w_O/w^{\ominus})}$ 为表观平衡常数，则 $K_{28} = K'_{28}/f_O$。由实验测得的数据，以 $\lg K'_{28}$ 对 $w_O/w^{\ominus}$ 作图，外推到 $w_O/w^{\ominus} \to 0$，即可得到 $\lg K_{28}$ 值。根据不同温度的实验数据，求出 $\lg K_{28}$ 与 T 的关系，得

$$\lg K_{28} = \frac{10600}{T} - 3.820 \qquad (8.57)$$

$$\lg K_{28} = \lg K'_{28} - \lg f_0 = \lg K'_{28} - e_0^0 (w_0/w^\ominus) \tag{8.58}$$

$\lg K_{28}$ 可由式（8.57）求得，$\lg K'_{28}$ 和 $w_0/w^\ominus$ 直接可以由实验数据得到，故可由上式算出 e_0^0 值为

$$e_0^0 = -\frac{311.3}{T} \tag{8.59}$$

或

$$\lg f_0 = -\frac{311.3}{T}(w_0/w^\ominus) \tag{8.60}$$

又根据反应

$$CO(g) + \frac{1}{2}O_2(g) \Longrightarrow CO_2(g) \tag{8-29}$$

$$\lg K_{29} = \frac{14550}{T} - 4.404 \tag{8.61}$$

与反应（8-28）结合，得

$$\frac{1}{2}O_2(g) \Longrightarrow [O] \tag{8-30}$$

$$\lg K_{30} = \frac{a_0}{p_{O_2}^{1/2}} = \frac{3950}{T} - 0.584 \tag{8.62}$$

用 $CO+CO_2+SO_2$ 混合气体与含有硫和氧的铜液在一定温度建立平衡

$$CO(g) + [O]_{Cu-S} \Longrightarrow CO_2(g) \tag{8-31}$$

$$K_{31} = \frac{p_{CO_2}}{p_{CO} f_0 w_0/w^\ominus} \tag{8.63}$$

式中

$$\lg f_0 = e_0^0 (w_0/w^\ominus) + e_0^s (w_S/w^\ominus) = -\frac{311.3}{T}(w_0/w^\ominus) + e_0^s (w_S/w^\ominus)$$

令 $K'_{31} = p_{CO_2}/p_{CO}(w_0/w^\ominus)$，则 $K_0 = K'_0/f_0$

$$\lg K'_{31} = \lg K_{31} + \lg f_0 = \lg K_{31} - \frac{311.3}{T}(w_0/w^\ominus) + e_0^s (w_S/w^\ominus) \tag{8.64}$$

式（8.64）中的 K'_{31}、w_S、w_0 均可由实验测得，$\lg K_{31}$ 由式（8.56）确定，故可由式（8.64）算出 e_0^s 为

$$e_0^s = -\frac{242.6}{T} \tag{8.65}$$

再根据式（2.160）求得

$$e_S^0 = \frac{M_S}{M_0} e_0^s = \frac{32}{16} e_0^s = -\frac{485.2}{T} \tag{8.66}$$

在用 $CO+CO_2+SO_2$ 混合气体与含硫和氧的铜液平衡实验中，还存在下列平衡

$$[S] + 2CO_2(g) \Longrightarrow SO_2(g) + 2CO(g) \tag{8-32}$$

$$K_{32} = \frac{p_{SO_2} p_{CO}^2}{p_{CO_2}^2 f_S (w_S/w^\ominus) p^\ominus} \tag{8.67}$$

令
$$K'_{32} = \frac{p_{SO_2} p_{CO}^2}{p_{CO_2}^2 (w_S/w^\ominus) p^\ominus}$$

$$\lg K_{32} = -\frac{15600}{T} + 5.839 \tag{8.68}$$

$$\lg K'_{32} = \lg K_{32} + \lg f_S = \lg K_{32} + e_S^O (w_O/w^\ominus) + e_S^S (w_S/w^\ominus) \tag{8.69}$$

上式中 $\lg K'_{32}$、w_S、w_O 可由实验得到，e_S^O 和 e_S^S 分别由式（8.65）和式（8.67）确定，故可由式（8.69）求出 e_S^S 为

$$e_S^S = -\frac{281.6}{T} \tag{8.70}$$

将 2×反应（8-31）+反应（8-32）得

$$[S] + 2[O] = SO_2(g) \tag{8-33}$$

$$K_{33} = \frac{p_{SO_2}/p^\ominus}{f_S (w_S/w^\ominus) f_O^2 (w_O/w^\ominus)^2} \tag{8.71}$$

$$\lg K_{33} = 2\lg K_{31} + \lg K_{32} = \frac{5600}{T} - 1.801 \tag{8.72}$$

又由反应

$$\frac{1}{2} S_2(g) + O_2(g) = SO_2(g) \tag{8-34}$$

$$\lg K_{34} = \frac{18940}{T} - 3.784 \tag{8.73}$$

将反应（8-34）与反应（8-30）、反应（8-33）结合，得

$$\frac{1}{2} S_2(g) = [S] \tag{8-35}$$

$$\lg K_{35} = \frac{5440}{T} - 0.815 \tag{8.74}$$

$$K_{35} = \frac{f_S (w_S/w^\ominus)}{(p_{S_2}/p^\ominus)^{\frac{1}{2}}} \tag{8.75}$$

$$\lg K_{35} = \lg f_S + \lg(w_S/w^\ominus) - \frac{1}{2}(p_{S_2}/p^\ominus)$$

$$= e_S^S (w_S/w^\ominus) + e_S^O (w_O/w^\ominus) + \lg(w_S/w^\ominus) - \frac{1}{2}(p_{S_2}/p^\ominus) \tag{8.76}$$

$T = 1473K$，由式（8.74）求出 K_{35}，由式（8.70）和式（8.66）分别求得 e_S^S 和 e_S^O，代入式（8.76），得

$$2.878 = -0.191(w_S/w^\ominus) - 0.329(w_O/w^\ominus) + \lg(w_S/w^\ominus) - \frac{1}{2}(p_{S_2}/p^\ominus) \tag{8.77}$$

同样地，对式（8.62）作类似的处理，$T = 1473K$，可得

$$2.098 = -0.211(w_O/w^\ominus) - 0.165(w_S/w^\ominus) + \lg(w_O/w^\ominus) - \frac{1}{2}(p_{O_2}/p^\ominus) \tag{8.78}$$

$T = 1473K$，若已知铜液中平衡的 w_S 和 w_O 值，代入式（8.77）和式（8.78），分别求

得平衡气相中的 $\lg(p_{S_2}/p^\ominus)$ 和 $\lg(p_{O_2}/p^\ominus)$。将 $\lg(p_{S_2}/p^\ominus)$ 为横坐标，$\lg(p_{O_2}/p^\ominus)$ 为纵坐标，可绘出 Cu-S-O 系在 1200℃的平衡图，如图 8.7 所示。图中 $a_{Cu}=1$ 的曲线下方代表铜的优势区。在此区内绘有不同的等氧含量线和等硫含量线。这些等值线指示出在该气体组成（p_{O_2} 和 p_{S_2}）条件下，铜液中的平衡氧含量和硫含量。图中还注明了 Cu_2S 和 Cu_2O 的优势区和等 $\lg p_{SO_2}$ 线。

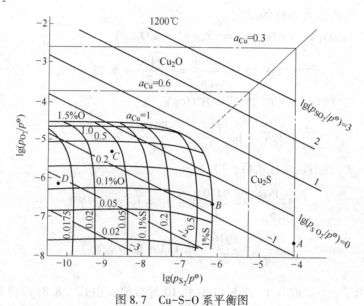

图 8.7 Cu-S-O 系平衡图

由图 8.7 可以清楚地找出不同条件体系的平衡态及其相组成。在转炉吹炼冰铜的过程中，气相中 $p_{SO_2}/p^\ominus$ 约为 0.2。图中 A、B、C 三点都是在 $\lg p_{SO_2}/p^\ominus=0.2$ 的条件下选取的。A 点附近相当于白冰铜区。白冰铜中尚含有大量的 S，气相中平衡 p_{S_2} 值也较大，p_{O_2} 值较小。吹炼过程沿着 A→B 方向变化。到 B 点进入 Cu 的优势区，开始出现金属铜，铜含硫饱和（与 Cu_2S 平衡共存的铜），约为 1% 的硫。与此平衡的气相中 $p_{S_2}/p^\ominus$ 大致在 $10^{-6} \sim 10^{-7}$ 数量级，相当于 Cu_2S 的分解压。这种含硫高的粗铜，称为泡铜。继续吹炼，过程沿着 B→C 方向变化，铜液中 S 减少，O 则不断增加。到达 C 点，相当于转炉吹炼结束得到的粗铜成分，大约含 0.3%O、0.04%S。在转炉吹炼条件下，从开始有金属铜出现（B 点）直到吹炼结束，铜液中 O 和 S 的含量大体沿着 BC 连线方向变化。由图还可以看到，在转炉吹炼条件下，要得到氧、硫含量都低的铜液是不可能的。因此，必须再采用火法精炼工序，进一步去除铜液中的氧和硫。图中 D 点的铜液中，含 O、S 都较低，它相当于经过火法精炼后得到的产品——阳极铜。

图 8.7 的边界线是根据下列热力学数据绘出的 Cu-Cu_2S 边界线，按反应

$$4Cu(l) + S_2(g) =\!=\!= 2Cu_2S(l) \qquad \lg K_{1473K} = 6.245$$

Cu-Cu_2O 边界线，按反应

$$4Cu(l) + O_2(g) =\!=\!= 2Cu_2O(l) \qquad \lg K_{1473K} = 4.566$$

等 $\lg p_{SO_2}$ 线，按反应

$$\frac{1}{2}S_2(g) + O_2(g) =\!=\!= SO_2(g) \qquad \lg K_{1473K} = 9.018$$

在 Cu_2O 与 Cu_2S 之间的边界线，按反应

$$2Cu_2O(l) + Cu_2S(l) == 6Cu(l) + SO_2(g) \qquad lgK_{1473K} = 1.330$$

8.5　氧化锌的碳热还原

火法炼锌是将闪锌矿（Zn_2S）氧化焙烧成 ZnO，再用碳热还原 ZnO 得到气态锌，然后凝结为液态锌。碳热还原 ZnO 的反应

$$ZnO(s) + CO(g) == Zn(g) + CO_2(g) \tag{8-36}$$

$$lgK_1 = lg\frac{p_{Zn}p_{CO_2}}{p_{CO}p^{\ominus}} = -\frac{9470}{T} + 6.12 \tag{8.79}$$

$$CO_2(g) + C(s) == 2CO(g) \tag{8-37}$$

$$lgK_2 = lg\frac{p_{CO}^2}{p_{CO_2}p^{\ominus}} = -\frac{8916}{T} + 9.113 \tag{8.80}$$

分别将 lgK_1 和 lgK_2 的表达式移项后，得

$$lg\frac{p_{CO_2}}{p_{CO}} = -\frac{9470}{T} + 6.12 - lg(p_{Zn}/p^{\ominus}) \tag{8.81}$$

$$lg\frac{p_{CO_2}}{p_{CO}} = \frac{8916}{T} - 9.113 + lg(p_{CO}/p^{\ominus}) \tag{8.82}$$

图 8.8 绘出了 $p_{Zn}/p^{\ominus}$ 取 0.1、0.5、1.0 和 10 等数值，由式（8.81）得到 $lg\dfrac{p_{CO_2}}{p_{CO}} - \dfrac{1}{T}$ 的四条平行直线，及由式（8.82）得到 $lg\dfrac{p_{CO_2}}{p_{CO}} - \dfrac{1}{T}$ 的另四条平行直线。

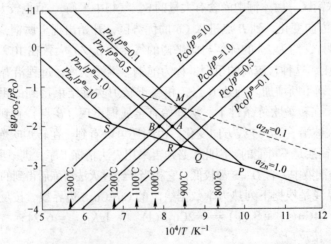

图 8.8　用碳还原 ZnO 的平衡 p_{CO_2}/p_{CO} 与温度的关系

设气相中 CO 和 CO_2 的物质的量分别为 n_{CO} 和 n_{CO_2}，1mol 的 CO 中含有 1mol O，1mol 的 CO_2 中含有 2mol 的 O，所以气相中氧的物质的量为 $n_O = n_{CO} + 2n_{CO_2}$。注意到气相中的 Zn 和 O 均来自 ZnO，所以，气相中 $n_{Zn} = n_O = n_{CO} + 2n_{CO_2}$，各项均除以 $\sum n_i$，再乘以总压力得

$$p_{Zn} = p_{CO} + 2p_{CO_2}$$

这是气相中（在没有液态 Zn 产生时）必须遵守的化学计量限制条件。此体系的物种数 $s=$ 5，独立反应数 $R=2$，考虑到上述限制条件，则组分数为 $C=5-2-1=2$，由相律得

$$f = 2 - 3 + 2 = 1$$

$f=1$ 表明，当温度一定时，则气相总压和的分压均随之而定；或者是，若总压一定，平衡温度也随之而定。

在高温条件下，反应（8-37）进行得很完全。例如，950℃时，$K_2 = 66.5$，若 $p_{CO}/p^{\ominus}$ $=0.5$，则平衡的 $p_{CO_2}/p^{\ominus}=0.0038$，即 $p_{CO} \gg p_{CO_2}$，故 $p_{Zn}=p_{CO}+2p_{CO_2}$，可以近似地看成 $p_{Zn}=$ p_{CO}。当总压等于 $p^{\ominus}$ 时，则 $p_{Zn}=p_{CO}=0.5p^{\ominus}$。因此，在图 8.8 中，在 $p_{Zn}/p^{\ominus}=0.5$ 反应（8-36）的直线，同 $p_{CO}/p^{\ominus}=0.5$ 反应（8-37）的直线交点（A 点）的坐标，即为这两个反应同时达到平衡的气相组成和温度。A 点相当于 920℃，这就是在总压为 101325Pa 条件下，用碳还原 ZnO 的最低温度。因为在此温度以上，与碳平衡的 p_{CO_2}/p_{CO} 值低于和 ZnO、Zn(g)（$0.5p^{\ominus}$）平衡的 p_{CO_2}/p_{CO} 值，碳就可以继续不断地将 ZnO 还原。同样地，当 $p_{Zn}/p^{\ominus}=$ 1 反应（8-36）的直线，同 $p_{CO}/p^{\ominus}=1$ 反应（8-37）的直线交于 B 点，B 点对应的温度就是在总压为 202650Pa（2 个标准大气压）条件下碳还原 ZnO 的最低温度。

以上的分析适用于没有液态锌产生的情况。若有液态锌产生，则 $p_{Zn}=p_{CO}+2p_{CO_2}$ 这个限制条件不存在，$p_{Zn} \approx p_{CO}$ 的关系也不成立。在有液态锌产生的情况，应考虑下列反应：

$$ZnO(s) + CO(g) \Longrightarrow Zn(l) + CO_2(g) \tag{8-38}$$

$$K_3 = \frac{p_{CO_2}}{p_{CO}} a_{Zn} \tag{8.83}$$

式中锌取纯液态为标准状态，以下同。

$$\lg K_3 = -\frac{3710}{T} + 1.05 \tag{8.84}$$

得

$$\lg \frac{p_{CO_2}}{p_{CO}} = -\frac{3710}{T} + 1.05 - \lg a_{Zn} \tag{8.85}$$

选取 $a_{Zn} = 0.1$ 和 $a_{Zn} = 1$，由式（8.85）将 $\lg \dfrac{p_{CO_2}}{p_{CO}}$ 对 $\dfrac{1}{T}$ 作图，得一直线，绘入图 8.8 中右下部。

$a_{Zn}=1$ 表示还原产物是纯液态锌。此直线与反应（8-36）的四条线分别交于 P、Q、R、S 点。在这四点对应的温度，与纯液态锌平衡的 $p_{Zn}/p^{\ominus}$ 值分别为 0.1、0.5、1.0、10。例如，在 R 点对应的温度，$p_{Zn}/p^{\ominus}=1$ 锌的蒸气压即为 101325Pa。但在 A 点（其温度与 Q 点温度相近），气相中 $p_{Zn}/p^{\ominus}$ 只有 0.5，所以在 A 点的条件，不会有液态锌凝结出来。

如果 ZnO 还原过程中尚有别的蒸气压较低的金属（例如 Cu）存在，锌将会熔入此金属中，则 $a_{Zn}<1$。图中绘出 $a_{Zn}=0.1$ 的反应（8-38）的平衡 $\lg \dfrac{p_{CO_2}}{p_{CO}} - \dfrac{1}{T}$ 直线，与 $p_{Zn}/p^{\ominus}=$ 0.5 的反应（8-36）的 $\lg \dfrac{p_{CO_2}}{p_{CO}} - \dfrac{1}{T}$ 直线交于 x 点，此点对应 $p_{CO}/p^{\ominus}=1$，这表明，在 x 点的

温度（890℃）和 $p_{CO}/p^{\ominus}=1$ 的条件下，Zn 能还原而进入 $a_{Zn}=0.1$ 的黄铜（Cu-Zn 合金）中，这是直接将 Cu、Zn 矿还原制得黄铜的理论依据。

实际炼锌过程是不平衡的。温度必须高于 920℃，使反应（8-37）的 p_{CO_2}/p_{CO} 值小于反应（8-36）的 p_{CO_2}/p_{CO} 值，才能维持还原过程以一定的速率进行，即炉口排除气体中的 p_{CO_2} 与 p_{CO} 比值介于反应（8-36）与反应（8-37）平衡值之间。生产实践表明，ZnO 被 CO 还原反应的速率（即单位 ZnO 表面积上的反应速率）大于反应 $C+CO_2 = 2CO$ 的速率（即单位焦炭表面积上的反应速率），故炉口排出的气体中的 p_{CO_2}/p_{CO} 值更接近于反应（8-36）的平衡值。倘若焦炭过量，使得焦炭表面积远远大于 ZnO 的表面积，则出口气体成分便会更加接近于反应（8-37）的平衡值。

把产生的锌蒸气冷凝，由于温度下降，反应（8-36）和反应（8-37）都会逆向进行，从而会有 ZnO 和碳重新析出，这是生产过程所不希望的。然而，温度降低，反应（8-37）的逆反应速率甚慢，冷凝过程析出的炭黑很少，但反应（8-36）的逆反应速率却不慢。如果气相中 CO 和锌蒸气含量均在 50% 左右，另有 1%CO₂，则会有少量的锌蒸气在冷凝过程中被 CO₂ 氧化。如果有过剩的碳，再加上温度高，使气相中的 CO₂ 浓度低于 0.1%，则锌蒸气再氧化的量就会减少。尽管如此，在生产过程中仍然希望再氧化的量尽可能地少，因为再氧化会使凝结的锌液滴表面上形成一层薄的 ZnO 膜，妨碍锌液滴聚集。火法炼锌过程中出现的"蓝粉"，就是这种表面被氧化后的微小锌粒。气相中 CO₂ 含量越高，"蓝粉"量越高。

8.6 五氧化二铌碳热还原

在高温及真空条件下，用碳还原 Nb_2O_5 是制取金属铌的一个重要方法。反应的温度和压力，可以预先通过热力学计算来确定。

Nb_2O_5 还原反应为

$$Nb_2O_5(s) + 5C = 2Nb(s) + 5CO(g)$$

为了便于与后面的反应作比较，将上式写成

$$\frac{3}{5}Nb_2O_5(s) + 3C(s) = \frac{6}{5}Nb(s) + 3CO(g) \qquad (8-39)$$

$$\Delta G_{39}^{\ominus} = 3\Delta G_{CO}^{\ominus} - \frac{3}{5}\Delta G_{Nb_2O_5}^{\ominus} = 784377 - 495.4T \quad J/mol$$

为了判断反应（8-39）在 CO 压力为 1 个标准压力条件下能否自发进行，令 $\Delta G_{39}^{\ominus}=0$，得到

$$T = \frac{784377}{495.4} = 1583K$$

当 $T > 1583K$ 时，则 $\Delta G_{39}^{\ominus} < 0$，反应在 CO 为 1 个标准压力条件下可以向右进行得到金属铌。

但实际上并非如此，例如在 $p_{CO}=p^{\ominus}$ 的条件下，将 Nb_2O_5 与 C 混合，加热到 1400℃ 并未得到金属 Nb。可见，上述热力学计算与实际不符。计算所选用的 $\Delta G_{CO}^{\ominus}$ 和 $\Delta G_{Nb_2O_5}^{\ominus}$ 的数据并没有错。问题出在哪里呢？这是因为在高温下，金属 Nb 与 Nb_2O_5 不能平衡共存，它们之间会发生下列反应

$$\frac{6}{5}\text{Nb(s)} + \frac{2}{5}\text{Nb}_2\text{O}_5(\text{s}) =\!=\!= 2\text{NbO(s)} \tag{8-40}$$

$$\Delta G_{40}^{\ominus} = -45870 + 5.0T \quad \text{J/mol}$$

$\Delta G_{40}^{\ominus}$ 总是负值。当 Nb_2O_5 与 O 在高温下按反应（8-40）反应时，一旦有 Nb 产生，它就会与 Nb_2O_5 按反应（8-40）生成 NbO。反应（8-39）和反应（8-40）的总结果（即两式相加）是

$$\text{Nb}_2\text{O}_5(\text{s}) + 3\text{C(s)} =\!=\!= 2\text{NbO(s)} + 3\text{CO(g)} \tag{8-41}$$

$$\Delta G_{41}^{\ominus} = 738500 - 500.4T \quad \text{J/mol}$$

将 $\Delta G_{41}^{\ominus}$ 和 $\Delta G_{39}^{\ominus}$ 相比较，可以看到，总是有 $\Delta G_{41}^{\ominus} < \Delta G_{39}^{\ominus}$，这就表明反应（8-41）进行的趋势比反应（8-39）更大。Nb_2O_5 用 C 还原的过程中，并不是一步就能按反应（8-39）而生成金属 Nb，而是先按反应（8-41）还原为低价氧化物 NbO，然后再还原为金属 Nb。

从反应（8-40）亦可发现

$$\Delta G_{40}^{\ominus} = 2\Delta G_{\text{NbO}}^{\ominus} - \frac{2}{5}\Delta G_{\text{Nb}_2\text{O}_5}^{\ominus}$$

上式等号右边第一项 $2\Delta G_{\text{NbO}}^{\ominus}$ 是 1mol O_2 结合成 NbO 的标准生成自由能；第二项 $\frac{2}{5}\Delta G_{\text{Nb}_2\text{O}_5}^{\ominus}$ 是 1mol O_2 结合成 Nb_2O_5 的标准生成自由能。两者之差为负数，正好说明 NbO 比 Nb_2O_5 更稳定。所以在高温下，如果 Nb_2O_5 遇到金属 Nb，就会被金属 Nb 还原成 NbO，直到 Nb_2O_5 消耗完为止。只要有 Nb_2O_5 存在，就不能生成金属 Nb。所以，按反应（8-40）计算就成问题了。

在做热力学计算时必须注意：能否还原成金属 Nb，不能用高价氧化物 Nb_2O_5 来做计算，而应该用 NbO 与 O 的反应来计算还原温度

$$\text{NbO(s)} + \text{C(s)} =\!=\!= \text{Nb(s)} + \text{CO(g)} \tag{8-42}$$

$$\Delta G_{42}^{\ominus} = \Delta G_{\text{CO}}^{\ominus} - \Delta G_{\text{NbO}}^{\ominus} = 284394 - 162.6T \quad \text{J/mol}$$

令 $\Delta G_{42}^{\ominus} = 0$，可得

$$T = \frac{284394}{162.6} = 1748\text{K}$$

当 $T = 1748\text{K}$ 时，在 $p_{\text{CO}} = p^{\ominus}$ 条件下，$\Delta G_{42}^{\ominus} < 0$，反应（8-42）可以自发向右进行，似乎可以得到金属 Nb。

但是这个结论仍然不符合实际，这里虽然考虑到用最稳定的低价氧化物 NbO 来做计算，但却没有考虑到金属 Nb 与 C 的反应。在高温条件下，金属 Nb 与 C 也是不能平衡共存的，一旦有金属 Nb 出现，它就会与 C 反应生成 NbC，直到 C 消耗尽为止。

$$\text{Nb(s)} + \text{C(s)} =\!=\!= \text{NbC(s)} \tag{8-43}$$

由手册上查到的 $\Delta G_{43}^{\ominus} = -129687 + 1.7T$，此数据只适用于 1180~1370K 范围，但考虑到 1370K 以上，直到 2000K 时，无论是 NbC 或 Nb 均无相变发生，故可将上述 $\Delta G_{43}^{\ominus}$ 的值外延到更高的温度范围。

将反应（8-42）与反应（8-43）相加得

$$\text{NbO(s)} + 2\text{C(s)} =\!=\!= \text{NbC(s)} + \text{CO(g)} \tag{8-44}$$

$$\Delta G_{44}^{\ominus} = 154707 - 161.0T \quad \text{J/mol}$$

将 $\Delta G_{44}^{\ominus}$ 和 $\Delta G_{42}^{\ominus}$ 相比较可以看到，$\Delta G_{44}^{\ominus}$ 总比 $\Delta G_{42}^{\ominus}$ 小，这表明在高温下 NbO 与 C 作用，按反应（8-44）进行生成 NbC 的趋势较之按反应（8-42）进行生成金属 Nb 的趋势更大。因此，用 C 还原 NbO 得到的产物主要是 NbC 而不是金属 Nb。

由上面的分析可见，Nb_2O_5 与 C 反应，在 1500℃ 和 $p_{CO}=p^{\ominus}$ 条件下，一方面，Nb_2O_5 被还原为低价的 NbO，同时 NbO 又与 C 反应生成 NbC，最后仍得不到金属 Nb。

如果在配料时，按照 $Nb_2O_5(s) + 5C(s) = 2Nb(s) + 5CO(g)$ 的摩尔比来配，即 1mol Nb_2O_5 配以 5mol 的碳，则在上述温度及 $p_{CO}=p^{\ominus}$ 的条件下，还原反应进行的结果并不会得到 Nb 和 CO，而实际反应是按下式进行的

$$Nb_2O_5(s) + 5C(s) = NbC(s) + NbO(s) + 4CO(g) \qquad (8\text{-}45)$$

这是因为在 1500℃ 及 $p_{CO}=p^{\ominus}$ 条件下，反应（8-45）的产物 NbC 和 NbO 平衡共存（即在此条件下反应生成的 NbC 和 NbO 不再反应）。

Nb_2O_5 和 C 在什么条件下才可以生成金属 Nb 呢？能否用热力学计算估计出来？从热力学上考虑，能不能得到金属 Nb，就取决于 NbC 和 NbO 能否继续进行下列反应：

$$NbO(s) + NbC(s) = 2Nb(s) + CO(g) \qquad (8\text{-}46)$$
$$\Delta G_{46}^{\ominus} = \Delta G_{CO}^{\ominus} - \Delta G_{NbC}^{\ominus} - \Delta G_{NbO}^{\ominus} = 4167081 - 164.3T \quad J/mol$$

令 $\Delta G_{46}^{\ominus}=0$，得

$$T = \frac{4167081}{164.3} = 2520K$$

这表明，在 $p_{CO}=p^{\ominus}$ 的条件下，用碳还原 Nb_2O_5，还原温度必须在 2247℃ 以上，反应（8-46）才能进行，得到金属铌。显然，这个温度太高，难以工业化。

根据平衡移动原理，降低产物 CO 的压力，有利于平衡向右移动。将反应（8-46）在真空度为 $p_{CO}=0.1$ 个标准压力下进行，则按化学反应等温方程式，反应（8-46）的 ΔG 为

$$\Delta G_{46} = \Delta G_{46}^{\ominus} + RT\ln Q_p = \Delta G_{46}^{\ominus} + RT\ln(p_{CO}/p^{\ominus}) = 4167081 - 164.3T + 19.147T\lg(p_{CO}/p^{\ominus})$$
$$= 4167081 - 219.3T \quad J/mol$$

令 $\Delta G_{46}=0$，得

$$T = \frac{4167081}{219.3} = 1890K$$

这样，在 $p_{CO}=0.1$ 个标准压力下，只要温度超过 1620℃，就可以生成金属 Nb，这是热力学计算得到的结论。实践证明，这个结论符合实际。在实际生产中，将 Nb_2O_5 粉与石墨粉混合均匀，在真空下加热到 1400℃ 保温，使 Nb_2O_5 预还原为低价氧化物 NbO，以防止 Nb_2O_5 在 1500℃ 以上熔化而破坏物料的均匀性和透气性（Nb_2O_5 的熔点约为 1510℃），然后再升温到 1700~1800℃，并保持压力不超过 $1/p^{\ominus}$，就可得到金属 Nb。

这个例子说明，在做热力学计算时，不能随意写出一个反应就计算它的 $\Delta G^{\ominus}$，再由此 $\Delta G^{\ominus}$ 就算出平衡常数。必须检查反应式中所写的产物与反应物能否平衡共存，产物是否和体系中的物质再发生反应。否则，不符合实际，得到错误的结果。

过渡族元素都有多种价态化合物，其固态还原都是逐级进行。计算其还原过程的吉布斯自由能变化必须考察反应物与产物能否平衡共存。再者，还要考察产物与还原剂能否生成化合物。在反应条件下，单质产物能否稳定存在。

例如，钒、钛、锆、铬等氧化物都是逐级还原的，也都能与碳生成碳化物，所以不能

在不很高的温度下用碳将其还原为金属。铝和碳反应也能生成碳化铝，所以不能在不很高的温度下用碳还原氧化铝制备金属铝。

8.7　二氧化硅与碳的反应

在高温条件下，SiO_2 与 C 的反应是生产工业纯硅的基本反应。研究此反应的热力学不仅对工业纯硅的生产有实际意义，而且对硅铁生产、锆英石碳化等也有参考价值。

表面上看，SiO_2 与 C 的反应同上节讨论的 Nb_2O_5 与 C 的反应有类似之处。它们都是高温下的碳热还原反应；反应产物必然有 CO，还可能有碳化物，但它们还存在重大的差别。Nb 的低价氧化物在反应温度下是凝聚相，其活度为 1；而 Si 在高温下却是气体，其分压是可变的。这就使得 SiO_2 碳热还原反应与 Nb_2O_5 碳热还原反应的热力学条件明显不同。

在高温条件下，还原出来的硅与二氧化硅发生如下反应

$$SiO_2(1) + Si(1) === 2SiO(g)$$

温度确定，此反应达到平衡的 p_{SiO} 是定值，即平衡气相中的 p_{SiO} 只是温度的函数。由于硅的低价氧化物是气体，它与硅和二氧化硅三者可以平衡共存，因此可以有稳定的单质硅存在。

在高温下 SiO_2 与 C 反应有三种产物：

$$\frac{1}{3}SiO_2(1) + C(s) === \frac{1}{3}SiC(s) + \frac{2}{3}CO(g) \tag{8-47}$$

$$\Delta G_{47}^{\ominus} = 191028 - 97.3T \quad J/mol$$

$$\frac{1}{2}SiO_2(1) + C(s) === \frac{1}{2}Si(1) + CO(g) \tag{8-48}$$

$$\Delta G_{48}^{\ominus} = 343608 - 177.0T \quad J/mol$$

$$SiO_2(1) + C(s) === SiO(g) + CO(g) \tag{8-49}$$

$$\Delta G_{49}^{\ominus} = 645099 - 318.3T \quad J/mol$$

温度超过 1750℃ 时，这三个反应的 $\Delta G^{\ominus}$ 都是负值。p_{CO} 和 p_{SiO} 为 1 个标准压力，这三个反应都可以向右进行。实际生产中 $p_{CO} + p_{SiO} = 1$ 个标准压力，所以在实际生产条件下，这三个反应都可以发生，直到 SiO_2 和 C 都消耗殆尽为止。产物有 SiC、Si、SiO、CO 四种。气态产物 SiO 和 CO 随炉气排走，留下的产物是固态 SiC 和液态 Si。

这四种产物，哪种较多？留在炉中的产物 SiC 和 Si，哪个为主？与哪些因素有关？为了得到 Si，也就是希望反应（8-48）进行得更充分。在配料时物料的配比也是根据反应（8-48）的要求，即按 $n(SiO_2) : n(C) = 1 : 2$（摩尔比）进行。但实际上，由于反应（8-47）~反应（8-49）都可能发生，在上述物料配比的情况下，如何创造条件使反应（8-48）进行得充分，使反应（8-47）和反应（8-49）受到限制？这就需要对这四种产物平衡共存的反应做热力学研究，也就是计算下列反应的平衡常数。

$$SiC(s) + SiO(g) === 2Si(1) + CO(g) \tag{8-50}$$

此反应所涉及的四个物质正好是前述反应（8-47）~反应（8-49）的产物。如果反应（8-50）的平衡向右进行，就可以使 SiC 和 SiO 减少，使液态 Si 增多。反之，如果反应

（8-50）的平衡向左移动，就会使液态 Si 减少，SiC 和 SiO 增多。找出有利于反应（8-50）的平衡向右移动的条件，也就找出了使反应（8-48）进行得更加完全，使反应（8-47）和反应（8-49）受到限制的条件。反应（8-50）的标准摩尔吉布斯自由能变化为

$$\Delta G_{50}^{\ominus} = \Delta G_{CO}^{\ominus} - \Delta G_{SiC}^{\ominus} - \Delta G_{SiO}^{\ominus} = 156167 - 72.7T \quad J/mol$$

$$\lg K_{50} = \lg \frac{p_{CO}}{p_{SiO}} = -\frac{\Delta G_{50}^{\ominus}}{19.147} = -\frac{8187}{T} + 3.81$$

对反应（8-50）来说，给定一个温度就有一个平衡常数，就有一个对应的 p_{CO}/p_{SiO} 值。由于气相中只有 SiO 和 CO 两种气体，即 $p_{CO} + p_{SiO} = 1$ 个标准压力，所以在一定温度条件下可得出联立方程：

$$\begin{cases} K_4 = p_{CO}/p_{SiO} \\ p_{CO} + p_{SiO} = p^{\ominus} \end{cases}$$

据此计算出在不同温度，反应（8-50）的平衡气相组成，见表 8.4。

表 8.4   平衡气相组成

温度/K	$K_4 = p_{CO}/p_{SiO}$	$p_{SiO}/p^{\ominus}$	$p_{CO}/p^{\ominus}$
1900	0.317	0.760	0.240
2000	0.521	0.658	0.342
2069	0.711	0.584	0.416
2100	0.816	0.551	0.449
2200	1.227	0.449	0.551
2300	1.78	0.360	0.640

将上述结果绘成图 8.9。如图可见，温度升高，由于 p_{CO}/p_{SiO} 值增大，平衡气相中 p_{SiO} 减小，有利于生成液态硅。图中曲线④就是反应 SiC(s) + SiO(g) = 2Si(l) + CO(g) 的平衡气相组成与温度的关系曲线。此曲线将图划分为上下两个区域。在曲线④下面的区域内的某点（例如 A 点）所对应的 p_{CO}/p_{SiO} 值大于同温度下的平衡值，有利于反应（8-50）向左进行。这就是说，在该点所代表的温度和气相分压的条件下，反应（8-50）自发向左进行，这就有利于生成 SiC 而不利于生成液态 Si，所以曲线④下边的区域是 SiC 的稳定区。同理，曲线④上边的区域则属于液态 Si 的稳定区。在液态 Si 稳定区内的点（例如 B 点）所对应的温度和气相组成条件下，反应（8-50）自发向右进行，有利于液态 Si 的生成。

温度升高，液态 Si 的稳定区扩大，有利于生成液态 Si，而且随着温度的升高，反应（8-50）平衡气相中 p_{SiO} 减小，因此，SiO 随炉气排出所造成的损失也减小。所以，温度高对于生成液态 Si 和减小气态 SiO 的逸出损失都有利。

图 8.9 中还绘出了下面三个反应的平衡气相（p_{CO}，p_{SiO}）组成与温度的

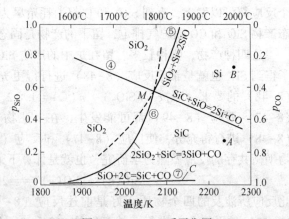

图 8.9   Si-C-O 系平衡图

关系：

$$SiO_2(l) + Si(l) \Longrightarrow 2SiO(g) \tag{8-51}$$

$$\Delta G_{51}^{\ominus} = 602982 - 282.7T \quad J/mol$$

$$\lg\left(\frac{p_{SiO}}{p^{\ominus}}\right) = -\frac{15810}{T} + 7.409$$

$$2SiO_2(l) + SiC(s) \Longrightarrow 3SiO(g) + CO(g) \tag{8-52}$$

$$\Delta G_{52}^{\ominus} = 1362131 - 625.5T \quad J/mol$$

$$\lg\left[\left(\frac{p_{SiO}}{p^{\ominus}}\right)^3 \frac{p_{CO}}{p^{\ominus}}\right] = \frac{71500}{T} + 33.46$$

$$SiO(g) + 2C(s) \Longrightarrow SiC(s) + CO(g) \tag{8-53}$$

$$\Delta G_{53}^{\ominus} = -71933 + 1.4T \quad J/mol$$

$$\lg K_{53} = \lg\frac{p_{CO}}{p_{SiO}} = \frac{3770}{T} - 0.0721$$

图 8.9 中的曲线⑤、⑥、⑦分别代表反应（8-51）、反应（8-52）、反应（8-53）的平衡气相组成与温度的关系。在曲线⑤左边的区域是 SiO_2 稳定区，右边是 Si 稳定区。在曲线⑥的左上方也是 SiO_2 的稳定区，曲线⑥的右下方为 SiC 的稳定区。曲线⑦上方属于 SiC 的稳定区，曲线⑦下方的狭窄区域属于 C 的稳定区。

值得注意的是，曲线⑤、⑥、⑦相交于 M 点。M 点对应的温度为 2069K，相应的平衡气相组成为：$w(SiO) = 58.44\%$，$w(CO) = 41.56\%$。在此温度和气相组成条件下，SiO_2、SiC、Si 三个凝聚相平衡共存。M 点对应的温度（1796℃）是 Si 稳定区的最低温度。从热力学上看，如果炉内温度低于 M 点，就不可能有液态 Si 生成。这就是说，要使 SiO_2 被 C 还原生成液态 Si，炉内温度必须维持在 1800℃ 以上，否则就不会有 Si 生成，得到的都是 SiC。

以上讨论是生产液态纯硅的情况。如果还原出来的硅不是以纯液态硅存在，而是溶于铁液中的硅，即与铁形成硅铁，则反应（8-50）和反应（8-51）的平衡常数中，硅的活度不是 1，即 $a_{Si} < 1$，K_{50} 和 K_{51} 应写成

对应反应（8-50） $\qquad K_{50} = \dfrac{p_{CO}a_{Si}}{p_{SiO}}$

对应反应（8-51） $\qquad K_{51} = \dfrac{(p_{SiO}/p^{\ominus})^2}{a_{Si}}$

溶解于铁液中的 Si 的活度（以纯 Si 为标准态）小于 1，但 K_{50} 和 K_{51} 在一定温度下是常数。在 $K_{50} = \dfrac{p_{CO}a_{Si}}{p_{SiO}}$ 中，因为 K_4 是常数，当 $a_{Si} < 1$ 时，则 p_{CO}/p_{SiO} 就要相应增大，图 8.9 中曲线④的位置往下移（见图 8.10 的虚线）。

在 $K_{51} = \dfrac{(p_{SiO}/p^{\ominus})^2}{a_{Si}}$ 中，当 $a_{Si} < 1$ 时，保持 K_{51} 不变，平衡气相中 p_{SiO} 就必然减小，即曲线⑤的位置下移。这两条曲线下移的总结果是 Si 的稳定区域扩大，确切地说是溶于铁液中的硅的稳定区域扩大。这表明在电炉中冶炼 Fe-Si 比生产工业纯硅要容易。

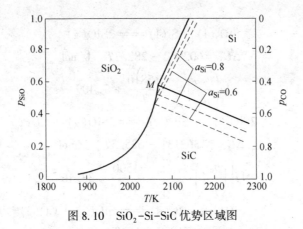

图 8.10　SiO_2-Si-SiC 优势区域图

这个例子和上节 Nb_2O_5 用碳还原的过程，都属于用碳还原氧化物的反应，都会有低价氧化物和金属碳化物生成，这是它们共同的地方。所不同的是：铌的低价氧化物是固态，其活度为1，而硅的低价氧化物在所研究的温度条件下是气体，而不是凝聚相，因而在所给定的温度 SiO、Si 和 SiO_2 三者平衡共存，由于有这个不同点，就可以在不是很高的温度得到 Si，就可以通过调节 p_{SiO} 的值使反应向 Si 增加的方向进行。

8.8　金属硫化物的氧化焙烧

常用的十种有色金属（Cu、Ni、Co、Pb、Zn、Bi、Cd、Sn、Sb、Hg）中，除 Sn 主要是氧化矿外，其他主要是硫化矿。例如，现代铜的生产，大约2/3以上是处理硫化矿。

处理硫化矿常先焙烧，焙烧的目的是利用空气中的氧将金属硫化物氧化，生成金属的氧化物或硫酸盐，以便下一步熔炼（或溶浸）处理，故又称为氧化焙烧。

氧化焙烧分为两类：若将硫化物中的硫全部烧掉都变成 SO_2 而排走，MeS 变成 MeO，则称为完全焙烧或死烧。若只烧掉一部分硫，而剩有一部分留在焙烧产物中，则称为局部焙烧。在局部焙烧中，若 MeS 转变为 $MeSO_4$ 状态，则称为硫酸化焙烧。

采用何种焙烧合适，依下步工序要求而定。例如，火法炼铜，为使硫化铜矿在熔炼前除去一部分硫，就采用局部焙烧。火法炼铅，希望将 PbS 全部死烧成 PbO，以便做还原熔炼。在湿法炼锌中，就需要将锌的硫化物进行硫酸化焙烧变成易溶于水的 $ZnSO_4$，以便下一步易于浸出。

根据上述要求，如何控制硫化物的氧化过程，如何控制 MeO 或 $MeSO_4$ 生成的条件，就成为焙烧过程的重要问题。

在工业上，焙烧过程是在氧化物、硫化物的熔点以下进行的，温度低于 900~1000℃。但为使焙烧反应速率不致过慢，温度必须超过 500℃。因此，焙烧温度范围是 500~1000℃。在此温度范围内，研究 Me、MeS、MeO、$MeSO_4$ 以及气相 SO_2、SO_3、O_2 构成的 Me-S-O 体系的热力学，可以提供生成各种产物的条件，对控制焙烧过程具有实际意义。

根据相率，对于 Me-S-O 三元系来说，最大相数为5，即4个凝聚相，一个气相（$f=C-P+2$，当 $f=0$，$C=3$ 时，$P=5$）。如果温度固定，则平衡时只有三个凝聚相，一个气相。

气相中包括的物质有 SO_2、SO_3 和 O_2，这三者之间存在如下平衡：

$$\frac{1}{2}S_2(g) + O_2(g) = SO_2(g) \tag{8-54}$$

$$\Delta G_{54}^{\ominus} = -361205 + 72.2T \quad J/mol$$

$$\lg K_{54} = \lg \frac{p_{SO_2}/p^{\ominus}}{(p_{S_2}/p^{\ominus})^{\frac{1}{2}}(p_{O_2}/p^{\ominus})} = \frac{18930}{T} - 3.784$$

$$SO_2(g) + \frac{1}{2}O_2(g) = SO_3(g) \tag{8-55}$$

$$\Delta G_{55}^{\ominus} = -94242 + 89.0T \quad J/mol$$

$$\lg K_{55} = \lg \frac{p_{SO_3}/p^{\ominus}}{(p_{SO_2}/p^{\ominus})(p_{O_2}/p^{\ominus})^{\frac{1}{2}}} = \frac{4940}{T} - 4.669$$

利用以上两式算出的不同温度的 K_{54}、K_{55} 值列于表 8.5。

表 8.5 不同温度对应的平衡常数值

T/K	800	1000	1200
$\lg K_{54}$	10.88	15.15	11.99
$\lg K_{55}$	1.506	0.371	-0.553

由上列数据可见，在焙烧温度 800~1200K 范围，K_{54} 值很大，反应（8-54）进行得很完全。例如在 1000K，$\lg K_{54} = 1.41 \times 10^{15}$，若总压为 1 个标准压力，气相中含有 5%SO$_2$ 和 4%O$_2$，则平衡硫分压只有 7.85×10^{-29} 标准压力。这表明，在氧化焙烧过程中，气相 p_{S_2} 极低，可以认为反应（8-54）进行得十分完全，气相中没有自由的 S_2 气体。

对于反应（8-55），则大不相同。K_{55} 值不大，例如在 1000K，$K_{55} = 1.866$。这表明 p_{SO_3}、p_{SO_2}、p_{O_2} 的值都不很小，温度降低，K_{55} 值增大，说明气相中 SO_3 占的比例要增大。

在凝聚相与气相之间存在下列反应

$$Me(s) + SO_2(g) = MeS(s) + O_2(g) \quad K_{56} = p_{O_2}/p_{SO_2} \tag{8-56}$$

$$2Me(s) + O_2(g) = 2MeO(s) \quad K_{57} = p^{\ominus}/p_{O_2} \tag{8-57}$$

$$2MeS(s) + 3O_2(g) = 2MeO(s) + 2SO_2(g) \quad K_{58} = \frac{(p_{SO_2}/p^{\ominus})^2}{(p_{O_2}/p^{\ominus})^3} \tag{8-58}$$

$$2MeO(s) + O_2(g) + 2SO_2(g) = 2MeSO_4(s) \quad K_{59} = p^{\ominus}/p_{O_2}(p^{\ominus}/p_{SO_2})^2 \tag{8-59}$$

$$MeS(s) + 2O_2(g) = MeSO_4(s) \quad K_{60} = (p^{\ominus}/p_{O_2})^2 \tag{8-60}$$

将各平衡常数取对数后，移项得

$$\lg p_{O_2} - \lg p_{SO_2} = \lg K_{56}$$

$$\lg p^{\ominus} - \lg p_{O_2} = \lg K_{57}$$

$$\lg p^{\ominus} + 2\lg p_{SO_2} - 3\lg p_{O_2} = \lg K_{58}$$

$$2\lg p^{\ominus} - 2\lg p_{SO_2} - \lg p_{O_2} = \lg K_{59}$$

$$2\lg p^{\ominus} - 2\lg p_{SO_2} = \lg K_{60}$$

温度一定，K_{56}、K_{57}、K_{58}、K_{59}、K_{60} 为常数。以 $\lg p_{SO_2}$ 和 $\lg p_{O_2}$ 为坐标，将以上各式作图，如图 8.11 所示。图中每条线代表一个反应的 $\lg p_{SO_2}$ 与 $\lg p_{O_2}$ 的关系。例如，线⑤代表反应

（8-58）平衡的 $\lg p_{SO_2}$ 与 $\lg p_{O_2}$ 的关系。在线⑤的左上方的区域内，$\lg p_{SO_2}$（实际）$>\lg p_{SO_2}$（平衡），$\lg p_{O_2}$（实际）$<\lg p_{O_2}$（平衡），使反应（8-58）向左进行，有利于生成 MeS，所以这个区域就是 MeS 的稳定区。同理，线⑤的右下方的区域应为 MeO 的稳定区，线④左方为 Me 的稳定区，右边为 MeO 的稳定区，线⑥右上边为 MeSO₄ 的稳定区，左下方为 MeO 的稳定区。

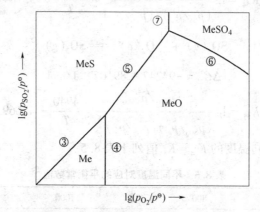

图 8.11　定温下各硫化物之间的平衡图

由图可知，在每个凝聚相稳定区内，p_{SO_2}、p_{O_2} 都可以独立变动，即有两个自由度。由相率，温度一定，$f=3-2+1=2$。每条线上是两个凝聚相平衡共存，$f=3-3+1=1$，只有一个自由度。在三条线交点处，有三个凝聚相平衡共存，$f=3-4+1=0$，自由度为 0，此点对应的气相组成是严格一定的。

由图 8.11 还可以看出，在焙烧过程中，要得到 MeSO₄，就必须控制气相组成，使气相中 $\lg(p_{O_2}/p^{\ominus})$、$\lg(p_{SO_2}/p^{\ominus})$ 的值正好落入图 8.11 中 MeSO₄ 的稳定区内。这就是说，需要 p_{SO_2}、p_{O_2} 都较大，才能创造 MeSO₄ 稳定的条件。如果气相中 p_{O_2} 较大，而 p_{SO_2} 较小，气相中 $\lg(p_{O_2}/p^{\ominus})$、$\lg(p_{SO_2}/p^{\ominus})$ 的值落入图 8.11 中 MeO 的稳定区内，就能生成金属氧化物。若气相氧位太低，MeS 将不会发生变化。

改变温度，图 8.11 中各线的位置将会变动，但其斜率不变。图 8.11 所示的是一种抽象的形式。对具体的金属来说，例如 Cu、Pb、Zn 等金属，各条线的位置也不同。对这个金属来说是氧化物的稳定区，对另一个金属可能相当于 MeSO₄ 的稳定区。不同金属的氧化焙烧、硫酸化焙烧的热力学条件也是互不相同的。

8.9　钢液中氢的主要来源

氢是金属中的有害气体，许多金属材料往往含氢过多而造成"氢脆"。钢中，尤其高强度钢、结构钢、重轨钢等对氢脆尤其敏感。在炼钢过程中氢含量尽可能少。弄清楚钢中氢的主要来源，对减少钢含氢有实际意义。

在炼钢过程中，不管是钢液或原材料，都没有直接与氢气接触过。实践表明，钢中氢的主要来源是原料（如溶剂、铁合金）中的水分和炉气中的水蒸气。

水蒸气在高温下与钢液作用能否使氢进入钢中？下面用热力学讨论这个问题。

气相中的水蒸气在高温下与钢液之间的反应为：

$$H_2O(g) \Longrightarrow 2[H] + [O] \tag{8-61}$$

在炼钢的温度、压力（p_{H_2O}）及浓度（钢中氧含量等）条件下，如果反应（8-61）可以向右进行，或者是反应（8-61）的平衡氢含量甚高，就说明水蒸气是钢中氢的重要来源。

反应（8-61）的 $\Delta G^{\ominus}_{61}$ 利用下列两式求出：

$$H_2 + [O] \Longrightarrow H_2O(g) \tag{8-62}$$

$$\Delta G^{\ominus}_{62} = -134274 + 61.0T \quad J/mol$$

$$H_2 \Longrightarrow 2[H] \tag{8-63}$$

$$\Delta G^{\ominus}_{63} = 72725 + 60.7T \quad J/mol$$

反应（8-62）已有很多人做过实验研究，其热力学数据甚为可靠。反应（8-63）是 H_2 在钢液中的溶解反应。研究者很多，所得的结果彼此十分接近。其热力学数据也可靠。将反应（8-63）–反应（8-62），得反应（8-61），$\Delta G^{\ominus}_{61}$ 为

$$\Delta G^{\ominus}_{61} = \Delta G^{\ominus}_{63} - \Delta G^{\ominus}_{62} = 206999 - 0.3T \quad J/mol$$

在 1600℃，$\Delta G^{\ominus}_{61} = 207541$，平衡常数为：

$$\lg K = \lg \frac{p_{H_2O}/p^{\ominus}}{a^2_{H_2} a_{O_2}} = -\frac{206999}{35732.6} = -5.809$$

$$K = 1.55 \times 10^{-6}$$

反应（8-62）和反应（8-63）中的氢、氧选取质量百分之一浓度为活度的标准状态。由于实际上钢中氢和氧的含量都很少，很接近亨利定律，故可用质量百分浓度代替活度，即将 $w_H/w^{\ominus} = a_H$，$w_O/w^{\ominus} = a_O$ 代入平衡常数式中，则得

$$w_H/w^{\ominus} = 1.245 \times 10^{-3} \sqrt{\frac{p_{H_2O}/p^{\ominus}}{w_O/w^{\ominus}}}$$

将上式等号两边取对数得

$$\lg(w_H/w^{\ominus}) = \frac{1}{2} \times 1.245 \times 10^{-3} [\lg(p_{H_2O}/p^{\ominus}) - \lg(w_O/w^{\ominus})]$$

可以看到当 p_{H_2O} 一定时，$\lg(w_H/w^{\ominus})$ 与 $\lg(w_O/w^{\ominus})$ 成直线关系。将 $\lg(w_H/w^{\ominus})$ 对 $\lg(w_O/w^{\ominus})$ 作图，得到对应不同的 p_{H_2O} 的一系列互相平行的直线，如图 8.12 所示，这些直线分

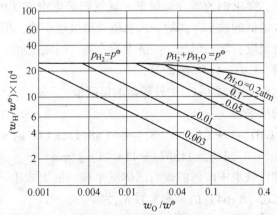

图 8.12 1600℃时钢中 w_H、w_O 和 p_{H_2O} 的平衡关系

别代表在 1600℃ 不同的水蒸气分压下，平衡钢液中 $w_H/w^\ominus$ 与 $w_O/w^\ominus$ 含量的关系。根据相律，在这三元二相系中，自由度数为 3，即温度、压力 p_{H_2O} 和浓度。

在一定温度条件下，p_{H_2O} 确定后，还有一个浓度变数。在这里 $w_O/w^\ominus$ 和 $w_H/w^\ominus$ 只要有一个确定下来，另一个也就确定了。

由图 8.12 可见，当气相中水汽分压一定时，钢液中 $w_H/w^\ominus$ 的平衡值随着 $w_O/w^\ominus$ 的增加而下降。这就是说，钢液中氧含量多，氧势高，不利于钢液溶解氢。所以在电炉炼钢的氧化期以及碳含量低时，由于钢液氧含量较高，再加上脱碳反应不断产生的 CO 气泡将氢携带排出，钢液中氢含量可以降到最低，这是炼钢过程中去氢最有利的热力学条件（钢液氧势高，CO 气泡中 p_{H_2}、p_{H_2O} 均极低）和动力学条件（气泡与钢水接触面积大）。但在还原期，由于脱氧，使钢中氧势下降，平衡氢含量就会增加，使钢液具有较强的吸收（或溶解）氢的能力。也就是说，氢由气相的水蒸气向钢液内转移的自发趋势随着钢液的脱氧而增大，因此，还原期容易使钢液吸氢。如果加入的铁合金预先未仔细烘烤脱水，就会带入水分，增加炉内水汽分压，使钢液吸氢。加入造渣用的石灰，若不是新烧的，久放在空气中会大量吸水，带入炉内使钢液吸氢。由图 8.12 可知，带入的水分多，就会提高 p_{H_2O} 值，增大钢液吸氢量。图中最上边的一条水平直线代表 $p_{H_2}=1$ 个标准压力钢液内氢的溶解度。$p_{H_2O}+p_{H_2}=1$ 个标准压力曲线表示，随着钢液内氧含量增加，平衡气相中 p_{H_2O}/p_{H_2} 的比值也相应增大（见反应（8-62））。为了维持 $p_{H_2O}+p_{H_2}=1$ 个标准压力，就会使 p_{H_2} 相应减小。$p_{H_2O}+p_{H_2}=1$ 个标准压力的曲线就表示 $p_{H_2}<1$ 个标准压力时钢液中氢的溶解度。例如，图中 A 点代表 $p_{H_2O}/p^\ominus=0.2$ 标准压力，$p_{H_2}=0.8$ 标准压力，与此气相平衡的钢液中氢含量只有 20×10^{-6}，平衡氧含量为 0.07%。

以上用热力学分析了水蒸气与钢液中溶解的氢和氧的平衡，这个分析清楚地表明水蒸气是钢中氢的重要来源。原材料，尤其是还原期加入炉内的造渣剂和铁合金容易带入水分，因此，造渣剂和铁合金必须充分脱水。

8.10   铁水用 CaO 或 CaC$_2$ 炉外脱硫

为了提高钢的质量，要求钢的硫含量很低。氧气转炉炼钢方法的去硫能力不是很好，这就要求高炉提供硫含量低的铁水。高炉炉内去硫效果虽然不错，但要炼出硫含量很低的铁水，就需要提高高炉缸温度，增加焦比，经济上不合算。因此发展了许多高炉炉外脱硫的方法，例如，苏打脱硫，CaO、CaC$_2$ 脱硫等。

用热力学讨论铁水用 CaO 或 CaC$_2$ 炉外脱硫的极限值。

CaO 与铁水中硫的反应为

$$CaO(s) + C(s) + [S] = CaS(l) + CO(g) \qquad (8-64)$$
$$\Delta G_{64}^\ominus = 113674 - 114.4T \quad J/mol$$

因为铁水含碳达到饱和，铁水中溶解的碳与固体碳平衡，故上式中不写成 [C] 而写成 C(s)，由 $\Delta G_{64}^\ominus$ 算出反应式 (8-64) 的平衡常数 K_{64} 为

$$\lg K_{64} = -\frac{5960}{T} + 6.00$$

在 1400℃，$K_{64} = 273$

$$K_{64} = \frac{a_{CaS}(p_{CO}/p^{\ominus})}{a_{CaO}a_C a_S}$$

式中，CaO、CaS 均为纯物质，铁中含碳饱和，CaO、CaS 和 C 都以纯物质为标准状态，所以 $a_{CaO} = a_{CaS} = a_C = 1$，得

$$a_S = \frac{p_{CO}/p^{\ominus}}{K_{64}} = \frac{p_{CO}/p^{\ominus}}{273}$$

铁水中的硫以质量百分之一为标准状态，有 $a_S = f_S \dfrac{w_S}{w^{\ominus}}$，取生铁的 $f_S = 4$，$p_{CO}/p^{\ominus} = 1$，代入上式，得

$$\frac{w_S}{w^{\ominus}} = \frac{1}{4 \times 273} = 0.001$$

即在 $p_{CO} = p^{\ominus}$ 的条件下，用 CaO 的脱硫极限值为 0.001%（1400℃）。实际上，由于反应不能进行完全，采用喷石灰脱硫，铁水中硫可以降到约 0.015%。

CaC₂ 于生铁中脱硫的反应为

$$CaC_2(s) + [S] \Longrightarrow CaS(l) + 2C(s) \tag{8-65}$$

$$\Delta G_{65}^{\ominus} = -140696 + 103.9T \quad J/mol$$

$$\lg K_{65} = \frac{18300}{T} - 5.45$$

在 1400℃，$K_{65} = 3.2 \times 10^5$，取 $f_S = 4$，由 K_{65} 算出脱硫极限值为

$$\frac{w_S}{w^{\ominus}} = \frac{1}{K_{65}f_S} = \frac{1}{3.2 \times 10^5 \times 4} = 0.76 \times 10^{-6}$$

可见 CaC₂ 脱硫的极限更低，达到 10^{-6}% 水平。反应（8-65）为放热反应，用 CaC₂ 炉外脱硫铁水温度下降少。若每 1t 铁加入 4kg CaC₂，可使铁水脱硫率达 70%，铁水硫含量可降到 0.004%~0.005%。200t 铁水在 10min 内，温度下降 5~10℃。

以上分别讨论了用 CaC₂ 和 CaO 的铁水脱硫极限。CaC₂ 的脱硫极限与 CaO 不同，两者有何联系？如果注意到用 CaO 去硫的反应是一个产生气体 CO 的反应，当 p_{CO} 降低，就会使脱硫能力增加。将反应（8-64）和反应（8-65）相减，可得：

$$CaO(s) + 3C(s) \Longrightarrow CaC_2(s) + CO(g) \tag{8-66}$$

$$\Delta G_{66}^{\ominus} = 462870 - 218.3T \quad J/mol$$

$$\lg K_{66} = -\frac{24260}{T} + 11.43$$

在 1400℃，$K_{66} = 8.52 \times 10^{-4}$，得 $p_{CO}/p^{\ominus} = K_{66} = 8.52 \times 10^{-4}$ 标准压力。反应（8-66）是 CaO 与 C 作用生成 CaC₂ 和 CO 气体的反应。1400℃，其平衡压力为 $p_{CO} = 8.52 \times 10^{-4}$ 标准压力，即：

若 $p_{CO} < 8.52 \times 10^{-4}$ 标准压力，则 CaO 与碳会自发生成 CaC₂ 和 CO；

若 $p_{CO} > 8.52 \times 10^{-4}$ 标准压力，则 CaC₂ 与碳会自发生成 CaO+C；

若 $p_{CO} = 8.52 \times 10^{-4}$ 标准压力，CaO+C 与 CaC₂ 平衡共存，故此时二者的去硫极限也应

相等。

前面已算出 $K_{64} = 273$，$K_{64} = \dfrac{p_{CO}/p^{\ominus}}{a_S}$。若将 $p_{CO} = 8.52 \times 10^{-4}$ 标准压力代入，取 $f_S = 4$，则得：

$$\frac{w_S}{w^{\ominus}} = \frac{p_{CO}/p^{\ominus}}{K_{65}f_S} = \frac{8.52 \times 10^{-4}}{273 \times 4} = 0.78 \times 10^{-6}$$

与 CaC_2 的脱硫极限相等。

由上面的讨论可以看出，CaC_2 的脱硫极限之所以比 CaO 的脱硫极限更低，是由于后者的脱硫极限按 $p_{CO} = 1$ 个标准压力计算。若用 CaC_2 代替 CaO 脱硫，由于 CaC_2 在 p_{CO} > 8.52×10^{-4} 标准压力的情况下会自发变成 CaO+C，即 CaC_2 比 CaO 处于更高的能量状态，故其脱硫能力增强。直到 $p_{CO} = 8.52 \times 10^{-4}$ 标准压力，CaC_2 与 CaO+C 可以平衡共存，它们的脱硫极限也就相等了，所以在计算 CaO 的脱硫极限时，即按反应（8-64）计算时，如果 p_{CO} 取 8.52×10^{-4} 标准压力，则 CaO 的脱硫极限与 CaC_2 相等。

8.11　铁水中钛的浓度

高炉冶炼钒钛磁铁矿，渣中的 TiO_2 一部分被还原进入铁水，是否渣中 TiO_2 含量越多，铁水中的钛含量就越多？其实不然，在渣中 TiO_2 含量较低的情况下，铁水中钛含量的确随着渣中 TiO_2 含量的增加而增加。但当铁水钛含量达到某一浓度后，就不再增加了。由 Fe-Ti 相图可以看到，钛在液态铁中是可以无限互溶的，不存在饱和问题。而在铁水中，由于其中溶有大量的碳，碳与钛之间发生反应

$$[Ti] + [C] \Longrightarrow TiC(s)$$

由于高炉内总是有固态焦炭存在，铁水含碳达到饱和，钛与碳的反应也可以写成

$$[Ti] + C(s) \Longrightarrow TiC(s)$$

当铁水中钛含量超过上面反应的平衡浓度，就会有 TiC 析出，所以上面反应达到平衡 [Ti] 的浓度就是铁水中 Ti 可以存在的最大浓度。下面计算这个浓度。

$$Ti(s) + C(s) \Longrightarrow TiC(s)$$
$$\Delta G^{\ominus} = -185982 + 13.2T \quad J/mol$$

$$Ti(s) \Longrightarrow [Ti]$$
$$\Delta G^{\ominus} = -31025 + 44.8T \quad J/mol$$

结合以上两式，得

$$[Ti] + C(s) \Longrightarrow TiC(s) \tag{8-67}$$
$$\Delta G_{67}^{\ominus} = -154957 + 57.2T \quad J/mol$$

$$\lg K_{67} = \frac{8121}{T} - 3.04 \tag{8.86}$$

$$K_{67} = \frac{a_{TiC}}{a_{Ti}a_C}$$

其中，TiC 和 C 都是纯物质，以纯物质为标准状态，它们的活度都为 1。Ti 以质量百分之

一为标准状态，Ti 的活度可以写成钛的活度系数与质量百分浓度的乘积，得

$$K_{67} = \frac{1}{f_{\text{Ti}}(w_{\text{Ti}}/w^{\ominus})}$$

取对数

$$\lg K_{67} = -\lg f_{\text{Ti}} - \lg(w_{\text{Ti}}/w^{\ominus})$$

或

$$\lg(w_{\text{Ti}}/w^{\ominus}) = -\lg f_{\text{Ti}} - \lg K_{67} \tag{8.87}$$

铁水中含有 C、Si、P、S、V 等组元。其中只有 C 的含量（取 4%）较多，其他组元含量都比 C 含量少 1~2 个数量级；此外，C 对 Ti 的相互作用系数的绝对值也是这些组元中最大的。铁水中 C、Si 等对 Ti 的相互作用系数为 $e_{\text{Ti}}^{\text{C}} = -0.3$、$e_{\text{Ti}}^{\text{Si}} = 0.05$、$e_{\text{Ti}}^{\text{P}} = -0.01$、$e_{\text{Ti}}^{\text{S}} = -0.08$、$e_{\text{Ti}}^{\text{V}} = 0.06$，所以，计算 $\lg f_{\text{Ti}}$，只考虑起主要作用的 C 的影响就够了，其他的可以忽略不计，故有

$$\lg f_{\text{Ti}} = e_{\text{Ti}}^{\text{C}}(w_{\text{Ti}}/w^{\ominus}) = -0.3 \times 4 = -1.2 \tag{8.88}$$

将式（8.86）和式（8.88）分别代入式（8.87），整理后得

$$\lg(w_{\text{Ti}}/w^{\ominus}) = -\frac{8121}{T} + 4.24 \tag{8.89}$$

式（8.89）即为含碳 4% 的铁水中钛的最大浓度与温度的关系式。按此式可算出不同温度钛的最大溶解度，如表 8.6 所示。

表 8.6　钛在铁水中与碳平衡的浓度

温度/℃	1375	1400	1425	1450	1500
$w(\text{Ti})/\%$	0.206	0.245	0.288	0.335	0.457

以上计算是根据铁水中钛与固体碳之间的反应达到平衡得出来的。当高炉渣中 TiO_2 含量较低时，还原进入铁水中的钛含量低于此浓度，就不会有 TiC 固体析出，并且铁水中钛含量随渣中 TiO_2 含量的增加而增大（其他条件不变）。当渣中 TiO_2 含量较多时，还原出来进入铁水的 Ti 超过上述浓度，过多的 Ti 就会以 TiC 固体析出，并且铁水中钛含量就不再随渣中 TiO_2 增加而增加。承德钢铁公司的高炉渣中含有 TiO_2 15%~17%，铁水正常钛含量为 0.25%~0.35%；攀枝花钢铁公司的高炉渣中 TiO_2 含量高达 22%~27%，但铁水含 Ti 量也在 0.25%~0.35%。这个事实说明了铁水中钛的浓度受反应：[Ti] + C(s) ═══ TiC(s) 的平衡所控制。

以上计算都假定铁水含碳饱和，即与固体碳平衡，所以，计算结果适用于高炉内的铁水钛含量。如果铁水放出炉外，盛于铁水包中，则不像高炉内那样有固态碳存在，这时，[Ti] 与 [C] 之间的反应写成

$$[\text{Ti}] + [\text{C}] \Longrightarrow \text{TiC(s)}$$

$$K = \frac{a_{\text{TiC}}}{a_{\text{Ti}} a_{\text{C}}} = \frac{1}{a_{\text{Ti}} a_{\text{C}}} = \frac{1}{f_{\text{Ti}}(w_{\text{Ti}}/w^{\ominus}) a_{\text{C}}}$$

如果铁水中的碳不以质量百分之一为标准状态，仍以纯石墨作标准状态，而钛还以质量百分之一作标准状态，则以上反应的 $\Delta G^{\ominus}$ 与前面计算的 $\Delta G_{67}^{\ominus}$ 相同（因为标准态都相同），平

衡常数 K 值也不变，即仍按式（8.86）计算。前已求出 $\lg f_{Ti} = -1.2$，即 $f_{Ti} = 0.063$，所以

$$K = \frac{1}{0.063(w_{Ti}/w^{\ominus})a_C}$$

$$w_{Ti}/w^{\ominus} = \frac{1}{0.063Ka_C}$$

铁水中含 C 仍为4%，在不同温度，其活度值可从热力学数据手册查出。据此可得出不同温度的 K 值及对应钛的浓度，如表 8.7 所示。

表 8.7　铁水中钛的浓度

温度/℃	a_C（查手册得）	K	$\frac{w_{Ti}}{w^{\ominus}}$
1400	0.64	64.5	0.384
1300	0.725	130	0.168
1200	0.83	205	0.065

由表中数据可以看到，铁水温度下降，钛的浓度明显下降。过多的 Ti 即以 TiC 形式析出。由于 TiC 熔点高，析出后，粘在铁水包内壁上，使铁水包的有效容积减少。为了防止这种粘罐现象，应尽可能防止铁水温度下降。

8.12　几种金属的脱氧能力

钙、锆、稀土等对钢液的脱氧能力很强，脱氧常数 $K' = w_{Me}^x w_O^y$ 的数值很小，不易测准，所测得的结果也比较分散，因此，对这些元素的脱氧能力进行估算很有意义。下面利用有关的热力学数据，参照一些实验结果，对铈、锆、钙的脱氧能力进行热力学计算。

8.12.1　铈的脱氧能力

铈的氧化物有 CeO_2 和 Ce_2O_3。在炼钢温度，这两种化合物都可能存在。一般认为，在钢液脱氧过程中，氧势较低，产生 Ce_2O_3 的可能性较大，所以，取 Ce_2O_3 作为 Ce 的脱氧产物。Ce_2O_3 的标准生成自由能和氧的溶解自由能为

$$2Ce(l) + \frac{3}{2}O_2(g) = Ce_2O_3(s) \tag{8-68}$$

$$\Delta G_{68}^{\ominus} = -1820205 + 335.5T \quad J/mol$$

$$\frac{1}{2}O_2(g) = [O] \tag{8-69}$$

$$\Delta G_{69}^{\ominus} = -116760 + 2.9T \quad J/mol$$

铁液中 Ce-S 平衡的实验结果为

$$CeS(s) = [Ce] + [S] \tag{8-70}$$

$$\Delta G_{70}^{\ominus} = 392814 - 124.8T \quad J/mol$$

CeS 的生成自由能和 S 在铁液中的溶解度自由能为

$$CeS(1) + \frac{1}{2}S_2(g) = CeS(s) \tag{8-71}$$

$$\Delta G_{71}^\ominus = -556278 + 834.0T \quad J/mol$$

$$\frac{1}{2}S_2(g) = [S] \tag{8-72}$$

$$\Delta G_{72}^\ominus = -143073 + 28.3T \quad J/mol$$

将反应（8-70）~ 反应（8-72）三式结合，得

$$Ce(1) = [Ce] \tag{8-73}$$

$$\Delta G_{73}^\ominus = -20433 + 66.7T \quad J/mol$$

再将反应（8-68）、反应（8-69）、反应（8-73）三式结合，得

$$2[Ce] + 3[O] = Ce_2O_3(s) \tag{8-74}$$

$$\Delta G_{74}^\ominus = -1429059 + 477.6T \quad J/mol$$

在 1600℃，$\Delta G_{74}^\ominus = -532509J/mol$

$$\lg K_{74} = \frac{532509 \times 4.17}{19.147 \times 1873} = 14.9$$

$$K_{74} = \frac{a_{Ce_2O_3}}{a_{Ce}^2 a_O^3} = 7.95 \times 10^{14}$$

Ce_2O_3 以纯物质为标准状态，Ce 和 O 以质量百分之一为标准状态，则 $a_{Ce_2O_3}=1$，有

$$a_{Ce}^2 a_O^3 = \frac{1}{K_{72}} = 1.26 \times 10^{-15}$$

这个数值表明，Ce 的脱氧能力比 Al 稍强，与实际结果相符。

8.12.2 锆的脱氧能力

缺少 γ_{Zr}^0 的数据。从铁液中的钛氧平衡实验数据算出 $\gamma_{Ti}^0 = 0.05$。鉴于 Zr 与 Ti 在同一族，性质接近，可假定 $\gamma_{Zr}^0 = \gamma_{Ti}^0 = 0.05$，则可算得

$$Zr(1) = [Zr] \tag{8-75}$$

$$\Delta G_{75}^\ominus = -RT\ln\gamma_{Zr}^0 + RT\ln\frac{0.5585}{91.22}$$

假定二元系 Fe-Zr 为正规溶液，即 $RT\ln\gamma_{Zr}^0$ 不随温度而变，则得

$$\Delta G_{75} = -19.147 \times 1873 \times \lg 0.05 - 19.147T\lg\frac{0.5585}{91.22} = -46454 - 42.1T \quad J/mol$$

Zr 的熔点为 2125℃（2398K），熔化热为 20850J/mol，熔化自由能为

$$Zr(s) = Zr(1) \tag{8-76}$$

$$\Delta G_{76}^\ominus = 20850 - \frac{20850}{2398}T = 20850 - 8.7T \quad J/mol$$

由反应（8-75）+ 反应（8-76），得固态 Zr 在钢液中的标准溶解自由能为

$$Zr(s) = [Zr] \tag{8-77}$$

$$\Delta G_{77}^\ominus = -25604 - 50.8T \quad J/mol$$

由于

$$Zr(s) + O_2(g) === ZrO_2(s) \tag{8-78}$$

$$\Delta G_{78}^{\ominus} = -455589 + 738.9T \quad J/mol$$

$$O_2(g) === 2[O] \tag{8-79}$$

$$\Delta G_{79}^{\ominus} = -116760 - 2.9T \quad J/mol$$

结合反应 (8-77) ~ 反应 (8-79) 得

$$[Zr] + 2[O] === ZrO_2(s) \tag{8-80}$$

$$\Delta G_{80}^{\ominus} = -833416 + 254.0T \quad J/mol$$

$$\lg K = \lg \frac{a_{ZrO_2}}{a_{Zr} a_O^2} = \frac{43680}{T} - 12.84$$

在 1600℃, 由上式算出 $K = 3.02 \times 10^{10}$, 若取 $a_{ZrO_2} = 1$, 则

$$a_{Zr} a_{O_2} = 1/K = 3.31 \times 10^{-11}$$

与实验结果 $K = 1.89 \times 10^{10}$, $a_{Zr} a_{O_2} = 5.29 \times 10^{-11}$ 符合。

8.12.3 钙的脱氧能力

$$Ca(g) === [Ca] \tag{8-81}$$

$$\Delta G_{81}^{\ominus} = -RT\ln K$$

假设钙服从亨利定律, 即

$$K = \frac{w_S/w^{\ominus}}{p_{Ca}/p^{\ominus}} = 0.024$$

$$\Delta G_{81}^{\ominus} = -RT\ln 0.024 = 57963 \text{J/mol}$$

$$Ca(g) + \frac{1}{2}O_2(g) === CaO(s) \tag{8-82}$$

$$\Delta G_{82}^{\ominus} = -776246 + 184.3T \quad J/mol$$

$$\frac{1}{2}O_2(g) === [O] \tag{8-83}$$

$$\Delta G_{83}^{\ominus} = -116760 - 2.9T \quad J/mol$$

结合反应 (8-81) ~ 反应 (8-83) 得

$$[Ca] + [O] === CaO(s) \tag{8-84}$$

1600℃ 时

$$\Delta G_{84}^{\ominus} = -366960 \text{J/mol}$$

$$\lg K_{84} = \frac{366960}{19.147 \times 1873} = 10.82$$

$$K_{84} = 1.9 \times 10^{10}, \quad a_{Ca} a_O = 5.27 \times 10^{-11}$$

实测数据为: $a_{Ca} a_O = 5.9 \times 10^{-9}$。

以上三种金属脱氧能力的热力学计算, 关键在于求出这些金属在钢液中的标准溶解自由能。上面分别采用三种不同的方法算出。这些计算结果的可靠性首先取决于依据的热力学数据是否准确, 这是基本前提。至于计算方法, 要看具体情况。在计算 Ce 的溶解自由能时, 采用的算法在原则上是正确的。第二例中求 Zr 的溶解自由能时, 用了两个假定:

一个假定是 $\gamma_{Zr}^0 = \gamma_{Ti}^0$，另一假定是 $RT\ln\gamma_{Zr}^0$ 不随温度而变，即假定是正规溶液。γ_{Zr}^0 的假定是根据它们同属一族而做出的，当然有误差。正规溶液的假定也是近似的。如果这些假定带来的误差在实验数据的误差范围内，则这些假定是允许的。当然，计算结果要经实践的检验。第三例在求钙的溶解自由能时，所用的算法也是正确的，只是关于钙在钢液中服从亨利定律的假定有待检验。

8.13 不锈钢的 Ar-O 精炼

氩-氧精炼是生产高铬不锈钢的主要方法之一。这个方法的基本特点是：在含铬很高（如 18%Cr）的钢液中吹氧脱碳。很显然，在碳氧化的同时，铬也会氧化烧损，生成 Cr_2O_3 进入渣中，造成铬的损失。不锈钢要求碳含量很低，在吹炼后期，钢中碳含量越低，铬的烧损越大，可见，"保铬"和"去碳"矛盾。解决此矛盾的办法有：（1）提高温度；（2）降低 CO 的分压。此两法均有利于去碳保铬。为什么采用这两种方法就可以达到去碳保铬的目的呢？下面对钢液中碳和铬氧化反应做热力学分析。

钢液中的 C-O 反应和 Cr-O 反应为

$$[C] + [O] = CO(g) \qquad \Delta G_{85}^{\ominus} \tag{8-85}$$

$$2[Cr] + 3[O] = Cr_2O_3(s) \qquad \Delta G_{86}^{\ominus} \tag{8-86}$$

这两个反应都消耗钢中的氧，要去碳保铬，就希望反应（8-85）向右进行的趋势比反应（8-86）大。将反应（8-85）×3-反应（8-86），得：

$$3[C] + Cr_2O_3(s) = 2[Cr] + 3CO(g) \tag{8-87}$$

$$K_{87} = \frac{a_{Cr}^2 (p_{CO}/p^{\ominus})^3}{a_{Cr}^2 a_{Cr_2O_3}}$$

$$\Delta G_{87}^{\ominus} = 3\Delta G_{85}^{\ominus} - \Delta G_{86}^{\ominus}$$

如果脱碳反应（8-85）的热力学趋势大于铬氧化反应（8-86）的热力学趋势，$3\Delta G_{85}^{\ominus} < \Delta G_{86}^{\ominus}$，则 $\Delta G_{87}^{\ominus} = 3\Delta G_{85}^{\ominus} - \Delta G_{86}^{\ominus} < 0$。这就是说，如果 $\Delta G_{87}^{\ominus} > 0$，就变成去铬保碳了。因此，研究反应（8-87）的平衡是氩-氧混吹法精炼含铬不锈钢去碳保铬问题的热力学基础。

计算反应（8-87）的 $\Delta G^{\ominus}$，采用下列有关数据

$$2Cr(s) + \frac{3}{2}O_2(g) = Cr_2O_3(s) \tag{8-88}$$

$$\Delta G_{88}^{\ominus} = -1116518 + 254.6T \quad J/mol$$

$$Cr(s) = [Cr] \tag{8-89}$$

$$\Delta G_{89}^{\ominus} = 20850 + 47.2T \quad J/mol$$

$$\frac{1}{2}O_2 = [O] \tag{8-90}$$

$$\Delta G_{90}^{\ominus} = -116760 + 2.9T \quad J/mol$$

$$[C] + [O] = CO(g) \tag{8-91}$$

$$\Delta G_{91}^{\ominus} = -22310 + 39.5T \quad J/mol$$

有关的相互作用系数 e_i^j 值如下：

$$e_{Cr}^{Cr} = 0.012 \qquad e_C^{Cr} = -0.018 \qquad e_O^{Cr} = -0.040 \qquad e_{Si}^{Cr} = 0.02$$

$$e_{Cr}^{C} = -0.092 \qquad e_C^{C} = 0.21 \qquad e_O^{C} = -0.421 \qquad e_{Si}^{C} = 0.20$$

$$e_{Cr}^{Ni} = 0 \qquad e_C^{Ni} = 0.012 \qquad e_O^{Ni} = 0.005 \qquad e_{Si}^{Ni} = 0.005$$

$$e_{Cr}^{O} = -0.14 \qquad e_C^{O} = -0.313 \qquad e_O^{O} = -0.17 \qquad e_{Si}^{O} = -0.234$$

$$e_{Cr}^{Mn} = 0 \qquad e_C^{Mn} = 0$$

$$e_{Cr}^{Si} = 0.035 \qquad e_C^{Si} = 0.088 \qquad e_O^{Si} = -0.313 \qquad e_{Si}^{Si} = 0.11$$

据研究，钢液铬含量超过 9%，铬氧化产物是 Cr_2O_3，所以，计算时选取 Cr_2O_3 作为反应产物。

$3 \times$ 反应(8-91) $+ 2 \times$ 反应(8-89) $+ 3 \times$ 反应(8-90) $-$ 反应(8-88)，得

$$Cr_2O_3 + 3[C] \Longrightarrow 2[Cr] + 3CO(g) \tag{8-92}$$

$$\Delta G_{92}^{\ominus} = 741009 - 476.1T \quad J/mol$$

$$\lg K_{92} = -\frac{38840}{T} + 24.95J/mol \tag{8.90}$$

$$K_{92} = \frac{f_{Cr}^2 (w_{Cr}/w^{\ominus})^2 (p_{CO}/p^{\ominus})^3}{f_C^3 (w_C/w^{\ominus})^3 a_{Cr_2O_3}}$$

式中 Cr_2O_3 以纯物质为标准状态，CO 以一个标准压力为标准状态，Cr 和 C 以质量百分之一为标准状态，则 $a_{Cr_2O_3} = 1$，将上式两边取对数，得

$$\lg K_{92} = 2\lg f_{Cr} + 2\lg(w_{Cr}/w^{\ominus}) + 3\lg(p_{CO}/p^{\ominus}) - 3\lg f_C - 3\lg(w_C/w^{\ominus}) \tag{8.91}$$

若钢液含 Cr 为 18%，含 Ni 为 9%，则上式中的活度系数 f_{Cr}、f_C 为

$$\lg f_{Cr} = e_{Cr}^{Cr} \times 18 + e_{Cr}^{Ni} \times 9 + e_{Cr}^C (w_C/w^{\ominus}) + e_{Cr}^O (w_O/w^{\ominus}) + e_{Cr}^{Si}(w_{Si}/w^{\ominus}) + e_{Cr}^{Mn}(w_{Mn}/w^{\ominus})$$

$$\lg f_C = e_C^{Cr} \times 18 + e_C^{Ni} \times 9 + e_C^C (w_C/w^{\ominus}) + e_C^O (w_O/w^{\ominus}) + e_C^{Si}(w_{Si}/w^{\ominus}) + e_C^{Mn}(w_{Mn}/w^{\ominus})$$

将各 e_i^j 值代入以上两式后，再将以上两式及式(8.90)代入式(8.91)中，整理后得：

$$\lg \frac{p_{CO}}{p^{\ominus}} = \frac{1}{3}\left(-\frac{38840}{T} + 24.95\right) - 1.2078 + 0.2713(w_C/w^{\ominus}) + \lg(w_C/w^{\ominus}) +$$
$$0.0647(w_{Si}/w^{\ominus}) - 0.22(w_O/w^{\ominus}) - 0.001(w_{Mn}/w^{\ominus})$$

鉴于钢中硅、氧含量都很低（<0.10%），上式等号右边最后三项的数值都很小，并且有正有负，互相又可以抵消一部分。为了简化计算，可以将最后三项忽略不计，这对 p_{CO} 数值的影响并不大（在 2% 以下），这样上式即可简化成

$$\lg \frac{p_{CO}}{p^{\ominus}} = \frac{1}{3}\left(-\frac{38840}{T} + 24.95\right) - 1.2078 + 0.2713w_C + \lg w_C \tag{8.92}$$

由式(8.92)算出不同温度、不同碳含量反应(8-92)的平衡 p_{CO} 值，如表 8.8 所示。

表 8.8　钢液中碳还原 Cr_2O_3 的平衡 CO 值

$w_C/w^{\ominus}$	$p_{CO}/p^{\ominus}$			
	1600℃	1650℃	1700℃	1750℃
0.02	0.0316	0.046	0.0708	0.1029
0.03	0.0468	0.072	0.1069	0.1552
0.05	0.0805	0.128	0.1805	0.2562

续表 8.8

$w_C/w^\ominus$	$p_{CO}/p^\ominus$			
	1600℃	1650℃	1700℃	1750℃
0.07	0.1141	0.177	0.256	0.3715
0.10	0.1661	0.254	0.3715	0.837
0.15	0.2557	0.389	0.576	1.153
0.20	0.354	0.535	0.793	
0.25	0.456	0.690	1.022	
0.30	0.565	0.854	1.269	
0.40	0.802	1.214		
0.50	1.067			

图 8.13 中绘出了不同温度，含 18%Cr、9%Ni 的钢液中 $w_C/w^\ominus$ 与平衡 $p_{CO}/p^\ominus$ 的关系。对于一定温度和碳含量，有一定的平衡 p_{CO} 值。如果气相中的 p_{CO} 值低于此平衡 p_{CO} 值，则反应（8-86）向右进行，有利于去碳保铬；如果气相中实际的 p_{CO} 值高于平衡的 p_{CO} 值，则在去碳的同时就不可避免地有铬的氧化损失。采用 Ar-O$_2$ 混合气体的目的，就是要降低气相中的 p_{CO}，有利于去碳保铬。

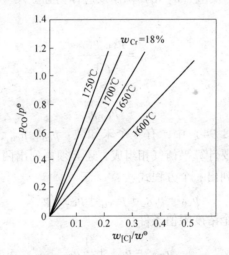

图 8.13　不同温度，与含 18%Cr、9%Ni 的钢液中 ［C］
平衡的气相 CO 分压与浓度 $w_C/w^\ominus$ 的关系

从图 8.13 中还可以看到，温度升高，平衡 p_{CO} 值增大（在碳含量一定时）。这就是说，温度升高有利于反应（8-86）向右进行。这也可以从 $\Delta G^\ominus_{86}$ 的第一项看出反应（8-86）是一个吸热反应，温度升高，有利于向去碳保铬方向进行。

由图 8.13 还可以找到在某温度，$p_{CO}=1$ 个标准压力对应的碳浓度。在此碳浓度以下，$p_{CO}<1$ 个标准压力，就需要用 Ar-O 脱碳。例如，在 1700℃，含碳 0.25%，平衡 $p_{CO}=1.022$ 标准压力，若钢中含碳低于 0.25%，就不能用纯氧，而必须用 Ar-O 混合气体吹入脱碳，否则铬就氧化。

8.14 TiO_2 加碳氯化反应的平衡气相组成

用克劳尔（Kroll）法生产海绵钛，要先将高钛渣（一种含 $w(TiO_2) > 85\%$ 的渣）加碳氯化制取四氯化钛。高钛渣中的钛主要是四价的，加碳氯化反应可写为

$$TiO_2(s) + 2Cl_2(g) + C(s) \Longrightarrow TiCl_4(g) + CO_2(g) \tag{8-93}$$

$$TiO_2(s) + 2Cl_2(g) + 2C(s) \Longrightarrow TiCl_4(g) + 2CO(g) \tag{8-94}$$

$$TiO_2(s) + 2Cl_2(g) + 2CO(g) \Longrightarrow TiCl_4(g) + 2CO_2(g) \tag{8-95}$$

$$CO_2(g) + C(s) \Longrightarrow 2CO(g) \tag{8-96}$$

产物是 CO、CO_2、$TiCl_4$ 的混合气体。

这个体系中，有 6 种物质（TiO_2，Cl_2，C，CO，CO_2，$TiCl_4$），包括 4 种元素（Ti，O，Cl，C）。在反应温度（一般为 800℃），这几个反应都接近平衡。如果这四个反应都同时达成平衡，则独立反应数等于物种数减去元素数：独立反应数 = 6-4 = 2，即只有两个反应是独立的，另外两个不是独立反应。它们可以由独立反应加和得到。因此，只要选取两个独立反应来研究就可以了。至于选取哪两个反应作为独立反应，一是方便，二是所选取的独立反应所涉及的物质应该包括体系的各个物质。

现在以反应（8-93）、反应（8-96）两个反应作为独立反应计算平衡气相组成。此两反应的平衡常数为

$$K_{93} = \frac{p_{TiCl_4} p_{CO_2}}{p_{Cl_2}^2} \tag{8.93}$$

$$K_{96} = \frac{p_{CO}^2}{p_{CO_2} p^\ominus} \tag{8.94}$$

在式（8.93）和式（8.94）中，有 4 个未知数：p_{CO}，p_{CO_2}，p_{Cl_2}，p_{TiCl_4}。由两个方程式不能解出 4 个未知数。要计算平衡气相组成，还必须再列出两个方程式。由体系的总压力为 1 个标准大气压，可列出一个方程式：

$$p_{CO} + p_{CO_2} + p_{TiCl_4} + p_{Cl_2} = p^\ominus \tag{8.95}$$

体系的气相中还有一个浓度限值条件：

$$p_{TiCl_4} = p_{CO_2} + \frac{1}{2} p_{CO} \tag{8.96}$$

下面解释浓度限制条件，从物料平衡来看，反应物中若有 1mol TiO_2 被氯化，就产生 1mol $TiCl_4$ 气体，同时也产生 CO_2（按反应（8-93））和 CO（按反应（8-94））。如果按反应（8-93）全生成 CO_2，则生成 1mol $TiCl_4$ 的同时，也要产生 1mol 的 CO_2，即 $p_{TiCl_4} = p_{CO_2}$。如果按照反应（8-94）完全生成 CO，则在生成 1mol $TiCl_4$ 的同时，也要产生 2mol CO，

$$p_{TiCl_4} = \frac{1}{2} p_{CO}$$

实际气相中既有 CO_2，也有 CO。因此，气相 p_{TiCl_4} 与 p_{CO}、p_{CO_2} 之间存在如下关系：

$$p_{TiCl_4} = p_{CO_2} + \frac{1}{2} p_{CO} \tag{8.97}$$

这个关系是此体系气相中必然存在的浓度限值条件。

有了以上的反应（8-93）~反应（8-96）四个方程式，就可以解出平衡气相组成中 p_{TiCl_4}、p_{Cl_2}、p_{CO}、p_{CO_2} 四个未知数。

下面再利用相律检查上面的分析是否正确。

体系的物种数为6，独立反应数为2，浓度限值条件为1，则体系的独立组分数为：

$$C = 6 - 2 - 1 = 3$$

此体系的相数 $P=3$，则自由度为：

$$f = C - P + 2 = 3 - 3 + 2 = 2$$

自由度数为2，说明有两个变数：温度和压力。当温度和压力（总压）一定时，体系的平衡气相组成必然一定。以上的反应（8-93）~反应（8-96）四个方程式正是在定温和总定压条件下得出来的。可见，上面计算平衡气相组成的方法符合相律。

下面利用反应（8-93）~反应（8-96）四个方程式求解平衡气相组成。

$$K_{93} = \frac{p_{TiCl_4}p_{CO_2}}{p_{Cl_2}p^{\ominus}} \tag{8.98}$$

$$K_{94} = \frac{p_{CO}^2}{p_{CO_2}p^{\ominus}} \tag{8.99}$$

$$\frac{1}{p^{\ominus}}(p_{TiCl_4} + p_{Cl_2} + p_{CO} + p_{CO_2}) = 1 \tag{8.100}$$

$$p_{TiCl_4} = p_{CO_2} + \frac{1}{2}p_{CO} \tag{8.101}$$

温度确定，K_{93} 和 K_{96} 为已知，例如：

$$\Delta G_{93}^{\ominus} = \Delta G_{TiCl_4}^{\ominus} + \Delta G_{CO_2}^{\ominus} - \Delta G_{TiO_2}^{\ominus} = -210168 - 57.5T$$

在 800℃，$\Delta G_{93}^{\ominus} = -271884$

$$\lg K_{93} = \frac{271884}{19.01 \times 1073} = 13.28$$

$$K_{93} = 1.9 \times 10^{13}$$

K_{93} 值很大，表明平衡气相中 p_{Cl_2} 很小。尽管在沸腾氯化时，通入的 Cl$_2$ 压力是 1 个标准压力，但由于反应很完全，在出口处，p_{Cl_2} 实际上是很小的。例如，若取 $p_{TiCl_4} = 0.35$ 标准压力，$p_{CO_2} = 0.06$ 标准压力，则按式（8.98）算出 $p_{Cl_2} = 1 \times 10^{-15}$ 标准压力。平衡时的 p_{Cl_2} 如此之小，所以在式（8.101）中的 p_{Cl_2} 一项可以忽略不计而简化为：

$$(p_{TiCl_4} + p_{CO} + p_{CO_2})\frac{1}{p^{\ominus}} = 1 \tag{8.102}$$

再将式（8.101）代入式（8.102），得

$$2\frac{p_{CO_2}}{p^{\ominus}} + 1.5\frac{p_{CO}}{p^{\ominus}} = 1 \tag{8.103}$$

即

$$\frac{p_{CO_2}}{p^{\ominus}} = \frac{1}{2}\left(1 - 1.5\frac{p_{CO}}{p^{\ominus}}\right)$$

再将上式代入式 (8.99)，得：

$$K_{96} = \frac{(p_{CO}/p^\ominus)^2}{\frac{1}{2}(1 - 1.5p_{CO}/p^\ominus)} \tag{8.104}$$

即

$$2(p_{CO}/p^\ominus)^2 + 1.5K_{96}(p_{CO}/p^\ominus) - K_{96} = 0 \tag{8.105}$$

有

$$\frac{p_{CO}}{p^\ominus} = \frac{-1.5K_{96} \pm \sqrt{2.25K_{96}^2 + 8K_{96}}}{4} \tag{8.106}$$

反应 (8-96) 是著名的布氏反应，K_{96} 与 T 的关系已由实验得出

$$\lg K_{96} = -\frac{8916}{T} + 9.113$$

在 800℃，$\lg K_{96} = -\dfrac{8916}{T} + 9.113 = 0.801$，$K_{96} = 6.324$。

将此 K_{96} 值代入式 (8.106)，求出 $p_{CO} = 0.592$ 标准压力，将 $p_{CO} = 0.592$ 标准压力代入式 (8.96)，求出 $p_{CO_2} = 0.056$ 标准压力，再利用式 (8.94) 可求 $p_{TiCl_4} = 0.352$ 标准压力。最后再利用式 (8.98) 和 K_{93} 算出 $p_{Cl_2} = 1.04 \times 10^{-15}$ 标准压力。仿此，可算出总压为 1 个标准压力其他温度的平衡气相组成，如表 8.9 所示。

表 8.9　平衡气相组成

温度/℃	平衡气相组成			
	$w_{CO}/w^\ominus$	$w_{CO_2}/w^\ominus$	$w_{TiCl_4}/w^\ominus$	$w_{Cl_2}/w^\ominus$
700	41.2	19.1	39.7	可忽略
800	59.2	5.6	35.2	可忽略

沸腾氯化法生产 $TiCl_4$，沸腾炉出口处气相成分与平衡值有所不同。出口处 Cl_2 含量为 1% 以下，说明氯气反应比较完全。出口处 $TiCl_4$ 含量为 30%～40%，与平衡值接近。实际的 CO_2 含量却较平衡值高，CO 含量较平衡值低。这是因为以上四个反应并未完全同时达到平衡所致。

从动力学来看，以上四个反应中，容易实现的反应是反应 (8-95) 和反应 (8-96)，而反应 (8-93) 和反应 (8-94) 则较难实现。因为反应 (8-93) 和反应 (8-94) 都包含两个固相：TiO_2 和固体碳。尽管它们都是以粉状加入炉中，但它们都是宏观的颗粒，要让 TiO_2 和两个固体碳分子同时与 Cl_2 分子碰到一起发生反应的机会是很少的。所以反应 (8-93) 和反应 (8-94) 不易实现，而对于反应 (8-95) 和反应 (8-96) 则不同。反应 (8-96) 的反应速率随着温度增加而增加。反应 (8-95) 中只有 TiO_2 是固相，而 Cl_2 和 CO 都是气相，TiO_2 颗粒可以吸附 Cl_2 和 CO 分子，因此 Cl_2 和 CO 分子同时碰到 TiO_2 分子的机会多，使反应 (8-95) 较易实现。由此可见，在实际沸腾氯化过程中，主要进行的反应是反应 (8-95) 和反应 (8-96)。反应 (8-95) 进行的结果会使气相中 CO 减少而 CO_2 增加；反应 (8-96) 进行的结果又会使气相中 CO_2 减少，CO 增加。所以，气相中

CO 和 CO_2 含量的多少，取决于反应（8-95）、反应（8-96）进行得相对快慢。如果反应（8-95）快、反应（8-96）慢，就会使气相中 CO_2 增加而 CO 减少。反之，若反应（8-95）慢，反应（8-96）快，就会使气相中 CO 增加，CO_2 减少。实际生产中 CO、CO_2 含量与平衡值的差异就可以由反应（8-95）和反应（8-96）的相对快慢解释。

从这个例子可以看到：TiO_2 加碳氯化反应的平衡气相组成实质上就是碳的气化反应即反应（8-95）的平衡气相组成。只不过增加了两个条件：一个是 $p_{TiCl_4}=p_{CO_2}+3p_{CO}$ 这个浓度限值条件，另外一个是 $p_{CO_2}+p_{CO}+p_{TiCl_4}=p^\ominus$。其中由于 p_{Cl_2} 很小而被忽略不计。这两个条件，后者较易列出，而前者虽是客观存在的，但不易被考虑到。没有这个条件，就不能求出平衡气相组成。在应用热力学来分析具体的冶金过程时，就要注意并找出这类条件。在应用相律来考察这个体系的自由度时，也要找出这个浓度限值条件。这个例子的重要特点就在于对浓度限制条件的分析和引出。

对于 ZrO_2、HfO_2 的加碳氯化过程，也可作出类似的分析。

习题与思考题

8.1 铁水中含有 V、Ti、C、P、S。如提取钒，欲采用铁水中吹氧制备 V_2O_5。试对铁水吹氧制备钒渣过程做热力学分析。

8.2 试对 PbS-FeS 体系吹氧熔炼过程进行热力学分析。

8.3 分析高磷铁水吹氧脱磷过程的热力学。

8.4 试分析 $TiCl_4$ 与 O_2 反应制备金红石过程的热力学。

8.5 试分析碳热还原红土镍矿制备镍铁过程的热力学。

8.6 试分析利用 V_2O_5 制备 V 的热力学。

参 考 文 献

［1］车荫昌. 冶金热力学［Z］. 沈阳：东北工学院讲义，1980.

［2］翟玉春，田彦文. 冶金热力学［Z］. 沈阳：东北大学讲义，2002.

［3］魏寿昆. 活度在冶金物理化学中的应用［M］. 北京：中国工业出版社，1964.

［4］傅崇说. 冶金溶液热力学原理与计算［M］. 北京：冶金工业出版社，1979.

［5］魏寿昆. 冶金过程热力学［M］. 上海：上海科学技术出版社，1980.

［6］梁连科，车荫昌，杨怀，等. 冶金热力学与动力学［M］. 沈阳：东北工学院出版社，1990.

［7］陈新民. 火法冶金过程物理化学［M］. 北京：冶金工业出版社，1984.

［8］张显鹏. 冶金物理化学例题及习题［M］. 北京：冶金工业出版社，1990.

［9］李钒，李文超. 冶金与材料热力学［M］. 北京：冶金工业出版社，2012.

［10］张家芸. 冶金物理化学［M］. 北京：冶金工业出版社，2009.

［11］翟玉春. 冀春霖教授论文集［M］. 北京：冶金工业出版社，2010.

［12］潘金生，仝健民，田民波. 材料科学基础［M］. 北京：清华大学出版社，1998.

［13］胡赓祥，钱苗根. 金属学［M］. 上海：上海科学技术出版社，1980.

［14］Wagner C. Thermodynamics of alloys［M］. London，England：Addison-Wesley，1952.

［15］Gaskell D R. Introduction to metallurgical thermodynamics［M］. 2th edition. New York，Hemisphere Publishing Corporation，1981.

［16］Lupis C H P. Chemical Thermodynamics of materials［M］. New York，Elsevier Science publishing Co. Inc.，1983.

冶金工业出版社部分图书推荐

书　名	作　者	定价（元）
物理化学（第4版）（本科国规教材）	王淑兰	45.00
冶金物理化学研究方法（第4版）（本科教材）	王常珍	69.00
冶金与材料热力学（本科教材）	李文超	65.00
热工测量仪表（第2版）（本科教材）	张　华	46.00
钢铁冶金原理（第4版）（本科教材）	黄希祜	82.00
钢铁冶金原理习题及复习思考题解答（本科教材）	黄希祜	45.00
耐火材料（第2版）（本科教材）	薛群虎	35.00
钢铁冶金原燃料及辅助材料（本科教材）	储满生	59.00
能源与环境（本科国规教材）	冯俊小	35.00
现代冶金工艺学——钢铁冶金卷（第2版）（本科国规教材）	朱苗勇	75.00
炉外精炼教程（本科教材）	高泽平	39.00
连续铸钢（第2版）（本科教材）	贺道中	30.00
有色冶金概论（第3版）（本科国规教材）	华一新	49.00
冶金设备（第2版）（本科教材）	朱　云	56.00
冶金设备课程设计（本科教材）	朱　云	19.00
有色金属真空冶金（第2版）（本科国规教材）	戴永年	36.00
有色冶金炉（本科国规教材）	周孑民	35.00
有色冶金化工过程原理及设备（第2版）	郭年祥	49.00
重金属冶金学（本科教材）	翟秀静	49.00
轻金属冶金学（本科教材）	杨重愚	39.80
稀有金属冶金学（本科教材）	李洪桂	34.80
复合矿与二次资源综合利用（本科教材）	孟繁明	36.00
冶金工厂设计基础（本科教材）	姜　澜	45.00
炼铁厂设计原理（本科教材）	万　新	38.00
炼钢厂设计原理（本科教材）	王令福	29.00
轧钢厂设计原理（本科教材）	阳　辉	46.00
冶金科技英语口译教程（本科教材）	吴小力	45.00
冶金专业英语（第2版）（高职高专国规教材）	侯向东	36.00
冶金原理（第2版）（高职高专国规教材）	卢宇飞	45.00
物理化学（第2版）（高职高专国规教材）	邓基芹	36.00